南水北调中线水源区
藻类图集

李玉英 于 潘 主编

科学出版社
北 京

内 容 简 介

本书记述了我国南水北调中线水源区——丹江口水库及其主要支流地区常见藻类 8 门 12 纲 25 目 52 科 147 属 667 种（含变种及变型），其中，蓝藻门 9 属 23 种，裸藻门 6 属 33 种 5 变种，绿藻门 34 属 86 种 15 变种 1 变型，甲藻门 3 属 6 种，隐藻门 2 属 3 种，金藻门 1 属 2 种，黄藻门 1 属 1 种，硅藻门 91 属 460 种 30 变种 2 变型。书中记录了每个物种的中文名、拉丁名、引证文献、形态特征、生境等信息，所有种类均附有光学显微镜或电子显微镜照片，共计 212 个图版。

本书可作为生物学、植物学、藻类学、生态学、水利工程、环境科学等领域的研究人员、院校相关专业师生的科研用书，也可供环境监测、环境保护部门的工作人员参考。

图书在版编目（CIP）数据

南水北调中线水源区藻类图集/李玉英，于潘主编.—北京：科学出版社，2024.5
ISBN 978-7-03-078368-4

Ⅰ.①南… Ⅱ.①李… ②于… Ⅲ.①南水北调–水利工程–水源地–藻类–图集 Ⅳ.①Q949.2-64

中国国家版本馆 CIP 数据核字（2024）第 072324 号

责任编辑：李 悦 / 责任校对：郑金红
责任印制：赵 博 / 封面设计：北京蓝正合融广告有限公司

科 学 出 版 社 出版
北京东黄城根北街 16 号
邮政编码：100717
http://www.sciencep.com
北京中科印刷有限公司印刷
科学出版社发行 各地新华书店经销

*

2024 年 5 月第 一 版 开本：787×1092 1/16
2025 年 5 月第二次印刷 印张：14 1/2 插页：106
字数：450 000

定价：398.00 元

（如有印装质量问题，我社负责调换）

编 委 会

主　编：李玉英　于　潘

副主编：曹　玥　李奕璇　杨　琳　姜小蝶
　　　　凡盼盼

参编者：刘　韩　王翠香　Beata Messyasz
　　　　王荣欣　杨正鑫　舒兆清　王宛平
　　　　焦明发　郭陆一　王鸿天　张鹏成

序

丹江口水库是南水北调中线工程的水源区，为国家一级水源保护区，在我国水源地保护和供水调配中有着极其重要的地位。丹江口水库的生态环境和水质安全直接影响北京和沿线各大中城市的生产、生活秩序和供水安全，关系到南水北调中线工程调水的成败。藻类是水生态系统中的初级生命体，对水质和水环境的变化十分敏感，能够作为水质监测和治理评价的重要依据。因此，摸清库区藻类本底资料，掌握其现状和变化规律，对于水库水生态环境保护和演变规律研究，具有十分重要的工程意义和科学价值。

《南水北调中线水源区藻类图集》收录了丹江口水库及其主要支流常见藻类 8 门 147 属 667 种（含变种及变型），描述了每个物种的形态特征和分布信息，并配有高质量的照片。本书可作为丹江口库区流域藻类鉴定和水生态研究的重要依据，亦可用作类似环境水域藻类的研究和教学参考用书。

南阳师范学院李玉英教授团队从事丹江口水库流域生态安全研究已 20 余年，在水源地藻类生物多样性调查与评估等方面做了大量的工作，积累了丰富的经验和重要的科学资料。该书由李玉英教授主持并与上海师范大学合作完成，本人见证了该书的撰写、照片拍摄、物种鉴定等工作，认为这是一本质量很高的淡水藻类图集，填补了南水北调水源区藻类研究的空白，并为确保水源区水质安全监测提供了科学依据。在该书出版之际，特此祝贺！

王全喜

2024 年 2 月 26 日

前　言

　　水资源作为人类社会可持续发展的要素之一，为全球经济社会发展提供了不可替代的生态服务功能。在当下人类活动对气候变化影响日益显现的大背景下，健康的河湖及其完整的生态系统是维护生态环境稳定发展、保障生态服务功能的重要基础。

　　在我国，水资源时空分布不均、人均水资源匮乏已成为制约经济社会可持续发展的重大问题。因此，南水北调工程是有效缓解北方水资源不足、改善当地生态环境的一项重要的战略性工程。工程规划分东、中、西三条调水线路，把长江、淮河、黄河、海河相连互通，形成了"四横三纵、南北调配、东西互济"的国家大水网格局。南水北调中线工程是世界上最大的跨流域水资源配置工程，也是南水北调工程中最为重要的措施之一，它采用了从长江、汉江、建设渠、鄂东水源地等水源地抽取水并利用中线输送至华北的方法，填补了我国北方地区供水缺口，改善了我国北方地区用水条件，提高了区域经济水平。自 2014 年 12 月通水以来，河南、河北、北京和天津 4 省（市）受益人口达 1.76 亿多人，累计调水超 700 亿 m^3，已成为沿线 40 多座大中城市的供水生命线。

　　丹江口水库作为南水北调中线工程水源地，为国家一级水源保护区，被誉为"亚洲天池"，有效库容为 290 亿 m^3，其中 90%来自汉江，10%来自丹江。丹江口水库生态环境和水质安全，直接影响北京和沿线各大中城市的生产、生活秩序，关系到南水北调中线工程调水的成败。2021 年 5 月，习近平总书记在考察丹江口水库时指示：要把水源区的生态环境保护工作作为重中之重，划出硬杠杠，坚定不移做好各项工作，守好这一库碧水。他在推进南水北调后续工程高质量发展座谈会中强调："南水北调工程事关战略全局、事关长远发展、事关人民福祉。"

　　水源地中的藻类群落结构与饮用水水质安全关系密切。藻类是水生态系统中最重要的初级生产者，位于食物链的始端，影响食物网结构平衡水生态系统中的能量流动和物质循环等生态过程。丹江口水库作为重要的饮用水水源地，在全球变暖和经济快速发展的背景下，存在局部过量营养盐输入和藻类水华暴发的潜在风险，并且在多水工混凝土结构的中线输水渠道中，水生态系统生境条件与河湖和一般输水管道存在较大差异，渠道系统中藻类群落消长演变规律尚不明晰。因此，对南水北调中线水源区及沿线藻类进行监测与研判，将对水质安全和安全输水都具有十分重要的意义，应成为保障南水北调中线干渠沿线饮用水安全的重要环节。

　　南阳师范学院南水北调流域生态安全团队自 2003 年开始，专注于丹江口水库流域生态安全研究。前期分别从水体的物理、化学和生物学等多学科联合开展丹江口水库水质状况研究。中线通水后，主要围绕丹江口水库、典型库湾及上游入库支流开展水生生物群落结构与湖库生态健康评价，基于环境 DNA 的水生生物（浮游真核生物和浮游细菌）监测和生物多样性评估，渠道内浮游生物、着生藻类及大气干湿沉降对中线干渠水质的影响，以及搭建基于超饱和溶解氧-超磁化复合工艺技术的宏观水处理系统提高低营养水体水质等领域研究，为南水北调中线水质安全做好技术保障服务。

丹江口水库横跨湖北、河南两省，由湖北境内的汉江库区（简称"汉库"）和河南境内的丹江库区（简称"丹库"）组成。为了更好地推进中线水源区保护工作，我们将丹江口水库的汉库、丹库及其典型入库支流等水域收集到的藻类，通过形态学进行分类和整理，汇编成《南水北调中线水源区藻类图集》。本书共收录淡水藻类 8 门 12 纲 25 目 52 科 147 属 667 种（含变种及变型），对每个物种的形态特征进行了描述，并提供了鉴定文献及分布情况。本书丰富了我国藻类生物学资源记录，可作为生物学、植物学、藻类学、生态学、水利工程、环境科学等领域的研究人员、院校相关专业师生的科研用书，也可供环境监测、环境保护部门的工作人员参考。

本书涉及的相关工作得到了河南省南水北调中线水源区流域生态安全国际联合实验室、科技部和教育部"南水北调中线水源区流域生态安全高等学校学科创新引智基地"项目（D23015）、河南省重点研发专项"南水北调中线水源区水质水量耦合优化调控关键技术研究与示范"（2211111520600）和国家自然科学基金面上项目"动态调水模式下生态系统重建过程中浮游藻类群落演替及其响应机制——以丹江口水库为例"（51879130）等的资助。

全书由南阳师范学院李玉英教授和上海师范大学于潘博士共同审定统稿。同时，特别鸣谢上海师范大学王全喜教授团队对本书出版给予的学术支持，其中王全喜教授在本书的撰写、成稿等方面都给予了大力支持并提出了宝贵意见，尤庆敏副研究员和庞婉婷副教授在物种鉴定方面提供了大量帮助。感谢温州大学李仁辉教授在蓝藻种类鉴定方面给予的指导和帮助。感谢德国基尔大学尼古拉·福雷尔（Nicola Fohrer）教授、美国波特兰州立大学潘仰东教授、日本京都大学中野·申一（Shin-ichi Nakano）教授和波兰波兹南亚当密茨凯维奇大学理查德·戈尔丁（Ryszard Goldyn）教授提供的专业咨询。

本书为南阳师范学院"南水北调中线水源区流域生态安全高等学校学科创新引智基地"的初期成果。鉴于编者水平和时间有限，书中难免有疏漏之处，恳请广大读者和同行批评指正。回望走过的路，我们认识到，对南水北调中线水源区的研究仅仅是迈出了第一步，还有很多未知的领域等待探索。我们热切希望有志于河湖藻类研究的国内外同仁参与研究，共同为"守好这一库碧水"，确保"一泓清水永续北上"提供智力支撑和技术保障。

主　编

2023 年 8 月

目 录

蓝藻门 Cyanophyta

蓝藻纲 Cyanophyceae ·· 2
  色球藻目 Chroococcales ·· 2
    平裂藻科 Merismopediaceae ··· 2
      平裂藻属 *Merismopedia* Meyen, 1839 ··· 2
      腔球藻属 *Coelosphaerium* Nägeli, 1849 ··· 2
      乌龙藻属 *Woronichinia* (Unger) Elenkin, 1933 ······································ 3
    微囊藻科 Microcystaceae ·· 3
      微囊藻属 *Microcystis* Kützing, 1833 ··· 3
    色球藻科 Chroococcaceae ··· 5
      色球藻属 *Chroococcus* Nägeli, 1849 ··· 5
  颤藻目 Oscillatoriales ·· 5
    颤藻科 Oscillatoriaceae ··· 5
      颤藻属 *Oscillatoria* Vaucher ex Gomont, 1892 ···································· 5
    假鱼腥藻科 Pseudanabaenaceae ·· 7
      假鱼腥藻属 *Pseudanabaena* Lauterborn, 1915 ······································ 7
  念珠藻目 Nostocales ·· 8
    念珠藻科 Nostocaceae ··· 8
      束丝藻属 *Aphanizomenon* Morren, 1838 ··· 8
      长孢藻属 *Dolichospermum* (Ralfs ex Bornet & Flahault) Wacklin, Hoffmann & Komárek, 2009 ·· 8

裸藻门 Euglenophyta

裸藻纲 Euglenophyceae ··· 11
  裸藻目 Euglenales ·· 11
    裸藻科 Euglenaceae ·· 11
      裸藻属 *Euglena* Ehrenberg, 1830 ··· 11
      柄裸藻属 *Colacium* Ehrenberg, 1838 ·· 14
      囊裸藻属 *Trachelomonas* Ehrenberg, 1834 ·· 14
      陀螺藻属 *Strombomonas* Ehrenberg, 1830 ·· 16

鳞孔藻属 *Lepocinclis* Perty, 1849 ·· 18

扁裸藻属 *Phacus* Dujardin, 1841 ·· 19

绿藻门 Chlorophyta

绿藻纲 Chlorophyceae ··· 22
  团藻目 Volvocales ··· 22
    衣藻科 Chlamydomonadaceae ··· 22
      衣藻属 *Chlamydomonas* Ehrenherg, 1833 ··· 22
      盘藻属 *Gonium* Müller, 1773 ·· 22
      实球藻属 *Pandorina* Bory, 1826 ··· 23
      空球藻属 *Eudorina* Ehrenberg, 1832 ··· 23
      杂球藻属 *Pleodorina* Shaw, 1894 ·· 23
      团藻属 *Volvox* Linnaeus, 1758 ·· 24
  绿球藻目 Chlorococcales ··· 24
    绿球藻科 Chlorococcaceae ·· 24
      微芒藻属 *Micractinium* Fresenius, 1858 ··· 24
      多芒藻属 *Golenkinia* Chodat, 1894 ··· 25
    小桩藻科 Characiaceae ·· 26
      弓形藻属 *Schroederia* (Lemmermann) Korshikov, 1953 ······················ 26
    小球藻科 Chlorellaceae ··· 26
      顶棘藻属 *Lagerheimiella* Chodat, 1895 ·· 26
      四角藻属 *Tetraedron* Kützing, 1845 ··· 27
      月牙藻属 *Selenastrum* Reinsch, 1866 ··· 27
      纤维藻属 *Ankistrodesmus* Corda, 1838 ··· 27
    卵囊藻科 Oocystaceae ·· 28
      并联藻属 *Quadrigula* Printz, 1916 ··· 28
      卵囊藻属 *Oocystis* Nägeli, 1855 ·· 28
    网球藻科 Dictyosphaeraceae ·· 29
      网球藻属 *Dictyosphaerium* Nägeli, 1849 ··· 29
    水网藻科 Hydrodictyaceae ·· 29
      水网藻属 *Hydrodictyon* Roth, 1797 ·· 29
      盘星藻属 *Pediastrum* Meyen, 1829 ··· 30
    空星藻科 Coelastruaceae ·· 33
      空星藻属 *Coelastrum* Nägeli, 1849 ·· 33
      集星藻属 *Actinastrum* Lagerheim, 1882 ··· 35

|　　　　栅藻科 Scenedesmaceae···35
|　　　　　　四链藻属 *Tetradesmus* Smith, 1913···35
|　　　　　　十字藻属 *Crucigenia* Morren, 1830···36
|　　　　　　栅藻属 *Scenedesmus* Meyen, 1829··36
共球藻纲 Trebouxiophyceae··42
|　共球藻目 Trebouxiales···42
|　　葡萄藻科 Botryococcaceae··42
|　　　　葡萄藻属 *Botryococcus* Kützing, 1849··42
丝藻纲 Ulothricophycees···43
|　丝藻目 Ulothricales···43
|　　丝藻科 Ulothricaceae··43
|　　　　丝藻属 *Ulothrix* Kützing, 1833··43
|　鞘藻目 Oedogoniales···43
|　　鞘藻科 Oedogoniaceae··43
|　　　　毛枝藻属 *Stigeoclonium* Kützing, 1843··43
|　　　　鞘藻属 *Oedogonium* Link, 1820··44
|　胶毛藻目 Chaetophorales···44
|　　胶毛藻科 Chaetophoraceae··44
|　　　　毛鞘藻属 *Bulbochaete* Agardh, 1817··44
双星藻纲 Zygnematophyceae··45
|　双星藻目 Zygnematales···45
|　　双星藻科 Zygnemataceae··45
|　　　　转板藻属 *Mougeotia* Agardh, 1824··45
|　　　　水绵属 *Spirogyra* Link, 1820··45
|　鼓藻目 Desmidiales···46
|　　鼓藻科 Desmidiaceae··46
|　　　　新月藻属 *Closterium* Nitzsch ex Ralfs, 1848··46
|　　　　鼓藻属 *Cosmarium* Corda ex Ralfs, 1848··47
|　　　　凹顶鼓藻属 *Euastrum* Ehrenberg ex Ralfs, 1848··51
|　　　　角星鼓藻属 *Staurastrum* Meyen ex Ralfs, 1848··52

甲藻门 Dinophyta

甲藻纲 Dinophyceae···55
|　多甲藻目 Peridiniales···55
|　　裸甲藻科 Gymnodiniaceae··55

裸甲藻属 *Gymnodinium* Stein, 1878 ······55
　多甲藻科 Peridiniaceae ······55
　　拟多甲藻属 *Peridiniopsis* Lemmermann, 1904 ······55
　角甲藻科 Ceratiaceae ······56
　　角甲藻属 *Ceratium* Schrank, 1793 ······56

隐藻门 Cryptophyta

隐藻纲 Cryptophyceae ······59
　隐藻目 Cryptales ······59
　　隐藻科 Cryptomonadaceae ······59
　　　蓝隐藻属 *Chroomonas* Hansgirg, 1885 ······59
　　　隐藻属 *Cryptomonas* Ehrenberg, 1831 ······59

金藻门 Chrysophyta

金藻纲 Chrysophyceae ······62
　色金藻目 Chromulinales ······62
　　锥囊藻科 Dinobryaceae ······62
　　　锥囊藻属 *Dinobryon* Ehrenberg, 1834 ······62

黄藻门 Xanthophyta

黄藻纲 Xanthophyceae ······64
　黄丝藻目 Tribonematales ······64
　　黄丝藻科 Tribonemataceae ······64
　　　黄丝藻属 *Tribonema* Derbès et Solier, 1851 ······64

硅藻门 Bacillariophyta

中心纲 Centricae ······66
　直链藻目 Melosirales ······66
　　直链藻科 Melosiraceae ······66
　　　直链藻属 *Melosira* Agardh, 1824 ······66
　　沟链藻科 Aulacoseiraceae ······66
　　　沟链藻属 *Aulacoseira* Thwaites, 1848 ······66
　海链藻目 Thalassiosirales ······68
　　海链藻科 Thalassiosiraceae ······68
　　　海链藻属 *Thalassiosira* Cleve, 1873 ······68

　　　　筛环藻属 *Conticribra* Stachura-Suchoples & Williams, 2009 ·················· 68
　　　　线筛藻属 *Lineaperpetua* Yu, You, Kociolek & Wang, 2023 ················ 69
　　骨条藻科 Skeletonemataceae ··· 69
　　　　骨条藻属 *Skeletonema* Greville, 1865 ·· 69
　　冠盘藻科 Stephanodiscaceae ··· 69
　　　　冠盘藻属 *Stephanodiscus* Ehrenberg, 1845 ···································· 69
　　　　环冠藻属 *Cyclostephanos* Round, 1987 ··· 70
　　　　小环藻属 *Cyclotella* (Kützing) Brébisson, 1838 ······························· 70
　　　　蓬氏藻属 *Pantocsekiella* Kiss & Ács, 2016 ····································· 72
　　　　碟星藻属 *Discostella* Houk & Klee, 2004 ······································ 72
　　　　琳达藻属 *Lindavia* (Schütt) De Toni & Forti, 1900 ························· 73
　　　　塞氏藻属 *Edtheriotia* Kociolek, You, Stepanek, Lowe & Wang, 2016 ········ 74
　盒形藻目 Biddulphiales ··· 74
　　盒形藻科 Biddulphiaceae ··· 74
　　　　侧链藻属 *Pleurosira* (Meneghini) Trevisan, 1848 ··························· 74
　角毛藻目 Chaetocerotales ··· 74
　　刺角藻科 Acanthocerataceae ··· 74
　　　　刺角藻属 *Acanthoceras* Honigmann, 1910 ··································· 74

羽纹纲 Pennatae ·· 76
　脆杆藻目 Fragilariales ·· 76
　　脆杆藻科 Fragilariaceae ·· 76
　　　　脆杆藻属 *Fragilaria* Lyngbye, 1819 ·· 76
　　　　肘形藻属 *Ulnaria* (Kützing) Compère, 2001 ································ 80
　　　　栉链藻属 *Ctenophora* (Grunow) Williams & Round, 1986 ············· 82
　　　　平格藻属 *Tabularia* Williams & Round, 1986 ······························· 83
　　十字脆杆藻科 Staurosiraceae ··· 83
　　　　十字脆杆藻属 *Staurosira* Ehrenberg, 1843 ·································· 83
　　　　窄十字脆杆藻属 *Staurosirella* Williams & Round, 1988 ················ 84
　　　　假十字脆杆藻属 *Pseudostaurosira* Williams & Round, 1988 ·········· 84
　　　　网孔藻属 *Punctastriata* Williams & Round, 1988 ························· 84
　　　　微壳藻属 *Nanofrustulum* Round, Hallsteinsen & Paasche, 1999 ······ 85
　　平板藻科 Tabellariaceae ·· 85
　　　　平板藻属 *Tabellaria* Ehrenberg ex Kützing, 1844 ························· 85
　　　　脆形藻属 *Fragilariforma* Williams & Round, 1988 ······················· 86
　　　　星杆藻属 *Asterionella* Hassall, 1850 ·· 86

等片藻属 *Diatoma* Bory de Saint-Vincent, 1824 ·········· 86
　　粗肋藻属 *Odontidium* Kützing, 1844 ·········· 87
短缝藻目 Eunotiales ·········· 87
　短缝藻科 Eunotiaceae ·········· 87
　　短缝藻属 *Eunotia* Ehrenberg, 1837 ·········· 87
舟形藻目 Naviculales ·········· 89
　舟形藻科 Naviculaceae ·········· 89
　　舟形藻属 *Navicula* Bory de Saint-Vincent, 1822 ·········· 89
　　多罗藻属 *Dorofeyukea* Kulikovskiy, Maltsev, Andreeva, Ludwig & Kociolek, 2019 ·········· 98
　　格形藻属 *Craticula* Grunow, 1867 ·········· 98
　　盘状藻属 *Placoneis* Mereschkowsky, 1903 ·········· 100
　　纳维藻属 *Navigeia* Bukhtiyarova, 2013 ·········· 101
　　泥栖藻属 *Luticola* Mann, 1990 ·········· 101
　　拉菲亚藻属 *Adlafia* Moser, Lange-Bertalot & Metzeltin, 1998 ·········· 104
　　全链藻属 *Diadesmis* Kützing, 1844 ·········· 104
　　马雅美藻属 *Mayamaea* Lange-Bertalot, 1997 ·········· 105
　　管状藻属 *Fistulifera* Lange-Bertalot, 1997 ·········· 105
　　宽纹藻属 *Hippodonta* Lange-Bertalot, Witkowski & Metzeltin, 1996 ·········· 105
　　鞍型藻属 *Sellaphora* Mereschkowsky, 1902 ·········· 106
　　假伪形属 *Pseudofallacia* Liu, Kociolek & Wang, 2012 ·········· 110
　　微肋藻属 *Microcostatus* Johansen & Sray, 1998 ·········· 111
　　伪形藻属 *Fallacia* Stickle & Mann, 1990 ·········· 111
　　双壁藻属 *Diploneis* (Ehrenberg) Cleve, 1894 ·········· 112
　　长篦藻属 *Neidium* Pfitzer, 1871 ·········· 113
　　异菱藻属 *Anomoeoneis* Pfitzer, 1871 ·········· 115
　　长篦形藻属 *Neidiomorpha* Lange-Bertalot & Cantonati, 2010 ·········· 115
　　暗额藻属 *Aneumastus* Mann & Stickle, 1990 ·········· 115
　　小林藻属 *Kobayasiella* Lange-Bertalot, 1999 ·········· 116
　　短纹藻属 *Brachysira* Kützing, 1836 ·········· 116
　　喜湿藻属 *Humidophila* (Lange-Bertalot & Werum) Lowe, Kociolek, Johansen, Van de Vijver, Lange-Bertalot & Kopalová, 2014 ·········· 117
　　肋缝藻属 *Frustulia* Rabenhorst, 1853 ·········· 117
　　双肋藻属 *Amphipleura* Kützing, 1844 ·········· 118
　　辐节藻属 *Stauroneis* Ehrenberg, 1843 ·········· 118

羽纹藻属 *Pinnularia* Ehrenberg, 1843 ··· 119
美壁藻属 *Caloneis* Cleve, 1894 ··· 122
布纹藻属 *Gyrosigma* Hassall, 1845 ·· 123
桥弯藻科 Cymbellaceae ··· 124
桥弯藻属 *Cymbella* Agardh, 1830 ·· 124
瑞氏藻属 *Reimeria* Kociolek & Stoermer, 1987 ···································· 129
弯肋藻属 *Cymbopleura* (Krammer) Krammer, 1999 ····························· 129
内丝藻属 *Encyonema* Kützing, 1833 ·· 131
优美藻属 *Delicatophycus* Wynne, 2019 ··· 134
拟内丝藻属 *Encyonopsis* Krammer, 1997 ·· 136
双眉藻科 Amphoraceae ··· 138
双眉藻属 *Amphora* Ehrenberg & Kützing, 1844 ··································· 138
海双眉藻属 *Halamphora* (Cleve) Levkov, 2009 ··································· 139
异极藻科 Gomphonemataceae ··· 140
异极藻属 *Gomphonema* Agardh, 1824 ··· 140
弯楔藻科 Rhoicospheniaceae ··· 151
弯楔藻属 *Rhoicosphenia* Grunow, 1860 ·· 151
楔异极藻属 *Gomphosphenia* Lange-Bertalot, 1995 ······························· 151
曲壳藻目 Achnanthales ··· 151
曲壳藻科 Achnanthaceae ··· 151
曲壳藻属 *Achnanthes* Bory de Saint-Vincent, 1822 ······························ 151
卵形藻科 Cocconeidaceae ··· 152
卵形藻属 *Cocconeis* Ehrenberg, 1837 ·· 152
曲丝藻科 Achnantheidaceae ·· 153
曲丝藻属 *Achnanthidium* Kützing, 1844 ·· 153
高氏藻属 *Gogorevia* Kulikovskiy, Glushchenko, Maltsev & Kociolek, 2020 ·· 158
片状藻属 *Platessa* Lange-Bertalot, 2004 ·· 159
卡氏藻属 *Karayevia* Round & Bukhtiyarova ex Round, 1998 ··············· 159
附萍藻属 *Lemnicola* Round & Basson, 1997 ·· 160
平面藻属 *Planothidium* Round & Bukhtiyarova, 1996 ·························· 160
真卵形藻属 *Eucocconeis* Cleve ex Meister, 1912 ································ 162
双菱藻目 Surirellales ··· 163
杆状藻科 Bacillariaceae ·· 163
杆状藻属 *Bacillaria* Gmelin, 1788 ·· 163

菱形藻属 *Nitzschia* Hassall, 1845 ··· 163
　　　西蒙森藻属 *Simonsenia* Lange-Bertalot, 1979 ··· 171
　　　菱板藻属 *Hantzschia* Grunow, 1877 ·· 172
　　　盘杆藻属 *Tryblionella* Smith, 1853 ·· 173
　　　细齿藻属 *Denticula* Kützing, 1844 ··· 175
　　　格鲁诺藻属 *Grunowia* Rabenhorst, 1864 ··· 175
　　棒杆藻科 Rhopalodiaceae ·· 176
　　　棒杆藻属 *Rhopalodia* Müller, 1895 ·· 176
　　　窗纹藻属 *Epithemia* Kützing, 1844 ··· 176
　　茧形藻科 Entomoneidaceae ··· 177
　　　茧形藻属 *Entomoneis* Ehrenberg, 1845 ·· 177
　　双菱藻科 Surirellaceae ·· 177
　　　双菱藻属 *Surirella* Turpin, 1828 ·· 177
　　　波缘藻属 *Cymatopleura* Smith, 1851 ··· 180

参考文献 ·· 183
附表一　采集记录表 ·· 194
中文名索引 ··· 198
拉丁名索引 ··· 206
图版

蓝藻门 Cyanophyta

蓝藻是一类原核生物（prokaryote），又称蓝细菌（cyanobacteria），其形态为单细胞、群体或丝状体。细胞无色素体和真正的细胞核等细胞器，原生质体分为外部色素区和无色的中央区。色素区除含有叶绿素 a、两种叶黄素外，还含有藻红素和藻蓝素，光合作用产物主要是蓝藻淀粉。无色中央区主要含有环丝状 DNA，无核膜、核仁。蓝藻的细胞壁由 3~4 层黏肽复合物构成；单细胞和群体类蓝藻的细胞壁外层常有个体或群体胶被，丝状体类蓝藻的细胞壁外常具胶鞘；胶鞘和胶被分层或不分层，无色或具有黄、褐、红、紫、蓝等颜色。有些丝状蓝藻具异形胞，异形胞常为球形，细胞壁厚，内含物稀少，在光学显微镜下无色透明。异形胞的着生位置是蓝藻分类的重要特征。

蓝藻的繁殖方式通常为细胞分裂，有些单细胞或群体类蓝藻可以形成外生孢子和内生孢子，丝状体类蓝藻除细胞分裂外，藻丝还能形成"藻殖段"，以"藻殖段"的方式进行营养繁殖。

蓝藻在各种水体或潮湿土壤、岩石、树干及树叶上都能生长，不少种类还能在干旱环境中生长繁殖。水生蓝藻多在含氮较高、有机质丰富、偏碱性的水体中生长，大量繁殖形成水华，破坏湖泊景观和水体生态环境，造成生态危害。

蓝藻的分类近年来变化较大，随着分子生物学研究的进展，出现了大量的新属和新种，许多常见的蓝藻类群分类地位也发生了变化。世界已报道的蓝藻约 400 属近 5000 种，本书收录常见蓝藻 1 纲 3 目 6 科 9 属 23 种。

蓝藻纲 Cyanophyceae

色球藻目 Chroococcales

平裂藻科 Merismopediaceae

平裂藻属 *Merismopedia* Meyen, 1839

原植体为群体，由一层细胞组成平板状，群体胶被无色、透明、柔软，群体中细胞排列整齐，通常 2 个细胞为一对，2 对为一组，4 个小组为一群，许多小群集合成大群体，群体中的细胞数目不定，小群体细胞多为 32~64 个，大群体细胞多可达数百个以至千个。细胞浅蓝绿色、亮绿色，少数为玫瑰红色至紫蓝色，原生质体均匀。

广泛分布在湖泊和池塘中，有时在夏季形成优势种，偶尔可以形成水华。

1. 优美平裂藻（图版 1: 1）

Merismopedia elegans Braun ex Kützing, 1849; 朱浩然, 1991, p. 80, pl. XXXI, fig. 13.

细胞球形、半球形以至宽卵形，群体中的细胞数目悬殊，少的仅由 16 个细胞组成，多的可由数百个以至数千个细胞组成。群体目力可见，宽达数厘米。细胞排列较紧密。细胞内的原生质体均匀，蓝绿色或呈鲜艳的蓝绿色。细胞直径 4.0~7.0 μm。

标本号：S25、S29、S30、S85、S89。

分布：磨沟河、鹳河、干渠白河段、天津。

2. 微小平裂藻（图版 1: 2）

Merismopedia tenuissima Lemmermann, 1898; 朱浩然, 1991, p. 79, pl. XXXI, fig. 9.

群体微小，呈正方形，由 16 个、32 个、64 个、128 个或更多个细胞组成，群体中的细胞常 4 个成一组，群体胶被薄。细胞球形、半球形，外具较明显或完全溶化的胶被。原生质体均匀，蓝绿色。细胞直径 1.3~2.0 μm。

标本号：S53。

分布：汉库。

腔球藻属 *Coelosphaerium* Nägeli, 1849

原植体为群体，球形、长圆形、椭圆形或略不规则。群体胶被厚，无色、均匀或具辐射状纹理；个体胶被缺或不明显。细胞球形、半球形、椭圆形或倒卵形，在群体胶被表面下排成完整的一层，形成中空的群体。

分布在湖泊、池塘中，常与微囊藻水华混生。

1. 居氏腔球藻（图版 1: 3）

Coelosphaerium kuetzingianum Nägeli, 1849; 胡鸿钧和魏印心, 2006, p. 60, pl. II-8, fig. 3.

群体球形或近球形，直径 33～50 μm，群体胶被无色透明。细胞近球形，单一或成对，在群体胶被的表面下排成一单层。原生质体均匀。细胞直径 1.5～3 μm。

标本号：S59、S80。

分布：汉库、丹库。

乌龙藻属 *Woronichinia* (Unger) Elenkin, 1933

原植体为群体，略为球形、肾形或椭圆形，通常由 2～4 个亚群体组成肾形或心形复合体；具无色、较透明胶被，胶被离细胞群体边缘较窄，5～10 μm；群体中央具辐射状或平行的分枝状胶质柄。细胞胶质柄常向外延伸形成类似管道状物，也使得胶被变厚，形成透明的放射层。细胞为长卵形、宽卵形或椭圆形，罕见圆球形。

常分布在大小湖泊中，夏季有时可形成优势。

1. 赖格乌龙藻（图版 2: 5）

Woronichinia naegeliana (Unger) Elenkin, 1933; 虞功亮等, 2011, p. 10, fig. 1.

群体球形、椭圆形、肾形或不规则心形，通常由多个小群体组成复合体，表面扭曲，不处于一个平面；胶被厚，无色或微黄色，较模糊；群体外围有呈辐射状较紧密单层排列的细胞。细胞末端具不易见的管状胶质柄，胶质柄在群体中央呈放射状分布，细胞胶质柄常向外延伸形成类似管道状物，形成透明的放射层。细胞蓝绿色，具气囊，卵形或椭圆形，长 4.2～10.1 μm，宽 3.7～5.6 μm。

标本号：S41、S60、S79、S80、S81、S82、S84、S85。

分布：汉库、丹库、干渠白河段。

微囊藻科 Microcystaceae

微囊藻属 *Microcystis* Kützing, 1833

原植体为不定形群体，常形成肉眼可见的团块，自由漂浮于水中或附生于水中其他基物上。群体球形、椭圆形或不规则形，有时具穿孔，形成网状或窗格状团块；胶被无色透明，少数种类有颜色；细胞数目极多，排列紧密而无规律，少数具两两成对的情况。个体细胞无胶被，球形或椭圆形，具气囊，但是一些群体中少量细胞无气囊，常出现在群体边缘处，光学显微镜下透亮。

广泛分布在湖泊、池塘、河道等水体中，是蓝藻水华的主要组成成分。

1. 假丝微囊藻（图版 1: 4）

Microcystis pseudofilamentosa Crow, 1923; 虞功亮等, 2007, p. 734. figs. 13-14.

群体窄长，带状，每隔一段有一个收缢，整个形成类似分节的串联体，一般宽 17～35 μm，长可达 1000 μm；胶被无色透明，不明显，易溶解，无折光；胶被内细胞排列密集，充满胶被。细胞球形。原生质体蓝绿色或茶青色。细胞直径 3.6～6.8 μm，均值（5.2±0.71）μm。

标本号：S20。

分布：丹库。

2. 铜绿微囊藻（图版 1: 5）

Microcystis aeruginosa Kützing, 1846；虞功亮等, 2007, p. 729, figs. 1-2.

群体形态变化较大，不规则形状；胶被也常破裂或穿孔，使群体成为树枝状或似窗格的网状体，胶被无色或微黄绿色，明显，无分层。细胞球形，排列较紧密。细胞直径 3.8～6.7 μm，均值（5.2±0.55）μm。

标本号：S20、S40、S44、S57、S58、S61、S78、S80、S81、S83、S85。

分布：丹库、汉库、泗河、丹江、干渠白河段。

3. 水华微囊藻（图版 1: 6）

Microcystis flos-aquae (Wittrock) Kirchner, 1898；朱浩然, 1991, p. 16, pl. II, fig. 8；虞功亮等, 2007, p. 731, figs. 7-8.

群体黑绿色或碧绿色，多为球形，较结实，成熟的群体不穿孔、不开裂；胶被不明显。细胞球形，密集。原生质体蓝绿色。细胞直径 3.0～6.6 μm，均值（4.8±0.45）μm。

标本号：S36、S50、S51、S72、S81、S83、S84。

分布：丹库、汉库、干渠白河段。

4. 惠氏微囊藻（图版 1: 7）

Microcystis wesenbergii (Komárek) Komárek ex Komárek, 2006；虞功亮等, 2007, p. 737, figs. 19-23.

群体形态多样，有球形、椭圆形、卵形、肾形、圆筒状、叶瓣状或不规则形，常通过胶被串联成树枝状或网状，组成肉眼可见的群体；胶被无色透亮，明显，边界明确，坚固不易溶解，分层且有明显折光，离细胞边缘远，距离 5～10 μm 或以上；胶被内细胞较少，细胞一般沿胶被单层随机排列，较少密集排列，有时也充满整个胶被。细胞较大，球形或近球形。原生质体深蓝绿色或深褐色。细胞直径 4.6～10.9 μm，均值（7.3±0.74）μm。

标本号：S27、S34、S36、S79、S81、S82、S83、S85、S86。

分布：鹳河、丹库、干渠白河段、干渠刁河段。

5. 挪氏微囊藻（图版 2: 1-2）

Microcystis novacekii (Komárek) Compère, 1974；王全喜和庞婉婷, 2023, p. 10, fig. (1-14).

群体球形或不规则球形，团块较小，直径一般 50～300 μm；群体之间通过胶被连接，一般为 3～5 个小群体连接成环状，群体内不形成穿孔或树枝状；胶被无色或微黄绿色，明显，边界模糊，易溶，无折光，离细胞边缘远，距离 5 μm 以上；胶被内细胞排列不紧密，外层细胞呈放射状排列，少数细胞散离群体。细胞球形。原生质体黄绿色。

细胞大小介于水华微囊藻与铜绿微囊藻之间，直径 4.3～7.8 μm，均值（5.1±0.71）μm。

标本号：S72、S82、S84。

分布：丹库、干渠白河段。

6. 史密斯微囊藻（图版 2: 3）

Microcystis smithii Komárek et Anagnostidis, 1995; 虞功亮等, 2007, p. 734. figs. 15-16.

群体球形或近球形，不形成穿孔或树枝状；胶被无色或微黄绿色，易见，边界模糊，无折光，易溶解，离细胞边缘远，距离 5 μm 以上；胶被内细胞稀疏而有规律地排列，单个或成对出现，细胞间隙较大，一般远大于其细胞直径。细胞球形，较小。原生质体蓝绿色或茶青色。细胞直径 3.1～6.8 μm，均值（5.3±0.63）μm。

标本号：S17、S27、S38、S79、S83、S84、S85。

分布：丹库、鹳河、汉库、丹库、干渠白河段。

色球藻科 Chroococcaceae

色球藻属 *Chroococcus* Nägeli, 1849

原植体多为 2～6 个或更多细胞（很少超过 64 个或 128 个）组成的群体，群体胶被较厚，均匀或分层，透明或黄褐色、红色、紫蓝色。细胞球形或半球形，胶被均匀或分层。原生质体均匀或具有颗粒，灰色、淡蓝绿色、蓝绿色、橄榄绿色、黄色或褐色。

广泛分布在池塘、湖泊、河道等水体中。

1. 膨胀色球藻（图版 2: 4）

Chroococcus turgidus (Kützing) Nägeli, 1849; 朱浩然, 1991, p. 34, pl. XI, fig. 2.

群体由 2 个、4 个、8 个或 16 个细胞所组成；胶被无色透明。细胞半球形，细胞相接触面处扁平。原生质体橄榄绿色、黄色，内具颗粒体细胞。细胞直径 10～12 μm，包括胶被时直径 16～17 μm。

标本号：S38。

分布：汉库。

颤藻目 Oscillatoriales

颤藻科 Oscillatoriaceae

颤藻属 *Oscillatoria* Vaucher ex Gomont, 1892

原植体为单条藻丝或由许多藻丝组成的皮壳状或块状漂浮群体，无鞘或很少具极薄的鞘。藻丝不分枝，直或扭曲，能颤动，横壁处收缢或不收缢。顶端细胞多样，末端增厚或具帽状体。细胞短柱状或盘状。原生质体均匀或具颗粒。

广泛分布在池塘、湖泊、河流等水体中。

1. 悦目颤藻（图版 2: 6）

Oscillatoria amoena Gomont, 1892; 朱浩然, 2007, p. 107, pl. LXXIII, fig. 5.

原植体略呈蓝绿色。藻丝直，横壁不收缢，或略收缢，末端渐尖细。细胞近方形，长宽相近，或长略大于宽，长 2.5～5 μm，横壁两侧具颗粒，顶端细胞头状，宽圆锥形，具帽状体。

标本号：S71。

分布：淇河。

2. 菌形颤藻（图版 2: 7）

Oscillatoria beggiatoiformis Gomont, 1892; 朱浩然, 2007, p. 109, pl. LXXIV, fig. 7.

原植体垫状，具钙质薄壳，灰白色。藻丝缠绕，蓝绿色，直，横壁不收缢，细胞横壁两侧具颗粒，顶端渐尖细。细胞长 4～7 μm，宽 4～5 μm，末端细胞头状，具帽状体。

标本号：S6。

分布：汉江。

3. 歪头颤藻（图版 2: 8）

Oscillatoria curviceps Agardh ex Gomont, 1892; 朱浩然, 2007, p. 112, pl. LXXVI, fig. 2.

原植体呈鲜蓝绿色或黑蓝绿色。藻丝直，末端弯曲或螺旋形，或微尖细，横壁不收缢。细胞横壁不具颗粒，末端细胞短圆形，不具帽状体，顶端微增厚。细胞长 2～5 μm，宽 10～12 μm，长为宽的 1/6～1/3。

标本号：S30。

分布：鹳河。

4. 泥泞颤藻（图版 2: 9）

Oscillatoria limosa Agardh ex Gomont, 1892; 朱浩然, 2007, p. 116, pl. LXXVII, fig. 1.

原植体为深蓝色或棕黄色（老时）的膜状物，藻丝很少单独存在，彼此绕成松散的团块。藻丝直，横壁不收缢，末端不明显地变细。细胞横壁两侧具颗粒，顶细胞圆锥形，外有一个加厚的膜，但无明显的帽状体。细胞长 2～5 μm，宽 11～15 μm。

标本号：S28。

分布：鹳河。

5. 巨颤藻（图版 3: 1）

Oscillatoria princeps Vaucher ex Gomont, 1892; 朱浩然, 2007, p. 120, pl. LXXIX, fig. 2.

原植体为橄榄绿色、蓝绿色、淡褐色、紫色或淡红色胶块。藻丝多数直，横壁处不收缢，末端略细或弯曲。细胞横壁不具颗粒，末端细胞扁圆形，略呈头状，外壁不增厚或略增厚。细胞长为宽的 0.09~0.25 倍，长 3.5~7.8 μm，宽 16~60 μm。

标本号：S26、S36、S42、S43、S83。

分布：金竹河、丹库、汉库。

6. 头冠颤藻（图版 3: 2）

Oscillatoria sancta Kützing ex Gomont, 1892; 朱浩然, 2007, p. 120, pl. LXXIX, fig. 2.

原植体呈黑蓝色，发亮，薄胶状。藻丝直或弯曲，横壁处无明显收缢，末端细胞略尖细，深蓝绿色或暗橄榄绿色。细胞盘状，长 2.5~6 μm，宽 10~12 μm，细胞横壁两侧具颗粒。末端细胞是扁平的半圆形，略呈头状，具增厚的壁。

标本号：S29、S36。

分布：鹳河、丹库。

7. 小颤藻（图版 3: 3）

Oscillatoria tenuis Agardh ex Gomont, 1892; 朱浩然, 2007, p. 125, pl. LXXXI, fig. 2.

原植体为胶质薄片，蓝绿色或橄榄绿色。藻丝直，横壁收缢，顶端直或弯曲，不渐尖，细胞横壁两侧具多数颗粒。细胞长 2.5~5 μm，宽 4~11 μm，顶端细胞半球形，外壁略增厚。

标本号：S71。

分布：淇河。

假鱼腥藻科 Pseudanabaenaceae

假鱼腥藻属 *Pseudanabaena* Lauterborn, 1915

原植体为单条藻丝组成的皮壳状或毡状漂浮群体。藻丝直或弯曲，无鞘，横壁处常收缢。顶端细胞无增厚的外壁，细胞柱状，长大于宽。细胞个体小，但有时数量较大。

广泛分布在湖泊、河流、池塘、沟渠等富营养化水体中。

1. 湖生假鱼腥藻（图版 3: 4）

Pseudanabaena limnetica (Lemmermann) Komárek, 1974; 朱浩然, 2007, p. 116, pl. LXXVII, fig. 5.

藻丝直或略弯曲，末端不渐细，横壁处有时明显收缢或无收缢。细胞柱状，长为宽的 2.5~8 倍，顶端细胞钝圆，无帽状体。原生质体均匀，浅蓝绿色或橄榄绿色。细胞长 3.2~8.4 μm，均值 5.1 μm；宽 1~3 μm，均值 1.9 μm。

标本号：S63。

分布：滔河。

2. 土生假鱼腥藻（图版 3: 5）

Pseudanabaena mucicola (Naumann et Huber-Pestalozzi) Schwabe, 1964; 朱浩然, 2007, p. 139, pl. LXXXVI, fig. 7.

藻丝短，直，常 3～5 个细胞，鞘薄且无色，藻丝顶端不尖细，横壁收缢。顶端细胞圆锥形，无帽状体。原生质体略具颗粒。细胞长 2.0～5.8 μm，宽 1.5～2.4 μm。

标本号：S17、S83、S84、S85、S87。

分布：丹库、丹库、干渠白河段、干渠刁河段。

念珠藻目 Nostocales

念珠藻科 Nostocaceae

束丝藻属 *Aphanizomenon* Morren, 1838

藻丝多数直，少数略弯曲，常多数组成束状群体，无鞘，顶端尖细。异形胞间生，孢子远离异形胞。

广泛分布在湖泊、池塘、河道中，夏季常形成优势，有时形成水华。

1. 水华束丝藻（图版 3: 6）

Aphanizomenon flos-aquae Ralfs ex Bornet & Flahault, 1886; 朱浩然, 2007, p. 153, pl. XCIV, fig. 2.

藻丝集合成束状，少数单生，直或略弯曲。细胞圆柱形，具气囊。异形胞近圆柱形，孢子长圆柱形。细胞长 7～20 μm，宽 5～7 μm。

标本号：S26、S34、S35、S36、S38、S39、S40、S41、S43、S44、S45、S46、S47、S48、S49、S52、S54、S55、S56、S57、S61、S64、S80、S81、S82、S83。

分布：金竹河、丹库、汉库、泗河、滔河、丹江。

长孢藻属 *Dolichospermum* (Ralfs ex Bornet & Flahault) Wacklin, Hoffmann & Komárek, 2009

原植体为单一丝体或不定形胶质块或呈柔软膜状。藻丝等宽或末端尖细，直或不规则的螺旋状弯曲。细胞圆球形、桶形。异形胞间生。孢子 1 个或几个成串，紧靠异形胞或位于异形胞之间。

长期以来，本属的大多数种被归为鱼腥藻属（*Anabeana*）中，近年来分类根据细胞内有气囊的特征，将其移到长孢藻属（*Dolichospermum*）中。

广泛分布在各种水体中，常在夏季与微囊藻混生，形成蓝藻水华。

1. 近亲长孢藻（图版 3: 7）

Dolichospermum affine (Lemmermann) Wacklin, Hoffmann & Komárek, 2009; 张毅鸽等, 2020, p. 1079, figs. 1(a-b).

藻丝呈线形或稍微弯曲，相互之间形成束状。两端的细胞比中间的细胞稍细，细胞球形或近球形，直径 4.2～6.9 μm，具气囊。异形胞球形，与营养细胞差不多或稍大，直径 4.9～9.2 μm。孢子椭圆形或长椭圆形，远离异形胞，长 6.8～17.2 μm，宽 5.1～8.9 μm。

标本号：S40、S45、S52、S63、S83、S84。

分布：汉库、丹库、滔河、干渠白河段。

2. 螺旋长孢藻（图版 3: 8-9）

Dolichospermum spiroides (Klebahn) Wacklin, Hoffmann & Komárek, 2009; 张毅鸽等, 2020, p. 1079, figs. 1(e-f).

藻丝单条，卷曲略不规则，宽 12.7～36.2 μm，螺间距 5.2～28.0 μm。细胞扁球形，长 3.2～8.3 μm，宽 5.1～9.8 μm。异形胞球形，直径 5.8～10.5 μm。厚壁孢子长椭圆形，远离异形胞，长 17.7～30.5 μm，宽 7.8～11.9 μm。

标本号：S26、S34、S39、S42、S44、S46、S49、S84、S85。

分布：金竹河、丹库、汉库、干渠白河段。

裸藻门 Euglenophyta

　　裸藻绝大多数为单细胞，只有极少数是由多个细胞聚合成的不定群体，体形多样，有纺锤形、卵形、圆柱形、椭圆形等。细胞表面具线纹，细胞形状和表质线纹的走向是裸藻分类的重要依据。裸藻具2条不等长鞭毛，一条为游动鞭毛，另一条起平衡作用，弯向后方，为拖曳鞭毛。大多数裸藻具红色眼点，具有对光发生反应的作用，是绿色裸藻类中特有的结构——光感受器。

　　裸藻属于真核生物，藻细胞无细胞壁，在长期演化的过程中，表质特化的程度不一：有些表质软的种类形状易变，可产生"裸藻状蠕动"；表质半硬化的种类，形状能略为改变，但不产生"裸藻状蠕动"；表质完全硬化的裸藻则形状固定，无法产生"裸藻状蠕动"。大多数裸藻具色素体，而色素体的有无、形状及其蛋白核的有无和形状是裸藻分类的重要依据。部分绿色裸藻细胞外具囊壳，其形状及纹饰可作为该部分裸藻的分类依据。某些无色裸藻具有复杂的杆形细胞器——杆状器，是用来摄食的，因此也被称作摄食器。裸藻的光合作用产物主要为副淀粉，在细胞内聚合成各种形状的副淀粉粒。副淀粉粒有杆形、环形、圆盘形、球形、椭圆形等，副淀粉粒的大小及形状也是鉴定裸藻种类的一个重要特征。

　　裸藻分布广泛，常见于淡水水体中，几乎各种小水体都有，包括水库、湖泊、池塘、小积水等，在全国各地分布广泛。裸藻也存在于海洋、土壤和直肠系膜中。裸藻的营养方式决定了大多数裸藻喜生于有机质较为丰富的环境中，甚至在有机污染的环境中也有它们的身影，有的裸藻特别耐有机污染，因此对有机污染有一定的指示作用。

　　裸藻的分类近年来变化较大，特别是绿色裸藻类，依据分子生物学数据，许多常见的类群分类地位也发生了变化。本书收录常见裸藻1纲1目1科6属33种5变种。

裸藻纲 Euglenophyceae

裸藻目 Euglenales

裸藻科 Euglenaceae

裸藻属 *Euglena* Ehrenberg, 1830

细胞易变，大多数表质柔软，具裸藻状蠕动，运动时多呈圆柱形或纺锤形，细胞外具螺旋形线纹。色素体1个至多个，呈球形、星形、瓣裂状或片状，蛋白核有或无。小颗粒状副淀粉粒呈椭圆形、短杆形或卵形等。

广泛分布在池塘、湖泊、沟渠等水体中，喜生于含氮量高的小水体中，特别是在一些养鱼池中可以形成优势种。

1. 血红裸藻（图版 4: 1）

Euglena sanguinea Ehrenberg, 1832; 王全喜和庞婉婷, 2023, p. 50, fig. (6-2).

细胞纺锤形，易变形，前端斜截状，后端渐尖呈尾状。叶绿体星形，数个，中央为具副淀粉鞘的蛋白核。副淀粉粒小，卵形颗粒状。核中位或中后位。眼点明显。细胞长35～170 μm，宽17～44 μm。本种在小型水体中可形成红色膜状水华。

标本号：S63。

分布：滔河。

2. 鱼形裸藻（图版 4: 2）

Euglena pisciformis Klebs, 1883; 施之新, 1999, p. 64, pl. XIX, figs. 4-6.

细胞易变形，常为纺锤形、纺锤状椭圆形或圆柱形，前端圆形或略斜截，后端圆形或具短尾突或渐尖成尾状。表质具自左向右的螺旋线纹。色素体片状或盘状，2～3个，边缘不整齐，周生并与纵轴平行，各具1个带副淀粉鞘的蛋白核。副淀粉粒小，颗粒状，通常数量不多。核中位或后位。鞭毛约为体长的1～1.5倍。眼点明显，呈圆形。细胞长18～51 μm，宽5～17 μm。

标本号：S14、S63。

分布：泗河、滔河。

3. 洁净裸藻（图版 4: 3）

Euglena clara Skuja, 1948; 施之新, 1999, p. 65, pl. XIX, figs. 11-12.

细胞易变形，常为椭圆形至椭圆状纺锤形，前端略平截或略斜截，后端狭圆形。表质具自左向右的螺旋细线纹。色素体圆盘形，6～8个，各具1个带副淀粉鞘的蛋白核。副淀粉粒为卵形或椭圆形小颗粒。核中位。鞭毛略长于体长。细胞长25～48 μm，宽10～18 μm。

标本号：S8、S14、S29、S63。

分布：神定河、泗河、鹳河、滔河。

4. 棒形裸藻（图版 4: 4）

Euglena clavata Skuja, 1948；施之新，1999, p. 68, pl. XXI, figs. 4-5.

细胞易变形，常为棒形或宽纺锤形，前端狭圆形，后端渐尖呈尾状。表质具自左向右的螺旋细线纹。色素体圆盘形，6～9个，边缘不整齐，呈波状瓣裂，各具1个带副淀粉鞘的蛋白核。副淀粉粒为卵形或椭圆形小颗粒。核中位。鞭毛约为体长的1.5倍。细胞长25～45 μm，宽12～20 μm。

标本号：S26、S30、S63、S65。

分布：金竹河、鹳河、滔河、丹江。

5. 多形裸藻（图版 4: 5）

Euglena polymorpha Dangeard, 1901；施之新，1999, p. 69, pl. XXI, figs. 8-9.

细胞易变形，常为圆柱状纺锤形或纺锤形，前端狭圆形且略斜截，后端渐细呈短尾状。表质具自左向右的螺旋线纹。色素体片状，4～10个或更多，边缘不整齐，呈瓣裂状，各具1个带副淀粉鞘的蛋白核。有时具裸藻红素。副淀粉粒为卵形或环形小颗粒，多数。核中位。鞭毛为体长的1～1.5倍。眼点深红色。细胞长70～87 μm，宽7～25 μm。

标本号：S57。

分布：泗河。

6. 尾裸藻（图版 4: 6）

Euglena caudata Huebner, 1886；施之新，1999, p. 69-70, pl. XXI, fig. 10.

细胞易变形，常为纺锤形，前端圆形，后端渐细呈尾状。表质具自左向右的螺旋线纹。色素体圆盘形，4～10个或更多，边缘不整齐，各具1个带副淀粉鞘的蛋白核。副淀粉粒为卵形或椭圆形小颗粒，多数。核中位。鞭毛约为体长的1～1.5倍。眼点深红色。细胞长70～115 μm，宽7～39 μm。

标本号：S8、S14、S63。

分布：神定河、泗河、滔河。

7. 静裸藻（图版 4: 7）

Euglena deses Ehrenberg, 1834；王全喜和庞婉婷，2023, p. 53, fig. (6-7).

细胞多为长圆柱形，易变形，前端狭圆形或尖形，后端渐尖呈短尾状。表质具自左向右的螺旋状线纹。色素体圆盘状。副淀粉粒杆形或环形。核中位。具淡红色眼点。细胞长 56～160 μm，宽 7～25 μm。

标本号：S14。

分布：泗河。

8. 梭形裸藻（图版 4: 8）

Euglena acus Ehrenberg, 1830; 王全喜和庞婉婷, 2023, p. 55, fig. (6-11).

细胞长纺锤形或圆柱形，表质半硬化，略变形，前端窄圆形或截形，后端逐渐变尖呈尾刺状。色素体小，圆盘形或卵形，多数，无蛋白核。副淀粉粒大，长杆状，多数。细胞长 100～155 μm，宽 6～14 μm。

标本号：S30。

分布：鹳河。

9. 尖尾裸藻（图版 4: 9）

Euglena oxyuris Schmarda, 1846; 施之新, 1999, p. 85, pl. XXIX, figs. 1-2.

细胞纺锤形，表质柔软，易变形，前端较窄，斜截状或钝圆状，后端逐渐变尖呈尾刺状。色素体圆盘形，多个，无蛋白核。副淀粉粒大，环形或砖形，位于核的前后两端。细胞长 100～450 μm，宽 16～61 μm。

标本号：S30。

分布：鹳河。

10. 三棱裸藻（图版 4: 10）

Euglena tripteris (Dujardin) Klebs, 1883; 王全喜和庞婉婷, 2023, p. 57, fig. (6-16).

细胞三棱形，表质半硬化，略变形，前端钝圆形，后端逐渐变尖呈尾刺状。色素体小，盘形或卵形，多个，无蛋白核。副淀粉粒大，杆状，2 个。细胞长 55～204 μm，宽 8～18 μm。

标本号：S30。

分布：鹳河。

11. 泽生裸藻（图版 4: 11）

Euglena limnophila Lemmermann, 1898; 施之新, 1999, p. 88-89, pl. XXX, fig. 7.

细胞纺锤形或圆柱状纺锤形，前端窄呈尖圆形，后端收缢成尖尾刺。表质具自左向右的螺旋线纹。色素体小，圆盘形，多个，无蛋白核。2 个大的副淀粉粒为杆形，分别位于核的前后两端，其余为卵形或杆形小颗粒。核中位。鞭毛约为体长的 1/2。细胞长 60～70 μm，宽 13～14 μm。

标本号：S30。

分布：鹳河。

柄裸藻属 *Colacium* Ehrenberg, 1838

细胞纺锤形、卵圆形或椭圆形，表质具线纹。细胞外具胶质包被，前端具胶质柄或胶垫，向下可附着在浮游动物（如甲壳动物、轮虫等）的体表上，细胞单个或多个连成群体，常从宿主体表脱落并伸出一条鞭毛而形成单个游动细胞。色素体呈圆盘形，有或无蛋白核。

常分布于富营养化的小水体中，附着在浮游动物体表。

1. 单一柄裸藻（图版 5: 1-3）

Colacium simplex Huber-Pestalozzi, 1955; 王全喜和庞婉婷, 2023, p. 58, fig. (6-18).

细胞卵形或卵圆形，前端窄呈尖圆形，后端宽圆。表质光滑。胶质柄极短。色素体圆盘形，多个，无蛋白核。副淀粉粒小，卵形或椭圆形。细胞长 12～14 μm，宽 7.5～12.5 μm。

标本号：S10、S11、S18、S19、S38、S63、S79、S81、S83。

分布：神定河、汉江、丹库、汉库、滔河、丹库。

2. 树状柄裸藻（图版 5: 4-5）

Colacium arbuscula Stein, 1878; 施之新, 1999, p. 92, pl. XXXI, figs. 15-16.

细胞椭圆形或椭圆状圆柱形，胶柄常呈多次双分叉，连成树状群体。表质具自左向右的螺旋形线纹。色素体圆盘形，多个，无蛋白核。副淀粉粒呈椭圆形的小颗粒，数量多少不等。细胞长 15～32 μm，宽 8～12 μm。

标本号：S19。

分布：丹库。

囊裸藻属 *Trachelomonas* Ehrenberg, 1834

细胞外具囊壳，囊壳呈球形、卵球形、椭圆形或圆柱形，因含铁、锰而呈棕色；囊壳顶端具孔，运动鞭毛从孔内伸出。囊壳外具纹饰，如点状凸起、刺、疣、脊等；囊壳内细胞特征与裸藻属 *Euglena* 相似。

广泛分布在池塘、沼泽、湖泊等水体中，喜生于池塘、沼泽等含铁、锰等金属离子的小水体中。

1. 旋转囊裸藻（图版 6: 1）

Trachelomonas volvocina Ehrenberg, 1834; 王全喜和庞婉婷, 2023, p. 59, fig. (6-20a).

囊壳球形，表面光滑。少数鞭毛孔具低领，有环状加厚圈。囊壳直径 10～25 μm。

标本号：S40、S59、S63、S84。

分布：汉库、滔河、干渠白河段。

2. 旋转囊裸藻点纹变种（图版 6: 2-3）

Trachelomonas volvocina var. *punctata* Playfair, 1915; 施之新, 1999, p. 100, pl. XXXII, fig. 8.

本变种与原变种的主要区别在于囊壳表面具细密的点孔纹，囊壳直径为 14～20 μm。

标本号：S10。

分布：神定河。

3. 矩圆囊裸藻（图版 6: 4）

Trachelomonas oblonga Lemmermann, 1900; 王全喜和庞婉婷, 2023, p. 59, fig. (6-22).

囊壳矩圆形或椭圆形，褐色或黄褐色，表面光滑。鞭毛孔有或无环状加厚圈，有的具低领。囊壳长 12～19 μm，宽 9～15 μm。

标本号：S8、S59、S63、S83。

分布：神定河、汉库、滔河、丹库。

4. 棘口囊裸藻（图版 6: 5）

Trachelomonas acanthostoma Stokes emend. Deflandre, 1926; 王全喜和庞婉婷, 2023, p. 62, fig. (6-27).

囊壳椭圆形，褐色，表面具密集点纹。鞭毛孔具低领，周围有一圈短棘。囊壳长 20～28 μm，宽 15～22 μm。

标本号：S63。

分布：滔河。

5. 浮游囊裸藻（图版 6: 6）

Trachelomonas planctonica Swirenko, 1914; 施之新, 1999, p. 119, pl. XXXV, fig. 15.

囊壳球形或近球形，褐色，表面具均匀分布的圆孔纹或点孔纹。鞭毛孔具领，领口具不规则齿刻。囊壳长 20～25 μm，宽 18～20 μm；领高 4 μm，宽 4 μm。

标本号：S2、S63。

分布：堵河、滔河。

6. 相似囊裸藻（图版 6: 7）

Trachelomonas similis Stokes, 1890; 施之新, 1999, p. 120-121, pl. XXXVII, fig. 1, pl. LXXXV, fig. 8.

囊壳椭圆形，黄褐色，表面具点纹，细密均匀。鞭毛孔具领，倾斜或弯曲，领口具不规则细齿刻。鞭毛约与体长相等。囊壳长 20～27 μm，宽 16～20 μm；领高 2.5～3.5 μm，宽 3.5～4 μm。

标本号：S25。

分布：磨沟河。

7. 棘刺囊裸藻具冠变种（图版 6: 8）

Trachelomonas hispida var. *coronata* Lemmermann, 1913; 施之新, 1999, p. 135-136, pl. XXXIX, fig. 18, pl. LXXXIII, fig. 1, pl. LXXXIV, fig. 1.

囊壳椭圆形，黄褐色或红褐色，表面具锥形短刺或乳突，排列规则或不规则，密集或稀疏，刺间常具点纹。鞭毛孔具一圈直向的尖锥刺，少数具低领。鞭毛约为体长的 1.5～2 倍。囊壳长 30～40 μm，宽 19～25 μm。

标本号：S63。

分布：滔河。

8. 华丽囊裸藻（图版 6: 9）

Trachelomonas superba Swirenko emend. Deflandre, 1914; 施之新, 1999, p. 136-138, pl. XL, fig. 1, pl. LXXXVI, fig. 1.

囊壳椭圆形，褐色或黄褐色，表面具粗壮的锥形刺，长度不等，同时具细密点孔纹。鞭毛孔有或无环状加厚圈，有时具低领且领口具齿刻。囊壳长 15～55 μm，宽 15～34 μm；刺长 2～8 μm。

标本号：S59、S63。

分布：汉库、滔河。

9. 细刺囊裸藻（图版 6: 10）

Trachelomonas klebsii Deflandre, 1926; 王全喜和庞婉婷, 2023, p. 66, fig. (6-34).

囊壳圆柱形，深褐色，前端平截状或圆形，后端圆形，两侧近平行，表面具短的密集锥刺。鞭毛孔无领，具环状加厚环。囊壳长 22～25 μm，宽 11～15 μm。

标本号：S14、S25。

分布：泗河、磨沟河。

陀螺藻属 *Strombomonas* Ehrenberg, 1830

细胞具囊壳，囊壳前端逐渐收缩呈长领状，壳体与领之间无明显的界限，多数囊壳后端逐渐变尖呈尾刺状。囊壳表面光滑或外具瘤突、皱纹，纹饰种类较囊裸藻属 *Trachelomonas* 少。囊壳内细胞特征与裸藻属 *Euglena* 相似。

常见于池塘、沟渠等小水体中。

1. 博里斯陀螺藻（图版 6: 11）

Strombomonas borystheniensis (Roll) Popova, 1955; 王全喜和庞婉婷, 2023, p. 69, fig. (6-40).

囊壳宽椭圆形或卵圆形，浅黄色，表面具不规则小颗粒。两端宽圆，前端具宽的低领，领口平直或呈斜截状，后端较窄。囊壳长 26～28 μm，宽 20～22.5 μm。

标本号：S63、S64。

分布：滔河。

2. 具瘤陀螺藻梯形变种（图版 6: 12）

Strombomonas verrucosa var. *zmiewika* (Swirenko) Deflandre, 1930; 施之新, 1999, p. 158, pl. XLV, fig. 6.

囊壳呈梯形，前窄后宽，前端具领，领口斜截开展并具细齿刻，后端具长尾刺，粗壮而直向。囊壳黄色或褐色，表面粗糙具不规则的瘤状颗粒。囊壳长 37~50 μm，宽 20~29 μm；领高 4.5~6 μm，领宽约 6 μm；尾刺长 5~14 μm。

标本号：S63。

分布：滔河。

3. 似孕陀螺藻短领变种（图版 6: 13）

Strombomonas praeliaris var. *brevicollum* Shi, 1998; 王全喜和庞婉婷, 2023, p. 70, fig. (6-43).

囊壳卵状圆球形，表面无点纹，前端具短领，开展状，具波状齿刻，后端具长尾刺。无色或淡褐色，表面具不规则分布的瘤突。囊壳长 38~41 μm，宽 20~22 μm；领高 5~6 μm，宽 5~6 μm；尾刺长 10~12 μm。

标本号：S63。

分布：滔河。

4. 缶形陀螺藻（图版 6: 14）

Strombomonas urceolata (Stokes) Deflandre, 1930; 施之新, 1999, p. 163-164, pl. XLVI, figs. 11-12.

囊壳缶形，两端几乎等宽，两侧近于平行或略弯，前端具一圆柱形的直领，领口略斜截，有时呈开展状，后端具一尾刺，直向或略弯，刺端尖锐或钝圆，黄褐色或透明，表面光滑。囊壳长 38~57 μm，宽 22~28 μm；领高 4~5.5 μm，宽 4.5~8 μm；尾刺长 7~8 μm。

标本号：S63。

分布：滔河。

5. 弯曲陀螺藻（图版 6: 15）

Strombomonas gibberosa (Playfair) Deflandre, 1930; 王全喜和庞婉婷, 2023, p. 71, fig. (6-46).

囊壳宽纺锤形或宽菱形，前端具宽的圆柱状领，中部膨大，两端渐狭，后端具粗壮的尖尾刺。囊壳长 40~60 μm，宽 15~36 μm；尾刺长 10~17 μm。

标本号：S63。

分布：滔河。

6. 三棱陀螺藻（图版 6: 16）

Strombomonas triquetra (Playfair) Defalandre, 1930; 王全喜和庞婉婷, 2023, p. 72, fig. (6-48).

囊壳五边形，表面粗糙具微颗粒及分布不规则的小瘤突，前端具短的圆柱状领，后端较前端窄，具短且钝的尾刺。囊壳长 40~50 μm，宽 21~30 μm；领高 4.5~7.0 μm，宽 6.2~7.1 μm；尾刺长 3.5~7 μm。

标本号：S63。

分布：滔河。

鳞孔藻属 *Lepocinclis* Perty, 1849

细胞卵形、球形、纺锤形或椭圆形，表质具线纹、肋纹、凸纹或颗粒，呈纵向或螺旋形排列，坚硬，形状固定，不具"裸藻状蠕动"。具多数小的盘状色素体，无蛋白核。副淀粉粒2个，呈大的环形。

分布于池塘、沟渠等流动缓慢的小水体中，在含氮量较高的鱼池中常见。

1. 盐生鳞孔藻（图版 7: 1）

Lepocinclis salina Fritsch, 1914; 王全喜和庞婉婷, 2023, p. 74, fig. (6-49).

细胞近卵形，前端窄，后端宽圆，表质厚，绿褐色，具螺旋线纹。副淀粉粒数个，球形、椭圆形或环形。细胞长 29～36 μm，宽 25～27 μm。

标本号：S30。

分布：鹳河。

2. 纺锤鳞孔藻（图版 7: 2）

Lepocinclis fusiformis (Carter) Lemmermann emnend. Conrad, 1901; 王全喜和庞婉婷, 2023, p. 74, fig. (6-51).

细胞宽纺锤形，前端呈喙状或截顶锥状，顶端中部常凹入，后端具乳头状尾突。副淀粉粒大，2个，环形，有时伴有小的卵形或椭圆形副淀粉粒。细胞长 30～38 μm，宽 23～26 μm。

标本号：S8、S63。

分布：神定河、滔河。

3. 卵形鳞孔藻（图版 7: 3）

Lepocinclis ovum (Ehrenberg) Lemmermann, 1901; 王全喜和庞婉婷, 2023, p. 76, figs. (6-54 a-b).

细胞椭圆形，两端宽圆，后端逐渐变尖形成短尾刺或乳头状短尾突。副淀粉粒大，2个，环形，有时伴有一些小的杆形副淀粉粒。细胞长 27～34 μm，宽 20～23 μm；尾刺长 1～3 μm。

标本号：S8、S63。

分布：神定河、滔河。

4. 卵形鳞孔藻球形变种（图版 7: 4）

Lepocinclis ovum var. *globula* (Perty) Lemmermann, 1901; 施之新, 1999, p. 187-188, pl. LIII, figs. 8-9.

本变种与原变种的主要区别为：细胞近球形或卵圆形，尾较短，鞭毛较长，为体长的 2～3 倍。细胞长 13～29 μm，宽 10～24 μm；尾刺长 1～2 μm。

标本号：S63。

分布：滔河。

扁裸藻属 *Phacus* Dujardin, 1841

细胞扁平，呈叶状，有时呈扭曲状，表质坚硬，不具"裸藻状蠕动"，表质具螺旋状线纹或纵向线纹。色素体小，呈盘状，多个，无蛋白核。副淀粉粒大，呈盘形、环形或假环形，1～2个。

扁裸藻的种类较多，广泛分布在池塘、沼泽、湖泊、沟渠、河流中，喜生于富营养化的鱼池及小池塘中。

1. 梨形扁裸藻（图版 7: 5-6）

Phacus pyrum (Ehrenberg) Stein, 1878; 王全喜和庞婉婷, 2023, p. 78, fig. (6-56).

细胞梨形，表质具 7～9 条自左上至右下的螺旋肋纹，前端宽圆，中央略微或明显凹入，后端逐渐变尖呈长尖尾刺状。副淀粉粒 2 个，介壳形。细胞长 20～42 μm，宽 10～16 μm；尾刺长 5～18 μm。

标本号：S30、S63、S82。

分布：鹳河、滔河、丹库。

2. 尖尾扁裸藻（图版 7: 7）

Phacus acuminatus Stokes, 1885; 王全喜和庞婉婷, 2023, p. 78, fig. (6-58a-b).

细胞宽卵形，表质具纵向线纹，前端略窄，顶端中央凹入，具明显的顶沟，延伸至中后部，后端具三角形短尾刺，直向或弯向一侧。副淀粉粒 2 个，一大一小，球形、假环形或圆盘形。细胞长 23～37 μm，宽 20～30 μm；尾刺长 2.4～4 μm。

标本号：S63。

分布：滔河。

3. 近圆扁裸藻（图版 7: 8）

Phacus circulatus Pochmann, 1942; 王全喜和庞婉婷, 2023, p. 80, fig. (6-59).

细胞近圆形，表质具纵向线纹，前端略窄，顶端中央略凹入，后端宽圆，具短尖尾刺，弯向一侧。副淀粉粒大，1 个，假环形。细胞长 26～35 μm，宽 23～26 μm；尾刺长 3～4 μm。

标本号：S63。

分布：滔河。

4. 收缢扁裸藻（图版 7: 9）

Phacus contractus Shi, 1994; 施之新, 1999, p. 218, pl. LXIV, figs. 2-4.

细胞呈矩形或梯形，较厚，前端平截形，中央凹入，后部略宽，尾刺较细长，弯向一侧，两侧几乎平行，中间对称地各具 1 个波状收缢，侧面观和顶面观均呈纺锤形。表质具纵线纹。副淀粉粒有 1 个大的呈线轴状假环形，其长度几乎等于细胞的厚度，中位，此外还有 1 个至数个球形小副淀粉粒。核后位。眼点明显。细胞长 43～60 μm，宽 18～40 μm，厚 15～16 μm；尾刺长 12～13 μm。

标本号：S30。

分布：鹳河。

5. 宽扁裸藻（图版 7: 10）

Phacus pleuronectes (Ehrenberg) Dujardin, 1841；施之新, 1999, p. 228, pl. LXX, figs. 1-2.

细胞近圆形，两端宽圆，前端中央略凹，后端具向一侧弯曲的尖尾刺，腹面平坦，背面具隆脊，由前部延伸至中部，侧面观狭梭形。表质具纵线纹。副淀粉粒 1～2 个，较大，呈喇叭状假环形。核后位。鞭毛约与体长相等。细胞长 40～80 μm，宽 30～50 μm；尾刺长 12～18 μm。

标本号：S63。

分布：滔河。

6. 长尾扁裸藻（图版 7: 11）

Phacus longicauda (Ehrenberg) Dujardin, 1841；施之新, 1999, p. 231-232, pl. LXXI, fig. 1.

细胞宽倒卵形或梨形，前端宽圆，顶沟浅但明显，后端渐窄且收缢成细长的尾刺，尾刺直向或略弯曲。表质具纵线纹。副淀粉粒 1 个至数个，较大，环形、圆盘形或假环形，有时伴有一些圆形或椭圆形的小颗粒。核中位偏后。鞭毛约与体长相等。细胞长 85～140 μm，宽 40～50 μm；尾刺长 45～60 μm。

标本号：S30。

分布：鹳河。

绿藻门 Chlorophyta

绿藻门的植物体是多种多样的，有单细胞、群体、丝状体和薄壁组织体。少数种类的营养细胞前端具鞭毛，多数种类的营养细胞不能运动，但在繁殖时形成具鞭毛的孢子和配子，能够运动。鞭毛通常是 2 条或 4 条，顶生，等长，尾鞭型。

绿藻细胞壁的主要成分是纤维素和果胶质，色素体的形状变化很大，所含的色素与高等植物相同，有叶绿素 a、叶绿素 b、β-胡萝卜素及叶黄素。色素体通常具 1 个至数个蛋白核，光合作用产物淀粉多贮于蛋白核周围成为淀粉鞘，细胞核 1 个至多个。

绿藻的繁殖方式多样，有营养繁殖、无性生殖和有性生殖。营养繁殖有细胞分裂、藻丝断裂、形成胶群体等；无性生殖可产生游动孢子、不动孢子、似亲孢子等；有性生殖除同配生殖、异配生殖和卵式生殖外，还可以产生没有鞭毛的配子相结合的接合生殖。

绿藻是最常见的藻类之一，约 90% 为淡水种类，海水种类约为 10%。淡水种类广布于湖泊、池塘、沼泽、河流等水体中，浮游或固着生活，在潮湿的土壤、墙壁、树干上也常有分布，甚至在冰雪中也能找到。海水种类多分布在海洋沿岸的海水中，固着在岩石上。

绿藻世界已知 450 属 8000 余种，本书收录常见绿藻 4 纲 8 目 16 科 34 属 86 种 15 变种 1 变型[1]。

---

1 绿藻的分类学研究近年来发展很快，在纲、目的级别上也有很大变化，随着分子生物学的引入，出现了许多新观点，本书仍沿用经典的形态分类学的观点，采用《中国淡水藻志》上的分类系统和种属概念。

绿藻纲 Chlorophyceae

团藻目 Volvocales

衣藻科 Chlamydomonadaceae

衣藻属 *Chlamydomonas* Ehrenherg, 1833

植物体为游动单细胞。细胞球形、卵形、椭圆形或宽纺锤形等，细胞壁平滑，具或不具胶被。细胞前端中央具或不具乳头状凸起，具2条等长的鞭毛，鞭毛基部具1个或2个伸缩泡。大型色素体1个，多数杯状，少数片状、"H"形或星状等，具1个蛋白核，少数具2个或多个。眼点位于细胞的一侧，橘红色。

本属种类多，鉴定困难，分布广泛，多在有机质丰富的小水体中。

1. 单胞衣藻（图版 8: 1）

Chlamydomonas monadina Stein, 1878; 胡鸿钧, 2015, p. 44, fig. 60.

细胞近球形至短椭圆形，细胞壁明显。细胞前端中央具1个短而宽大、顶部平的乳状凸起，具2条等长的或略长于细胞的鞭毛。色素体侧缘和基部增厚呈杯状，赤道面上的色素体增厚特别显著，赤道面上具1个大的马蹄形的蛋白核。细胞核位于细胞近中央偏前端。细胞长 10～40 μm，宽 10～38 μm。

标本号：S53。

分布：汉库。

盘藻属 *Gonium* Müller, 1773

植物体为群体，板状方形，由4～32个细胞组成，排列在一个平面上，具胶被。细胞的个体胶被明显，彼此由胶被部分相连，呈网状，中央具1个大的空腔。细胞形态构造相同，球形、卵形、椭圆形，前端具2条等长的鞭毛；色素体大，杯状，近基部具1个蛋白核。具1个眼点，位于细胞近前端。

1. 盘藻（图版 8: 3-4）

Gonium pectorale Müller, 1773; 胡鸿钧和魏印心, 2006, p. 572, pl. XIV, fig. 5.

群体绝大多数由16个细胞组成，在1个平面上呈方形排列。细胞宽椭圆形至略为倒卵形，前端具2条等长的鞭毛，近基部具1个大的蛋白核。群体直径 40～65 μm，细胞长 8～12 μm，宽 6～11 μm。

标本号：S12、S33。

分布：汉江、鹳河。

实球藻属 *Pandorina* Bory, 1826

植物体为定形群体，群体具胶被，球形或短椭圆状，由 8 个、16 个、32 个（常见为 16 个）细胞组成，细胞彼此紧贴，位于群体中心，细胞间常无间隙，或仅在群体的中心有小的空间。细胞球形、倒卵形、楔形，前端具 2 条等长的鞭毛，色素体多为杯状，少数为块状或长线状，具 1 个或数个蛋白核。具 1 个眼点。

分布广泛，常见于有机质含量较高的浅水湖泊和鱼池中。

1. 实球藻（图版 8: 2）

Pandorina morum (Müller) Bory, 1826; 胡鸿钧和魏印心, 2006, p. 573, pl. XIV, fig. 7.

群体球形或椭圆形，胶被边缘狭，细胞互相紧贴在中心，常无空隙。细胞倒卵形或楔形，前端钝圆，向群体外侧，后端渐狭，具 2 条等长鞭毛。群体直径 25～60 μm，细胞直径 7～15 μm。

标本号：S6、S7、S30、S33、S37、S41、S42、S43、S44、S45、S46、S48、S49、S53、S54、S55、S60、S63、S82。

分布：汉江、鹳河、丹库、汉库、泗河、滔河。

空球藻属 *Eudorina* Ehrenberg, 1832

植物体为定形群体，椭圆形，罕见球形，由 16 个、32 个、64 个（常见为 32 个）细胞组成。群体细胞彼此分离，排列在群体胶被的周边，群体胶被表面平滑或具胶质小刺，个体胶被彼此融合。细胞球形，壁薄，中央具 2 条等长的鞭毛。色素体杯状，仅 1 个种的色素体为长线状，具 1 个或数个蛋白核。眼点位于细胞前端。

分布广泛，常见于有机质丰富的小水体。

1. 空球藻（图版 8: 5）

Eudorina elegans Ehrenberg, 1832; 胡鸿钧和魏印心, 2006, p. 574, pl. XIV, fig. 8.

群体椭圆形或球形，细胞彼此分离，排列在群体胶被周边，胶被表面平滑。细胞球形，壁薄，前端向群体外侧，中央具 2 条等长的鞭毛。群体直径 50～200 μm，细胞直径 10～24 μm。

标本号：S2、S18、S19、S26、S30、S34、S35、S39、S41、S43、S44、S46、S47、S48、S83。

分布：堵河、丹库、金竹河、鹳河、丹库、汉库。

杂球藻属 *Pleodorina* Shaw, 1894

植物体为定形群体，球形或宽椭圆形，由 32 个、64 个、128 个细胞组成，具胶被。群体细胞彼此分离，排列在群体胶被周边，个体胶被彼此融合。群体内具大小不同的两种细胞，较大的为生殖细胞，较小的为营养细胞，生殖细胞比营养细胞大 2～3 倍。细胞球形至卵形，前端中央具 2 条等长的鞭毛。色素体杯状，充满细胞，营养细胞具 1 个蛋白核。眼点位于细胞的近前端一侧。

分布在湖泊、池塘中。

1. 杂球藻（图版 8: 6）

Pleodorina californica Shaw, 1894; 胡鸿钧和魏印心, 2006, p. 574, pl. XIV, fig. 1.

群体宽椭圆形，群体细胞彼此分离，排列在群体胶被周边。细胞球形，前端中央具 2 条等长的鞭毛，基部具 2 个伸缩泡。群体直径 60～356 μm，营养细胞直径 12～26 μm，生殖细胞直径 5～8 μm。

标本号：S52。

分布：汉库。

团藻属 *Volvox* Linnaeus, 1758

植物体为定形群体，球形、卵形或椭圆形，由 512 个至数万个（50 000）细胞组成，具胶被。细胞球形、卵形、扁球形，前端中央具 2 条等长的鞭毛。色素体杯状、碗状或盘状，具 1 个蛋白核。眼点位于细胞的近前端一侧。细胞核位于细胞的中央。群体细胞彼此分离，排列在无色的群体胶被周边，个体胶被彼此融合或不融合。成熟的群体，包含若干个幼小的子群体。成熟的群体胞，分化成营养细胞和生殖细胞，细胞间具或不具细胞质连丝。

广泛分布，常见于温度偏低，较为清洁的湖泊、池塘等水体中。

1. 美丽团藻（图版 8: 7-8）

Volvox aureus Ehrenberg, 1832; 胡鸿钧和魏印心, 2006, p. 577, pl. XIV, fig. 3.

群体球形或椭圆形，由 500～4000 个细胞组成。群体细胞彼此分离，排列在群体胶被周边。细胞彼此由极细的细胞质连丝连接，细胞胶彼此融合。细胞卵形至椭圆形，前端中央具 2 条等长的鞭毛。群体直径 370～600 μm，细胞直径 4～9 μm。

标本号：S52。

分布：汉库。

绿球藻目 Chlorococcales

绿球藻科 Chlorococcaceae

微芒藻属 *Micractinium* Fresenius, 1858

植物体为群体，由 4 个、8 个、16 个、32 个或更多的细胞组成，排成四方形、角锥形或球形，细胞有规律地互相聚集，无胶被，有时形成复合群体。细胞多为球形或略扁平；色素体 1 个，周生，杯状，具 1 个蛋白核或无。外侧的细胞壁表面具 1～10 根长粗刺。

广泛分布在湖泊、池塘、河流等富营养化水体中。

1. 微芒藻（图版 9: 1）

Micractinium pusillum Fresenius, 1858; 毕列爵和胡征宇, 2004, p. 10, pl. III, fig. 1.

植物体常由 4 个、8 个、16 个或 32 个细胞组成群体；细胞多数每 4 个成为一组，排成四方形或角锥形，有时每 8 个细胞为一组，排成球形。单细胞球形，具 1 个蛋白核，细胞外侧具 2～5 条长粗刺，罕为 1 条。细胞直径 4～10 μm，刺长 20～80 μm。

标本号：S8。

分布：神定河。

2. 博恩微芒藻（图版 9: 2）

Micractinium bornhemiensis (Conrad) Korschikoff, 1987; 毕列爵和胡征宇, 2004, p. 11, pl. III, fig. 2.

群体由 16 个、32 个、64 个或 128 个细胞组成复合群体，细胞互相接触，紧密排列，呈金字塔状。细胞球形或倒卵形，具 1 个蛋白核或无。外侧的细胞壁表面具 1～3 根无色的刺。细胞直径 3～8 μm，刺长 25～77 μm。

标本号：S12。

分布：汉江。

3. 四刺微芒藻（图版 9: 3）

Micractinium quadrisetum (Lemmermann) Smith, 1916; 毕列爵和胡征宇, 2004, p. 11, pl. IV, fig. 2.

群体由 4 个细胞组成，偶为 16 个，细胞各以其基部相接触，排列成十字形的平板，而在中央围成一个长方形的空间。细胞卵形或近球形，具 1 个蛋白核。外侧细胞壁的表面具 1～4 根长而尖的刺。细胞直径 4～10 μm，刺长 20～50 μm。

标本号：S30。

分布：鹳河。

多芒藻属 *Golenkinia* Chodat, 1894

植物体为单细胞，细胞球形。细胞壁薄，具一层很薄的胶被，表面具许多排列不规则的、基部不明显粗大的纤细无色透明的刺，有时因含有铁质而呈褐色。色素体 1 个，杯状，周位，具 1 个蛋白核。

广泛分布在湖泊、池塘、河流等中富营养化水体中。

1. 辐射多芒藻（图版 9: 4）

Golenkinia radiata Chodat, 1894; 毕列爵和胡征宇, 2004, p. 14-15, pl. V, fig. 3.

细胞球形。刺极纤细而长，无明显的基部加厚部分。色素体 1 个，充满整个细胞。细胞直径 12～20 μm，刺长 10～30 μm。

标本号：S30。

分布：鹳河。

小桩藻科 Characiaceae

弓形藻属 *Schroederia* (Lemmermann) Korshikov, 1953

植物体为单细胞，细胞针形、长纺锤形、新月形、弧曲形和螺旋状，直或弯曲。细胞两端的细胞壁延伸为长刺，刺直或略弯，其末端均尖细。色素体1个，周生，片状，几乎充满整个细胞，常具1个蛋白核。细胞核1个，老的细胞可为多个。

广泛分布在湖泊、池塘、河流等中富营养化水体中。

1. 弓形藻（图版 9: 6）

Schroederia setiger (Schröder) Lemmermann, 1898; 毕列爵和胡征宇, 2004, p. 26, pl. VIII, fig. 10.

细胞纺锤形。两端细胞壁延伸为细长的无色的刺，末端均尖细。色素体具1个蛋白核，罕见2个。细胞长 18～92 μm，宽 5～7 μm，含刺长 100～197 μm。

标本号：S30。

分布：鹳河。

2. 硬弓形藻（图版 9: 7）

Schroederia robusta Korshikov, 1953; 毕列爵和胡征宇, 2004, p. 27, pl. VIII, fig. 13.

细胞常略弯曲成弓形或新月形，中部纺锤形或长纺锤形。两端细胞壁分别延伸成刺，向前渐尖。细胞包括刺长 100 μm，宽 4～6 μm。

标本号：S63。

分布：滔河。

小球藻科 Chlorellaceae

顶棘藻属 *Lagerheimiella* Chodat, 1895

植物体为单细胞，极罕有胶被。细胞卵形、椭圆形、卵圆柱形，两端多宽圆或略光圆。细胞壁无色，两端或两端及中部具褐色或无色的长短不一的刺，2根或数根，刺基部具或不具褐色的结节或凸起部分。色素体1个或数个，片状或盘状，周位，具1个或不具蛋白核。

广泛分布在湖泊、池塘、河流等中富营养化水体中。

1. 柠檬形顶棘藻（图版 9: 5）

Lagerheimiella citriformis (Snow) Collins, 1918; 毕列爵和胡征宇, 2004, p. 37, pl. X, fig. 11.

细胞椭圆形至卵圆形，两端具喙状凸起。细胞壁两端具刺，每端有4～8根，纤细。

色素体单一，具 1 个蛋白核。细胞长 15～30 μm，宽 8～15 μm，刺长 15～50 μm。

标本号：S30。

分布：鹳河。

四角藻属 *Tetraedron* Kützing, 1845

植物体单细胞。细胞扁平，常为角锥形，具 3～5 个角，角分叉或不分叉，角延长成凸起或无，角或凸起顶端的细胞壁常形成棘刺。细胞具 1 个或多个盘状或多角形片状的色素体，各具 1 个蛋白核或无。

广泛分布在湖泊、池塘、河流等中富营养化水体中。

1. 细小四角藻（图版 9: 8）

Tetraedron minimum (Braun) Hansgirg, 1889; 毕列爵和胡征宇，2004, p. 49, pl. XIV, figs. 9-10.

细胞扁平，镜面观为整齐或略不整齐四边形，边缘内凹，有时一对边缘较另一对更内凹。角突 4 个，钝圆或略尖，顶端无刺或罕具 1 个细小突孔。细胞宽 6～8.5 μm。

标本号：S27。

分布：鹳河。

月牙藻属 *Selenastrum* Reinsch, 1866

植物体常 4 个、8 个或更多个（16 个、32 个等）细胞聚在一起。细胞为规则的新月形或镰形，两端尖，常以其背部凸出的部分互相接触而成外观较有规则的四边形。色素体 1 个，片状，周位，具 1 个或不具蛋白核。

广泛分布在湖泊、池塘、河流等中富营养化水体中。

1. 纤细月牙藻（图版 9: 9）

Selenastrum gracile Reinsch, 1866; 毕列爵和胡征宇，2004, p. 69, pl. XIX, fig. 9.

细胞新月形或镰形，两端渐狭而同向弯曲，以细胞的背部凸出部分相接触，有时 8 个、16 个、32 个甚至 64 个细胞群集于一起，均无胶被。色素体 1 个，片状。细胞长 11～20 μm，宽 3～5 μm。

标本号：S30、S59。

分布：鹳河、汉库。

纤维藻属 *Ankistrodesmus* Corda, 1838

植物体为单细胞或 2 个、4 个、8 个、16 个或更多个细胞聚集成群，浮游。细胞大多细长，针形、月形或狭纺锤形，直或弯曲，自中部向两端渐细，末端常为尖形，罕为钝圆形。每个细胞具 1 个周生的片状色素体，占细胞的绝大部分，有时分散成数块，有或无蛋白核。

本属藻类分布极广，在各种类型的水体中都能生长繁殖，在较肥沃的小水体中更为常见。

1. 镰形纤维藻（图版 9: 10）

Ankistrodesmus falcatus (Corda) Ralfs, 1848; 毕列爵和胡征宇, 2004, p. 73, pl. XX, fig. 6.

植物体偶单细胞，多由 4 个、8 个、16 个或更多的细胞聚集在一起，常在细胞背面中部略凸处相连，并以其长轴互相平行整体成为束状，体外无或极罕有共同胶被。细胞纤细，长纺锤形，两端渐尖细，有时略弯曲呈弓形或镰刀状。色素体片状，具 1 个蛋白核。细胞长 30～50 μm，宽 3～4 μm。

标本号：S11。

分布：汉江。

卵囊藻科 Oocystaceae

并联藻属 *Quadrigula* Printz, 1916

植物体为单细胞，或由 2 个、4 个、8 个或更多的细胞聚集在一个共同的透明胶被内，常 2 个或 4 个或更多个为一组，各以其长轴互相平行排列，但细胞与细胞间并不紧密相连接，其上下两端平齐或不平齐或相互错列，略与共同胶被的长轴相平行，偶略垂直，分散在胶被之内。细胞多为纺锤形、新月形、柱状长圆形或长椭圆形等，两端略尖细。色素体 1 个，片状，周位，不具或具 1～2 个蛋白核。

分布于湖泊、池塘、河流等中富营养化水体中。

1. 湖生并联藻（图版 9: 11）

Quadrigula lacustris (Chodat) Smith, 1920; 毕列爵和胡征宇, 2004, p. 87, pl. XXII, fig. 13.

植物体由 4 个、8 个、16 个或更多细胞聚集在一个透明的两端较尖的纺锤形胶被中，常 2 个、4 个或更多个细胞一组，以其长轴相互平行，以侧面一部分互相接触并与胶被的长轴平行。细胞纺锤形，直或略有弯曲，两端较尖。色素体 1 个，片状，周位，具 1 个蛋白核。细胞长 17～26 μm，宽 4～5 μm。

标本号：S45。

分布：汉库。

卵囊藻属 *Oocystis* Nägeli, 1855

植物体为单细胞，细胞壁能扩大和不同程度地胶化，并能在一段时间内保持一定的形态，常包括 2～16 个似亲孢子在内，使整个母细胞成为细胞数目固定，但不互相联结的细胞群体。细胞具各种不同的形状和大小，细胞壁薄或厚，壁的两端常有特别加厚，并分别形成大小不同的圆锥状或结节。色素体 1 个或多个，形状多变，多为周位或侧位，每个色素体内具 1 个或不具蛋白核。

广泛分布在湖泊、池塘、河流等中富营养化水体中。

1. 水生卵囊藻（图版 10: 1）

Oocystis submarina Lagerheim, 1886; 毕列爵和胡征宇, 2004, p. 101, pl. XXVII, figs. 3-5.

母细胞壁内含 2～4 个或更多细胞。细胞长椭圆形，细胞壁两端有短圆锥状的增厚。

色素体 1~2 个，各具 1 个蛋白核。细胞长 14~17 μm，宽 10~12 μm。

标本号：S19、S20、S34、S61、S81、S87。

分布：丹库、丹江、干渠刁河段。

网球藻科 Dictyosphaeraceae

网球藻属 *Dictyosphaerium* Nägeli, 1849

集结体由 2 个、4 个、8 个、16 个或 32 个细胞组成，常被包在一个共同的胶被之内。细胞球形、卵形、椭圆形或肾形，彼此分离，以母细胞壁分裂所形成的二分叉或四分叉胶质丝或胶质膜相连接。色素体 1 个，杯状，周位或位于细胞基部，具 1 个或不具蛋白核。

广泛分布在湖泊、池塘、河流等中富营养化水体中。

1. 网球藻（图版 10: 2-3）

Dictyosphaerium ehrenbergianum Nägeli, 1849; 毕列爵和胡征宇, 2004, p. 118, pl. XXX, fig. 3.

细胞椭圆形或卵形，每个细胞在长轴一侧中部与胶柄的一端连接。具 1 个蛋白核。细胞长 4~10 μm，宽 3~7 μm。

标本号：S12、S30、S63。

分布：汉江、鹳河、湍河。

水网藻科 Hydrodictyaceae

水网藻属 *Hydrodictyon* Roth, 1797

植物体为真性集结体，大型，由数百个至数千个圆柱形或其他形状的细胞组成大型囊状的网，网孔多为五边形或六边形，每一个网孔由 5 个或 6 个细胞彼此以两端相互连接围绕而成。成熟细胞色素体网状，具多个蛋白核和多个细胞核。

分布于含氮量高的浅水池塘中。

1. 网状水网藻（图版 13: 1）

Hydrodictyon reticulatum (Linnaeus) Bory, 1824; 刘国祥和胡征宇, 2012, p. 18, pl. X, fig. 7.

植物体由圆柱形至宽卵形的细胞彼此以其两端的细胞壁连接组成囊状的网，网眼多为五边形到六边形。色素体为网状，具多个蛋白核，多个细胞核。细胞长 1250~2000 μm，宽 100~280 μm。

标本号：S13。

分布：泗河。

盘星藻属 *Pediastrum* Meyen, 1829

植物体由 4 个、8 个、16 个、32 个、64 个（或 128 个）细胞排列成一层细胞的真性集结体，集结体圆盘状、星状，有时卵形或略不整齐，无穿孔或具穿孔。外层细胞常具 1 个、2 个或 4 个角突，有时凸起上具胶质毛丛。内层细胞常为多角形，具或不具角突。细胞壁较厚，表面平滑或具颗粒或网纹。

广泛分布在湖泊、池塘、河流等中富营养化水体中。

1. 整齐盘星藻（图版 11: 1）

Pediastrum integrum Nägeli, 1878; 刘国祥和胡征宇, 2012, p. 4, pl. I, fig. 7.

集结体由 8 个、16 个、32 个细胞组成，无穿孔，外层细胞外缘微凹、平整或具 2 个短小角突。细胞常为五边形或罕见六边形。细胞壁具颗粒。32 个细胞的集结体直径为 91～107 μm；外层细胞长 10～18 μm（其中角突长 1.5～4.5 μm），宽 10～21 μm；内层细胞长 9～16 μm，宽 10～17 μm。

标本号：S3。

分布：堵河。

2. 卵形盘星藻（图版 11: 2）

Pediastrum ovatum (Ehrenberg) Braun, 1855; 王全喜和庞婉婷, 2023, p. 144, fig. (7-107).

细胞间具穿孔。外层细胞卵圆形，具 1 个长角突，侧边凸出。内层细胞卵形或近多角形。细胞壁具细颗粒。外层细胞长 18～43 μm（其中角突长 10～15 μm），宽 12～20 μm；内层细胞长 10～25 μm，宽 11～23 μm。

标本号：S30。

分布：鹳河。

3. 单角盘星藻（图版 11: 3）

Pediastrum simplex Meyen, 1929; 刘国祥和胡征宇, 2012, p. 5, pl. II, fig. 5.

集结体由 8 个或 16 个细胞组成，无穿孔或具极小穿孔。外层细胞略呈五边形，外侧的两边延长成一渐窄的角突，周边凹入。内层细胞五边形或六边形，细胞壁光滑或具颗粒。外层细胞长 18～35 μm（其中角突长 17 μm），宽 5～8 μm；内层细胞长 7～20 μm，宽 8～18 μm。

标本号：S19、S57、S82。

分布：丹库、泗河、丹库。

4. 单角盘星藻对突变种（图版 11: 4）

Pediastrum simplex var. *biwaeuse* (Negoro) Fukushima, 1953; 刘国祥和胡征宇, 2012, p. 5, pl. II, fig. 6.

本变种的外层细胞外侧具一角状凸起，往往 2 个凸起成对排列。

标本号：S19、S20、S37、S40、S44、S45、S46、S49、S50、S53、S81、S84。

分布：丹库、汉库、干渠白河段。

5. 单角盘星藻具孔变种（图版 11: 5）

Pediastrum simplex var. *duodenarium* (Bailey) Rabenhorst, 1868; 刘国祥和胡征宇, 2012, p. 5, pl. II, fig. 7.

本变种特点是集结体具大穿孔。细胞近三角形，三边均凹。外层细胞具尖而长的角突。外层细胞长 26~33 μm，角突长 13~21 μm，宽 13~17 μm；内层细胞长 17~18 μm，宽 10~16 μm。

标本号：S15、S16、S18、S19、S20、S30、S34、S35、S53、S80。

分布：坝下、丹库、鹳河、汉库。

6. 单角盘星藻颗粒变种（图版 11: 6）

Pediastrum simplex var. *granulatum* Lemmermann, 1898; 王全喜和庞婉婷, 2023, p. 145, figs. (7-108b-c).

细胞间无穿孔或具极小穿孔。外层细胞略呈五边形，外侧的两边延长成一渐窄角突，周边凹入。内层细胞五边形或六边形。细胞壁具颗粒。外层细胞长 18~33 μm（其中角突长 6~20 μm），宽 10~12 μm；内层细胞长 8~12 μm，宽 7~13 μm。

标本号：S10。

分布：神定河。

7. 具孔盘星藻（图版 11: 7）

Pediastrum clathratum (Schrödor) Lemmermann, 1897; 刘国祥和胡征宇, 2012, p. 7, pl. III, figs. 5-7.

细胞间具显著穿孔。外层细胞略呈等腰三角形，其中两侧边向等腰三角形的中轴线凹入，形成 1 个长角突，细胞间以其基部紧密挤压而连接。内层细胞多角形，未与其他细胞连接处的细胞壁均向内凹陷。细胞壁光滑。外层细胞长 18~23 μm（其中角突长 6~11 μm），宽 10~14 μm；内层细胞长 11~14 μm，宽 8~10 μm。

标本号：S2、S48、S63、S79、S80、S82、S83、S84。

分布：堵河、汉库、滔河、丹库、干渠白河段。

8. 具孔盘星藻点纹变种（图版 11: 8）

Pediastrum clathratum var. *punctatum* Lemmermann, 1897, p. 182, fig.5.

本变种与原变种不同之处在于细胞壁密被细颗粒。外层细胞长 22~64 μm，宽 9~23 μm；内层细胞长 14~31 μm，宽 9~21 μm。

标本号：S40、S43、S44、S46、S47、S49、S52、S81、S83。

分布：丹库、汉库。

9. 短棘盘星藻（图版 11: 9）

Pediastrum boryanum (Turpin) Meneghini, 1840; 刘国祥和胡征宇，2012, p. 9, pl. IV, fig. 7.

集结体由 8 个、16 个、32 个或 64 个细胞组成，无穿孔。外层细胞具 2 个前端钝圆的短角突，两角突间具较深的缺刻。细胞五边形至多边形。细胞壁具颗粒。集结体直径 40~89 μm；外层细胞长 9~17 μm (其中角突长 4~5 μm)，宽 8~16 μm；内层细胞长 8~12 μm，宽 9~18 μm。

标本号：S3、S13、S28、S29、S33、S63。

分布：堵河、泗河、鹳河、滔河。

10. 短棘盘星藻短角变种（图版 12: 1）

Pediastrum boryanum var. *brevicorne* Braun, 1855; 刘国祥和胡征宇，2012, p. 9, pl. IV, fig. 8.

本变种具 2 个比原变种短的角突。

标本号：S3。

分布：堵河。

11. 短棘盘星藻镊尖变种（图版 12: 2）

Pediastrum boryanum var. *forcipatum* (Corda) Chodat, 1902; 王全喜和庞婉婷，2023, p. 147, fig. (7-111a).

集结体细胞间无穿孔。外层细胞深裂，具 2 个前端渐尖的角突，角突有时对向靠合，呈镊尖状。内层细胞五边形至多边形。细胞壁具颗粒。外层细胞长 10~14 μm（其中角突长 4~6 μm），宽 9~11 μm；内层细胞长 8~10 μm，宽 7~9 μm。

标本号：S8、S9、S28、S53、S55、S63。

分布：神定河、鹳河、汉库、泗河、滔河。

12. 短棘盘星藻长角变种（图版 12: 3）

Pediastrum boryanum var. *longicorn* (Reinsch) Hansgirg, 1867; 刘国祥和胡征宇, 2012, p. 10, pl. V, fig. 3.

细胞间无穿孔。外层细胞具 2 个延伸的长角突，角突顶端常膨大成小球状。外层细胞长 12~15 μm（其中角突长 3~5 μm），宽 8~10 μm；内层细胞长 6~8 μm，宽 4~6 μm。

标本号：S53。

分布：汉库。

13. 二角盘星藻大孔变种（图版 12: 4-5）

Pediastrum duplex var. *clathratum* Braun, 1855; 刘国祥和胡征宇, 2012, p. 10, pl. VI, fig. 5.

集结体具较大的穿孔，其直径可达 10 μm。外层细胞近四方形，具 2 个顶端钝圆或平截的角突；内层细胞不为四方形。集结体直径 56~82 μm；外层细胞长 9~12 μm（其中角突长约 3 μm），宽 6~11 μm；内层细胞长 7~9 μm，宽 7~10 μm。

标本号：S20。
分布：丹库。

14. 二角盘星藻纤细变种（图版 12: 6）

Pediastrum duplex var. *gracillimum* West & West, 1895; 王全喜和庞婉婷, 2023, p. 148, fig. (7-112b).

细胞间具大穿孔。细胞狭长，细胞宽度与角突的宽度约相等。内外层细胞同形。外层细胞长 16～20 μm（其中角突长 4～6 μm），宽 12～15 μm；内层细胞长 12～16 μm，宽 8～10 μm。

标本号：S48。
分布：汉库。

15. 二角盘星藻网状变种（图版 12: 7）

Pediastrum duplex var. *reticulatum* Lagerheim, 1882; 刘国祥和胡征宇, 2012, p. 14, pl. VII, fig. 7.

细胞间具大型穿孔。外层细胞具 2 个长而近平行的角突，角突中部膨大，尖端变细，顶端平截。外层细胞长 10～20 μm（其中角突长 4～6 μm），宽 8～16 μm；内层细胞长 7～16 μm，宽 7～13 μm。

标本号：S30、S59、S60、S63。
分布：鹳河、汉库、淯河。

16. 四角盘星藻（图版 12: 8-9）

Pediastrum tetras (Ehrenberg) Ralfs, 1845; 刘国祥和胡征宇, 2012, p. 16, pl. IX, fig. 5.

细胞间无穿孔。外层细胞钝齿形，外层具线形至楔形的深缺刻，被缺刻分裂的 2 个裂瓣在靠近细胞表层的外壁或浅或深地凹入，细胞间相连接处约为细胞长的 2/3。内层细胞为近直边的四边形至六边形。细胞壁光滑。外层细胞长 4～11 μm，宽 4～12 μm；内层细胞长 4～9 μm，宽 4～8 μm。

标本号：S30、S53、S54。
分布：鹳河、汉库。

空星藻科 Coelastruaceae

空星藻属 *Coelastrum* Nägeli, 1849

植物体由 4 个、8 个、16 个、32 个、64 个或 128 个细胞组成中空的集结体，集结体球形或椭圆形，细胞数目较少的种类为立方形或四面体。细胞球形、卵形或多角形，以细胞壁或细胞壁凸起互相连接，具细胞间隙。除连接部分外，细胞壁表面光滑，部分增厚或具管状凸起。成熟细胞色素体充满整个细胞，具 1 个蛋白核。

广泛分布在湖泊、池塘、河流等中富营养化水体中。

1. 球形空星藻（图版 13: 2）

Coelastrum sphaericum Nägeli, 1849; 刘国祥和胡征宇, 2012, p. 21, pl. XI, fig. 6.

集结体球形或椭圆形。细胞卵形至近锥形，窄端向外，末端平截或钝圆，以细胞内侧壁与相邻细胞相连接。细胞间隙小，三角形。细胞直径 7～13 μm。

标本号：S26、S54。

分布：金竹河、汉库。

2. 星状空星藻（图版 13: 3）

Coelastrum astroideum Notaris, 1867; 刘国祥和胡征宇, 2012, p. 22, pl. XII, figs. 2-5.

集结体球形，中空，中部孔隙大，镜面观四边形或五边形。细胞卵形至三角形，侧面观基部钝圆。细胞壁平滑，常在游离一侧的顶端增厚。相邻细胞以基部相互连接，但没有明显的连接带。细胞长 7～13 μm，基部宽 7～11 μm。

标本号：S28、S32、S45、S53、S54。

分布：鹳河、汉库。

3. 钝空星藻（图版 13: 4）

Coelastrum morus West & West, 1896; 刘国祥和胡征宇, 2012, p. 23, pl. XIII, fig. 7.

集结体球形或略不规则。细胞球形，表面具有 4～10 个短圆柱状凸起，细胞以其侧壁的凸起与相邻细胞相连接。细胞间隙小。细胞直径（不包括凸起）9～13 μm。

标本号：S33。

分布：鹳河。

4. 立方空星藻（图版 13: 5）

Coelastrum cubicum Nägeli, 1849; 刘国祥和胡征宇, 2012, p. 24, pl. XIV, figs. 2-3.

集结体立方体或球形。细胞镜面观六边形，游离面具 3 个半透明的短凸起。细胞间隙呈四边形。细胞直径 18～20 μm。

标本号：S27、S34、S43、S44、S55、S56、S61、S79、S86。

分布：鹳河、丹库、汉库、泗河、丹江、干渠刁河段。

5. 印度空星藻（图版 13: 6-7）

Coelastrum indicum Turner, 1892; 刘国祥和胡征宇, 2012, p. 24, pl. XIV, fig. 4.

集结体球形，由 8 个、16 个、32 个或 64 个细胞组成。细胞球形至卵圆形，顶面观五边形或六边形，外部细胞外侧游离壁向外突出，顶端略增厚。细胞间以 4～6 个短的胶质凸起相连接，细胞间隙小，常呈三角形。细胞直径 3.6～18 μm，集结体直径 30～84 μm，胶质凸起宽 5～7 μm。

标本号：S33、S84。

分布：鹳河、干渠白河段。

6. 多凸空星藻（图版 13: 8）

Coelastrum polychordum (Korshikov) Hindák, 1977; 刘国祥和胡征宇, 2012, p. 26, pl. XIV, figs. 6-7.

集结体球形。细胞球形，彼此分离。细胞壁厚，常呈暗褐色，每个细胞具 8～10 条辐射状突出于细胞外壁的狭长的指状带，相邻细胞间以 1～3 条指状带相连接。细胞间隙三角形。细胞直径 7～11 μm。

标本号：S44。

分布：汉库。

集星藻属 *Actinastrum* Lagerheim, 1882

植物体为真性集结体，浮游，无胶被，常由 4 个、8 个、16 个细胞组成。细胞柱状长圆形，棒状纺锤形或截顶长纺锤形，各细胞以一端在集结体中心相连接，呈放射状排列。色素体单一，片状，周位，边缘不规则，具 1 个蛋白核。

广泛分布在湖泊、池塘、河流等中富营养化水体中。

1. 近角形集星藻（图版 14: 1）

Actinastrum subcornutum Wang, 1990; 刘国祥和胡征宇, 2012, p. 27, pl. XV, fig. 2.

细胞近角状，基部宽圆形，向顶端渐尖并或多或少弯曲。细胞长 15～30 μm，宽 2.5～3.5 μm。

标本号：S30。

分布：鹳河。

2. 河生集星藻（图版 14: 3）

Actinastrum fluviatile (Schröder) Fott, 1977; 刘国祥和胡征宇, 2012, p. 29, pl. XVI, fig. 3.

细胞长纺锤形，游离端尖锐，基端微钝。细胞长 25～30 μm，宽 3～5 μm。

标本号：S30。

分布：鹳河。

栅藻科 Scenedesmaceae

四链藻属 *Tetradesmus* Smith, 1913

植物体为真性集结体，由 4 个细胞组成，顶面观呈十字形排列，细胞依其纵轴平行排成 2 列，以内侧壁的大部分或仅中部与集结体中心相连接。细胞纺锤形、新月形或柱状长圆形，细胞外侧游离面平直、凹入或凸出。色素体片状，周生，具 1 个蛋白核。

分布于池塘、湖泊等中富营养化水体中。

1. 威斯康星四链藻（图版 14: 2）

Tetradesmus wisconsinensis Smith, 1913; 刘国祥和胡征宇, 2012, p. 33, pl. XIX, fig. 3.

细胞纺锤形、弓形或弯曲新月形，罕有直的。细胞长 17～25 μm，宽 4～6 μm。

标本号：S29。

分布：鹳河。

十字藻属 *Crucigenia* Morren, 1830

植物体由 4 个细胞呈十字形排列，组成真性集结体，常具明显的胶被，镜面观方形、长方形或偏菱形，中央具或不具空隙。细胞三角形、梯形、椭圆形或半圆形。色素体 1 个，片状，周位，无或具 1 个蛋白核。

广泛分布在湖泊、池塘、河流等中富营养化水体中。

1. 四角十字藻（图版 14: 4）

Crucigenia quadrata Morren, 1830; 刘国祥和胡征宇, 2012, p. 42, pl. XXII, fig. 5.

集结体近圆形，中央孔隙呈方形，常相互连接成 16 个细胞的复合集结体。细胞近球形，近集结体中央的细胞壁因挤压而呈垂直的，两边外侧游离壁明显凸出。具或不具蛋白核。细胞直径 4～5 μm。

标本号：S53。

分布：汉库。

2. 劳氏十字藻（图版 14: 5）

Crucigenia lauterbornii (Schmidle) Schmidle, 1900; Komárek et Fott, 1983, p. 790, Taf. 220, fig. 1.

植物体四边形，由卵形、半球形细胞组成。细胞内侧壁以直线接触，中心有 1 个大的空隙。色素体单一，具 1 个蛋白核。细胞长 6～12 μm，宽 3～9 μm。

标本号：S32。

分布：鹳河。

栅藻属 *Scenedesmus* Meyen, 1829

集结体多由 2 个、4 个或 8 个，罕由 16 个或 32 个细胞组成，细胞依其长轴在一平面上形成线形或交错地排成 1 列或 2 列。集结体内各细胞同形，或两端的与中间的异形。细胞呈长圆形、卵圆形、椭圆形、圆柱形、纺锤形、新月形或肾形，胞壁平滑，或具刺、齿、瘤或脊等，通常细胞顶端及侧缘具长刺或齿状凸起或缺口。幼细胞色素体单一，周生，常具 1 个蛋白核，老细胞色素体充满整个细胞。

广泛分布在湖泊、池塘、沼泽、河流等中富营养化水体中。

1. 光滑栅藻（图版 15: 1）

Scenedesmus ecornis (Ehrenberg) Chodat, 1926; 王全喜和庞婉婷, 2023, p. 170, fig. (7-150).

细胞直线排成 1 行或 2 行，细胞排列不交错，以 3/4 细胞长彼此相接。细胞圆柱形至长圆形，两端宽圆形。细胞壁平滑，无刺。细胞长 9~12 μm，宽 3~5 μm。

标本号：S45、S58、S59、S60。

分布：汉库。

2. 盘状栅藻（图版 15: 2）

Scenedesmus disciformis (Chodat) Fott & Komárek, 1960; 刘国祥和胡征宇, 2012, p. 54, pl. XXVI, figs. 3-5.

集结体常由 8 个细胞排成 2 行，或 4 个细胞的集结体常平直地排成一行或呈四球藻型近菱形排列。细胞以侧壁及两端紧密连接，胞间无空隙。细胞肾形至弯曲的长卵形，两端钝圆。细胞壁光滑。细胞长 9~12 μm，宽 6~8 μm。

标本号：S63。

分布：滔河。

3. 钝形栅藻（图版 15: 3）

Scenedesmus obtusus Meyen, 1829; 王全喜和庞婉婷, 2023, p. 171, fig. (7-152).

细胞平齐或交错排列成 2 行，各细胞交错相嵌的连接处常呈钝角，细胞间偶具间隙。细胞宽圆形或近卵形。细胞壁光滑。细胞长 6~9 μm，宽 2~4 μm。

标本号：S60。

分布：汉库。

4. 卵形栅藻（图版 15: 4）

Scenedesmus ovalternus Chodat, 1926; 刘国祥和胡征宇, 2012, p. 55, pl. XXVI, fig. 10.

集结体由 4 个或 8 个细胞组成，细胞强烈交错排列，只有顶端一小部分与其他细胞相连。细胞卵圆形至宽卵圆形，末端钝圆或稍尖圆。细胞长 8~9 μm，宽 5~10 μm。

标本号：S55、S59。

分布：泗河、汉库。

5. 单列栅藻（图版 15: 5）

Scenedesmus linearis Komárek, 1974; 刘国祥和胡征宇, 2012, p. 56, pl. XXVII, fig. 3.

细胞平直或略不整齐地排成一行，但不互相交错。细胞短圆柱形至长圆形，两端圆或宽圆形。细胞壁平滑。细胞长 10~14 μm，宽 4~7 μm。

标本号：S58。

分布：汉库。

6. 阿库栅藻（图版 15: 6）

Scenedesmus acunae Comas Gonzáles, 1980; 刘国祥和胡征宇, 2012, p. 56, pl. XXVII, figs. 4-5.

集结体由 4 个细胞组成，细胞线形排列，偶尔交错；细胞以 4/5 细胞壁部分相连。细胞宽卵圆形或圆柱形，两端钝圆或顶加厚，两侧细胞稍短，外侧微凸。细胞长 9~17 μm，宽 4~6 μm。

标本号：S59。

分布：汉库。

7. 斜生栅藻（图版 15: 7）

Scenedesmus obliquus (Turpin) Kützing, 1834; 刘国祥和胡征宇, 2012, p. 56, pl. XXVII, figs. 6-7.

集结体由 2 个、4 个或 8 个细胞组成，平直或交错排列成 1 行或 2 行；细胞纺锤形，末端急尖或稍圆，各细胞以侧壁的 1/3~1/2 相连接；外侧细胞的游离面略凸出或凹入，细胞壁平滑。细胞长 10~21 μm，宽 4~10 μm。

标本号：S8、S13、S30。

分布：神定河、泗河、鹳河。

8. 尖细栅藻小形变种（图版 15: 8）

Scenedesmus acuminatus var. *minor* Smith, 1916; 刘国祥和胡征宇, 2012, p. 60, pl. XXVIII, fig. 5.

细胞平直或不规则排列，仅以部分侧壁相连接。细胞菱形、新月形、镰形或弓形，两端狭长而尖锐；细胞壁光滑。细胞长 10~18 μm，宽 2~3 μm。

标本号：S13。

分布：泗河。

9. 二形栅藻（图版 15: 9）

Scenedesmus dimorphus (Turpin) Kützing, 1834; 王全喜和庞婉婷, 2023, p. 173, fig. (7-157).

细胞直线排列成 1 行或交错排列成 2 行。细胞有两种形状，中间细胞纺锤形，外侧细胞新月形，两端均较尖。细胞长 28~46 μm，宽 4~6 μm。

标本号：S11、S30、S63、S82。

分布：汉江、鹳河、滔河、丹库。

10. 尖形栅藻（图版 15: 10）

Scenedesmus acutiformis Schröder, 1897; 刘国祥和胡征宇, 2012, p. 60, pl. XXX, fig. 6.

集结体由 2 个、4 个或 8 个细胞组成，直线排成一行；细胞椭圆形或长圆形，两端圆或略尖，以侧面大部分相连；中间细胞两面各具 1 条纵脊，外侧细胞具 2~4 条纵脊，纵脊在集结体两端有时延伸成凸起；少数中间细胞比外侧细胞略长；细胞长 4~18 μm，宽 2~7.5 μm。

标本号：S14。

分布：泗河。

11. 格拉尼斯栅藻（图版 15: 11）

Scenedesmus grahneisii (Heynig) Fott, 1973; 刘国祥和胡征宇, 2012, p. 60, pl. XXXI, fig. 1.

植物体通常 1 个或 2 个细胞，但培养中可见 4 个或 8 个细胞的集结体。细胞无明显的脊。单细胞个体的脊宽可达 4 μm，形态、数目和分布状况不规则，为不完整的长形或"C"形；2 细胞群体的通常具 2 条纵脊，位于细胞近顶端。细胞长圆柱形，顶端圆，具 1 个明显的蛋白核。细胞长 5.8~8 μm，宽 2~4 μm。

标本号：S13。

分布：泗河。

12. 双对栅藻（图版 15: 12）

Scenedesmus bijuga Kützing, 1834; 胡鸿钧和魏印心, 2006, p. 654, pl. XIV-26, fig. 1.

真性定形群体扁平，由 2 个、4 个、8 个细胞组成，群体细胞直线排列成一行，平齐或偶尔也有交错排列的。细胞卵形或长椭圆形，两端宽圆，细胞壁平滑。4 个细胞的群体宽 16~25 μm，单个细胞长 7~18 μm，宽 4~6 μm。

标本号：S13。

分布：泗河。

13. 巴西栅藻（图版 16: 1）

Scenedesmus brasiliensis Bohlin, 1897; 刘国祥和胡征宇, 2012, p. 60, pl. XXXIII, figs. 7-9.

集结体常 4 个细胞，有时 2 个或 8 个细胞组成，直线排成一行，平齐。细胞圆柱形或椭圆形，两端圆或尖，具 1~4 个齿，常 2 个或 3 个齿。每个细胞两面各具 1 条贯穿整个细胞的纵脊。细胞长 10~17.5 μm，宽 3~6 μm。

标本号：S13。

分布：泗河。

14. 单面栅藻（图版 16: 2）

Scenedesmus praetervisus Chodat, 1926; 刘国祥和胡征宇, 2012, p. 60, pl. XXXIV, fig. 1.

集结体由 4 个细胞组成，直线排列成一行。细胞圆柱形至长卵形，两端窄圆，集结体中间细胞的两侧各具 1 条贯穿两端的脊，外侧细胞具 2 条或 3 条，所有细胞两端都具 1~3 个短齿。细胞长 8~18 μm，宽 3~8 μm。

标本号：S59。

分布：汉库。

15. 短刺栅藻（图版 16: 3）

Scenedesmus brevispina (Smith) Chodat, 1926; 刘国祥和胡征宇, 2012, p. 60, pl. XXXV, fig. 1.

集结体由 4 个细胞组成，平齐或稍交错排成一行。细胞长圆形，以侧壁中部 1/3～2/3 相连接，外侧细胞外缘直或略内凹。所有细胞两端各具 1 根短刺。细胞长 10～13 μm，宽 3～4 μm；短刺长 1～3 μm。

标本号：S32。

分布：鹳河。

16. 双尾栅藻（图版 16: 4-5）

Scenedesmus bicaudatus (Hansgirg) Chodat, 1925; 刘国祥和胡征宇, 2012, p. 76, pl. XXXVII, figs. 1-2.

集结体由 2 个、4 个或 8 个细胞组成，呈直线排成一行。细胞长圆形。外侧细胞各仅具 1 根长刺，呈对角线状分布。细胞长 5～15 μm，宽 3～7 μm；刺长 2～10 μm。

标本号：S30。

分布：鹳河。

17. 奥波莱栅藻（图版 16: 6）

Scenedesmus opoliensis Richter, 1895; 王全喜和庞婉婷, 2023, p. 178, fig. (7-166).

细胞直线排成一行，平齐，各细胞以侧壁中部的 2/3 相连接。细胞长椭圆形，外侧细胞两端各具 1 根长刺，中间细胞一端或两端具 1 根短刺或缺。细胞长 15～21 μm，宽 3～6 μm；刺长 15～25 μm。

标本号：S30。

分布：鹳河。

18. 隆顶栅藻（图版 16: 7）

Scenedesmus protuberans Fritsch et Rich, 1929; 王全喜和庞婉婷, 2023, p. 178, fig. (7-167).

细胞呈直线排列成一行。中间细胞纺锤形，具延长且截平的两端，两端有时具小刺或浓密的颗粒。外侧细胞纺锤形，较中间细胞长，两端狭长延伸，各具 1 根外弯的长刺。细胞长 15～22 μm，宽 4～8 μm；刺长 14～20 μm。

标本号：S11、S13、S28、S29、S30、S60、S63、S85。

分布：汉江、泗河、鹳河、汉库、滔河、干渠白河段。

19. 隆顶栅藻微小变型（图版 16: 8）

Scenedesmus protuberans f. *minor* Ley, 1947; 刘国祥和胡征宇, 2012, p. 80, pl. XXXIX, fig. 4.

本变型与原变型不同之处在于细胞大小，细胞两端突出不明显。细胞长 15～25 μm，宽 5～6 μm。

标本号：S60。

分布：汉库。

20. 珊瑚栅藻（图版 16: 9）

Scenedesmus corallinus Chodat, 1926; 王全喜和庞婉婷, 2023, p. 179, fig. (7-168).

细胞线形紧密排列。内层细胞圆柱形，顶端钝圆或尖圆。外层细胞外侧中部明显外凸，顶端斜生短刺，近细胞长度或更短，同样的刺也着生在细胞中部。细胞长 6~8 μm，宽 3~4 μm。

标本号：S13。

分布：泗河。

21. 古氏栅藻（图版 16: 10）

Scenedesmus gutwinskii Chodat, 1926; 刘国祥和胡征宇, 2012, p. 81, pl. XXXIX, figs. 7-9.

集结体由 2 个或 4 个细胞，罕由 8 个细胞组成，直线排列成一行，细胞柱状椭圆形至长圆形，外侧细胞两极各具 1 根微弯的长刺，外侧游离面具 4~6 根等距排列的短刺，中间细胞两极各具 1 根或 2 根短刺。细胞长 6~8 μm，宽 2~4.5 μm；长刺长 6~8 μm，短刺长 1~3 μm。

标本号：S30。

分布：鹳河。

22. 四尾栅藻（图版 16: 11）

Scenedesmus quadricauda (Turpin) Brébisson, 1835; 王全喜和庞婉婷, 2023, p. 180, figs. (7-171a-b).

细胞直线排成一行，平齐。细胞长圆形或长圆柱形，两端宽圆。外侧细胞两端各具 1 根长而粗壮且略弯的刺，中间细胞无刺。细胞长 16~23 μm，宽 8~11 μm；刺长 16~25 μm。

标本号：S3、S8、S13、S30、S46。

分布：堵河、神定河、泗河、鹳河、汉库。

23. 多棘栅藻（图版 16: 12）

Scenedesmus spinosus Chodat, 1913; 胡鸿钧和魏印心, 2006, p. 659, pl. XIV-32, fig. 11.

真性定形群体，常由 4 个细胞组成，群体细胞并列直线排成一列，罕见交错排列的。细胞长椭圆形或椭圆形，群体外侧细胞上下端各具 1 条向外斜向的直或略弯曲的刺，其外侧壁中部常具 1~3 根较短的刺，两中间细胞上下两端无刺或具很短的棘刺。4 个细胞的群体宽 14~24 μm，细胞长 8~16 μm，宽 3.5~6 μm。

标本号：S30。

分布：鹳河。

共球藻纲 Trebouxiophyceae

共球藻目 Trebouxiales

葡萄藻科 Botryococcaceae

葡萄藻属 *Botryococcus* Kützing, 1849

植物体为原始集结体，或多个原始集结体连成的复合集结体，具共同胶被，卵形、球形或不规则形。细胞椭圆形、球形，常 2~4 个一组，埋藏在由母细胞壁残余构成的胶质中，呈放射状位于胶质部分的近表面处。细胞的基部位于逐层加厚并成为杯状的母细胞壁之内，顶部多朝外，亦为部分母细胞壁所包裹。整个胶质部分坚韧而有弹性，形状不规则，常有分叶，表面不平滑，有时成为杯状部分的柄。色素体 1 个，杯状或有分叶，具 1 个蛋白核。

分布于湖泊、池塘、河流等水体中。

1. 葡萄藻（图版 10: 4-5）

Botryococcus braunii Kützing, 1849; 毕列爵和胡征宇, 2004, p. 113, pl. XXIX, fig. 7.

细胞侧面观卵形或宽卵形，顶面观圆形，略呈辐射状排列在集结体表面，细胞基部埋藏在母细胞壁残余部分形成的胶质中，顶部通常裸露在外。细胞多为黄绿色。细胞长 9~12 μm，宽 6~10 μm。

标本号：S34、S36、S37、S39、S40、S42、S45、S50、S59、S60、S78、S83、S87。

分布：丹库、汉库、干渠刁河段。

丝藻纲 Ulothricophycees

丝藻目 Ulothricales

丝藻科 Ulothricaceae

丝藻属 *Ulothrix* Kützing, 1833

植物体为单列细胞组成的不分枝的丝状体。组成藻丝的所有细胞形态相同，以特殊的基细胞附着在基质上，长成后有的自由漂浮。细胞壁薄或厚，均匀或分层，色素体周生，带状，环绕细胞周壁一半以上或完全环绕细胞周壁，具1个或数个蛋白核。

本属除少数海水及咸水种类外，多生活在淡水中或潮湿的土壤或岩石表面，一般喜低温，夏天较少。

1. 近缢丝藻（图版 17: 1）

Ulothrix subconstricta West, 1915；黎尚豪和毕列爵, 1998, p. 6, pl. I, fig.11.

丝状体由圆柱形两端略膨大的细胞构成，横壁略收缢，长 10~16 μm，宽 4~8 μm。色素体片状，侧位，居细胞的中部，围绕周壁的 2/3，具 1 个蛋白核。

标本号：S53。

分布：汉库。

鞘藻目 Oedogoniales

鞘藻科 Oedogoniaceae

毛枝藻属 *Stigeoclonium* Kützing, 1843

植物体由匍匐枝和直立枝组成的分枝丝状体；主轴与分枝无明显分化，其宽度相差不大，直立枝常形成互生型或对生型分枝，分枝上的小枝常分散，顶端渐细，形成多细胞的毛。细胞圆柱形、腰鼓形，每个细胞具 1 个周生的带状色素体，具 1 个或数个蛋白核。

本属藻类主要产于淡水，常着生在静水或流水中的石块、树枝、木桩及沉水植物上。

1. 毛枝藻属未定种（图版 17: 2）

Stigeoclonium sp.

特征同属。

标本号：S32。

分布：鹳河。

鞘藻属 *Oedogonium* Link, 1820

植物体为单列细胞组成的不分枝的丝状体，以具有附着器的基细胞附着他物。营养细胞多为柱状，在营养细胞的顶端，常有环状构造的顶冠。顶端细胞先端钝圆，罕为其他形态或延长成毛样。色素体周生，网状，具 1 个或数个蛋白核。

本属藻类广泛分布在稻田、水沟及池塘等各种静止水体中，着生于其他水生植物或其他物体上；有些种类在幼小时着生，随后即漂浮水中。在温暖季节生长繁茂。

1. 鞘藻属未定种（图版 18: 1）

Oedogonium sp.

特征同属。

标本号：S70、S88。

分布：淇河、干渠刁河段。

胶毛藻目 Chaetophorales

胶毛藻科 Chaetophoraceae

毛鞘藻属 *Bulbochaete* Agardh, 1817

水生植物体单侧分枝，以具有附着器的基细胞附着他物。营养细胞一般向上略扩大，在纵断面略呈楔形；多数细胞上端的一侧具一条细长、管状、基部膨大成为半球形的刺毛。主轴细胞一般限于由基细胞分生，由其他细胞分生的绝少。本目所有的三种繁殖方式均见于本属。

本属藻类多产生于各种静水水体中，着生于其他水生植物或其他物体上，在轮藻的植物体上尤为常见。

1. 毛鞘藻属未定种（图版 17: 3-4）

Bulbochaete sp.

特征同属。

标本号：S50、S51。

分布：汉库、丹库。

双星藻纲 Zygnematophyceae

双星藻目 Zygnematales

双星藻科 Zygnemataceae

转板藻属 *Mougeotia* Agardh, 1824

植物体为不分枝的丝状体。营养细胞圆柱形，横壁平直。色素体单一，罕为 2 个，板状、轴生，具有多数、排成一列或散生的蛋白核。细胞核位于细胞中部、色素体的一侧。

本属藻类在全世界和我国都分布很广。世界已知约有 150 种，我国记录 61 种。生长在稻田小水坑、沟渠、池塘、沼泽、湖泊、水库的浅水港湾中，很少生长在流速缓慢的溪涧中。多数种类的生殖时期较长，多在早春和晚秋时节。接合孢子和静孢子充分成熟后，其配子囊常与相邻细胞分离而沉入水底。

1. 转板藻属未定种（图版 18: 2）

Mougeotia sp.

特征同属。
标本号：S34、S35、S37、S42、S44、S52、S54、S55、S82、S83、S85。
分布：丹库、汉库、泗河、干渠白河段。

水绵属 *Spirogyra* Link, 1820

植物体为不分枝的丝状体，少数种类具假根或附着器。营养细胞圆柱形，细胞横壁有平直、折叠、半折叠、束合 4 种类型。色素体周生，带状，1~16 条，沿细胞壁做螺旋盘绕，每条色素体具 1 列蛋白核。细胞核位于细胞的中央。

本属植物多生长在各种较浅的静水水体中，产于流水中和潮湿土壤上的极少，广泛分布于世界各地，在西藏高原海拔 4000 米的地区也发现过，为普生性的常见藻类。

1. 水绵属未定种（图版 18: 3）

Spirogyra sp.

特征同属。
标本号：S32、S33、S85、S88。
分布：鹳河、干渠白河段、干渠刁河段。

鼓藻目 Desmidiales

鼓藻科 Desmidiaceae

新月藻属 *Closterium* Nitzsch ex Ralfs, 1848

植物体为单细胞，新月形，略弯曲或显著弯曲，少数平直，中部不凹入，腹部中间不膨大或膨大，顶部钝圆、平直圆形、喙状或逐渐尖细。细胞壁平滑、或具纵向的浅纹、肋纹或纵向的颗粒。

广布于湖泊、池塘、河流、沼泽等水体中。

1. 锐新月藻（图版 18: 4）

Closterium acerosum Ehrenberg ex Ralfs, 1848; 魏印心, 2003, p. 46, pl. XI, fig. 5.

细胞大，狭长、纺锤形，长为宽的 7~16 倍，背缘略弯曲，腹缘近平直，顶端狭、截圆形。细胞壁平滑。色素体中轴具一纵列 17~25 个蛋白核，末端液泡含数个运动颗粒。细胞长 260~380 μm，宽 21~23 μm，顶部宽 6~7 μm。

标本号：S2。

分布：堵河。

2. 月牙新月藻（图版 18: 5）

Closterium cynthia De Notaris, 1867; 魏印心, 2003, p. 53, pl. X, fig. 3.

细胞小，长为宽的 6~10 倍，明显弯曲，背缘 95°~170° 弓形弧度，腹缘通常明显凹入，从中部逐渐向两端变狭，顶部钝圆。细胞壁黄褐色，在 10 μm 中具 6~11 条线纹，具中间环带。色素体具 2~5 条纵脊和中轴具 1 列 3~7 个蛋白核，末端液泡通常具 1 个运动颗粒。细胞长 75~134 μm，宽 9~13 μm，顶部宽 2~4.5 μm。接合孢子球形，壁平滑。

标本号：S10。

分布：神定河。

3. 象牙形新月藻（图版 18: 6）

Closterium eboracense (Ehrenberg) Turner, 1887; 魏印心, 2003, p. 55, pl. IV, fig. 8.

细胞中等大小，粗壮，长为宽的 4~6 倍，略弯曲，腹缘中部不膨大、或略膨大、或略凹入，逐渐向两端变狭，顶端厚且宽圆形。细胞壁平滑。色素体中轴具 1 列 6 个蛋白核，末端液泡具多个运动颗粒。细胞长 174~215 μm，宽 34~45 μm，顶部宽 7~10 μm。

标本号：S14、S23、S29。

分布：泗河、磨沟河、鹳河。

4. 纤细新月藻（图版 18: 7）

Closterium gracile Brébisson, 1839; 魏印心, 2003, p. 55, pl. XI, fig. 8.

细胞小，细长，线形，细胞长度一半以上的两侧缘近平行其后逐渐向两端狭窄和背缘以 25°～35°弓形弧度向腹缘弯曲，顶端钝圆。细胞壁平滑、无色到淡黄色，具中间环带，有时不明显。色素体中轴具一纵列 4～7 个蛋白核，末端液泡具 1 个或数个运动颗粒。细胞长 130～784 μm，中部宽 4～18 μm，顶部宽 2～4 μm。

标本号：S63。

分布：滔河。

5. 詹纳新月藻（图版 18: 8）

Closterium jenneri Ralfs, 1848; 魏印心, 2003, p. 55, pl. IV, fig. 3.

细胞小，长为宽的 7～12 倍，明显弯曲，背缘呈 110°～180°弓形弧度，腹缘中部不膨大，有时中部区域纵直，逐渐向两端变狭，顶部钝圆。细胞壁平滑或具精致的线纹无色到灰黄色或褐色；色素体具 4 或 6 条纵脊，中轴具一纵列 1～6 个蛋白核，末端液泡具 1 个或 2 个运动颗粒。细胞长 54～109 μm，宽 9～17 μm，顶部宽 3～5 μm。

标本号：S60。

分布：汉库。

鼓藻属 *Cosmarium* Corda ex Ralfs, 1848

植物体为单细胞，细胞大小变化很大，侧扁，缢缝常深凹入，狭线形或向外张开。半细胞正面观近圆形、半圆形、椭圆形、卵形、肾形、梯形、长方形、方形、截顶角锥形等，顶缘圆、平直或平直圆形。半细胞边缘平滑或具波形、颗粒、齿，半细胞中部有或无膨大、隆起或拱形隆起。半细胞侧面观绝大多数呈椭圆形或卵形。细胞壁平滑，具穿孔、圆孔纹、小孔、齿、瘤或一定方式排列的颗粒、乳突等，有的种类半细胞中间部分纹饰与边缘不同。

分布广泛，喜生于偏酸性的、贫营养的软水水体中，有的生活在中性或偏碱性的水体中。

1. 葡萄鼓藻（图版 19: 1）

Cosmarium botrytis Meneghini ex Ralfs, 1848; 魏印心, 2013, p. 59, pl. LXII, figs. 3-4.

细胞中等大小到大型，长为宽的 1.4～1.6 倍，缢缝深凹，狭线形，顶端略膨大。半细胞正面截顶角锥形，顶缘较狭且平直，顶角和基角圆，侧缘略凸起。细胞壁具均匀的略呈同心圆或斜向十字形排列的颗粒。半细胞具 1 个轴生色素体，具有 2 个蛋白核。细胞长 41～66 μm，宽 36～57 μm，缢部宽 10～21 μm。

标本号：S60。

分布：汉库。

2. 美丽鼓藻（图版 19: 2-3）

Cosmarium formosulum Hoff, 1888; 魏印心, 2013, p. 85, pl. LIII, figs. 1-2.

细胞中等大小，长为宽的 1.1～1.2 倍，缢缝深凹，狭线形，外端略膨大。半细胞正面观梯形至近半圆形，顶角钝圆，基角圆，顶缘平直，具 4～6 个圆齿，侧缘凸起，侧缘具圆齿，缘内具成对的颗粒，颗粒呈同心圆或放射状排列，半细胞中部具 5～7 纵列颗粒组成一个宽而低的隆起。细胞长 42～50 μm，宽 38～44 μm，缢部宽 10～16 μm，顶部宽 12～17 μm。

标本号：S60。

分布：汉库。

3. 加罗鼓藻（图版 19: 4）

Cosmarium garrolense Roy & Bissett, 1894; 魏印心, 2013, p. 88, pl. XXVI, figs. 13-15.

细胞小到中等大小，长约为宽的 1.25 倍，缢缝深凹，狭线形。半细胞正面观截顶角锥形或梯形，顶缘宽、平直或略圆，顶角圆，侧缘逐渐向顶部辐合和略凸起，具 3～5 个等大的波纹，基角略圆。半细胞侧面观近圆形细胞壁具稀疏和精致的点纹。细胞长 30～40 μm，宽 23～30 μm，缢部宽 8～13 μm，厚 15～20 μm。

标本号：S31。

分布：鹳河。

4. 凹凸鼓藻（图版 19: 5）

Cosmarium impressulum Elfving, 1881; 魏印心, 2013, p. 98-99, pl. VI, figs. 9-12.

细胞小，长约为宽的 1.5 倍，缢深，狭线形，顶端略膨大。半细胞正面观纵向半椭圆形或近半圆形，缘边具 8 个规则的、明显的波纹。半细胞具 1 个轴生的色素体，其中央具 1 个蛋白核。细胞长 20～32.5 μm，宽 14～26 μm，缢部宽 3～9 μm，厚 8～17 μm。

标本号：S54。

分布：汉库。

5. 光滑鼓藻（图版 19: 6-7）

Cosmarium laeve Rabenhorst, 1868; 魏印心, 2013, p. 104, pl. VI, figs. 7-9.

细胞小，长约为宽的 1.5 倍，缢缝深凹，狭线形，顶端略膨大。半细胞正面观纵向半椭圆形至近 2/3 圆形，顶缘狭、平直或略凹入，基角略圆或圆。细胞壁具精致的、有时为稀疏的点纹或点纹至圆孔纹。半细胞具 1 个轴生的色素体，其中央具个 2 蛋白核。细胞长 14～42 μm，宽 11.5～31 μm，缢部宽 3～13 μm，厚 7～20 μm。

标本号：S5、S8、S29、S30、S32、S60。

分布：汉江、神定河、鹳河、汉库。

6. 光滑鼓藻八角形变种（图版 19: 8）

Cosmarium laeve var. *octangulare* (Wille) West & West, 1905; 魏印心, 2013, p. 105, pl. VI, figs. 10-12.

　　此变种与原变种不同为半细胞八角形，包括宽的基部共具 8 个缘边，顶缘中间略凹入，每一侧缘具 3 个短而直或略凹入的缘边。细胞长 27～34 μm，宽 20～27 μm，缢部宽 5～6 μm，厚 14～16 μm。

　　标本号：S59。

　　分布：汉库。

7. 珍珠鼓藻（图版 19: 9）

Cosmarium margaritatum (Lundell) Roy ex Bisset, 1886; 魏印心, 2013, p. 112, pl. XLVIII, figs. 9-12.

　　细胞大，长约为宽的 1.2 倍，缢深凹，狭线形，外端略膨大。半细胞正面观近长方形或椭圆形，顶缘直或略凸起，顶角宽圆形，侧缘略凸起，基角圆，半细胞边缘具 28～32 个颗粒，半细胞约具 12 列斜向十字形或不明显垂直排列的颗粒，颗粒间具点纹，围绕每一个颗粒呈六边形排列。半细胞具 1 个轴生的色素体，具 2 个蛋白核。细胞长 64～105 μm，宽 43～85 μm，缢部宽 16～31 μm，厚 32～48 μm。

　　标本号：S68。

　　分布：丹江。

8. 梅尼鼓藻（图版 20: 1）

Cosmarium meneghinii Brébisson ex Ralfs, 1848; 魏印心, 2013, p. 113, pl. XVII, figs. 18-20.

　　细胞小，近八角形，长约为宽的 1.5 倍，缢缝深凹，狭线形。半细胞正面观近六边形，半细胞上部截顶角锥形，侧缘凹入，顶缘宽，略凹入，顶角和侧角圆，半细胞下部长方形，两侧缘近平行或略凹入。细胞壁平滑。半细胞具 1 个轴生的色素体，其中央具 1 个蛋白核。细胞长 13～15 μm，宽 11～13 μm，缢部宽 7～8 μm。

　　标本号：S53。

　　分布：汉库。

9. 伪隐晦鼓藻微凹变种（图版 20: 2）

Cosmarium pseudadoxum var. *retusum* Wei, 2013; 魏印心, 2013, p. 139, pl. XXI, figs. 3-5.

　　细胞小，长略大于宽，缢缝深凹，向顶端的较短部分狭线形，其后向外张开。半细胞正面观顶缘较狭和中间略凹入。半细胞侧面观近圆形，侧缘中间具 1 个近半球形的乳突。半细胞具 1 个轴生的色素体，其中央具 1 个蛋白核。细胞长 15～17 μm，宽 14～16 μm，缢部宽 3.5～4 μm，厚 8～8.5 μm。

　　标本号：S10。

　　分布：神定河。

10. 直角鼓藻（图版 20: 3）

Cosmarium rectangulare Grunow, 1868; 魏印心, 2013, p. 155, pl. XVII, figs. 15-17.

细胞中等大小，长约为宽的 1.25 倍，缢缝深，狭线形，顶端膨大。半细胞正面观近六边形至肾形，顶缘平截和直，上部角宽，斜圆至平截，侧缘较下部两侧近平行，基角近直角和圆。细胞长 29~46 μm，宽 23~36 μm，缢部宽 10 μm，厚 16~23 μm。

标本号：S60。

分布：汉库。

11. 直角鼓藻增厚变种（图版 20: 4）

Cosmarium rectangulare var. *incrassatum* Jao, 1949; 魏印心, 2013, p. 156, pl. XVII, figs. 29-31.

此变种与原变种的不同之处为半细胞正面观顶部略增厚，基角圆。半细胞侧面观八角状的圆形，垂直面观两端中间略增厚。细胞长 23~38 μm，宽 15~25 μm，缢部宽 4~8 μm，厚 17.5 μm。

标本号：S30。

分布：鹳河。

12. 盾状鼓藻（图版 20: 5）

Cosmarium scutellum Turner, 1892; 魏印心, 2013, p. 162, pl. XXXII, figs. 1-2.

细胞中等大小，近方圆形，长约等于或略大于宽，缢缝深凹，狭线形，外端略膨大。半细胞正面观近半圆形，顶缘略压扁，顶角宽圆形，侧缘略凸起或平直，基角圆，缘边约具 18 个圆齿，缘内具 1 个轮圆齿与缘边的圆齿，呈同心圆排列，半细胞具 1 个轴生的色素体，具 2 个蛋白核。细胞长 45~50 μm，宽 37~43 μm，缢部宽 12~14 μm，厚 21~25 μm。

标本号：S31。

分布：鹳河。

13. 亚脊鼓藻（图版 20: 6）

Cosmarium subcostatum Nordstedt, 1876; 魏印心, 2013, p. 171, pl. LII, figs. 4-6.

细胞小到中等大小，长约为宽的 1.2 倍，缢缝深凹，狭线形，外端略膨大。半细胞正面观近梯形，顶部平，具 4 个圆齿，顶角常略凹入，侧缘凸起，侧缘上缘具 4 个大的微凹的（或成对颗粒）圆齿，近基部的 2 个圆齿小于侧缘上缘的圆齿，缘内具 2~3 轮呈放射状或同心圆排列的成对颗粒，最内的一轮为单一的颗粒，缢部上端、近半细胞中部具一个由 4 列或 5 列近纵向排列的颗粒组成的隆起，每列 4 个颗粒，基角宽圆形。半细胞具 1 个轴生的色素体，具 2 个蛋白核。细胞长 22.5~46 μm，宽 21~41 μm，缢部宽 5~12.5 μm，厚 12~22.5 μm。

标本号：S31。

分布：鹳河。

14. 近前膨胀鼓藻（图版 20: 7）

Cosmarium subprotumidum Nordstedt, 1876; 魏印心, 2013, p. 177, pl. LIII, figs. 7-9.

细胞小到中等大小，长约等于宽，缢缝深凹，狭线形，外端略膨大。半细胞正面观梯形至近半圆形，顶部平直，顶缘具 2 个或 4 个小的波纹，顶角钝圆或常为斜向微凹，基角近直角或略圆，侧缘的上缘（约为侧缘的 2/3）向顶部明显狭窄，并具一个由 2~3 个颗粒组成的圆齿，侧缘的下缘（约为侧缘的 1/3）具 2 个由成对颗粒组成的圆齿，侧缘内具一轮略呈放射状排列的成对的颗粒，其内具 2~3 轮单个的颗粒，缢部上端具一个由 3 纵列颗粒组成的大的隆起，每纵列具 4~5 个颗粒，中间一列直向，其两侧的呈弓形。半细胞具 1 个轴生的色素体，其中央具 1 个蛋白核。细胞长 20~36.5 μm，宽 17.5~33.5 μm，缢部宽 5~11 μm，厚 10~18.5 μm。

标本号：S11、S32、S63。

分布：汉江、鹳河、滔河。

15. 颤鼓藻（图版 20: 8）

Cosmarium vexatum West, 1892; 魏印心, 2013, p. 198, pl. LV, figs. 9-11.

细胞中等大小，长略大于宽，缢缝深凹，狭线形，外端略膨大。半细胞正面观截顶角锥形，顶缘平截、直或呈很浅的波形，顶角和基角钝圆，侧缘凸起，具 6~7 个从基部到顶部逐渐增大的波纹，半细胞缘内具稀疏和近同心圆排列的颗粒，有时略呈放射状排列，颗粒逐渐向半细胞中间变小，中央区平滑半细胞具 1 个轴生的色素体，具 2 个蛋白核。细胞长 30~49 μm，宽 24~40 μm，缢部宽 7~15 μm。

标本号：S60。

分布：汉库。

凹顶鼓藻属 *Euastrum* Ehrenberg ex Ralfs, 1848

植物体为单细胞，多数细胞中等大小或小型，长为宽的 1.5~2 倍，长方形、方形、椭圆形、卵圆形等扁平，缢部常深凹入，呈狭线形，少数向外张开。半细胞常呈截顶的角锥形、狭卵形，顶部中间浅凹入、"V"形凹陷或垂直向深凹陷，近基部的中央通常膨大，平滑或由颗粒或瘤组成的隆起。半细胞通常分成 3 叶，1 个顶叶和 2 个侧叶，中部具或不具胶质孔或小孔。细胞壁极少数平滑，通常具点纹、颗粒、圆孔纹、齿、刺或乳头状凸起。绝大多数种类的色素体轴生，常具 1 个蛋白核。

常与较大型的鼓藻类混生在软水、偏酸性的水体中。

1. 小刺凹顶鼓藻无刺变种（图版 20: 9）

Euastrum spinulosum var. *inermius* (Nordstedt) Bernard, 1876; 魏印心, 2003, p. 136-137, pl. XVII, figs. 18-20.

细胞中等大小，长约为宽的 1.1~1.2 倍，缢缝深凹，狭线形，外端略张开。半细胞正面观半圆形，具 3 个分叶，顶叶很短，钻形，顶叶和侧叶间很狭凹入呈线形，侧叶小叶侧缘平截，基角较截圆，顶叶和侧叶缘边及缘内具粗的颗粒，半细胞近基部中央的拱形隆起较大。半细胞侧面观宽卵形，顶部较宽，顶缘平截，顶角宽圆形和具颗粒，侧缘下部具 1 个由颗粒组成的拱形隆起明显凸出。细胞长 48～85 μm，宽 41～71 μm，厚 22～46 μm，缢部宽 10～18 μm，顶部宽 16～26 μm。

标本号：S60。

分布：汉库。

角星鼓藻属 *Staurastrum* Meyen ex Ralfs, 1848

植物体为单细胞，一般长略大于宽（不包括刺或凸起），绝大多数种类辐射对称，少数种类两侧对称及细胞侧扁，多数缢缝深凹，从内向外张开呈锐角。半细胞正面观半圆形、近圆形、椭圆形、圆柱形、近三角形、倒三角形、四边形、梯形、碗形、杯形、楔形等，许多种类半细胞顶角或侧角向水平方向、略向上或向下延长形成长度不等的凸起，缘边般波形，具数轮齿，其顶端平或具 2 个、3 个到多个刺；垂直面观多数三角形到五边形，少数圆形、椭圆形、六边形，或多边形到十二边形。细胞壁平滑，具点纹、圆孔纹、颗粒及各种类型的刺和瘤。每个半细胞一般具 1 个轴生的色素体，其中央具 1 个蛋白核，大的细胞每个半细胞具数个蛋白核，少数种类半细胞的色素体周生，具数个蛋白核。

1. 互生角星鼓藻（图版 21: 1-2）

Staurastrum alternans Brébisson, 1848；魏印心, 2014, p. 42, pl. XVII, figs. 18-19.

细胞小，长约等于宽，缢缝深凹，向外张开呈锐角，缢部扭转约呈 60°角而使上下 2 个半细胞的角交错。半细胞正面观狭长圆形至椭圆形，顶缘中间平，侧角圆；垂直面观三角形，一个半细胞的角与另一个半细胞的角交错排列，侧缘凹入，角圆。细胞壁具小颗粒，围绕角呈同心圆排列，在顶部中央散生或有时退化。细胞长 17～35 μm，宽 17～35 μm，缢部宽 5～10 μm。

标本号：S59。

分布：汉库。

2. 纤细角星鼓藻（图版 21: 3-4）

Staurastrum gracile Ralfs ex Ralfs, 1848；魏印心, 2014, p. 68-69, pl. XXXII, figs. 1-2.

细胞小到中等大小，长为宽的 2～2.5 倍（不包括凸起），缝中等深度入，顶端尖或"U"形，向外张开呈锐角。半细胞形状变化很大，通常正面观近杯形，顶部宽、略凸起或平直，具一轮小颗粒，有时成对，在小颗粒下具数纵列小颗粒，顶角斜向上、斜向下或水平向延长形成纤细的长凸起，具数轮小齿，缘边波形，末端具 3～4 个刺；垂直面观三角形，少数四边形，侧缘平直，少数略凹入，缘内具一列小颗粒，有时成对。细胞长 22～60 μm，宽（包括凸起）35～110 μm，缢部宽 5.5～13 μm。

标本号：S48、S53。

分布：汉库。

3. 长臂角星鼓藻（图版 21: 5-6）

Staurastrum longipes (Nordstedt) Teiling, 1946; 魏印心, 2014, p. 82, pl. XXXI, figs. 1-2.

细胞中等大小到大形，长约等于宽（包括凸起），缢缝浅凹入，向外张开呈锐角。半细胞正面观杯形，顶缘平，顶角斜向上延长形成纤细的长凸起，缘边锯齿状，末端具 4 个齿，侧缘略凸起和斜向凸起腹缘的基部；垂直面观三角形或四边形，侧缘凹入，角延长形成纤细的长凸起，缘边锯齿状，末端具 4 个齿。细胞长（不包括凸起）28～30 μm，（包括凸起）67～90 μm，宽（包括凸起）70～82 μm，缢部宽 7～10 μm。

标本号：S34、S61、S80、S81、S86。

分布：丹库、丹江、干渠刁河段。

4. 浮游角星鼓藻（图版 21: 7-8）

Staurastrum planctonicum (Smith) Krienitz & Heynig, 1946; 魏印心, 2014, p. 96, pl. XXXIX, figs. 3-4.

细胞中等大小，长约为宽的 2 倍（不包括凸起），缢缝"U"形浅凹入，向外张开呈锐角。半细胞正面观钟形或壶形，顶缘平、波状，顶部具一轮由 6 个具双颗粒的瘤（2 顶角间各 2 个），顶角斜向上伸长形成长凸起，末端具 3 个齿，凸起缘边波状，侧缘略向上扩大达凸起腹缘基部，基角圆；垂直面观三角形，侧缘直，缘内具一对双颗粒的瘤，角伸长形成长凸起，末端具 3 个齿，凸起缘边波状。细胞长（包括凸起）60～73 μm，宽（包括凸起）65～75 μm，缢部宽 7～7.5 μm。

标本号：S40、S44。

分布：汉库。

甲藻门 Dinophyta

甲藻绝大多数是单细胞，具有 2 条不等长的鞭毛；极少数为丝状体，仅在生殖时游动细胞具鞭毛。

甲藻细胞裸露或具细胞壁，细胞壁薄或厚而硬，富含纤维素。纵裂甲藻由左右 2 个半片组成，无纵沟和横沟，2 条鞭毛顶生（1 条茸鞭型、1 条尾鞭型）。横裂甲藻细胞壁由多个板片嵌合而成，板片的形态构造和组合是分类的依据，具背腹之分，多具 1 条横沟和 1 条纵沟，2 条鞭毛侧生，从横沟与纵沟交叉处的鞭毛孔伸出。一条在横沟中，茸鞭型，叫横鞭毛；另一条沿纵沟向后方伸出，是尾鞭型，叫纵鞭毛。

甲藻细胞核很大，分裂间期染色体呈浓缩螺旋状，不消失。核分裂时，核膜与核仁也不消失。绝大多数甲藻具有多个盘状色素体，能够进行光合作用，极少数种类无色。甲藻的叶绿素成分是叶绿素 a 和叶绿素 c，辅助色素有 β-胡萝卜素、几种叶黄素，其中最重要的是多甲藻素，由于黄色色素含量较高，使得色素体呈黄绿色、橙色、褐色。同化产物是淀粉和油。

甲藻的繁殖以细胞分裂为主，少数产生游动孢子、不动孢子或厚壁休眠孢子，极少数具有同配的有性生殖。

甲藻以海产为主，但在淡水环境中也广泛分布，常在一些湖泊、池塘中形成优势。

甲藻世界已知约 130 属 1000 余种，但种的鉴定困难，记录存有照片的属种并不多，本书收录 1 纲 1 目 3 科 3 属 6 种。

甲藻纲 Dinophyceae

多甲藻目 Peridiniales

裸甲藻科 Gymnodiniaceae

裸甲藻属 *Gymnodinium* Stein, 1878

植物体单细胞，卵形至近圆球形，有的具小凸起，大多数近两侧对称。细胞前后两端钝圆或顶端钝圆末端狭窄，上锥部和下锥部等大，或上锥部较大，或者下锥部较大。多数背腹扁平。横沟明显，通常环绕细胞一周。

广泛分布在湖泊、池塘、河流等水体中，有时可形成优势。

1. 裸甲藻（图版 22: 1）

Gymnodinium aeruginosum Stein, 1883; 胡鸿钧和魏印心, 2006, p. 431, pl. XII-1, fig. 2.

细胞近卵形，背腹显著扁平。上锥部铃形，钝圆；下锥部稍宽，底部末端平。横沟环状；纵沟宽，向上伸入上锥部，向下达锥部末端。色素体多数，小盘状，褐绿色或绿色。细胞长 22～27 μm，宽 20～24 μm。

标本号：S30、S60、S63、S64、S66。

分布：鹳河、汉库、滔河、丹江。

多甲藻科 Peridiniaceae

拟多甲藻属 *Peridiniopsis* Lemmermann, 1904

细胞椭圆形或圆球形，上锥部等于或大于下锥部。板片可以具刺、似齿状凸起或翼状纹饰。

广泛分布在湖泊、池塘、河流等水体中。

1. 坎宁顿拟多甲藻（图版 22: 2）

Peridiniopsis cunningtonii Lemmermann, 1907; 张琪等, 2012, p. 755, fig. 3(a-f).

细胞近卵圆形，背腹略扁平。上壳大于下壳。上壳锥形，下壳圆形或稍具棱角。下壳四周饰有 4～6 根突刺。横沟稍左旋。纵沟稍延伸至上壳，向下延伸没有达到底端。板片表面饰有浅网纹。老细胞板间缝通常较宽。叶绿体棕黄色，多数。细胞长 26～34 μm，宽 22～28 μm。

标本号：S57。

分布：泗河。

2. 埃尔多拟多甲藻（图版 22: 3）

Peridiniopsis elpatiewskyi (Ostenfeld) Bourrelly, 1968; 张琪等, 2012, p. 755, fig. 4(a-h).

细胞五边形或卵形，背腹略扁平。上壳大于下壳，上下壳都会出现一定的棱角。上壳锥形，下壳圆形且底部截平。横沟环绕细胞，但没有螺旋。纵沟稍延伸至上壳，向下延伸达到底端。下壳板片边缘具有许多刺或齿状凸起。板片常凹陷，表面具有网状纹饰，散布着众多穿孔。网纹表面经常形成纵向条纹。叶绿体棕黄色，多数，盘状。细胞长 23~28 μm，宽 28~32 μm。

标本号：S30。

分布：鹳河。

3. 柯维拟多甲藻（图版 22: 4）

Peridiniopsis kevei Grigorszky & Vasas, 2001; 张琪等, 2012, p. 755, fig. 5(a-f).

细胞为典型的菱形或双锥形，背腹扁平。上壳大于或等于下壳。上壳尖锐或稍钝，渐尖；下壳骤尖，具有 1 根明显的底刺。横沟窄，稍左旋；纵沟窄，略弯曲，延伸至底端。板片表面饰有不规则乳突状孔纹。细胞除了具有甲藻核外，还有 1 个内共生真核。叶绿体棕黄色，多数，盘状。纵沟处具红色眼点。细胞长 29~48 μm，宽 23~32 μm。

标本号：S8、S26、S32、S34、S59、S63。

分布：神定河、金竹河、鹳河、丹库、汉库、滔河。

4. 倪氏拟多甲藻（图版 22: 5）

Peridiniopsis niei Liu & Hu, 2008; 张琪等, 2012, p. 758, fig. 6(a-h).

细胞五边形，背腹极扁平。上壳明显大于下壳，上壳三角形，下壳梯形，底部截平或凹陷，通常饰有 2 根底刺。横沟稍左旋；纵沟宽，延伸至底端。板片表面饰有不规则乳突状孔纹。叶绿体棕黄色，多数，盘状。细胞长 35~40 μm，宽 31~34 μm。

标本号：S78。

分布：丹库。

角甲藻科 Ceratiaceae

角甲藻属 *Ceratium* Schrank, 1793

植物体单细胞。细胞具 1 个顶角和 2~3 个底角，顶角末端具顶孔，底角末端开口或封闭。横沟位于细胞中央，细胞腹面中央为斜方形透明区；纵沟位于腹区左侧，透明区右侧为 1 条锥形沟。壳面具网状窝孔纹。

广泛分布在湖泊、河流、水库、池塘、河口等水体中，常形成优势。

1. 角甲藻（图版 22: 6-7）

Ceratium hirundinella (Müller) Dujardin, 1841; 胡鸿钧和魏印心, 2006, p. 438, pl. XII, fig. 16.

细胞背腹显著扁平。顶角狭长，平直而尖，具顶孔；底角 2~3 个，放射状，末端多数尖锐，平直或呈各种形式的弯曲。横沟几乎呈环状；纵沟不伸入上壳，较宽，几乎达不到下壳末端。壳面具粗大的窝孔纹，孔纹间具短的或长的棘。色素体多个，圆盘状，周生，黄色至暗褐色。细胞长 150~260 μm。

标本号：S2、S10、S11、S17、S27、S34、S35、S36、S38、S39、S41、S42、S43、S44、S46、S47、S48、S49、S50、S51、S52、S53、S54、S55、S56、S57、S58、S61、S79、S81、S82、S83、S86。

分布：堵河、神定河、汉江、丹库、鹳河、汉库、泗河、丹江、干渠刁河段。

隐藻门 Cryptophyta

隐藻绝大多数是具鞭毛的单细胞藻类，无细胞壁，具柔软到坚硬的周质。细胞椭圆形、卵形、倒卵形或豆形，前端较宽，钝圆或斜向平截，显著纵扁，背侧略凸，腹侧平直或凹入，腹侧前端偏于一侧具向后延伸的纵沟。具 2 条稍不等长的茸鞭型鞭毛，自腹侧前端伸出。色素体 1~2 个，片状。含叶绿素 a 和叶绿素 c，光合作用产物是淀粉和油。

隐藻以细胞分裂的方式进行繁殖，未发现有性生殖。

隐藻在淡水、海水中都有分布，淡水中主要分布于湖泊、池塘和河流中。

隐藻世界已知 18 属约 200 种，虽然种类不多，但却是湖泊、池塘中的常见种。本书收录 1 纲 1 目 1 科 2 属 3 种。

隐藻纲 Cryptophyceae

隐藻目 Cryptales

隐藻科 Cryptomonadaceae

蓝隐藻属 *Chroomonas* Hansgirg, 1885

细胞长卵形、圆锥形，前端斜截形或平直，后端钝圆或渐尖，背腹扁平，纵沟或口沟不明显。鞭毛2条，不等长。色素体多为1个，有的种类为2个，盘状，周生，蓝色或蓝绿色。1个蛋白核，位于细胞中央或后半部。

1. 尖尾蓝隐藻（图版 23: 1）

Chroomonas acuta Utermöhl, 1925；胡鸿钧和魏印心，2006, p. 423, pl. XI, figs. 1-3.

细胞纺锤形，前端宽，斜截形，后端尖细，向腹侧弯曲。纵沟短，无刺丝胞。色素体1个，暗绿色。鞭毛2条，约与细胞等长。细胞长 18～20 μm，宽 8～11 μm。

标本号：S57。

分布：泗河。

隐藻属 *Cryptomonas* Ehrenberg, 1831

细胞椭圆形、豆形、卵形、圆锥形、纺锤形或"S"形，背腹扁平，背部明显隆起，腹部平直或略凹入。细胞前端钝圆或斜截形，后端钝圆形。腹侧具明显口沟。鞭毛2条，通常短于细胞长度。色素体1个或2个，黄绿色、黄褐色或红色。细胞核1个，位于细胞后端。

1. 卵形隐藻（图版 23: 2）

Cryptomonas ovata Ehrenberg, 1832；胡鸿钧和魏印心，2006, p. 425, pl. XI-1, figs. 4-5.

细胞长卵形，前端为明显的斜截形，顶端斜凸状，后端宽圆形。细胞大多略扁平。细胞长 37～55 μm，宽 17～27 μm。

标本号：S57、S82。

分布：泗河、丹库。

2. 啮蚀隐藻（图版 23: 3）

Cryptomonas erosa Ehrenberg, 1832；胡鸿钧和魏印心，2006, p. 425, pl. XI-1, figs. 6-8.

细胞倒卵形，前端背角突出略呈圆锥形，顶部钝圆。细胞有时弯曲，纵沟不明显，腹部通常平直，鞭毛与细胞等长。色素体2个，绿色、褐绿色、金褐色或淡红色。细胞长15~30 μm，宽8~15 μm。

标本号：S15、S16、S34、S57、S78、S86。

分布：坝下、丹库、泗河、干渠刁河段。

金藻门 Chrysophyta

　　金藻为单细胞、群体或分枝丝状体。有些种类，其营养细胞前端具鞭毛，终生能运动，鞭毛 1 条或 2 条。具 2 条鞭毛时，一条长，伸向前方，为茸鞭型；另一条较短，弯向后方，是尾鞭型。

　　大部分金藻无细胞壁，原生质体裸露，细胞可变形，具周质，有的原生质体分泌纤维素构成囊壳，或分泌果胶质的膜，其表面镶有硅质的小鳞片。少数金藻形成由纤维素和果胶质组成的细胞壁。具 2 个大型片状色素体。叶绿素成分是叶绿素 a 和叶绿素 c，胡萝卜素、叶黄素含量较多，色素体呈黄绿色、橙黄色、金棕色等颜色。同化产物为金藻昆布糖（金藻淀粉）或油。

　　单细胞运动型金藻常以细胞纵裂的方式繁殖；群体运动型的种类常断裂成 2 个或 2 个以上的片段，每个片段发育成一个新个体。许多种类可以形成孢囊，度过不良环境，在适宜的条件下萌发。金藻的有性生殖为同配生殖，仅在少数属中发现。

　　金藻多生活在淡水中，在海水、咸水中少见。喜生于透明度大、温度低、有机质含量少、偏酸性的水体中。

　　金藻世界已报道约 200 属 1200 余种。本书收录 1 纲 1 目 1 科 1 属 2 种。

金藻纲 Chrysophyceae

色金藻目 Chromulinales

锥囊藻科 Dinobryaceae

锥囊藻属 *Dinobryon* Ehrenberg, 1834

植物体为树状或丛状群体。细胞具圆锥形囊壳，前端圆形或喇叭状开口，后端呈锥形，囊壳透明或黄褐色。细胞多数呈卵形，前端具有 2 条不等长鞭毛，1 个眼点，1~2 个片状色素体，周生。

1. 长锥形锥囊藻（图版 23: 4-5）

Dinobryon bavaricum Imhof, 1890; 胡鸿钧和魏印心, 2006, p. 241, pl. VI, fig. 13.

群体由少数细胞近平行排列呈狭长的、自下向上略扩大的丛状，囊壳为长柱状圆锥形，前端开口处略扩大，中部近平行呈圆柱形，其侧缘略呈波状或无，后端细长，突尖或渐尖呈长锥状，略向一侧弯曲。囊壳长 50~120 μm，宽 6~10 μm。

标本号：S53。

分布：汉库。

2. 群聚锥囊藻（图版 23: 6）

Dinobryon sociale Ehrenberg, 1834; 胡鸿钧和魏印心, 2006, p. 243, pl. VI, fig. 8.

群体细胞密集排列呈疏松的丛状，囊壳为柱状圆锥形，前端开口处略呈扩展状，中部近平行呈圆柱形，后半部呈圆锥形，后端渐尖呈锥状。囊壳长 28~33 μm，宽 8~9 μm。

标本号：S1、S3、S7、S12、S85。

分布：堵河、汉江、干渠白河段。

黄藻门 Xanthophyta

黄藻植物体为单细胞、群体或丝状体,或多核管状体。大多数种类营养体不具鞭毛,繁殖时产生双鞭毛的孢子或配子。针胞藻类营养体具 2 条不等长的鞭毛。

黄藻的细胞壁常由 2 个半片套合而成,化学成分主要为纤维素与果胶质。细胞核小,多数类群为单核,管状体为多核。色素体 1 个至多个,盘状、片状或带状。叶绿素成分是叶绿素 a 和叶绿素 c,光合作用产物为油和白糖素。

黄藻多以无性生殖方式繁殖,产生游动孢子、似亲孢子或不动孢子。游动孢子具 2 条不等鞭毛。有性生殖见于丝状或管状类群中。

黄藻以淡水生活为主,一般在贫营养、温度较低的水中生长旺盛;有的种类生活在潮湿的土壤表面,极少数生活于海水中。

黄藻世界已知约 100 余属 600 余种,大多数生活在沼泽小水体中,真正浮游种类并不多。本书收录 1 纲 1 目 1 科 1 属 1 种。

黄藻纲 Xanthophyceae

黄丝藻目 Tribonematales

黄丝藻科 Tribonemataceae

黄丝藻属 *Tribonema* Derbès et Solier, 1851

植物体为不分枝的丝状体。细胞圆柱形或两侧略膨大的腰鼓形，长为宽的数倍，细胞壁由"H"形2个半片套合组成。色素体1个至多个，周生，盘状、片状、带状，无蛋白核，具单核。

生长在池塘、沟渠等小水体中，常见于冬春季。

1. 泉生黄丝藻（图版 23: 7）

Tribonema fonticolum Ettl, 1957; 王全喜, 2007, p. 46, fig. 46.

藻体呈丝状，很长，有时可长达 10 cm，黄绿色，絮状。细胞较短，呈圆柱形，长是宽的 1.5~2 倍，细胞壁厚，横隔收缢不明显。色素体仅 1 个，短带形，贴壁周生。细胞细胞长 9~12 μm，宽 6~7 μm。

标本号：S1。

分布：堵河。

硅藻门 Bacillariophyta

硅藻为单细胞，可连接成各种形态的群体和丝状体。细胞壁是由 2 个套合的半片组成，大的半片称上壳，小的称下壳，成分为硅质、果胶质，无纤维素。细胞壁的形态、结构、纹饰等都是分类的依据。硅藻色素体通常 1 个至多个，小盘状或片状。叶绿素的成分是叶绿素 a 和叶绿素 c，辅助色素有 β–胡萝卜素、叶黄素类，叶黄素包括墨角藻黄素、硅藻黄素、硅甲黄素，因此硅藻呈橙黄色、黄橙色。同化产物是金藻淀粉和油。

硅藻的繁殖主要为细胞分裂，细胞分裂时，原母细胞壁的 2 个半片分别保留在 2 个子细胞上，子细胞新分泌形成一个下壳；由于新分泌的半片始终是作为子细胞的下壳，老的半片作为上壳，结果造成一个子细胞的体积和母细胞等大，另一个则比母细胞略小；随着细胞分裂的次数增加，造成后代细胞越来越小。当缩小到一定程度时，会以产生复大孢子的方式恢复其大小。硅藻的有性生殖常与复大孢子相联系，有的种类可产生具鞭毛的精子。

硅藻分布非常广泛，淡水、海水、半咸水中均有分布，浮游或附着在基物上；在冷泉或温泉中、土壤、岩石、墙壁、树干等表面也大量分布。

本书记录硅藻植物 2 纲 9 目 23 科 91 属 460 种 30 变种 2 变型。

中心纲 Centricae

直链藻目 Melosirales

直链藻科 Melosiraceae

直链藻属 *Melosira* Agardh, 1824

壳体圆柱形，常通过壳面彼此连接形成链状群体。壳面圆形，平或凸起，结构简单，纹饰在光学显微镜下常不可见。扫描电子显微镜下观察，壳缘及壳面中部具密集的硅质小刺。带面观矩形。

1. 变异直链藻（图版 24: 1-8）

Melosira varians Agardh, 1872; 齐雨藻, 1995, p. 34, fig. 41, pl. II, figs. 8-9.

壳体圆柱形，以壳盘边缘小刺连接成链状群体，壳面圆形；壳面直径 9.4～16 μm，壳体高 21～49.5 μm。

标本号：S1、S3、S4、S5、S6、S8、S9、S10、S14、S15、S16、S18、S22、S38、S53、S54、S56。

分布：堵河、汉江、神定河、泗河、坝下、丹库、磨沟河、汉库。

沟链藻科 Aulacoseiraceae

沟链藻属 *Aulacoseira* Thwaites, 1848

细胞通过壳缘刺彼此连接成链状群体。壳面观圆形。壳缘具 1 个至多个壳针。壳套面长，具直或弯曲排列的点纹。壳套面边缘具一圈窄的无纹区，称为"颈"（collum），颈的内部具一圈向内凸起的硅质增厚，称为"颈环"（ringleiste），颈环内侧常具小的唇形突。带面观矩形。

1. 模糊沟链藻（图版 25: 1-2）

Aulacoseira ambigua (Grunow) Simonsen, 1979; 齐雨藻, 1995, p. 6, pl. II, figs. 1-2.

壳体圆柱形，以壳缘刺连接成紧密的链状群体。壳面圆形；直径 3.5～4 μm，高 17.5～18 μm。壳套发达，环沟平滑并向内深入呈"U"形的宽槽。点纹螺旋排列，24～26 条/10 μm。

标本号：S8、S61。

分布：神定河、丹江。

2. 加拿大沟链藻（图版 25: 3-4）

Aulacoseira canadensis (Hustedt) Simonsen, 1979; Hustedt, 1952, p. 372, figs. 21-30.

壳体圆柱形，以壳缘刺连接成紧密的链状群体。壳面圆形；直径 10～11.5 μm，高 27～44.5 μm。壳套发达，环沟平滑并向内深入呈"U"形的宽槽。点纹竖直排列，7～10 条/10 μm。

标本号：S59、S61。

分布：汉库、丹江。

3. 颗粒沟链藻（图版 26: 1-8）

Aulacoseira granulata (Ehrenberg) Simonsen, 1979; 齐雨藻, 1995, p. 14, fig. 13, pl. II, fig. 4.

壳体圆柱形，通过壳缘刺连接成紧密的链状群体。壳面圆形；直径 6～9.5 μm，高 6.5～7.5 μm。

分布：广泛分布。

4. 颗粒沟链藻极狭变种（图版 27: 1-5, 8）

Aulacoseira granulata var. *angustissima* (Müller) Simonsen, 1979; 齐雨藻, 1995, p. 15, fig. 14.

本变种较原变种的区别为：壳体细长，壳体高度和壳面直径比值更大，直径 2～3.5 μm，高 21～53.5 μm。

标本号：S1、S4、S5、S6、S7、S8、S10、S11、S12、S17、S18、S19、S26、S38、S57、S58、S61、S73、S79、S80。

分布：堵河、汉江、神定河、丹库、金竹河、汉库、泗河、丹江。

5. 颗粒沟链藻弯曲变种（图版 27: 6-7, 9）

Aulacoseira granulata var. *curvata* (Grunow) Yang & Wang, 2022; 齐雨藻, 1995, p. 16, fig. 16.

本种与原变种的区别为：本种的链状群体呈弧形弯曲，直径 3～4.5 μm，高 22～34 μm。

标本号：S15、S16、S30、S64。

分布：坝下、鹳河、滔河。

6. 意大利沟链藻弯曲变种（图版 25: 5-6, 10）

Aulacoseira italica var. *curvata* (Pantocsek) Yang & Wang, 2022; Pantocsek, 1901, p. 133, pl. XV, fig. 327.

壳体圆柱形，通过壳缘刺连接成紧密的链状群体。壳面圆形；直径 4～5 μm，高 9.5～28 μm。点纹螺旋形排列，22～25 条/10 μm。

标本号：S15、S16、S64、S86。

分布：坝下、滔河、干渠刁河段。

7. 矮小沟链藻（图版 25: 7-9）

Aulacoseira pusilla (Meister) Tuji & Houki, 2004; Meister, 1913, p. 311, pl. IV, fig. 2.

壳体圆柱形，通过壳缘刺连接成紧密的链状群体。壳面圆形；直径 5.5～9 μm，高 9～19.5 μm。

标本号：S2、S10、S15、S16。

分布：堵河、神定河、坝下。

海链藻目 Thalassiosirales

海链藻科 Thalassiosiraceae

海链藻属 *Thalassiosira* Cleve, 1873

细胞单生或通过胶质丝连接成链状群体。壳面圆形，平坦或波曲，线纹辐射状排列，通常由单个大的圆形孔纹组成，不成束。壳缘具 1 个至多个唇形突，壳缘具一圈支持突。壳面具 1 个至多个支持突。

1. 双线海链藻（图版 28: 1）

Thalassiosira duostra Pienaar in Pienaar & Pieterse, 1990, p. 106, figs. 1-11.

壳面圆形；壳缘具一圈支持突，壳面具 3～5 个支持突；具 1～3 个唇形突，位于壳缘处；直径 15.5 μm。

标本号：S11。

分布：汉江。

筛环藻属 *Conticribra* Stachura-Suchoples & Williams, 2009

细胞单生或通过胶质丝连接成链状群体。壳面圆形，平坦。线纹在内壳面由小点纹组成，排列成连续或半连续的束状。壳缘和壳面中部均具一圈支持突。壳缘具 1 个唇形突。

1. 魏氏筛环藻（图版 28: 2-7, 10-11）

Conticribra weissflogii (Grunow) Stachura-Suchoples & Williams, 2009; 齐雨藻, 1995, p. 40, fig. 47.

壳面圆形，平坦；壳缘具一圈支持突，中央支持突 5 个排列成一圈；具 1 个唇形突，位于壳缘处；直径 14～17 μm。

标本号：S4、S8、S9、S13、S14、S28、S31、S32、S42、S55、S56、S57、S63。

分布：汉江、神定河、泗河、鹳河、汉库、滔河。

线筛藻属 *Lineaperpetua* Yu, You, Kociolek & Wang, 2023

细胞单生。壳面圆形，横向波曲，线纹在内壳面由小点纹组成，排列成连续的带状；壳缘和壳面中部均具一圈支持突。壳缘具 1 个唇形突。

1. 湖沼线筛藻（图版 29: 1-4, 11-12）

Lineaperpetua lacustris (Grunow) Yu, You, Kociolek & Wang in Yu et al., 2024, p. 279, figs. 1-5.

壳面圆形，横向波曲；壳缘和壳面中部均具一圈支持突；唇形突 1 个，位于壳缘处；直径 14～24 μm。

标本号：S6、S11、S15、S16、S27、S28、S29、S30、S31、S56、S60、S86。

分布：汉江、坝下、鹳河、泗河、汉库、干渠刁河段。

骨条藻科 Skeletonemataceae

骨条藻属 *Skeletonema* Greville, 1865

细胞通过壳缘支持突连接成链状群体。壳面圆形，平坦或呈冠状凸起。线纹辐射状排列。壳缘具一圈支持突。唇形突 1 个，位于壳面或壳缘。

1. 江河骨条藻（图版 28: 8-9）

Skeletonema potamos (Weber) Hasle, 1976; Weber, 1970, p. 151, figs. 2-3.

壳体短圆柱形，常形成短链状群体。壳面圆形；壳缘具一圈支持突，具 1 个唇形突；直径 3～4.5 μm。

标本号：S12。

分布：汉江。

冠盘藻科 Stephanodiscaceae

冠盘藻属 *Stephanodiscus* Ehrenberg, 1845

细胞单生。壳面多圆形。线纹辐射状排列。壳缘具壳针，具一圈支持突，多数种类具壳面支持突。具 1 个或 2 个唇形突，位于壳缘处。

1. 高山冠盘藻（图版 30: 1-6, 14-15）

Stephanodiscus alpinus Hustedt, 1942, p. 412, fig. 508.

壳面圆形，同心波曲；壳缘具一圈支持突，壳面支持突 2 个；唇形突 1 个，位于壳缘处；直径 9.5～15.5 μm。线纹辐射状排列，每条线纹 2～3 列孔纹，15～17 条/10 μm，壳面中部线纹单列。

标本号：S6、S7、S11、S12、S27、S32、S61。

分布：汉江、鹳河、丹江。

2. 汉氏冠盘藻（图版 30: 7-13, 16-17）

Stephanodiscus hantzschii Grunow in Cleve & Grunow, 1880, p. 115, pl. VII, fig. 131.

壳面圆形，平坦；壳缘具一圈支持突；唇形突 1 个，位于壳缘处；直径 7.5～10 μm。线纹辐射状排列，每条线纹 2～3 列孔纹，16～19 条/10 μm，壳面中部线纹单列。

标本号：S1、S4、S6、S7、S8、S10、S11、S12、S15、S16、S27、S32、S42、S55、S57、S60、S63。

分布：堵河、汉江、神定河、坝下、鹳河、汉库、泗河、滔河。

3. 汉氏冠盘藻细弱变型（图版 29: 5-10）

Stephanodiscus hantzschii f. *tenuis* (Hustedt) Håkansson & Stoermer, 1984; Hustedt, 1939, p. 583, fig. 3.

壳面圆形，平坦；壳缘具一圈支持突；唇形突 1 个，位于壳缘处；直径 10～17 μm。线纹辐射状排列，每条线纹 2 列至多列孔纹，9～10 条/10 μm，壳面中部线纹单列。

标本号：S10、S15、S27、S29。

分布：神定河、坝下、鹳河。

4. 细小冠盘藻（图版 31: 1-4, 16-18）

Stephanodiscus parvus Stoermer & Håkansson, 1984, p. 505, figs. 1-11.

壳面圆形，同心波曲；壳缘具一圈支持突，中部具 1 个支持突；唇形突 1 个，位于壳缘处；直径 5.5～8 μm。线纹辐射状排列，每束线纹 2 列孔纹，壳面中部孔纹单列。

标本号：S1、S4、S10、S11、S12、S14、S27、S60。

分布：堵河、汉江、神定河、泗河、鹳河、汉库。

环冠藻属 *Cyclostephanos* Round, 1987

细胞单生。壳面多圆形，平坦或微波曲。壳面具 2 种形态的线纹，均呈辐射状排列。壳缘具一圈支持突。壳缘处具 1 个唇形突。

1. 可疑环冠藻（图版 31: 9-15, 19）

Cyclostephanos dubius (Hustedt) Round, 1988; Hustedt, 1930, p. 367, fig. 192.

壳面圆形，同心波曲；壳缘具一圈支持突，中部具 1 个支持突；唇形突 1 个，位于壳缘处；直径 6.5～11.5 μm。线纹辐射状排列，每条线纹 2～4 列孔纹，17～20 条/10 μm，壳面中部线纹单列。

标本号：S1、S2、S4、S5、S6、S7、S10、S11、S12、S29、S57。

分布：堵河、汉江、神定河、鹳河、泗河。

小环藻属 *Cyclotella* (Kützing) Brébisson, 1838

细胞单生。壳面多圆形，中央平坦或波曲，中部常不具孔纹，壳缘具呈束状排列的肋纹。壳缘具一圈支持突，壳面支持突数个。唇形突 1 个，常位于壳缘处。

1. 原子小环藻（图版 31: 5-8）

Cyclotella atomus Hustedt, 1937, p. 143, pl. IX, figs. 1-4.

壳面圆形，平坦；壳缘具一圈支持突，中部具 1 个支持突；唇形突 1 个，位于壳缘处；直径 3.5～5.5 μm。线纹辐射状排列，由多列孔纹组成，壳面中部不具孔纹。

标本号：S2、S7、S8、S11、S31。

分布：堵河、汉江、神定河、鹳河。

2. 分歧小环藻（图版 32: 1-2）

Cyclotella distinguenda Hustedt, 1928, p. 320, fig. 4.

壳面圆形，平坦；壳缘具一圈支持突，中部具 1 个支持突；唇形突 1 个，位于壳缘处；直径 9.5～10 μm。线纹辐射状排列，由多列孔纹组成，壳面中部不具孔纹。

标本号：S64。

分布：滔河。

3. 湖北小环藻（图版 32: 8-11）

Cyclotella hubeiana Chen & Zhu, 1985, p. 80, figs. 3-4.

壳面圆形，同心波曲；壳缘具一圈支持突；唇形突 1 个，位于壳缘处；直径 12～17.5 μm。线纹辐射状排列，由双列孔纹组成，10～13 条/10 μm，壳面中部不具孔纹。

标本号：S2、S3、S8、S11、S15、S56、S58、S60、S61、S86、S88、S89。

分布：堵河、神定河、汉江、坝下、泗河、汉库、丹江、干渠刁河段、天津。

4. 中位小环藻（图版 32: 3-7, 12-13）

Cyclotella meduanae Germain, 1981, p. 36, pl. 8, fig. 28, pl. 154, fig. 4a.

壳面圆形，平坦；壳缘具一圈支持突；唇形突 1 个，位于壳缘处；直径 6.5～8.5 μm。线纹辐射状排列，由多列孔纹组成，9～11 条/10 μm，壳面中部不具孔纹。

标本号：S2、S3、S7、S8、S24、S28、S31、S37、S63。

分布：堵河、汉江、神定河、磨沟河、鹳河、丹库、滔河。

5. 梅尼小环藻（图版 33: 1-6, 14-15）

Cyclotella meneghiniana Kützing, 1844, p. 50, pl. 30, fig. 68.

壳面圆形，横向波曲；壳缘具一圈支持突，中部具 1～3 个支持突；唇形突 1 个，位于壳缘处；直径 10～19 μm。线纹辐射状排列，由多列孔纹组成，9～11 条/10 μm，壳面中部不具孔纹。

标本号：S3、S4、S5、S8、S9、S10、S14、S15、S16、S19、S27、S29、S30、S33、

S53、S56、S58、S64、S71、S77。

分布：堵河、汉江、神定河、泗河、坝下、丹库、鹳河、汉库、滔河、淇河、丹库。

蓬氏藻属 *Pantocsekiella* Kiss & Ács, 2016

细胞单生或形成短链状群体。壳面圆形，平或波曲，中部具大或小的凹陷，壳缘处具辐射状排列的线纹。壳缘具一圈支持突。唇形突 1 个至多个，位于近壳缘处的肋纹上。

1. 眼斑蓬氏藻（图版 33: 7-13, 16-17）

Pantocsekiella ocellata (Pantocsek) Kiss & Ács, 2016; Pantocsek, 1901, p. 134, pl. XV, fig. 318.

壳面圆形，波状起伏；壳缘具一圈支持突，壳面中部具 1~2 个支持突，具多个圆形斑纹；唇形突 1 个，位于壳面上；直径 6~16.5 μm。线纹辐射状排列，由多列孔纹组成，17~22 条/10 μm，壳面中部不具孔纹。

标本号：S1、S2、S3、S7、S11、S12、S15、S16、S17、S26、S37、S38、S56、S62、S66、S73、S75、S84、S85、S86、S87。

分布：堵河、汉江、坝下、丹库、金竹河、汉库、泗河、滔河、丹江、干渠白河段、干渠刁河段。

碟星藻属 *Discostella* Houk & Klee, 2004

细胞常形成短链状群体。壳面圆形，具 2 种形态的线纹，中部具星状的硅质脊，壳缘处具辐射状排列的线纹，壳缘具一圈支持突，唇形突 1 个，位于壳套面两肋纹之间。

1. 星肋碟星藻（图版 34: 1-5, 12）

Discostella asterocostata (Lin, Xie & Cai) Houk & Klee, 2004, p. 220, figs. 127-128.

壳面圆形；壳缘具一圈支持突；唇形突 1 个，位于壳缘处；直径 14~20.5 μm。线纹辐射状排列，由 2~3 列孔纹组成。

标本号：S1、S5、S11、S27、S28、S29、S30、S31、S32、S33、S61、S64。

分布：堵河、汉江、鹳河、丹江、滔河。

2. 假具星碟星藻（图版 34: 6-11, 13-14）

Discostella pseudostelligera (Hustedt) Houk & Klee, 2004, p. 223, figs. 109-110.

壳面圆形；壳缘具一圈支持突；唇形突 1 个，位于壳缘处；直径 3.5~6.5 μm。线纹辐射状排列，由 2~3 列孔纹组成。

标本号：S1、S2、S4、S6、S7、S8、S9、S11、S12、S15、S16、S24、S33、S56、S57、S64、S84。

分布：堵河、汉江、神定河、坝下、磨沟河、鹳河、泗河、滔河、干渠白河段。

3. 具星碟星藻（图版 35: 1-8, 17-18）

Discostella stelligera (Cleve & Grunow) Houk & Klee, 2004; Cleve & Grunow in Cleve, 1881, p. 22, pl. V, fig. 63a.

壳面圆形，同心波曲；壳缘具一圈支持突；唇形突 1 个，位于壳缘处；直径 4.5～7.5 μm。线纹辐射状排列，由 2～3 列孔纹组成，中央区具 1 个游离的孔纹。

标本号：S1、S2、S3、S4、S5、S7、S8、S9、S11、S14、S24、S57、S58、S60、S61、S69、S86。

分布：堵河、汉江、神定河、泗河、磨沟河、汉库、丹江、淇河、干渠刁河段。

4. 沃尔特碟星藻（图版 35: 9-16, 19-20）

Discostella woltereckii (Hustedt) Houk & Klee, 2004, p. 223, figs. 119-122.

壳面圆形，同心波曲；壳缘具一圈支持突；唇形突 1 个，位于壳缘处；直径 3.5～6 μm。线纹辐射状排列，由多列细小的孔纹组成。

标本号：S1、S2、S7、S8、S11、S12、S33。

分布：堵河、汉江、神定河、鹳河。

琳达藻属 *Lindavia* (Schütt) De Toni & Forti, 1900

细胞单生。壳面圆形至卵形，具 2 种形态的线纹，中部具粗糙的孔纹，壳缘具长或短的辐射状排列的线纹；壳缘具一圈支持突，壳面具多个散生的支持突；唇形突 1 个，位于壳面。

1. 近缘琳达藻（图版 36: 1-6）

Lindavia affinis (Grunow) Nakov, Guillory, Julius, Theriot & Alverson, 2015；王全喜和邓贵平, 2017, p. 97, fig. 6.

壳面圆形，直径 11.5～16 μm；线纹辐射状排列，20～24 条/10 μm，壳面中部孔纹粗糙，散生。

标本号：S9、S27、S29、S32、S64。

分布：神定河、鹳河、滔河。

2. 省略琳达藻（图版 36: 7-15）

Lindavia praetermissa (Lund) Nakov et al., 2015; Lund, 1951, p. 93, figs. 1(a-h)-2(a-l).

壳面圆形，直径 8.5～14.5 μm；线纹辐射状排列，25～30 条/10 μm，壳面中部孔纹粗糙，散生。

标本号：S1、S3、S4、S8、S9、S13、S27、S29、S32、S33、S62、S64、S86。

分布：堵河、汉江、神定河、泗河、鹳河、滔河、干渠刁河段。

塞氏藻属 *Edtheriotia* Kociolek, You, Stepanek, Lowe & Wang, 2016

细胞单生。壳面圆形，平坦；具 2 种类型的点纹，中部线纹束状放射排列；壳缘具一圈均匀分布的支持突。唇形突 1～3 个，位于壳面边缘。

1. 山西塞氏藻（图版 37: 1-8, 10-11）

Edtheriotia shanxiensis (Xie & Qi) Kociolek, You, Stepanek, Lowe & Wang, 2016; Xie & Qi 1984, p. 188, pls 1-4, figs. 1-17.

壳面圆形，直径 10.5～22 μm；线纹辐射状排列，19～23 条/10 μm，壳面中部孔纹粗糙，散生。

标本号：S3、S15、S16、S22。

分布：堵河、坝下、磨沟河。

盒形藻目 Biddulphiales

盒形藻科 Biddulphiaceae

侧链藻属 *Pleurosira* (Meneghini) Trevisan, 1848

细胞通过眼斑分泌的黏液形成"Z"形群体。壳面近圆形，线纹直或弯曲，壳面长轴顶端各具 1 个眼斑。壳面近中部具有 2～4 个唇形突。无支持突。

1. 光滑侧链藻（图版 38: 1-4）

Pleurosira laevis (Ehrenberg) Compère, 1982, p. 177, figs. 1-17, 20, 39.

壳面椭圆形，长 54～64.5 μm，宽 46～52 μm；线纹直或弯曲，孔纹粗糙；长轴顶端各具 1 个眼斑；壳面上具 2～4 个唇形突。

标本号：S8、S9。

分布：神定河。

角毛藻目 Chaetocerotales

刺角藻科 Acanthocerataceae

刺角藻属 *Acanthoceras* Honigmann, 1910

细胞单生。壳面圆锥形，两端各具两个长的中空的管状凸起。无支持突和唇形突。带面观矩形，上线壳面由多个具密集小孔纹的环状环带连接。

1. 扎卡刺角藻（图版 37: 9）

Acanthoceras zachariasii (Brun) Simonsen, 1979; Brun, 1894, p. 53, pl. 1, fig. 11.

细胞圆柱状，常见带面观。壳面直径 20 μm。

标本号：S32。

分布：鹳河。

羽纹纲 Pennatae

脆杆藻目 Fragilariales

脆杆藻科 Fragilariaceae

脆杆藻属 *Fragilaria* Lyngbye, 1819

细胞通过壳针连接成带状群体。壳面线形、披针形至椭圆形，中部略膨大，末端钝圆形或小头状，线纹单列。两端均具顶孔区。壳面末端具1个唇形突。

1. 两头脆杆藻（图版 39: 1-7）

Fragilaria amphicephaloides Lange-Bertalot in Hofmann et al., 2013, p. 256, pl. 7, figs. 7-10.

壳面线形，中部微膨大，末端头状；长 59.5~86 μm，宽 3~4 μm。线纹中部平行排列，两端微辐射状排列，13~15 条/10 μm。

标本号：S61。

分布：丹江。

2. 水生脆杆藻（图版 39: 8-13）

Fragilaria aquaplus Lange-Bertalot & Ulrich, 2014, p. 32, pl.13, figs. 15-19, pl. 14, figs. 9-14.

壳面线形，末端喙状；长 37~71 μm，宽 2~4 μm。线纹中部平行排列，两端微辐射状排列，16~21 条/10 μm。

标本号：S1、S3、S7、S15、S29、S61、S72。

分布：堵河、汉江、坝下、鹳河、丹江、丹库。

3. 北方脆杆藻（图版 39: 14-15）

Fragilaria boreomongolica Kulikovskiy, Lange-Bertalot, Witkoxski & Dorofeyuk in Kulikovskiy et al., 2010, p. 36, pl. 9, figs. 2-8, 22-23.

壳面线形，末端宽圆形；长 31~35.5 μm，宽 4~4.5 μm。线纹中部平行排列，两端微辐射状排列，17~21 条/10 μm。

标本号：S1、S3、S7、S15、S29、S61、S72。

分布：堵河、汉江、坝下、鹳河、丹江、丹库。

4. 头状脆杆藻彼德森变种（图版 40: 1-8）

Fragilaria capitellata var. *peterseni* Foged, 1951, p. 42, pl. 6, fig. 10(a-b).

壳面线形，中部微膨大，末端喙状；长 20~30 μm，宽 2.5~3.5 μm。线纹中部平行排列，两端微辐射状排列，17～21 条/10 μm。

  标本号：S86、S87、S88。

  分布：干渠刁河段。

5. 克罗顿脆杆藻（图版 40: 9-13）

Fragilaria crotonensis Kitton, 1869；朱蕙忠和陈嘉佑, 2000, p. 289, pl. 6, fig. 1.

  壳面长线形，中间略膨大，末端小头状；长 66～75.5 μm，宽 2～2.5 μm。横线纹平行状排列，12～15 条/10 μm。

  标本号：S15、S16、S18、S26、S34、S36、S37、S42、S49、S51、S52、S56、S88。

  分布：坝下、丹库、金竹河、丹库、汉库、泗河、干渠刁河段。

6. 克罗顿脆杆藻俄勒冈变种（图版 41: 1-7）

Fragilaria crotonensis var. *oregona* Sovereign, 1958；齐雨藻和李家英, 2004, p. 47, pl. V, fig. 1.

  壳面线形-披针形，中部和中央区两边均略膨大，末端头状；长 74～91 μm，宽 2.5～3 μm。线纹平行状排列，17～22 条/10 μm。

  标本号：S10、S11、S14、S15、S26、S56。

  分布：神定河、汉江、泗河、坝下、金竹河。

7. 柔嫩脆杆藻（图版 41: 8-14）

Fragilaria delicatissima (Smith) Lange-Bertalot, 1980；Smith, 1853, p. 72, pl. 12, fig. 94.

  壳面线形-披针形，中部和中央区两边均略膨大，末端头状；长 35～47 μm，宽 2～2.5 μm。线纹平行状排列，18～21 条/10 μm。

  标本号：S89。

  分布：天津。

8. 远距脆杆藻（图版 42: 1-8）

Fragilaria distans (Grunow) Bukhtiyarova, 1995；Grunow in Van Heurck, 1881, pl. XL, fig. 17.

  壳面线形-披针形，中部略突出，末端头状；长 23～72 μm，宽 3～4 μm。线纹平行状排列，15～18 条/10 μm。

  标本号：S1、S5、S8、S27、S28、S29、S32、S33、S56、S58、S60、S81。

  分布：堵河、汉江、神定河、鹳河、泗河、汉库、丹库。

9. 脆型脆杆藻（图版 42: 9-12）

Fragilaria fragilarioides (Grunow) Cholnoky, 1963, p. 169, pl. 25, figs. 29-30.

  壳面线形-披针形，中部略突出，末端喙状；长 27.5～33 μm，宽 2～2.5 μm。线纹平行状排列，19～22 条/10 μm。

标本号：S3、S13、S27。

分布：堵河、泗河、鹳河。

10. 内华达脆杆藻（图版 43: 1-10）

Fragilaria nevadensis Linares-Cuesta & Sánchez-Castillo, 2007, p. 128, figs. 1-9.

壳面线形-披针形，中部凹入，中央区两边略膨大，末端喙状；长 20~29 μm，宽 3~3.5 μm。线纹平行状排列，16~18 条/10 μm。

标本号：S1、S2、S8、S24、S28、S56、S71。

分布：堵河、神定河、磨沟河、鹳河、泗河、淇河。

11. 近爆裂脆杆藻（图版 43: 11-18）

Fragilaria pararumpens Lange-Bertalot, Hofmann & Werum in Hofmann et al., 2011, p. 269, pl. 8, figs. 4-10.

壳面线形-披针形，中央区两边略膨大，末端头状；长 25~52 μm，宽 2.5~3 μm。线纹平行状排列，18~21 条/10 μm。

标本号：S8、S14、S27、S28、S33、S38、S61。

分布：神定河、泗河、鹳河、汉库、丹江。

12. 篦形脆杆藻（图版 42: 13-17）

Fragilaria pectinalis (Müller) Lyngbye, 1819; Müller, 1788, p. 91, figs. 4-7.

壳面线形，中央区两边略膨大，末端亚头状；长 13~17 μm，宽 4~5 μm。线纹平行状排列，9~11 条/10 μm。

标本号：S3、S60、S71。

分布：堵河、汉库、淇河。

13. 宾夕法尼亚脆杆藻（图版 44: 1-2）

Fragilaria pennsylvanica Morales, 2007, p. 163, figs. 2-29.

壳面线形，中央区两边略膨大，末端喙状；长 26~30 μm，宽 2~3 μm。线纹平行状排列，23~25 条/10 μm。

标本号：S31、S33。

分布：鹳河。

14. 放射脆杆藻（图版 44: 3-8, 14）

Fragilaria radians (Kützing) Williams & Round, 1988; Kützing, 1844, p. 64, pl. 14/7, figs. 1-4.

壳面线形-披针形，末端头状；长 20~42.5 μm，宽 3~4 μm。线纹平行状排列，11~14 条/10 μm。

标本号：S1、S2、S3、S13、S24、S86、S87、S88。

分布：堵河、泗河、磨沟河、干渠刁河段。

15. 小头脆杆藻（图版 45: 7-8）

Fragilaria recapitellata Lange-Bertalot & Metzeltin, 2009; 齐雨藻和李家英, 2004, p. 58, pl. IV, fig. 11.

壳面线形-披针形，中部略突出，末端头状；长 22～35 μm，宽 2～3 μm。线纹平行状排列，16～19 条/10 μm。

标本号：S88。

分布：干渠刁河段。

16. 萨克斯脆杆藻（图版 44: 9-13）

Fragilaria saxoplanctonica Lange-Bertalot & Ulrich, 2014, p. 30, pl. 13, figs. 1-9.

壳面线形-披针形，末端延伸呈圆形；长 42～63 μm，宽 1～1.5 μm。线纹在光学显微镜下不可见。

标本号：S11、S24、S32、S33、S72。

分布：汉江、磨沟河、鹳河、丹库。

17. 柔弱脆杆藻（图版 45: 1-6, 19）

Fragilaria tenera (Smith) Lange-Bertalot, 1980; 朱蕙忠和陈嘉佑, 2000, p. 290, pl. 7, fig. 16.

壳面线形-披针形，末端头状中部一侧具无纹区；长 62.5～72 μm，宽 2～3 μm。线纹呈近平行交错排列，横纹在 10 μm 内有 18～20 条。

标本号：S6、S9、S21、S48、S56、S64、S72。

分布：汉江、神定河、磨沟河、汉库、泗河、滔河、丹库。

18. 沃切里脆杆藻（图版 45: 9-13, 20）

Fragilaria vaucheriae (Kützing) Petersen, 1938; 朱蕙忠和陈嘉佑, 2000, p. 289, pl. 6, fig. 14.

壳面线形-披针形，末端头状，中部一侧具无纹区；长 14～16.5 μm，宽 3.5～4 μm。线纹呈近平行交错排列，17～20 条/10 μm。

标本号：S2、S5、S8、S15、S16、S28。

分布：堵河、汉江、神定河、坝下、鹳河。

19. 沃切里脆杆藻椭圆变种（图版 45: 14-18）

Fragilaria vaucheriae var. *elliptica* Manguin ex Kociolek & Reviers, 1996; Manguin, 1960, p. 270, pl. 1, fig. 10.

壳面线形-椭圆形，末端圆形或头状；长 9.5～18.5 μm，宽 4～6 μm。线纹平行状排列，12～14 条/10 μm。

标本号：S2、S15、S16、S28、S33、S60、S64。

分布：堵河、坝下、鹳河、汉库、滔河。

肘形藻属 *Ulnaria* (Kützing) Compère, 2001

细胞单生或形成短链状群体或形成放射状、簇状群体。壳面线形或披针形。中央区明显，有时具幽灵线纹；中轴区窄。线纹多单列，少数种类双列；两端均具顶孔区，各具1个唇形突。

1. 尖肘形藻（图版 46: 1-9）

Ulnaria acus (Kützing) Aboal, 2003; 齐雨藻和李家英, 2004, p. 64, pl. V, fig. 15.

壳面线形-披针形，末端近圆形或近头状；长 71~214.5 μm，宽 3.2~5 μm。线纹平行状排列，14~16 条/10 μm。

标本号：S4、S5、S7、S8、S10、S13、S15、S16、S61、S83。

分布：汉江、神定河、泗河、坝下、丹江、丹库。

2. 双喙肘形藻（图版 46: 10-15）

Ulnaria amphirhynchus (Ehrenberg) Compère & Bukhtiyarova, 2006; Ehrenberg, 1843, p. 425, pl. III, fig. 25.

壳面线形-披针形，末端头状；长 116.5~156.5 μm，宽 4.5~5 μm。线纹平行状排列，9~10 条/10 μm。

标本号：S1、S3、S8、S28、S29、S33、S37、S58、S85、S86、S88。

分布：堵河、神定河、鹳河、丹库、汉库、干渠白河段、干渠刁河段。

3. 二头肘形藻（图版 47: 1-3）

Ulnaria biceps (Kützing) Compère, 2001; Kützing, 1844, p. 66, pl. 14, fig.1.

壳面线形-披针形，末端头状；长 179~293 μm，宽 6.5~7 μm。线纹平行状排列，9~10 条/10 μm。

标本号：S3、S15。

分布：堵河、坝下。

4. 头状肘形藻（图版 47: 4-6）

Ulnaria capitata (Ehrenberg) Compère, 2001; 朱蕙忠和陈嘉佑, 2000, p. 290, pl. 7, fig. 4.

壳面呈线形，末端膨大三角头状；长 219.5 μm，宽 8.5 μm。线纹呈平行状排列，9~11 条/10 μm。

标本号：S15、S28、S33、S88。

分布：坝下、鹳河、干渠刁河段。

5. 缢缩肘形藻（图版 48: 1-4）

Ulnaria contracta (Østrup) Morales & Vis, 2007, p. 125, figs. 9-11, 29-32.

壳面呈线形，中部缢缩明显，末端喙状；长 38~58 μm，宽 3.5~7.5 μm。线纹呈平行状排列，11～13 条/10 μm。

  标本号：S28、S29、S31。

  分布：鹳河。

6. 丹尼卡肘形藻（图版 48: 10）

Ulnaria danica (Kützing) Compère & Bukhtiyarova, 2006; Kützing, 1844, p. 66, pl. 14, fig. 13.

  壳面线形-披针形，自中部向两端逐渐变狭窄，末端头状；长 155.5 μm，宽 7 μm。线纹呈横向排列，9～10 条/10 μm。

  标本号：S89。

  分布：天津。

7. 湖南肘形藻（图版 48: 5-9）

Ulnaria hunanensis Liu in Liu et al., 2018c, p. 54, figs. 4-33.

  壳面披针形，中部宽，自中部向两端逐渐变狭窄，末端头状或喙状；长 63～101 μm，宽 4～5 μm。线纹呈横向排列，14～17 条/10 μm。

  标本号：S2、S3、S6、S7、S15、S28、S29、S53、S54、S58、S60、S71。

  分布：堵河、汉江、坝下、鹳河、汉库、淇河。

8. 莫诺肘形藻（图版 48: 11-12）

Ulnaria monodii (Guermeur) Cantonati & Lange-Bertalot, 2018, p. 80, figs. 2-19, 28-34.

  壳面长线形，末端喙状；长 140～168 μm，宽 8～9 μm。线纹呈横向排列，9～10 条/10 μm。

  标本号：S8、S9。

  分布：神定河。

9. 披针肘形藻（图版 49: 1-6）

Ulnaria lanceolata (Kützing) Compère, 2001; Kützing, 1844, p. 66, pl. 30, fig. 31.

  壳面线形，末端喙状；长 53～89 μm，宽 7～9 μm。线纹平行状排列，8～11 条/10 μm。

  标本号：S8、S13、S14、S15、S27、S28、S54、S60、S61、S68。

  分布：神定河、泗河、坝下、鹳河、汉库、丹江。

10. 钝端肘形藻（图版 50: 1-4）

Ulnaria obtusa (Smith) Reichardt, 2018, p. 100, pl. 23, figs. 1-6.

  壳面线形，末端圆形；无中央区；长 166～194 μm，宽 7～8 μm。线纹平行状排列，9～11 条/10 μm。

标本号：S8、S9、S10、S13、S28、S62、S86、S88、S89。

分布：神定河、泗河、鹳河、滔河、干渠刁河段、天津。

11. 尖喙肘形藻（图版 49: 7-12）

Ulnaria oxyrhynchus (Kützing) Aboal, 2003; Kützing, 1844, p. 66, pl. 14, fig. 8.

壳面线形，中部略缢缩，末端喙状；长 78.5～109.5 μm，宽 6.5～9 μm。线纹平行状排列，10～13 条/10 μm。

标本号：S6、S8、S24、S28、S29、S65、S66。

分布：汉江、神定河、磨沟河、鹳河、丹江。

12. 肘状肘形藻（图版 50: 5-9）

Ulnaria ulna (Nitzsch) Compère, 2001; Nitzsch, 1817, p. 99, pl.V, figs. 1-10.

壳面线形-披针形，末端头状；长 94.5～118 μm，宽 6～7.5 μm。线纹平行状排列，9～11 条/10 μm。

标本号：S1、S5、S7、S8、S15、S23、S29、S34、S59、S72、S89。

分布：堵河、汉江、神定河、坝下、磨沟河、鹳河、丹库、汉库、天津。

13. 恩格肘形藻（图版 50: 10-13）

Ulnaria ungeriana (Grunow) Compère, 2001; Grunow, 1863, p. 142, pl. IV, fig. 18.

壳面线形，末端宽圆形；无中央区；长 180～301 μm，宽 8.5～12 μm。线纹平行状排列，8～9 条/10 μm。

标本号：S3、S6、S23、S28、S29、S86、S89。

分布：堵河、汉江、磨沟河、鹳河、干渠刁河段、天津。

栉链藻属 *Ctenophora* (Grunow) Williams & Round, 1986

细胞单生或通过壳面中部连接成群体。壳面线形-披针形。中央区具加厚的中央辐节及假线纹；中轴区窄。线纹单列；两端均具顶孔区；唇形突 2 个，位于末端近中轴区处。

1. 美小栉链藻（图版 51: 1-3）

Ctenophora pulchella (Ralfs ex Kützing) Williams & Round, 1986; 齐雨藻和李家英, 2004, p. 72, pl. VII, fig. 1.

壳面线形-披针形，末端头状；长 68.5～97 μm，宽 5～6 μm。线纹平行状排列，14～16 条/10 μm。

标本号：S13、S14、S18。

分布：泗河、丹库。

平格藻属 *Tabularia* Williams & Round, 1986

细胞单生或形成放射状或簇状群体。壳面线形-披针形，中轴区较宽。线纹由单列长圆形点纹组成；两端均具顶孔区；具 1 个唇形突，位于末端近中轴区处。

1. 簇生平格藻（图版 51: 8-15）

Tabularia fasciculata (Agardh) Williams & Round, 1986, p. 326, figs. 46-52.

壳面线形-披针形，末端头状，中轴区线形-披针形；长 25~38 μm，宽 3.5~4 μm。线纹平行状排列，14~15 条/10 μm。

标本号：S2、S5、S28、S87、S88。

分布：堵河、汉江、鹳河、干渠刁河段。

2. 中华平格藻（图版 51: 4-7）

Tabularia sinensis Cao et al., 2018, p. 180, figs. 1-39.

壳面线形，末端平截圆形，中轴区宽线形；长 53.5~88 μm，宽 5~6 μm。线纹平行状排列，13~15 条/10 μm。

标本号：S2、S5、S14。

分布：堵河、汉江、泗河。

十字脆杆藻科 Staurosiraceae

十字脆杆藻属 *Staurosira* Ehrenberg, 1843

细胞常通过壳针连接成链状群体。壳面椭圆形或十字形，末端圆形。线纹窄，由小而圆的点纹组成。两端均具顶孔区，大小和结构各不相同，常退化。壳缘具从线纹末端延伸出来的壳针。不具唇形突。

1. 双结十字脆杆藻（图版 52: 1-8, 15-17）

Staurosira binodis (Ehrenberg) Lange-Bertalot in Hofmann et al., 2011, p. 260, pl. 10, figs. 41-57.

壳面线形，中部略缢缩，末端喙状或亚头状；长 14~20.5 μm，宽 3~3.5 μm。线纹近平行排列，14~16 条/10 μm。

标本号：S15、S16、S33。

分布：坝下、鹳河。

2. 连结十字脆杆藻（图版 52: 9-14）

Staurosira construens Ehrenberg, 1843; Krammer & Lange-Bertalot, 1991a, p. 494, pl. 132, figs. 1-5.

壳面十字形，在中部膨大，末端喙状或亚头状；长 11~12 μm，宽 6.5~7 μm。线纹辐射状排列，16~21 条/10 μm。

标本号：S15、S64。

分布：坝下、滔河。

窄十字脆杆藻属 *Staurosirella* Williams & Round, 1988

细胞通过壳缘刺连接成链状群体。壳面椭圆形，线形或十字形。线纹由单列、纵向短线形的点纹组成。两端均具顶孔区或一端不具顶孔区。无唇形突。

1. 卵形窄十字脆杆藻（图版 53: 1-8, 25-26）

Staurosirella ovata Morales in Morales & Manoylov, 2006, p. 357, figs. 44-56, 108-113.

壳面宽圆形，具顶孔区，末端圆形；长 4.5～7.5 μm，宽 3.5～4.5 μm。线纹较宽，单列，辐射状排列，11～14 条/10 μm。

标本号：S15、S16、S27、S28、S29、S32、S33、S64。

分布：坝下、鹳河、滔河。

假十字脆杆藻属 *Pseudostaurosira* Williams & Round, 1988

细胞常形成链状群体。壳面线形、椭圆形或线形-披针形，末端圆形、喙状或头状。中轴区较宽；线纹由单列孔纹组成；壳缘具分枝状的壳针；具顶孔区。不具唇形突。

1. 短纹假十字脆杆藻（图版 53 : 9-16）

Pseudostaurosira brevistriata (Grunow) Williams & Round, 1988, p. 276, figs. 28-31.

壳面线形-披针形，朝两端逐渐变窄，末端喙状；长 9.5～18.5 μm，宽 4～4.5 μm。横线纹较短，在壳面中部形成披针形的无纹区，线纹在中部呈平行状排列，末端微辐射状排列，15～17 条/10 μm。

标本号：S9、S15、S16、S30、S33、S71、S89。

分布：神定河、坝下、鹳河、淇河、天津。

2. 寄生假十字脆杆藻（图版 53: 17-24, 27-28）

Pseudostaurosira parasitica (Smith) Morales, 2003; Smith, 1856, p. 19, pl. LX, fig. 375.

壳面十字形，中部膨大，末端喙状；长 14.5～19.5 μm，宽 4.5～5 μm。线纹辐射状排列，19～23 条/10 μm。

标本号：S15、S16、S64、S86、S88。

分布：坝下、滔河、干渠刁河段。

网孔藻属 *Punctastriata* Williams & Round, 1988

细胞彼此连接成链状群体。壳体较小，带面观矩形。壳面线形-披针形，中部多膨大。线纹由多列小圆形点纹组成，近似网格状。壳面同壳缘接合处具壳针，壳针多位于两线纹之间的肋间纹上，壳针形态多样。壳面两端或仅一端具顶孔区。

1. 相似网孔藻（图版 54 :1-8, 23-24）

Punctastriata mimetica Morales, 2005, p. 128, figs. 59-73, 115-120.

壳面十字形，中部膨大，末端延伸呈喙状；长 9.5～13.5 μm，宽 4～5.5 μm。线纹微辐射状排列，11～13 条/10 μm。

标本号：S15、S16、S24、S28、S29、S33、S64、S70。

分布：坝下、磨沟河、鹳河、湍河、淇河。

微壳藻属 *Nanofrustulum* Round, Hallsteinsen & Paasche, 1999

细胞靠壳缘刺连接成短链状群体，壳体较小。壳面圆形或卵圆形。中轴区或宽或窄，舟形或线形。线纹较短，由数量不定的圆形或长圆形点纹组成，点纹具窗纹状结构。顶孔区 2 个，由少数几个独立的孔组成。无唇形突。

1. 施氏微壳藻（图版 54: 9-16, 25-26）

Nanofrustulum sopotense (Witkowski & Lange-Bertalot) Morales, Wetzel & Ector, 2019; Witkowski & Lange-Bertalot, 1993, p. 67, fig. 6.

壳面椭圆形，末端圆形；长 45～5.5 μm，宽 3.5～4 μm。线纹微辐射状排列，20～23 条/10 μm。

标本号：S13、S28、S33。

分布：泗河、鹳河。

平板藻科 Tabellariaceae

平板藻属 *Tabellaria* Ehrenberg ex Kützing, 1844

细胞通过顶孔区分泌黏质垫形成长 "Z" 形群体。壳面长圆形，末端头状，中部膨大。壳面和壳套连接处常具短圆锥形的壳针，顶孔区也具壳针。合部具完全或不完全的隔膜。唇形突 1 个，位于壳面中部一侧。

1. 窗格平板藻（图版 54: 17-21）

Tabellaria fenestrata (Lyngbye) Kützing, 1844, p. 127, pl. 17, fig. 22.

壳面线形，中部膨大呈菱形，末端头状；长 40～113.5 μm，宽 5～5.5 μm。线纹辐射状排列，16～19 条/10 μm。

标本号：S61、S72。

分布：丹江、丹库。

2. 绒毛平板藻（图版 54: 22）

Tabellaria flocculosa (Roth) Kützing, 1844, p. 127, pl. 17, fig. 21.

壳面线形，中部膨大呈菱形，末端头状；长 27.5 μm，宽 6.5 μm。线纹辐射状排列，

19～22 条/10 μm。

标本号：S72。

分布：丹库。

脆形藻属 *Fragilariforma* Williams & Round, 1988

细胞形成线形或"Z"形群体。壳面椭圆形、披针形或线形，末端喙状或头状；壳缘常波曲或在中部膨大。中轴区不明显；线纹由单列孔纹组成。壳缘具壳针。唇形突1个，位于壳面末端的线纹中。

1. 中狭脆形藻（图版 55: 1-8, 21）

Fragilariforma mesolepta (Rabenhorst) Kharitonov, 2005; 齐雨藻和李家英，2004, p. 43, pl. III, fig. 16.

壳面线形，中部缢缩，末端喙状；长 29～38.5 μm，宽 1.5～2 μm。线纹近平行状排列，15～18 条/10 μm。

标本号：S1、S15、S16、S17、S18、S28、S89。

分布：堵河、坝下、丹库、鹳河、天津。

星杆藻属 *Asterionella* Hassall, 1850

细胞通过顶端连接形成星形群体。壳面线形，末端头状，沿横轴不对称。中轴区窄，不明显；线纹由单列孔纹组成，平行状排列；两端具顶孔区。唇形突 1～2 个，位于壳面末端。

1. 华丽星杆藻（图版 55: 9-16）

Asterionella formosa Hassall, 1850, p. 10, pl. II, fig. 6.

壳面线形，两端大小不一，均呈头状；长 47～73.5 μm，宽 2～2.5 μm。线纹近平行状排列，28～32 条/10 μm。

标本号：S11、S12、S15、S17、S18、S19、S60、S80。

分布：汉江、坝下、丹库、汉库。

等片藻属 *Diatoma* Bory de Saint-Vincent, 1824

细胞形成线形或"Z"形群体。壳面线形、椭圆形、椭圆披针形或披针形。具线纹及增厚的横肋纹，线纹由单列孔纹组成；内壳面观，横肋纹凸起，从胸骨处延伸到壳套部。唇形突1个，位于近壳面末端。

1. 念珠状等片藻（图版 55: 17-19）

Diatoma moniliformis (Kützing) Williams; 王全喜和邓贵平，2017, p. 102, fig. 13.

壳面线形-披针形，逐渐向两端狭窄，末端小头状；长 19～24 μm，宽 3～3.5 μm。

横肋纹有 8～10 条/10 μm，横线纹有 32～35 条/10 μm。

标本号：S87、S88。

分布：干渠刁河段。

2. 普通等片藻（图版 56: 1-5, 12-13）

Diatoma vulgaris Bory, 1824, p. 461, fig. 1.

壳面椭圆披针形，末端宽喙状；长 35.5～45 μm，宽 10～12 μm。横肋纹有 8～10 条/10 μm。

标本号：S1、S3、S13、S14、S15、S19、S22、S29、S57。

分布：堵河、泗河、坝下、丹库、磨沟河、鹳河。

3. 普通等片藻线形变种（图版 56: 6-11, 14-15）

Diatoma vulgaris var. *linearis* Grunow in Van Heurck, 1881, pl. 50, figs. 7-8.

壳面长披针形，末端宽喙状；长 48～62 μm，宽 7～8 μm。横肋纹有 8～9 条/10 μm。

标本号：S1、S60、S85、S86、S87、S88。

分布：堵河、汉库、干渠白河段、干渠刁河段。

粗肋藻属 *Odontidium* Kützing, 1844

细胞形成"Z"形群体。壳体带面结构复杂。壳面沿纵轴、横轴均对称；具线纹及增厚的横肋纹，线纹由单列点纹组成。内壳面观，横肋纹凸起，从胸骨处延伸到壳套部。唇形突 1 个，位于近壳面末端。

1. 中型粗肋藻（图版 55: 20）

Odontidium mesodon (Ehrenberg) Kützing, 1849; Ehrenberg, 1839, p. 57, pl. II, fig. 9.

壳面卵形，逐渐向两端狭窄；长 12 μm，宽 6 μm。横肋纹有 3～4 条/10 μm，横线纹在光学显微镜下不明显。

标本号：S73。

分布：丹库。

短缝藻目 Eunotiales

短缝藻科 Eunotiaceae

短缝藻属 *Eunotia* Ehrenberg, 1837

细胞单生或形成带状群体。壳面月形或弓形，沿纵轴不对称；背缘隆起、平滑或具波曲，腹缘直或凹。壳缝位于末端壳套处。唇形突 1 个，位于壳面末端。

1. 双月短缝藻（图版 57: 2-3）

Eunotia bilunaris (Ehrenberg) Schaarschmidt, 1880; 朱蕙忠和陈嘉佑, 2000, p. 291, pl. 8, fig. 8.

壳面弓形，背缘弧形，腹缘凹入；末端圆形；长 47.5～78 μm，宽 6.5～8 μm。线纹中部平行状排列，末端辐射状排列，11～13 条/10 μm。

标本号：S55。

分布：泗河。

2. 密集短缝藻（图版 57: 6）

Eunotia implicata Nörpel, Lange-Bertalot & Alles in Alles et al., 1991, p. 206, pl. 7, figs. 19-32.

壳面弓形，背缘波曲弧形，腹缘凹入；末端圆形；长 33.5 μm，宽 6 μm。线纹中部平行状排列，末端辐射状排列，13～14 条/10 μm。

标本号：S33。

分布：鹳河。

3. 印度短缝藻（图版 57: 1）

Eunotia indica Grunow, 1865, p. 5, pl. 1, fig. 7(a-b).

壳面弓形，背缘弧形，腹缘微凹入，末端向背缘反曲呈近头状；长 121.5 μm，宽 10.5 μm。线纹中部近平行排列，近末端辐射状排列，7～8 条/10 μm。

标本号：S61。

分布：丹江。

4. 里奇巴特短缝藻（图版 57: 7-9）

Eunotia richbuttensis Furey, Lowe & Johansen, 2011, p. 42, pl. 21, figs. 1-15.

壳面弓形，背缘弧形，具 2 个波峰，腹缘微凹入，末端微向背缘反曲呈截圆状；长 24～49 μm，宽 10～11 μm。线纹辐射状排列，11～13 条/10 μm。

标本号：S64。

分布：滔河。

5. 强壮短缝藻（图版 57: 4-5）

Eunotia valida Hustedt, 1930, p. 178, fig. 229.

壳面弓形，背缘弧形，腹缘微凹入，末端圆形；长 63～68 μm，宽 10～12 μm。线纹辐射状排列，7～8 条/10 μm。

标本号：S13、S62。

分布：泗河、滔河。

羽纹纲 Pennatae | 89

舟形藻目 Naviculales

舟形藻科 Naviculaceae

舟形藻属 *Navicula* Bory de Saint-Vincent, 1822

细胞单生。壳面形态多样，多线形、披针形，末端钝圆、近头状或喙状。中轴区和中央区形态多样。壳缝形态多样，中央胸骨较发达；具或不具假隔膜。线纹多由单列孔纹组成。

1. 双头舟形藻（图版 58: 1-7, 16-17）

Navicula amphiceropsis Lange-Bertalot & Rumrich in Rumrich et al., 2000, p. 153, pl. 42, figs. 1-12.

壳面线形-披针形，末端头状或喙状；长 28.5~40 μm，宽 6.5~9.5 μm。中轴区窄，线形；中央区椭圆形。线纹辐射状排列，到两端平行或微收敛，11~12 条/10 μm。

标本号：S3、S8、S9、S10、S11、S12、S13、S14、S16、S23、S26、S27、S28、S30、S31、S37、S38、S42、S49、S58、S60、S65、S66、S69。

分布：堵河、神定河、汉江、泗河、坝下、磨沟河、金竹河、鹳河、丹库、汉库、丹江、淇河。

2. 安东尼舟形藻（图版 58: 8-15, 18-19）

Navicula antonii Lange-Bertalot, 2000; Lange-Bertalot, 1993, p. 120, pl. 64, figs. 1-11.

壳面线形-披针形，末端喙状；长 12~26 μm，宽 5~7.5 μm。中轴区窄，线形；中央区小，椭圆形。线纹辐射状排列，到两端平行或微收敛，14~17 条/10 μm。

标本号：S1、S2、S3、S7、S13、S15、S16、S23、S24、S25、S28、S38、S57、S59、S60、S61、S62、S65、S66、S67、S69、S70、S71。

分布：堵河、汉江、泗河、坝下、磨沟河、鹳河、丹库、汉库、滔河、丹江、淇河。

3. 关联舟形藻（图版 59: 1-8, 16-17）

Navicula associata Lange-Bertalot, 2001, p. 18, pl. 13, figs. 36-40.

壳面线形-披针形，末端喙状；长 13~19 μm，宽 4~5.5 μm。中轴区窄，线形；中央区小，椭圆形。线纹辐射状排列，到两端平行或微收敛，24~26 条/10 μm。

标本号：S1、S3、S6、S8、S15、S16、S28、S51、S61、S65、S66、S68、S69、S85、S88。

分布：堵河、汉江、神定河、坝下、鹳河、丹库、丹江、淇河、干渠白河段、干渠刁河段。

4. 布勒茨舟形藻（图版 59: 9）

Navicula broetzii Lange-Bertalot & Reichardt in Lange-Bertalot & Metzeltin, 1996, p. 77, pl. 81, figs. 1-7.

壳面披针形，末端喙状；长 41 μm，宽 7 μm。中轴区窄，线形；中央区小，椭圆形。

线纹辐射状排列，到两端平行或微收敛，14 条/10 μm。

标本号：S26。

分布：金竹河。

5. 辐头舟形藻（图版 59: 10-15, 18-19）

Navicula capitatoradiata Germain ex Gasse in Gasse, 1986, p. 86, pl. 19, figs. 8-9.

壳面线形-披针形，末端头状或喙状；长 26～33 μm，宽 7～8 μm。中轴区窄，线形；中央区小。线纹辐射状排列，到两端平行或微收敛，16～20 条/10 μm。

标本号：S1、S2、S5、S25、S26、S27、S28、S61、S68、S80。

分布：堵河、汉江、磨沟河、金竹河、鹳河、丹江、丹库。

6. 隐头舟形藻（图版 60: 1-7, 24）

Navicula cryptocephala Kützing, 1844; 李家英和齐雨藻, 2018, p. 101, pl. XII, figs. 15-16.

壳面披针形或窄披针形，末端渐窄或微喙状；长 25～29.5 μm，宽 5.5～6 μm。中轴区窄；中央区圆形至横向椭圆形。壳缝丝状，近缝端略偏斜。线纹辐射状排列，到末端微聚集状排列，16～19 条/10 μm。

标本号：S1、S3、S7、S8、S9、S14、S19、S26、S32、S53、S58、S61、S73。

分布：堵河、汉江、神定河、泗河、丹库、金竹河、鹳河、汉库、丹江。

7. 隐柔弱舟形藻（图版 60: 8-14, 25）

Navicula cryptotenella Lange-Bertalot, 1985; 李家英和齐雨藻, 2018, p. 125, pl. XIV, fig. 4.

壳面披针形至菱形披针形，末端尖圆形；长 17.5～21.5 μm，宽 4～5 μm。中轴区窄，近线形；中央区略微扩大呈椭圆形。壳缝丝状，近缝端略粗，中央孔微膨大，不弯斜，远缝端细而弯斜。线纹辐射状排列，到末端微聚集状排列，13～17 条/10 μm。

标本号：S2、S6、S12、S26、S31、S33、S57、S58。

分布：堵河、汉江、金竹河、鹳河、泗河、汉库。

8. 似隐头状舟形藻（图版 60: 15-23, 26-27）

Navicula cryptotenelloides Lange-Bertalot, 1993; 李家英和齐雨藻, 2018, p. 155, pl. XIX, fig. 2.

壳面披针形，末端明显延长呈喙状；长 11～13.5 μm，宽 4.5～5 μm。中轴区窄；中央区扩大呈不对称的圆形。壳缝丝状，近缝端直，不偏斜，中央孔明显。线纹辐射状排列，到末端聚集状排列，21～24 条/10 μm。

标本号：S1、S2、S3、S4、S6、S11、S15、S16、S23、S26、S28、S32、S65。

分布：堵河、汉江、坝下、磨沟河、金竹河、鹳河、丹江。

9. 艾瑞菲格舟形藻（图版 61: 1-4, 18）

Navicula erifuga Lange-Bertalot in Krammer & Lange-Bertalot, 1985, p. 69, pl. 17, figs. 10-12.

壳面披针形，末端尖圆形；长 26.5～30 μm，宽 6～7 μm。中轴区窄，线形；中央区扩大呈不对称的蝴蝶结形。壳缝丝状。线纹辐射状排列，到末端聚集状排列，15～17 条/10 μm。

标本号：S8、S14、S30、S31、S65、S71。

分布：神定河、泗河、鹳河、丹江、淇河。

10. 群生舟形藻（图版 61: 5-8, 20）

Navicula gregaria Donkin, 1861; 李家英和齐雨藻, 2018, p. 127, pl. XIII, figs. 16-18.

壳面披针形至椭圆披针形，末端喙状至头状；长 18.5～26 μm，宽 5～6 μm。中轴区窄，近线形；中央区小，仅比中轴区稍扩大。壳缝直，细丝状，近缝端和远缝端无偏斜。线纹在中部辐射状排列，到末端微聚集状排列，16～17 条/10 μm。

标本号：S2、S8、S11、S13、S30、S33、S38、S60、S62、S63、S73、S87。

分布：堵河、神定河、汉江、泗河、鹳河、汉库、滔河、丹库、干渠刁河段。

11. 杭氏舟形藻（图版 82:9-12）

Navicula hangchowensis Skvortzov, 1937, p. 224, pl. 1, fig. 31.

壳面椭圆形或椭圆披针形，末端宽圆形；长 10～13.5 μm，宽 3.5～4 μm。中轴区窄；中央区横向扩大。线纹在中部辐射状排列，到末端微聚集状排列，24～25 条/10 μm。

标本号：S28、S89。

分布：鹳河、天津。

12. 海曼舟形藻（图版 61: 9-13, 19）

Navicula heimansioides Lange-Bertalot, 1993, p. 113, pl. 62, figs. 7-10.

壳面披针形，末端尖圆形；长 55～60 μm，宽 8～8.5 μm。中轴区窄，线形；中央区扩大呈不对称的蝴蝶结形。壳缝丝状。线纹在中部辐射状排列，到末端聚集状排列，15～16 条/10 μm。

标本号：S24、S25、S26、S32、S33、S51、S52、S58、S89。

分布：磨沟河、金竹河、鹳河、丹库、汉库、天津。

13. 克莱默舟形藻（图版 62: 1-8, 14-15）

Navicula krammerae Lange-Bertalot in Lange-Bertalot & Metzeltin, 1996, p. 79, pl. 80, figs. 3-8.

壳面披针形，末端喙状至头状；长 25～33 μm，宽 7～8 μm。中轴区窄，近线形；中央区小，仅比中轴区稍扩大。壳缝直，细丝状，近缝端和远缝端无偏斜。线纹在中部辐射状排列，到末端微聚集状排列，15～17 条/10 μm。

标本号：S2、S3、S6、S7、S14、S15、S16、S19、S26、S28、S29、S31、S32、S53、S54、S55、S57、S60、S61、S62、S63、S66、S67、S71、S72、S88。

分布：堵河、汉江、泗河、坝下、丹库、金竹河、鹳河、汉库、丹江、滔河、淇河、干渠刁河段。

14. 披针形舟形藻（图版 62: 9-13）

Navicula lanceolata Ehrenberg, 1838; 李家英和齐雨藻 2018, p. 118, pl. X, figs. 16-18, pl. XLII, figs. 3-6.

壳面披针形，末端不尖的圆形；长 60.5～75.5 μm，宽 12～12.5 μm。中轴区窄线形；中央区相对大，略不规则的圆形。壳缝枝丝状。线纹中部辐射状排列，到末端微聚集状排列，13～15 条/10 μm。

标本号：S15、S29、S32、S54、S60、S64。

分布：坝下、鹳河、汉库、滔河。

15. 隆德舟形藻（图版 61: 14-17, 21）

Navicula lundii Reichardt, 1985, p. 180, pl. 1, figs. 29-33.

壳面披针形，末端喙状；长 23.5～32 μm，宽 4.5～5.5 μm。中轴区窄，近线形；中央区小，仅比中轴区稍扩大。壳缝直，细丝状，近缝端和远缝端无偏斜。线纹在中部辐射状排列，到末端微聚集状排列，16～18 条/10 μm。

标本号：S2、S38、S85、S86、S88。

分布：堵河、汉库、干渠白河段、干渠刁河段。

16. 美拉尼西亚舟形藻（图版 63: 1-7）

Navicula melanesica Lange-Bertalot & Steindorf in Moser et al., 1995, p. 119, pl. 61, figs. 1-7, 11-13.

壳面披针形，末端喙状；长 34～42.5 μm，宽 5～7 μm。中轴区窄，近线形；中央区小椭圆形。壳缝直，细丝状，近缝端和远缝端无偏斜。线纹在中部辐射状排列，到末端微聚集状排列，13～15 条/10 μm。

标本号：S24。

分布：磨沟河。

17. 微小型舟形藻（图版 82: 13-18, 20）

Navicula minima Grunow in Van Heurck, 1880, pl. XIV, fig. 15.

壳面椭圆形或椭圆披针形，末端宽圆形；长 13～19 μm，宽 4～4.5 μm。中轴区窄；中央区横向扩大。线纹辐射状排列，26～28 条/10 μm。

标本号：S1、S22、S24、S25、S32、S84、S85、S86、S87、S88、S89。

分布：堵河、磨沟河、鹳河、干渠白河段、干渠刁河段、天津。

18. 假舟形藻（图版 63: 8-11, 15-16）

Navicula notha Wallace, 1960; 李家英和齐雨藻, 2018, p. 119, pl. XX, fig. 7.

壳面窄披针形，末端渐尖喙状；长 28～25.5 μm，宽 5～5.5 μm。中轴区窄，近线形，中央区小，仅比中轴区稍扩大。壳缝直，细丝状。线纹在中部辐射状排列，向两端逐渐呈平行至微聚集状排列，15～17 条/10 μm。

标本号：S3、S6。

分布：堵河、汉江。

19. 贫瘠舟形藻（图版 **64: 1-7, 12-13**）

Navicula oligotraphenta Lange-Bertalot & Hofmann in Lange-Bertalot, 1993, p. 128, pl. 48, figs. 6-11.

壳面披针形，末端渐尖喙状；长 25.5～36 μm，宽 7～8.5 μm。中轴区窄，近线形；中央区小，近椭圆形。壳缝直，细丝状。线纹在中部辐射状排列，向两端逐渐呈平行至微聚集状排列，14～16 条/10 μm。

标本号：S8、S13、S26、S28、S53、S54、S58、S61。

分布：神定河、泗河、金竹河、鹳河、汉库、丹江。

20. 假披针形舟形藻（图版 **63: 12-14, 17-18**）

Navicula pseudolanceolata Lange-Bertalot, 1980b, p. 32, pl. 2, figs. 1, 3.

壳面披针形，末端喙状或头状；长 23～29.5 μm，宽 7～9 μm。中轴区窄线形；中央区相对大，呈椭圆形。壳缝丝状。线纹在中部辐射状排列，到末端微聚集状排列，14～16 条/10 μm。

标本号：S6、S13、S26、S33、S61。

分布：汉江、泗河、金竹河、鹳河、丹江。

21. 放射舟形藻（图版 **64: 8-11**）

Navicula radiosa Kützing, 1844；李家英和齐雨藻, 2018, p. 134, pl. XVI, figs. 1-3.

壳面线披针形或狭长披针形，末端尖圆形；长 57～76 μm，宽 11～12 μm。中轴区窄；中央区大、小可变。壳缝直线形，近缝端偏斜，中央孔略明显膨大。线纹在中部辐射状排列，到末端微聚集状排列，13～15 条/10 μm。

标本号：S1、S3、S15、S70。

分布：堵河、坝下、淇河。

22. 新近舟形藻（图版 **65: 1-4, 11**）

Navicula recens (Lange-Bertalot) Lange-Bertalot in Krammer & Lange-Bertalot, 1985, p. 91, pl. 29, figs. 5-6.

壳面披针形，末端喙状；长 19.5～35 μm，宽 4.5～6.5 μm。中轴区窄，近线形；中央区小。线纹在中部辐射状排列，向两端逐渐呈微聚集状排列，13～14 条/10 μm。

标本号：S2、S60、S61、S86、S87、S88。

分布：堵河、汉库、丹江、干渠刁河段。

23. 莱茵哈尔德舟形藻（图版 **65: 10**）

Navicula reinhardtii (Grunow) Grunow, 1880；李家英和齐雨藻, 2018, p. 136, pl. XVI, figs. 6-7.

壳面椭圆披针形，在中部有点膨大，末端宽钝圆形；长 57 μm，宽 14 μm。中轴区窄；中央区横向扩大。线纹在中部辐射状排列，向两端逐渐呈微聚集状排列，9 条/10 μm。

标本号：S64。

分布：滔河。

24. 喙头舟形藻（图版 65: 5-9, 12）

Navicula rhynchocephala Kützing, 1844; 李家英和齐雨藻, 2018, p. 138, pl. XLVI, fig. 1, pl. XLVII, figs. 10-13.

壳面窄披针形，末端近头状；长 28～45 μm，宽 5.5～8 μm。中轴区窄，中央区稍微扩大形成椭圆形至几乎横矩形。线纹在中部呈辐射状排列，逐渐变成平行至末端呈聚集状排列，中部线纹有 16 条/10 μm，两端线纹有 13～15 条/10 μm。

标本号：S13、S15、S33、S38、S53、S88。

分布：泗河、坝下、鹳河、汉库、干渠刁河段。

25. 短喙形舟形藻（图版 66: 1-6, 13-14）

Navicula rostellata Kützing, 1844; 李家英和齐雨藻, 2018, p. 139, pl. XVI, fig. 10.

壳面披针形，末端钝圆形；长 33.5～40 μm，宽 8～10 μm。中轴区窄，近线形；中央区稍扩大呈椭圆形。线纹在中部辐射状排列，向两端逐渐呈微聚集状排列，中部线纹有 10～12 条/10 μm，两端线纹有 11～13 条/10 μm。

标本号：S3、S5、S6、S8、S13、S14、S26、S27、S29、S37、S38、S42、S53、S54、S58、S60、S65、S66、S67、S88。

分布：堵河、汉江、神定河、泗河、金竹河、鹳河、丹库、汉库、丹江、干渠刁河段。

26. 栖咸舟形藻（图版 65: 13-20）

Navicula salinicola Hustedt, 1939, p. 638, figs. 61-69.

壳面披针形，末端钝圆形；长 12～16 μm，宽 3～4 μm。中轴区窄，近线形；中央区小。线纹在中部辐射状排列，向两端逐渐呈微聚集状排列，18～20 条/10 μm。

标本号：S1、S6、S20、S24、S29、S31、S32。

分布：堵河、汉江、丹库、磨沟河、鹳河。

27. 瑞士舟形藻（图版 66: 7-12, 15-16）

Navicula schweigeri Bahls, 2012, p. 29, figs. 45-50.

壳面披针形，末端喙状；长 45.5～48 μm，宽 8～9 μm。中轴区窄，近线形；中央区小。线纹在中部辐射状排列，向两端逐渐呈微聚集状排列，14～16 条/10 μm。

标本号：S15、S16、S37、S38、S42。

分布：坝下、丹库、汉库。

28. 近高山舟形藻（图版 67: 1-4, 15）

Navicula subalpina Reichardt, 1988, p. 241, figs. 30-41.

壳面椭圆披针形，末端喙状；长 26~33 μm，宽 6.5~7.5 μm。中轴区窄，近线形；中央区小。线纹在中部辐射状排列，向两端逐渐呈微聚集状排列，16~18 条/10 μm。

标本号：S3、S26、S29、S32、S52、S53、S57、S58、S59、S61、S66、S67、S70、S88。

分布：堵河、金竹河、鹳河、汉库、泗河、丹江、淇河、干渠刁河段。

29. 近喙头舟形藻（图版 67: 8-14, 17-18）

Navicula subrhynchocephala Hustedt, 1935, p. 156, pl. 1, fig. 11.

壳面披针形，末端头状；长 30.5~40 μm，宽 6.5~7.5 μm。中轴区窄，近线形；中央区小。线纹在中部辐射状排列，向两端逐渐呈微聚集状排列，16~18 条/10 μm。

标本号：S1、S2、S6、S15、S24、S25、S27、S29、S57、S60、S62、S66、S85、S88。

分布：堵河、汉江、坝下、磨沟河、鹳河、泗河、汉库、滔河、丹江、干渠白河段、干渠刁河段。

30. 苏普舟形藻（图版 68: 1-8, 17-18）

Navicula supleeorum Bahls, 2013, p. 19, figs. 69-75.

壳面披针形，末端喙状至小头状；长 28~31 μm，宽 5.5~6 μm。中轴区窄，近线形；中央区稍扩大呈椭圆形。线纹在中部辐射状排列，向两端逐渐呈微聚集状排列，16~18 条/10 μm。

标本号：S1、S4、S8、S13、S14、S18、S26、S29、S37。

分布：堵河、汉江、神定河、泗河、丹库、金竹河、鹳河、丹库。

31. 对称舟形藻（图版 68: 9-12, 19）

Navicula symmetrica Patrick, 1944; 李家英和齐雨藻, 2018, p. 143, pl. XVII, figs. 3-4.

壳面线形至线形-披针形，末端近圆形；长 28.5~31.5 μm，宽 6~6.5 μm。中轴区窄，近线形；中央区稍扩大呈椭圆形。线纹在中部辐射状排列，向两端逐渐呈微聚集状排列，15~17 条/10 μm。

标本号：S1、S2、S4、S14、S19、S62、S67。

分布：堵河、汉江、泗河、丹库、滔河、丹江。

32. 似柔舟形藻（图版 68: 13-16, 20）

Navicula tenelloides Hustedt, 1937, p. 269, pl. 19, fig. 13.

壳面披针形，末端喙状；长 16~27.5 μm，宽 4~5.5 μm。中轴区窄，近线形；中央区稍扩大呈椭圆形。线纹在中部辐射状排列，向两端逐渐呈微聚集状排列，14～16 条/10 μm。

标本号：S2、S3、S4、S6、S14、S21、S22、S23、S24、S28、S32、S37、S52、S54、S58、S59、S61、S85、S88。

分布：堵河、汉江、泗河、磨沟河、鹳河、丹库、汉库、丹江、干渠白河段、干渠刁河段。

33. 三斑点舟形藻（图版 67: 5-7, 16）

Navicula tripunctata (Müller) Bory, 1822; 李家英和齐雨藻, 2018, p. 143, pl. XVII, figs. 5-6, pl. XLVI, figs. 3-9.

壳面线形-披针形，末端楔状钝圆形；长 32～43 μm，宽 7～8 μm。中轴区窄；中央区稍扩大几乎呈矩形。线纹在中部辐射状排列，向两端逐渐平行至末端微聚集状排列，11～13 条/10 μm。

标本号：S1、S8、S10、S15、S16、S60、S66、S67、S68。

分布：堵河、神定河、坝下、汉库、丹江。

34. 平凡舟形藻（图版 69: 1-6, 14）

Navicula trivialis Lange-Bertalot, 1980b, p. 31, pl. 1, figs. 5-9, pl. 9, figs. 1-2.

壳面披针形，末端喙状；长 37～45.5 μm，宽 9～10.5 μm。中轴区窄；中央区稍扩大呈椭圆形。横线纹在中部辐射状排列，向两端逐渐呈微聚集状排列，14～16 条/10 μm。

标本号：S2、S8、S9、S13、S14、S16、S24、S25、S27、S28、S29、S30、S33、S37、S38、S54、S56、S57、S59、S62、S63、S64、S86、S88。

分布：堵河、神定河、泗河、坝下、磨沟河、鹳河、丹库、汉库、滔河、干渠刁河段。

35. 乌普萨舟形藻（图版 69: 7-10, 15）

Navicula upsaliensis (Grunow) Peragallo, 1903; 李家英和齐雨藻, 2018, p. 168, pl. XLIII, figs. 7-10, pl. XLVIII, figs. 6-7.

壳面宽披针形，末端略延长近喙状；长 25～30 μm，宽 7.5～8.5 μm。中轴区窄，线形；中央区横向扩大形成呈椭圆形。线纹在中部辐射状排列，向两端逐渐呈微聚集状排列，14～16 条/10 μm。

标本号：S3、S13、S14、S60。

分布：堵河、泗河、汉库。

36. 万达米舟形藻（图版 70: 1-4, 15）

Navicula vandamii Schoeman & Archibald, 1987, p. 482, figs. 1-14, 34-36.

壳面窄披针形，末端喙状窄小头状；长 22.5～25.5 μm，宽 5.5～6 μm。中轴区窄，近线形；中央区稍扩大。线纹在中部辐射状排列，向两端逐渐呈微聚集状排列，15～18 条/10 μm。

标本号：S2、S3、S6、S14、S16、S17、S23、S27、S28、S31、S33、S54、S55、S60、S61、S80、S88。

分布：堵河、汉江、泗河、坝下、丹库、磨沟河、鹳河、汉库、丹江、干渠刁河段。

37. 威蓝舟形藻（图版 70: 5-8, 16）

Navicula veneta Kützing, 1844, p. 95, pl. 30, fig. 76.

壳面窄披针形，末端喙状窄小头状；长 17.5～22.5 μm，宽 4.5～5.5 μm。中轴区窄，近线形；中央区稍扩大。线纹在中部辐射状排列，向两端逐渐呈微聚集状排列，15～18 条/10 μm。

标本号：S8、S9、S10、S59、S60。

分布：神定河、汉库。

38. 淡绿舟形藻（图版 70: 9-11, 17）

Navicula viridula (Kützing) Ehrenberg, 1838; Kützing, 1833, p. 551, pl. 13, fig. 12.

壳面椭圆披针形，末端喙状；长 59.5～64 μm，宽 12～13 μm。中轴区窄，近线形；中央区稍扩大。横线纹在中部辐射状排列，向两端逐渐呈微聚集状排列，9～10 条/10 μm。

标本号：S3、S28、S38、S62、S68。

分布：堵河、鹳河、汉库、滔河、丹江。

39. 微绿舟形藻（图版 70: 12-14, 18）

Navicula viridulacalcis Lange-Bertalot in Rumrich et al., 2000, p. 174, pl. 38, fig. 5.

壳面椭圆披针形，末端楔状椭圆形；长 35～41 μm，宽 8～9 μm。中轴区窄，近线形；中央区稍扩大呈椭圆形。线纹在中部辐射状排列，向两端逐渐呈微聚集状排列，10～11 条/10 μm。

标本号：S15、S16、S61、S62、S67。

分布：坝下、丹江、滔河。

40. 狡猾舟形藻（图版 69: 11-13）

Navicula vulpina Kützing, 1844, p. 92, pl. 3, fig. 43.

壳面宽披针形，末端喙状；长 49～52 μm，宽 10.5～11.5 μm。中轴区窄，线形，中央区横向扩大形成呈椭圆形。线纹在中部辐射状排列，向两端逐渐呈微聚集状排列，15～17 条/10 μm。

标本号：S15。

分布：坝下。

多罗藻属 *Dorofeyukea* Kulikovskiy, Maltsev, Andreeva, Ludwig & Kociolek, 2019

细胞单生或呈短链状群体。壳面线形椭圆形到线形-披针形，末端喙状或头状；中轴区窄线形；中央区窄的横矩形。线纹在中部辐射状排列，在末端近平行状排列，由单列孔纹组成。

1. 科奇多罗藻（图版 71: 1）

Dorofeyukea kotschyi (Grunow) Kulikovskiy, Kociolek, Tusset & Ludwig in Kulikovskiy et al., 2019, p. 178, figs. 5-7.

壳面窄披针形，末端头状；长 18.5 μm，宽 5 μm。中轴区窄，近线形；中央区扩大呈 "蝴蝶结"形。壳缝直，细丝状。线纹在中部辐射状排列，向两端逐渐呈平行至微聚集状排列，25 条/10 μm。

标本号：S13。

分布：泗河。

格形藻属 *Craticula* Grunow, 1867

细胞单生。壳面披针形，末端喙状或头状。中轴区窄，中央区微膨大。壳缝直线形。线纹平行或近平行状排列，由单列孔纹组成。

1. 适中格形藻（图版 71: 2-5）

Craticula accomoda (Hustedt) Mann, 1990; 李家英和齐雨藻, 2018, p. 16, pl. II, fig. 2.

壳面披针椭圆形，末端短，尖圆或近喙状；长 12.5～14 μm，宽 4.5～5 μm。中轴区窄线形；中央区几乎不膨大或略扩大。壳缝直线形，近缝端略向侧弯斜，中央孔不膨大，远缝端分叉近钩状。线纹近平行状排列，24～25 条/10 μm。

标本号：S1、S8、S10、S13、S26、S60、S80。

分布：堵河、神定河、泗河、金竹河、汉库、丹库。

2. 嗜酸格形藻（图版 71: 9-12）

Craticula acidoclinata Lange-Bertalot & Metzeltin, 1996, p. 41, pl. 26, figs. 1-3.

壳面披针椭圆形，末端喙状；长 65～71 μm，宽 16.5～18.5 μm。中轴区窄线形；中央区几乎不膨大或略扩大。线纹近平行状排列，19～21 条/10 μm。

标本号：S8、S13、S26、S28、S31、S38、S53。

分布：神定河、泗河、金竹河、鹳河、汉库。

3. 模糊格形藻（图版 72: 1-4, 11-12）

Craticula ambigua (Ehrenberg) Mann, 1990; 李家英和齐雨藻, 2018, p. 17, pl. II, fig. 3.

壳面菱形披针形，近末端延长略收缩，末端喙状至近头状；长 46.5～74.5 μm，宽

13～19 μm。中轴区呈很窄的线形；中央区略扩大形成不规则的长方形。线纹近平行状排列，18～20 条/10 μm。

标本号：S3、S8、S9、S26、S29、S38、S68、S72。

分布：堵河、神定河、金竹河、瓘河、汉库、丹江、丹库。

4. 布代里格形藻（图版 71: 6-8, 13）

Craticula buderi (Hustedt) Lange-Bertalot in Rumrich et al., 2000, p. 101, pl. 58, fig. 3.

壳面披针椭圆形，末端短，尖圆或近喙状；长 26～27.5 μm，宽 7.5～8 μm。中轴区窄线形；中央区几乎不膨大或略扩大。壳缝直线形，近缝端略向侧弯斜，中央孔不膨大，远缝端分叉近钩状。线纹近平行状排列，22～24 条/10 μm。

标本号：S8、S27、S38、S73。

分布：神定河、瓘河、汉库、丹库。

5. 急尖格形藻（图版 73: 1-5）

Craticula cuspidata (Kützing) Mann, 1990; 李家英和齐雨藻, 2018, p. 18, pl. II, figs. 4-5, pl. XXVII, figs. 7-11.

壳面菱形-披针形或舟形，末端渐变细、尖形或钝圆形；长 85～103 μm，宽 22～27 μm。中轴区明显呈线形；中央区不扩大。壳缝直线形，近缝端直或微弯，远缝端向同一方向呈弯钩状。线纹纤细，平行状排列，14～16 条/10 μm。

标本号：S3、S13、S14、S26、S33、S60。

分布：堵河、泗河、金竹河、瓘河、汉库。

6. 极小格形藻（图版 72: 5-10）

Craticula minusculoides (Hustedt) Lange-Bertalot, 2002; Hustedt, 1942, p. 68, fig. 5.

壳面披针形，末端近头状；长 12～15 μm，宽 3.5～4.5 μm。中轴区明显呈线形；中央区略扩大形成不规则的长方形。壳缝直线形。线纹平行状排列，24～27 条/10 μm。

标本号：S2、S6、S12、S28、S56、S66。

分布：堵河、汉江、瓘河、泗河、丹江。

7. 扰动格形藻（图版 74: 1-3, 9-10）

Craticula molestiformis (Hustedt) Mayama, 1999; Hustedt, 1949, p. 86, pl. 5, fig. 9.

壳面椭圆披针形，末端尖圆形；长 10.5～13 μm，宽 3.5～4 μm。中轴区明显呈线形；中央区略扩大形成不规则的长方形。壳缝直线形。线纹平行状排列，48～51 条/10 μm。

标本号：S2、S7、S13、S14。

分布：堵河、汉江、泗河。

8. 小格形藻（图版 74: 4-8, 11-12）

Craticula subminuscula (Manguin) Wetzel & Ector, 2015; Manguin, 1942, p. 139, pl. 2, fig. 39.

壳面线形椭圆形，末端尖圆形；长 9～10 μm，宽 4～4.5 μm。中轴区窄；中央区微扩大。横线纹辐射状排列，25～28 条/10 μm。

分布：广泛分布。

盘状藻属 *Placoneis* Mereschkowsky, 1903

细胞单生。壳面线形、椭圆形至披针形，末端喙状或头状。壳缝直或微波曲。中轴区窄，部分种类中央区具 1～2 个孤点。线纹单排。

1. 英国盘状藻（图版 75: 1-3）

Placoneis anglica (Ralfs) Cox, 2003, p. 64. fig. 6.

壳面披针形，末端头状；长 21.5～22 μm，宽 6.5～7.5 μm。中轴区窄线形；中央区扩大呈椭圆形。壳缝直线形。线纹辐射状排列，19～21 条/10 μm。

标本号：S2、S13、S62。

分布：堵河、泗河、滔河。

2. 双锥盘状藻（图版 75: 4）

Placoneis bicuneus Metzeltin, Lange-Bertalot & García-Rodríguez, 2005, p. 170, pl. 71, figs. 1-7, pl. 76, fig. 1.

壳面椭圆披针形，末端喙状；长 22.5 μm，宽 9.5 μm。中轴区窄线形；中央区扩大呈椭圆形。壳缝直线形。线纹辐射状排列，11 条/10 μm。

标本号：S8。

分布：神定河。

3. 温和盘状藻线形变种（图版 75: 5-6）

Placoneis clementis var. *linearis* (Brander ex Hustedt) Li & Qi, 2018; 李家英和齐雨藻, 2018, p. 66, pl. VIII, fig. 3, pl. XXII, fig. 11.

壳面椭圆形-披针形，末端喙头状；长 29.5～30.5 μm，宽 10.5～11 μm。壳缝直。中轴区窄，线形；中央区小，蝴蝶结形，在中央区一侧具 2 个孤点。线纹辐射状排列，10～11 条/10 μm。

标本号：S15、S61、S62。

分布：坝下、丹江、滔河。

4. 科基盘状藻（图版 75: 9-10）

Placoneis cocquytiae Fofana, Sow, Taylor, Ector & van de Vijver, 2014, p. 140, figs. 1-10.

壳面宽椭圆形，末端宽圆形；长 44～53 μm，宽 19～20.5 μm。中轴区线形-披针形；

中央区横向扩大。线纹辐射状排列，9～10 条/10 μm。

  标本号：S62、S64。

  分布：滔河。

5. 马达加斯加盘状藻（图版 76: 1-7）

Placoneis madagascariensis Lange-Bertalot & Metzeltin in Metzeltin & Lange-Bertalot, 2003, p. 54, pl. 27, figs. 37-40, pl. 28, fig. 4.

  壳面边缘三波形，末端钝，为拉长近喙状；长 19～20 μm，宽 6.5～8 μm。壳缝直线形。中轴区窄；中央区几乎不扩大。线纹辐射状排列，14～16 条/10 μm。

  标本号：S13、S14、S33、S62。

  分布：泗河、鹳河、滔河。

6. 佩雷尔盘状藻（图版 75: 7-8, 11）

Placoneis perelginensis Metzeltin, Lange-Bertalot & García-Rodríguez, 2005, p. 189, pl. 70, figs. 6-13.

  壳面披针形，末端近头状；长 23～28 μm，宽 7.5～9.5 μm。中轴区窄线形；中央区横向扩大。壳缝直线形。线纹辐射状排列，15～16 条/10 μm。

  标本号：S13、S15、S31。

  分布：泗河、坝下、鹳河。

纳维藻属 *Navigeia* Bukhtiyarova, 2013

  壳面线形椭圆形至线形-披针形，末端喙状或头状。中轴区窄线形；中央区横矩形或蝴蝶结形，具或不具孤点。线纹辐射状排列，由单列孔纹组成。

1. 美容纳维藻（图版 76: 8-21）

Navigeia decussis (Østrup) Bukhtiyarova, 2013; 李家英和齐雨藻, 2018, p. 32, pl. XXVIII, figs. 7-9.

  壳面披针椭圆形，近末端收缩，末端近喙状；长 20.5～23 μm，宽 6.5～7 μm。中轴区窄线形；中央区横向扩大，近中央节有 1 个孤点出现或未出现。横线纹辐射状排列，15～17 条/10 μm。

  标本号：S3、S15、S28、S60、S64、S65、S71。

  分布：堵河、坝下、鹳河、汉库、滔河、丹江、淇河。

泥栖藻属 *Luticola* Mann, 1990

  细胞单生，少数成丝状群体。壳面披针形至线形椭圆形，末端圆形或头状。中轴区线形-披针形；中央区矩形，具 1 个孤立孔纹。壳缝直，近缝端两末端略弯向壳面同侧。线纹由单列孔纹组成。

1. 斜形泥栖藻（图版 77: 1-8, 16）

Luticola acidoclinata Lange-Bertalot in Lange-Bertalot & Metzeltin, 1996, p. 76, pl. 24, figs. 24-26.

壳面椭圆形，末端宽圆形；长 13.5～21 μm，宽 6～7 μm。中轴区窄，线形；中央区扩大形成矩形但不达壳缘。在中央区一侧具 1 个较大而明显的单孔纹。线纹由较细孔纹组成，辐射状排列，24～25 条/10 μm。

标本号：S1、S3、S6、S7、S14、S15、S32、S33、S53、S55、S56、S59。

分布：堵河、汉江、泗河、坝下、鹳河、汉库。

2. 福克纳泥栖藻（图版 77: 9-11, 17）

Luticola falknerorum Metzeltin & Lange-Bertalot, 2007, p. 156, pl. 146, figs. 1-9.

壳面椭圆形，末端宽圆形；长 15～17.5 μm，宽 5～6 μm。中轴区窄，线形；中央区扩大形成矩形但不达壳缘。线纹由较细孔纹组成，辐射状排列，20～22 条/10 μm。

标本号：S6、S52、S56。

分布：汉江、汉库、泗河。

3. 桥佩蒂泥栖藻（图版 77: 12-15, 18）

Luticola goeppertiana (Bleisch) Mann ex Rarick, Wu, Lee & Edlund, 2017; Rabenhorst, 1861, fig. 1183.

壳面披针形，末端钝圆形；长 23～29 μm，宽 7～8 μm。中轴区窄，线形；中央区扩大形成矩形但不达壳缘。在中央区一侧具 1 个较大而明显的单孔纹。线纹辐射状排列，19～21 条/10 μm。

标本号：S2、S8、S13、S38、S60、S86。

分布：堵河、神定河、泗河、汉库、干渠刁河段。

4. 圭亚那泥栖藻（图版 78: 1-5, 17-18）

Luticola guianaensis Metzeltin & Levkov in Levkov et al., 2013, p. 124, pl. 165, figs. 1-30.

壳面披针椭圆形，末端延伸呈头状；长 13.5～18.5 μm，宽 5.5～7 μm。中轴区窄，线形，中央区扩大形成矩形但不达壳缘。在中央区一侧具 1 个较大而明显的单孔纹。线纹辐射状排列，24～26 条/10 μm。

标本号：S16、S53、S56、S86。

分布：坝下、汉库、泗河、干渠刁河段。

5. 钝泥栖藻（图版 78: 9-13, 19）

Luticola mutica (Kützing) Mann, 1990; 李家英和齐雨藻, 2018, p. 47, pl. VI, figs. 2-6, pl. XXVIII, figs. 12-18.

壳面菱形椭圆形至宽椭圆形或菱形披针形，末端宽至钝状楔圆形；长 11～13 μm，宽 5～6 μm。中轴区窄；有时在中央区扩大形成不达边缘的矩形，其中一侧具 1 个清晰的独立孔纹。壳缝直，线形，近缝端向一侧微弯。线纹辐射状排列，由明显的小孔纹组成，19～21 条/10 μm。

标本号：S1、S3、S4、S15、S56、S59。

分布：堵河、汉江、坝下、泗河、汉库。

6. 钝泥栖藻菱形变种（图版 78: 6-8, 20）

Luticola mutica var. *rhombica* Li & Qi, 2018；李家英和齐雨藻, 2018, p. 48, pl. VI, fig. 8.

壳面披针形，末端延伸呈头状；长 24～32 μm，宽 6.5～8.5 μm。中轴区窄，线形；中央区扩大形成矩形但不达壳缘。在中央区一侧具 1 个较大而明显的单孔纹。线纹辐射状排列，19～22 条/10 μm。

标本号：S56、S64、S88。

分布：泗河、滔河、干渠刁河段。

7. 雪白泥栖藻（图版 79: 1-5）

Luticola nivalis (Ehrenberg) Mann, 1990；李家英和齐雨藻, 2018, p. 51, pl. II, figs. 11-12.

壳面线形椭圆形，两侧边缘三波状，末端宽喙状；长 13.5～18 μm，宽 6～6.5 μm。中轴区窄，线形；中央区扩大但不达壳缘。在中央区一侧具 1 个较大而明显的单孔纹。线纹辐射状排列，由明显的小孔纹组成，19～21 条/10 μm。

标本号：S16、S60。

分布：坝下、汉库。

8. 近菱形泥栖藻（图版 79: 6-10, 17-18）

Luticola pitranensis Levkov, Metzeltin & Pavlov, 2013, p. 187, pl. 11, figs. 7-9.

壳面披针形，末端喙状；长 16.5～25 μm，宽 6～8 μm。中轴区线形；有时在中央区扩大形成不达边缘的矩形，其中一侧具 1 个清晰的独立孔纹。线纹辐射状排列，由明显的小孔纹组成，18～20 条/10 μm。

标本号：S2、S9、S13、S14、S15、S27、S29、S58、S61。

分布：堵河、神定河、泗河、坝下、鹳河、汉库、丹江。

9. 孤点泥栖藻（图版 78: 14-16）

Luticola stigma (Patrick) Johansen, 2004；Patrick, 1959, p. 96, pl. 8, fig. 3.

壳面披针形，末端喙头状；长 22～29.5 μm，宽 7.5～9 μm。中轴区线形；有时在中央区扩大形成不达边缘的矩形，其中一侧具 1 个清晰的独立孔纹。线纹辐射状排列，由明显的小孔纹组成，19～21 条/10 μm。

标本号：S2、S13、S15、S62。

分布：堵河、泗河、坝下、滔河。

10. 偏凸泥栖藻（图版 79: 11-16, 19）

Luticola ventricosa (Kützing) Mann, 1990; 李家英和齐雨藻, 2018, p. 54, pl. XXII, fig. 10.

壳面披针形，末端喙头状；长 14.5～18 μm，宽 6～7 μm。中轴区线形；有时在中央区扩大形成不达边缘的矩形，其中一侧具 1 个清晰的独立孔纹。线纹辐射状排列，由明显的小孔纹组成，19～24 条/10 μm。

标本号：S2、S6、S9、S11、S12、S15、S16、S33、S64。

分布：堵河、汉江、神定河、坝下、鹳河、淊河。

拉菲亚藻属 *Adlafia* Moser, Lange-Bertalot & Metzeltin, 1998

细胞单生。壳面长常小于 25 μm，线形至线形-披针形，末端喙状或头状。中央区多变。壳缝末端向两侧弯曲。线纹由单列孔纹组成。

1. 蒙诺拉菲亚藻（图版 80: 1-3）

Adlafia multnomahii Morales & Lee, 2005, p. 151, figs. 1-38.

壳面披针形，末端喙头状；长 11.5～14 μm，宽 4～4.5 μm。中轴区很窄；中央区很小，不规则地横向扩大。线纹辐射状排列，29～31 条/10 μm。

标本号：S25、S29、S30。

分布：磨沟河、鹳河。

2. 中华拉菲亚藻（图版 80: 4-7, 16）

Adlafia sinensis Liu & Williams, 2017, p. 47, figs. 2-50.

壳面椭圆披针形，末端喙状；长 8～11.5 μm，宽 2.5～3 μm。中轴区很窄；中央区很小，不规则地横向扩大。线纹辐射状排列，25～27 条/10 μm。

标本号：S4、S6、S15。

分布：汉江、坝下。

全链藻属 *Diadesmis* Kützing, 1844

细胞单生或形成带状或链状群体。壳面椭圆形或披针形，末端圆形。中轴区线形-披针形；中央区圆形。线纹辐射状排列，由单列长圆形或圆形孔纹组成。

1. 丝状全链藻（图版 80: 9-15）

Diadesmis confervacea Kützing, 1844, p. 109, pl. 30, fig. 8.

壳面椭圆披针形，末端尖圆形；长 16～19 μm，宽 6～6.5 μm。中轴区窄，明显；中央区圆形。线纹微辐射排列，24～25 条/10 μm。

标本号：S2、S8、S9、S11、S13、S14。

分布：堵河、神定河、汉江、泗河。

马雅美藻属 *Mayamaea* Lange-Bertalot, 1997

细胞单生。壳面椭圆形，末端宽圆形。中央胸骨较粗壮。壳缝丝状，近缝端偏向一侧弯斜，远缝端向同一侧偏斜呈钩状。线纹辐射状排列，由单列孔纹组成。

1. 阿奎斯提马雅美藻（图版 81: 1-6, 10-12）

Mayamaea agrestis (Hustedt) Lange-Bertalot, 2001, p. 134, pl. 105, figs. 7-16.

壳面长椭圆形，末端宽圆形；长 7~8 μm，宽 3~3.5 μm。中轴区与胸骨并合，中央区小或规则扩大。线纹辐射状排列，28~30 条/10 μm。

标本号：S2、S4、S6、S7、S9、S13、S14、S15、S26、S30、S58、S61、S62。

分布：堵河、汉江、神定河、泗河、坝下、金竹河、鹳河、汉库、丹江、淘河。

2. 细柱马雅美藻（图版 80: 8）

Mayamaea atomus (Kützing) Lange-Bertalot, 1997; 李家英和齐雨藻, 2018, p. 55, pl. VII, figs. 4-5.

壳面椭圆形至宽椭圆形，末端宽圆形；长 8.5 μm，宽 4 μm。中轴区与胸骨并合，中央区小或规则扩大或缺乏。壳缝丝状，分叉多，少有拱形，包围在或多或少强壮的壳缝骨中。线纹强烈辐射状排列，20 条/10 μm。

标本号：S30。

分布：鹳河。

管状藻属 *Fistulifera* Lange-Bertalot, 1997

壳面线形至椭圆形。细胞很小（通常<8 μm），并具有许多环带，最多可达 14 个或更多。在光学显微镜看不到线纹。中央胸骨是明显的。

1. 薄壳管状藻（图版 81：13）

Fistulifera pelliculosa (Kützing) Lange-Bertalot, 1997, p. 73, figs. 28-31.

壳面线形至椭圆形，末端钝圆形；长 6.5~9.5 μm，宽 3~4.5 μm。中轴区窄，线形。壳缝直。在光学显微镜下看不到线纹，扫描电子显微镜下线纹辐射状排列，32~52 条/10 μm。

标本号：S14、S15。

分布：泗河、坝下。

宽纹藻属 *Hippodonta* Lange-Bertalot, Witkowski & Metzeltin, 1996

细胞单生。壳面椭圆形、披针形或线形，末端头状或圆形。中轴区窄线形；中央区不明显。壳缝直，近缝端末端膨大，远缝端直或略弯曲；末端具 1 个条带状的无纹区。

1. 阿维塔宽纹藻（图版 81: 7-9, 14）

Hippodonta avittata (Cholnoky) Lange-Bertalot, Metzeltin & Witkowski, 1996, p. 253, pl. 1, figs. 30-40.

壳面椭圆披针形，末端喙状；长 16～19 μm，宽 4～4.5 μm。中轴区较宽；中央区扩大呈不规则形。线纹辐射状排列，11～13 条/10 μm。

标本号：S1、S14、S64、S88。

分布：堵河、泗河、滔河、干渠刁河段。

2. 头端宽纹藻（图版 82: 1-8, 19）

Hippodonta capitata (Ehrenberg) Lange-Bertalot, Metzeltin & Witkowski, 1996; 李家英和齐雨藻, 2018, p. 36, pl. IV, figs. 11-12.

壳面椭圆披针形，末端延长近头状至头状；长 15.5～23 μm，宽 5～6.5 μm。中轴区窄；中央区略有扩大。壳缝直，线形。线纹明显宽，在中部辐射，向末端聚集状排列，10～12 条/10 μm。

标本号：S2、S3、S9、S13、S14、S28、S29、S56、S60、S71、S88。

分布：堵河、神定河、泗河、鹳河、汉库、淇河、刁河。

鞍型藻属 *Sellaphora* Mereschkowsky, 1902

细胞单生。壳面线形、椭圆形或披针形，末端圆形或头状。壳缝直或微波曲，壳缝两侧具纵向的无纹区。线纹由单列或双列孔纹组成。

1. 原子鞍型藻（图版 83: 1-8, 15-16）

Sellaphora atomoides (Grunow) Wetzel & Van de Vijver, 2015; Van Heurck, 1880, p. 107, pl. 14, fig. 12.

壳面窄椭圆形，末端宽圆形；长 7.5～13 μm，宽 3.5～4 μm。壳缝直，线形。中轴区窄线形；中央区蝴蝶结形。线纹辐射状排列，23～29 条/10 μm。

标本号：S2、S4、S8、S9、S11、S12、S13、S23、S63、S87。

分布：堵河、汉江、神定河、泗河、磨沟河、滔河、干渠刁河段。

2. 杆状鞍型藻（图版 83: 9-13, 17）

Sellaphora bacillum (Ehrenberg) Mann, 1989; 李家英和齐雨藻, 2018, p. 82, pl. IX, fig. 5, pl. XXXV, figs. 4-8.

壳面椭圆形或线椭圆形，末端宽圆形；长 17.5～35.5 μm，宽 6.5～9 μm。中轴区窄，小于壳面宽度的 1/4；中央区扩大呈圆形。线纹辐射状排列，18～20 条/10 μm。

标本号：S3、S24、S28、S64、S84、S85、S86、S87、S89。

分布：堵河、磨沟河、鹳河、滔河、干渠白河段、干渠刁河段、天津。

3. 波尔斯鞍型藻（图版 83: 14）

Sellaphora boltziana Metzeltin, Lange-Bertalot & Soninkhishig, 2009; 李家英和齐雨藻, 2018, p. 84, pl. XXXVI, figs. 1-5.

壳面线形，在中部稍微凸出，末端宽圆形；长 59.5 μm，宽 13 μm。中轴区中等宽；中央区扩大呈圆形。线纹在中部平行排列，向两端逐渐呈辐射排列，20 条/10 μm。

标本号：S31。

分布：鹳河。

4. 缢缩鞍型藻（图版 84: 1, 12）

Sellaphora constricta Kociolek & You in You et al., 2017, p. 262, figs. 1-16.

壳面椭圆披针形，中部缢缩明显，末端宽圆形；长 31 μm，宽 8.5 μm。中轴区窄；中央区微扩大。横线纹辐射状排列，16～20 条/10 μm。

标本号：S24、S61。

分布：磨沟河、丹江。

5. 库斯伯鞍型藻（图版 84: 2）

Sellaphora kusberi Metzeltin, Lange-Bertalot & Soninkhishig, 2009; 李家英和齐雨藻, 2018, p. 87, pl. XXXVII, figs. 4-8.

壳面线形，末端亚头状；长 18 μm，宽 5 μm。壳缝线形，微波曲。中轴区窄，线形；中央区蝴蝶结形，但不延伸到壳面边缘。线纹在中部呈辐射状排列，末端呈近平行状排列，25 条/10 μm。

标本号：S29。

分布：鹳河。

6. 披针鞍型藻（图版 84: 3）

Sellaphora lanceolata Mann & Droop in Mann et al., 2004, p. 479, figs. 4 p-r, 22, 48-52.

壳面披针形，末端喙状；长 28.5 μm，宽 7.5 μm。中轴区窄；中央区扩大呈椭圆形。线纹辐射状排列，25 条/10 μm。

标本号：S2。

分布：堵河。

7. 蒙古鞍型藻（图版 84: 5-11, 13）

Sellaphora mongolocollegarum Metzeltin & Lange-Bertalot, 2009; 李家英和齐雨藻, 2018, p. 89, pl. XXXVII, figs. 12-14.

壳面椭圆形，末端宽圆形；长 19.5～29 μm，宽 7.5～8.5 μm。中轴区窄线形；中央区小椭圆形。壳缝直，线形，有 1 条明显的纵肋包围壳缝。线纹辐射状排列，在中部稀疏，向两端密集，在中部 21 条/10 μm，在末端 24～26 条/10 μm。

标本号：S1、S3、S8、S9、S15、S16、S23、S24、S28、S31、S60、S62、S70、S71。

分布：堵河、神定河、坝下、磨沟河、鹳河、汉库、滔河、淇河。

8. 变化鞍型藻（图版 84: 4）

Sellaphora mutatoides Lange-Bertalot & Metzeltin in Metzeltin & Lange-Bertalot, 2002, p. 64, pl. 31, figs. 23-24.

壳面椭圆披针形，末端喙头状；长 28 μm，宽 7 μm。中轴区窄线形；中央区横矩形，不延伸到壳面边缘。壳缝较直，线形，远端缝向同一方向弯曲。线纹辐射状排列，26 条/10 μm。

标本号：S24。

分布：磨沟河。

9. 尼格里鞍型藻（图版 85: 1-8, 15-16）

Sellaphora nigri (De Notaris) Wetzel & Ector in Wetzel et al., 2015, p. 221, figs. 319-393.

壳面椭圆形或椭圆披针形，末端宽圆形；长 4～9 μm，宽 3～4 μm。中轴区窄；中央区横向扩大。线纹辐射状排列，28～32 条/10 μm。

标本号：S7、S8、S10、S13、S14、S23、S28、S60、S87。

分布：汉江、神定河、泗河、磨沟河、鹳河、汉库、干渠刁河段。

10. 亚头状鞍型藻（图版 85: 9-14, 18-19）

Sellaphora perobesa Metzeltin, Lange-Bertalot & Soninkhishig in Metzeltin et al., 2009, p. 98, pl. 61, figs. 1-7.

壳面椭圆披针形，末端喙状；长 17～20.5 μm，宽 6～8 μm。中轴区窄，线形；中央区蝴蝶结形，不延伸到壳面边缘。线纹辐射状排列，23～25 条/10 μm。

标本号：S8、S10、S13、S23、S24、S25、S28。

分布：神定河、泗河、磨沟河、鹳河。

11. 伪杆状鞍型藻（图版 85: 17）

Sellaphora pseudobacillum (Grunow) Lange-Bertalot & Metzeltin in Metzeltin et al., 2009; Grunow in Cleve & Grunow, 1880, pl. 2, fig. 52.

壳面线椭圆形，末端宽圆形；长 19 μm，宽 6 μm。中轴区窄，小于壳面宽度的 1/4；中央区圆形。线纹辐射状排列，23 条/10 μm。

标本号：S29。

分布：鹳河。

12. 瞳孔鞍型藻（图版 86: 1-4, 12-13）

Sellaphora pupula (Kützing) Mereschkovsky, 1902; 李家英和齐雨藻, 2018, p. 91, pl, IX, figs. 13-16, pl. XXXVIII, fig. 7.

壳面线形，末端圆形；长 24～31 μm，宽 8～9 μm。中轴区窄线形；中央区蝴蝶形，不延伸到壳面边缘。壳缝较直，线形，远端缝向同一方向弯曲。线纹辐射状排列，20～22 条/10 μm。

标本号：S2、S8、S13、S29、S60、S68、S70。

分布：堵河、神定河、泗河、鹳河、汉库、丹江、淇河。

13. 腐生鞍型藻（图版 86: 6-11, 14）

Sellaphora saprotolerans Lange-Bertalot, Hofmann & Cantonati in Lange-Bertalot et al., 2017, p. 550, pl. 42, figs. 1-5.

壳面椭圆披针形，末端喙状；长 13.5～15.5 μm，宽 5～6.5 μm。中轴区窄；中央区蝴蝶结形，不延伸到壳面边缘。线纹辐射状排列，22～25 条/10 μm。

标本号：S8、S13、S14、S17、S29、S30。

分布：神定河、泗河、丹库、鹳河。

14. 施罗西鞍型藻（图版 86: 5, 15）

Sellaphora schrothiana Metzeltin, Lange-Bertalot & Soninkhishig, 2009; 李家英和齐雨藻, 2018, p. 94, pl. XXXVIII, figs. 8-9.

壳面线形，末端宽圆形；长 26.5～27 μm，宽 7.5～8.5 μm。中轴区窄线形；中央区蝴蝶形，不延伸到壳面边缘。壳缝线形，略弯曲。线纹辐射状排列，末端近平行排列，22～25 条/10 μm。

标本号：S8、S10。

分布：神定河。

15. 半裸鞍型藻（图版 87: 1-6, 16）

Sellaphora seminulum (Grunow) Mann, 1989; Grunow, 1860, p. 552, pl. 2, fig. 3.

壳面线形，呈三波曲状，末端头状；长 7.5～11.5 μm，宽 3～3.5 μm。中轴区窄线形；中央区小。壳缝直，线形。线纹辐射状排列，27～30 条/10 μm。

标本号：S7、S9、S10、S13、S14、S19、S28、S32、S33、S55、S56、S57。

分布：汉江、神定河、泗河、丹库、鹳河。

16. 施氏鞍型藻（图版 87: 8-10）

Sellaphora stroemii (Hustedt) Kobayasi, 2002; Hustedt, 1931, p. 544, fig. 3.

壳面线形，末端宽圆形；长 8～10 μm，宽 3～3.5 μm。中轴区窄线形；中央区蝴蝶形，不延伸到壳面边缘。壳缝线形，略弯曲。线纹呈辐射状排列，末端近平行排列，29～

32 条/10 μm。

标本号：S8、S10。

分布：神定河。

17. 近瞳孔鞍型藻（图版 87: 7）

Sellaphora subpupula Levkov & Nakov in Levkov et al., 2007, p. 124, pl. 107, figs. 9-15.

壳面椭圆披针形，末端喙状；长 16 μm，宽 5 μm。中轴区窄；中央区微横向扩大。线纹辐射状排列，23 条/10 μm。

分布：广泛分布。

18. 万氏鞍型藻（图版 87: 11-15, 17）

Sellaphora vanlandinghamii (Kociolek) Wetzel, 2015; Kociolek et al., 2014, p. 24, pl. 28, figs. 21-28.

壳面椭圆形，末端宽圆形；长 6～8 μm，宽 3～4 μm。中轴区窄；中央区微扩大。线纹辐射状排列，31～34 条/10 μm。

标本号：S9、S13、S15、S16、S28、S31、S85。

分布：神定河、泗河、坝下、鹳河、干渠白河段。

19. 腹糊鞍型藻（图版 88: 1-6, 11）

Sellaphora ventraloconfusa (Lange-Bertalot) Metzeltin & Lange-Bertalot, 1998; Lange-Bertalot & Krammer, 1989, p. 165, pl. 79, figs. 36-39.

壳面椭圆披针形，末端近头状；长 16～18.5 μm，宽 4～5 μm。中轴区窄；中央区蝴蝶结形。线纹辐射状排列，25～27 条/10 μm。

标本号：S2、S9、S24、S54。

分布：堵河、神定河、磨沟河、汉库。

20. 班达鞍型藻（图版 88: 7-10, 12）

Sellaphora vitabunda (Hustedt) Mann, 1989; Hustedt, 1930, p. 302, fig. 523.

壳面线形，末端宽圆形；长 16～24 μm，宽 5.5～7 μm。中轴区窄；中央区蝴蝶结形。线纹辐射状排列，22～25 条/10 μm。

标本号：S3、S15、S26、S33。

分布：堵河、坝下、金竹河、鹳河。

假伪形属 *Pseudofallacia* Liu, Kociolek & Wang, 2012

壳面椭圆形、线形至披针形，末端圆形或头状。线纹单排；中轴区两侧具琴形的无纹区；中央区常膨大。

1. 串珠假伪形藻（图版 89: 1-2, 6）

Pseudofallacia monoculata (Hustedt) Liu, Kociolek & Wang, 2012; Hustedt, 1945, p. 921, pl. 41, fig. 4.

壳面椭圆形，末端宽圆形；长 8～8.5 μm，宽 3.5～4 μm。中轴区窄线形，两侧具琴形的无纹区；中央区小，近圆形。壳缝直，线形。线纹微辐射状排列，24～25 条/10 μm。

标本号：S13。

分布：泗河。

2. 柔嫩假伪形藻（图版 89: 3-4）

Pseudofallacia tenera (Hustedt) Liu, Kociolek & Wang, 2012; Hustedt, 1937, p. 259, pl. 18, figs. 11-12.

壳面椭圆形，末端圆形；长 11～12 μm，宽 4.5～5 μm。中轴区窄线形，两侧具琴形的无纹区；中央区小，近圆形。壳缝线形。线纹辐射状排列，19～21 条/10 μm。

标本号：S28。

分布：鹳河。

微肋藻属 *Microcostatus* Johansen & Sray, 1998

壳面线形-披针形或近椭圆形，末端圆形或延长呈头状。中轴区在中央胸骨两侧具凹陷，同中央区形成在光学显微镜下看起来近似琴形的结构。壳缝直，远缝端弯向壳面同侧。线纹由单列孔纹组成。

1. 卡氏微肋藻（图版 89: 5）

Microcostatus krasskei (Hustedt) Johansen & Sray, 1998; Hustedt, 1930, p. 287, fig. 481.

壳面椭圆披针形，末端宽圆形；长 11 μm，宽 5 μm。中轴区窄，披针形；中央区椭圆形。线纹辐射状排列，24 条/10 μm。

标本号：S56。

分布：泗河。

伪形藻属 *Fallacia* Stickle & Mann, 1990

细胞单生。壳面线形-披针形至椭圆形，末端截圆。中轴区两侧具琴形的无纹区。壳缝直线形，近缝端直或向一侧偏斜，远缝端直、弯曲或钩状。线纹多由单列孔纹组成。

1. 矮小伪形藻（图版 89: 7-13）

Fallacia pygmaea (Kützing) Stickle & Mann, 1990; 李家英和齐雨藻, 2018, p. 30, pl. III, fig. 21, pl. XXVIII, figs. 1-3.

壳面线形，末端宽头状；长 15～26 μm，宽 8～11 μm。中轴区窄线形；在壳面中央和极端向着壳缝变窄或侧区在中央节处扩大形成宽的透明区。壳缝直，线形。线纹辐射状排列，27～30 条/10 μm。

标本号：S8、S9、S13、S14、S23、S28、S31。

分布：神定河、泗河、磨沟河、鹳河。

2. 小近钩状伪形藻（图版 90: 1-2, 5）

Fallacia subhamulata (Grunow) Mann, 1990; Van Heurck, 1880, pl. 13, fig. 14.

壳面线形，末端宽圆形；长 20~24.5 μm，宽 6~6.5 μm。中轴区窄线形；中央区微扩大。壳缝直，线形。线纹辐射状排列，85~90 条/10 μm。

标本号：S24、S62、S86。

分布：磨沟河、滔河、干渠刁河段。

双壁藻属 *Diploneis* (Ehrenberg) Cleve, 1894

壳面椭圆形至长椭圆形或近菱形椭圆形，末端圆形或钝圆形。壳缝两侧具发育良好的、增厚的纵向硅质管，纵管上具单个的孔或长圆形的点孔。线纹由 1~2 列点纹组成。

1. 灰岩双壁藻（图版 90: 3-4, 10）

Diploneis calcicolafrequens Lange-Bertalot & Fuhrmann in Lange-Bertalot et al., 2020, p. 26, pl. 27, fig. 2.

壳面长椭圆形，壳面边缘强烈地凸出，末端钝圆形；长 7~9.5 μm，宽 3.5~5 μm。中央区较小。横线纹辐射状排列，32~34 条/10 μm。

标本号：S60、S61。

分布：汉库、丹江。

2. 椭圆双壁藻（图版 90: 6-9）

Diploneis elliptica (Kützing) Cleve, 1894; 李家英和齐雨藻, 2010, p. 96, pl. XV, fig. 7, pl. XXXVI, figs. 3-5.

壳面长椭圆形至菱形椭圆形，壳面边缘强烈地凸出，末端钝圆形；长 14~23 μm，宽 7.5~9 μm。中央节中等大，圆形至方形。横线纹较粗壮，辐射状排列，21~23 条/10 μm。

标本号：S14、S38、S61、S86。

分布：泗河、汉库、丹江、干渠刁河段。

3. 微小双壁藻（图版 91: 1-6, 14）

Diploneis minuta Petersen, 1928, p. 381, fig. 6.

壳面线椭圆形，末端宽圆形；长 17.5~20 μm，宽 6~7 μm。中央节小，方形至纵向矩形。中轴区窄线形；中央区微扩大。壳缝直，线形。横线纹辐射状排列，26~28 条/10 μm。

标本号：S15、S24、S25。

分布：坝下、磨沟河。

4. 眼斑双壁藻（图版 91: 7-13, 15）

Diploneis oculata (Brébisson) Cleve, 1894; 李家英和齐雨藻, 2010, p. 100, pl. XXXVIII, figs. 1-2.

壳面线椭圆形，末端宽圆形；长 11～17 μm，宽 4～6.5 μm。中央节小，方形至纵向矩形。中轴区窄线形；中央区微扩大。壳缝直，线形。横线纹辐射状排列，24～26 条/10 μm。

标本号：S1、S7、S15、S22、S23、S24、S88。

分布：堵河、汉江、坝下、磨沟河、干渠刁河段。

5. 长圆双壁藻（图版 92: 1-6）

Diploneis oblongella (Nägeli ex Kützing) Cleve-Euler, 1922; 李家英和齐雨藻, 2010, p. 101, pl. XVI, fig. 2, pl. XXXVIII, fig. 4.

壳面线椭圆形，末端宽圆形；长 17～26 μm，宽 7.5～11 μm。中央节中等大。横线纹较粗壮，辐射状排列，10～12 条/10 μm。

标本号：S9、S16、S62、S64。

分布：神定河、坝下、滔河。

6. 美丽双壁藻（图版 92: 7-16）

Diploneis puella (Schumann) Cleve 1894; Schumann, 1867, p. 56, pl. II, fig. 39.

壳面线椭圆形，末端宽圆形；长 10.5～17 μm，宽 6～8 μm。中央节中等大。横线纹辐射状排列，16～18 条/10 μm。

标本号：S1、S7、S13、S23、S24、S25、S31、S32、S60、S61、S64、S84、S87、S88。

分布：堵河、汉江、泗河、磨沟河、鹳河、汉库、丹江、滔河、干渠白河段、干渠刁河段。

长篦藻属 *Neidium* Pfitzer, 1871

细胞单生。壳面线形、披针形至椭圆形，末端头状、喙状、圆形或尖头状。线纹单排。中轴区线形；中央区椭圆形、矩形或圆形。壳面靠近壳缘处具 1 或多条纵线。

1. 细纹长篦藻（图版 93: 8）

Neidium affine (Ehrenberg) Pfitzer, 1871, p. 39; 李家英和齐雨藻, 2010, p. 71, pl. X, fig. 10.

壳面线形椭圆形，末端钝圆喙状；长 54 μm，宽 14 μm。中轴区窄线形；中央区横向椭圆形。壳缝线形。线纹辐射状排列，23 条/10 μm。壳面边缘各有 1 条纵线纹。

标本号：S60。

分布：汉库。

2. 细纹长篦藻乌马变种（图版 93: 2-4）

Neidium affine var. *humeris* Reimer, 1966; 李家英和齐雨藻, 2010, p. 73, pl. XXXXII, figs. 2, 15.

壳面披针形，末端喙头状；长 43~46 μm，宽 12~14 μm。中轴区窄；中央区对角线椭圆形。壳缝直，近缝端弯向相反的方向。线纹辐射状排列，21~25 条/10 μm。

标本号：S30。

分布：鹳河。

3. 楔形长篦藻（图版 93: 5-6）

Neidium cuneatiforme Levkov in Levkov et al., 2007, p. 106, pl. 114, figs. 1-9.

壳面宽线形，末端近喙状；长 33.5~36 μm，宽 10.5~11 μm。中轴区线形；中央区椭圆形。壳缝线形，近缝端直，不弯向相反的方向。线纹微辐射状排列，23~25 条/10 μm。壳面边缘各有 1 条纵线纹。

标本号：S23、S62。

分布：磨沟河、滔河。

4. 舌状长篦藻（图版 93: 1）

Neidium ligulatum Liu, Wang & Kociolek, 2017, p. 22, figs. 226-230, 237-241.

壳面线形至线形椭圆形，两侧边缘凸起，末端喙状；长 64 μm，宽 16 μm。中轴区窄，线形；中央区椭圆形。壳缝直，近缝端弯向相反的方向。线纹辐射状排列，向两端逐渐平行，至末端呈汇聚状，23 条/10 μm。

标本号：S13。

分布：泗河。

5. 短喙长篦藻（图版 93: 7）

Neidium rostratum Liu, Wang & Kociolek, 2017, p. 13, figs. 92-97, 103-107.

壳面线形椭圆形，末端宽圆形；长 30.5 μm，宽 9 μm。中轴区线形；中央区椭圆形。壳缝线形。线纹微辐射状排列，27 条/10 μm。壳面边缘各有 1 条纵线纹。

标本号：S60。

分布：汉库。

6. 扭曲长篦藻（图版 94: 1）

Neidium tortum Liu, Wang & Kociolek, 2017, p. 12, figs. 85-91, 98-102.

壳面椭圆形，末端宽圆形；长 53 μm，宽 14 μm。中轴区窄；中央区横椭圆形。壳缝直，近缝端弯向相反的方向。线纹辐射状排列，向两端逐渐平行，至末端呈汇聚状，23 条/10 μm。

标本号：S54。

分布：汉库。

7. 三波长篦藻（图版 94: 2-3）

Neidium triundulatum Liu, Wang & Kociolek, 2017, p. 8, figs. 31-39.

壳面椭圆披针形，末端喙头状；长 52～71 μm，宽 13～14.5 μm。中轴区窄；中央区横椭圆形。壳缝直，近缝端弯向相反的方向。线纹辐射状排列，29～32 条/10 μm。

标本号：S28。

分布：鹳河。

异菱藻属 *Anomoeoneis* Pfitzer, 1871

细胞单生，舟状。壳面类菱形、椭圆形、披针形或椭圆形披针形，末端宽圆或近头状。远缝端弯曲且明显。中轴区宽，靠近壳缝处具一列点纹围绕胸骨。中央区对称或不对称，部分种类中央区一侧延伸至壳缘。线纹由单列点纹组成。

1. 具球异菱藻（图版 94: 4）

Anomoeoneis sphaerophora Pfitzer, 1871; 李家英和齐雨藻, 2010, p. 132, pl. XXIII, fig. 7, pl. XXXX, figs. 8-9.

壳面线形椭圆形，末端喙状或头状；长 68 μm，宽 20 μm。中轴区线形；中央区呈不规则圆形。壳缝线形。线纹微辐射状排列，18 条/10 μm。壳面边缘各有 1 条纵线纹。

标本号：S29。

分布：鹳河。

长篦形藻属 *Neidiomorpha* Lange-Bertalot & Cantonati, 2010

壳面线形-披针形，末端延长呈头状或喙状，部分种类壳面中部缢缩。末端变窄，钝圆形或喙状。轴区线形，中央区扩大呈椭圆形、长方形或方形。壳缝简单，近缝端末端直。壳面两侧具纵向的条带状区域，光学显微镜下为可见的"纵线"。线纹由单列点纹组成。

1. 双结形长篦形藻（图版 94: 5-8）

Neidiomorpha binodiformis (Krammer) Cantonati, Lange-Bertalot & Angeli, 2010; Krammer & Lange-Bertalot, 1985, p. 102, pl. 5, figs. 14-15.

壳面线形-披针形，末端喙状；长 20.5～25.5 μm，宽 5～7 μm。轴区窄线形；中央区横椭圆形。壳缝直，线形。线纹辐射状排列，29～32 条/10 μm。

标本号：S25、S33、S54、S62、S88。

分布：磨沟河、鹳河、汉库、滔河、干渠刁河段。

暗额藻属 *Aneumastus* Mann & Stickle, 1990

壳面椭圆披针形或线状披针形，末端喙状或头状。轴区窄，中央区扩大形成大的横向不规则区或近圆形区。壳套面窄。壳面边缘和壳面中部点纹类型不同，壳面中部线纹由单列点纹组成。点纹结构较为复杂。

1. 具细尖暗额藻（图版 95: 1-6, 18）

Aneumastus apiculatus (Østrup) Lange-Bertalot, 1999; 李家英和齐雨藻, 2018, p. 7, pl. XXIII, fig. 2.

壳面椭圆披针形，末端延长，呈狭喙状；长 24～31 μm，宽 10.5～11 μm。中轴区窄线形；中央区宽矩形。壳缝线形，略微波曲状。线纹在中部微辐射状排列，向末端明显辐射，近缝端几乎平行状排列，17～19 条/10 μm。

标本号：S3、S15、S64、S73。

分布：堵河、坝下、滔河、丹库。

2. 施特罗斯暗额藻（图版 94: 9-10）

Aneumastus stroesei (Østrup) Mann, 1990; 李家英和齐雨藻, 2018, p. 9, pl. XXIV, fig. 1.

壳面椭圆形至椭圆披针形，末端喙状或头状；长 43～46.5 μm，宽 13.5～16 μm。中轴区窄；中央区近蝴蝶形。壳缝微波形，近缝端直。线纹辐射状排列，被不规则的纵向透线切断，17～19 条/10 μm。

标本号：S64。

分布：滔河。

小林藻属 *Kobayasiella* Lange-Bertalot, 1999

壳面线形至线形-披针形，末端膨大呈头状或喙状。中轴区窄。壳缝直，近缝端略膨大，远缝端完全位于壳面末端，强烈弯曲。线纹由单列点纹组成。

1. 微细小林藻（图版 95: 7-13）

Kobayasiella parasubtilissima (Kobayasi & Nagumo) Lange-Bertalot, 1999; Kobayasi & Nagumo, 1988, p. 245, figs. 19-37.

壳面线形，末端延长呈喙状；长 12～15.5 μm，宽 2.5～3.5 μm。中轴区线形；中央区呈不规则形。壳缝线形。线纹在光学显微镜下不明显。

标本号：S20、S24、S33、S89。

分布：丹库、磨沟河、鹳河、天津。

短纹藻属 *Brachysira* Kützing, 1836

细胞常单生。壳面线形至线形-披针形，末端圆形或延长。壳面沿纵轴对称，部分种类沿横轴不对称。中轴区窄。壳缝直，部分种类在壳缝两侧具隆起硅质脊。线纹由单列点纹组成。

1. 新瘦短纹藻（图版 95: 14-17, 19）

Brachysira neoexilis Lange-Bertalot in Lange-Bertalot & Moser, 1994, p. 51, pl. 5, figs. 1-35.

壳面椭圆披针形，末端延长呈喙状或头状；长 19.5～25.5 μm，宽 5～5.5 μm。中轴区窄；中央区呈不规则圆形。壳缝线形。线纹微辐射状排列，31~33 条/10 μm。

标本号：S28、S32、S73、S89。

分布：鹳河、丹库、天津。

2. 透明短纹藻（图版 96: 1-5, 16-17）

Brachysira vitrea (Grunow) Ross, 1986; Grunow, 1878, p. 110, figs. 3-4.

壳面椭圆披针形，末端缢缩明显，呈小头状；长 14~23.5 μm，宽 4~5.5 μm。中轴区窄；中央区不规则圆形。壳缝线形。线纹微辐射状排列，30~32 条/10 μm。

标本号：S24、S33。

分布：磨沟河、鹳河。

喜湿藻属 *Humidophila* (Lange-Bertalot & Werum) Lowe, Kociolek, Johansen, Van de Vijver, Lange-Bertalot & Kopalová, 2014

细胞小，通常小于 20 μm，常连接成链状群体。壳面线形、线形椭圆形至椭圆形，末端宽圆或具延长的末端。壳面与壳套面之间常具一个硅质的隆起。壳缝简单，直。线纹由一个横向长圆形、椭圆形至卵圆形的点纹组成。

1. 孔塘喜湿藻（图版 96: 6-7, 18）

Humidophila contenta (Grunow) Lowe, Kociolek, Johansen, Van de Vijver, Lange-Bertalot & Kopalová, 2014; Hustedt, 1930, p. 355. fig. 13(d-e).

细胞小，壳面线形，末端明显膨大呈钝圆形；长 9~12 μm，宽 2~2.5 μm。中轴区窄，线形；中央区膨大呈矩形。壳缝直。线纹在光学显微镜下不明显。

标本号：S1、S57、S86。

分布：堵河、泗河、干渠刁河段。

2. 伪装喜湿藻（图版 96: 8-15, 19-20）

Humidophila deceptionensis Kopalová, Zidarova & Van de Vijver in Kopalová et al., 2015, p. 125, figs. 71-91.

细胞小，壳面线形，末端明显膨大呈钝圆形；长 8~11.5 μm，宽 2~2.5 μm。中轴区窄，线形；中央区膨大呈卵圆形。壳缝直。线纹在光学显微镜下不明显。

标本号：S1、S2、S13、S14、S56、S64。

分布：堵河、泗河、滔河。

肋缝藻属 *Frustulia* Rabenhorst, 1853

细胞单生或在黏质的管中营群体生活。壳面菱形至线形-披针形，末端钝圆形。沿壳缝两侧各有 1 个隆起的平行硅质肋条，壳缝位于两肋之间。线纹由单列孔纹组成。

1. 似茧形肋缝藻（图版 97: 1-5）

Frustulia amphipleuroides (Grunow) Cleve-Euler, 1934; Cleve & Grunow, 1880, p.47, pl. 3, fig. 59.

壳面披针形，末端钝圆形；长 81.5～89 μm，宽 18～18.5 μm。纵肋纹略波曲，中轴区和中央区窄。线纹近平行状排列，25～27 条/10 μm。

标本号：S86、S87、S88。

分布：干渠刁河段。

2. 克莱默肋缝藻（图版 98: 7）

Frustulia krammeri Lange-Bertalot & Metzeltin in Metzeltin & Lange-Bertalot, 1998, p. 96, pl. 37, figs. 1-3, pl. 120, fig. 4.

壳面长披针形，末端喙状；长 43.5～45 μm，宽 11～11.5 μm。中轴区和中央区窄。线纹近平行状排列，31～33 条/10 μm。

标本号：S15、S88。

分布：坝下、干渠刁河段。

3. 普通肋缝藻（图版 98: 1-6, 8）

Frustulia vulgaris (Thwaites) De Toni, 1891；李家英和齐雨藻，2010, p. 29, pl. IV, fig. 4.

壳面披针形，末端呈宽且钝的圆形；长 44～47 μm，宽 8～9.5 μm。中轴区狭窄；中央区呈圆形。线纹在壳面中部微辐射状排列，近末端呈聚集状排列，27～32 条/10 μm。

标本号：S2、S9、S13、S21、S64、S86。

分布：堵河、神定河、泗河、磨沟河、滔河、干渠刁河段。

双肋藻属 *Amphipleura* Kützing, 1844

细胞单生或形成胶质的管状群体。壳面纺锤形至线形-披针形，末端钝圆形。中央胸骨结构较简单且窄，在末端分裂形成一个类似"针孔"状的结构。壳缝短，位于壳面近末端处。线纹由非常小的孔纹组成，在光学显微镜下很难观察清楚。

1. 明晰双肋藻（图版 99: 1-6, 15-16）

Amphipleura pellucida (Kützing) Kützing, 1844；李家英和齐雨藻，2010, p. 22, pl. III, fig. 4.

壳面纺锤形，末端尖钝圆形；长 68.5～82 μm，宽 6.5～8 μm。中节纵向延长，中肋分叉短。壳缝短，位于硅质分叉肋之间。线纹在光学显微镜下不明显。

标本号：S14、S15、S19、S32、S64、S84、S85、S86、S88。

分布：泗河、坝下、丹库、鹳河、滔河、干渠白河段、干渠刁河段。

辐节藻属 *Stauroneis* Ehrenberg, 1843

细胞单生，少数连接成带状群体。壳面椭圆形、披针形或舟形，末端头状、喙状或钝圆形。线纹单排。壳缝直。中轴区窄，中央区增厚，向两侧延伸至壳缘或近壳缘。

1. 田地辐节藻膨大变种（图版 99: 7-11）

Stauroneis agrestis var. *inflata* Kobayasi & Ando, 1978, p. 13, pl. I, figs. 1-3.

壳面椭圆披针形，末端头状；长 21～27.5 μm，宽 5.5～6 μm。中轴区窄线形；中央区横矩形，延伸到壳面边缘。壳缝直。线纹微辐射状排列，27～30 条/10 μm。

标本号：S2、S22。

分布：堵河、磨沟河。

2. 施密斯辐节藻（图版 99: 12-13）

Stauroneis smithii Grunow, 1860; 李家英和齐雨藻, 2010, p. 125, pl. XXI, fig. 7.

壳面椭圆披针形，两侧边缘呈三波曲，中部波凸最宽，末端窄头状；长 24～25.5 μm，宽 5.5～6 μm。中轴区窄线形；中央区窄横矩形，延伸到壳面边缘。假隔膜明显。线纹微辐射状排列，26～28 条/10 μm。

标本号：S25、S64。

分布：磨沟河、滔河。

3. 特丽辐节藻（图版 100: 1）

Stauroneis terryi Ward ex Palmer in Palmer, 1910, p. 457, pl. XXXIV.

壳面椭圆披针形，末端喙头状；长 189.2 μm，宽 42.9 μm。中轴区窄线形；中央区横矩形，延伸到壳面边缘。线纹微辐射状排列，17 条/10 μm。

标本号：S31。

分布：鹳河。

4. 色姆辐节藻（图版 99: 14）

Stauroneis thermicola (Petersen) Lund, 1946, p. 61, fig. 3(K-AA).

壳面椭圆披针形，末端宽圆形；长 13.5 μm，宽 3 μm。中轴区窄线形；中央区蝴蝶结形，延伸到壳面边缘。线纹辐射状排列，14 条/10 μm。

标本号：S2。

分布：堵河。

羽纹藻属 *Pinnularia* Ehrenberg, 1843

细胞单生。壳面线形、椭圆形至披针形，末端圆形、头状或喙状。中轴区窄线形或宽披针形，中央区向一侧或两侧膨大。壳缝直或复杂。线纹长室状，由多列孔纹组成。

1. 圆顶羽纹藻（图版 101: 1-2）

Pinnularia acrosphaeria Smith, 1853；李家英和齐雨藻，2014, p. 65, pl. XII, figs. 5-7.

壳面线形，在中部膨大，末端圆形；长 55～64 μm，宽 9～11 μm。中轴区宽，相当于壳面宽度的 1/3。横肋纹平行至中部微辐射状排列，12～14 条/10 μm。

标本号：S27、S63、S64。

分布：鹳河、滔河。

2. 角形羽纹藻（图版 101: 3）

Pinnularia angulosa Krammer, 2000, p. 27, pl. 6, figs. 11-12.

壳面线形，末端宽圆形；长 35.5 μm，宽 7.5 μm。中轴区宽。线纹粗，微辐射状排列，5 条/10 μm。

标本号：S13。

分布：泗河。

3. 双戟羽纹藻（图版 101: 7）

Pinnularia bihastata (Mann) Mills, 1934；李家英和齐雨藻，2014, p. 71, pl. XIV, fig. 1.

壳面线形，末端圆头状；长 112.5 μm，宽 15 μm。中轴区线形；中央区菱形，不延伸到壳面边缘。线纹在中部辐射状排列，向末端汇聚，8 条/10 μm。

标本号：S13。

分布：泗河。

4. 可变羽纹藻（图版 101: 4-5）

Pinnularia erratica Krammer, 2000, p. 96, pl. 73, figs. 2-8.

壳面线形，末端宽圆形；长 26～28.5 μm，宽 6.1～7.4 μm。中轴区宽。线纹粗，微辐射状排列，23～24 条/10 μm。

标本号：S54。

分布：汉库。

5. 河蚌羽纹藻（图版 101: 6）

Pinnularia fluminea Patrick & Freese, 1961, p. 237, pl. 3, fig. 6.

壳面线形，末端宽圆形；长 39.5 μm，宽 12 μm。中轴区宽。线纹粗，微辐射状排列，13 条/10 μm。

标本号：S77。

分布：丹库。

6. 侧身羽纹藻（图版 102: 4）

Pinnularia latarea Krammer, 2000, p. 110, pl. 80, figs. 1-6, pl. 84, figs. 13-15.

壳面椭圆披针形，末端喙头状；长 42 μm，宽 9.5 μm。中轴区窄；中央区扩大形成菱形状横带直达壳缘。线纹在中部辐射状排列，在末端聚集状排列，11 条/10 μm。

标本号：S72。

分布：丹库。

7. 新巨大羽纹藻（图版 100: 2）

Pinnularia neomajor Krammer, 1992, p. 150, 174, pl. 6, figs. 1-4, pl. 62, figs. 1-5, pl. 63, fig. 1.

壳面线形，两侧边缘微三波曲状，末端圆形；长 141 μm，宽 23 μm。中轴区线形；中央区不明显。线纹在中部呈近平行状排列，向末端汇聚，8 条/10 μm。

标本号：S13。

分布：泗河。

8. 瑞卡德羽纹藻（图版 102: 1-3）

Pinnularia reichardtii Krammer, 2000；李家英和齐雨藻, 2014, p. 95, pl. XXXIII, fig. 4.

壳面线形，末端宽楔状圆形；长 48.5～67 μm，宽 13～15 μm。中轴区线形，约占壳面宽度的 1/4～1/3；中央区小，不对称圆形。线纹在中部辐射状排列，在末端聚集状排列，8～10 条/10 μm。

标本号：S9、S64。

分布：神定河、淊河。

9. 腐生羽纹藻（图版 102: 5-6）

Pinnularia saprophila Lange-Bertalot, Kobayasi & Krammer in Krammer, 2000, p. 109, pl. 85, figs. 10-18.

壳面披针形，末端喙头状；长 27～37 μm，宽 4.5～5.5 μm。中轴区窄；中央区扩大形成菱形状横带直达壳缘。线纹在中部辐射状排列，在末端聚集状排列，11～19 条/10 μm。

标本号：S16、S72。

分布：坝下、丹库。

10. 近弯羽纹藻波曲变种（图版 102: 7）

Pinnularia subgibba var. *undulata* Krammer, 1992, p. 127, pl. 46, fig. 5, pl. 47, fig. 5.

壳面线形，末端喙状；长 61 μm，宽 10 μm。中轴区线形-披针形；中央区大，近菱形，延伸到壳面边缘。线纹在中部辐射状排列，向末端汇聚，11 条/10 μm。

标本号：S25。

分布：磨沟河。

美壁藻属 *Caloneis* Cleve, 1894

细胞单生。壳面线形、线形-披针形、狭披针形至椭圆形,中部常膨大。壳面沿纵轴和横轴都对称;具中轴板,覆盖部分线纹。部分种类中央区具半月形或不规则的凹陷。线纹由长室孔组成,长室孔常被1～2条纵线切断,每个长室孔中具有多列点纹。

1. 尖美壁藻(图版 103: 1-5)

Caloneis acuta Levkov & Metzeltin in Levkov et al., 2007, p. 33, pl. 184, figs. 1-13.

壳面线形,两侧边缘略波曲,末端宽圆形至喙状;长 32.5～44 μm,宽 7.5～10 μm。中轴区线形;中央区矩形或椭圆形。线纹在中部平行状排列,在末端辐射状排列,20～24 条/10 μm。

标本号:S26、S28、S60、S62、S71。

分布:金竹河、鹳河、汉库、滔河、丹库。

2. 杆状美壁藻(图版 103: 6-8, 11)

Caloneis bacillum (Grunow) Cleve, 1894; 李家英和齐雨藻, 2010, p. 53, pl. XII, fig. 6.

壳面线形,末端圆形或喙状;长 18～24.5 μm,宽 4.5～6 μm。中轴区窄,向壳面中央逐渐加宽;中央区横带形直达壳面边缘。线纹辐射状排列,20～22 条/10 μm。

标本号:S2、S3、S14、S24、S56。

分布:堵河、泗河、磨沟河。

3. 克里夫美壁藻(图版 103: 9-10)

Caloneis clevei (Lagerstedt) Cleve, 1894; Lagerstedt, 1873, p. 34, pl. 1, fig. 10.

壳面线形,末端宽圆形至喙状;长 44～47.5 μm,宽 8～9 μm。中轴区线形;中央区横向矩形。线纹在中部平行状排列,在末端辐射状排列,20～22 条/10 μm。

标本号:S28、S53。

分布:鹳河、汉库。

4. 福尔曼美壁藻(图版 104: 1-5)

Caloneis coloniformans Kulikovskiy, Lange-Bertalot & Metzeltin in Kulikovskiy et al., 2012, p. 61, pl. 84, figs. 1-20.

壳面线形,末端宽圆形;长 23.5～28 μm,宽 5.5～6.5 μm。中轴区线形;中央区矩形。线纹在中部平行状排列,在末端聚集状排列,21～23 条/10 μm。

标本号:S6、S13、S29、S60、S61、S64。

分布:汉江、泗河、鹳河、滔河。

5. 短角美壁藻（图版 104: 6-9）

Caloneis silicula (Ehrenberg) Cleve, 1894; 李家英和齐雨藻, 2010, p. 61, pl. IX, fig. 4.

壳面线形至线形-披针形，在中部和靠近末端略凸出，末端宽圆形；长 63.5～101 μm，宽 14.5～17 μm。中轴区呈披针形；中央区近圆形。壳缝直。线纹在中部平行状排列，向两端辐射状排列，17～20 条/10 μm。

标本号：S25、S26、S33、S38、S64。

分布：磨沟河、金竹河、鹳河、汉库、滔河。

6. 辐节形美壁藻（图版 105: 1-4, 12）

Caloneis stauroneiformis (Amossé) Metzeltin & Lange-Bertalot, 2002; Amossé, 1921, p. 254, figs. 6-7.

壳面椭圆形，中部略凸出，末端宽圆形；长 28.5～43.5 μm，宽 9～9.5 μm。中轴区披针形；中央区横矩形。线纹在中部平行状排列，在末端聚集状排列，17～20 条/10 μm。

标本号：S3、S26、S68。

分布：堵河、金竹河、丹江。

7. 酸凝乳美壁藻（图版 105: 5-11）

Caloneis tarag Kulikovskiy, Lange-Bertalot & Metzeltin, 2012, p. 67, pl. 85, figs. 8-12, 34.

壳面椭圆形，末端宽圆形；长 11～21.5 μm，宽 3.5～5 μm。中轴区披针形；中央区横矩形。线纹在中部平行状排列，在末端聚集状排列，21～23 条/10 μm。

标本号：S9、S12、S14、S15、S21、S24、S54、S64。

分布：神定河、泗河、坝下、磨沟河、汉库、滔河。

布纹藻属 *Gyrosigma* Hassall, 1845

壳面沿纵轴和横轴都不对称。壳面弯曲呈"S"形，末端渐尖或钝圆形。中轴区窄；中央区圆形至椭圆形。壳缝"S"形，外壳面近缝端末端弯向两相反方向。线纹由单列点纹组成。

1. 尖布纹藻（图版 106: 1-6）

Gyrosigma acuminatum (Kützing) Rabenhorst, 1853; 李家英和齐雨藻, 2010, p. 34, pl. V, fig. 1.

壳面狭"S"形，壳面从中部向两端逐渐变狭，末端钝圆形；长 85.5～106.5 μm，宽 11.5～13.5 μm。壳缝在中线上，弯曲度同壳面，中央节椭圆形。壳面线纹由点纹组成，20～24 条/10 μm。

标本号：S14、S15、S24、S29、S30、S31、S33、S68、S72。

分布：泗河、坝下、磨沟河、鹳河、丹江、丹库。

2. 渐狭布纹藻（图版 107: 1-5）

Gyrosigma attenuatum (Kützing) Rabenhorst, 1853; Kützing, 1833, p. 555, pl. 14, fig. 35.

壳面狭"S"形，末端喙状；长 118～196 μm，宽 14～23 μm。中央节圆形。线纹微辐射状排列，16～18 条/10 μm。

标本号：S1、S15、S38、S85、S86、S87、S88。

分布：堵河、坝下、汉库、干渠白河段、干渠刁河段。

3. 锉刀状布纹藻（图版 108: 1-7）

Gyrosigma scalproides (Rabenhorst) Cleve, 1894; 李家英和齐雨藻, 2010, p. 41, pl. VI, fig. 8, pl. XXX, figs. 7-8.

壳面线形至舟形，末端狭圆形；长 49.5～64 μm，宽 8.5～11 μm。中轴区和壳缝在中线上，靠近末端略微偏心。中央节小，椭圆形。线纹微辐射状排列，22～24 条/10 μm。

标本号：S1、S3、S9、S11、S14、S15、S28、S31、S60、S67、S88。

分布：堵河、神定河、泗河、坝下、鹳河、汉库、丹江、刁河。

桥弯藻科 Cymbellaceae

桥弯藻属 *Cymbella* Agardh, 1830

细胞附生，产生胶质柄或被包裹在黏质中。壳面具有明显的背腹之分。壳缝位于壳面中心或偏离中心，远缝端弯向背缘；末端具顶孔区。部分种类中央区具孤点，孤点均位于中央区腹侧。线纹多由单列孔纹组成。

1. 近缘桥弯藻（图版 109: 1-6, 9-10）

Cymbella affinis Kützing, 1844; 施之新, 2013, p. 126, pl. 35, fig. 5.

壳面明显地具背腹之分，末端圆形；长 16.5～31.5 μm，宽 5～9 μm。中轴区线形-披针形；中央区具 2～3 个孤点。线纹近平行状排列，14～18 条/10 μm。

标本号：S1、S3、S6、S8、S12、S13、S15、S24、S28、S32、S52、S53、S54、S55、S56、S57。

分布：堵河、汉江、神定河、泗河、坝下、磨沟河、鹳河、汉库。

2. 北极桥弯藻（图版 109: 8）

Cymbella arctica (Lagerstedt) Schmidt, 1875; 施之新, 2013, p. 136, pl. 39, figs. 1-2.

壳面明显地具背腹之分，弦月形，末端截圆形；长 53 μm，宽 12 μm。中轴区窄，弯状线形；中央区呈圆形，具 2 个孤点。壳缝几乎中位，壳缝末端裂缝弯向背侧。线纹辐射状排列，11 条/10 μm。

标本号：S88。

分布：干渠刁河段。

3. 粗糙桥弯藻（图版 110: 1-3）

Cymbella aspera (Ehrenberg) Cleve, 1894; 施之新, 2013, p. 125, pl. 35, fig. 7.

壳面明显地具背腹之分，末端宽圆形；长 175～182.5 μm，宽 34.5～37.5 μm。中轴区线形；中央区呈椭圆形。线纹辐射状排列，7～9 条/10 μm。

标本号：S29、S87、S89。

分布：鹳河、干渠刁河段、天津。

4. 粗糙桥弯藻小型变种（图版 109: 7）

Cymbella aspera var. *minor* (Van Heurck) Cleve, 1894; Van Heurck, 1880, pl.2, fig. 9.

壳面明显地具背腹之分，末端宽圆形；长 64 μm，宽 12 μm。中轴区线形；中央区呈椭圆形。线纹辐射状排列，11 条/10 μm。

标本号：S64。

分布：滔河。

5. 澳洲桥弯藻（图版 111: 1-4, 11）

Cymbella australica (Schmidt) Cleve, 1894; 施之新, 2013, p. 118, pl. 33, fig. 4.

壳面明显地具背腹之分，末端截圆形；长 65～71.5 μm，宽 17～18.5 μm。中轴区窄，线状弯曲形；中央区呈圆形。线纹辐射状排列，7～9 条/10 μm。

标本号：S29。

分布：鹳河。

6. 紧密桥弯藻（图版 111: 5-10）

Cymbella compacta Østrup, 1910, p. 54, pl. 2, fig. 39.

壳面明显地具背腹之分，末端宽圆形；长 32～40 μm，宽 10.5～12.5 μm。中轴区窄，线状弯曲形；中央区呈圆形。线纹辐射状排列，10～13 条/10 μm。

标本号：S60、S65。

分布：汉库、丹江。

7. 凸腹桥弯藻（图版 112: 4）

Cymbella convexa (Hustedt) Krammer, 2002, p. 100, pl. 101, figs. 5-8.

壳面具背腹之分，腹侧中部略凸起，末端宽圆形；长 36 μm，宽 12.5 μm。轴区窄线形；中央区不明显。线纹辐射状排列，10 条/10 μm。

标本号：S15。

分布：坝下。

8. 末端二列桥弯藻（图版 112: 1-3, 10）

Cymbella distalebiseriata Liu & Williams in Liu et al., 2018b, p. 344, figs. 39-46.

壳面略具背腹之分，末端圆形；长 43～58 μm，宽 10～11.5 μm。中轴区窄线形；中央区不明显。线纹近平行状排列，7～9 条/10 μm。

标本号：S2、S23、S29、S33。

分布：堵河、磨沟河、鹳河。

9. 切断桥弯藻（图版 112: 5-9）

Cymbella excisa Kützing, 1844；施之新，2013, p. 114, pl. 31, figs. 5-7.

壳面具背腹之分，腹侧中部略凹入，末端亚头状；长 27～29.5 μm，宽 7.5～8.5 μm。轴区窄线形；中央区不明显。线纹辐射状排列，9～12 条/10 μm。

标本号：S3、S4、S6、S25、S49。

分布：堵河、汉江、磨沟河、汉库。

10. 平滑桥弯藻（图版 114: 1-5）

Cymbella laevis Nägeli, 1863；施之新，2013, p. 106, pl. 29, figs. 5-7.

壳面明显地具背腹之分，末端宽圆形；长 47～53.5 μm，宽 10～11 μm。中轴区线形；中央区呈椭圆形。线纹辐射状排列，6～8 条/10 μm。

标本号：S23、S25、S29、S89。

分布：磨沟河、鹳河、天津。

11. 披针形桥弯藻（图版 113: 1-2）

Cymbella lanceolata Agardh, 1830；施之新，2013, p. 124, pl. 36, fig. 1.

壳面明显地具背腹之分，末端宽圆形；长 170～179 μm，宽 32～37 μm。中轴区线形；中央区呈椭圆形。线纹辐射状排列，7～8 条/10 μm。

标本号：S85。

分布：干渠白河段。

12. 长贝尔塔桥弯藻（图版 114: 6-7）

Cymbella lange-bertalotii Krammer, 2002, p. 152, 174, pl. 179, figs. 1-6, pl. 180, figs. 1-8, pl. 181, figs. 1-6, 8, pl. 182, figs. 1-9.

壳面明显地具背腹之分，披针形，末端宽圆形；长 47～62.5 μm，宽 10～13 μm。中轴区线形；中央区呈椭圆形。线纹辐射状排列，8～9 条/10 μm。

标本号：S60。

分布：汉库。

13. 新箱形桥弯藻（图版 115: 1-4）

Cymbella neocistula Krammer, 2002; 施之新, 2013, p. 130, pl. 37, figs. 1-4, 8.

壳面具背腹之分，末端圆形；长 70～80.5 μm，宽 16.5～18 μm。轴区线形-披针形；中央区不明显。线纹辐射状排列，8～10 条/10 μm。

标本号：S58、S61、S83、S87。

分布：汉库、丹江、丹库、干渠刁河段。

14. 新细角桥弯藻（图版 116: 1-8, 14-15）

Cymbella neoleptoceros Krammer, 2002, p. 134, pl. 156, figs. 1-8.

壳面背腹之分不明显，末端尖圆形；长 20～32 μm，宽 6～8 μm。轴区线形；中央区不明显。线纹近平行状排列，9～11 条/10 μm。

标本号：S2、S3、S6、S13、S15、S18、S22、S28、S32、S33、S54、S58、S59、S61、S70、S89。

分布：堵河、汉江、泗河、坝下、丹库、磨沟河、鹳河、汉库、丹江、淇河、天津。

15. 极变异桥弯藻（图版 114: 8-10）

Cymbella pervarians Krammer, 2002, p. 58, 164, pl. 39, figs. 8-18, pl. 41, figs. 1-12, pl. 42, figs. 1-12.

壳面明显地具背腹之分，披针形，末端宽圆形；长 54～64 μm，宽 10～11 μm。中轴区线形；中央区呈椭圆形。线纹辐射状排列，7～10 条/10 μm。

标本号：S28、S62、S64、S71。

分布：鹳河、滔河、淇河。

16. 近轴桥弯藻（图版 115: 5-8）

Cymbella proxima Reimer in Patrick & Reimer, 1975, p. 61, pl. 11, fig. 1.

壳面具背腹之分，椭圆披针形，末端圆形；长 35～44 μm，宽 13.5～16.5 μm。轴区窄，线形；中央区椭圆形，具 2～3 个孤点。线纹辐射状排列，8～10 条/10 μm。

标本号：S28、S29。

分布：鹳河。

17. 辐射桥弯藻（图版 116: 9-13）

Cymbella radiosa Héribaud, 1903, p. 15, pl. IX, fig. 13.

壳面具背腹之分，末端尖圆形；长 50～68.5 μm，宽 12.5～15 μm。轴区线形；中央区不明显。线纹近平行状排列，9～10 条/10 μm。

标本号：S86、S87、S88。

分布：干渠刁河段。

18. 孤点桥弯藻（图版 117: 1-6, 11）

Cymbella stigmaphora Østrup, 1910, p. 59, pl. 2, fig. 45.

壳面具背腹之分，末端圆形；长 24～47 μm，宽 7～12.5 μm。轴区线形-披针形；中央区不明显。线纹辐射状排列，10～11 条/10 μm。

标本号：S3、S4、S22、S23、S29、S38、S54、S61、S62、S86。

分布：堵河、汉江、磨沟河、鹳河、汉库、丹江、滔河、干渠刁河段。

19. 近箱形桥弯藻（图版 117: 7-10, 12）

Cymbella subcistula Krammer, 2002; 施之新, 2013, p. 129, pl. 37, figs. 5-7.

壳面具背腹之分，末端圆形；长 48.5～61 μm，宽 15～17.5 μm。轴区窄线形；中央区椭圆形，具 2～3 个孤点。线纹辐射状排列，9～10 条/10 μm。

标本号：S23、S26、S61、S84、S85、S86。

分布：磨沟河、金竹河、丹江、干渠白河段、干渠刁河段。

20. 近淡黄桥弯藻（图版 118: 1）

Cymbella subhelvetica Krammer, 2002; 施之新, 2013, p. 118, pl. 35, fig. 1.

壳面具背腹之分，狭披针形，末端狭圆形；长 82 μm，宽 18.5 μm。轴区窄线形；中央区不明显。线纹辐射状排列，10 条/10 μm。

标本号：S23。

分布：磨沟河。

21. 近胀大桥弯藻（图版 118: 2-3）

Cymbella subturgidula Krammer, 2002, p, 69, pl. 44, figs. 19-21.

壳面具背腹之分，末端圆形；长 41～44 μm，宽 12.5～13.5 μm。轴区窄线形；中央区椭圆形，具 2～3 个孤点。线纹辐射状排列，10～11 条/10 μm。

标本号：S38、S69。

分布：汉库、淇河。

22. 热带桥弯藻（图版 118: 7-11, 13-14）

Cymbella tropica Krammer, 2002; 施之新, 2013, p. 113, pl. 32, fig. 1.

壳面具背腹之分，末端亚喙状；长 32～35 μm，宽 8.5～10 μm。轴区窄线形；中央区不明显，具 1 个孤点。线纹辐射状排列，9～12 条/10 μm。

分布：广泛分布。

23. 膨胀桥弯藻（图版 119: 1-7）

Cymbella tumida (Brébisson) Van Heurck, 1880; 施之新, 2013, p. 117, pl. 33, figs. 1-2.

壳面具背腹之分，末端头状；长 44～81.5 μm，宽 15～18 μm。轴区窄，弓形弯折；

中央区菱形，具 1 个孤点。线纹辐射状排列，10～11 条/10 μm。

标本号：S2、S3、S5、S6、S27、S28、S29、S31、S32、S33、S53、S56、S57、S58、S61、S69、S84、S88。

分布：堵河、汉江、鹳河、汉库、泗河、丹江、淇河、干渠白河段、干渠刁河段。

24. 膨大桥弯藻（图版 120: 1-7）

Cymbella turgidula Grunow, 1875; 施之新, 2013, p. 127, pl. 34, fig. 4.

壳面具背腹之分，椭圆披针形，末端近头状；长 26.5～41 μm，宽 10～12.5 μm。轴区窄线形；中央区小，具 1～3 个孤点。线纹辐射状排列，10～11 条/10 μm。

标本号：S2、S3、S4、S5、S6、S13、S16、S26、S29、S55、S59、S60、S70、S73。

分布：堵河、汉江、泗河、坝下、金竹河、鹳河、汉库、淇河、丹库。

25. 普通桥弯藻（图版 118: 4-6, 12）

Cymbella vulgata Krammer, 2002; 施之新, 2013, p. 122, pl. 33, fig. 7.

壳面明显地具背腹之分，半披针形，末端圆至狭圆形；长 29.5～37 μm，宽 7.5～8 μm。中轴区窄线形；中央区不明显，具 0～4 个孤点（常为 1 个）。壳缝偏腹侧，壳缝末端裂缝弯向背侧。线纹辐射状排列，9～10 条/10 μm。

标本号：S15、S28、S32、S33、S70、S86、S87。

分布：坝下、鹳河、淇河、干渠刁河段。

瑞氏藻属 *Reimeria* Kociolek & Stoermer, 1987

壳面线形至线形-披针形，沿横轴对称，沿纵轴不对称。背腹分明，背缘略呈弓形，腹缘直或略凹，腹缘中央区一侧明显膨大。中轴区窄，中央区向腹缘不对称膨大。孤点位于两近缝端之间略偏向腹缘。腹缘末端具顶孔区。远缝端弯向腹缘。线纹由双列点纹组成。

1. 波状瑞氏藻（图版 121: 1）

Reimeria sinuata (Gregory) Kociolek & Stoermer, 1987; 施之新, 2013, p. 102, pl. 29, figs. 1-2.

壳面略具背腹之分，线形-披针形，末端圆形；长 15.5 μm，宽 4 μm。轴区线形；中央区向腹侧扩大，具 1 个孤点。线纹辐射状排列，12 条/10 μm。

标本号：S57。

分布：泗河。

弯肋藻属 *Cymbopleura* (Krammer) Krammer, 1999

多单生。壳面沿纵轴略不对称，沿横轴对称，末端形态多样。壳面宽椭圆形、椭圆披针形、披针形或线形。壳缝多位于壳面近中部，远缝端弯向背缘，近缝端末端弯向腹缘。中央区无孤点。不具顶孔区。线纹多由单列点纹组成。

1. 双头弯肋藻（**图版 121: 2-7**）

Cymbopleura amphicephala (Nägeli ex Kützing) Krammer, 2003, p. 70, pl. 91, figs. 1-18, pl. 93, figs. 2-8.

壳面具背腹之分，线形椭圆形，末端头状；长 26~33 μm，宽 8~10 μm。轴区线形-披针形；中央区近菱形。线纹辐射状排列，10~12 条/10 μm。

标本号：S23、S25、S28、S62、S64、S68。

分布：磨沟河、鹳河、滔河、丹江。

2. 不等弯肋藻（**图版 122: 1-2**）

Cymbopleura inaequalis (Ehrenberg) Krammer, 2003, p. 25, pl. 29, figs. 1-9.

壳面具背腹之分，线形椭圆形，末端近头状；长 69.5~81.5 μm，宽 22.5~25 μm。轴区线形-披针形；中央区不明显。线纹辐射状排列，6~7 条/10 μm。

标本号：S64。

分布：滔河。

3. 库布西弯肋藻（**图版 121: 8-17**）

Cymbopleura kuelbsii Krammer, 2003, p. 94, 162, pl. 113, figs. 1-7b, pl. 127, figs. 11-12, 19.

壳面具背腹之分，线形，末端宽圆形；长 19.5~32 μm，宽 5.5~7 μm。轴区线形-披针形；中央区近菱形。线纹辐射状排列，9~11 条/10 μm。

标本号：S3、S22、S23、S24、S28、S31、S32、S54、S60、S67、S88。

分布：堵河、磨沟河、鹳河、汉库、丹江、干渠刁河段。

4. 拉塔弯肋藻（**图版 123: 1-6**）

Cymbopleura lata (Grunow ex Cleve) Krammer, 2003, p. 20, pl. 20, figs. 1-7, pl. 21, figs. 1-6, pl. 22, figs. 1-8.

壳面具背腹之分，椭圆披针形，末端喙状；长 40.5~52.5 μm，宽 15.5~18 μm。轴区线形-披针形；中央区不明显。线纹辐射状排列，8~10 条/10 μm。

标本号：S25、S62、S64。

分布：磨沟河、滔河。

5. 梅茨弯肋藻茱莉马变种（**图版 122: 4**）

Cymbopleura metzeltinii var. *julma* Krammer, 2003, p. 95, pl. 115, figs. 11-13.

壳面背腹之分不明显，线形-披针形，末端喙状；长 41 μm，宽 6.5 μm。轴区线形-披针形；中央区不明显。线纹近平行状排列，19 条/10 μm。

标本号：S32。

分布：鹳河。

6. 高大弯肋藻（图版 122: 3）

Cymbopleura procera Krammer, 2003, p. 43, pl. 61, figs. 4-5.

壳面具背腹之分，线形椭圆形，末端尖喙头状；长 55 μm，宽 16.5 μm。轴区窄线形；中央区椭圆形。线纹辐射状排列，10 条/10 μm。

标本号：S25。

分布：磨沟河。

7. 近尖头弯肋藻（图版 122: 5-8）

Cymbopleura subcuspidata (Krammer) Krammer, 2003, p. 15, pl. 14, figs. 1-6, pl. 15, figs. 1-9, pl. 16, figs. 1-6, pl.17, figs. 1-5, pl. 18, figs. 1-7.

壳面具背腹之分，椭圆披针形，末端喙状；长 72.5～90 μm，宽 21.5～26 μm。轴区线形-披针形；中央区不明显。线纹辐射状排列，6～7 条/10 μm。

标本号：S1、S25、S62、S64。

分布：堵河、磨沟河、滔河。

内丝藻属 *Encyonema* Kützing, 1833

细胞单生，形成黏质壳或黏质的管状群体。壳面沿纵轴不对称，沿横轴对称，明显具背腹性，背缘强烈弯曲，腹缘近平直，壳面近弓形。壳缝直，靠近壳面腹缘，远缝端弯向壳面腹缘。中央区无孤点或在中央区背缘一侧具孤点。末端无顶孔区。线纹由单列点纹组成。

1. 阿巴拉契内丝藻（图版 124: 1-8, 20）

Encyonema appalachianum Potapova, 2014, p. 116, figs. 1-12.

壳面线形，末端圆形；长 24.5～41 μm，宽 6～7.5 μm。轴区窄线形；中央区不明显。线纹近平行状排列，8～10 条/10 μm。

标本号：S1、S2、S3、S23、S28、S54、S64、S85、S86、S89。

分布：堵河、磨沟河、鹳河、汉库、滔河、干渠白河段、干渠刁河段、天津。

2. 短头内丝藻（图版 124: 9-19, 21-22）

Encyonema brevicapitatum Krammer, 1997; 王全喜和邓贵平, 2017, p. 147, fig. 87.

壳面具明显的背腹之分，背侧呈弓形弯曲，腹缘略凸出，末端小头状；长 12.5～16 μm，宽 4～5 μm。轴区窄线形；中央区不明显。壳缝几乎中位，线形。线纹放射状排列，11～15 条/10 μm。

标本号：S1、S16、S20、S24、S85、S86、S87、S88、S89。

分布：堵河、坝下、磨沟河、干渠白河段、干渠刁河段、天津。

3. 簇生内丝藻（图版 125: 1-6, 13）

Encyonema cespitosum Kützing, 1849; 施之新, 2013, p. 68, pl. 18, figs. 1-2, 4-6, pl. 40, figs. 13-14.

壳面强烈地具背腹之分，披针状椭圆形；背侧呈弓形弯曲，腹缘轻度地呈弓形弯曲，末端宽圆形；长 28～38 μm，宽 10～11 μm。轴区线形，略偏腹位；中央区较小。壳缝略偏腹位，近缝端端部膨大并弯向背侧，远缝端呈"逗号"状弯向腹侧。线纹在中部呈辐射状排列，随后转为平行排列，两端呈汇聚状，9～10 条/10 μm。

标本号：S2、S32、S80、S84、S85、S86、S87、S88。

分布：堵河、鹳河、丹库、干渠白河段、干渠刁河段。

4. 胡斯特内丝藻（图版 125: 7-12, 14）

Encyonema hustedtii Krammer, 1997a, p. 166, pl. 38, figs. 6-8, pl. 42, figs. 6-11.

壳面具背腹之分，半椭圆形，末端尖圆形；长 39～54 μm，宽 10～11.5 μm。轴区窄线形；中央区不明显。线纹中部近平行状排列，末端辐射状排列，7～9 条/10 μm。

标本号：S8、S29、S33、S56、S58、S61。

分布：神定河、鹳河、泗河、汉库、丹江。

5. 长贝尔塔内丝藻（图版 126: 1, 15）

Encyonema lange-bertalotii Krammer, 1997a, p. 96, pl. 5, figs. 1-6.

壳面具背腹之分，半椭圆形，末端尖圆形；长 32 μm，宽 9 μm。轴区窄线形；中央区不明显。线纹近平行状排列，10 条/10 μm。

标本号：S1、S15。

分布：堵河、坝下。

6. 隐内丝藻（图版 126: 2-9, 14）

Encyonema latens (Krasske) Mann, 1990; Krasske, 1937, p. 43, fig. 53.

壳面具背腹之分，半椭圆形，末端头状；长 14.5～20 μm，宽 5.5～7 μm。轴区窄线形；中央区不明显。线纹近平行状排列，12～15 条/10 μm。

标本号：S1、S2、S3、S15、S22、S32、S34、S38、S54、S60。

分布：堵河、坝下、磨沟河、鹳河、丹库、汉库。

7. 莱布内丝藻（图版 126: 10-13, 16）

Encyonema leibleinii (Agardh) Silva, Jahn, Ludwig & Menezes, 2013; Agardh, 1830, p. 31, figs. 10-17.

壳面具背腹之分，半椭圆形，末端宽圆形；长 46.5～61 μm，宽 17～20 μm。轴区线形；中央区不明显。线纹辐射状排列，6～7 条/10 μm。

标本号：S16、S68、S85、S86、S87、S88。

分布：坝下、丹江、干渠白河段、干渠刁河段。

8. 马来西亚内丝藻（图版 127: 1-6, 9-10）

Encyonema malaysianum Krammer, 1997b, p. 28, pl. 109, figs. 17-24.

壳面具背腹之分，线形椭圆形，末端圆形；长 15~19 μm，宽 4~4.5 μm。轴区线形；中央区不明显。线纹中部近平行状排列，末端辐射状排列，9~13 条/10 μm。

标本号：S20、S21、S22、S23、S24、S25、S54。

分布：丹库、磨沟河、汉库。

9. 微小内丝藻（图版 127: 7, 11）

Encyonema minutum (Hilse) Mann, 1990; 施之新, 2013, p. 61, pl. 16, figs. 1-2.

壳面具背腹之分，半椭圆形，末端圆形；长 24.5 μm，宽 6.5 μm。轴区窄线形；中央区不明显。线纹中部近平行状排列，末端辐射状排列，13 条/10 μm。

标本号：S6、S15、S33。

分布：汉江、坝下、鹳河。

10. 新梅斯内丝藻（图版 127: 8）

Encyonema neomesianum Krammer, 1997b, p. 5, pl. 191, figs. 7-9.

壳面具背腹之分，半椭圆形，末端尖圆形；长 50.5 μm，宽 10 μm。轴区窄线形；中央区不明显。线纹中部近平行状排列，末端辐射状排列，9 条/10 μm。

标本号：S60。

分布：汉库。

11. 淡色内丝藻（图版 128: 1-6, 13）

Encyonema ochridanum Krammer, 1997a, p. 57, pl. 31, figs. 3-10.

壳面具背腹之分，半椭圆形，中部微凸出，末端头状；长 10~12.5 μm，宽 3.5~5 μm。轴区窄线形；中央区不明显。线纹中部近平行状排列，末端辐射状排列，14~18 条/10 μm。

标本号：S1、S9、S15、S16、S22、S23、S28、S29、S32、S42、S64、S86、S88、S89。

分布：堵河、神定河、坝下、磨沟河、鹳河、汉库、滔河、干渠刁河段、天津。

12. 极长贝尔塔内丝藻（图版 128: 7-12, 14）

Encyonema perlangebertalotii Kulikovskiy & Metzeltin in Kulikovskiy et al., 2012, p.97, pl. 4, figs. 21-34, pl. 35, fig. 4.

壳面具背腹之分，近半圆形，末端圆形；长 13.5~19 μm，宽 5.5~6.5 μm。轴区窄线形；中央区不明显。线纹中部近平行状排列，末端辐射状排列，15~17 条/10 μm。

标本号：S1、S2、S3、S15、S16、S22、S32、S64、S68。

分布：堵河、坝下、磨沟河、鹳河、滔河、丹江。

13. 施奈德内丝藻（图版 129: 1-4, 9-10）

Encyonema schneideri Krammer, 1997a, p. 83, pl. 40, figs. 1-4.

壳面具背腹之分，半椭圆形，末端尖圆形；长 32～36.5 μm，宽 9.5～11 μm。轴区窄线形；中央区不明显。线纹中部近平行状排列，末端辐射状排列，8～9 条/10 μm。

标本号：S6、S27、S29、S33。

分布：汉江、鹳河。

14. 西里西亚内丝藻（图版 129: 5-7）

Encyonema silesiacum (Bleisch) Mann, 1990；施之新, 2013, p. 70, pl. 41, figs. 1-2.

壳面具背腹之分，半椭圆形，末端圆形；长 23.5～30 μm，宽 6～7 μm。轴区窄线形；中央区不明显。线纹中部近平行状排列，末端辐射状排列，11～12 条/10 μm。

标本号：S6、S15、S16、S53、S55、S60。

分布：汉江、坝下、汉库、泗河。

15. 偏肿内丝藻（图版 129: 8）

Encyonema ventricosum (Agardh) Grunow, 1885；施之新, 2013, p. 66, pl. 17, figs. 2-4.

壳面半椭圆形，末端头状；长 20 μm，宽 6.5 μm。轴区窄线形；中央区不明显。线纹中部近平行状排列，末端辐射状排列，11 条/10 μm。

标本号：S32、S58、S62。

分布：鹳河、汉库、滔河。

优美藻属 *Delicatophycus* Wynne, 2019

细胞多单生。壳面背腹之分不明显，披针形至线形-披针形。轴区窄；中央区变化大，常不明显、不规则。壳缝偏腹侧，近缝端明显折向腹侧，远缝端弯向背侧；无孤点。无顶孔区。线纹由单列孔纹组成。

1. 高山优美藻（图版 130: 1-4, 9）

Delicatophycus alpestris Wynne, 2019; Bahls, 2017, p. 17, figs. 73-84.

壳面菱形披针形，中部膨大，末端圆形；长 43～45 μm，宽 6.5～7 μm。轴区线形；中央区不明显。线纹在中部辐射状排列，末端近平行状排列，13～14 条/10 μm。

标本号：S17、S24、S25、S54、S62、S64、S84、S85。

分布：丹库、磨沟河、汉库、滔河、干渠白河段。

2. 头状优美藻（图版 130: 5-7）

Delicatophycus capitatus Wynne, 2019; Kramme, 2003, p. 115, pl. 133, figs. 20-26.

壳面线形-披针形，末端头状；长 23～24 μm，宽 5 μm。轴区线形；中央区不明显。

线纹辐射状排列，18～19 条/10 μm。

标本号：S25。

分布：磨沟河。

3. 重庆优美藻（图版 130: 8）

Delicatophycus chongquingensis Wynne, 2019; Yang et al., 2019, p. 59, figs. 2-25.

壳面线形椭圆形，末端圆形；长 24 μm，宽 7 μm。轴区线形；中央区不对称，在一侧增大呈近椭圆形。线纹辐射状排列，14 条/10 μm。

标本号：S15、S85。

分布：坝下、干渠白河段。

4. 优美藻（图版 131: 1-5, 9）

Delicatophycus delicatulus (Kützing) Wynne, 2019; 施之新, 2013, p. 73, pl. 19, fig. 4.

壳面狭披针形，末端近喙状；长 30～33 μm，宽 5.5～6 μm。轴区窄线形；中央区不对称，在一侧扩大。线纹辐射状排列，13～15 条/10 μm。

标本号：S1、S23、S24、S25、S26、S32、S37、S70、S84、S85、S86、S87、S88。

分布：堵河、磨沟河、金竹河、鹳河、丹库、淇河、干渠白河段、干渠刁河段。

5. 加德优美藻（图版 131: 6-8, 10）

Delicatophycus gadjianus (Maillard ex Lange-Bertalot & Moser) Wynne, 2019; Moser et al., 1995, p. 72, pl. 21, figs. 9-16.

壳面狭披针形，中部略膨大，末端尖圆形；长 46～47 μm，宽 6.5～7.5 μm。轴区线形-披针形；在中部扩大。线纹辐射状排列，12～16 条/10 μm。

标本号：S85、S87、S88、S89。

分布：白河、干渠刁河段、天津。

6. 刘氏优美藻（图版 132: 1-4, 9）

Delicatophycus liuweii Li in Li et al., 2021, p. 64, figs. 1-25.

壳面披针椭圆形，中部略膨大，末端尖圆形；长 37～43.5 μm，宽 7.5～8 μm。轴区线形-披针形；在中部一侧具 3～5 个孤点。线纹辐射状排列，12～14 条/10 μm。

标本号：S1、S32、S33、S84、S85、S88、S89。

分布：堵河、鹳河、干渠白河段、干渠刁河段、天津。

7. 中华优美藻（图版 132: 6-8, 10）

Delicatophycus sinensis Wynne, 2019; Krammer, 2003, p. 121, pl. 136, figs. 13-20.

壳面线形-披针形，末端近头状；长 27～32 μm，宽 6.5～7 μm。轴区线形-披针形；

中央区不规则，近菱形。线纹辐射状排列，13~16 条/10 μm。

标本号：S15、S16、S22、S32、S84。

分布：坝下、磨沟河、鹳河、干渠白河段。

8. 稀疏优美藻（图版 133: 1-2）

Delicatophycus sparsistriatus Wynne, 2019; Krammer, 2003, p. 121, pl. 132, figs. 15-20.

壳面线形-披针形，末端圆形；长 22 μm，宽 6 μm。轴区线形；中央区不明显。线纹辐射状排列，15~16 条/10 μm。

标本号：S3。

分布：堵河。

9. 维里那优美藻（图版 133: 3-4, 9）

Delicatophycus verena Wynne, 2019; Krammer, 2003, p. 120, pl. 137, figs. 1-9.

壳面线形-披针形，末端近头状；长 27~29.5 μm，宽 5.5~6.5 μm。轴区线形；中央区不明显，两侧不对称。线纹辐射状排列，13~14 条/10 μm。

标本号：S15、S16、S23、S25、S26、S32、S33、S85、S86、S87。

分布：坝下、磨沟河、金竹河、鹳河、干渠白河段、干渠刁河段。

10. 威廉优美藻（图版 133: 5-8）

Delicatophycus williamsii Wynne, 2019; Liu et al., 2018a, p. 31, figs. 18-47.

壳面线形椭圆形，末端尖圆形；长 21~30.5 μm，宽 6~7 μm。轴区线形；中央区不明显。线纹辐射状排列，11~12 条/10 μm。

标本号：S22、S24、S85、S86、S88。

分布：磨沟河、干渠白河段、干渠刁河段。

拟内丝藻属 *Encyonopsis* Krammer, 1997

细胞单生。壳面背腹之分不明显，披针形或椭圆形。壳缝直或略波曲，位于壳面中部，远缝端弯向壳面腹缘；无孤点。线纹由单列圆形或长椭圆形孔纹组成。

1. 高山拟内丝藻（图版 134: 1-2, 6）

Encyonopsis alpina Krammer & Lange-Bertalot in Krammer, 1997b, p. 196, pl. 150, figs. 1, 4, 7-10.

壳面线形，末端近头状；长 10 μm，宽 3.5 μm。轴区窄线形；中央区不明显。线纹近平行状排列，22 条/10 μm。

标本号：S22、S24。

分布：磨沟河。

2. 杂拟内丝藻（图版 134: 3-5, 7）

Encyonopsis descripta (Hustedt) Krammer, 1997; Hustedt, 1943, p. 170, fig. 25.

壳面线形-披针形，末端喙状；长 15～18.5 μm，宽 3.5～4 μm。轴区窄线形；中央区不明显。线纹近平行状排列，26～27 条/10 μm。

标本号：S1、S3、S10、S24、S33、S37、S54、S64、S84、S85、S87。

分布：堵河、神定河、磨沟河、鹳河、丹库、汉库、滔河、干渠白河段、干渠刁河段。

3. 小头拟内丝藻（图版 135: 1-5, 11）

Encyonopsis microcephala (Grunow) Krammer, 1997；施之新, 2013, p. 50, pl. 13, fig. 8.

壳面线形-披针形，末端头状；长 16.5～20 μm，宽 3.5～4 μm。轴区窄线形；中央区不明显。线纹辐射状排列，21～25 条/10 μm。

标本号：S3、S26、S32、S38、S54、S85。

分布：堵河、金竹河、鹳河、汉库、干渠白河段。

4. 微小拟内丝藻（图版 135: 6-9, 12）

Encyonopsis minuta Krammer & Reichardt in Krammer, 1997b, p. 95, pl. 143a, figs. 1-27.

壳面线形-披针形，末端头状；长 12～14 μm，宽 3～3.5 μm。轴区窄线形；中央区不明显。线纹近平行状排列，22～23 条/10 μm。

标本号：S3、S6、S7、S8、S18、S22、S23、S24、S25、S28、S29、S31、S32、S33、S34、S53、S54、S56、S85、S87、S89。

分布：堵河、汉江、神定河、丹库、磨沟河、鹳河、丹库、汉库、泗河、干渠白河段、干渠刁河段、天津。

5. 钝姆拟内丝藻（图版 135: 10）

Encyonopsis thumensis Krammer, 1997b, p. 103, pl. 154, figs. 13-15.

壳面线形-披针形，末端尖圆形；长 10 μm，宽 2.5 μm。轴区窄线形；中央区不明显。线纹近平行状排列，24 条/10 μm。

标本号：S2。

分布：堵河。

6. 长趾拟内丝藻（图版 136: 1-5, 10）

Encyonopsis subminuta Krammer & Reichardt in Krammer, 1997b, p. 96, pl. 143, figs. 30-33.

壳面线形-披针形，末端小头状；长 13.5～17 μm，宽 3.5～4 μm。轴区窄线形；中央区不明显。线纹近平行状排列，23～25 条/10 μm。

标本号：S2、S7、S24、S32、S37、S38、S87。

分布：堵河、汉江、磨沟河、鹳河、丹库、汉库、干渠刁河段。

双眉藻科 Amphoraceae

双眉藻属 *Amphora* Ehrenberg & Kützing, 1844

壳面沿纵轴略不对称，近弓形。壳缝位于壳面腹缘，具壳缝脊，壳缝直或弯曲或略呈"S"形；腹缘常具无纹的中央区，无孤点。线纹由单列孔纹组成，点纹多长圆形，背缘线纹常被无纹区隔断，腹缘线纹很短。

1. 近缘双眉藻（图版 136: 6-9）

Amphora affinis Kützing, 1844, p. 107, pl. 30, fig. 66.

壳面半椭圆形，末端窄圆形；长 21～25.5 μm，宽 4.5～5 μm。中央区横矩形。线纹中部近平行状排列，两端辐射状排列，13～15 条/10 μm。

标本号：S15、S16、S23、S28、S29、S30、S31、S32、S33、S61、S62、S71、S72。

分布：坝下、磨沟河、鹳河、大石桥、滔河、淇河、丹库。

2. 结合双眉藻（图版 137: 1-4, 10）

Amphora copulata (Kützing) Schoeman & Archibald, 1986, p. 429, figs. 11-13.

壳面半椭圆形，末端窄圆形；长 26.5～46 μm，宽 6～10 μm。中央区圆形至椭圆形。线纹中部近平行状排列，两端辐射状排列，12～15 条/10 μm。

标本号：S8、S13、S14、S17、S25、S28、S31、S55、S56、S57、S60、S62、S64、S65、S71。

分布：神定河、泗河、丹库、磨沟河、鹳河、汉库、滔河、丹江、淇河。

3. 模糊双眉藻（图版 137: 5-9, 11）

Amphora inariensis Krammer, 1980, p. 211, pl. 4, figs. 21-24.

壳面具背腹之分，中部微凹入，背侧弓形，腹侧直，末端钝圆；长 15～19 μm，宽 3.5～4 μm。轴区窄线形；中央区向两侧扩大。线纹辐射状排列，15～18 条/10 μm。

标本号：S3、S15、S28、S32、S71、S89。

分布：堵河、坝下、鹳河、淇河、天津。

4. 不显双眉藻（图版 138: 1-5, 11）

Amphora indistincta Levkov, 2009, p. 287, pl. 78, figs. 29-39.

壳面具背腹之分，背侧弓形，腹侧直，末端钝圆；长 12～17 μm，宽 2.5～3.5 μm。轴区窄线形；中央区向两侧扩大呈不对称的横矩形。线纹辐射状排列，15～18 条/10 μm。

标本号：S2、S4、S13、S14、S15、S24、S28、S31、S60、S64、S65、S85。

分布：堵河、汉江、泗河、坝下、磨沟河、鹳河、汉库、滔河、丹江、干渠白河段。

5. 虱形双眉藻（图版 138: 6-10, 12）

Amphora pediculus (Kützing) Grunow, 1875; 施之新, 2013, p. 28, pl. 9, fig. 5.

壳面半椭圆形，末端尖圆形；长 7~9 μm，宽 2~2.5 μm。中央区横矩形。线纹微辐射状排列，16~22 条/10 μm。

标本号：S1、S2、S3、S7、S8、S13、S14、S15、S16、S28、S55、S56、S57、S60、S64、S89。

分布：堵河、汉江、神定河、泗河、坝下、鹳河、汉库、滔河、天津。

海双眉藻属 *Halamphora* (Cleve) Levkov, 2009

壳体楔形，背侧套面较腹长。壳面两端对称，两侧不对称，近弓形。壳缝位于壳面腹侧，近缝端外壳面末端弯向背缘（偶见近缝端末端直）。具壳缝脊，在双眉藻属中，壳缝背腹两侧都有，但在海双眉藻属中，仅在背侧有。线纹由单列点纹组成。

1. 泡状海双眉藻（图版 139: 1-5, 18）

Halamphora bullatoides (Hohn & Hellerman) Levkov, 2009, p. 176, pl. 87, figs. 23-36.

壳面近弓形，背侧凸出，腹侧近平直，末端头状；长 25.5~33 μm，宽 5~7 μm。轴区窄；中央区不对称。线纹 17~21 条/10 μm。

标本号：S1、S3、S15、S23、S24、S28、S60、S64、S65、S88。

分布：堵河、坝下、磨沟河、鹳河、汉库、滔河、丹江、干渠刁河段。

2. 蓝色海双眉藻（图版 139: 6-8, 19）

Halamphora veneta (Kützing) Levkov, 2009, p. 242, pl. 94, figs. 9-19.

壳面弓形，背侧凸出，腹侧近平直，末端近喙状；长 12~18.5 μm，宽 3.5~5.5 μm。轴区窄；无中央区。线纹 19~25 条/10 μm。

标本号：S8、S9、S56、S60、S71。

分布：神定河、泗河、汉库、淇河。

3. 山地海双眉藻（图版 139: 9-17, 20-21）

Halamphora montana (Krasske) Levkov, 2009, p. 207, pl. 93, figs. 10-19.

壳面近弓形，背侧凸出，腹侧近平直，末端喙状；长 13~14.5 μm，宽 4~4.5 μm。轴区窄，背侧具加厚的无纹区。线纹光学显微镜下不易观察。

标本号：S1、S2、S4、S6、S8、S11、S12、S13、S14、S22、S24、S28、S31、S33、S88。

分布：堵河、汉江、神定河、坝下、磨沟河、鹳河、干渠刁河段。

异极藻科 Gomphonemataceae

异极藻属 *Gomphonema* Agardh, 1824

细胞单生或通过胶质柄形成伞状群体，部分种类能够形成星状群体或黏质团。壳面异极，棒形或楔形。中央区圆形或横矩形，多数种类中央区具 1 个孤点；下端具顶孔区；具假隔膜。线纹多由 1～2 列孔纹组成。

1. 狭状披针异极藻（图版 140: 1-3, 7）

Gomphonema acidoclinatum Lange-Bertalot & Reichardt in Werum & Lange-Bertalot, 2004, p. 160, pl. 92, figs. 1-19.

壳面楔形，中部微凸出，上端喙状，下端尖圆；长 44.5～48 μm，宽 8～8.5 μm。中轴区线形；中央不对称，在一侧具 1 个孤点。线纹辐射状排列，11～12 条/10 μm。

标本号：S3、S25、S28、S33、S56、S60。

分布：堵河、磨沟河、鹳河、泗河、汉库。

2. 尖异极藻（图版 140: 4-6, 8）

Gomphonema acuminatum Ehrenberg, 1832；朱蕙忠和陈嘉佑，2000, p. 324, pl. 41, fig. 5.

壳面呈楔状棒形，上端膨大呈头状，顶端尖楔状凸起，中部膨大，下端狭长；长 43～55.5 μm，宽 9～10.5 μm。中轴区窄线形；在中央区一侧具 1 个孤点。线纹辐射状排列，9～11 条/10 μm。

标本号：S2、S25、S28、S61。

分布：堵河、磨沟河、鹳河、丹江。

3. 尖异极藻伯恩托克斯变种（图版 141: 1-2）

Gomphonema acuminatum var. *pantocsekii* Cleve, 1932；施之新，2004, p. 23, pl. II, figs. 3-4.

壳面呈楔状棒形，上端略宽于中部，顶端楔状，中部略膨大；长 27～29 μm，宽 7.5～8 μm。中轴区窄线形；中央区两侧各具 1 条短线纹，在中央区一侧具 1 个孤点。线纹辐射状排列，9～10 条/10 μm。

标本号：S3、S25。

分布：堵河、磨沟河。

4. 尖角异极藻（图版 141: 3-4）

Gomphonema acutiusculum (Müller) Cleve, 1955；施之新，2004, p. 52, pl. XXI, figs. 4-5.

壳面线形菱形，上下略不对称，两端均尖圆形；长 32～34 μm，宽 6.5～7 μm。中轴区窄线形；中央区向一侧扩大，在中央区一侧具 1 个孤点。线纹近平行状排列，10～11 条/10 μm。

标本号：S15、S30。

分布：坝下、鹳河。

5. 顶尖异极藻（图版 141: 5-8）

Gomphonema augur Ehrenberg, 1841; 施之新, 2004, p. 29, pl. VI, figs. 1-3.

壳面楔状棒形，上端喙状，下端尖圆；长 54～60 μm，宽 12～13 μm。中轴区线形；在中部一侧具 1 个孤点。线纹中部近平行状排列，两端辐射状排列，13～15 条/10 μm。

标本号：S25。

分布：磨沟河。

6. 窄异极藻钝形变种（图版 142: 1-3, 9）

Gomphonema angustatum var. *obtusatum* (Kützing) Grunow, 1880; 施之新, 2004, p. 46, pl. XVIII, figs. 1-2.

壳面近椭圆形，上下不对称，两端均呈近头状；长 19～20 μm，宽 5.5～6 μm。中轴区线形；在中部一侧具 1 个孤点。线纹中部近平行状排列，两端辐射状排列，10～12 条/10 μm。

标本号：S21、S22、S23、S24、S25。

分布：磨沟河。

7. 狭窄异极藻（图版 142: 4-6, 10）

Gomphonema angustivalva Reichardt, 1997, p. 112, pl. 6, figs. 1-29.

壳面棒形，异极，上端圆形，下端尖圆形；长 13.5～15.5 μm，宽 3.5～4 μm。中轴区线形-披针形；在中部一侧具 1 个孤点。线纹中部近平行状排列，两端辐射状排列，12～14 条/10 μm。

标本号：S2、S20、S21、S22。

分布：堵河、丹库、磨沟河。

8. 尖顶型异极藻（图版 142: 7-8）

Gomphonema auguriforme Levkov, Mitic-Kopanja, Wetzel & Ector in Levkov et al., 2016, p. 33, pl. 36, figs. 1-26.

壳面楔状棒形，上端喙状，下端尖圆；长 32～34 μm，宽 8.5～9 μm。中轴区窄线形；中部两侧各具 1 条短线纹，在中部一侧具 1 个孤点。线纹辐射状排列，12～13 条/10 μm。

标本号：S29、S61。

分布：鹳河、丹江。

9. 长耳异极藻（图版 143: 1-3）

Gomphonema auritum Braun ex Kützing, 1849; 施之新, 2004, p. 131, figs. 6-7.

壳面狭披针状菱形，末端尖圆形；长 28.5~33 μm，宽 5.5~6 μm。中轴区窄线形；中央区两侧各具 1 条短线纹，在一侧具 1 个孤点。线纹辐射状排列，11~13 条/10 μm。

标本号：S3、S9、S13、S21、S53、S58、S61、S77。

分布：堵河、神定河、泗河、磨沟河、汉库、丹江、丹库。

10. 彼格勒异极藻（图版 143: 6-11）

Gomphonema berggrenii Cleve, 1894, p. 185, pl. 5, figs. 6-7.

壳面线形-披针形，末端头状；长 36~40.5 μm，宽 8~10 μm。中轴区线形；中央区两侧各具 1 条短线纹，在中部一侧具 1 个孤点。线纹辐射状排列，9~10 条/10 μm。

标本号：S2、S5、S7、S8、S11、S20、S24、S29、S54、S58。

分布：堵河、汉江、神定河、丹库、磨沟河、鹳河、汉库。

11. 头端异极藻（图版 143: 4-5）

Gomphonema capitatum Ehrenberg, 1838, p. 217, pl. 18, fig. 2.

壳面楔状棒形，上端宽圆形，下端圆形；长 34~35 μm，宽 7~7.5 μm。中轴区线形；中央区两侧各具 1 条短线纹，在中部一侧具 1 个孤点。线纹辐射状排列，11~12 条/10 μm。

标本号：S72。

分布：丹库。

12. 克利夫异极藻（图版 144: 1-2, 5）

Gomphonema clevei Fricke, 1902; 施之新, 2004, p. 71, pl. XXXII, figs. 1-3.

壳面线形-披针形，末端圆形；长 20~26 μm，宽 4~5 μm。中轴区宽披针形；在中央区一侧具 1 个孤点。线纹短，辐射状排列，13~14 条/10 μm。

标本号：S2、S28、S64。

分布：堵河、鹳河、滔河。

13. 缢缩异极藻（图版 144: 3, 6）

Gomphonema constrictum Ehrenberg, 1844; 施之新, 2004, p. 25, pl. IV, figs. 1-2.

壳面楔状棒形，上端宽圆形，下端圆形；长 45 μm，宽 12.5 μm。中轴区线形-披针形；在中央区一侧具 1 个孤点。线纹辐射状排列，12 条/10 μm。

标本号：S25。

分布：磨沟河。

14. 缢缩异极藻膨大变种（图版 145: 1-4, 9）

Gomphonema constrictum var. *turgidum* (Ehrenberg) Patrick, 1975; 施之新, 2004, p. 28, pl. V, figs. 2-3.

壳面棒形，上端宽圆形，下端圆形；长 40.5～50 μm，宽 10.5～11 μm。中轴区宽线形；中央区小，在一侧具 1 个孤点。线纹辐射状排列，10～12 条/10 μm。

标本号：S13、S25、S28、S29。

分布：泗河、磨沟河、鹳河。

15. 弯曲异极藻（图版 144: 4）

Gomphonema curvipedatum Kobayasi ex Osada in Kobayasi et al., 2006, p. 10, pl. 122, fig. 1.

壳面线形-披针形，末端圆形；长 29 μm，宽 6 μm。中轴区宽披针形；在中央区一侧具 1 个孤点。线纹辐射状排列，15 条/10 μm。

标本号：S10。

分布：神定河。

16. 二叉异极藻（图版 145: 5-7）

Gomphonema dichotomum Kützing, 1833, p. 569, fig. 48.

壳面棒形，上端圆形，下端尖圆形；长 37.5～41 μm，宽 6～7.5 μm。中轴区线形-披针形；在中央区一侧具 1 个孤点。线纹辐射状排列，在中部 5～7 条/10 μm，在两端 10～12 条/10 μm。

标本号：S24、S64。

分布：磨沟河、滔河。

17. 多吉兰异极藻（图版 146: 1-3, 9）

Gomphonema dojranense Levkov, Mitic-Kopanja & Reichardt, 2016, p. 46, pl. 182, figs. 1-45, pl. 183, figs. 5-9.

壳面棒形，上端宽圆形，下端圆形；长 19～27 μm，宽 5～5.5 μm。中轴区窄线形；中央区小，两侧各具 1 条短线纹，在中部一侧具 1 个孤点。线纹辐射状排列，11～13 条/10 μm。

标本号：S1、S3、S28、S60、S86。

分布：堵河、鹳河、汉库、白河。

18. 宽头异极藻（图版 145: 8）

Gomphonema eurycephalus Spaulding & Kociolek, 1998, p. 365, figs. 19-24.

壳面棒形，末端圆形；长 30 μm，宽 7 μm。中轴区窄线形；中央区两侧各具 1 条短线纹，在一侧具 1 个孤点。线纹辐射状排列，10 条/10 μm。

标本号：S15。

分布：坝下。

19. 费雷福莫斯异极藻（图版 146: 4-5）

Gomphonema fereformosum Metzeltin, Lange-Bertalot & García-Rodríguez, 2005, p. 82, pl. 142, figs. 17-22.

壳面线形-披针形，末端近喙状；长 30～36.5 μm，宽 6 μm。中轴区线形；中央区小，不规则，在一侧具 1 个孤点。线纹辐射状排列，10～12 条/10 μm。

标本号：S62。

分布：滔河。

20. 纤细异极藻（图版 147: 1-2, 6）

Gomphonema gracile Ehrenberg, 1838; 施之新, 2004, p. 53, pl. XXII, figs. 1-5.

壳面线形-披针形，中部略凸出，末端尖圆形；长 46.5～56.5 μm，宽 7～8 μm。中轴区线形；在中央区一侧具 1 个孤点。线纹辐射状排列，9～10 条/10 μm。

标本号：S25。

分布：磨沟河。

21. 纤细型异极藻（图版 147: 3-4, 7）

Gomphonema graciledictum Reichardt, 2015, p. 373, figs. 36-61.

壳面线形-披针形，末端近喙状；长 27～30 μm，宽 5～5.5 μm。中轴区窄线形；中央区两侧各具 1 条短线纹，在一侧具 1 个孤点。线纹辐射状排列，13～14 条/10 μm。

标本号：S6、S24、S53、S58。

分布：汉江、磨沟河、汉库。

22. 格鲁诺伟异极藻（图版 146: 6-8）

Gomphonema grunowii Patrick & Reimer, 1975, p. 131, pl. 17, fig. 6.

壳面楔形棒状，末端圆形；长 33～37.5 μm，宽 7.5～9 μm。中轴区线形；中央区小，近圆形，在一侧具 1 个孤点。线纹辐射状排列，11～14 条/10 μm。

标本号：S21。

分布：磨沟河。

23. 瓜拉尼异极藻（图版 148: 1-3, 6）

Gomphonema guaraniarum Metzeltin & Lange-Bertalot, 2007, p. 147, figs. 9-14.

壳面线形-披针形，中部凸出，末端尖圆形或喙状；长 47.5～54 μm，宽 8～9 μm。中轴区线形；中央区不规则，在一侧具 1 个孤点。线纹微辐射状排列，11～12 条/10 μm。

标本号：S3、S4、S7、S13、S18、S24、S25、S26、S28、S29、S32、S38、S54、

S55、S57、S89。

分布：堵河、汉江、泗河、丹库、磨沟河、金竹河、鹳河、汉库、天津。

24. 夏威夷异极藻（图版 147: 5）

Gomphonema hawaiiense Reichardt, 2005, p. 119, pl. 2, figs. 1-13.

壳面菱形披针形，末端圆形；长 30 μm，宽 6.5 μm。中轴区宽披针形；在中央区一侧具 1 个孤点。线纹辐射状排列，15 条/10 μm。

标本号：S15。

分布：坝下。

25. 赫布里底群岛异极藻（图版 148: 4-5, 7）

Gomphonema hebridense Gregory, 1854, p. 99, pl. 4, fig. 19.

壳面线形-披针形，中部凸出，末端尖圆形；长 65 μm，宽 9～9.5 μm。中轴区线形；在中央区一侧具 1 个孤点。线纹微辐射状排列，中部 10～12 条/10 μm，末端 15～16 条/10 μm。

标本号：S6、S54、S55、S58、S59。

分布：汉江、汉库、泗河。

26. 不完全异极藻（图版 149: 1-3）

Gomphonema imperfecta Manguin, 1964, p. 90, pl. 20, fig. 5.

壳面线形棒状，末端圆形；长 42～46 μm，宽 7～7.5 μm。中轴区线形；在中央区一侧具 1 个孤点。线纹辐射状排列，8～10 条/10 μm。

标本号：S2、S5、S88。

分布：堵河、汉江、干渠刁河段。

27. 天真异极藻（图版 149: 4-7）

Gomphonema innocens Reichardt, 1999, p. 32, pl. 33, figs. 1-21, 24-29, 32-34.

壳面线形-披针形，上端宽圆形，下端圆形；长 14.5～26 μm，宽 6～7 μm。中轴区线形；在中央区一侧具 1 个孤点。线纹辐射状排列，12～14 条/10 μm。

标本号：S15。

分布：坝下。

28. 缠结异极藻（图版 150: 1-3）

Gomphonema intricatum Kützing, 1844; 施之新，2004, p. 56, pl. XXV, figs. 1-3.

壳面线形棒状，上端宽圆形，下端尖圆形；长 55～65.5 μm，宽 7.5～8.5 μm。中轴区线形；中央区不规则，在中央区一侧具 1 个孤点。线纹辐射状排列，中部 6～8 条/10 μm，末端 12~13 条/10 μm。

标本号：S25、S29。

分布：磨沟河、鹳河。

29. 露珠异极藻（图版 149: 8-11）

Gomphonema irroratum Hustedt, 1945, p. 940, pl. 42, figs. 47-49.

壳面线形-披针形，上端宽圆形，下端尖圆形；长 29.5~32 μm，宽 6.5~7 μm。中轴区窄线形；在中央区一侧具 1 个孤点。线纹辐射状排列，由双列孔纹组成，9~10 条/10 μm。

标本号：S2、S83、S88。

分布：堵河、丹库、干渠刁河段。

30. 意大利异极藻（图版 150: 6-9）

Gomphonema italicum Kützing, 1844, p. 85, pl. 30, fig. 75.

壳面棒形，上端宽圆形，下端圆形；长 33.5~39.5 μm，宽 11.5~12 μm。中轴区窄线形；中央区小蝴蝶结形，在一侧具 1 个孤点。线纹辐射状排列，9~11 条/10 μm。

标本号：S3、S8、S9、S13、S14、S28、S29、S31、S55、S56、S57、S58、S61。

分布：堵河、神定河、泗河、鹳河、汉库、丹江。

31. 兰卡拉异极藻（图版 150: 4-5）

Gomphonema lacus-rankala Gandhi, 1958, p. 500, fig. 39.

壳面棒形，中部凸出，上端近喙状，下端狭圆形；长 54.5~65 μm，宽 15~18 μm。中轴区线形；在中央区一侧具 1 个孤点。线纹辐射状排列，8~9 条/10 μm。

标本号：S29。

分布：鹳河。

32. 壶型异极藻（图版 151: 1-5, 9-10）

Gomphonema lagenula Kützing, 1844, p. 85, pl. 30, fig. 60.

壳面线形椭圆形，末端头状；长 19.5~27.5 μm，宽 5.5~7 μm。中轴区窄线形；在中央区一侧具 1 个孤点。线纹辐射状排列，12~15 条/10 μm。

标本号：S1、S2、S4、S5、S6、S8、S9、S11、S12、S13、S14、S15、S16、S17、S19、S22、S24、S25、S27、S28、S32、S33、S53、S54、S55、S56、S57、S59、S61、S62、S63、S66。

分布：堵河、汉江、神定河、泗河、坝下、丹库、磨沟河、鹳河、汉库、丹江、滔河。

33. 细小异极藻（图版 151: 6）

Gomphonema leptoproductum Lange-Bertalot & Genkal, 1999, p. 57, pl. 64, figs. 9-14.

壳面线形椭圆形，上端宽圆形，下端圆形；长 31 μm，宽 7.5 μm。中轴区窄线形；在中央区一侧具 1 个孤点。线纹辐射状排列，12 条/10 μm。

标本号：S15。

分布：坝下。

34. 长头异极藻瑞典变型（图版 151: 7-8）

Gomphonema longiceps f. *suecicum* (Grunow) Hustedt, 1930, p. 375, fig. 708.

壳面线形棒状，上端喙状，下端尖圆形；长 69.5 μm，宽 11 μm。中轴区窄线形；在中央区一侧具 1 个孤点。线纹辐射状排列，10 条/10 μm。

标本号：S29、S61。

分布：鹳河、丹江。

35. 微小异极藻（图版 152: 1-5, 11）

Gomphonema minutum (Agardh) Agardh, 1831; Levkov et al., 2016, p. 486, pl. 171, figs. 1-22.

壳面线形棒状，上端圆形，下端尖圆形；长 13～17.5 μm，宽 3.5～5 μm。中轴区窄线形；中央区小，在一侧具 1 个孤点。线纹微辐射状排列，由双列孔纹组成，12～15 条/10 μm。

标本号：S2、S3、S7、S10、S13、S14、S15、S16、S24、S27、S28、S55、S56、S57、S60、S62、S66、S71、S88。

分布：堵河、汉江、神定河、泗河、坝下、磨沟河、鹳河、汉库、滔河、丹江、淇河、干渠刁河段。

36. 微小型异极藻（图版 152: 6-10, 12）

Gomphonema parvuliforme Levkov, Mitic-Kopanja & Reichardt, 2016, p. 96, pl. 105, figs. 1-34.

壳面线形椭圆形，末端近头状；长 12～15.5 μm，宽 5～6 μm。中轴区窄线形；在中央区一侧具 1 个孤点。线纹近平行状排列，17～19 条/10 μm。

标本号：S1、S2、S3、S4、S6、S8、S9、S11、S13、S14、S21、S30、S55、S56、S57、S58、S60、S61、S66、S71。

分布：堵河、汉江、神定河、泗河、磨沟河、鹳河、汉库、丹江、淇河。

37. 微细异极藻（图版 153: 1-2, 11）

Gomphonema parvulius (Lange-Bertalot & Reichardt) Lange-Bertalot & Reichardt in Lange-Bertalot & Metzeltin, 1996, p. 71, pl. 64, figs. 9-12.

壳面线形椭圆形，末端头状；长 22.5 μm，宽 6 μm。中轴区窄线形；在中央区一侧具 1 个孤点。线纹近平行状排列，14~16 条/10 μm。

标本号：S2、S4、S6、S9、S13、S83。

分布：堵河、汉江、神定河、泗河、丹库。

38. 小型异极藻（图版 153: 3-5, 12）

Gomphonema parvulum (Kützing) Kützing, 1849; 施之新, 2004, p. 41, pl. XIV, figs. 2-4.

壳面线形-披针形，末端近喙状；长 19~24 μm，宽 5~5.5 μm。中轴区窄线形；在中央区一侧具 1 个孤点。线纹近平行状排列，13~16 条/10 μm。

标本号：S1、S3、S4、S6、S7、S12、S33、S37、S62。

分布：堵河、汉江、神定河、鹳河、丹库、滔河。

39. 小型异极藻近椭圆变种（图版 154: 1-5, 11）

Gomphonema parvulum var. *subellipicum* Cleve, 1894; 施之新, 2004, p. 43, pl. XV, figs. 3-8.

壳面近椭圆形，上端圆形，下端尖圆形；长 8~15.5 μm，宽 3.5~5.5 μm。中轴区窄线形；在中央区一侧具 1 个孤点。线纹辐射状排列，由双列孔纹组成，10~14 条/10 μm。

标本号：S2、S5、S22、S23、S62。

分布：堵河、汉江、磨沟河、滔河。

40. 皮氏异极藻（图版 154: 6-7）

Gomphonema preliciae Levkov, Mitic-Kopanja & Reichardt, 2016, p. 104, pl. 180, figs. 1-35, pl. 181, figs. 1-6.

壳面近棒形，中部凸出，末端圆形；长 34~39 μm，宽 6~7 μm。中轴区线形；在中央区一侧具 1 个孤点。线纹近平行状排列，9~10 条/10 μm。

标本号：S21。

分布：磨沟河。

41. 假具球异极藻（图版 154: 8-10, 12）

Gomphonema pseudosphaerophorum Kobayasi in Ueyama & Kobayshi, 1986, p. 452, pl. 1, figs. 1-10.

壳面线形椭圆形，上端头状，下端圆形；长 36.5~43.5 μm，宽 8~9.5 μm。中轴区宽菱形披针形；在中央区一侧具 1 个孤点。线纹辐射状排列，9~11 条/10 μm。

标本号：S15、S23、S24、S25、S29。

分布：坝下、磨沟河、鹳河。

42. 矮小异极藻（图版 155: 1-4, 11）

Gomphonema pumilum (Grunow) Reichardt & Lange-Bertalot, 1991, p. 528, pl. 6, figs. 4-11.

壳面线形-披针形，上端圆形，下端尖圆形；长 27.5~34 μm，宽 5.5~6 μm。中轴区窄线形-披针形；中央区不规则，在一侧具 1 个孤点。线纹微辐射状排列，8～10 条/ 10 μm。

标本号：S2、S20、S21、S23、S24、S28、S62、S86。

分布：堵河、丹库、磨沟河、灌河、滔河、干渠刁河段。

43. 矮小异极藻硬变种（图版 153: 6-10）

Gomphonema pumilum var. *rigidum* Reichardt & Lange-Bertalot in Reichardt, 1997, p. 105, pl. 1, fig. 7, pl. 3, figs. 1-41, pl. 4, figs. 24-25.

壳面线形，末端圆形；长 9.5～15.5 μm，宽 3.5～4 μm。中轴区窄线形-披针形；在中央区一侧具 1 个孤点。线纹辐射状排列，14～17 条/10 μm。

标本号：S2、S22、S66。

分布：堵河、磨沟河、丹江。

44. 细弱异极藻（图版 155: 5）

Gomphonema pusillum (Grunow) Kulikovskiy & Kociolek, 2015；施之新, 2004, p. 68, pl. XXX, fig. 9.

壳面棒形，壳面上部具一微凹入的收缩部，上端近头状，下端圆形；长 29 μm，宽 6 μm。中轴区窄线形；在中央区一侧具 1 个孤点。线纹辐射状排列，11 条/10 μm。

标本号：S72。

分布：丹库。

45. 斜方异极藻（图版 155: 6-7）

Gomphonema rhombicum Fricke in Schmidt, 1904, p. 248, fig. 1.

壳面线形-披针形，末端圆形；长 38.5～44 μm，宽 6～6.5 μm。中轴区宽披针形；在中央区一侧具 1 个孤点。线纹辐射状排列，11～12 条/10 μm。

标本号：S33、S56、S70。

分布：灌河、泗河、淇河。

46. 极细异极藻（图版 156: 8）

Gomphonema tenuissimum Fricke, 1904；施之新, 2004, p. 73, pl. XXXIII, fig. 1.

壳面线形棒状，末端圆形；长 44.5 μm，宽 6.5 μm。中轴区宽披针形；在中央区一侧具 1 个孤点。线纹辐射状排列，13 条/10 μm。

标本号：S89。

分布：天津。

47. 塔形异极藻（图版 155: 8-10）

Gomphonema turris Ehrenberg, 1843；施之新, 2004, p. 34, pl. X, figs. 1-6.

壳面梭状棒形，上端喙状，下端圆形；长 46～70 μm，宽 12～17.5 μm。中轴区窄线形；中央区不对称，矩形，在一侧具 1 个孤点。线纹近平行状排列，8～10 条/10 μm。

标本号：S9、S13、S14、S27、S29、S55、S56、S57、S61、S62、S83。

分布：神定河、泗河、鹳河、丹江、滔河、丹库。

48. 塔形异极藻中华变种（图版 156: 1-3）

Gomphonema turris var. *sinicum* (Skvortzov) Shi, 1841; 施之新, 2004, p. 36, pl. XI, fig. 3.

壳面椭圆状棒形，上端喙状，下端圆形；长 44～50 μm，宽 15.5～17 μm。中轴区窄线形；中央区不对称，在一侧具 1 个孤点。线纹近平行状排列，8～10 条/10 μm。

标本号：S29、S32、S62。

分布：鹳河、滔河。

49. 瓦达尔异极藻（图版 156: 4-7）

Gomphonema vardarense Reichardt in Levkov et al., 2016, p. 131, pl. 157, figs. 43-56, pl. 160, figs. 1-7.

壳面线形棒状，末端尖圆形；长 19.5～23 μm，宽 3.5～4 μm。中轴区窄线形-披针形；中央区小，在一侧具 1 个孤点。线纹辐射状排列，10～11 条/10 μm。

标本号：S2、S3、S22、S28、S62。

分布：堵河、磨沟河、鹳河、滔河。

50. 颤动异极藻（图版 157: 1-4, 6）

Gomphonema vibrio Ehrenberg, 1843, p. 416, pl. 2, fig. 40.

壳面线形棒状，中部膨大，上端圆形，下端尖圆形；长 81.5～95.5 μm，宽 9.5～10 μm。中轴区窄线形-披针形；中央区不对称，在一侧具 1 个孤点。线纹辐射状排列，中部 6～7 条/10 μm，末端 12～13 条/10 μm。

标本号：S25。

分布：磨沟河。

51. 扬子异极藻（图版 157: 5）

Gomphonema yangtzense Li in Li et al., 2006, p. 317, figs. 8-29, 31-42.

壳面棒状披针形，末端圆形；长 62.5 μm，宽 11.5 μm。中轴区线形；中央区不对称，近矩形，在一侧具 1 个孤点。线纹近平行状排列，中部 6 条/10 μm，末端 11 条/10 μm。

标本号：S64。

分布：滔河。

52. 泽尔伦斯异极藻（图版 158: 1-3, 8）

Gomphonema zellense Reichardt, 1999, p. 11, pl. 5, figs. 1-11.

壳面线形棒形，上端宽圆形，下端圆形；长 27.5～31 μm，宽 7～7.5 μm。中轴区窄线形；在中央区一侧具 1 个孤点。线纹辐射状排列，9～11 条/10 μm。

标本号：S29。

分布：鹳河。

弯楔藻科 Rhoicospheniaceae

弯楔藻属 *Rhoicosphenia* Grunow, 1860

细胞单生。壳面异极。中轴区窄，线形；一个壳面略凹，具几乎贯穿壳面的壳缝，另一个壳面略凸，仅在靠近末端处具有极短的壳缝；无孤点。无顶孔区。具隔膜和假隔膜。线纹由单列点纹组成。

1. 加利福尼亚弯楔藻（图版 158: 5-7）

Rhoicosphenia californica Thomas & Kociolek, 2015, p. 11, figs. 75-110.

壳面线形-披针形，末端圆形；长 24～29 μm，宽 4～4.5 μm。中轴区窄线形；无中央区。线纹近平行状排列，10～12 条/10 μm，带面观呈浅"V"形。

标本号：S13、S14、S55、S56、S57。

分布：泗河。

楔异极藻属 *Gomphosphenia* Lange-Bertalot, 1995

壳面异极；中轴区窄，线形。中央区横向矩形。壳缝直，外壳面观近缝端与远缝端均较直，内壳面观近缝端具锚形末端；不具孤点。不具顶孔区。不具隔膜和假隔膜。线纹由长圆形孔纹组成。

1. 格罗夫楔异极藻（图版 158: 4）

Gomphosphenia grovei (Schmidt) Lange-Bertalot, 1995; Schmidt, 1899, pl. 214, figs. 13-18.

壳面棒形，上端圆形，底端头状；长 27.5 μm，宽 6 μm。中轴区宽披针形。线纹短，辐射状排列，14 条/10 μm。

标本号：S42。

分布：汉库。

曲壳藻目 Achnanthales

曲壳藻科 Achnanthaceae

曲壳藻属 *Achnanthes* Bory de Saint-Vincent, 1822

细胞单生或形成短链状群体。壳面呈线形至披针形，末端圆形、喙状或头状。具壳缝面凹入，通常有硅质加厚的中央区，呈十字结形。无壳缝面凸出，胸骨窄，一般偏离中心，少见位于壳面中部，无中央区。两个壳面的线纹均单排，少见双排或三排，由孔纹组成，孔纹由复杂的筛孔组成。带面观近弓形。

1. 狭曲壳藻（图版 159: 1）

Achnanthes coarctata (Brébisson ex Smith) Grunow, 1880; Smith, 1855, p. 8, pl. I, fig. 10.

壳面线形，中部微缢缩，末端截圆形；长 25 μm，宽 6.5 μm。具壳缝面中轴区窄线形；中央区横矩形；线纹单列，辐射状排列，13 条/10 μm。

标本号：S13。

分布：泗河。

2. 膨大曲壳藻（图版 159: 2-7）

Achnanthes inflata (Kützing) Grunow, 1868; Kützing, 1844, p. 105, pl. 30, fig. 22.

壳面线形-披针形，中部突出，末端宽圆形；长 40～55.5 μm，宽 13～14.5 μm。具壳缝面中轴区窄线形；中央区横矩形；线纹单列，辐射状排列，11～12 条/10 μm。无壳缝面中轴区位于壳缘；线纹中部近平行状排列，末端辐射状排列，11 条/10 μm。

标本号：S2、S33、S36、S56、S64。

分布：堵河、鹳河、丹库、泗河、滔河。

卵形藻科 Cocconeidaceae

卵形藻属 *Cocconeis* Ehrenberg, 1837

壳面椭圆形或近圆形，末端圆形或略尖形。具壳缝面，靠近壳缘处具无纹区域，壳套部明显；壳缝位于壳面中央，近缝端直；线纹由单列孔纹组成，孔纹多呈小圆形。无壳缝面中轴区窄线形；线纹由单列孔纹组成，孔纹多呈短裂缝状。

1. 虱形卵形藻（图版 161: 1-8）

Cocconeis pediculus Ehrenberg, 1838, p. 194, pl. 21, fig. 11.

壳面宽卵圆或菱形卵圆，末端圆形；长 15～24.5 μm，宽 11～18.5 μm。具壳缝面中轴区窄线形；中央区小，近圆形；线纹中部近平行状排列，末端强辐射状排列，19～22 条/10 μm。无壳缝面中轴区窄线形；线纹中部近平行状排列，末端强辐射状排列，19～20 条/10 μm。

标本号：S1、S2、S3、S4、S5、S7、S8、S9、S10、S13、S14、S24、S28、S55、S56、S57、S64、S88。

分布：堵河、汉江、神定河、泗河、磨沟河、鹳河、滔河、干渠刁河段。

2. 扁圆卵形藻（图版 160: 1-6）

Cocconeis placentula Ehrenberg, 1838; 王全喜和邓贵平, 2017, p. 129, fig. 54.

壳面宽卵圆或菱形卵圆，末端圆形；长 16～36 μm，宽 10.5～21 μm。具壳缝面中轴区窄线形；中央区小，近圆形；靠近壳缘处具一圈光滑的无纹环，线纹中部近平行状排列，末端强辐射状排列，16～19 条/10 μm。无壳缝面中轴区窄线形；线纹中部近平行状排列，末端强辐射状排列，16～18 条/10 μm。

标本号：S1、S2、S3、S5、S6、S7、S8、S10、S11、S14、S15、S16、S19、S21、S24、S27、S28、S54、S58、S62、S77、S86。

分布：堵河、汉江、神定河、泗河、坝下、丹库、磨沟河、鹳河、汉库、滔河、丹库、干渠刁河段。

曲丝藻科 Achnantheidaceae

曲丝藻属 *Achnanthidium* Kützing, 1844

壳体异面，壳面沿横轴弯曲，具壳缝面凹，无壳缝面凸。壳面通常比较小、窄，呈长圆形至线形-披针形，具头状或喙状的末端。具壳缝面远缝端形态变化多样，直或弯曲；线纹由单列孔纹组成，孔纹长圆形或圆形。壳套面具 1 列窄的点纹，同壳面点纹区分开来。

1. 近缘曲丝藻（图版 162: 1-2）

Achnanthidium affine (Grunow) Czarnecki, 1994; Wojtal et al., 2011, p. 219, figs. 96-107.

壳面呈披针形，末端宽圆形；壳面长 15 μm，宽 3.5 μm。具壳缝面中轴区窄线形；中央区横矩形；线纹辐射状排列，在壳面中部有 29 条/10 μm，末端线纹密集。无壳缝面中轴区呈线形；线纹辐射状排列，在壳面中部有 28 条/10 μm，末端线纹密集。

标本号：S28。

分布：鹳河。

2. 宽大曲丝藻（图版 162: 3-7）

Achnanthidium ampliatum Liu, Kulikovskiy & Kociolek in Liu et al., 2021, p. 5, figs. 1-26.

壳面呈线形椭圆形，中部两侧平行或略缢缩，末端钝圆形；壳面长 13.5～22 μm，宽 4.5～5 μm。具壳缝面中轴区呈窄线形，在壳面中部略增宽；中央区小，椭圆形；线纹呈近平行状排列，中部有 20～23 条/10 μm，末端线纹密集。无壳缝面中轴区呈窄线形，在壳面中部略增宽；中央区不明显；线纹排列和密度与具壳缝面类似。

标本号：S2、S85。

分布：堵河、白河。

3. 链状曲丝藻（图版 162: 8-16）

Achnanthidium catenatum (Bily & Marvan) Lange-Bertalot, 1999; Bily and Marvan 1959, p. 35, pl. VIII, figs. 1-4.

壳面线形-披针形，末端头状；长 11.5～17 μm，宽 2.5～3 μm。具壳缝面中轴区窄线形；中央区小椭圆形；壳缝远缝端末端直；线纹辐射状排列。无壳缝面中轴区窄线形；线纹辐射状排列。两个壳面的线纹均细密，光学显微镜不易观察。

标本号：S1、S8、S13、S33、S60、S85。

分布：堵河、神定河、泗河、鹳河、汉库、干渠白河段。

4. 粗曲丝藻（图版 168: 7-12, 15-16）

Achnanthidium crassum (Hustedt) Potapova & Ponader, 2004, p. 38, figs. 19-27.

壳面线形椭圆形，末端圆形；长 7~18.5 μm，宽 4~6 μm。具壳缝面中轴区窄线形-披针形，在中部微变宽；壳缝远缝端末端弯向同一侧；线纹近平行状排列，中部 18~24 条/10 μm。无壳缝面中轴区窄线形-披针形；无中央区；线纹中部近平行状排列，末端辐射状排列，20~24 条/10 μm。

标本号：S3、S13、S23、S24、S28、S61、S85、S89。

分布：堵河、泗河、磨沟河、鹳河、丹江、干渠白河段、天津。

5. 德尔蒙曲丝藻（图版 163: 7-12, 15-16）

Achnanthidium delmontii Pérès, Le Cohu & Barthès in Pérès et al., 2012, p. 190, figs. 1-82.

壳面椭圆形，末端宽圆形；长 10~15 μm，宽 3~4 μm。具壳缝面中轴区窄线形-披针形；中央区横矩形；线纹辐射状排列，20~22 条/10 μm。无壳缝面中轴区窄线形-披针形；线纹辐射状排列，中部 18~20 条/10 μm。

标本号：S3、S22、S24、S28、S54。

分布：堵河、磨沟河、鹳河、汉库。

6. 杜氏曲丝藻（图版 164: 1-6, 12-13）

Achnanthidium druartii Rimet & Couté in Rimet et al., 2010, p. 188, pl. I, figs. 1-38.

壳面线形椭圆形，末端头状；长 13.5~16.5 μm，宽 3.5~4.5 μm。具壳缝面中轴区窄线形-披针形；中央区不明显；线纹中部近平行状排列，两端辐射状排列，18~22 条/10 μm，末端可达 34 条/10 μm。无壳缝面中轴区窄线形-披针形；线纹辐射状排列，中部 20~22 条/10 μm，末端可达 28 条/10 μm。

标本号：S1、S3、S6、S8、S11、S12、S16、S22、S31、S42、S59、S61。

分布：堵河、汉江、神定河、坝下、磨沟河、鹳河、汉库、丹江。

7. 恩内迪曲丝藻（图版 164: 7-11）

Achnanthidium ennediense (Compère) Compère & Van de Vijver, 2011, p. 7, figs. 1-58.

壳面呈线形-披针形，末端略延伸，呈圆形；壳面长 18~28.5 μm，宽 3~3.5 μm。具壳缝面中轴区呈线形，在壳面中部不增宽；中央区小，椭圆形；线纹辐射状排列，在中部较稀疏，有 27 条/10 μm，末端可达 36 条/10 μm。无壳缝面中轴区、中央区形态和线纹排列均与具壳缝面类似。

标本号：S8、S25。

分布：神定河、磨沟河。

8. 埃特曲丝藻（图版 165: 1-6）

Achnanthidium ertzii Van de Vijver & Lange-Bertalot in Van de Vijver et al., 2011, p. 200, figs. 26-47.

壳面呈线形-披针形，末端头状；壳面长 15.5~19 μm，宽 2.5~3.0 μm。具壳缝面中轴区呈线形；中央区小，圆形；线纹轻微辐射状排列，有 29~30 条/10 μm，末端较密集。无壳缝面中轴区线形，在中部略增宽；线纹辐射状排列，28~30 条/10 μm。

标本号：S24、S26、S28、S73。

分布：磨沟河、金竹河、鹳河、丹库。

9. 富营养曲丝藻（图版 165: 7-12, 19-20）

Achnanthidium eutrophilum (Lange-Bertalot) Lange-Bertalot, 1999; Lange-Bertalot and Metzeltin, 1996, p. 25, pl. 78, figs. 29-38.

壳面线形椭圆形，末端近头状；长 11~13.5 μm，宽 3.5~4 μm。具壳缝面中轴区窄线形，壳缝远缝端末端直；线纹辐射状排列，中部 26~28 条/10 μm，末端可达 35 条/10 μm。无壳缝面中轴区窄线形；线纹辐射状排列，中部 26~28 条/10 μm，末端可达 35 条/10 μm。

标本号：S2、S3、S4、S8、S12、S13、S15、S28、S33、S37、S59、S60、S61。

分布：堵河、汉江、神定河、泗河、坝下、鹳河、丹库、汉库、丹江。

10. 瘦曲丝藻（图版 165: 13-18, 21）

Achnanthidium exile (Kützing) Heiberg, 1863; Wojtal et al., 2011, p. 222, figs. 108-130.

壳面线形-披针形，末端头状；长 20~21 μm，宽 3.5~4 μm。具壳缝面中轴区窄线形-披针形；中央区小椭圆形；线纹辐射状排列，中部 26~28 条/10 μm。无壳缝面中轴区窄线形-披针形；线纹辐射状排列，中部 26~28 条/10 μm。

标本号：S2、S3、S6、S24、S25、S26、S30、S33。

分布：堵河、汉江、磨沟河、金竹河、鹳河。

11. 纤细曲丝藻（图版 166: 1-4）

Achnanthidium gracillimum (Meister) Lange-Bertalot, 2004; Meister, 1912, p. 234, pl. XII, figs. 21-22.

壳面线形-披针形，末端头状；长 24.5~26.5 μm，宽 3 μm。具壳缝面中轴区窄线形-披针形；中央区小；线纹近平行状排列，中部 16~17 条/10 μm。无壳缝面中轴区窄线形-披针形；线纹近平行状排列，中部 15~18 条/10 μm。

标本号：S28、S32、S54、S59、S85、S89。

分布：鹳河、汉库、干渠白河段、天津。

12. 日本曲丝藻（图版 166: 5-6）

Achnanthidium japonicum (Kobayasi ex Kobayasi, Nagumo & Mayama) Kobayasi, 1997, p. 156, figs. 41-57.

壳面线形，末端圆形；长 11 μm，宽 3.5 μm。具壳缝面中轴区窄线形；中央区小；线纹近平行状排列，中部 24 条/10 μm。无壳缝面中轴区窄线形-披针形；线纹近平行状排列，中部 24 条/10 μm。

标本号：S11。

分布：汉江。

13. 三角帆曲丝藻（图版 166: 7-14）

Achnanthidium laticephalum Kobayasi, 1997, p. 151, figs. 19-40.

壳面线形-披针形，末端头状；长 16.5～20 μm，宽 3.5～4 μm。具壳缝面中轴区窄线形；中央区小；线纹辐射状排列，中部 23～25 条/10 μm。无壳缝面中轴区窄线形；线纹辐射状排列，中部 22～23 条/10 μm，末端 30～32 条/10 μm。

标本号：S1、S2、S3、S4、S5、S6、S11、S12、S15、S19、S26、S28、S31、S32、S37、S38、S53、S57、S58、S59、S61、S73、S78、S85、S86、S87。

分布：堵河、汉江、神定河、坝下、丹库、金竹河、鹳河、汉库、泗河、丹江、干渠白河段、干渠刁河段。

14. 极小曲丝藻（图版 167: 1-6, 13-14）

Achnanthidium minutissimum (Kützing) Czarnecki, 1994; Kützing, 1833, p. 578, fig. 54.

壳面线形-披针形，末端圆形；长 11～14 μm，宽 2.5～3 μm。具壳缝面中轴区窄线形；壳缝远缝端末端直；线纹辐射状排列，中部 22～24 条/10 μm。无壳缝面中轴区窄线形；线纹辐射状排列，中部 24～26 条/10 μm。

分布：广泛分布。

15. 庇里牛斯曲丝藻（图版 168: 1-6, 13-14）

Achnanthidium pyrenaicum (Hustedt) Kobayasi, 1997, p. 148, figs. 1-18.

壳面线形-披针形，末端亚喙状；长 17.5～21 μm，宽 3.5～4 μm。具壳缝面中轴区窄线形；中央区小，呈不规则的横矩形；线纹近平行状排列，中部 18～22 条/10 μm。无壳缝面中轴区窄线形；线纹近平行状排列，中部 18～19 条/10 μm。

标本号：S1、S3、S5、S6、S21、S22、S23、S24、S25、S28、S85、S86。

分布：堵河、汉江、磨沟河、鹳河、干渠白河段、干渠刁河段。

16. 清溪曲丝藻（图版 167: 7-12, 15）

Achnanthidium qingxiense You, Yu & Wang in Yu et al., 2022, p. 18, figs. 1 AE-AS, 6-9.

壳面线形-披针形，末端圆形；长 21～27 μm，宽 4～4.5 μm。具壳缝面中轴区窄线形-披针形；线纹中部微辐射状排列，末端近平行状排列，中部 20~25 条/10 μm，末端 42~44 条/10 μm。无壳缝面中轴区窄线形；线纹近平行状排列，中部 20~24 条/10 μm，末端 32~34 条/10 μm。

标本号：S1、S31、S87。

分布：堵河、鹳河、干渠刁河段。

17. 河流曲丝藻（图版 163: 1-6, 13-14）

Achnanthidium rivulare Potapova & Ponader, 2004, p. 36, figs. 1-18, 28-43.

壳面线形椭圆形，末端圆形，长 9.5~17 μm，宽 4~4.5 μm。具壳缝面中轴区窄线形-披针形；壳缝远缝端末端弯向同一侧；线纹中部近平行状排列，末端辐射状排列，中部 24~28 条/10 μm，末端 40 条/10 μm。无壳缝面中轴区窄线形-披针形；线纹近平行状排列，22~24 条/10 μm。

标本号：S2、S11、S15、S20、S21、S22、S23、S24、S25、S33、S85、S86、S89。

分布：堵河、神定河、坝下、丹库、磨沟河、鹳河、干渠白河段、干渠刁河段、天津。

18. 喙状庇里牛斯曲丝藻（图版 169: 1-4, 13）

Achnanthidium rostropyrenaicum Jüttner & Cox in Jüttner et al., 2011, p. 49, figs. 2-13.

壳面线形-披针形，末端喙状；长 16.5~26.5 μm，宽 4.5~5 μm。具壳缝面中轴区窄线形-披针形；中央区小；线纹近平行状排列，中部 18~20 条/10 μm。无壳缝面中轴区窄线形；线纹近平行状排列，17~20 条/10 μm。

标本号：S1、S3、S22、S23、S24、S86。

分布：堵河、磨沟河、干渠刁河段。

19. 近原子曲丝藻（图版 169: 5-8, 14-15）

Achnanthidium subatomus (Hustedt) Lange-Bertalot, 1999; Hustedt, 1939, p. 554, pl. 25, figs. 1-2.

壳面线形-披针形，末端圆形；长 13~14 μm，宽 3.5~4 μm。具壳缝面中轴区窄线形-披针形，在中部微变宽；线纹中部近平行状排列，末端辐射状排列，中部 20~22 条/10 μm。无壳缝面中轴区窄线形，在中部微变宽；线纹中部近平行状排列，末端辐射状排列，20 条/10 μm。

标本号：S1、S22、S24、S28。

分布：堵河、磨沟河、鹳河。

20. 近赫德森曲丝藻（图版 169: 9-12）

Achnanthidium subhudsonis (Hustedt) Kobayasi, 2006; Hustedt, 1921, p. 144, figs. 9-12.

壳面线形-披针形，末端尖圆形；长 10.5~12 μm，宽 3.5~4 μm。具壳缝面中轴区线形-披针形；线纹辐射状排列，中部 22~24 条/10 μm。无壳缝面中轴区线形-披针形；

线纹辐射状排列，20～22 条/10 μm。

　　标本号：S1、S2、S9、S33。

　　分布：堵河、神定河、鹳河。

高氏藻属 *Gogorevia* Kulikovskiy, Glushchenko, Maltsev & Kociolek, 2020

　　壳体异面。壳面披针形椭圆形，末端圆形、喙状或头状。具壳缝面近缝端直，远缝端弯向壳面相反方向，中央区横矩形；无壳缝面中央区不对称。两壳面线纹均辐射状，由单列孔纹组成。

1. 缢缩高氏藻（图版 170: 7-9）

Gogorevia constricta (Torka) Kulikovskiy & Kociolek, 2020; Torka, 1909, p. 125, 131, fig. 3a.

　　壳面线形椭圆形，中部缢缩，末端近喙状；长 14～15.5 μm，宽 6～6.5 μm。具壳缝面中轴区窄线形；中央区矩形；线纹辐射状排列，35 条/10 μm。无壳缝面中轴区窄线形-披针形；中央区不对称，线纹辐射状排列，16～18 条/10 μm。

　　标本号：S2、S15。

　　分布：堵河、坝下。

2. 短小高氏藻（图版 170: 1-5, 13-14）

Gogorevia exilis (Kützing) Kulikovskiy & Kociolek, 2020; Kützing, 1844, p. 105, pl. 30, fig. 21.

　　壳面线形椭圆形，末端头状；长 11～13 μm，宽 4.5～5 μm。具壳缝面中轴区窄线形；中央区矩形；线纹辐射状排列，26～34 条/10 μm。无壳缝面中轴区窄线形；中央区不对称；线纹辐射状排列，25～26 条/10 μm。

　　标本号：S8、S9、S13、S14、S15、S33、S56。

　　分布：神定河、泗河、坝下、鹳河。

3. 异壳高氏藻（图版 170: 6）

Gogorevia heterovalvum (Krasske) Czarnecki, 1994; Krasske, 1923, p. 193, fig. 9(a-b).

　　壳面线形椭圆形，末端头状；长 15 μm，宽 5 μm。具壳缝面中轴区窄线形；中央区矩形；线纹辐射状排列，25 条/10 μm。

　　标本号：S58。

　　分布：汉库。

4. 宽轴高氏藻（图版 170: 10-12）

Gogorevia profunda (Skvortsov) Yu & You, 2023; Skvortsov, 1937, p. 312, pl. 5, figs. 3, 26, 31, 37.

　　壳面线形椭圆形，末端喙状；长 13～15 μm，宽 6～6.5 μm。无壳缝面中轴区宽披针形；中央区不对称，线纹辐射状排列，17～18 条/10 μm。

标本号：S15、S33。

分布：坝下、鹳河。

片状藻属 *Platessa* Lange-Bertalot, 2004

壳体异面。壳面多椭圆形至椭圆形披针形。具壳缝面，壳缝直，近缝端略膨大，远缝端直，中央区圆形、椭圆形或横矩形；中轴区窄线形；线纹由单列或双列点纹组成。无壳缝面，中轴区宽披针形；线纹由双列点纹组成。

1. 胡斯特片状藻（图版 171: 1-6, 13-14）

Platessa hustedtii (Krasske) Lange-Bertalot, 2004; Krasske, 1923, p. 193, fig. 10(a-b).

壳面椭圆形，末端圆形；长 11～13 μm，宽 4.5～5.5 μm。具壳缝面中轴区窄线形；中央区矩形或椭圆形；线纹辐射状排列，15～18 条/10 μm。无壳缝面中轴区宽披针形；线纹辐射状排列，16～18 条/10 μm。

标本号：S3、S9、S13、S14、S20、S21、S22、S23、S24、S25、S55、S56、S57。

分布：堵河、神定河、泗河、丹库、磨沟河。

2. 齐格勒片状藻（图版 171: 7-12）

Platessa ziegleri (Lange-Bertalot) Krammer & Lange-Bertalot, 2004, p. 445, pl. 23, figs. 33-38.

壳面呈椭圆形，末端近头状；壳面长 6～9 μm，宽 4～4.5 μm。具壳缝面中轴区窄线形，最中间的 2 条线纹略增宽；形成窄横矩形中央区；线纹微辐射状排列，20～24 条/10 μm。无壳缝面中轴区窄线形；无中央区或在壳面中部线纹间距略增宽；线纹微辐射状排列，24～26 条/10 μm。

标本号：S8、S9、S28。

分布：神定河、鹳河。

卡氏藻属 *Karayevia* Round & Bukhtiyarova ex Round, 1998

壳体异面。壳面椭圆形至披针形，末端圆形、喙状或头状。具壳缝面中轴区窄线形，中央区微扩大；壳缝直线形，近缝端膨大，远缝端向相同方向弯曲；线纹放射状排列，由长圆形孔纹组成。无壳缝面中轴区窄线形；无中央区；线纹近平行排列，由小圆形孔纹组成。

1. 克里夫卡氏藻（图版 172: 1-5, 13）

Karayevia clevei (Grunow) Bukhtiyarova, 1999; Cantonati et al., 2017, p. 347, pl. 26, figs. 47-52.

壳面线形-披针形，末端圆形；长 11.5～16 μm，宽 5～5.5 μm。具壳缝面中轴区窄线形-披针形；线纹辐射状排列，20～21 条/10 μm。无壳缝面中轴区窄线形；线纹辐射状排列，13～14 条/10 μm。

标本号：S2、S15、S16、S21、S22、S23、S24、S25、S64、S85、S89。

分布：堵河、坝下、磨沟河、滔河、干渠白河段、天津。

附萍藻属 *Lemnicola* Round & Basson, 1997

壳体异面。壳面线形至线形椭圆形，末端略尖圆。具壳缝面中轴区窄线形，中央区呈不对称的横矩形；壳缝直线形，近缝端微膨大，远缝端微向相反方向弯曲。无壳缝面中轴区线形-披针形；中央区不明显或小的横矩形；两壳面线纹均由双列孔纹组成。

1. 匈牙利附萍藻（图版 173: 1-6, 12-13）

Lemnicola hungarica (Grunow) Round & Basson, 1997, p. 77, figs. 4-7, 26-31.

壳面线形椭圆形，末端近喙状；长 13～30 μm，宽 5.5～7 μm。具壳缝面中轴区窄线形；中央区呈不对称的横矩形。无壳缝面中轴区窄线形；中央区小。具壳缝面线纹辐射状排列，双列孔纹组成，18～22 条/10 μm；无壳缝面线纹近平行状排列，双列孔纹组成，20～21 条/10 μm。

标本号：S8、S9、S10、S13、S14、S27、S30、S33、S56、S61。

分布：神定河、泗河、鹳河、丹江。

平面藻属 *Planothidium* Round & Bukhtiyarova, 1996

壳体异面。壳面椭圆形至披针形，末端圆形，喙状或头状。具壳缝面近缝端直，远缝端弯向壳面同侧。无壳缝面中央区两侧不对称，一侧具无纹区，部分种类无纹区内壳面具硅质增厚，部分种类无纹区内壳面被隆起的帽状结构覆盖。两壳面线纹均放射排列由多列孔纹组成。

1. 隐披针平面藻（图版 172: 7-12）

Planothidium cryptolanceolatum Jahn & Abarca in Jahn et al., 2017, p. 100, figs. 59-75.

壳面线形-披针形，末端圆形；长 16.5～23 μm，宽 6～6.5 μm。具壳缝面中轴区线形；中央区横矩形；线纹辐射状排列，由多列孔纹组成，13 条/10 μm。无壳缝面中轴区窄线形；中央区一侧具凹陷；线纹微辐射状排列，13～14 条/10 μm。

标本号：S13、S21。

分布：泗河、磨沟河。

2. 椭圆平面藻（图版 173: 7-11）

Planothidium ellipticum (Cleve) Edlund, 2001; Cleve, 1891, p. 51, pl. 3, figs. 10-11.

壳面椭圆形，末端圆形；长 6～8.5 μm，宽 3.5～5 μm。具壳缝面中轴区窄线形；几乎无中央区；线纹辐射状排列，14～15 条/10 μm。无壳缝面中轴区窄线形；中央区一侧具凹陷；线纹辐射状排列，14～16 条/10 μm。

标本号：S8、S9、S13、S14、S21、S55、S56、S57。

分布：神定河、泗河、磨沟河。

3. 普生平面藻（图版 174: 1-6, 13-14）

Planothidium frequentissimum (Lange-Bertalot) Lange-Bertalot, 1999; Krammer & Lange-Bertalot, 1991b, p. 78, pl. 44, figs. 1-3, 15, pl. 45, fig. 18.

壳面椭圆形，末端圆形；长 10～11.5 μm，宽 4.5～5 μm。具壳缝面中轴区线形；中央区小；线纹辐射状排列，由多列孔纹组成，12～14 条/10 μm。无壳缝面中轴区窄线形；中央区一侧具空腔；线纹辐射状排列，由多列孔纹组成，13～16 条/10 μm。

标本号：S2、S3、S5、S8、S9、S10、S13、S24、S28、S31、S66。

分布：堵河、汉江、神定河、泗河、磨沟河、鹳河、丹江。

4. 普生平面藻马格南变种（图版 174: 7-12, 15）

Planothidium frequentissimum var. *magnum* (Straub) Lange-Bertalot, 1999; Straub, 1985, p. 139, pl. 10, fig. 142, pl. 11, fig. 142 b.

壳面线形-披针形，末端圆形；长 18～25 μm，宽 6～7 μm。具壳缝面中轴区线形；中央区横矩形；线纹辐射状排列，12～13 条/10 μm。无壳缝面中轴区窄线形；中央区一侧具空腔；线纹近平行状排列，由多列孔纹组成，12～14 条/10 μm。

标本号：S9、S13、S14、S21、S33、S55、S56、S57、S72。

分布：神定河、泗河、磨沟河、鹳河、丹库。

5. 普生平面藻小型变种（图版 175: 1-5, 11-12）

Planothidium frequentissimum var. *minus* (Schulz) Lange-Bertalot, 1999, Schulz, 1926, p. 191, fig. 42.

壳面椭圆形，末端圆形；长 8.5～10 μm，宽 4～4.5 μm。具壳缝面中轴区窄线形-披针形。无壳缝面中轴区窄线形-披针形；中央区一侧具空腔。两个壳面线纹均辐射状排列，由多列孔纹组成，具壳缝面线纹 12～14 条/10 μm，无壳缝面线纹 16 条/10 μm。

标本号：S8、S9、S13、S14、S15、S16、S28。

分布：神定河、泗河、坝下、鹳河。

6. 忽略平面藻（图版 175: 6-10）

Planothidium incuriatum Wetzel, Van de Vijver & Ector in Wetzel et al., 2013, p. 49, figs. 19-36, 51-89.

壳面披针形，末端近喙状；长 14～17 μm，宽 5～6 μm。具壳缝面中轴区线形；中央区横椭圆形。无壳缝面中轴区窄线形-披针形；中央区一侧具空腔。两个壳面线纹均微辐射状排列，由多列孔纹组成，具壳缝面线纹 14～16 条/10 μm，无壳缝面线纹 15～16 条/10 μm。

标本号：S20、S23。

分布：丹库、磨沟河。

7. 披针形平面藻（图版 176: 1-6, 13-14）

Planothidium lanceolatum (Brébisson ex Kützing) Lange-Bertalot, 1999; Krammer & Lange-Bertalot, 1991b, p. 75, figs. 1-8, 25.

壳面披针形，末端圆形；长 18～21.5 μm，宽 5.5～7 μm。具壳缝面中轴区线形；中央区横矩形；线纹辐射状排列，由多列孔纹组成，11～12 条/10 μm。无壳缝面窄线形；中央区一侧具凹陷；线纹辐射状排列，由多列孔纹组成，11～12 条/10 μm。

标本号：S1、S14、S21、S57。

分布：堵河、泗河、磨沟河。

8. 赖夏特平面藻（图版 176: 7-12, 15）

Planothidium reichardtii Lange-Bertalot & Werum, 2004, p. 172, pl. 15, figs. 9-18, pl. 16, figs. 1-5.

壳面线形-披针形，末端近喙状至喙状；长 8～14 μm，宽 4～4.5 μm。具壳缝面中轴区线形；中央区小；线纹辐射状排列，由多列孔纹组成，13～16 条/10 μm。无壳缝面中轴区窄线形；中央区一侧具凹陷；线纹辐射状排列，12～15 条/10 μm。

标本号：S21。

分布：磨沟河。

9. 喙头平面藻（图版 177: 1-6, 13-14）

Planothidium rostratum (Østrup) Lange-Bertalot, 1999; Østrup, 1902, p. 35, pl. I, fig. 11.

壳面线形椭圆形，末端喙状；长 11.5～15 μm，宽 5～5.5 μm。具壳缝面中轴区线形；中央区小；线纹辐射状排列，由多列孔纹组成，14～15 条/10 μm。无壳缝面中轴区窄线形；中央区一侧具空腔；线纹辐射状排列，由多列孔纹组成，14～15 条/10 μm。

标本号：S15、S16、S21、S23、S24、S28、S29、S30、S31、S32、S33。

分布：坝下、磨沟河、鹳河。

10. 维氏平面藻（图版 177: 7-12, 15）

Planothidium victorii Novis, Braidwood & Kilroy in Novis et al., 2012, p. 22, figs. 26-41.

壳面线形椭圆形，末端圆形；长 14～19.5 μm，宽 5～5.5 μm。具壳缝面中轴区线形；中央区椭圆形；线纹辐射状排列，由多列孔纹组成，12～13 条/10 μm。无壳缝面中轴区窄线形-披针形；中央区一侧具空腔；线纹辐射状排列，13～14 条/10 μm。

标本号：S8、S15、S16。

分布：神定河、坝下。

真卵形藻属 *Eucocconeis* Cleve ex Meister, 1912

壳体异面，部分种类的壳体沿纵轴扭曲。壳面线形椭圆形至披针形，末端圆形或略延长呈喙状，中央区明显扩大。具壳缝面，远缝端弯向壳面两相反方向，形成近"S"

形壳缝。无壳缝面，胸骨也呈"S"形。两壳面线纹均由单列小圆形孔纹组成。

1. 平滑真卵形藻（图版 172: 6）

Eucocconeis laevis (Østrup) Lange-Bertalot, 1999; Østrup, 1910, p. 130, pl. III, fig. 80.

壳面椭圆形，末端宽圆形；长 16 μm，宽 6.5 μm。无壳缝面中轴区窄线形；中央区大，不对称的椭圆形；线纹辐射状排列，28 条/10 μm。

标本号：S87。

分布：干渠刁河段。

双菱藻目 Surirellales

杆状藻科 Bacillariaceae

杆状藻属 *Bacillaria* Gmelin, 1788

细胞形成形状可变、可运动的带状群体。壳面线形至披针形，末端尖喙状。管壳缝位于壳面近中部，在壳面中部连续，龙骨突呈弓形与壳面相连。线纹由单列孔纹组成。

1. 奇异杆状藻（图版 178: 1-6）

Bacillaria paxillifera (Müller) Marsson, 1901; 王全喜, 2018, p. 11, pl. I, figs. 1-4.

壳面线形，末端喙状；长 69～90.5 μm，宽 4.5～6.5 μm。壳缝位于中线或稍离心，龙骨突清晰，6～8 个/10 μm；线纹 23～26 条/10 μm。

标本号：S11、S13、S14、S15、S19、S28、S30、S33、S64。

分布：汉江、泗河、坝下、丹库、鹳河、滔河。

菱形藻属 *Nitzschia* Hassall, 1845

细胞单生或连接成链状或星状群体。壳面直或略"S"形，呈线形、披针形或椭圆形，末端形态多样；壳缝位于略隆起的龙骨上，沿壳面呈镜面对称或对角线对称，中缝端有或无，具形状多样的龙骨突。线纹由单列孔纹组成。

1. 针形菱形藻（图版 179: 1-4, 15-16）

Nitzschia acicularis (Kützing) Smith, 1853, p. 43, pl. 15, fig. 122.

壳面线形-披针形，末端延长呈喙状；长 55～68.5 μm，宽 3.5～4 μm。龙骨突 15～17 个/10 μm，线纹细密，在光学显微镜下难以分辨。

标本号：S1、S3、S5、S6、S7、S8、S13、S15、S16、S18、S19、S24、S26、S27、S28、S37、S55、S57、S63、S73。

分布：堵河、汉江、神定河、泗河、坝下、丹库、磨沟河、金竹河、鹳河、丹库、滔河。

2. 阿格纽菱形藻（图版 179: 5-7）

Nitzschia agnewii Cholnoky, 1962, p. 94, figs. 18-19.

壳面线形-披针形，末端延长呈喙状；长 15～26 μm，宽 2.5～3 μm。龙骨突 20～22 个/10 μm，线纹细密，在光学显微镜下难以分辨。

标本号：S6、S7、S26。

分布：汉江、金竹河。

3. 两栖菱形藻（图版 179: 10-14, 17-18）

Nitzschia amphibia Grunow, 1862, p. 574, pl. 28, fig. 23.

壳面线形-披针形，末端延长呈喙状；长 16～36.5 μm，宽 3.5～4.5 μm。龙骨突 7～9 个/10 μm，线纹 16～18 条/10 μm。

标本号：S1、S2、S3、S4、S5、S6、S8、S9、S10、S13、S14、S15、S16、S17、S18、S21、S26、S27、S29、S30、S33、S37、S38、S53、S55、S56、S57、S58、S59、S60、S73。

分布：堵河、汉江、神定河、泗河、坝下、丹库、磨沟河、金竹河、鹳河、丹库、汉库。

4. 金色菱形藻（图版 179: 8-9）

Nitzschia aurariae Cholnoky, 1966, p. 165, figs. 9-11, 15-18.

壳面线形，末端圆形；长 13.5 μm，宽 2.5～3 μm。龙骨突 15～18 个/10 μm，线纹细密，在光学显微镜下难以分辨。

标本号：S30。

分布：鹳河。

5. 杆状菱形藻（图版 180: 1-2）

Nitzschia bacillum Hustedt, 1922, p. 149, pl. 10, figs. 51-52.

壳面线形-披针形，末端近喙状；长 14 μm，宽 3.5 μm。龙骨突 12 个/10 μm，线纹 25～28 条/10 μm。

标本号：S1。

分布：堵河。

6. 小头端菱形藻（图版 180: 4-7, 14）

Nitzschia capitellata Hustedt, 1930, p. 414, fig. 792.

壳面线形-披针形，末端小头状；长 30～47 μm，宽 3.4～4 μm。龙骨突 12～15 个/10 μm，线纹细密，在光学显微镜下难以分辨。

标本号：S1、S8、S10、S15、S17。

分布：堵河、神定河、坝下、丹库。

7. 克劳斯菱形藻（图版 180: 10-13）

Nitzschia clausii Hantzsch, 1860, p. 40, pl. 6, fig. 7.

壳面线形，略呈"H"形，末端延长呈圆形；长 30～42.5 μm，宽 3.5～4.5 μm。龙骨突 9～10 个/10 μm，线纹 31～34 条/10 μm。

标本号：S13、S14、S30、S55、S56、S57、S60。

分布：泗河、鹳河、汉库。

8. 细端菱形藻（图版 181: 1-5, 8-9）

Nitzschia dissipata (Kützing) Rabenhorst, 1860; Kützing, 1844, p. 64, pl. 14, fig. 3.

壳面披针形，末端喙状或头状；长 18～52.5 μm，宽 3.5～4.5 μm。壳缝龙骨稍离心，龙骨突 6～8 个/10 μm，线纹细密，在光学显微镜下难以分辨。

标本号：S1、S5、S15、S16、S22、S31、S32、S60、S71、S85、S87、S88。

分布：堵河、汉江、坝下、磨沟河、鹳河、汉库、淇河、干渠白河段、干渠刁河段。

9. 多样菱形藻（图版 181: 6-7, 10）

Nitzschia diversa Hustedt, 1959a, p. 436, figs. 14-17.

壳面线形，末端小头状；长 49.5～57.5 μm，宽 4 μm。壳缝龙骨稍离心，龙骨突 10～11 个/10 μm，线纹 26～29 条/10 μm。

标本号：S3、S5、S6、S13、S14、S15、S16、S19、S31、S37、S53、S56、S58、S59、S88。

分布：堵河、汉江、泗河、坝下、丹库、鹳河、丹库、汉库、干渠刁河段。

10. 额雷菱形藻（图版 182: 4-6）

Nitzschia eglei Lange-Bertalot in Lange-Bertalot & Krammer, 1987, p. 15, pl. 28, figs. 1-3.

壳面线形-披针形，末端头状；长 132.5～166 μm，宽 5～5.5 μm。壳缝龙骨稍离心，龙骨突 8～12 个/10 μm，线纹 31～33 条/10 μm。

标本号：S15。

分布：坝下。

11. 纤细菱形藻（图版 183: 1-2）

Nitzschia exilis Sovereign, 1958, p. 131, pl. 4, fig. 78.

壳面线形-披针形，末端延长呈喙状；长 37～46.5 μm，宽 2.5～3 μm。龙骨突 13～15 个/10 μm，线纹细密，在光学显微镜下难以分辨。

标本号：S5、S11。

分布：汉江、神定河。

12. 丝状菱形藻（图版 183: 3-5）

Nitzschia filiformis (Smith) Van Heurck, 1896, p. 406, pl. 33, fig. 882.

壳面线形-披针形，微呈"S"形，末端钝圆形；长 58~48 μm，宽 4~4.5 μm。龙骨突 8~10 个/10 μm，线纹 31~32 条/10 μm。

标本号：S13、S14、S29、S39、S55、S56、S57。

分布：泗河、鹳河、汉库。

13. 泉生菱形藻（图版 183: 8-13）

Nitzschia fonticola (Grunow) Grunow, 1881; 王全喜, 2018, p. 42, pl. XXVII, figs. 11-20.

壳面线形-披针形，末端近喙状；长 17.5~25.5 μm，宽 3~4 μm。龙骨突 13~15 个/10 μm，线纹 29~32 条/10 μm。

标本号：S2、S15、S16、S33。

分布：堵河、坝下、鹳河。

14. 频繁菱形藻（图版 183: 6-7）

Nitzschia frequens Hustedt, 1957, p. 348, figs. 52-54.

壳面线形-披针形，中部略缢缩，末端头状；长 61.5~65 μm，宽 4 μm。龙骨突 13~14 个/10 μm，线纹 23~24 条/10 μm。

标本号：S13、S14、S55、S56、S57。

分布：泗河。

15. 小片菱形藻（图版 184: 1-6, 12-13）

Nitzschia frustulum (Kützing) Grunow, 1880; 王全喜, 2018, p. 45, pl. XXV, figs. 48-54.

壳面线形-披针形，末端钝圆；长 17~26 μm，宽 2.5~3 μm。龙骨突 11~13 个/10 μm，线纹 22~26 条/10 μm。

标本号：S3、S4、S6、S8、S19、S26、S28、S30、S32。

分布：堵河、汉江、神定河、丹库、金竹河、鹳河。

16. 盖特勒菱形藻（图版 182: 1-3）

Nitzschia geitleri Hustedt, 1959b, p. 418, figs. 20-21.

壳面线形-披针形，末端头状；长 248~315.5 μm，宽 7~7.5 μm。壳缝龙骨稍离心，龙骨突 10~11 个/10 μm，线纹细密，在光学显微镜下难以分辨。

标本号：S15、S16。

分布：坝下。

17. 细长菱形藻（图版 184: 7-8）

Nitzschia gracilis Hantzsch, 1860, p. 40, pl. 6, fig. 8.

壳面线形-披针形，末端延伸呈长喙状；长 43.5～54 μm，宽 3.5～4 μm。龙骨突 15～16 个/10 μm，线纹细密，在光学显微镜下难以分辨。

标本号：S1。

分布：堵河。

18. 细长菱形藻针形变型（图版 184: 9-11）

Nitzschia gracilis f. *acicularoides* Coste & Ricard, 1980, p. 191, pl. 1, fig. 2.

壳面线形-披针形，末端延长呈喙状；长 62.5～79 μm，宽 3～3.5 μm。龙骨突 11～12 个/10 μm，线纹 27～28 条/10 μm。

标本号：S11、S26、S61、S72。

分布：神定河、金竹河、大石桥、丹库。

19. 汉氏菱形藻（图版 185: 1-3, 14）

Nitzschia hantzschiana Rabenhorst, 1860, p. 40, pl. 6, fig. 6.

壳面线形，末端头状；长 17.5～21 μm，宽 3～4 μm。龙骨突 10～12 个/10 μm，线纹 23～24 条/10 μm。

标本号：S1、S8、S9、S14、S30。

分布：堵河、神定河、泗河、鹳河。

20. 黏帽菱形藻（图版 180: 8-9）

Nitzschia homburgiensis Lange-Bertalot, 1978, p. 650, pl. 3, figs. 27-30.

壳面线形，中部缢缩，末端小头状；长 30～32 μm，宽 4～4.5 μm。龙骨突 6～8 个/10 μm，线纹细密，在光学显微镜下难以分辨。

标本号：S60。

分布：汉库。

21. 平庸菱形藻（图版 185: 8-13）

Nitzschia inconspicua Grunow, 1862, p. 579, pl. 28, fig. 25.

壳面线形-披针形，末端尖圆形；长 5.5～10 μm，宽 2～2.5 μm。龙骨突 12～14 个/10 μm，线纹 22～28 条/10 μm。

标本号：S1、S2、S3、S5、S8、S11、S12、S13、S14、S19、S28、S30、S31、S33。

分布：堵河、汉江、神定河、泗河、丹库、鹳河。

22. 中型菱形藻（图版 185: 4-7）

Nitzschia intermedia Hantzsch ex Cleve & Grunow, 1880; 王全喜, 2018, p. 37, pl. XXXI, figs. 1-5.

壳面线形；长 70~75.5 μm，宽 4 μm。龙骨突 10~11 个/10 μm，线纹 24~25 条/10 μm。

标本号：S2、S7、S11、S26、S30、S61。

分布：堵河、汉江、神定河、金竹河、鹳河、丹江。

23. 拉库姆菱形藻（图版 186: 1-4）

Nitzschia lacuum Lange-Bertalot, 1980c, p. 49, figs. 91-97.

壳面线形-披针形，末端喙状；长 21~24.5 μm，宽 2.5~3 μm。龙骨突 12~13 个/10 μm，线纹 29~31 条/10 μm。

标本号：S1、S2、S3、S8、S14、S17、S28、S30、S58、S59、S61、S71、S72。

分布：堵河、神定河、泗河、丹库、鹳河、汉库、丹江、淇河。

24. 线形菱形藻（图版 186: 5-7, 10）

Nitzschia linearis Smith, 1853, p. 39, pl. 13, fig. 110.

壳面线形-披针形，末端头状；长 76.5~98.5 μm，宽 4.5~5 μm。龙骨突 9~11 个/10 μm，线纹 30~32 条/10 μm。

标本号：S3、S21、S28。

分布：堵河、磨沟河、鹳河。

25. 钝端菱形藻（图版 187: 1-4）

Nitzschia obtusa Smith, 1853; 王全喜, 2018, p. 19, pl. X, figs. 1-3.

壳面线形，微"S"形弯曲，末端钝圆形；长 65~129 μm，宽 6.5~8 μm。龙骨突 7~8 个/10 μm，线纹 32~34 条/10 μm。

标本号：S30。

分布：鹳河。

26. 谷皮菱形藻（图版 187: 5-8, 11）

Nitzschia palea (Kützing) Smith, 1856; 王全喜, 2018, p. 40, pl. XXVII, figs. 1-11.

壳面线形-披针形；长 20~35.5 μm，宽 4.5~5 μm。龙骨突 10~14 个/10 μm，线纹细密，在光学显微镜下不易看清。

分布：广泛分布。

27. 谷皮菱形藻细喙变种（图版 180: 3）

Nitzschia palea var. *tenuirostris* Grunow in Van Heurck, 1881, pl. 69, fig. 13.

壳面线形-披针形，末端喙状；长 59 μm，宽 4 μm。龙骨突 11 个/10 μm，线纹细密，在光学显微镜下难以分辨。

标本号：S13。

分布：泗河。

28. 稻皮菱形藻（图版 187: 9-10）

Nitzschia paleacea (Grunow) Grunow in Van Heurck, 1881, pl. 68, figs. 9-10.

壳面线形-披针形；长 25～36.5 μm，宽 2 μm。龙骨突 14～15 个/10 μm，线纹细密，在光学显微镜下难以分辨。

标本号：S1。

分布：堵河。

29. 谷皮型菱形藻（图版 188: 1-4, 9）

Nitzschia paleaeformis Hustedt, 1950, p. 439, pl. 39, figs. 6-14.

壳面线形-披针形；长 22.5～35 μm，宽 2.5～3 μm。龙骨突 5～7 个/10 μm，线纹细密，在光学显微镜下不易看清。

标本号：S7、S8、S27、S30。

分布：汉江、神定河、鹳河。

30. 直菱形藻（图版 188: 6-8, 10）

Nitzschia recta Hantzsch ex Rabenhorst, 1862；王全喜, 2018, p. 18, pl. VI, figs. 5-8.

壳面线形-披针形，末端尖头或近圆头状；长 78～84 μm，宽 4～6 μm。龙骨突 5～7 个/10 μm，线纹细密，在光学显微镜下不易看清。

标本号：S1、S8、S13、S14、S15、S23、S26、S31、S55、S56、S57、S85。

分布：堵河、神定河、泗河、坝下、磨沟河、金竹河、鹳河、干渠白河段。

31. 规则菱形藻（图版 189: 3-5）

Nitzschia reguloides Cholnoky, 1954, p. 221, pl. 4, fig. 101.

壳面线形-披针形，末端尖喙状；长 60～82.5 μm，宽 5.5～6 μm。龙骨突 10～11 个/10 μm，线纹 26～30 条/10 μm。

标本号：S8、S9、S10、S13、S15、S16、S26、S27、S28、S30、S32、S38。

分布：神定河、泗河、坝下、金竹河、鹳河、汉库。

32. 斜方矛状菱形藻（图版 188: 5）

Nitzschia rhombicolancettula Lange-Bertalot & Werum, 2014, p. 123, figs. 1-2.

壳面线形-披针形至菱形，末端延伸呈喙状；长 16.5 μm，宽 4 μm。龙骨突 12 个/10 μm，线纹 26 条/10 μm。

标本号：S14。

分布：泗河。

33. 山西菱形藻（图版 197: 1-6, 13-14）

Nitzschia shanxiensis Liu & Xie, 2017, p. 229, figs. 1-12, 25-30.

壳面披针形，中部明显缢缩，末端喙状；长 14.5～18.5 μm，宽 3.5～4.5 μm。龙骨突 6～7 个/10 μm，线纹 22～23 条/10 μm。

标本号：S20、S24、S25、S33、S54、S60。

分布：丹库、磨沟河、鹳河、汉库。

34. 类 S 状菱形藻（图版 189: 1-2）

Nitzschia sigmoidea (Nitzsch) Smith, 1853; 王全喜, 2018, p. 15, pl. II, figs. 1-2.

壳面呈"S"形；长 357 μm，宽 12 μm。龙骨突 5 个/10 μm，线纹 24 条/10 μm。

标本号：S15、S16、S86。

分布：坝下、干渠刁河段。

35. 近针形菱形藻（图版 190: 1-3, 11）

Nitzschia subacicularis Hustedt, 1938, p. 490, pl. 41, fig. 12.

壳面线形-披针形，末端长楔形；长 26～34.5 μm，宽 2～2.5 μm。龙骨突 11～13 个/10 μm，线纹 28～30 条/10 μm。

标本号：S1、S2、S6、S7、S8、S10、S11、S13、S15、S16、S25、S26、S27、S29、S31、S33、S60、S61、S88。

分布：堵河、汉江、神定河、泗河、坝下、磨沟河、金竹河、鹳河、汉库、丹江、干渠刁河段。

36. 近粘连菱形藻斯科舍变种（图版 190: 4-6）

Nitzschia subcohaerens var. *scotica* (Grunow) Van Heurck, 1896; 王全喜, 2018, p. 22, pl. VIII, figs. 15-18.

壳面弯刀形，末端渐尖；长 58～60.5 μm，宽 3.5～4 μm。龙骨突 7～9 个/10 μm，线纹细密，在光学显微镜下不易看清。

标本号：S9、S30。

分布：神定河、鹳河。

37. 亚蝶形菱形藻（图版 190: 7-10）

Nitzschia subtilioides Hustedt, 1959a, p. 438, figs. 9-13.

壳面线形-披针形，末端头状；长 88.5～102.5 μm，宽 3～4 μm。龙骨突 9～11 个/10 μm，线纹 24～26 条/10 μm。

标本号：S9、S10、S15、S16、S28、S52、S62、S64。

分布：神定河、坝下、鹳河、汉库、滔河。

38. 细菱形藻（图版 186: 8-9）

Nitzschia tenuis Smith, 1853, p. 40, pl. 13, fig. 111.

壳面线形-披针形，末端延伸呈近喙状；长 82～85 μm，宽 3～4 μm。龙骨突 9～11 个/10 μm，线纹光学显微镜下不易看清。

标本号：S1、S26、S28。

分布：堵河、金竹河、鹳河。

39. 脐形菱形藻（图版 191: 1-6）

Nitzschia umbonata (Ehrenberg) Lange-Bertalot, 1978; 王全喜, 2018, p. 28, pl. XVI, figs. 10-16.

壳面线形，末端短喙状；长 68～80.5 μm，宽 6～7.5 μm。龙骨突 7～9 个/10 μm，线纹 20～25 条/10 μm。

标本号：S8、S13、S14、S15、S16、S28、S29、S30、S33、S38、S55、S56、S57、S61、S68、S71、S73、S80。

分布：神定河、泗河、坝下、鹳河、汉库、丹江、淇河、丹库。

40. 蠕虫状菱形藻（图版 191: 7）

Nitzschia vermicularis (Kützing) Hantzsch, 1860; Kützing, 1833, p. 555, pl. 14, fig. 34.

壳面线形-披针形，末端头状；长 119.5 μm，宽 4 μm。龙骨突 10 个/10 μm，线纹细密，在光学显微镜下难以分辨。

标本号：S26。

分布：金竹河。

西蒙森藻属 *Simonsenia* Lange-Bertalot, 1979

细胞单生。壳面披针形，末端渐尖；壳缘具明显隆起的龙骨，对角线对称，形成管状结构，壳缝位于其上；线纹多由双列孔纹组成。

1. 德洛西蒙森藻（图版 192: 1）

Simonsenia delognei (Grunow) Lange-Bertalot, 1979, p. 132, figs. 1-19.

壳面窄披针形，末端尖，略延长；长 10.5 μm，宽 2.5 μm。横肋纹 14 个/10 μm，线纹细密，在光学显微镜不可见。

标本号：S15。

分布：坝下。

菱板藻属 *Hantzschia* Grunow, 1877

细胞单生。壳面具背腹之分,腹侧凹入、直或微凸出,背侧弧形凸出,末端喙状或头状。线纹单排或双排,壳缝位于腹侧,两壳面壳缝位于同侧,具有龙骨突。

1. 丰富菱板藻(图版 192: 3-7, 14)

Hantzschia abundans Lange-Bertalot, 1993, p. 75, pl. 14, fig. 34.

壳面弓形,背侧略凸出,腹侧凹入,末端头状;长 43～58.5 μm,宽 7～8 μm。龙骨突 5～6 个/10 μm,线纹 15～20 条/10 μm。

标本号:S3、S4、S8、S12、S15、S16、S19、S26、S27、S28、S33、S38、S53、S55、S56、S58、S61、S64。

分布:堵河、汉江、神定河、坝下、丹库、金竹河、鹳河、汉库、泗河、丹江、滔河。

2. 两尖菱板藻(图版 192: 2, 8-10)

Hantzschia amphioxys (Ehrenberg) Grunow, 1880; 王全喜, 2018, p. 59, pl. XXXIV, figs. 1-12.

壳面弓形,背侧略凸出,腹侧凹入,末端喙状;长 24～36 μm,宽 4.5～5.5 μm。龙骨突 8～9 个/10 μm,线纹 21～24 条/10 μm。

标本号:S2、S3、S10、S56、S62。

分布:堵河、神定河、泗河、滔河。

3. 两尖菱板藻相等变种(图版 192: 11-13)

Hantzschia amphioxys var. *aequalis* Cleve-Euler, 1952; 王全喜, 2018, p. 60, pl. XXXV, figs. 3-8.

壳面背腹之分不明显,末端头状;长 25.5～44 μm,宽 5～7.5 μm。龙骨突 5～7 个/10 μm,线纹 20～23 条/10 μm。

标本号:S2、S6、S9、S26、S75。

分布:堵河、汉江、神定河、金竹河、丹库。

4. 嫌钙菱板藻(图版 193: 1-4, 8)

Hantzschia calcifuga Reichardt & Lange-Bertalot, 2004; 王全喜, 2018, p. 56, pl. XLII, figs. 1-12.

壳面弓形,背侧略凸出,腹侧中部微凹入,末端小头状;长 53.5～60.5 μm,宽 6～6.5 μm。龙骨突 5～6 个/10 μm,线纹 16～20 条/10 μm。

标本号:S26、S38、S56、S61、S73。

分布:金竹河、汉库、泗河、大石桥、丹库。

5. 仿密集菱板藻（图版 193: 5-7, 9）

Hantzschia paracompacta Lange-Bertalot, 2003; 王全喜, 2018, p. 59, pl. XXXIV, figs. 1-12.

壳面弓形，背侧略凸出，腹侧凹入，末端喙状；长 25～35 μm，宽 6.5～8 μm。龙骨突 6～7 个/10 μm，线纹 18～24 条/10 μm。

标本号：S3、S12、S19、S26、S28、S56、S61。

分布：堵河、汉江、丹库、金竹河、鹳河、泗河、丹江。

6. 近强壮菱板藻（图版 194: 1）

Hantzschia subrobusta You & Kociolek, 2003; 王全喜, 2018, p. 56, pl. XLII, figs. 1-3.

壳面弓形，背侧略凸出，腹侧中部明显凹入，端部凸出，末端窄喙状；长 168.5 μm，宽 12 μm。龙骨突 6 个/10 μm，线纹 17 条/10 μm。

标本号：S26。

分布：金竹河。

盘杆藻属 *Tryblionella* Smith, 1853

细胞单生。壳面椭圆形、线形或提琴形，末端钝圆或尖形；表面波状；壳缝位于龙骨上，具龙骨突。线纹由单排至多排的小圆形孔纹组成。

1. 尖锥盘杆藻（图版 194: 2-3）

Tryblionella acuminata Smith, 1853; 王全喜, 2018, p. 63, pl. LIII, figs. 7-8.

壳面宽线形，中部略凹入，末端尖圆；长 36～42.5 μm，宽 7.5～8.5 μm。龙骨突和线纹密度相等，11 个（条）/10 μm。

标本号：S9、S28。

分布：神定河、鹳河。

2. 渐窄盘杆藻（图版 194: 4-8）

Tryblionella angustata Smith, 1853; 王全喜, 2018, p. 62, pl. LII, figs. 1-10.

壳面线形，末端钝圆形；长 61.5～83.5 μm，宽 8.5～10 μm。龙骨突和线纹密度相等，11～13 个（条）/10 μm。

标本号：S15、S16、S28、S54、S60、S86、S87。

分布：坝下、鹳河、汉库、干渠刁河段。

3. 狭窄盘杆藻（图版 195: 4）

Tryblionella angustatula (Lange-Bertalot) Cantonati & Lange-Bertalot, 2017; 王全喜, 2018, p. 63, pl. LIII, figs. 1-6.

壳面线形，末端钝圆；长 13.5 μm，宽 3.5 μm。龙骨突和线纹密度相等，21

4. 细尖盘杆藻（图版 195: 1-3, 8）

Tryblionella apiculata Gregory, 1857；王全喜，2018, p. 64, pl. LIV, figs. 1-14.

壳面线形，末端喙状；长 39～57.5 μm，宽 5.5～6.5 μm。龙骨突和线纹密度相等，15～16 个（条）/10 μm。

标本号：S13、S14、S15、S28、S30、S55、S56、S57。

分布：泗河、坝下、鹳河。

5. 暖温盘杆藻（图版 195: 5-7, 9）

Tryblionella calida (Grunow) Mann, 1990；王全喜，2018, p. 66, pl. LVII, figs. 1-6.

壳面线形，两侧中部微凹入，末端短喙状；长 33～45.5 μm，宽 6.5～7.5 μm。龙骨突不明显，线纹 17～20 条/10 μm。

标本号：S8、S13、S14、S26、S28、S30、S55、S56、S57、S70、S73。

分布：神定河、泗河、金竹河、鹳河、淇河、丹库。

6. 柔弱盘杆藻（图版 196: 1）

Tryblionella debilis Arnott & Meara, 1873；Krammer & Langer-Bertalot, 1999, p. 270, pl. 27, figs. 5-10.

壳面线形椭圆形，末端圆形；长 18 μm，宽 8 μm。龙骨突和线纹密度相等，22 个（条）/10 μm。

标本号：S56。

分布：泗河。

7. 细长盘杆藻（图版 196: 2）

Tryblionella gracilis Smith, 1853；王全喜，2018, p. 66, pl. LVIII, figs. 1-4.

壳面线形椭圆形，末端钝圆形；长 100 μm，宽 18 μm。龙骨突 7 个/10 μm，线纹光学显微镜下不易看清。

标本号：S29。

分布：鹳河。

8. 匈牙利盘杆藻（图版 196: 3-4）

Tryblionella hungarica (Grunow) Frenguelli, 1942；王全喜，2018, p. 65, pl. LV, figs. 1-8.

壳面线形，末端喙状；长 64～68.5 μm，宽 6～7.5 μm。龙骨突 9～10 个/10 μm，线

纹 16～18 条/10 μm。

    标本号：S8、S13、S14、S28、S29、S30、S31、S32、S33、S55、S56、S57。

    分布：神定河、泗河、鹳河。

9. 莱维迪盘杆藻（图版 196: 5-6）

Tryblionella levidensis Smith, 1856; 王全喜, 2018, p. 67, pl. LIII, figs. 10-15.

    壳面线形椭圆形，末端钝圆形；长 28.5～30 μm，宽 14～16 μm。龙骨突和线纹密度相等，7～8 个（条）/10 μm。

    标本号：S28、S31、S71。

    分布：鹳河、淇河。

细齿藻属 *Denticula* Kützing, 1844

    细胞单生，或连接成短链状群体。壳面线形至披针形，末端尖，钝圆形或喙状；壳缝位于壳面略偏离中部，两壳面壳缝呈"菱形类型"对称，具龙骨突。线纹单排，由粗糙的孔纹组成。

1. 华美细齿藻（图版 196: 9-12）

Denticula elegans Kützing, 1844; 王全喜, 2018, p. 72, pl. LXI, figs. 20-26.

    壳面线形，末端钝圆形；长 13～14 μm，宽 3～3.5 μm。横肋纹 5～6 条/10 μm。

    标本号：S3、S23。

    分布：堵河、磨沟河。

2. 库津细齿藻（图版 196: 7-8）

Denticula kuetzingii Grunow, 1862; 王全喜, 2018, p. 69, pl. LXII, figs. 15-17.

    壳面线形-披针形，末端近喙状；长 22～24 μm，宽 4～5 μm。龙骨突 6 个/10 μm，线纹 17～20 条/10 μm。

    标本号：S83、S87。

    分布：丹库、干渠刁河段。

格鲁诺藻属 *Grunowia* Rabenhorst, 1864

    壳面线形椭圆形，末端圆形或头状；壳缝位于壳缘，龙骨略隆起，龙骨突较大。线纹由粗糙的孔纹组成。

1. 索尔根格鲁诺藻（图版 197: 7-12, 15）

Grunowia solgensis (Cleve-Euler) Aboal, 2003; 王全喜, 2018, p. 25, pl. IX, fig. 8, pl. X, figs. 8-18.

    壳面披针形，末端头状；长 10.5～47 μm，宽 3～6.5 μm。龙骨突 4～6 个/10 μm，

线纹 18～20 条/10 μm。

标本号：S1、S2、S8、S9、S13、S15、S22、S25、S27、S29、S33、S89。

分布：堵河、神定河、泗河、坝下、磨沟河、鹳河、天津。

2. 平片格鲁诺藻（图版 198: 1-6, 9-10）

Grunowia tabellaria (Grunow) Rabenhorst, 1864; 王全喜, 2018, p. 25, pl. IX, figs. 11-16.

壳面菱形，中部膨大，末端头状；长 12.5～19 μm，宽 5.5～7 μm。龙骨突 5～7 个/10 μm，线纹 20～22 条/10 μm。

标本号：S1、S2、S3、S8、S9、S13、S15、S24、S28、S31、S33、S54。

分布：堵河、神定河、泗河、坝下、磨沟河、鹳河、汉库。

棒杆藻科 Rhopalodiaceae

棒杆藻属 *Rhopalodia* Müller, 1895

细胞单生。壳面具背腹性，线形或弓形；壳缝位于龙骨上；龙骨位于壳面背缘。线纹单排至多排。

1. 弯棒杆藻（图版 198: 7-8）

Rhopalodia gibba (Ehrenberg) Müller, 1895; 王全喜, 2018, p. 90, pl. LXXV, figs. 1-5.

壳面弓形，背侧弧形，腹侧平直，末端楔形或尖端；长 82.5～88.5 μm，宽 8.5～10.5 μm。肋纹 7～8 条/10 μm。

标本号：S2、S3、S28、S29、S61。

分布：堵河、鹳河、丹江。

窗纹藻属 *Epithemia* Kützing, 1844

细胞单生。壳面具明显的背腹之分，壳面弓形，末端钝圆至宽圆形；壳缝位于腹缘，在靠近壳面中央处弧形向背缘延伸。线纹单排，由单列点纹组成。

1. 侧生窗纹藻（图版 199: 1-3）

Epithemia adnata (Kützing) Brébisson, 1838; 王全喜, 2018, p. 84, pl. LXV, figs. 1-2.

壳面新月形，背侧凸出，腹侧微凹入，末端钝圆；长 67～72 μm，宽 13 μm。肋纹 3～4 条/10 μm，线纹 12～15 条/10 μm。

标本号：S2、S87、S89。

分布：堵河、干渠刁河段、天津。

茧形藻科 Entomoneidaceae

茧形藻属 *Entomoneis* Ehrenberg, 1845

细胞单生，壳体沿纵轴扭曲，常见带面观，沙漏形或提琴形。壳面观略"S"形；壳面中部具隆起的龙骨，壳缝位于其上，近缝端直或略膨大，远缝端直。线纹多由单列小圆形孔纹组成。

1. 沼地茧形藻（图版 199: 4-5）

Entomoneis paludosa (Smith) Reimer in Patrick & Reimer, 1975, p. 4, pl. 1, fig. 1.

壳面扭曲；带面具有多条环带。长 45.6 μm，宽 15 μm。线纹 23 条/10 μm。

标本号：S6、S12、S57。

分布：汉江、泗河。

2. 三波曲茧形藻（图版 199: 6-7）

Entomoneis triundulata Liu & Williams in Liu et al., 2018d, p. 242, figs. 2-50.

壳面扭曲呈三波曲状；长 43.5~52 μm，宽 15 μm。线纹 22~24 条/10 μm。

标本号：S1、S4、S55、S60。

分布：堵河、汉江、泗河、汉库。

双菱藻科 Surirellaceae

双菱藻属 *Surirella* Turpin, 1828

细胞单生。壳体等极或异极。壳面线形至椭圆形、倒卵形或提琴形，表面平坦或呈凹面，有时具波纹；壳缝环绕壳面边缘，位于龙骨上，龙骨突肋状或盘状。外壳面肋纹不明显，线纹多排。

1. 窄双菱藻（图版 200: 1-6, 9）

Surirella angusta Kützing, 1844；王全喜, 2018, p. 106, pl. XCIV, figs. 1-11.

壳面线形，末端楔形；长 20~31.5 μm，宽 7.5~8.5 μm。没有翼状管结构，龙骨突 7~8 个/10 μm。

标本号：S1、S2、S3、S4、S6、S8、S13、S14、S15、S16、S22、S23、S27、S28、S29、S30、S33、S54、S60、S61、S62、S63、S65、S66、S67、S68、S73。

分布：堵河、汉江、神定河、泗河、坝下、磨沟河、鹳河、汉库、丹江、滔河、丹库。

2. 二额双菱藻（图版 201: 1）

Surirella bifrons (Ehrenberg) Ehrenberg, 1843；王全喜, 2018, p. 116, pl. CVIII, figs. 1-3.

壳面近菱形；长 118.5 μm，宽 34.5 μm。翼状管 2 个/10 μm。

标本号：S31。
分布：鹳河。

3. 二列双菱藻（图版 201: 2-3）

Surirella biseriata Brébisson, 1835; 王全喜, 2018, p. 117, pl. CXIII, figs. 1-3.

壳面线形-披针形；长 163～208 μm，宽 34 μm。翼状管 2～3 个/10 μm。
标本号：S19、S28、S29、S30、S31、S32、S33、S86、S87。
分布：丹库、鹳河、干渠刁河段。

4. 卡普龙双菱藻（图版 202: 1-2）

Surirella capronii Brébisson & Kitton, 1869; 王全喜, 2018, p. 120, pl. CXIV, fig. 1.

壳面卵形，两端不等；长 138～153.5 μm，宽 44～50 μm。翼状管 2 个/10 μm。
标本号：S15、S16、S28、S29、S30、S31、S32、S33、S60、S86。
分布：坝下、鹳河、汉库、干渠刁河段。

5. 流线双菱藻（图版 200: 7-8）

Surirella fluviicygnorum John, 1983, p. 180, pl. 76, figs. 1-7.

壳面近椭圆形，一端宽圆形，另一端楔圆形；长 64.5～67 μm，宽 35.5～38 μm。翼状管 2 个/10 μm。
标本号：S28、S31、S62。
分布：鹳河、滔河。

6. 细长双菱藻（图版 203: 1-3, 5）

Surirella gracilis (Smith) Grunow, 1862; 王全喜, 2018, p. 105, pl. XCV, figs. 7-12.

壳面线形，末端楔圆形；长 41.5～51.5 μm，宽 7.5 μm。没有翼状管结构，龙骨突 6～8 个/10 μm。
标本号：S1、S4、S15、S67。
分布：堵河、汉江、坝下、丹江。

7. 淡黄双菱藻（图版 203: 4）

Surirella helvetica Brun, 1880; 王全喜, 2018, p. 119, pl. CXVIII, figs. 1-4.

壳面椭圆披针形，末端圆形；长 47 μm，宽 15 μm。翼状管 3 个/10 μm。
标本号：S1。
分布：堵河。

8. 拉普兰双菱藻（图版 204: 1-2, 5）

Surirella lapponica Cleve, 1895；王全喜, 2018, p. 108, pl. CII, figs. 3-6.

壳面线形-披针形，末端楔圆形；长 62～85 μm，宽 12～13 μm。没有翼状管结构，龙骨突 6～7 个/10 μm。

标本号：S15、S16、S26、S28、S68、S73。

分布：坝下、金竹河、鹳河、丹江、丹库。

9. 线性双菱藻（图版 205: 1, 4）

Surirella linearis Smith, 1853；王全喜, 2018, p. 108, pl. CXVI, figs. 1-5.

壳面线形-披针形，末端楔形，两侧平行或微凹入；长 91.5 μm，宽 21.5 μm。翼状管 3 个/10 μm，横肋纹可达壳面中部，在中部形成一个线形-披针形的区域。

标本号：S13、S28、S29、S31、S60、S61、S62、S67。

分布：泗河、鹳河、汉库、丹江、滔河。

10. 线性双菱藻椭圆变种（图版 205: 2-3）

Surirella linearis var. *elliptica* Müller, 1904, p. 30, pl. 1, fig. 10.

壳面线形椭圆形，末端楔形，两侧微凸出；长 54 μm，宽 19.5 μm。翼状管 3 个/10 μm，横肋纹可达壳面中部，在中部形成一个窄线形区域。

标本号：S60、S61、S66、S68、S70。

分布：汉库、丹江、淇河。

11. 微小双菱藻（图版 206: 1-4, 11-12）

Surirella minuta Brébisson ex Kützing, 1849；王全喜, 2018, p. 108, pl. XCVIII, figs. 1-9.

壳面线形椭圆形，一端宽圆形，另一端楔形；长 19.5～27 μm，宽 8.5～10 μm。没有翼状管结构，龙骨突 6～7 个/10 μm。

标本号：S1、S15、S16、S28、S60、S61、S67。

分布：堵河、坝下、鹳河、汉库、丹江。

12. 卵圆双菱藻（图版 204: 3-4）

Surirella ovalis Brébisson, 1838；王全喜, 2018, p. 111, pl. XCIX, figs. 3-4.

壳面椭圆披针形，异极，一端楔形，另一端宽圆形；长 46.5～49 μm，宽 26～27.5 μm。没有翼状管结构，龙骨突 5～6 个/10 μm，横线纹 16～17 条/10 μm。

标本号：S8、S13、S14、S55、S56、S57。

分布：神定河、泗河。

13. 华彩双菱藻（图版 207: 1-3）

Surirella splendida (Ehrenberg) Ehrenberg, 1844；王全喜, 2018, p. 123, pl. CXXIV, figs. 1-3.

壳面椭圆披针形，异极藻，一端钝圆形，另一端圆形；长 77～80 μm，宽 30 μm。翼状管 2 个/10 μm。

标本号：S28、S29、S30、S31、S32、S33、S38、S67、S68。

分布：鹳河、汉库、丹江。

14. 近盐生双菱藻（图版 206: 5）

Surirella subsalsa Smith, 1853；王全喜, 2018, p. 113, pl. CII, fig. 2.

壳体小，异极，壳面宽倒卵形；长 20 μm，宽 10 μm。没有翼状管结构，龙骨突 7 个/10 μm。

标本号：S28、S71。

分布：鹳河、淇河。

15. 瑞典双菱藻（图版 206: 6-10, 13）

Surirella suecica Grunow in Van Heurck, 1881, pl. 73, fig. 19.

壳面异极，一端宽圆形，另一端楔形；长 16～24 μm，宽 6.5～8 μm。没有翼状管结构，龙骨突 9～10 个/10 μm。

标本号：S1、S3、S5、S6、S14、S15、S28、S29、S31、S54、S60、S62、S67、S71。

分布：堵河、汉江、泗河、坝下、鹳河、汉库、滔河、丹江、淇河。

16. 柔软双菱藻（图版 208: 1-2）

Surirella tenera Gregory, 1856；王全喜, 2018, p. 121, pl. CXXV, figs. 1-3.

壳面椭圆披针形，异极，一端钝圆形，另一端尖圆形；长 87 μm，宽 24 μm。翼状管 3 个/10 μm。

标本号：S2、S8、S14、S15、S28、S29、S31、S54、S60。

分布：堵河、神定河、泗河、坝下、鹳河、汉库。

波缘藻属 *Cymatopleura* Smith, 1851

细胞单生。壳体等极，偶尔关于顶轴扭曲。壳面椭圆形、线形或提琴形，纵轴呈横向上下起伏，具较规律的横向波曲；壳缝环绕壳面边缘，位于龙骨上。带面观多为矩形，两侧具明显的波状褶皱。线纹单排。

1. 椭圆波缘藻（图版 209: 1-3）

Cymatopleura elliptica (Brébisson) Smith, 1851；王全喜, 2018, p. 99, pl. LXXXI, figs. 1-6.

壳面宽椭圆形，末端宽圆，壳面具 4～6 条粗糙的波纹；长 74～84 μm，宽 42.5～

44 μm。龙骨突 4 个/10 μm。

标本号：S15、S16、S27、S28、S29、S30、S31、S32、S33、S54、S64、S84、S85、S86。

分布：坝下、鹳河、汉库、滔河、白河、干渠刁河段。

2. 草鞋形波缘藻（图版 210: 1, 4）

Cymatopleura solea (Brébisson) Smith, 1851; 王全喜, 2018, p. 100, pl. LXXXII, figs. 3-4.

壳面宽线形，中部缢缩，末端钝圆形，壳面具粗糙的波纹；长 137.5 μm，宽 20 μm。龙骨突 8 个/10 μm。

标本号：S8、S15、S16、S31、S38、S86。

分布：神定河、坝下、鹳河、汉库、干渠刁河段。

3. 草鞋形波缘藻细尖变种（图版 210: 2-3）

Cymatopleura solea var. *apiculata* (Smith) Ralfs, 1861; 王全喜, 2018, p. 102, pl. LXXXII, figs. 3-7.

壳面宽线形，中部明显缢缩，末端稍延长，壳面具粗糙的波纹；长 98 μm，宽 18～22 μm。龙骨突 8～9 个/10 μm。

标本号：S13、S15、S16、S26、S28、S29、S30、S31、S32、S33、S60、S64、S68。

分布：泗河、坝下、金竹河、鹳河、汉库、滔河、丹江。

4. 草鞋形波缘藻细长变种（图版 211: 1, 4）

Cymatopleura solea var. *gracilis* Grunow, 1862; 王全喜, 2018, p. 101, pl. LXXXII, figs. 1-2.

壳面宽线形，中部缢缩，末端钝圆形，壳面具粗糙的波纹；长 196 μm，宽 18 μm。龙骨突 10 个/10 μm。

标本号：S15、S16。

分布：坝下。

5. 草鞋形波缘藻整齐变种（图版 212: 1-3）

Cymatopleura solea var. *regula* (Ehrenberg) Grunow, 1862; 王全喜, 2018, p. 102, pl. LXXXI, figs. 7-9.

壳面宽线形，两侧平直，末端钝圆形，壳面具粗糙的波纹；长 76～90 μm，宽 18.5～20 μm。龙骨突 7～9 个/10 μm。

标本号：S33、S37、S38、S54、S60、S61。

分布：鹳河、丹库、汉库、丹江。

6. 新疆波缘藻（图版 211: 2-3）

Cymatopleura xinjiangiang You & Kociolek in You et al., 2017; 王全喜, 2018, p. 103, pl. XCI, figs. 1-6.

壳面沿顶轴方向微扭曲，宽楔形，末端圆形，壳面具粗糙的波纹；长 61～73 μm，宽 19～22 μm。龙骨突 7～8 个/10 μm。

标本号：S15、S16、S28、S29、S30、S31、S32、S33、S54、S64、S73、S86。

分布：坝下、鹳河、汉库、淯河、丹库、干渠刁河段。

参 考 文 献

毕列爵, 胡征宇. 2004. 中国淡水藻志 第八卷 绿藻门 绿藻球目(上). 北京: 科学出版社.
胡鸿钧. 2015. 中国淡水藻志 第二十卷 绿藻门 团藻目(II) 衣藻属. 北京: 科学出版社.
胡鸿钧, 魏印心. 2006. 中国淡水藻类: 系统、分类及生态. 北京: 科学出版社.
黎尚豪, 毕列爵. 1998. 中国淡水藻志 第五卷 绿藻门 丝藻目 石莼目 胶毛藻目 橘色藻目 环藻目. 北京: 科学出版社.
李家英, 齐雨藻. 2010. 中国淡水藻志 第十四卷 硅藻门 舟形藻科(I). 北京: 科学出版社.
李家英, 齐雨藻. 2014. 中国淡水藻志 第十九卷 硅藻门 舟形藻科(II). 北京: 科学出版社.
李家英, 齐雨藻. 2018. 中国淡水藻志 第二十三卷 硅藻门 舟形藻科(III). 北京: 科学出版社.
刘国祥, 胡征宇. 2012. 中国淡水藻志 第十五卷 绿藻门 绿球藻目(下)四胞藻目 叉管藻目 刚毛藻目. 北京: 科学出版社.
齐雨藻. 1995. 中国淡水藻志 第四卷 硅藻门 中心纲. 北京: 科学出版社.
齐雨藻, 李家英. 2004. 中国淡水藻志 第十卷 硅藻门 羽纹纲(无壳缝目 拟壳缝目). 北京: 科学出版社.
施之新. 1999. 中国淡水藻志 第六卷 裸藻门. 北京: 科学出版社.
施之新. 2004. 中国淡水藻志 第十二卷 硅藻门 异极藻科. 北京: 科学出版社.
施之新. 2013. 中国淡水藻志 第十六卷 硅藻门 桥弯藻科. 北京: 科学出版社.
王全喜. 2007. 中国淡水藻志 第十一卷 黄藻门. 北京: 科学出版社.
王全喜. 2018. 中国淡水藻志 第二十二卷 硅藻门 管壳缝目. 北京: 科学出版社.
王全喜, 邓贵平. 2017. 九寨沟自然保护区常见藻类. 北京: 科学出版社.
王全喜, 庞婉婷. 2023. 长江下游地区常见浮游植物图集. 北京: 科学出版社.
魏印心. 2003. 中国淡水藻志 第七卷 绿藻门 双星藻目 中带鼓藻科 鼓藻目 鼓藻科. 第一册. 北京: 科学出版社.
魏印心. 2013. 中国淡水藻志 第十七卷 绿藻门 鼓藻目 鼓藻科. 第二册. 北京: 科学出版社.
魏印心. 2014. 中国淡水藻志 第十八卷 绿藻门 鼓藻目 鼓藻科. 第三册. 北京: 科学出版社.
张琪, 刘国祥, 胡征宇. 2012. 中国淡水拟多甲藻属研究. 水生生物学报, 36(4): 751-764.
张毅鸽, 王一郎, 杨平, 等. 2020. 江西柘林湖水华蓝藻——长孢藻(*Dolichospermum*)的形态多样性及其分子特征. 湖泊科学, 32(4): 1076-1087.
朱浩然. 1991. 中国淡水藻志 第二卷 色球藻纲. 北京: 科学出版社.
朱浩然. 2007. 中国淡水藻志 第九卷 蓝藻门 藻殖段纲. 北京: 科学出版社.
朱蕙忠, 陈嘉佑. 2000. 中国西藏硅藻. 北京: 科学出版社.
虞功亮, 宋立荣, 李仁辉. 2007. 中国淡水微囊藻属常见种类的分类学讨论——以滇池为例. 植物分类学报, 45(5): 727-741.
虞功亮, 吴忠兴, 邵继海, 等. 2011. 水华蓝藻类群乌龙藻属(*Woronichinaia*)的分类学讨论. 湖泊科学, 23(1): 9-12.
Agardh C A. 1830. Conspectus criticus diatomacearum. Lundae: Literis Berlingianus, 2: 17-32.
Alles E, Nörpel-Schempp M, Lange-Bertalot H. 1991. Zur systematic und ökologie charakterischer Eunotia-Arten (Bacillariophyceen) in elektrolytarmen Bachoberlaufen. Nova Hedwigia, 53(1-2): 171-213.
Amossé A. 1921. Diatomées contenues dans les dépôts calcaires des sources thermales d'Antsirabe (Madagascar). Bulletin du Museum National d'Histoire Naturelle, 27: 249-256, 320-327.

Bahls L L. 2012. Seven new species in *Navicula* sensu stricto from the Northern Great Plains and Northern Rocky Mountains. Nova Hedwigia, 141: 19-38.

Bahls L. 2013. New diatoms (Bacillariophyta) from western North America. Phytotaxa, 82(1): 7-28.

Bahls L L. 2017. Diatoms from western North America 1. Some new and notable biraphid species. Helena, Montana: 52.

Bíly J, Marvan P. 1959. *Achnanthes catenata* sp. n. Preslia, 31: 34-35.

Bory de Saint-Vincent J B G M. 1824. Diatome. Diatoma. Dictionnaire Classique d'Histoire Naturelle. CRA-D. 5: 461.

Brun J. 1894. Zwei neue Diatomeen von Ploen. Forschungsberichte aus der Biologischen Station zu Plön, 2: 52-56.

Cantonati M, Lange-Bertalot H, Kelly M G, et al. 2018. Taxonomic and ecological characterization of two *Ulnaria* species (Bacillariophyta) from streams in Cyprus. Phytotaxa, 346(1): 78-92.

Cao Y, Yu P, You Q X, et al. 2018. A new species of *Tabularia* (Kützing) Williams & Round from Poyang Lake, Jiangxi Province, China, with a cladistic analysis of the genus and their relatives. Phytotaxa, 373(3): 169-183.

Chen J Y, Zhu H Z. 1985. Studies on the freshwater Centricae of China. Acta Hydrobiologica Sinica, 9(1): 80-83.

Cholnoky B J. 1954. Diatomeen aus Süd-Rhodesien. Portugaliae Acta Biologica, Serie B, Sistematica, 4(3-4): 197-228.

Cholnoky B J. 1962. Beiträge zur Kenntnis der Ökologie der Diatomeen in Ost-Transvaal. Hydrobiologia, 19(1): 57-120.

Cholnoky B J. 1963. Ein Beitrag zur Kenntnis der Diatomeenflora von Holländisch-Neuguinea. Nova Hedwigia, 5(1-4): 157-198.

Cholnoky B J. 1966. Über die Diatomeen des Stausees einer Goldgrube nahe Welkom in Südafrika. Revue Algologique, Nouvelle Série, 8 (2): 161-171.

Cleve P T. 1881. On some new and little known diatoms. Kongliga Svenska-Vetenskaps Akademiens Handlingar, 18(5): 1-28.

Cleve P T. 1891. The diatoms of Finland. Acta Societatia pro Fauna et Flora Fennica, 8(2): 1-70.

Cleve P T. 1894. Synopsis of the naviculoid diatoms. Part I. Kongliga Svenska-Vetenskaps Akademiens Handlingar, 26(2): 1-194.

Cleve P T, Grunow A. 1880. Beiträge zur Kenntniss der arctischen Diatomeen. Kongliga Svenska Vetenskaps-Akademiens Handlingar, 17(2): 1-121.

Compère P. 1982. Taxonomic revision of the diatom genus *Pleurosira* (Eupodiscaceae). Bacillaria, 5: 165-190.

Compère P, Van de Vijver B. 2011. *Achnanthidium ennediense* (Compère) Compère et Van de Vijver comb. nov. (Bacillariophyceae), the true identity of *Navicula ennediensis* Compère from the Ennedi Mountains (Republic of Chad). Algol. Studies, 136/137: 5-17.

Coste M, Ricard M. 1980. Observation en microscopie photonique de quelques Nitzschia nouvelles ou intéressantes dont la striation estàla limite du pouvoir de résolution. Cryptogamie: Algologie, 1(3): 187-212.

Cox E J. 2003. *Placoneis* Mereschkowsky (Bacillariophyta) revisited: Resolution of several typification and nomenclatural problems, including the generitype. Botanical Journal of the Linnean Society, 141(1): 53-83.

Ehrenberg C G. 1838. Atlas von Vier und Sechzig Kupfertafeln ze Christian Gottfried Ehrenberg über Infusionsthierchen. Leipzig: Verlag von Leopold Voss: I-LXIV.

Ehrenberg C G. 1839. Über das im Jahre 1686 in Curland vom Himmel gefallene Meteor- papier und über dessen Zusammensetzung aus Conferven und Infusorien. Abhandlungen der Königlichen Akademie der Wissenschaften zu Berlin 1838: 45-58.

Ehrenberg C G. 1843. Verbreitung und Einfluss des mikroskopischen Lebens in Süd- und Nord-Amerika. Abhandlungen der Königlichen Akademie der Wissenschaften zu Berlin 1843: 291-445.

Foged N. 1951. The diatom flora of some Danish Springs. Part I. Natura Jutlandica, 4: 84.

Fofana C A K, Sow E H, Taylor J, et al. 2014. *Placoneis cocquytiae* a new raphid diatom (Bacillariophyceae) from the Senegal River (Senegal, West Africa). Phytotaxa, 161(2): 139-147.

Furey P C, Lowe R L, Johansen J R. 2011. *Eunotia* Ehrenberg (Bacillariophyta) of the Great Smoky Mountains National Park, USA. Bibliotheca Diatomologica, Stuttgart: J. Cramer in der Gebrüder Borntraeger Verlagsbuchhandlung, Band 56: 1-134.

Gandhi H.P. 1958. Freshwater diatoms from Kolhapur and its immediate environs. Journal of the Bombay Natural History Society 55: 493-511.

Gasse F. 1986. East African diatoms: taxonomy, ecological distribution. Bibliotheca Diatomologica, Stuttgart: J. Cramer in der Gebrüder Borntraeger Verlagsbuchhandlung, Band 11: 1-202.

Germain H. 1981. Flore des diatomées Diatomophycées eaux douces et saumâtres du Massif Armoricain et des contrées voisines d'Europe occidentale. Paris: Société Nouvelle des Éditions: 444.

Gregory W. 1854. Notice of the new forms and varieties of known forms occurring in the diatomaceous earth of Mull; with remarks on the classification of the Diatomaceae. Quarterly Journal of Microscopical Science, 2: 90-100.

Grunow A. 1860. Über neue oder ungenügd gekannte Algen. Erste Folge, Diatomeen, Familie Naviculaceen. Verhandlungen der kaiserlich-königlichen zoologisch-botanischen Gesellschaft in Wien, 10: 503-582.

Grunow A. 1862. Die österreichischen Diatomaceen nebst Anschluss einiger neuen Arten von andern Lokalitäten und einer kritischen Uebersicht der bisher bekannten Gattungen und Arten. Verhandlungen der kaiserlich-königlichen zoologisch-botanischen Gesellschaft in Wien, 12: 315-472.

Grunow A. 1863. Über einige neue und ungenügend bekannte Arten und Gattungen von Diatomaceen. Verhandlungen der kaiserlich-königlichen zoologisch-botanischen Gesellschaft in Wien, 13: 137-162.

Grunow A. 1865. Über die von Herrn Gerstenberger in Rabenhorst's Decaden ausgegeben Süsswasser Diatomaceen und Desmidiaceen von der Insel Banka, nebst Untersuchungen über die Gattungen Ceratoneis und Frustulia // von Dr. L. Rabenhorst. Beiträge zur näheren Kenntniss und Verbreitung der Algen. Leipzig: Verlag von Eduard Kummer Heft II: 16.

Grunow A. 1878. Algen und Diatomaceen aus dem Kaspischen Meere. In: Schneider O. Naturwissenschaftliche Beiträge zur Kenntnis der Kaukasusländer, auf Grund seiner Sammelbeute. Dresden: Dresden Burdach, 98-132.

Hantzsch C A. 1860. Neue Bacillarien: *Nitzschia vivax* var. *elongata*, *Cymatopleura nobilis*. Hedwigia, 2(7): 1-40.

Hassall A H. 1850. A microscopic examination of the water supplied to the inhabitants of London and the suburban districts; illustrated by coloured plates, exhibiting the living animal and vegetable productions in Thames and other waters, as supplied by the several companies; with an examination, microscopic and general, of their sources of supply, as well as the Henly-on-Thames and Watford plans, etc. London: Samuel Highley, 32. 66.

Héribaud J, Frère J B C. 1903. Les Diatomées Fossiles d'Auvergne (Second Mémoire). Paris: Librairie des Sciences Naturelles, 166.

Hofmann G, Werum M, Lange-Bertalot H. 2011. Diatomeen im Süsswasser: Benthos von Mitteleuropa. Bestimmungsflora Kieselalgen für die ökologische Praxis. Über 700 der häufigsten Arten und ihre Ökologie. Rugell: A. R. G. Gantner Verlag K. G.: 1-908.

Hofmann G, Werum M, Lange-Bertalot H. 2013. Diatomeen im Süßwasser: Benthos von Mitteleuropa. Bestimmungsflora Kieselalgen für die ökologische Praxis. Über 700 der häufigsten Arten und ihre Ökologie. 2nd edition. Königstein: Koeltz Scientific Books: 1-908.

Houk V, Klee R. 2004. The stelligeroid taxa of the genus *Cyclotella* (Kützing) Brébisson (Bacillariophyceae) and their transfer into the new genus *Discostella* gen. nov. Diatom Research, 19(2): 203-228.

Hustedt F. 1921. VI. Bacillariales. In: Schröder B. Zellpflanzen Ostafrikas, gesammelt auf der Akademischen Studienfahrt 1910. Hedwigia, Fortsetzung., Band 63: 117-173.

Hustedt F. 1922. Bacillariales aus Innerasien. Gesammelt von Dr. Sven Hedin. In: Heidin S. Southern Tibet, discoveries in former times compared with my own researches in 1906-1908. Lithographic Institute of the General Staff of the Swedish Army. Stockholm, 6(3): 107-152.

Hustedt F. 1928. Die Diatomeen der interstadialen Seekreide. In: Gams H. Die Geschichte der Lunzer Seen, Moore und Wälder. Internationale Revue der gesamten Hydrobiologie, 18: 305-387.

Hustedt F. 1930. Bacillariophyta (Diatomeae) Zweite Auflage. In: Pascher A. Die Süsswasser-Flora Mitteleuropas. Heft 10. Jena: Verlag von Gustav Fischer: 466.

Hustedt F. 1931. Diatomeen aus dem Feforvatn in Norwegen. Archiv für Hydrobiologie 22: 537-545.

Hustedt F. 1935. Die fossile Diatomeenflora in den Ablagerungen des Tobasses auf Sumatra. "Tropische Binnengewasser, Band VI". Archiv für Hydrobiologie Supplement 14: 143-192.

Hustedt F. 1937. Systematische und ökologische Untersuchungen über die Diatomeen-Flora von Java, Bali und Sumatra nach dem Material der Deutschen Limnologischen Sunda-Expedition. Allgemeiner Teil. I. Übersicht über das Untersuchengsmaterial und Charakteristik der Diatomeen flora der einzelnen Gebiete. "Tropische Binnengewässer, Band VII". Archivfür Hydrobiologie (Supplement), 15: 131-506.

Hustedt F. 1938. Systematische und ökologische Untersuchungen über die Diatomeen-Flora von Java, Bali und Sumatra nach dem Material der Deutschen Limnologischen Sunda-Expedition. Allgemeiner Teil. I. Systematischer Teil, Schluss. Archiv für Hydrobiologie Supplement, 15: 393-506.

Hustedt F. 1939. Die Diatomeenflora des Küstengebietes der Nordsee vom Dollart bis zur Elbemündung. I. Die Diatomeenflora in den Sedimenten der unteren Ems sowie auf den Watten in der Leybucht, des Memmert und bei der Insel Juist. Adhandlungen des Naturwissenschaftlichen Verein zu Bremen, 31(2/3): 571-677.

Hustedt F. 1942. Süßwasser-Diatomeen des indomalayischen Archipels und der Hawaii-Inseln. Nach dem Material der Wallacea-Expedition. Internationale Revue der gesamten Hydrobiologie und Hydrographie, 42(1/3): 1-549.

Hustedt F. 1943. Die Diatomeenflora einiger Hochgebirgsseen der Landschaft Davos in den schweizer Alpen. Internationale Revue der gesamten Hydrobiologie und Hydrographie, 43(1/3): 124-197, 225-280.

Hustedt F. 1945. Diatomeen aus Seen und Quellgebieten der Balkan-Halbinsel. Archiv für Hydrobiologie, 40(4): 867-973.

Hustedt F. 1949. Süsswasser-Diatomeen. In: Exploration du Parc National Albert, Mission H. Damas (1935-1936). Brussels: Institut des Parcs Nationaux du Congo Belge, Easc. 8: 199.

Hustedt F. 1950. Die Diatomeenflora norddeutscher Seen mit besonderer Berücksichtigung des holsteinischen Seengebiets. V.-VII. Seen in Mecklenburg, Lauenburg und Nordostdeutschland. Archiv für Hydrobiologie 43: 329-458.

Hustedt F. 1952. Neue und wenig bekannte Diatomeen. IV. Botaniska Notiser 4: 366-410.

Hustedt F. 1957. Die Diatomeenflora des Fluß-systems der Weser im Gebiet der Hansestadt Bremen. Abhandlungen der Naturwissenschaftlichen Verein zu Bremen, 34(3): 181-440.

Hustedt F. 1959a. Die Diatomeenflora des Salzlackengebietes im österreichischen Burgenland. Österreichchischen Akademie der Wissenschaften, Mathematische und Naturwissenschafliche, Kl. Abt. 1, 168(4/5): 387-452.

Hustedt F. 1959b. Die Diatomeenflora des Neusiedler Sees im österreichischen Burgenland. Österreichische Botanische Zeitschrift, 106(5): 390-430.

Jahn R, Abarca N, Gemeinholzer B, et al. 2017. *Planothidium lanceolatum* and *Planothidium frequentissimum* reinvestigated with molecular methods and morphology: four new species and the taxonomic importance of the sinus and cavum. Diatom Research, 32(1): 75-107.

John J. 1983. The diatom flora of the Swan River western Australia. Bibliotheca Phycologica, 64: 1-359.

Jüttner I, Chimonides J, Cox E J. 2011. Morphology, ecology and biogeography of diatom species related to Achnanthidium pyrenaicum (Hustedt) Kobayasi (Bacillariophyceae) in streams of the Indian and Nepalese Himalaya. Algological Studies, 136/137: 45-76.

Kobayashi H, Idei M, Mayama S, et al. 2006. Kobayashi hiromu keiso zukan. H. Kobayasi's atlas of Japanese diatoms based on electron microscopy. dai 1kan. Tokyo: Uchida Rokakuho Publishing Co., Ltd: 531.

Kobayashi H. 1997. Comparative studies among four linear-lanceolate *Achnanthidium* species

(Bacillariophyceae) with curved terminal raphe endings. Nova Hedwigia, 65(1-4): 147-164.

Kobayasi H, Ando K. 1978. New species and new combinations in the genus *Stauorneis*. Japanese Journal of Phycology, 26: 13-18.

Kobayasi H, Nagumo T. 1988. Examination of the type materials of Navicula subtilissima Cleve (Bacillariophyceae). Botanical Magazine, Tokyo, 101(1063): 239-253.

Kociolek J P, Laslandes B, Bennett D, et al. 2014. Diatoms of the United States, 1 Taxonomy, ultrastructure and descriptions of new species and other rarely reported taxa from lake sediments in the western U S A. Bibliotheca Diatomologica, Stuttgart: J. Cramer in der Gebrüder Borntraeger Verlagsbuchhandlung, Band 61: 1-188.

Komárek J, Fott B. 1983. Chlorophyceae (Grünalgen) Ordnung: Chlorococcales. Das Phytoplankton des Süsswassers. In: Huber-Pestalozzi G. Das Phytoplankton des Süsswassers (Die Binnengewässer) XVI. 7. Teil 1. Hälfte. Stuttgart: E. Schweizerbart'sche Verlangbuchhandlung (Nägele u. Obermiller):1044.

Kopalová K, Kociolk J P, Lowe R L, et al. 2015. Five new species of the genus *Humidophila* (Bacillariophyta) from the Maritime Antarctic Region. Diatom Research, 30(2): 117-131.

Krammer K. 1980. Morphologic and taxonomic investigations of some freshwater species of the diatom genus Amphora Ehr. Bacillaria, 3: 197-225.

Krammer K. 1992. *Pinnularia*. Eine Monographie der europäischen Taxa. Bibliotheca Diatomologica, Stuttgart: J. Cramer in der Gebrüder Borntraeger Verlagsbuchhandlung, Band 26: 353.

Krammer K. 1997a. Die cymbelloiden Diatomeen. Eine Monographie der weltweit bekannten Taxa. Teil 1. Allgemeines und *Encyonema* Part. Bibliotheca Diatomologica, Stuttgart: J. Cramer in der Gebrüder Borntraeger Verlagsbuchhandlung, Band 36:1-382.

Krammer K. 1997b. Die cymbelloiden Diatomeen. Eine Monographie der weltweit bekannten Taxa. Teil 2. *Encyonema* Part., *Encyonopsis* und Cymbellopsis. Bibliotheca Diatomologica, Stuttgart: J. Cramer in der Gebrüder Borntraeger Verlagsbuchhandlung, Band 37: 1-469.

Krammer K. 2000. The genus *Pinnularia*, In: Lange-Bertalot H. Diatoms of Europe, Diatoms of the European inland waters and comparable habitats. Rugell: A. R. G. Gantner Verlag K. G. 1: 1-703.

Krammer K. 2002. *Cymbella*. In: Lange-Bertalot H. Diatoms of Europe, Diatoms of the European inland waters and comparable habitats Vol. 3, Rugell: A. R. G. Gantner Verlag K. G.: 1-584.

Krammer K. 2003. *Cymbopleura, Delicata, Navicymbula*, Gomphocymbellopsis, *Afrocymbella*. In: Lange-Bertalot H Diatoms of Europe, Diatoms of the European Inland waters and comparable habitats. Rugell: A. R. G. Gantner Verlag K. G: 1-529.

Krammer K, Lange-Bertalot H. 1985. Naviculaceae Neue und wenig bekannte Taxa, neue Kombinationen und Synonyme sowie Bemerkungen zu einigen Gattungen. Bibliotheca Diatomologica, Stuttgart: J. Cramer in der Gebrüder Borntraeger Verlagsbuchhandlung, Band 9: 1-230.

Krammer K, Lange-Bertalot H. 1991a. Bacillariophyceae. Teil 3: Centrales, Fragilariaxeae, Eunotiaceae. Süsswasserflora von Mitteleuropa. Spektrum Akademischer Verlag Heidelberg, Germany. 1-328.

Krammer K, Lange-Bertalot H. 1991b. Bacillariophyceae. Teil 4: Achnanthaceae. Kritische Ergänzungen zu Navicula (Lineolatae) und Gomphonema. Die Süsswasserflora von Mitteleuropa 2/4. Spektrum Akademischer Verlag Heidelberg, Germany:1-610.

Krammer K, Lange-Bertalot H. 1999. Bacillariophyceae. Teil 2: Bacillariaceae, Epithemiaceae, Surirellaceae. Die Süsswasserflora von Mitteleuropa 2/2. Spektrum Akademischer Verlag Heidelberg, Germany: 437.

Krammer K, Lange-Bertalot H. 2004. Bacillariophyceae 4. Teil: Achnanthaceae, Kritische Erganzungen zu *Navicula* (Lineolatae), *Gomphonema*. Gesamtliteraturverzeichnis Teil 1-4 [second revised edition] [With "Ergänzungen und Revisionen" by H. Lange Bertalot]. In: Ettl H. Süßwasserflora von Mitteleuropa. Heidelberg: Spektrum Akademischer Verlag. 2: 468.

Krasske G. 1923. Die Diatomeen des Casseler Beckens und seiner Randgebirge nebst einigen wichtigen Funden aus Niederhessen. Botanisches Archiv, 3(4): 185-209.

Krasske G. 1937. Spät-und postglaziale Süsswasser-Ablagerungen auf Rügen. II. Diatomeen aus den postglazialen Seen auf Rügen. Archiv für Hydrobiologie, 31(1): 38-53.

Kulikovskiy M S, Lange-Bertalot H, Witkowski A, et al. 2010. Diatom assemblages from Sphagnum bogs of the world. I. Nur bog in northern Mongolia. Bibliotheca Diatomologica, Stuttgart: J. Cramer in der Gebrüder Borntraeger Verlagsbuchhandlung, Band 55: 1-326.

Kulikovskiy M S, Lange-Bertalot H, Metzeltin D, et al. 2012. Lake Baikal: Hotspot of endemic diatoms I. Iconographia Diatomologica, Stuttgart: J. Cramer in der Gebrüder Borntraeger Verlagsbuchhandlung, Band 23: 1-607.

Kulikovskiy M, Maltsev Y, Andreeva S, et al. 2019. Description of a new diatom genus *Dorofeyukea* gen. nov. with remarks on phylogeny of the family Stauroneidaceae. Journal of Phycology. 55(1): 173-185.

Kützing F T. 1833. Synopsis diatomearum oder Versuch einer systematischen Zusammenstellung der Diatomeen. Linnaea, 8: 529-620.

Kützing F T. 1844. Die Kieselschaligen Bacillarien oder Diatomeen. Nordhausen: zu finden bei W. Köhne: 152.

Kützing F T. 1849. Species algarum. Lipsiae [Leipzig]: F.A. Brockhaus: 922.

Lagerstedt N G W. 1873. Sötvatens-Diatomaceer fran Spetsbergen och Beeren Eiland. Bihang till Kongliga Svenska Vetenskaps-Akademiens Handlingar, 1(14): 1-52.

Lange-Bertalot H. 1978. Zur Systematik, Taxonomie und Ökologie des abwasserspezifisch wichtigen Formenkreises um "*Nitzschia thermalis*". Nova Hedwigia, 30: 635-652.

Lange-Bertalot H. 1979. *Simonsenia*, a new genus with morphology intermediate between *Nitzschia* and *Surirella*. Bacillaria, 2: 127-136.

Lange-Bertalot H. 1980a. Zur systematischen Bewertung der bandförmigen Kolonien bei *Navicula* und *Fragilaria*. Kriterien für die Vereinigung von *Synedra* (subgen. Synedra) Ehrenberg mit *Fragilaria* Lyngbye. Nova Hedwigia, 33: 723-787.

Lange-Bertalot H. 1980b. Zur taxonomische Revision einiger ökologisch wichtiger "*Naviculae lineolatae*" Cleve. Die Formenkreise um *Navicula lanceolata*, *N. viridula*, *N. cari*. Cryptogamie, Algologie, 1(1): 29-50.

Lange-Bertalot H. 1980c. New species, combinations and synonyms in the genus *Nitzschia*. Bacillaria 3: 41-77.

Lange-Bertalot H. 1993. 85 neue Taxa und über 100 weitere neu definierte Taxa ergänzend zur Süsswasserflora von Mitteleuropa, Vol. 2/1-4. Bibliotheca Diatomologica, Stuttgart: J. Cramer in der Gebrüder Borntraeger Verlagsbuchhandlung, Band 27: 1-454.

Lange-Bertalot H. 1997. *Frankophila*, *Mayamaea* und *Fistulifera*: drei neue Gattungen der Klasse Bacillariophyceae. Archiv für Protistenkunde, 148(1-2): 65-76.

Lange-Bertalot H. 2001. *Navicula* sensu stricto. 10 Genera separated from *Navicula* sensu lato. *Frustulia*. In: Lange-Bertalot H. Diatoms of Europe, Diatoms of the European Inland waters and comparable habitats, Vol. 2. Rugell: A. R. G. Gantner Verlag K. G: 1-526.

Lange-Bertalot H, Fuhrmann A, Werum M. 2020. Freshwater *Diploneis*: Species diversity in the Holarctic and spot checks from elsewhere In: Lange-Bertalot H. Diatoms of Europe, Diatoms of the European Inland waters and comparable habitats, Vol. 2. Rugell: A. R. G. Gantner Verlag K. G: 1-699.

Lange-Bertalot H, Hofmann G, Werum M, et al. 2017. Freshwater benthic diatoms of Central Europe: over 800 common species used in ecological assessments. Koeltz Botanical Books, 942.

Lange-Bertalot H, Genkal S I. 1999. Diatoms from Siberia I. Islands in the Arctic Ocean (Yugorsky-Shar Strait) Diatomeen aus Siberien. In: Lange-Bertalot H. Iconographia Diatomologica.Annotated Diatom Micrographs. Vol. 6. Diversity-Taxonomy-Geobotany. KoeltzScientific Books. Konigstein, Germany: 292.

Lange-Bertalot H, Krammer K. 1987. Bacillariaceae, Epithemiaceae, Surirellaceae. Neue und wenig bekannte Taxa, neue Kombinationen und Synonyme sowie Bemerkungen und Ergänzungen zu den Naviculaceae. Bibliotheca Diatomologica, Stuttgart: J. Cramer in der Gebrüder Borntraeger Verlagsbuchhandlung, Band 15:1-289.

Lange-Bertalot H, Krammer K. 1989. *Achnanthes*, eine Monographie der Gattung mit Definition der Gattung Cocconeis und Nachträgen zu den Naviculaceae. Bibliotheca Diatomologica, Stuttgart: J. Cramer in der Gebrüder Borntraeger Verlagsbuchhandlung, Band 18: 1-393.

Lange-Bertalot H, Metzeltin D. 1996. Indicators of oligotrophy. 800 taxa representative of three ecologically distinct lake types, carbonate buffered-Oligodystrophic-weakly buffered soft water with 2428 figures on 125 plates. In: Lange-Bertalot H. Iconographia Diatomologica. Annotated Diatom Micrographs. Vol. 2. Diversity-Taxonomy-Geobotany. KoeltzScientific Books. Konigstein, Germany: 1-390.

Lange-Bertalot H, Metzeltin D, Witkowski A. 1996. *Hippodonta* gen. nov. Umschreibung und Begründung einer neuer Gattung der Naviculaceae. In: Lange-Bertalot H. Iconographia Diatomologica. Annotated Diatom Micrographs. Vol. 4. Diversity-Taxonomy-Geobotany. KoeltzScientific Books. Konigstein, Germany: 247-275.

Lange-Bertalot H, Moser G. 1994. *Brachysira*. Monographie der Gattung und Naviculadicta nov. gen. Biblioteca Diatomologica, Stuttgart: J. Cramer in der Gebrüder Borntraeger Verlagsbuchhandlung, Band 29: 1-212.

Lange-Bertalot H, Werum M. 2014. *Nitzschia rhombicolancettula* sp. n. und *Nitzschia vixpalea* sp. n. Beschreibung von zwei neuen Arten benthischer Diatomeen (Bacillariophyta) aus der Weser nahe Porta Westfalica. Lauterbornia, 78: 121-136.

Lange-Bertalot H, Ulrich S. 2014. Contributions to the taxonomy of needle - shaped *Fragilaria* and *Ulnaria* species. Lauterbornia, 78: 1-73.

Lemmermann E. 1897. Die Planktonalgae der Müggelsee bei Berlin II. Beitrag. Zeitschrift für Fischerei und deren Hilfswissenschaften: 177-188.

Levkov Z. 2009. *Amphora* sensu lato. In: Lange-Bertalot H. Diatoms of Europe: Diatoms of the European Inland Waters and Comparable Habitats, Vol. 5. Ruggell: A. R. G. Gantner Verlag K. G.: 1-916.

Levkov Z, Krstic S, Metzeltin D, et al. 2007. Diatoms of Lakes Prespa and Ohrid, about 500 taxa from ancient lake system. In: Lange-Bertalot H. Iconographia Diatomologica. Annotated Diatom Micrographs. Vol. 16. Taxonomy-Biogeography-Diversity. A.R.G. Gantner Verlag K.G.: 1-613.

Levkov Z, Metzeltin D, Pavlov A. 2013. *Luticola* and *Luticolopsis*. In: Lange-Bertalot H. Diatoms of Europe. Diatoms of the European inland waters and comparable habitats, Vol. 7. Königstein: Koeltz Scientific Books: 698.

Levkov Z, Mitic-Kopanja D, Reichardt E. 2016. The diatom genus *Gomphonema* in the Republic of Macedonia. In: Lange-Bertalot H. Diatoms of Europe. Diatoms of the European inland waters and comparable habitats , Vol. 8. Königstein: Koeltz Botanical Books: 1-552.

Li Y, Gong Z, Xie P, et al. 2006. Distribution and morphology of two endemic gomphonemoid species, *Gomphonema kaznakowi* Mereschkowsky and *G. yangtzensis* Li nov. sp. in china. Diatom Research, 21(2): 313-324.

Linares-Cuesta J E, Sánchez-Castillo P M. 2007. *Fragilaria nevadensis* sp. nov., a new diatom taxon from a high mountain lake in the Sierra Nevada (Granada, Spain). Diatom Research, 22(1): 127-134.

Liu B, Blanco S, Lan Q Y. 2018a. Ultrastructure of *Delicata sinensis* Krammer et Metzeltin and *D. williamsii* sp. nov. (Bacillariophyta) from China. Fottea, 18(1): 30-36.

Liu B, Williams D M, Liu Q Y. 2018b. A new species of *Cymbella* (Cymbellaceae, Bacillariophyceae) from China possessing valves with both uniseriate and biseriate striae. Phytotaxa, 344: 39-46.

Liu B, Williams D M, Liu Q, et al. 2018c. Three species of *Ulnaria* (Bacillariophyceae) from China, with reference to the valve central area and apices. Diatom Research, 34: 49-64.

Liu B, Williams D M, Ector L. 2018d. *Entomoneis triundulata* sp. nov. (Bacillariophyta), a new freshwater diatom species from Dongting Lake, China. Cryptogamie Algologie, 39(2): 239-253.

Liu B, Williams D M, Ou Y. 2017. *Adlafia sinensis* sp. nov. (Bacillariophyceae) from the Wuling Mountains Area, China, with reference to the structure of its girdle bands. Phytotaxa, 298(1): 43-54.

Liu Q, Wu W, Wang J, et al. 2017. Valve ultrastructure of *Nitzschia shanxiensis* nom. nov., stat. nov. and *N. tabellaria* (Bacillariales, Bacillariophyceae), with comments on their systematic position. Phytotaxa, 312(2): 228-236.

Liu Q, Kociolek J P, You Q M, et al. 2017. The diatom genus *Neidium* Pfitzer (Bacillariophyceae) from Zoigê Wetland, China. Morphology, taxonomy, descriptions. Bibliotheca Diatomologica, Stuttgart: J. Cramer in der Gebrüder Borntraeger Verlagsbuchhandlung, Band 63: 1-120.

Liu Y, Tan X, Kociolek J P, et al. 2021. One new species of *Achnanthidium* Kützing (Bacillariophyta, Achnanthidiaceae) from the upper Han River, China. Phytotaxa, 516 (2): 187-194.

Lund J W G. 1946. Observations on Soil Algae. I. The Ecology, Size and Taxonomy of British Soil Diatoms. Part II. The New Phytologist, 45(1): 56-110.

Lund J W G. 1951. Contributions to our knowledge of British algae. XII. A planktonic *Cyclotella* (*C. praetermissa* n. sp.); notes on *C. glomerata* Bachmann and *C. cateneata* Brun and the occurrence of setae in the genus. Hydrobiologia, 3(1): 93-100.

Mann D G, McDonald S M, Bayer M M, et al. 2004. The *Sellaphora pupula* species complex (Bacillariophyceae): morphometric analysis, ultrastructure and mating data provide evidence for five new species. Phycologia, 43(4): 459-482.

Manguin E. 1942. Contribution à la connaissance des Diatomées d'eau douce des Açores. Travaux Algologiques, Sér. 1. Muséum National d'Histoire Naturelle, Laboratoire de Criptogamie, 2: 115-160.

Manguin E. 1960. Les Diatomées de la Terre Adélie Campagne du Commandant Charcot 1949-1950. Annales des Sciences Naturelles, Botanique, Sér. 12, 1(2): 223-363.

Manguin E. 1964. Contribution à la connaissance des diatomées des Andes du Pérou. Mémoires du Museum National d'Histoire Naturelle, Nouvelle Série, Série B, Botanique, 12(2): 98.

Meister F. 1912. Die Kieselalgen der Schweiz. Beitrage zur Kryptogamenflora der Schweiz. Matériaux pour la flore cryptogamique suisse. Bern: Druck und Verlag von K.J. Wyss: 254.

Meister F. 1913. Beiträge zur Bacillariaceenflora Japan. Archiv für Hydrobiologie und Planktonkunde, 8: 305-312.

Metzeltin D, Lange-Bertalot H. 1998. Tropical diatoms of South America I: About 700 predominantly rarely known or new taxa representative of the neotropical flora. In: Lange-Bertalot, H. (ed.). /Iconographia Diatomologica.Annotated Diatom Micrographs. Vol. 5. Diversity-Taxonomy-Geobotany. KoeltzScientific Books. Konigstein, Germany: 695.

Metzeltin D, Lange-Bertalot H. 2002. Diatoms from the "Island Continent" Madagascar. In: Lange-Bertalot H. Iconographia Diatomologica. Annotated Diatom Micrographs. Vol. 11. Taxonomy-Biogeography-Diversity. A.R.G. Gantner Verlag K.G: 1-286.

Metzeltin D , Lange-Bertalot H. 2007. Tropical diatoms of South America II. Special remarks on biogeography disjunction. In: Lange-Bertalot H. Iconographia Diatomologica. Annotated Diatom Micrographs. Vol. 18. Taxonomy-Biogeography-Diversity. A.R.G. Gantner Verlag K.G.: 1-877.

Metzeltin D, Lange-Bertalot H , García-Rodríguez F. 2005. Diatoms of Uruguay. Compared with other taxa from South America and elsewhere. In: Lange-Bertalot H. Iconographia Diatomologica. Annotated Diatom Micrographs. Vol. 15. Taxonomy-Biogeography-Diversity. A.R.G. Gantner Verlag K.G.: 736.

Metzeltin D, Lange-Bertalot H , Soninkhishig N. 2009. Diatoms in Mongolia. In: Lange-Bertalot H., Iconographia Diatomologica. Annotated Diatom Micrographs. Vol. 20. Taxonomy-Biogeography-Diversity. A.R.G. Gantner Verlag K.G.: 1-686.

Morales E A. 2005. Observations of the morphology of some known and new fragilarioid diatoms (Bacillariophyceae) from rivers in the USA. Phycological Research, 53(2): 113-133.

Morales E A. 2007. *Fragilaria pennsylvanica*, a new diatom (Bacillariophyceae) species from North America, with comments on the taxonomy of the genus *Synedra* Ehrenberg. Proceedings of the Academy of Natural Sciences of Philadelphia, 156(1): 155-166.

Morales E A , Lee M. 2005. A new species of the diatom genus *Adlafia* (Bacillariophyceae) from the United States. Proceedings of the Academy of Natural Sciences of Philadelphia, 154(1): 149-154.

Morales E, Manoylov K M. 2006. Morphological studies on selected taxa in the genus *Staurosirella* Williams et Round (Bacillariophyceae) from rivers in North America. Diatom Research, 21(2): 343-364.

Morales E A, Vis M L. 2007. Epilithic diatoms (Bacillariophyceae) from cloud forest and alpine streams in Bolivia, South America. Proceedings of the Academy of Natural Sciences of Philadelphia, 156(1): 123-155.

Moser G, Steindorf A, Lange-Bertalot H. 1995. Neukaledonien Diatomeenflora einer Tropeninsel. Revision der Collection Maillard und Untersuchungen neuen Materials. Bibliotheca Diatomologica, Stuttgart: J.

Cramer in der Gebrüder Borntraeger Verlagsbuchhandlung, Band 32: 1-340.

Müller O F. 1788. Nova Acta Academiae Scientiarum Imperialis Petropolitanae. De Confervis Palustribus Oculo Nudo Invisibilibus, 3: 89-98.

Müller O. 1904. VII. Bacillariaceae aus dem Nyassalande un einigen benachbarten gebieten. Botanische Jahrbücher für Systematik Pflanzengeschichte und Pflanzengeographie, 34(1): 9-38.

Nitzsch C L. 1817. Beitrag zur Infusorienkunde oder Naturbeschreibung der Zerkarien und Bazillarien. Neue Schriften der Naturforschenden Gesellschaft zu Halle, 3(1): 1-128.

Novis P M, Braidwood J, Kilroy C. 2012. Small diatoms (Bacillariophyta) in cultures from the Styx River, New Zealand, including descriptions of three new species. Phytotaxa, 64: 11-45.

Østrup E. 1902. Freshwater diatoms. In Flora of Koh Chang. Part VII. Contributions to the knowledge of the Gulf of Siam. Preliminary Report on Botany., Results Danish Expedition to Siam (1899-1900). Botanisk Tidsskrift, 25(1): 28-41.

Østrup E. 1910. Danske Diatoméer med 5 tavler et Engelsk résumé. Udgivet paa Carlsbergfondets bekostning. Kjøbenhavn [Copenhagen]: C.A. Reitzel Boghandel Bianco Lunos Bogtrykkeri: 323.

Pantocsek J. 1901. A Balaton kovamoszatai vagy Bacillariái. In: A Balaton tudományos tanulmányozásának eredményei. Budapest: Hornyánsky Könyvnyomdája.: 1-143.

Palmer T C. 1910. *Stauroneis terryi* D.B. Ward. Proceedings of the Academy of Natural Sciences of Philadelphia, 62: 456-459.

Patrick R M. 1959. New species and nomenclatural changes in the genus *Navicula* (Bacillariophyceae). Proceedings of the Academy of Natural Sciences of Philadelphia, 111(1): 91-108.

Patrick R M, Freese L R. 1961. Diatoms (Bacillariophyceae) from Northern Alaska. Proceedings of the Academy of Natural Sciences of Philadelphia, 112(6): 129-293.

Patrick R, Reimer C W. 1975. The diatoms of the United States exclusive of Alaska and Hawaii. Vol. 2, Part 1. Entomoneidaceae, Cymbellaceae, Gomphonemaceae, Epithemiaceae. Philadelphia: The Academy of Natural Sciences of Philadelphia: 213.

Pérès F, Barthès A, Ponton E, et al. 2012. *Achnanthidium delmontii* sp. nov., a new species from French rivers. Fottea, 12(2): 189-198.

Petersen J B. 1928. The aërial algae of Iceland. In: Rosenvinge L K, Warming E. The botany of Iceland. Vol. II. Part II. Copenhagen & London: Wheldon and Wesley, 328-447.

Pienaar C, Pieterse A J H. 1990. *Thalassiosira duostra* sp. nov. a new freshwater centric diatom from the Vaal River, South Africa. Diatom Research, 5(1): 105-111.

Potapova M. 2014. *Encyonema appalachianum* (Bacillariophyta, Cymbellaceae), a new species from Western Pennsylvania, USA. Phytotaxa, 184(2): 115-120.

Potapova M G, Ponader K C. 2004. Two common North American diatoms, *Achnanthidium rivulare* sp. nov. and *A. deflexum* (Reimer) Kingston: morphology, ecology and comparison with related species. Diatom Research, 19(1): 33-57.

Rabenhorst L. 1860. Die Algen Sachsens. Resp. Mittel-Europa's Gesammelt und herausgegeben von Dr. L. Rabenhorst: 100.

Rabenhorst L. 1861. Algen Europa's, Fortsetzung der Algen Sachsens, Resp. Mittel-Europa's. Dec. 17-18. Nos, 1161-1180.

Reichardt E. 1985. Diatomeen an feuchten Felsen Sudlichen Frankenjuras. Berichte der Bayerischen Botanischen Gessellschaft (zur Erforschung der heimischen Flora), 56: 167-187.

Reichardt E. 1988. Neue Diatomeen aus Bayerischen und Nordtiroler Alpenseen. Diatom Research, 3(2): 237-244.

Reichardt E. 1997. Taxomische Revision der Artencomplexes um *Gomphonema pumillum* (Bacillariophyceae). Nova Hedwigia 65: 99-129.

Reichardt E. 1999. Zur Revision der Gattung *Gomphonema*. Die Arten um *G. affine/insigne*, *G. angustatum/micropus*, *G. acuminatum* sowie gomphonemoide Diatomeen aus dem Oberoligozän in Böhmen. In: Lange-Bertalot H. Iconographia Diatomologica. Annotated Diatom Micrographs. Vol. 8. Taxonomy-Biogeography-Diversity. A.R.G. Gantner Verlag K.G.: 1-2003.

Reichardt E. 2005. Die Identität von *Gomphonema entolejum* Østrup (Bacillariophyceae) sowie Revision änlicher Arten mit weiter Axialarea. Nova Hedwigia, 81(1-2): 115-144.

Reichardt E. 2015. *Gomphonema gracile* Ehrenberg sensu stricto et sensu auct. (Bacillariophyceae): A taxonomic revision. Nova Hedwigia, 101(3-4): 367-393.

Reichardt E. 2018. Die Diatomeen im Gebiet der Stadt Treuchtlingen.München: Bayerische Botanische Gesellschaft: 1184.

Reichardt E, Lange-Bertalot H. 1991. Taxonomische Revision des Artencomplexes um *Gomphonema angustum* -*G. dichotomum* -*G. intricatum* -*G. vibrio* und ahnliche Taxa (Bacillariophyceae). Nova Hedwigia, 53(3-4): 519-544.

Rimet F, Couté A, Piuz A, et al. 2010. *Achnanthidium druartii* sp. nov. (Achnanthales, Bacillariophyta): A new species invading European rivers. Vie et Milieu- Life and Environment, 60 (3): 185-195.

Round F E, Basson P W. 1997. A new monoraphid diatom genus (*Pogoneis*) from Bahrain and the transfer of previously described species *A. hungarica* and *A. taeniata* to new genera. Diatom Research, 12(1): 71-81.

Rumrich U, Lange-Bertalot H, Rumrich M. 2000. Diatomeen der Anden von Venezuela bis Patagonien/Feuerland und zwei weitere Beiträge. Diatoms of the Andes from Venezuela to Patagonia/Tierra del Fuego and two additional contributions. Iconographia Diatomologica, In: Lange-Bertalot H. Iconographia Diatomologica. Annotated Diatom Micrographs. Vol. 9. Taxonomy-Biogeography-Diversity. A.R.G. Gantner Verlag K.G.: 1-673.

Schmidt A W F. 1899. Atlas der Diatomaceen-kunde. Leipzig: O.R. Reisland, 5: 213-216.

Schmidt A W F. 1904. Atlas der Diatomaceen-kunde Series VI: Heft [62/63]. Leipzig: O.R. Reisland, 245-252.

Schoeman F R, Archibald R E M. 1986. Observations on *Amphora* species (Bacillariophyceae) in the British Museum (Natural History). Some species from the subgenus Amphora. S. Afr. J. Bot., 52: 425-437.

Schoeman F R, Archibald R E M. 1987. *Navicula vandamii* nom. nov. (Bacillariophyceae), a new name for *Navicula acephala* Schoeman, and a consideration of its taxonomy. Nova Hedwigia, 44(3-4): 479-487.

Schulz P. 1926. Die Kieselalgen der Danziger Bucht mit Einschluss derjenigen aus glazialen und postglazialen Sedimenten. Botanische Archiv, 13(3-4): 149-327.

Schoeman F R, Archibald R E M. 1987. *Navicula vandamii* nom. nov. (Bacillariophyceae), a new name for *Navicula acephala* Schoeman, and a consideration of its taxonomy. Nova Hedwigia, 44(3-4): 479-487.

Schumann J. 1867. Preussische Diatomeen. Schriften der koniglichen physikalisch-okonomischen Gesellschaft zu Konigsberg, 8: 37-68.

Skvortsov B V. 1937. Subaerial diatoms from Hangchow, Chekiang Province, China. Bulletin of the Fan Memorial Institute of Biology, Part 1 Botany, 7: 219-228.

Smith W. 1853. A synopsis of the British Diatomaceae; with remarks on their structure, function and distribution; and instructions for collecting and preserving specimens. The plates by Tuffen West. London: John van Voorst, Paternoster Row: 89.

Smith W. 1855. Notes of an excursion to the south of France and the Auvergne in search of Diatomaceae. Annals and Magazine of Natural History, 2(15): 1-9.

Smith W. 1856. A synopsis of the British Diatomaceae; with remarks on their structure, functions and distribution; and instructions for collecting and preserving specimens. The plates by Tuffen West. In two volumes. London: John van Voorst, Paternoster Row: 107.

Sovereign H E. 1958. The diatoms of Crater Lake, Oregon. Transactions of the American Microscopical Society, 77(2): 96-134.

Spaulding S A, Kociolek J P. 1998. New *Gomphonema* (Bacillariophyceae) species from Madagascar. Proceedings of the California Academy of Sciences, 50(16): 361-379.

Stoermer E F, Håkansson H. 1984. *Stephanodiscus parvus*: Validation of an enigmatic and widely misconstrued taxon. Nova Hedwigia, 39: 497-511.

Straub F. 1985. Variabilité comparée d' *Achnanthes lanceolata* (Bréb.) Grun. et d' *Achnanthes rostrata* & oslash; strup (Bacillariophyceae) dans huit populations naturelles du Jura suisse I: aproche morphologique. Bulletin de la Société Neuchâteloise des Sciences Naturelles, 108: 135-150.

Thomas E W, Kociolek J P. 2015. Taxonomy of three new *Rhoicosphenia* (Bacillariophyta) species from California, USA. Phytotaxa, 204(1): 1-21.

Torka V. 1909. Diatomeen einiger Seen der Provinz Posen. Zeitschroft der Naturwissenschaften Abteilung der deutsch. Gesellsch. f. Kunst. u. Wissensch. in Posen. Jahrgand, 16: 125-131.

Ueyama S, Kobayshi H. 1986. Two *Gomphonema* species with strongly capitate apices: *G. sphaerophorum* Ehr. and *G. pseudosphaerophorum* sp. nov. In: Proceedings of the Ninth International Diatom Symposium, 1986. Biopress Ltd., Bristol, and Koeltz Scientific Books, Koenigstein, 449-458.

Van Heurck H. 1880. Synopsis des Diatomées de Belgique Atlas. Atlas. Ducaju & Cie., Anvers., pls 1-30.

Van Heurck H. 1881. Synopsis des Diatomées de Belgique Atlas. Atlas. Ducaju & Cie., Anvers.: 77.

Van Heurck H. 1896. A treatise on the Diatomaceae. Translated by W.E. Baxter. London: William Wesley & Son. 558.

Van de Vijver B, Jarlman A, Lange-Bertalot H, et al. 2011. Four new European *Achnanthidium* species (Bacillariophyceae). Algological Studies, 136/137: 193-210.

Weber C I. 1970. A new freshwater centric diatom *Microsiphona potamos* gen. et sp. nov. Journal of Phycology, 6(2): 149-153.

Werum M, Lange-Bertalot H. 2004. Diatoms in springs from Central Europe and elsewhere under the influence of hydrologeology and anthropogenic impacts. In: Lange-Bertalot H. Iconographia Diatomologica. Annotated Diatom Micrographs. Vol. 13. Taxonomy-Biogeography-Diversity. A.R.G. Gantner Verlag K.G.: 1-417.

Wetzel C E, Ector L, Van de Vijver B, et al. 2015. Morphology, typification and critical analysis of some ecologically important small naviculoid species (Bacillariophyta). Fottea, 15(2): 203-234.

Wetzel C E, Van de Vijver B, Hoffmann L, et al. 2013. *Planothidium incuriatum* sp. nov. a widely distributed diatom species (Bacillariophyta) and type analysis of *Planothidium biporomum*. Phytotaxa, 138(1): 43-57.

Williams D M, Round F E. 1986. Revision of the genus *Synedra* Ehrenb. Diatom Research, 1(2): 313-339.

Williams D M, Round F E. 1988. Revision of the genus *Fragilaria*. Diatom Research, 2(2): 267-288.

Witkowski A, Lange-Bertalot H. 1993. Established and new diatom taxa related to *Fragilaria schulzii* Brockmann. Limnologica, 23(1): 59-70.

Wojtal A Z, Ector L, Van De Vijver B, et al. 2011. The *Achnanthidium minutissimum* complex (Bacillariophyceae) in southern Poland. Algological Studies, 136(1): 211-238.

Xie S Q, Qi Y Z. 1984. Light, scanning and transmission electron microscopic studies on the morphology and taxonomy of *Cyclotella shanxiensis* sp. nov. Proceedings of the International Diatom Symposium, 7: 185-196.

Yang S Q, Zhang W, Blanco S, et al. 2019. *Delicata chongqingensis* sp. nov., a new cymbelloid diatom species (Bacillariophyceae) from Daning River, Chongqing, China. Phytotaxa, 393(1): 57-66.

You Q M, Kociolek J P, Cai M J, et al. 2017. Morphology and ultrastructure of *Sellaphra constrictum* sp. nov. (Bacillariophyta), a new diatom from Southern China. Phytotaxa, 327(3): 261-268.

Yu P, You Q M, Bi Y H, et al. 2024. Description of *Lineaperpetua* gen. nov., with the combination of morphology and molecular data: a new diatom genus in the Thalassiosirales. Journal of Oceanology and Limnology, 42(1): 277-290.

Yu P, You Q M, Pang W T, et al. 2022. Two new freshwater species of the genus *Achnanthidium* (Bacillariophyta, Achnanthidiaceae) from Qingxi River, China. PhytoKeys, 191: 11-28.

附表一 采集记录表

标本号	采样点名称	采样点位置	经度(°E)	纬度(°N)	海拔(m)	水温(℃)	pH	溶解氧(mg/L)	电导率(μS/cm)	总溶解固体(mg/L)	浊度(NTU)
S1	堵河	湖北省十堰市房县姚坪乡姚坪村	110.428203	32.363555	275.5	26.07	6.75	8.63	193.00	108.00	47.30
S2	堵河	湖北省十堰市郧阳区叶大乡闵家村	110.511807	32.635835	293.9	25.70	5.53	9.15	207.33	135.00	16.60
S3	堵河	湖北省十堰市张湾区方滩乡方滩村	110.616200	32.73987	129.9	20.88	4.99	9.32	214.67	137.67	43.97
S4	汉江	湖北省十堰市郧阳区汉江乡潘家湾村	110.621437	32.808748	139.8	21.90	5.75	9.24	224.67	145.00	21.40
S5	汉江	湖北省十堰市304省道柳陂镇辽瓦村	110.694310	32.787964	135.9	21.90	6.13	8.95	225.33	145.00	20.30
S6	汉江	湖北省十堰市滨江花园民族路	110.798860	32.834959	136.8	25.97	5.75	9.39	225.00	143.67	24.33
S7	汉江	湖北省十堰市051乡道堰河村	110.753486	32.873638	138.2	25.60	6.59	10.08	250.33	163.00	18.10
S8	神定河	湖北省十堰市张湾区污水处理厂上游八亩地村	110.800798	32.699157	183.4	29.90	6.20	16.15	503.33	327.67	19.40
S9	神定河	湖北省十堰市郧阳区茶店镇华新水泥厂	110.837034	32.744735	142.6	28.07	7.91	9.21	579.00	376.00	20.70
S10	神定河	湖北省十堰市郧阳区茶店镇长岭污水处理厂	110.883282	32.802713	152.7	30.70	6.11	13.40	358.00	230.00	27.67
S11	汉江	湖北省十堰市郧阳区青山镇蓼池村	110.895278	32.802901	135.1	24.80	6.19	10.89	238.33	154.00	29.00
S12	汉江	湖北省十堰市郧阳区茶店镇长坪村	110.878704	32.807872	152.2	27.87	5.28	12.05	225.33	145.00	23.10
S13	泗河	湖北省十堰市茅箭区鸳鸯村	110.882810	32.615367	155.3	27.40	8.51	7.18	466.67	355.00	17.20
S14	泗河	湖北省十堰市茅箭区鸳鸯村泗河大桥	110.887977	32.627406	161.2	26.83	6.44	6.97	638.00	415.67	16.50
S15	坝下	湖北省丹江口市丹江大坝下	111.546554	32.487556	69.2	20.23	5.12	8.52	257.33	166.33	14.33
S16	坝下	湖北省丹江口市水之源广场大坝公园	111.499276	32.544354	70.4	17.40	7.60	8.89	239.33	165.33	12.50
S17	丹库	河南省南阳市淅川县马蹬镇小三峡大桥	111.532207	32.864826	162.0	27.20	7.00	9.61	350.00	225.00	14.90
S18	丹库	河南省南阳市淅川县马蹬镇关防滩村	111.533395	32.887378	137.4	27.50	4.88	9.72	346.67	224.00	15.90
S19	丹库	河南省南阳市淅川县马蹬镇吴营村	111.502529	32.911824	139.4	27.10	4.68	9.45	332.67	216.00	19.70
S20	丹库	河南省南阳市淅川县盛湾镇剑沟村	111.551357	32.852953	138.3	27.30	5.86	9.32	344.00	224.00	16.30
S21	磨沟河	河南省南阳市淅川县仓房镇坐禅谷景区	111.436251	32.793086	269.2	21.90	7.41	8.45	414.00	273.33	14.07
S22	磨沟河	河南省南阳市淅川县仓房镇坐禅谷百步朝阳	111.435926	32.793078	265.5	20.80	6.52	10.03	388.00	252.00	14.10

续表

标本号	采样点名称	采样点位置	经度(°E)	纬度(°N)	海拔(m)	水温(℃)	pH	溶解氧(mg/L)	电导率(μS/cm)	总溶解固体(mg/L)	浊度(NTU)
S23	磨沟河	河南省南阳市淅川县仓房镇坐禅谷佛光瀑布	111.436861	32.793292	247.4	23.93	6.94	9.27	373.33	242.33	11.80
S24	磨沟河	河南省南阳市淅川县仓房镇依天潭	111.437127	32.797143	247.1	25.27	5.40	8.87	414.33	267.67	14.10
S25	磨沟河	河南省南阳市淅川县仓房镇坐禅谷莲花小道	111.432437	32.804773	385.7	25.53	6.22	10.29	452.67	294.33	15.23
S26	金竹河	河南省南阳市淅川县马蹬镇金竹河	111.617294	32.835436	138.7	26.90	5.35	9.61	281.33	183.00	13.20
S27	鹳河	河南省南阳市淅川县上集镇张营村	111.456899	33.082446	137.8	27.90	7.32	10.88	319.00	208.00	17.70
S28	鹳河	河南省南阳市淅川县毛堂乡思源社区源科生物	111.447861	33.170537	159.3	27.70	6.46	10.33	445.67	287.00	24.30
S29	鹳河	河南省南阳市西峡县回车镇垱子岭村	111.495911	33.211944	175.0	29.53	6.84	10.15	319.67	207.00	21.70
S30	鹳河	河南省南阳市西峡县回车镇南阳汉冶特钢有限公司	111.523155	33.26832	201.5	31.40	6.77	10.78	787.00	511.33	28.57
S31	鹳河	河南省南阳市西峡县五里桥镇封湾村河西太阳沟口	111.420598	33.330394	210.9	29.60	7.12	9.36	352.67	228.67	34.50
S32	鹳河	河南省南阳市西峡县石门湖风景区	111.464581	33.375469	210.9	28.70	6.86	7.51	300.00	196.33	25.10
S33	鹳河	河南省南阳市西峡县双龙镇东台子村	111.492443	33.418202	263.4	28.87	6.18	9.03	333.33	213.67	27.50
S34	丹库	河南省南阳市淅川县香花镇宋岗码头	111.639502	32.772839	141.9	28.53	7.97	9.41	289.33	186.33	12.50
S35	丹库	河南省南阳市淅川县香花镇小太平洋	111.600391	32.768373	142.8	28.33	5.61	9.61	280.00	182.00	11.53
S36	丹库	河南省南阳市淅川县仓房镇下寺码头	111.524633	32.776733	142.7	27.30	6.89	9.82	290.67	189.00	11.63
S37	丹库	河南省南阳市淅川县仓房镇党子口村西四队	111.493735	32.701024	140.6	29.23	5.58	9.50	270.00	177.33	14.00
S38	汉库	湖北省十堰市凉水河镇高坡	111.514425	32.64441	140.5	28.77	6.08	9.58	246.00	159.00	13.20
S39	汉库	湖北省十堰市凉水河镇白龙泉村大沟口	111.500773	32.631623	140.5	29.90	6.77	9.62	242.00	155.33	13.40
S40	汉库	湖北省十堰市丹江口码头	111.492934	32.593357	142.9	30.23	6.57	9.59	239.00	155.67	14.00
S41	汉库	湖北省十堰市郧阳区梅铺镇高沟村	111.478457	32.577376	141.3	30.50	6.67	9.67	240.33	156.33	14.17
S42	汉库	湖北省十堰市丹江口市凉水河镇王家沟	111.459213	32.590307	143.5	30.13	6.31	9.59	248.33	162.00	13.90
S43	汉库	湖北省十堰市习家店镇库湾	111.170177	32.692793	146.6	30.53	7.38	10.99	230.00	148.67	19.20
S44	汉库	湖北省十堰市丹江口市龙山镇龙山咀村	111.210321	32.658605	158.6	28.60	7.10	10.75	233.33	151.00	14.50
S45	汉库	湖北省十堰市丹江口市龙山镇田家岭村	111.302125	32.601079	141.4	28.43	7.07	10.88	233.33	150.00	14.60
S46	汉库	湖北省十堰市丹江口市任家沟	111.359075	32.575815	141.4	28.23	6.92	11.10	242.00	156.67	13.90
S47	汉库	湖北省十堰市丹江口市碧水连天观景台	111.418964	32.572666	141.7	28.10	6.62	10.75	243.67	158.00	13.60

续表

标本号	采样点名称	采样点位置	经度（°E）	纬度（°N）	海拔（m）	水温（℃）	pH	溶解氧（mg/L）	电导率（μS/cm）	总溶解固体（mg/L）	浊度（NTU）
S48	汉库	湖北省十堰市丹江口市三官殿街道管理处沧浪海	111.473946	32.569459	143.6	27.80	6.97	10.27	243.67	157.00	13.43
S49	汉库	湖北省十堰市丹江口市坝上1	111.489655	32.567157	144.7	27.27	7.10	10.58	244.33	157.67	13.10
S50	汉库	湖北省十堰市丹江口市坝上2	111.498101	32.572144	147.6	27.00	6.52	10.51	245.67	159.33	13.10
S51	丹库	河南省南阳市淅川县香花镇台子山林场	111.537988	32.65809	148.5	25.33	7.45	10.39	275.33	178.00	10.70
S52	汉库	湖北省十堰市丹江口市凉水河镇唐家凸上村	111.438572	32.610679	138.9	27.00	7.32	10.39	256.33	165.33	13.23
S53	汉库	湖北省十堰市蒿坪镇袁家凹村	111.182942	32.734741	133.2	26.90	7.94	10.19	298.33	192.67	18.10
S54	汉库	湖北省十堰市丹江口市习家店镇习家店村	111.190847	32.753056	184.3	29.03	8.34	8.68	384.33	247.67	23.93
S55	泗河	湖北省十堰市郧阳区青山镇龙庙沟村	111.992984	32.734156	131.5	30.67	7.93	10.10	233.00	151.67	37.60
S56	泗河	湖北省十堰市郧阳区青山镇曾家湾村	110.952078	32.695702	132.7	33.03	6.05	11.60	330.33	223.67	40.53
S57	泗河	湖北省十堰市郧阳区青山镇龚家院村	110.949238	32.76096	135.6	32.43	8.79	10.36	223.00	144.00	20.60
S58	汉库	湖北省十堰市丹江口市武当山特区井沟村	111.087730	32.564732	133.6	29.27	6.23	10.62	241.33	158.00	14.40
S59	汉库	湖北省十堰市丹江口市武当山码头	111.147967	32.514279	134.7	31.43	6.49	10.65	242.00	157.33	15.30
S60	汉库	湖北省十堰市丹江口市武当山特区清灰铺村	111.158386	32.498315	137.6	33.00	7.72	11.95	241.00	155.00	18.50
S61	丹江	河南省南阳市淅川县大石桥乡丹江大桥北	111.215908	33.079463	143.7	27.00	8.09	8.50	309.67	201.67	67.90
S62	滔河	河南省南阳市淅川县滔河乡朱家山村	111.263292	33.02305	140.8	26.53	6.88	7.72	403.00	257.67	16.20
S63	滔河	河南省南阳市淅川县滔河乡闫楼村	111.308379	33.000047	135.8	31.87	7.70	10.41	325.33	211.00	59.20
S64	滔河	河南省南阳市淅川县滔河乡罗山村	111.153092	33.00785	176.6	26.60	8.05	10.15	388.00	251.00	17.90
S65	丹江	河南省南阳市淅川县大石桥乡柳家泉村	111.213722	33.074079	146.6	31.67	8.25	9.92	292.67	190.67	69.00
S66	丹江	河南省南阳市淅川县寺湾镇鹁鸽峪村	111.150000	33.161594	159.0	30.83	7.98	8.13	298.33	194.67	68.70
S67	丹江	河南省南阳市淅川县寺湾镇孙家台村	111.115041	33.172557	162.0	31.17	8.26	9.43	290.67	189.00	63.80
S68	丹江	河南省南阳市淅川县荆紫关镇穆营村	111.007801	33.256851	188.4	33.03	7.82	9.78	359.67	234.00	37.70
S69	淇河	河南省南阳市淅川县寺湾镇尚台村	111.161772	33.15707	160.8	30.80	7.03	9.21	317.33	206.00	30.10
S70	淇河	河南省南阳市淅川县西簧乡大石河村	111.146706	33.268132	217.8	34.70	8.05	10.03	325.67	212.00	22.00
S71	淇河	河南省南阳市淅川县西簧乡上庄村	111.156079	33.226869	195.5	31.47	8.43	9.02	324.67	210.67	40.97

续表

标本号	采样点名称	采样点位置	经度(°E)	纬度(°N)	海拔(m)	水温(℃)	pH	溶解氧(mg/L)	电导率(μS/cm)	总溶解固体(mg/L)	浊度(NTU)
S72	丹库	河南省南阳市淅川县香花镇张寨村	111.633699	32.756567	139.5	31.80	7.61	8.74	290.33	189.67	17.70
S73	丹库	河南省南阳市淅川县九重镇杨河村	111.641421	32.689975	134.7	33.13	7.18	8.74	276.67	181.33	17.80
S74	丹库	河南省南阳市淅川县九重镇陶家岗	111.641449	32.689992	140.7	29.63	7.63	9.69	273.67	176.00	15.73
S75	丹库	河南省南阳市淅川县香花镇库心与陶岔中间水域1	111.583114	32.726331	137.6	30.70	7.53	9.58	277.00	178.33	16.23
S76	丹库	河南省南阳市淅川县香花镇库心与陶岔中间水域2	111.570222	32.769091	136.0	31.23	7.57	9.36	281.33	183.33	17.70
S77	丹库	河南省南阳市淅川县马蹬镇库心与黑鸡嘴之间水域	111.554671	32.801544	129.3	30.87	7.46	9.21	275.67	180.00	19.23
S78	丹库	河南省南阳市淅川县马蹬镇黑鸡嘴	111.535618	32.82625	139.3	31.90	7.26	9.49	283.67	184.00	17.50
S79	丹库	河南省南阳市淅川县盛湾镇宋湾村轮渡码头左岸	111.429176	32.944965	135.7	34.00	7.48	10.36	323.33	210.67	18.93
S80	丹库	河南省南阳市淅川县盛湾镇宋湾村轮渡码头右岸	111.431289	32.963569	140.4	32.77	7.49	10.53	319.00	208.67	21.13
S81	丹库	河南省南阳市淅川县大石桥乡大石桥附近	111.380979	32.983905	139.7	32.63	7.67	10.89	315.00	202.67	16.30
S82	丹库	河南省南阳市淅川县上集镇张营村	111.488116	32.974927	139.6	33.80	7.41	10.72	320.67	208.67	20.03
S83	丹库	河南省南阳市淅川县马蹬镇曹湾村	111.489301	32.948286	139.5	33.53	7.38	10.59	323.67	210.00	19.60
S84	干渠白河段	河南省南阳市卧龙区孙庄南跨渠公路桥南50米	112.615494	33.105618	126.0	26.97	6.96	9.33	279.33	180.33	15.50
S85	干渠白河段	河南省南阳市宛城区新店乡新庄村	112.636230	33.116119	120.6	27.43	7.79	8.70	270.00	176.00	18.30
S86	干渠刁河段	河南省南阳市邓州市九龙镇杜家沟	111.856605	32.720372	138.1	/	/	/	/	/	/
S87	干渠刁河段	河南省南阳市邓州市九龙镇刁河渡槽	111.872708	32.697804	132.1	/	/	/	/	/	/
S88	干渠刁河段	河南省南阳市邓州市九龙镇苏楼	111.847555	32.712585	129.2	/	/	/	/	/	/
S89	天津	天津市西青区中北镇阜锦道	117.074854	39.137509	6.58	29	8.18	8.4	274	/	3.12

中文名索引

A

阿巴拉契内丝藻 131
阿格纽菱形藻 164
阿库栅藻 38
阿奎斯提马雅美藻 105
阿维塔宽纹藻 106
埃尔多拟多甲藻 56
埃特曲丝藻 155
矮小沟链藻 68
矮小伪形藻 111
矮小异极藻 148
矮小异极藻硬变种 149
艾瑞菲格舟形藻 90
安东尼舟形藻 89
鞍型藻属 106
暗额藻属 115
凹顶鼓藻属 51
凹凸鼓藻 48
奥波莱栅藻 40
澳洲桥弯藻 125

B

巴西栅藻 39
班达鞍型藻 110
半裸鞍型藻 109
棒杆藻科 176
棒杆藻属 176
棒形裸藻 12
薄壳管状藻 105
北方脆杆藻 76
北极桥弯藻 124
彼格勒异极藻 142
庇里牛斯曲丝藻 156
篦形脆杆藻 78
扁裸藻属 19
扁圆卵形藻 152
变化鞍型藻 108
变异直链藻 66

宾夕法尼亚脆杆藻 78
柄裸藻属 14
并联藻属 28
波尔斯鞍型藻 107
波缘藻属 180
波状瑞氏藻 129
博恩微芒藻 25
博里斯陀螺藻 16
不等弯肋藻 130
不完全异极藻 145
不显双眉藻 138
布代里格形藻 99
布勒茨舟形藻 89
布纹藻属 123

C

草鞋形波缘藻 181
草鞋形波缘藻细长变种 181
草鞋形波缘藻细尖变种 181
草鞋形波缘藻整齐变种 181
侧链藻属 74
侧身羽纹藻 121
侧生窗纹藻 176
缠结异极藻 145
颤动异极藻 150
颤鼓藻 51
颤藻科 5
颤藻目 5
颤藻属 5
长孢藻属 8
长贝尔塔内丝藻 132
长贝尔塔桥弯藻 126
长篦形藻属 115
长篦形藻属 113
长臂角星鼓藻 53
长耳异极藻 142
长头异极藻瑞典变型 147
长尾扁裸藻 20
长圆双壁藻 113

长趾拟内丝藻 137
长锥形锥囊藻 62
串珠假伪形藻 111
窗格平板藻 85
窗纹藻属 176
刺角藻科 74
刺角藻属 74
粗糙桥弯藻 125
粗糙桥弯藻小型变种 125
粗肋藻属 87
粗曲丝藻 154
簇生内丝藻 132
簇生平格藻 83
脆杆藻科 76
脆杆藻目 76
脆杆藻属 76
脆形藻属 86
脆型脆杆藻 77
锉刀状布纹藻 124

D

丹尼卡肘形藻 81
单胞衣藻 22
单角盘星藻 30
单角盘星藻对突变种 30
单角盘星藻具孔变种 31
单角盘星藻颗粒变种 31
单列栅藻 37
单面栅藻 39
单一柄裸藻 14
淡黄双菱藻 178
淡绿舟形藻 97
淡色内丝藻 133
稻皮菱形藻 169
德尔蒙曲丝藻 154
德洛西蒙森藻 171
等片藻属 86
碟星藻属 72
顶棘藻属 26

顶尖异极藻 141	二角盘星藻纤细变种 33	格形藻属 98
杜氏曲丝藻 154	二列双菱藻 178	弓形藻 26
短刺栅藻 40	二头肘形藻 80	弓形藻属 26
短缝藻科 87	二形栅藻 38	共球藻纲 42
短缝藻目 87		共球藻目 42
短缝藻属 87	**F**	沟链藻科 66
短喙长篦藻 114	仿密集菱板藻 173	沟链藻属 66
短喙形舟形藻 94	纺锤鳞孔藻 18	孤点泥栖藻 103
短棘盘星藻 32	放射脆杆藻 78	孤点桥弯藻 128
短棘盘星藻长角变种 32	放射舟形藻 93	古氏栅藻 41
短棘盘星藻短角变种 32	费雷福莫斯异极藻 144	谷皮菱形藻 168
短棘盘星藻锯尖变种 32	分歧小环藻 71	谷皮菱形藻细喙变种 168
短角美壁藻 123	丰富菱板藻 172	谷皮型菱形藻 169
短头内丝藻 131	缶形陀螺藻 17	骨条藻科 69
短纹假十字脆杆藻 84	浮游角星鼓藻 53	骨条藻属 69
短纹藻属 116	浮游囊裸藻 15	鼓藻科 46
短小高氏藻 158	辐节形美壁藻 123	鼓藻目 46
对称舟形藻 95	辐节藻属 118	鼓藻属 47
钝端菱形藻 168	辐射多芒藻 25	瓜拉尼异极藻 144
钝端肘形藻 81	辐射桥弯藻 127	关联舟形藻 89
钝空星藻 34	辐头舟形藻 90	管状藻属 105
钝姆拟内丝藻 137	福尔曼美壁藻 122	冠盘藻科 69
钝泥栖藻 102	福克纳泥栖藻 102	冠盘藻属 69
钝泥栖藻菱形变种 103	腐生鞍型藻 109	光滑侧链藻 74
钝形栅藻 37	腐生羽纹藻 121	光滑鼓藻 48
盾状鼓藻 50	附萍藻属 160	光滑鼓藻八角形变种 49
多吉兰异极藻 143	富营养曲丝藻 155	光滑栅藻 37
多棘栅藻 41	腹糊鞍型藻 110	圭亚那泥栖藻 102
多甲藻科 55		规则菱形藻 169
多甲藻目 55	**G**	硅藻门 65
多罗藻属 98	盖特勒菱形藻 166	
多芒藻属 25	杆状鞍型藻 106	**H**
多凸空星藻 35	杆状菱形藻 164	海链藻科 68
多形裸藻 12	杆状美壁藻 122	海链藻目 68
多样菱形藻 165	杆状藻科 163	海链藻属 68
	杆状藻属 163	海曼舟形藻 91
E	高大弯肋藻 131	海双眉藻属 139
额雷菱形藻 165	高山冠盘藻 69	汉氏冠盘藻 70
恩格肘形藻 82	高山拟内丝藻 136	汉氏冠盘藻细弱变型 70
恩内迪曲丝藻 154	高山优美藻 134	汉氏菱形藻 167
二叉异极藻 143	高氏藻属 158	杭氏舟形藻 91
二额双菱藻 177	格拉尼斯栅藻 39	河蚌羽纹藻 120
二角盘星藻大孔变种 32	格鲁诺伟异极藻 144	河流曲丝藻 157
二角盘星藻网状变种 33	格鲁诺藻属 175	河生集星藻 35
	格罗夫楔异极藻 151	

盒形藻科 74
盒形藻目 74
赫布里底群岛异极藻 145
忽略平面藻 161
胡斯特内丝藻 132
胡斯特片状藻 159
壶型异极藻 146
湖北小环藻 71
湖南肘形藻 81
湖生并联藻 28
湖生假鱼腥藻 7
湖沼线筛藻 69
互生角星鼓藻 52
华彩双菱藻 180
华丽囊裸藻 16
华丽星杆藻 86
华美细齿藻 175
环冠藻属 70
黄丝藻科 64
黄丝藻目 64
黄丝藻属 64
黄藻纲 64
黄藻门 63
灰岩双壁藻 112
惠氏微囊藻 4
喙头平面藻 162
喙头舟形藻 94
喙状庇里牛斯曲丝藻 157

J

极变异桥弯藻 127
极细异极藻 149
极小格形藻 99
极小曲丝藻 156
极长贝尔塔内丝藻 133
急尖格形藻 99
棘刺囊裸藻具冠变种 16
棘口囊裸藻 15
集星藻属 35
寄生假十字脆杆藻 84
加德优美藻 135
加利福尼亚弯楔藻 151
加罗鼓藻 48
加拿大沟链藻 67

甲藻纲 55
甲藻门 54
假具球异极藻 148
假具星碟星藻 72
假披针形舟形藻 93
假十字脆杆藻属 84
假丝微囊藻 3
假伪形属 110
假鱼腥藻科 7
假鱼腥藻属 7
假舟形藻 92
尖布纹藻 123
尖顶型异极藻 141
尖喙肘形藻 82
尖角异极藻 140
尖美壁藻 122
尖尾扁裸藻 19
尖尾蓝隐藻 59
尖尾裸藻 13
尖细栅藻小形变种 38
尖形栅藻 38
尖异极藻 140
尖异极藻伯恩托克斯变种 140
尖肘形藻 80
尖锥盘杆藻 173
茧形藻科 177
茧形藻属 177
渐狭布纹藻 124
渐窄盘杆藻 173
江河骨条藻 69
胶毛藻科 44
胶毛藻目 44
角甲藻 56
角藻科 56
角甲藻属 56
角毛藻目 74
角星鼓藻属 52
角形羽纹藻 120
狡猾舟形藻 97
洁净裸藻 11
结合双眉藻 138
金色菱形藻 164
金藻纲 62
金藻门 61

紧密桥弯藻 125
近爆裂脆杆藻 78
近淡黄桥弯藻 128
近高山舟形藻 95
近赫德森曲丝藻 157
近喙头舟形藻 95
近尖头弯肋藻 131
近角形集星藻 35
近菱形泥栖藻 103
近前膨胀鼓藻 51
近强壮菱板藻 173
近亲长孢藻 8
近瞳孔鞍型藻 110
近弯羽纹藻波曲变种 121
近箱形桥弯藻 128
近盐生双菱藻 180
近缢丝藻 43
近原子曲丝藻 157
近圆扁裸藻 19
近缘琳达藻 73
近缘桥弯藻 124
近缘曲丝藻 153
近缘双眉藻 138
近粘连菱形藻斯科舍变种 170
近胀大桥弯藻 128
近针形菱形藻 170
近轴桥弯藻 127
静裸藻 12
居氏腔球藻 3
矩圆囊裸藻 15
巨颤藻 6
具孔盘星藻 31
具孔盘星藻点纹变种 31
具瘤陀螺藻梯形变种 17
具球异菱藻 115
具细尖暗额藻 116
具星碟星藻 73
菌形颤藻 6

K

卡普龙双菱藻 178
卡氏微肋藻 111
卡氏藻属 159

中文名索引

坎宁顿拟多甲藻 55
柯维拟多甲藻 56
科基盘状藻 100
科奇多罗藻 98
颗粒沟链藻 67
颗粒沟链藻极狭变种 67
颗粒沟链藻弯曲变种 67
可变羽纹藻 120
可疑环冠藻 70
克莱默肋缝藻 118
克莱默舟形藻 91
克劳斯菱形藻 165
克里夫卡氏藻 159
克里夫美壁藻 122
克利夫异极藻 142
克罗顿脆杆藻 77
克罗顿脆杆藻俄勒冈变种 77
空球藻 23
空球藻属 23
空星藻科 33
空星藻属 33
孔塘喜湿藻 117
库布西弯肋藻 130
库津细齿藻 175
库斯伯鞍型藻 107
宽扁裸藻 20
宽大曲丝藻 153
宽头异极藻 143
宽纹藻属 105
宽轴高氏藻 158

L

拉菲亚藻属 104
拉库姆菱形藻 168
拉普兰双菱藻 179
拉塔弯肋藻 130
莱布内丝藻 132
莱维迪盘杆藻 175
莱茵哈尔德舟形藻 93
赖格乌龙藻 3
赖夏特平面藻 162
兰卡拉异极藻 146
蓝色海双眉藻 139
蓝隐藻属 59

蓝藻纲 2
蓝藻门 1
劳氏十字藻 36
肋缝藻属 117
类S状菱形藻 170
梨形扁裸藻 19
里奇巴特短缝藻 88
立方空星藻 34
连结十字脆杆藻 83
镰形纤维藻 28
链状曲丝藻 153
两尖菱板藻 172
两尖菱板藻相等变种 172
两栖菱形藻 164
两头脆杆藻 76
琳达藻属 73
鳞孔藻属 18
菱板藻属 172
菱形藻属 163
刘氏优美藻 135
流线双菱藻 178
隆德舟形藻 92
隆顶栅藻 40
隆顶栅藻微小变型 40
露珠异极藻 146
卵囊藻科 28
卵囊藻属 28
卵形鳞孔藻 18
卵形鳞孔藻球形变种 18
卵形盘星藻 30
卵形隐藻 59
卵形藻科 152
卵形藻属 152
卵形栅藻 37
卵形窄十字脆杆藻 84
卵圆双菱藻 179
螺旋长孢藻 9
裸甲藻 55
裸甲藻科 55
裸甲藻属 55
裸藻纲 11
裸藻科 11
裸藻门 10
裸藻目 11

裸藻属 11
绿球藻科 24
绿球藻目 24
绿藻纲 22
绿藻门 21

M

马达加斯加盘状藻 101
马来西亚内丝藻 133
马雅美藻属 105
毛鞘藻属 44
毛鞘藻属未定种 44
毛枝藻属 43
毛枝藻属未定种 43
梅茨弯肋藻茉莉马变种 130
梅尼鼓藻 49
梅尼小环藻 71
美壁藻属 122
美拉尼西亚舟形藻 92
美丽鼓藻 48
美丽双壁藻 113
美丽团藻 24
美容纳维藻 101
美小楷链藻 82
蒙古鞍型藻 107
蒙诺拉菲亚藻 104
密集短缝藻 88
明晰双肋藻 118
模糊格形藻 98
模糊沟链藻 66
模糊双眉藻 138
末端二列桥弯藻 126
莫诺肘形藻 81

N

纳维藻属 101
囊裸藻属 14
内华达脆杆藻 78
内丝藻属 131
尼格里鞍型藻 108
泥泞颤藻 6
泥栖藻属 101
倪氏拟多甲藻 56
拟多甲藻属 55

拟内丝藻属 136	平面藻属 160	热带桥弯藻 128
黏帽菱形藻 167	平片格鲁诺藻 176	日本曲丝藻 156
念珠藻科 8	平庸菱形藻 167	绒毛平板藻 85
念珠藻目 8	葡萄鼓藻 47	柔嫩脆杆藻 77
念珠状等片藻 86	葡萄藻 42	柔嫩假伪形藻 111
啮蚀隐藻 59	葡萄藻科 42	柔软双菱藻 180
柠檬形顶棘藻 26	葡萄藻属 42	柔弱脆杆藻 79
扭曲长篦藻 114	普生平面藻 161	柔弱盘杆藻 174
暖温盘杆藻 174	普生平面藻马格南变种 161	蠕虫状菱形藻 171
挪氏微囊藻 4	普生平面藻小型变种 161	锐新月藻 46
	普通等片藻 87	瑞典双菱藻 180
P	普通等片藻线形变种 87	瑞卡德羽纹藻 121
盘杆藻属 173	普通肋缝藻 118	瑞士舟形藻 94
盘星藻属 30	普通桥弯藻 129	瑞氏藻属 129
盘藻 22		
盘藻属 22	**Q**	
盘状藻属 100	栖咸舟形藻 94	**S**
盘状栅藻 37	齐格勒片状藻 159	萨克斯脆杆藻 79
泡状海双眉藻 139	奇异杆状藻 163	塞氏藻属 74
佩雷尔盘状藻 101	脐形菱形藻 171	三斑点舟形藻 96
蓬氏藻属 72	腔球藻属 2	三波长篦藻 115
膨大桥弯藻 129	强壮短缝藻 88	三波曲茧藻 177
膨大曲壳藻 152	桥佩蒂泥栖藻 102	三角帆曲丝藻 156
膨胀桥弯藻 128	桥弯藻科 124	三棱裸藻 13
膨胀色球藻 5	桥弯藻属 124	三棱陀螺藻 17
披针鞍型藻 107	鞘藻科 43	色金藻目 62
披针形平面藻 162	鞘藻目 43	色姆辐节藻 119
披针形桥弯藻 126	鞘藻属 44	色球藻科 5
披针形舟形藻 92	鞘藻属未定种 44	色球藻目 2
披针肘形藻 81	切断桥弯藻 126	色球藻属 5
皮氏异极藻 148	清溪曲丝藻 156	筛环藻属 68
偏凸泥栖藻 104	球形空星藻 34	山地海双眉藻 139
偏肿内丝藻 134	曲壳藻科 151	山西菱形藻 170
片状藻属 159	曲壳藻目 151	山西塞氏藻 74
贫瘠舟形藻 93	曲壳藻属 151	珊瑚栅藻 41
频繁菱形藻 166	曲丝藻科 153	舌状长篦藻 114
平板藻科 85	曲丝藻属 153	省略琳达藻 73
平板藻属 85	全链藻属 104	虱形卵形藻 152
平凡舟形藻 96	泉生黄丝藻 64	虱形双眉藻 139
平格藻属 83	泉生菱形藻 166	施罗西鞍型藻 109
平滑桥弯藻 126	群聚锥囊藻 62	施密斯辐节藻 119
平滑真卵形藻 163	群生舟形藻 91	施奈德内丝藻 134
平裂藻科 2		施氏鞍型藻 109
平裂藻属 2	**R**	施氏微壳藻 85
	扰动格形藻 99	施特罗斯暗额藻 116

中文名索引

十字脆杆藻科 83
十字脆杆藻属 83
十字藻属 36
实球藻 23
实球藻属 23
史密斯微囊藻 5
似茧形肋缝藻 118
似柔舟形藻 95
似隐头状舟形藻 90
似孕陀螺藻短领变种 17
适中格形藻 98
嗜酸格形藻 98
收缢扁裸藻 19
瘦曲丝藻 155
束丝藻属 8
树状柄裸藻 14
双壁藻属 112
双对栅藻 39
双喙肘形藻 80
双戟羽纹藻 120
双结十字脆杆藻 83
双结形长篦形藻 115
双肋藻属 118
双菱藻科 177
双菱藻目 163
双菱藻属 177
双眉藻科 138
双眉藻属 138
双头弯肋藻 130
双头舟形藻 89
双尾栅藻 40
双线海链藻 68
双星藻纲 45
双星藻科 45
双星藻目 45
双月短缝藻 88
双锥盘状藻 100
水华束丝藻 8
水华微囊藻 4
水绵属 45
水绵属未定种 45
水生脆杆藻 76
水生卵囊藻 28
水网藻科 29

水网藻属 29
丝藻纲 43
丝藻科 43
丝藻目 43
丝藻属 43
丝状菱形藻 166
丝状全链藻 104
四刺微芒藻 25
四角盘星藻 33
四角十字藻 36
四角藻属 27
四链藻属 35
四尾栅藻 41
苏普舟形藻 95
酸凝乳美壁藻 123
梭形裸藻 13
索尔根格鲁诺藻 175

T

塔形异极藻 149
塔形异极藻中华变种 150
特丽辐节藻 119
天真异极藻 145
田地辐节藻膨大变种 119
铜绿微囊藻 4
瞳孔鞍型藻 109
头端宽纹藻 106
头端异极藻 142
头冠颤藻 7
头状脆杆藻彼德森变种 76
头状优美藻 134
头状肘形藻 80
透明短纹藻 117
凸腹桥弯藻 125
土生假鱼腥藻 8
团藻目 22
团藻属 24
陀螺藻属 16
椭圆波缘藻 180
椭圆平面藻 160
椭圆双壁藻 112

W

瓦达尔异极藻 150
歪头颤藻 6

弯棒杆藻 176
弯肋藻属 129
弯曲陀螺藻 17
弯曲异极藻 143
弯楔藻科 151
弯楔藻属 151
万达米舟形藻 96
万氏鞍型藻 110
网孔藻属 84
网球藻 29
网球藻科 29
网球藻属 29
网状水网藻 29
威蓝舟形藻 97
威廉优美藻 136
威斯康星四链藻 36
微壳藻属 85
微肋藻属 111
微绿舟形藻 97
微芒藻 25
微芒藻属 24
微囊藻科 3
微囊藻属 3
微细小林藻 116
微细异极藻 147
微小内丝藻 133
微小拟内丝藻 137
微小平裂藻 2
微小双壁藻 112
微小双菱藻 179
微小型异极藻 147
微小型舟形藻 92
微小异极藻 147
维里那优美藻 136
维氏平面藻 162
伪杆状鞍型藻 108
伪形藻属 111
伪隐晦鼓藻微凹变种 49
伪装喜湿藻 117
尾裸藻 12
魏氏筛环藻 68
温和盘状藻线形变种 100
沃尔特碟星藻 73
沃切里脆杆藻 79

沃切里脆杆藻椭圆变种　79
乌龙藻属　3
乌普萨舟形藻　96

X

西里西亚内丝藻　134
西蒙森藻属　171
稀疏优美藻　136
喜湿藻属　117
细齿藻属　175
细刺囊裸藻　16
细端菱形藻　165
细尖盘杆藻　174
细菱形藻　171
细纹长篦藻　113
细纹长篦藻乌马变种　114
细小冠盘藻　70
细小四角藻　27
细小异极藻　147
细长菱形藻　167
细长菱形藻针形变型　167
细长盘杆藻　174
细长双菱藻　178
细柱马雅美藻　105
细弱异极藻　149
狭曲壳藻　152
狭窄盘杆藻　173
狭窄异极藻　141
狭状披针异极藻　140
夏威夷异极藻　145
纤维藻属　27
纤细角星鼓藻　52
纤细菱形藻　165
纤细曲丝藻　155
纤细新月藻　47
纤细型异极藻　144
纤细异极藻　144
纤细月牙藻　27
嫌钙菱板藻　172
线筛藻属　69
线形菱形藻　168
线性双菱藻　179
线性双菱藻椭圆变种　179
相似囊裸藻　15

相似网孔藻　85
象牙形新月藻　46
小颤藻　7
小刺凹顶鼓藻无刺变种　51
小格形藻　100
小环藻属　70
小近钩状伪形藻　112
小林藻属　116
小片菱形藻　166
小球藻科　26
小头脆杆藻　79
小头端菱形藻　164
小头拟内丝藻　137
小型异极藻　148
小型异极藻近椭圆变种　148
小桩藻科　26
楔形长篦藻　114
楔异极藻属　151
斜方矛状菱形藻　169
斜方异极藻　149
斜生栅藻　38
斜形泥栖藻　102
新疆波缘藻　181
新近舟形藻　93
新巨大羽纹藻　121
新梅斯内丝藻　133
新瘦短纹藻　116
新细角桥弯藻　127
新箱形桥弯藻　127
新月藻属　46
星杆藻属　86
星肋碟星藻　72
星状空星藻　34
匈牙利附萍藻　160
匈牙利盘杆藻　174
旋转囊裸藻　14
旋转囊裸藻点纹变种　15
雪白泥栖藻　103
血红裸藻　11

Y

亚蝶形菱形藻　170
亚脊鼓藻　50
亚头状鞍型藻　108

盐生鳞孔藻　18
眼斑蓬氏藻　72
眼斑双壁藻　113
扬子异极藻　150
衣藻科　22
衣藻属　22
异极藻科　140
异极藻属　140
异壳高氏藻　158
异菱藻属　115
意大利沟链藻弯曲变种　67
意大利异极藻　146
缢缩鞍型藻　107
缢缩高氏藻　158
缢缩异极藻　142
缢缩异极藻膨大变种　143
缢缩肘形藻　80
隐内丝藻　132
隐披针平面藻　160
隐柔弱舟形藻　90
隐头舟形藻　90
隐藻纲　59
隐藻科　59
隐藻门　58
隐藻目　59
隐藻属　59
印度短缝藻　88
印度空星藻　34
英国盘状藻　100
硬弓形藻　26
优美平裂藻　2
优美藻　135
优美藻属　134
鱼形裸藻　11
羽纹纲　76
羽纹藻属　119
原子鞍型藻　106
原子小环藻　71
圆顶羽纹藻　120
远距脆杆藻　77
月牙新月藻　46
月牙藻属　27
悦目颤藻　6

Z

杂拟内丝藻　137
杂球藻　24
杂球藻属　23
泽尔伦斯异极藻　150
泽生裸藻　13
扎卡刺角藻　75
栅藻科　35
栅藻属　36
窄十字脆杆藻属　84
窄双菱藻　177
窄异极藻钝形变种　141
詹纳新月藻　47
沼地茧形藻　177

针形菱形藻　163
珍珠鼓藻　49
真卵形藻属　162
整齐盘星藻　30
直角鼓藻　50
直角鼓藻增厚变种　50
直链藻科　66
直链藻目　66
直链藻属　66
直菱形藻　169
栉链藻属　82
中华拉菲亚藻　104
中华平格藻　83
中华优美藻　135
中位小环藻　71

中狭脆形藻　86
中心纲　66
中型粗肋藻　87
中型菱形藻　168
重庆优美藻　135
舟形藻科　89
舟形藻目　89
舟形藻属　89
肘形藻属　80
肘状肘形藻　82
转板藻属　45
转板藻属未定种　45
锥囊藻科　62
锥囊藻属　62

拉丁名索引

A

Acanthoceras　74
Acanthoceras zachariasii　75
Acanthocerataceae　74
Achnanthaceae　151
Achnanthales　151
Achnantheidaceae　153
Achnanthes　151
Achnanthes coarctata　152
Achnanthes inflata　152
Achnanthidium　153
Achnanthidium affine　153
Achnanthidium ampliatum　153
Achnanthidium catenatum　153
Achnanthidium crassum　154
Achnanthidium delmontii　154
Achnanthidium druartii　154
Achnanthidium ennediense　154
Achnanthidium ertzii　155
Achnanthidium eutrophilum　155
Achnanthidium exile　155
Achnanthidium gracillimum　155
Achnanthidium japonicum　156
Achnanthidium laticephalum　156
Achnanthidium minutissimum　156
Achnanthidium pyrenaicum　156
Achnanthidium qingxiense　156
Achnanthidium rivulare　157
Achnanthidium rostropyrenaicum　157
Achnanthidium subatomus　157
Achnanthidium subhudsonis　157
Actinastrum　35
Actinastrum fluviatile　35
Actinastrum subcornutum　35
Adlafia　104
Adlafia multnomahii　104
Adlafia sinensis　104
Amphipleura　118
Amphipleura pellucida　118
Amphora　138
Amphora affinis　138
Amphora copulata　138
Amphora inariensis　138

Amphora indistincta　138
Amphora pediculus　139
Amphoraceae　138
Aneumastus　115
Aneumastus apiculatus　116
Aneumastus stroesei　116
Ankistrodesmus　27
Ankistrodesmus falcatus　28
Anomoeoneis　115
Anomoeoneis sphaerophora　115
Aphanizomenon　8
Aphanizomenon flos-aquae　8
Asterionella　86
Asterionella formosa　86
Aulacoseira　66
Aulacoseira ambigua　66
Aulacoseira canadensis　67
Aulacoseira granulata　67
Aulacoseira granulata var. *angustissima*　67
Aulacoseira granulata var. *curvata*　67
Aulacoseira italica var. *curvata*　67
Aulacoseira pusilla　68
Aulacoseiraceae　66

B

Bacillaria　163
Bacillaria paxillifera　163
Bacillariaceae　163
Bacillariophyta　65
Biddulphiaceae　74
Biddulphiales　74
Botryococcaceae　42
Botryococcus　42
Botryococcus braunii　42
Brachysira　116
Brachysira neoexilis　116
Brachysira vitrea　117
Bulbochaet sp.　44
Bulbochaete　44

C

Caloneis　122
Caloneis acuta　122
Caloneis bacillum　122

Caloneis clevei　122
Caloneis coloniformans　122
Caloneis silicula　123
Caloneis stauroneiformis　123
Caloneis tarag　123
Centricae　66
Ceratiaceae　56
Ceratium　56
Ceratium hirundinella　56
Chaetocerotales　74
Chaetophoraceae　44
Chaetophorales　44
Characiaceae　26
Chlamydomonadaceae　22
Chlamydomonas　22
Chlamydomonas monadina　22
Chlorellaceae　26
Chlorococcaceae　24
Chlorococcales　24
Chlorophyceae　22
Chlorophyta　21
Chromulinales　62
Chroococcaceae　5
Chroococcales　2
Chroococcus　5
Chroococcus turgidus　5
Chroomonas　59
Chroomonas acuta　59
Chrysophyceae　62
Chrysophyta　61
Closterium　46
Closterium acerosum　46
Closterium cynthia　46
Closterium eboracense　46
Closterium gracile　47
Closterium jenneri　47
Cocconeidaceae　152
Cocconeis　152
Cocconeis pediculus　152
Cocconeis placentula　152
Coelastruaceae　33
Coelastrum　33
Coelastrum astroideum　34
Coelastrum cubicum　34
Coelastrum indicum　34
Coelastrum morus　34
Coelastrum polychordum　35
Coelastrum sphaericum　34
Coelosphaerium　2
Coelosphaerium kuetzingianum　3

Colacium　14
Colacium arbuscula　14
Colacium simplex　14
Conticribra　68
Conticribra weissflogii　68
Cosmarium　47
Cosmarium botrytis　47
Cosmarium formosulum　48
Cosmarium garrolense　48
Cosmarium impressulum　48
Cosmarium laeve　48
Cosmarium laeve var. *octangulare*　49
Cosmarium margaritatum　49
Cosmarium meneghinii　49
Cosmarium pseudoxum var. *retusum*　49
Cosmarium rectangulare　50
Cosmarium rectangulare var. *incrassatum*　50
Cosmarium scutellum　50
Cosmarium subcostatum　50
Cosmarium subprotumidum　51
Cosmarium vexatum　51
Craticula　98
Craticula accomoda　98
Craticula acidoclinata　98
Craticula ambigua　98
Craticula buderi　99
Craticula cuspidata　99
Craticula minusculoides　99
Craticula molestiformis　99
Craticula subminuscula　100
Crucigenia　36
Crucigenia lauterbornii　36
Crucigenia quadrata　36
Cryptales　59
Cryptomonadaceae　59
Cryptomonas　59
Cryptomonas erosa　59
Cryptomonas ovata　59
Cryptophyceae　59
Cryptophyta　58
Ctenophora　82
Ctenophora pulchella　82
Cyanophyceae　2
Cyanophyta　1
Cyclostephanos　70
Cyclostephanos dubius　70
Cyclotella　70
Cyclotella atomus　71
Cyclotella distinguenda　71
Cyclotella hubeiana　71

Cyclotella meduanae   71
Cyclotella meneghiniana   71
Cymatopleura   180
Cymatopleura elliptica   180
Cymatopleura solea   181
Cymatopleura solea var. *apiculata*   181
Cymatopleura solea var. *gracilis*   181
Cymatopleura solea var. *regula*   181
Cymatopleura xinjiangiang   181
Cymbella   124
Cymbella affinis   124
Cymbella arctica   124
Cymbella aspera   125
Cymbella aspera var. *minor*   125
Cymbella australica   125
Cymbella compacta   125
Cymbella convexa   125
Cymbella distalebiseriata   126
Cymbella excisa   126
Cymbella laevis   126
Cymbella lanceolata   126
Cymbella lange-bertalotii   126
Cymbella neocistula   127
Cymbella neoleptoceros   127
Cymbella pervarians   127
Cymbella proxima   127
Cymbella radiosa   127
Cymbella stigmaphora   128
Cymbella subcistula   128
Cymbella subhelvetica   128
Cymbella subturgidula   128
Cymbella tropica   128
Cymbella tumida   128
Cymbella turgidula   129
Cymbella vulgata   129
Cymbellaceae   124
Cymbopleura   129
Cymbopleura amphicephala   130
Cymbopleura inaequalis   130
Cymbopleura kuelbsii   130
Cymbopleura lata   130
Cymbopleura metzeltinii var. *julma*   130
Cymbopleura procera   131
Cymbopleura subcuspidata   131

D

Delicatophycus   134
Delicatophycus alpestris   134
Delicatophycus capitatus   134
Delicatophycus chongquingensis   135

Delicatophycus delicatulus   135
Delicatophycus gadjianus   135
Delicatophycus liuweii   135
Delicatophycus sinensis   135
Delicatophycus sparsistriatus   136
Delicatophycus verena   136
Delicatophycus williamsii   136
Denticula   175
Denticula elegans   175
Denticula kuetzingii   175
Desmidiaceae   46
Desmidiales   46
Diadesmis   104
Diadesmis confervacea   104
Diatoma   86
Diatoma moniliformis   86
Diatoma vulgaris   87
Diatoma vulgaris var. *linearis*   87
Dictyosphaeraceae   29
Dictyosphaerium   29
Dictyosphaerium ehrenbergianum   29
Dinobryaceae   62
Dinobryon   62
Dinobryon bavaricum   62
Dinobryon sociale   62
Dinophyceae   55
Dinophyta   54
Diploneis   112
Diploneis calcicolafrequens   112
Diploneis elliptica   112
Diploneis minuta   112
Diploneis oblongella   113
Diploneis oculata   113
Diploneis puella   113
Discostella   72
Discostella asterocostata   72
Discostella pseudostelligera   72
Discostella stelligera   73
Discostella woltereckii   73
Dolichospermum   8
Dolichospermum affine   8
Dolichospermum spiroides   9
Dorofeyukea   98
Dorofeyukea kotschyi   98

E

Edtheriotia   74
Edtheriotia shanxiensis   74
Encyonema   131
Encyonema appalachianum   131

Encyonema brevicapitatum 131
Encyonema cespitosum 132
Encyonema hustedtii 132
Encyonema lange-bertalotii 132
Encyonema latens 132
Encyonema leibleinii 132
Encyonema malaysianum 133
Encyonema minutum 133
Encyonema neomesianum 133
Encyonema ochridanum 133
Encyonema perlangebertalotii 133
Encyonema schneideri 134
Encyonema silesiacum 134
Encyonema ventricosum 134
Encyonopsis 136
Encyonopsis alpina 136
Encyonopsis descripta 137
Encyonopsis microcephala 137
Encyonopsis minuta 137
Encyonopsis subminuta 137
Encyonopsis thumensis 137
Entomoneidaceae 177
Entomoneis 177
Entomoneis paludosa 177
Entomoneis triundulata 177
Epithemia 176
Epithemia adnata 176
Euastrum 51
Euastrum spinulosum var. *inermius* 51
Eucocconeis 162
Eucocconeis laevis 163
Eudorina 23
Eudorina elegans 23
Euglena 11
Euglena acus 13
Euglena caudata 12
Euglena clara 11
Euglena clavata 12
Euglena deses 12
Euglena limnophila 13
Euglena oxyuris 13
Euglena pisciformis 11
Euglena polymorpha 12
Euglena sanguinea 11
Euglena tripteris 13
Euglenaceae 11
Euglenales 11
Euglenophyceae 11
Euglenophyta 10
Eunotia 87

Eunotia bilunaris 88
Eunotia implicata 88
Eunotia indica 88
Eunotia richbuttensis 88
Eunotia valida 88
Eunotiaceae 87
Eunotiales 87

F

Fallacia 111
Fallacia pygmaea 111
Fallacia subhamulata 112
Fistulifera 105
Fistulifera pelliculosa 105
Fragilaria 76
Fragilaria amphicephaloides 76
Fragilaria aquaplus 76
Fragilaria boreomongolica 76
Fragilaria capitellata var. *peterseni* 76
Fragilaria crotonensis 77
Fragilaria crotonensis var. *oregona* 77
Fragilaria delicatissima 77
Fragilaria distans 77
Fragilaria fragilarioides 77
Fragilaria nevadensis 78
Fragilaria pararumpens 78
Fragilaria pectinalis 78
Fragilaria pennsylvanica 78
Fragilaria radians 78
Fragilaria recapitellata 79
Fragilaria saxoplanctonica 79
Fragilaria tenera 79
Fragilaria vaucheriae 79
Fragilaria vaucheriae var. *elliptica* 79
Fragilariaceae 76
Fragilariales 76
Fragilariforma 86
Fragilariforma mesolepta 86
Frustulia 117
Frustulia amphipleuroides 118
Frustulia krammeri 118
Frustulia vulgaris 118

G

Gogorevia 158
Gogorevia constricta 158
Gogorevia exilis 158
Gogorevia heterovalvum 158
Gogorevia profunda 158
Golenkinia 25

Golenkinia radiata   25
Gomphonema   140
Gomphonema acidoclinatum   140
Gomphonema acuminatum   140
Gomphonema acuminatum var. *pantocsekii*   140
Gomphonema acutiusculum   140
Gomphonema angustatum var. *obtusatum*   141
Gomphonema angustivalva   141
Gomphonema augur   141
Gomphonema auguriforme   141
Gomphonema auritum   142
Gomphonema berggrenii   142
Gomphonema capitatum   142
Gomphonema clevei   142
Gomphonema constrictum   142
Gomphonema constrictum var. *turgidum*   143
Gomphonema curvipedatum   143
Gomphonema dichotomum   143
Gomphonema dojranense   143
Gomphonema eurycephalus   143
Gomphonema fereformosum   144
Gomphonema gracile   144
Gomphonema graciledictum   144
Gomphonema grunowii   144
Gomphonema guaraniarum   144
Gomphonema hawaiiense   145
Gomphonema hebridense   145
Gomphonema imperfecta   145
Gomphonema innocens   145
Gomphonema intricatum   145
Gomphonema irroratum   146
Gomphonema italicum   146
Gomphonema lacus-rankala   146
Gomphonema lagenula   146
Gomphonema leptoproductum   147
Gomphonema longiceps f. *suecicum*   147
Gomphonema minutum   147
Gomphonema parvuliforme   147
Gomphonema parvulius   147
Gomphonema parvulum   148
Gomphonema parvulum var. *subellipicum*   148
Gomphonema preliciae   148
Gomphonema pseudosphaerophorum   148
Gomphonema pumilum   148
Gomphonema pumilum var. *rigidum*   149
Gomphonema pusillum   149
Gomphonema rhombicum   149
Gomphonema tenuissimum   149

Gomphonema turris   149
Gomphonema turris var. *sinicum*   150
Gomphonema vardarense   150
Gomphonema vibrio   150
Gomphonema yangtzense   150
Gomphonema zellense   150
Gomphonemataceae   140
Gomphosphenia   151
Gomphosphenia grovei   151
Gonium   22
Gonium pectorale   22
Grunowia   175
Grunowia solgensis   175
Grunowia tabellaria   176
Gymnodiniaceae   55
Gymnodinium   55
Gymnodinium aeruginosum   55
Gyrosigma   123
Gyrosigma acuminatum   123
Gyrosigma attenuatum   124
Gyrosigma scalproides   124

H

Halamphora   139
Halamphora bullatoides   139
Halamphora montana   139
Halamphora veneta   139
Hantzschia   172
Hantzschia abundans   172
Hantzschia amphioxys   172
Hantzschia amphioxys var. *aequalis*   172
Hantzschia calcifuga   172
Hantzschia paracompacta   173
Hantzschia subrobusta   173
Hippodonta   105
Hippodonta avittata   106
Hippodonta capitata   106
Humidophila   117
Humidophila contenta   117
Humidophila deceptionensis   117
Hydrodictyaceae   29
Hydrodictyon   29
Hydrodictyon reticulatum   29

K

Karayevia   159
Karayevia clevei   159
Kobayasiella   116
Kobayasiella parasubtilissima   116

L

Lagerheimiella   26
Lagerheimiella citriformis   26
Lemnicola   160
Lemnicola hungarica   160
Lepocinclis   18
Lepocinclis fusiformis   18
Lepocinclis ovum   18
Lepocinclis ovum var. *globula*   18
Lepocinclis salina   18
Lindavia   73
Lindavia affinis   73
Lindavia praetermissa   73
Lineaperpetua   69
Lineaperpetua lacustris   69
Luticola   101
Luticola acidoclinata   102
Luticola falknerorum   102
Luticola goeppertiana   102
Luticola guianaensis   102
Luticola mutica   102
Luticola mutica var. *rhombica*   103
Luticola nivalis   103
Luticola pitranensis   103
Luticola stigma   103
Luticola ventricosa   104

M

Mayamaea   105
Mayamaea agrestis   105
Mayamaea atomus   105
Melosira   66
Melosira varians   66
Melosiraceae   66
Melosirales   66
Merismopedia   2
Merismopedia elegans   2
Merismopedia tenuissima   2
Merismopediaceae   2
Micractinium   24
Micractinium bornhemiensis   25
Micractinium pusillum   25
Micractinium quadrisetum   25
Microcostatus   111
Microcostatus krasskei   111
Microcystaceae   3
Microcystis   3
Microcystis aeruginosa   4
Microcystis flos-aquae   4
Microcystis novacekii   4
Microcystis pseudofilamentosa   3
Microcystis smithii   5
Microcystis wesenbergii   4
Mougeotia   45
Mougeotia sp.   45

N

Nanofrustulum   85
Nanofrustulum sopotense   85
Navicula   89
Navicula amphiceropsis   89
Navicula antonii   89
Navicula associata   89
Navicula broetzii   89
Navicula capitatoradiata   90
Navicula cryptocephala   90
Navicula cryptotenella   90
Navicula cryptotenelloides   90
Navicula erifuga   90
Navicula gregaria   91
Navicula hangchowensis   91
Navicula heimansioides   91
Navicula krammerae   91
Navicula lanceolata   92
Navicula lundii   92
Navicula melanesica   92
Navicula minima   92
Navicula notha   92
Navicula oligotraphenta   93
Navicula pseudolanceolata   93
Navicula radiosa   93
Navicula recens   93
Navicula reinhardtii   93
Navicula rhynchocephala   94
Navicula rostellata   94
Navicula salinicola   94
Navicula schweigeri   94
Navicula subalpina   95
Navicula subrhynchocephala   95
Navicula supleeorum   95
Navicula symmetrica   95
Navicula tenelloides   95
Navicula tripunctata   96
Navicula trivialis   96
Navicula upsaliensis   96
Navicula vandamii   96
Navicula veneta   97
Navicula viridula   97
Navicula viridulacalcis   97

Navicula vulpina　97
Naviculaceae　89
Naviculales　89
Navigeia　101
Navigeia decussis　101
Neidiomorpha　115
Neidiomorpha binodiformis　115
Neidium　113
Neidium affine　113
Neidium affine var. *humeris*　114
Neidium cuneatiforme　114
Neidium ligulatum　114
Neidium rostratum　114
Neidium tortum　114
Neidium triundulatum　115
Nitzschia　163
Nitzschia acicularis　163
Nitzschia agnewii　164
Nitzschia amphibia　164
Nitzschia aurariae　164
Nitzschia bacillum　164
Nitzschia capitellata　164
Nitzschia clausii　165
Nitzschia dissipata　165
Nitzschia diversa　165
Nitzschia eglei　165
Nitzschia exilis　165
Nitzschia filiformis　166
Nitzschia fonticola　166
Nitzschia frequens　166
Nitzschia frustulum　166
Nitzschia geitleri　166
Nitzschia gracilis　167
Nitzschia gracilis f. *acicularoides*　167
Nitzschia hantzschiana　167
Nitzschia homburgiensis　167
Nitzschia inconspicua　167
Nitzschia intermedia　168
Nitzschia lacuum　168
Nitzschia linearis　168
Nitzschia obtusa　168
Nitzschia palea　168
Nitzschia palea var. *tenuirostris*　168
Nitzschia paleacea　169
Nitzschia paleaeformis　169
Nitzschia recta　169
Nitzschia reguloides　169
Nitzschia rhombicolancettula　169
Nitzschia shanxiensis　170
Nitzschia sigmoidea　170
Nitzschia subacicularis　170
Nitzschia subcohaerens var. *scotica*　170
Nitzschia subtilioides　170
Nitzschia tenuis　171
Nitzschia umbonata　171
Nitzschia vermicularis　171
Nostocaceae　8
Nostocales　8

O

Odontidium　87
Odontidium mesodon　87
Oedogoniaceae　43
Oedogoniales　43
Oedogonium　44
Oedogonium sp.　44
Oocystaceae　28
Oocystis　28
Oocystis submarina　28
Oscillatoria　5
Oscillatoria amoena　6
Oscillatoria beggiatoiformis　6
Oscillatoria curviceps　6
Oscillatoria limosa　6
Oscillatoria princeps　6
Oscillatoria sancta　7
Oscillatoria tenuis　7
Oscillatoriaceae　5
Oscillatoriales　5

P

Pandorina　23
Pandorina morum　23
Pantocsekiella　72
Pantocsekiella ocellata　72
Pediastrum　30
Pediastrum boryanum　32
Pediastrum boryanum var. *brevicorne*　32
Pediastrum boryanum var. *forcipatum*　32
Pediastrum boryanum var. *longicorn*　32
Pediastrum clathratum　31
Pediastrum clathratum var. *punctatum*　31
Pediastrum duplex var. *clathratum*　32
Pediastrum duplex var. *gracillimum*　33
Pediastrum duplex var. *reticulatum*　33
Pediastrum integrum　30
Pediastrum ovatum　30
Pediastrum simplex　30
Pediastrum simplex var. *biwaeuse*　30
Pediastrum simplex var. *duodenarium*　31

Pediastrum simplex var. *granulatum* 31
Pediastrum tetras 33
Pennatae 76
Peridiniaceae 55
Peridiniales 55
Peridiniopsis 55
Peridiniopsis cunningtonii 55
Peridiniopsis elpatiewskyi 56
Peridiniopsis kevei 56
Peridiniopsis niei 56
Phacus 19
Phacus acuminatus 19
Phacus circulatus 19
Phacus contractus 19
Phacus longicauda 20
Phacus pleuronectes 20
Phacus pyrum 19
Pinnularia 119
Pinnularia acrosphaeria 120
Pinnularia angulosa 120
Pinnularia bihastata 120
Pinnularia erratica 120
Pinnularia fluminea 120
Pinnularia latarea 121
Pinnularia neomajor 121
Pinnularia reichardtii 121
Pinnularia saprophila 121
Pinnularia subgibba var. *undulata* 121
Placoneis 100
Placoneis anglica 100
Placoneis bicuneus 100
Placoneis clementis var. *linearis* 100
Placoneis cocquytiae 100
Placoneis madagascariensis 101
Placoneis perelginensis 101
Planothidium 160
Planothidium cryptolanceolatum 160
Planothidium ellipticum 160
Planothidium frequentissimum 161
Planothidium frequentissimum var. *magnum* 161
Planothidium frequentissimum var. *minus* 161
Planothidium incuriatum 161
Planothidium lanceolatum 162
Planothidium reichardtii 162
Planothidium rostratum 162
Planothidium victorii 162
Platessa 159
Platessa hustedtii 159
Platessa ziegleri 159
Pleodorina 23

Pleodorina californica 24
Pleurosira 74
Pleurosira laevis 74
Pseudanabaena 7
Pseudanabaena limnetica 7
Pseudanabaena mucicola 8
Pseudanabaenaceae 7
Pseudofallacia 110
Pseudofallacia monoculata 111
Pseudofallacia tenera 111
Pseudostaurosira 84
Pseudostaurosira brevistriata 84
Pseudostaurosira parasitica 84
Punctastriata 84
Punctastriata mimetica 85

Q

Quadrigula 28
Quadrigula lacustris 28

R

Reimeria 129
Reimeria sinuata 129
Rhoicosphenia 151
Rhoicosphenia californica 151
Rhoicospheniaceae 151
Rhopalodia 176
Rhopalodia gibba 176
Rhopalodiaceae 176

S

Scenedesmaceae 35
Scenedesmus 36
Scenedesmus acuminatus var. *minor* 38
Scenedesmus acunae 38
Scenedesmus acutiformis 38
Scenedesmus bicaudatus 40
Scenedesmus bijuga 39
Scenedesmus brasiliensis 39
Scenedesmus brevispina 40
Scenedesmus corallinus 41
Scenedesmus dimorphus 38
Scenedesmus disciformis 37
Scenedesmus ecornis 37
Scenedesmus grahneisii 39
Scenedesmus gutwinskii 41
Scenedesmus linearis 37
Scenedesmus obliquus 38
Scenedesmus obtusus 37
Scenedesmus opoliensis 40

Scenedesmus ovalternus 37
Scenedesmus praetervisus 39
Scenedesmus protuberans 40
Scenedesmus protuberans f. *minor* 40
Scenedesmus quadricauda 41
Scenedesmus spinosus 41
Schroederia 26
Schroederia robusta 26
Schroederia setiger 26
Selenastrum 27
Selenastrum gracile 27
Sellaphora 106
Sellaphora atomoides 106
Sellaphora bacillum 106
Sellaphora boltziana 107
Sellaphora constricta 107
Sellaphora kusberi 107
Sellaphora lanceolata 107
Sellaphora mongolocollegarum 107
Sellaphora mutatoides 108
Sellaphora nigri 108
Sellaphora perobesa 108
Sellaphora pseudobacillum 108
Sellaphora pupula 109
Sellaphora saprotolerans 109
Sellaphora schrothiana 109
Sellaphora seminulum 109
Sellaphora stroemii 109
Sellaphora subpupula 110
Sellaphora vanlandinghamii 110
Sellaphora ventraloconfusa 110
Sellaphora vitabunda 110
Simonsenia 171
Simonsenia delognei 171
Skeletonema 69
Skeletonema potamos 69
Skeletonemataceae 69
Spirogyra 45
Spirogyra sp. 45
Staurastrum 52
Staurastrum alternans 52
Staurastrum gracile 52
Staurastrum longipes 53
Staurastrum planctonicum 53
Stauroneis 118
Stauroneis agrestis var. *inflata* 119
Stauroneis smithii 119
Stauroneis terryi 119
Stauroneis thermicola 119
Staurosira 83

Staurosira binodis 83
Staurosira construens 83
Staurosiraceae 83
Staurosirella 84
Staurosirella ovata 84
Stephanodiscaceae 69
Stephanodiscus 69
Stephanodiscus alpinus 69
Stephanodiscus hantzschii 70
Stephanodiscus hantzschii f. *tenuis* 70
Stephanodiscus parvus 70
Stigeoclonium 43
Stigeoclonium sp. 43
Strombomonas 16
Strombomonas borystheniensis 16
Strombomonas gibberosa 17
Strombomonas praeliaris var. *brevicollum* 17
Strombomonas triquetra 17
Strombomonas urceolata 17
Strombomonas verrucosa var. *zmiewika* 17
Surirella 177
Surirella angusta 177
Surirella bifrons 177
Surirella biseriata 178
Surirella capronii 178
Surirella fluviicygnorum 178
Surirella gracilis 178
Surirella helvetica 178
Surirella lapponica 179
Surirella linearis 179
Surirella linearis var. *elliptica* 179
Surirella minuta 179
Surirella ovalis 179
Surirella splendida 180
Surirella subsalsa 180
Surirella suecica 180
Surirella tenera 180
Surirellaceae 177
Surirellales 163

T

Tabellaria 85
Tabellaria fenestrata 85
Tabellaria flocculosa 85
Tabellariaceae 85
Tabularia 83
Tabularia fasciculata 83
Tabularia sinensis 83
Tetradesmus 35
Tetradesmus wisconsinensis 36

Tetraedron   27
Tetraedron minimum   27
Thalassiosira   68
Thalassiosira duostra   68
Thalassiosiraceae   68
Thalassiosirales   68
Trachelomonas   14
Trachelomonas acanthostoma   15
Trachelomonas hispida var. *coronata*   16
Trachelomonas klebsii   16
Trachelomonas oblonga   15
Trachelomonas planctonica   15
Trachelomonas similis   15
Trachelomonas superba   16
Trachelomonas volvocina   14
Trachelomonas volvocina var. *punctata*   15
Trebouxiales   42
Trebouxiophyceae   42
Tribonema   64
Tribonema fonticolum   64
Tribonemataceae   64
Tribonematales   64
Tryblionella   173
Tryblionella acuminata   173
Tryblionella angustata   173
Tryblionella angustatula   173
Tryblionella apiculata   174
Tryblionella calida   174
Tryblionella debilis   174
Tryblionella gracilis   174
Tryblionella hungarica   174
Tryblionella levidensis   175

U

Ulnaria   80
Ulnaria acus   80
Ulnaria amphirhynchus   80
Ulnaria biceps   80
Ulnaria capitata   80
Ulnaria contracta   80
Ulnaria danica   81
Ulnaria hunanensis   81
Ulnaria lanceolata   81
Ulnaria monodii   81
Ulnaria obtusa   81
Ulnaria oxyrhynchus   82
Ulnaria ulna   82
Ulnaria ungeriana   82
Ulothricaceae   43
Ulothricales   43
Ulothricophycees   43
Ulothrix   43
Ulothrix subconstricta   43

V

Volvocales   22
Volvox   24
Volvox aureus   24

W

Woronichinia   3
Woronichinia naegeliana   3

X

Xanthophyceae   64
Xanthophyta   63

Z

Zygnemataceae   45
Zygnematales   45
Zygnematophyceae   45

图　　版

(本图版中未标注数据的标尺均为 10 μm)

图版 1

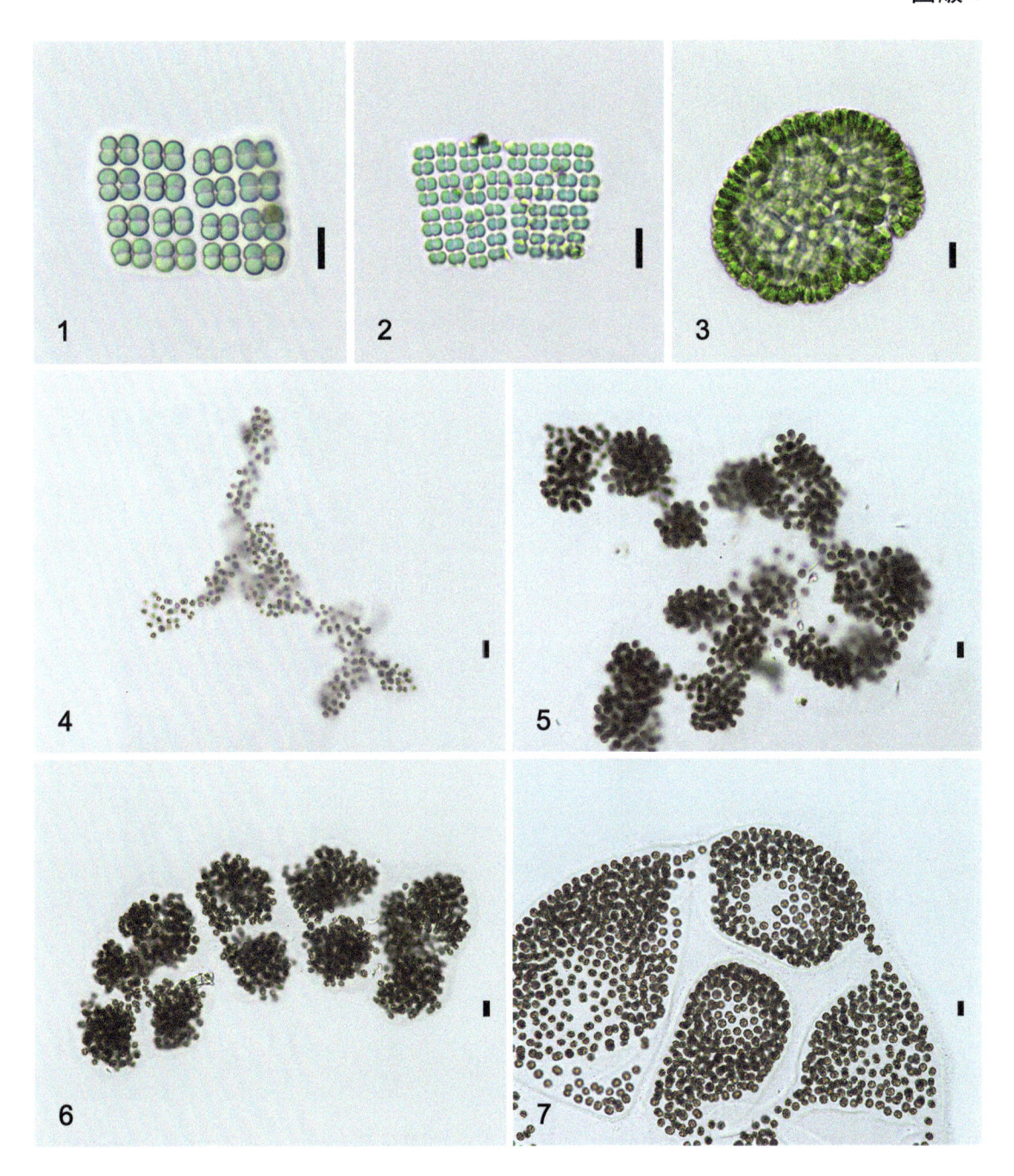

1. 优美平裂藻 *Merismopedia elegans* Braun ex Kützing; 2. 微小平裂藻 *Merismopedia tenuissima* Lemmermann; 3. 居氏腔球藻 *Coelosphaerium kuetzingianum* Nägeli; 4. 假丝微囊藻 *Microcystis pseudofilamentosa* Crow; 5. 铜绿微囊藻 *Microcystis aeruginosa* Kützing; 6. 水华微囊藻 *Microcystis flos-aquae* (Wittrock) Kirchner; 7. 惠氏微囊藻 *Microcystis wesenbergii* (Komárek) Komárek ex Komárek

图版 2

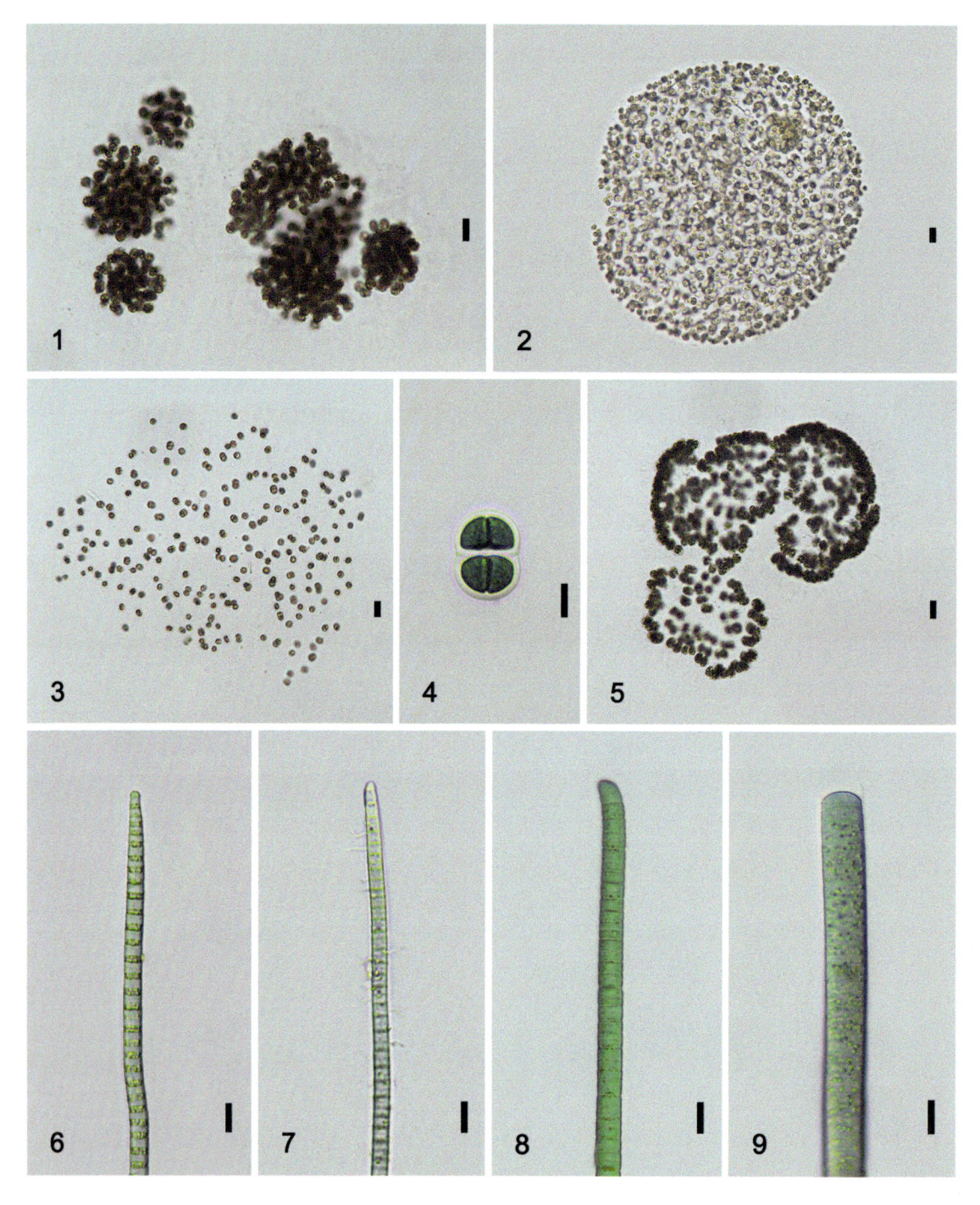

1-2. 挪氏微囊藻 *Microcystis novacekii* (Komárek) Compère; 3. 史密斯微囊藻 *Microcystis smithii* Komárek et Anagnostidis; 4. 膨胀色球藻 *Chroococcus turgidus* (Kützing) Nägeli; 5. 赖格乌龙藻 *Woronichinia naegeliana* (Unger) Elenkin; 6. 悦目颤藻 *Oscillatoria amoena* Gomont; 7. 菌形颤藻 *Oscillatoria beggiatoiformis* Gomont; 8. 歪头颤藻 *Oscillatoria curviceps* Agardh ex Gomont; 9. 泥泞颤藻 *Oscillatoria limosa* Agardh ex Gomont

图版 3

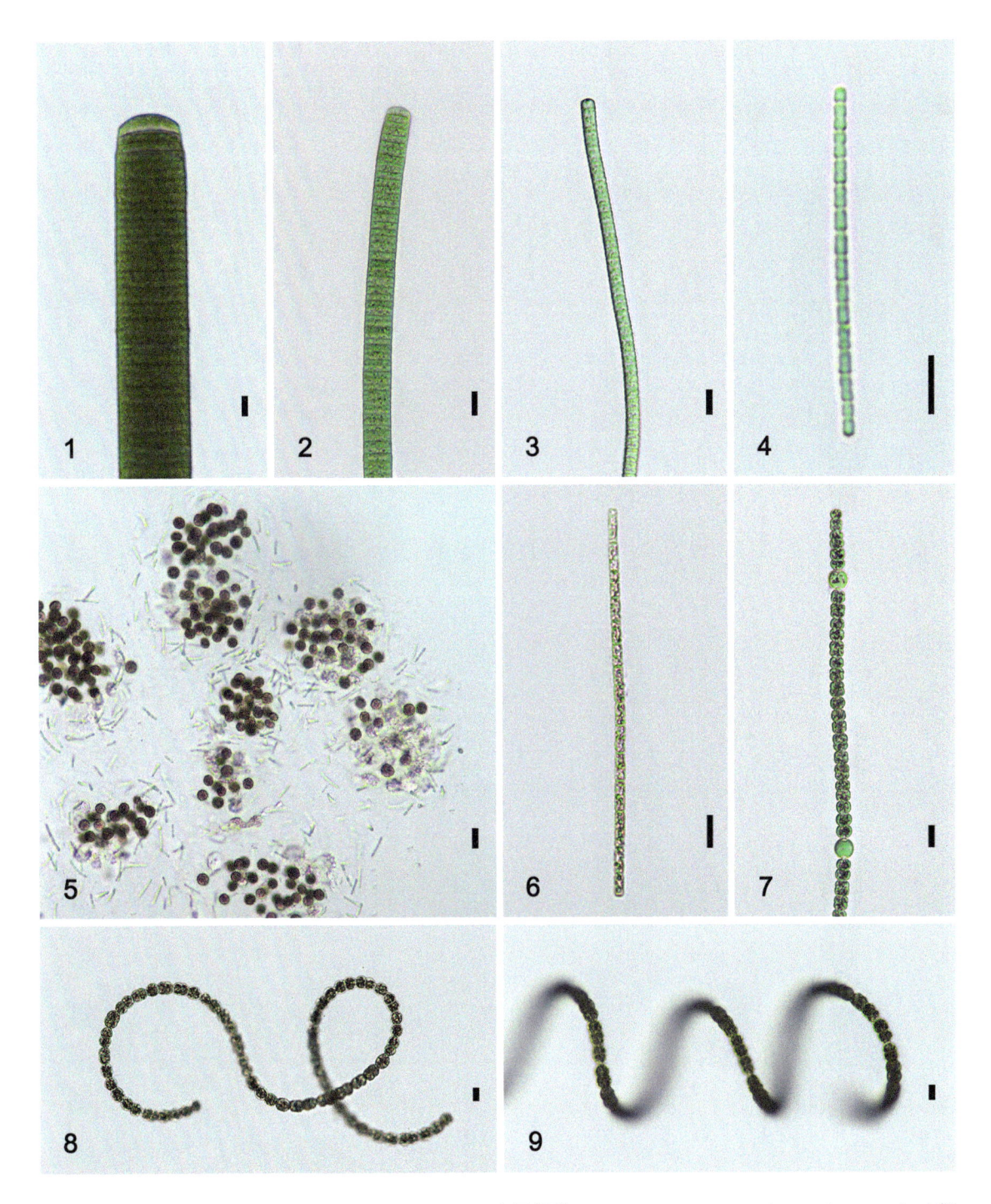

1. 巨颤藻 *Oscillatoria princeps* Vaucher ex Gomont; 2. 头冠颤藻 *Oscillatoria sancta* Kützing ex Gomont; 3. 小颤藻 *Oscillatoria tenuis* Agardh ex Gomont; 4. 湖生假鱼腥藻 *Pseudanabaena limnetica* (Lemmermann) Komárek; 5. 土生假鱼腥藻 *Pseudanabaena mucicola* (Naumann et Huber-Pestalozzi) Schwabe; 6. 水华束丝藻 *Aphanizomenon flos-aquae* Ralfs ex Bornet et Flahault; 7. 近亲长孢藻 *Dolichospermum affine* (Lemmermann) Wacklin, Hoffmann & Komárek; 8-9. 螺旋长孢藻 *Dolichospermum spiroides* (Klebahn) Wacklin, Hoffmann et Komárek

图版 4

1. 血红裸藻 *Euglena sanguinea* Ehrenberg; 2. 鱼形裸藻 *Euglena pisciformis* Klebs; 3. 洁净裸藻 *Euglena clara* Skuja;
4. 棒形裸藻 *Euglena clavata* Skuja; 5. 多形裸藻 *Euglena polymorpha* Dangeard; 6. 尾裸藻 *Euglena caudata* Huebner;
7. 静裸藻 *Euglena deses* Ehrenberg; 8. 梭形裸藻 *Euglena acus* Ehrenberg; 9. 尖尾裸藻 *Euglena oxyuris* Schmarda;
10. 三棱裸藻 *Euglena tripteris* (Dujardin) Klebs; 11. 泽生裸藻 *Euglena limnophila* Lemmermann

图版 5

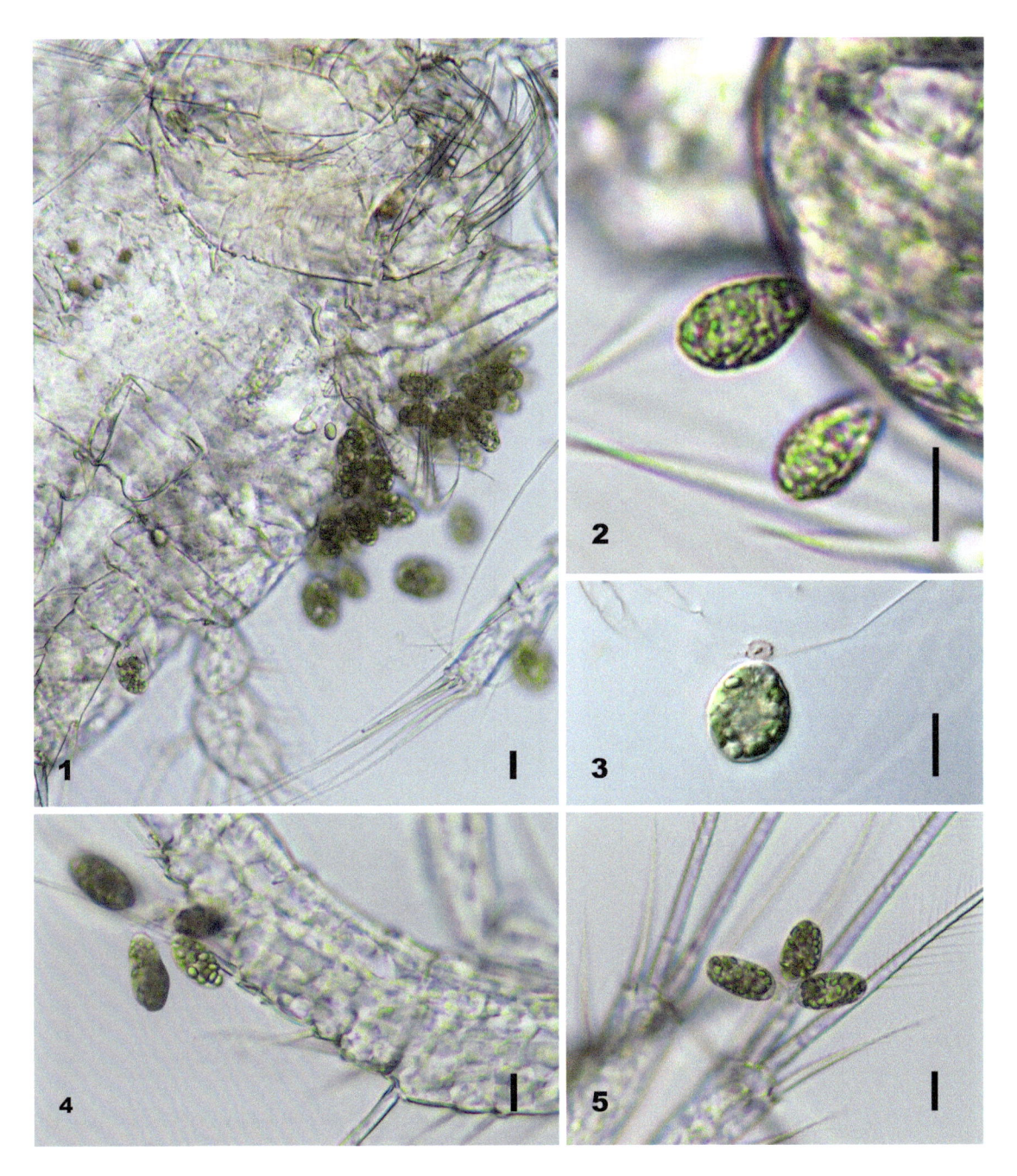

1-3. 单一柄裸藻 *Colacium simplex* Huber-Pestalozzi; 4-5. 树状柄裸藻 *Colacium arbuscula* Stein

图版 6

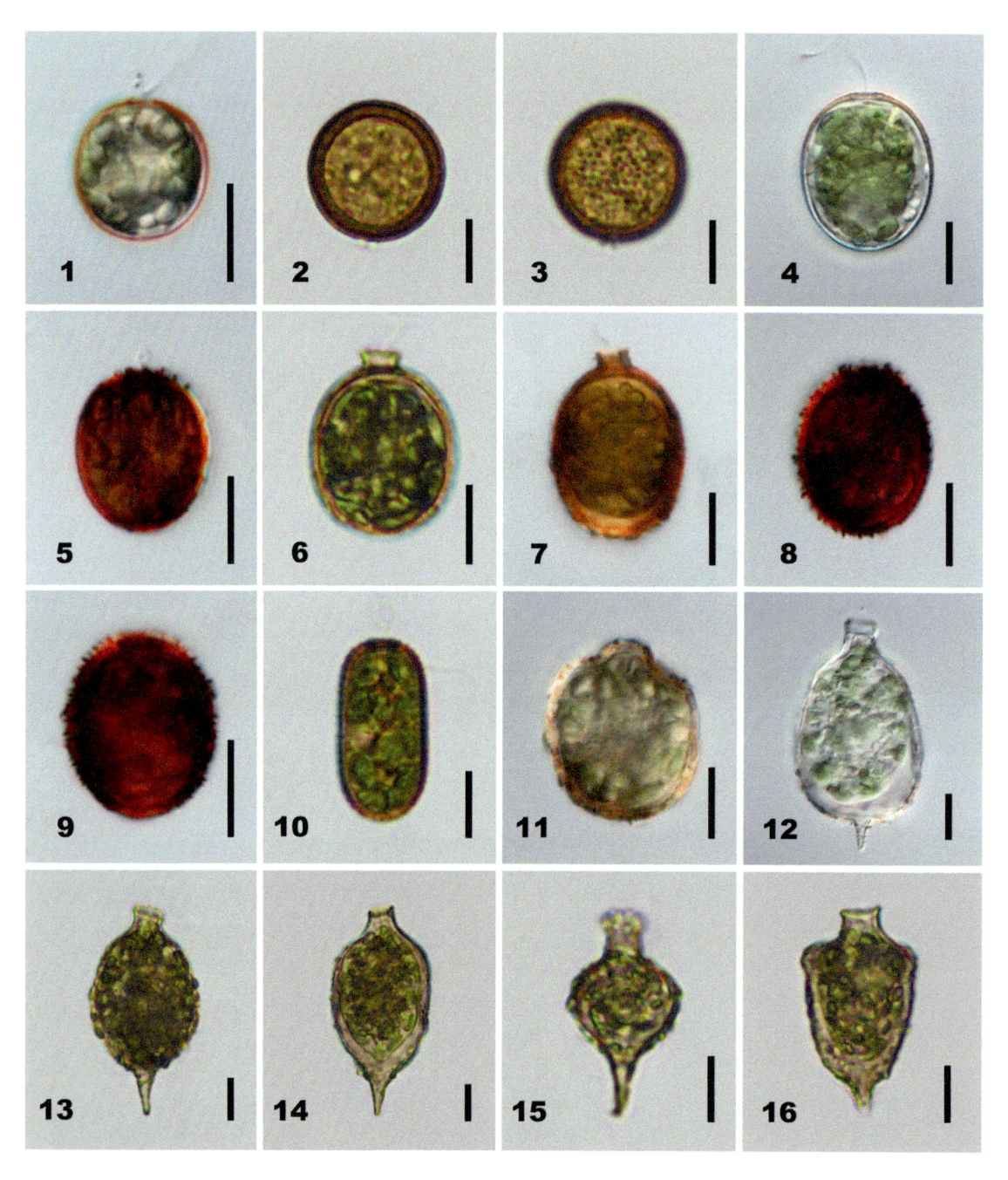

1. 旋转囊裸藻 *Trachelomonas volvocina* Ehrenberg; 2-3. 旋转囊裸藻点纹变种 *Trachelomonas volvocina* var. *punctata* Playfair; 4. 矩圆囊裸藻 *Trachelomonas oblonga* Lemmermann; 5. 棘口囊裸藻 *Trachelomonas acanthostoma* Stokes emend. Deflandre; 6. 浮游囊裸藻 *Trachelomonas planctonica* Swirenko; 7. 相似囊裸藻 *Trachelomonas similis* Stokes; 8. 棘刺囊裸藻具冠变种 *Trachelomonas hispida* var. *coronata* Lemmermann; 9. 华丽囊裸藻 *Trachelomonas superba* Swirenko emend. Deflandre; 10. 细刺囊裸藻 *Trachelomonas klebsii* Deflandre; 11. 博里斯陀螺藻 *Strombomonas borystheniensis* (Roll) Popova; 12. 具瘤陀螺藻梯形变种 *Strombomonas verrucosa* var. *zmiewika* (Swirenko) Deflandre; 13. 似孕陀螺藻短领变种 *Strombomonas praeliaris* var. *brevicollum* Shi; 14. 缶形陀螺藻 *Strombomonas urceolata* (Stokes) Deflandre; 15. 弯曲陀螺藻 *Strombomonas gibberosa* (Playfair) Deflandre; 16. 三棱陀螺藻 *Strombomonas triquetra* (Playfair) Defalandre

图版 7

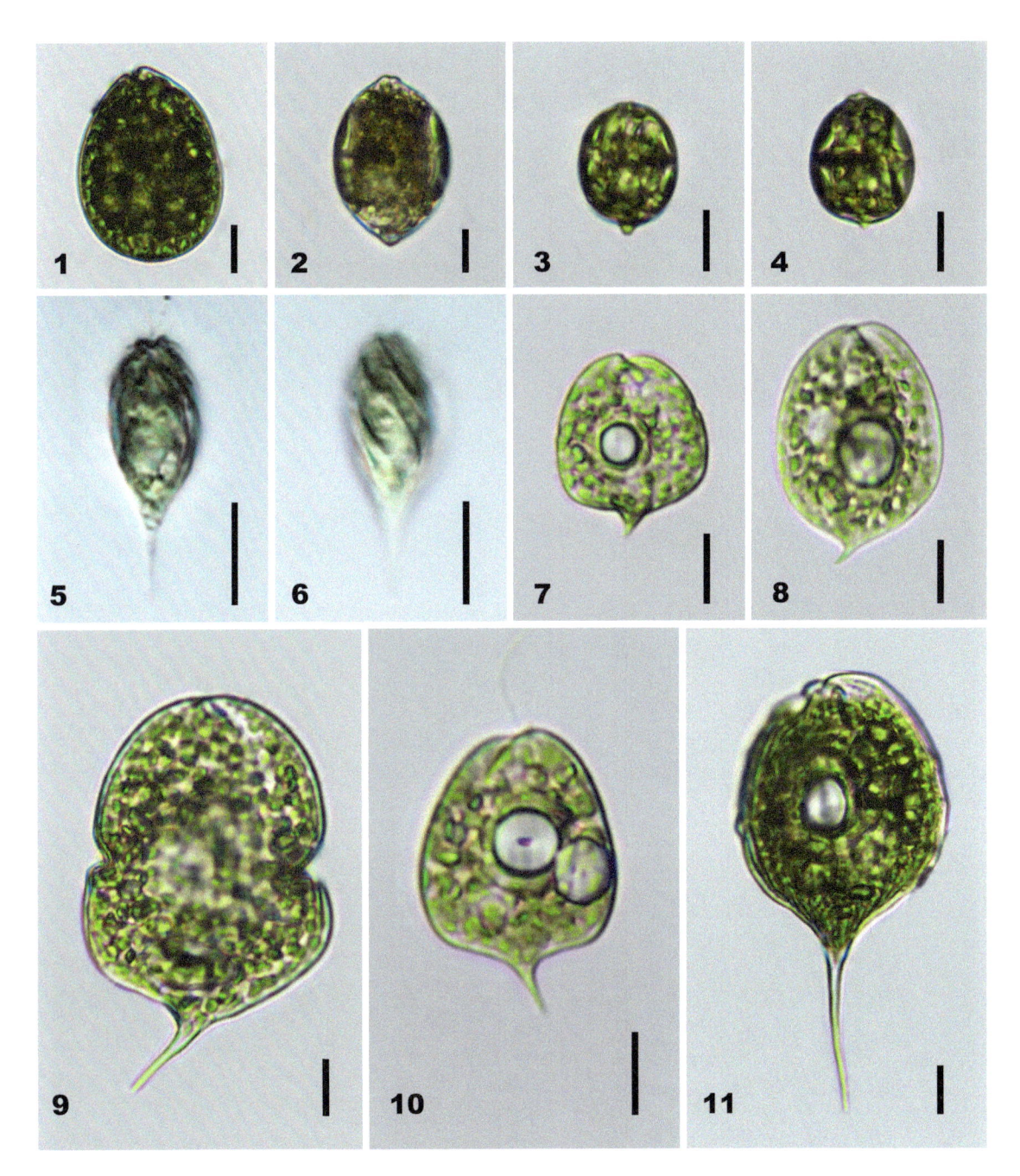

1. 盐生鳞孔藻 *Lepocinclis salina* Fritsch; 2. 纺锤鳞孔藻 *Lepocinclis fusiformis* (Carter) Lemmermann emnend. Conrad; 3. 卵形鳞孔藻 *Lepocinclis ovum* (Ehrenberg) Lemmermann; 4. 卵形鳞孔藻球形变种 *Lepocinclis ovum* var. *globula* (Perty) Lemmermann; 5-6. 梨形扁裸藻 *Phacus pyrum* (Ehrenberg) Stein; 7. 尖尾扁裸藻 *Phacus acuminatus* Stokes; 8. 近圆扁裸藻 *Phacus circulatus* Pochmann; 9. 收缢扁裸藻 *Phacus contractus* Shi; 10. 宽扁裸藻 *Phacus pleuronectes* (Ehrenberg) Dujardin; 11. 长尾扁裸藻 *Phacus longicauda* (Ehrenberg) Dujardin

图版 8

1. 单胞衣藻 *Chlamydomonas monadina* Stein; 2. 实球藻 *Pandorina morum* (Müller) Bory; 3-4. 盘藻 *Gonium pectorale* Müller; 5. 空球藻 *Eudorina elegans* Ehrenberg; 6. 杂球藻 *Pleodorina californica* Shaw; 7-8. 美丽团藻 *Volvox aureus* Ehrenberg

图版 9

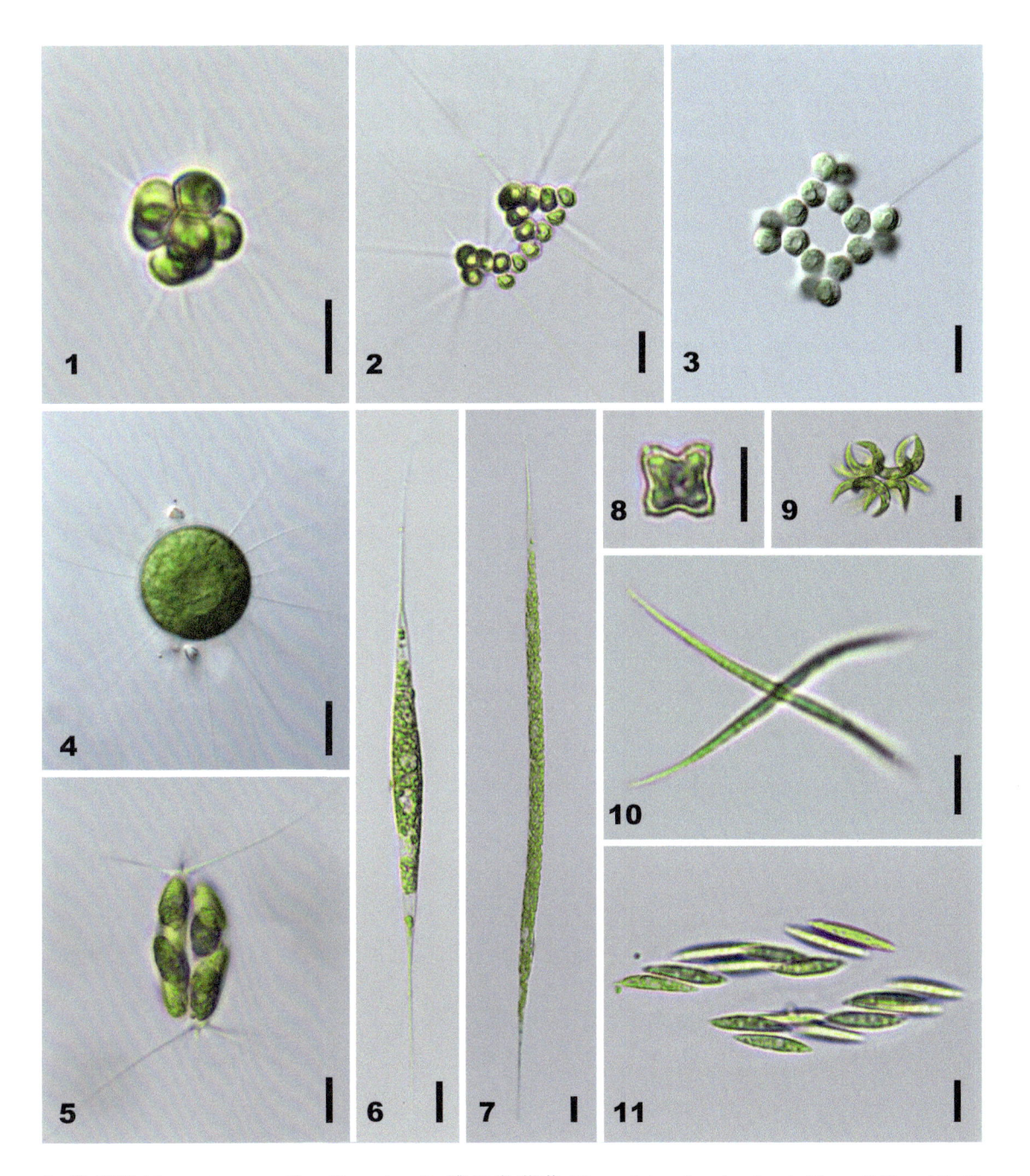

1. 微芒藻 *Micractinium pusillum* Fresenius; 2. 博恩微芒藻 *Micractinium bornhemiensis* (Conrad) Korschikoff; 3. 四刺微芒藻 *Micractinium quadrisetum* (Lemmermann) Smith; 4. 辐射多芒藻 *Golenkinia radiata* Chodat; 5. 柠檬形顶棘藻 *Lagerheimiella citriformis* (Snow) Collins; 6. 弓形藻 *Schroederia setiger* (Schröder) Lemmermann; 7. 硬弓形藻 *Schroederia robusta* Korshikov; 8. 细小四角藻 *Tetraëdron minimum* (Braun) Hansgirg; 9. 纤细月牙藻 *Selenastrum gracile* Reinsch; 10. 镰形纤维藻 *Ankistrodesmus falcatus* (Corda) Ralfs; 11. 湖生井联藻 *Quadrigula lacustris* (Chodat) Smith

图版 10

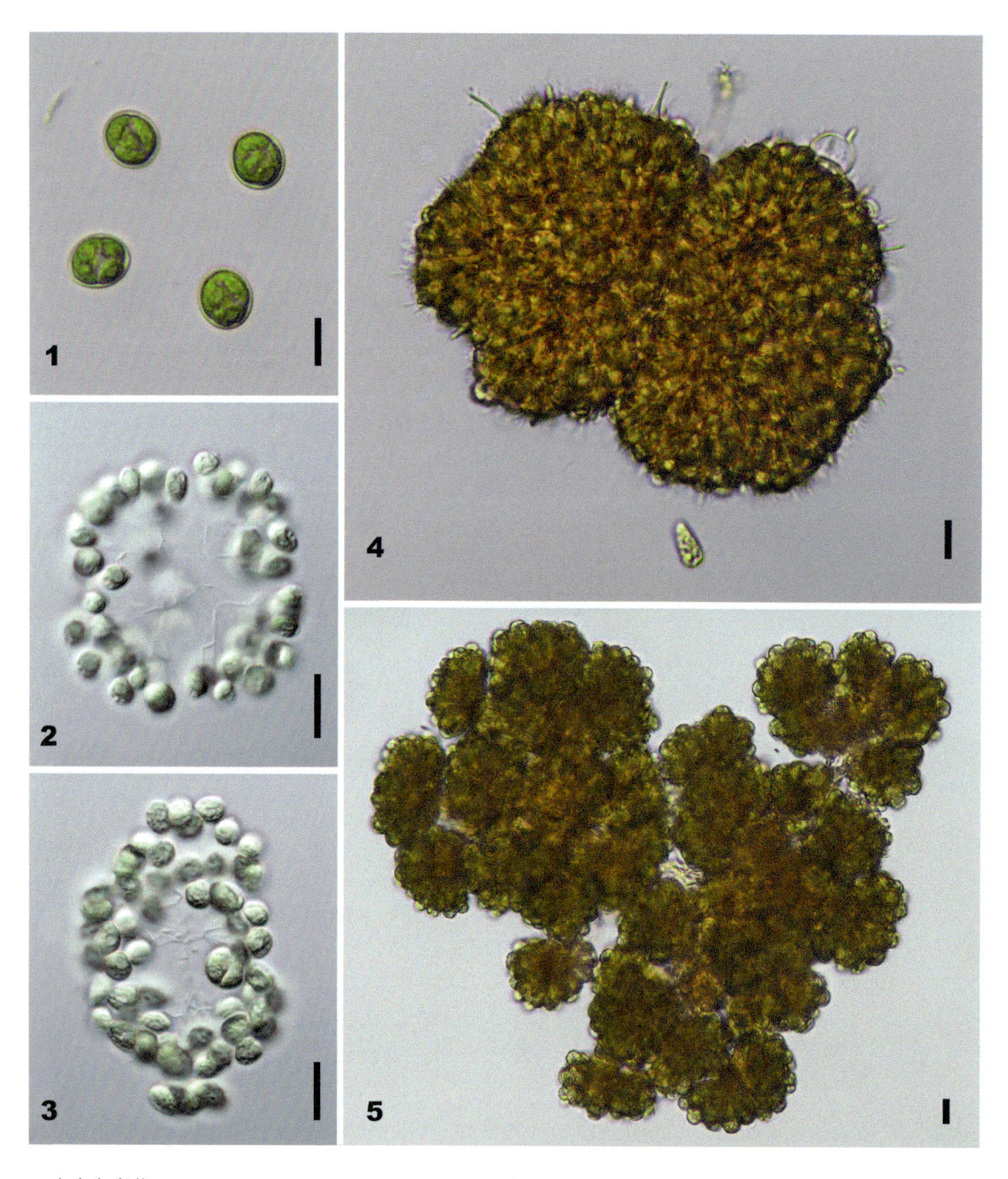

1. 水生卵囊藻 *Oocystis submarina* Lagerheim; 2-3. 网球藻 *Dictyosphaerium ehrenbergianum* Nägeli; 4-5. 葡萄藻 *Botryococcus braunii* Kützing

图版 11

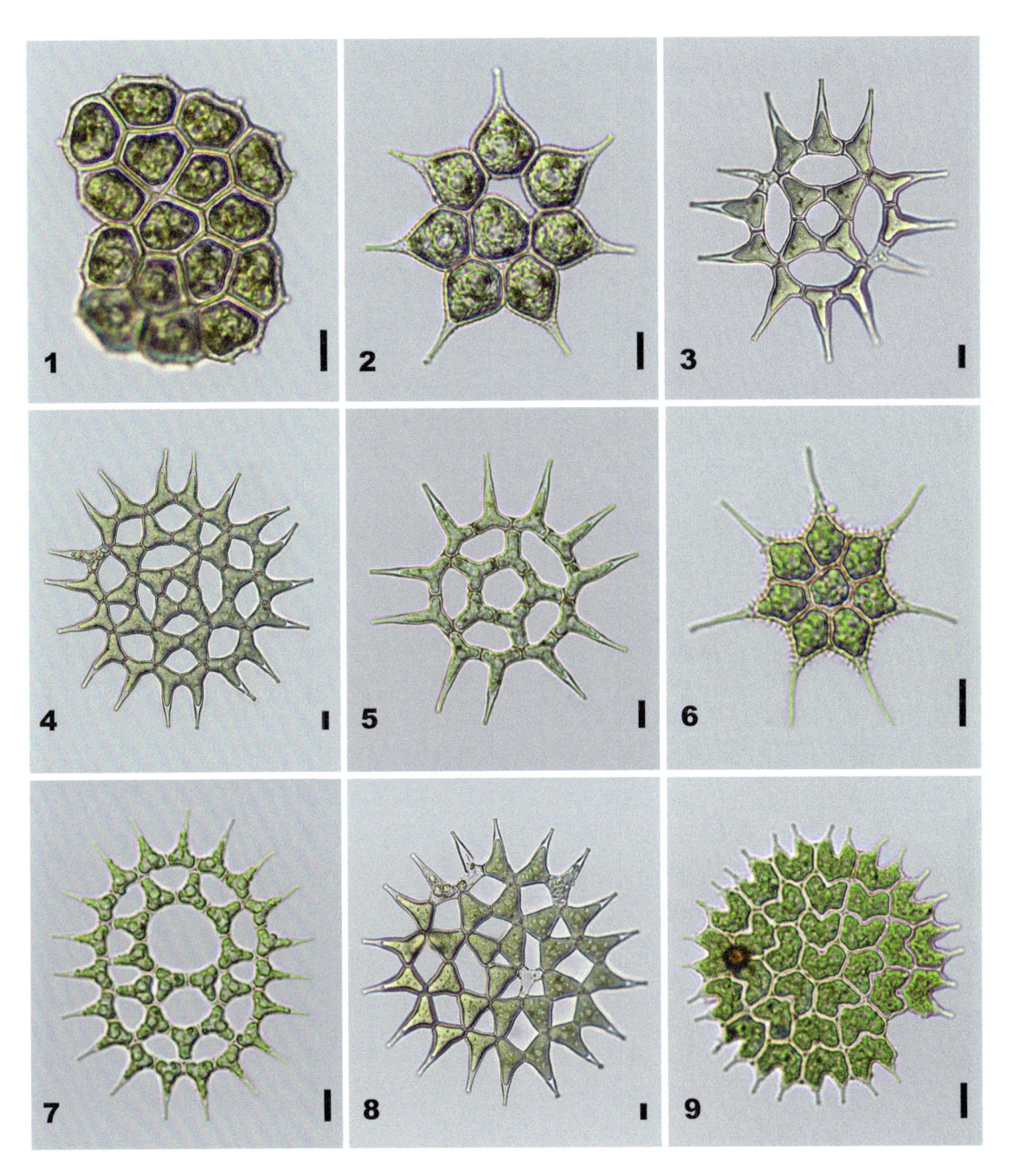

1. 整齐盘星藻 *Pediastrum integrum* Nägeli; 2. 卵形盘星藻 *Pediastrum ovatum* (Ehrenberg) Braun; 3. 单角盘星藻 *Pediastrum simplex* Meyen; 4. 单角盘星藻对突变种 *Pediastrum simplex* var. *biwaeuse* (Negoro) Fukushima; 5. 单角盘星藻具孔变种 *Pediastrum simplex* var. *duodenarium* (Bailey) Rabenhorst; 6. 单角盘星藻颗粒变种 *Pediastrum simplex* var. *granulatum* Lemmermann; 7. 具孔盘星藻 *Pediastrum clathratum* (Schrödor) Lemmermann; 8. 具孔盘星藻点纹变种 *Pediastrum clathratum* var. *punctatum* Lemmermann; 9. 短棘盘星藻 *Pediastrum boryanum* (Turpin) Meneghini

图版 12

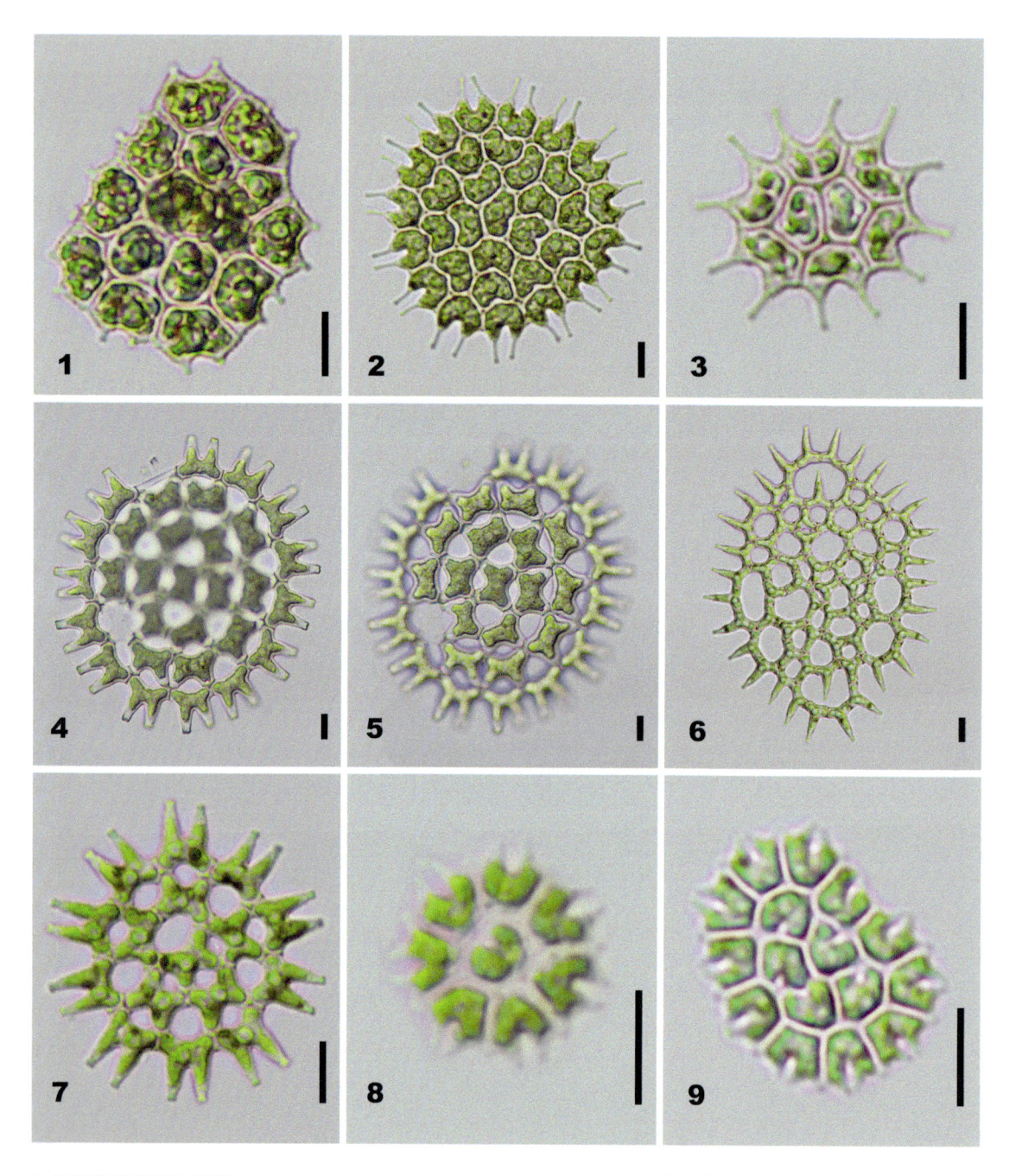

1. 短棘盘星藻短角变种 *Pediastrum boryanum* var. *brevicorne* Braun; 2. 短棘盘星藻镊尖变种 *Pediastrum boryanum* var. *forcipatum* (Corda) Chodat; 3. 短棘盘星藻长角变种 *Pediastrum boryanum* var. *longicorn* (Reinsch) Hansgirg; 4-5. 二角盘星藻大孔变种 *Pediastrum duplex* var. *clathratum* Braun; 6. 二角盘星藻纤细变种 *Pediastrum duplex* var. *gracillimum* West et West; 7. 二角盘星藻网状变种 *Pediastrum duplex* var. *reticulatum* Lagerheim; 8-9. 四角盘星藻 *Pediastrum tetras* (Ehrenberg) Ralfs

图版 13

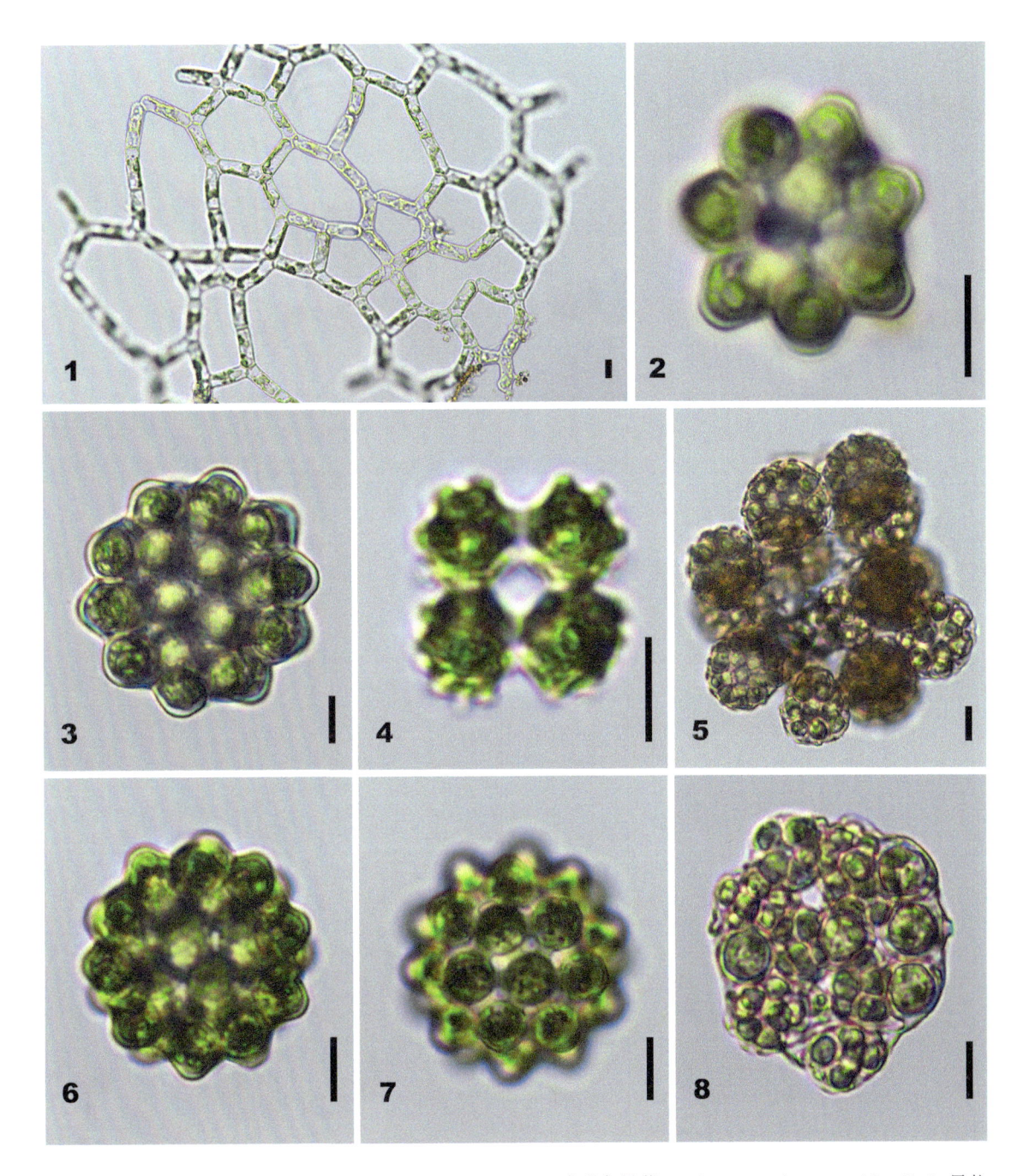

1. 网状水网藻 *Hydrodictyon reticulatum* (Linnaeus) Bory; 2. 球形空星藻 *Coelastrum sphaericum* Nägeli; 3. 星状空星藻 *Coelastrum astroideum* Notaris; 4. 钝空星藻 *Coelastrum morus* West et West; 5. 立方空星藻 *Coelastrum cubicum* Nägeli; 6-7. 印度空星藻 *Coelastrum indicum* Turner; 8. 多凸空星藻 *Coelastrum polychordum* (Korshikov) Hindák

图版 14

1. 近角形集星藻 *Actinastrum subcornutum* Wang; 2. 威斯康星四链藻 *Tetradesmus wisconsinensis* Smith; 3. 河生集星藻 *Actinastrum fluviatile* (Schröder) Fott; 4. 四角十字藻 *Crucigenia quadrata* Morren; 5. 劳氏十字藻 *Crucigenia lauterbornii* (Schmidle) Schmidle

图版 15

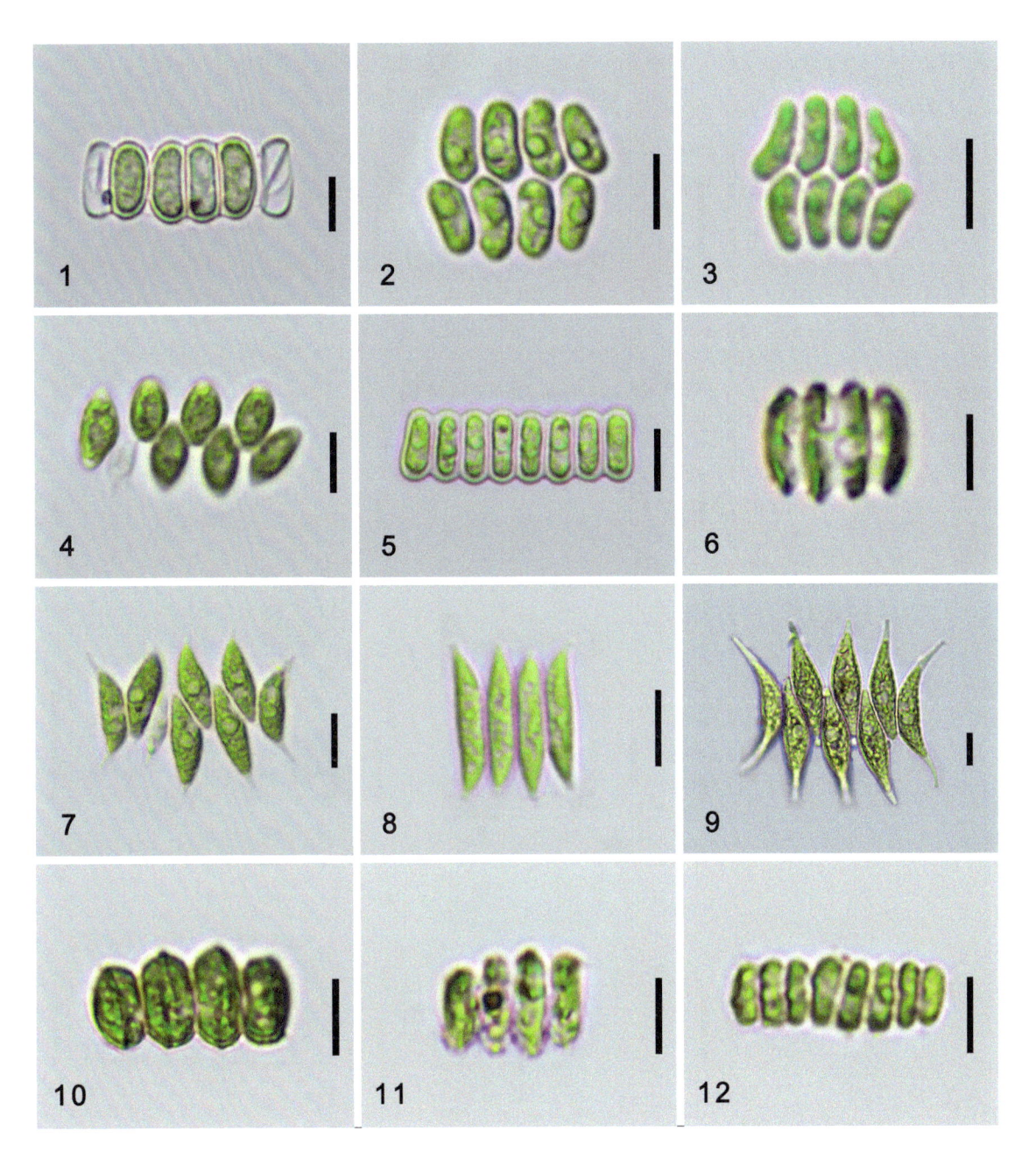

1. 光滑栅藻 *Scenedesmus ecornis* (Ehrenberg) Chodat; 2. 盘状栅藻 *Scenedesmus disciformis* (Chodat) Fott et Komárek; 3. 钝形栅藻 *Scenedesmus obtusus* Meyen; 4. 卵形栅藻 *Scenedesmus ovalternus* Chodat; 5. 单列栅藻 *Scenedesmus linearis* Komárek; 6. 阿库栅藻 *Scenedesmus acunae* Comas Gonzáles; 7. 斜生栅藻 *Scenedesmus obliquus* (Turpin) Kützing; 8. 尖细栅藻小形变种 *Scenedesmus acuminatus* var. *minor* Smith; 9. 二形栅藻 *Scenedesmus dimorphus* (Turpin) Kützing; 10. 尖形栅藻 *Scenedesmus acutiformis* Schröder; 11. 格拉尼斯栅藻 *Scenedesmus grahneisii* (Heynig) Fott; 12. 双对栅藻 *Scenedesmus bijuga* Kützing

图版 16

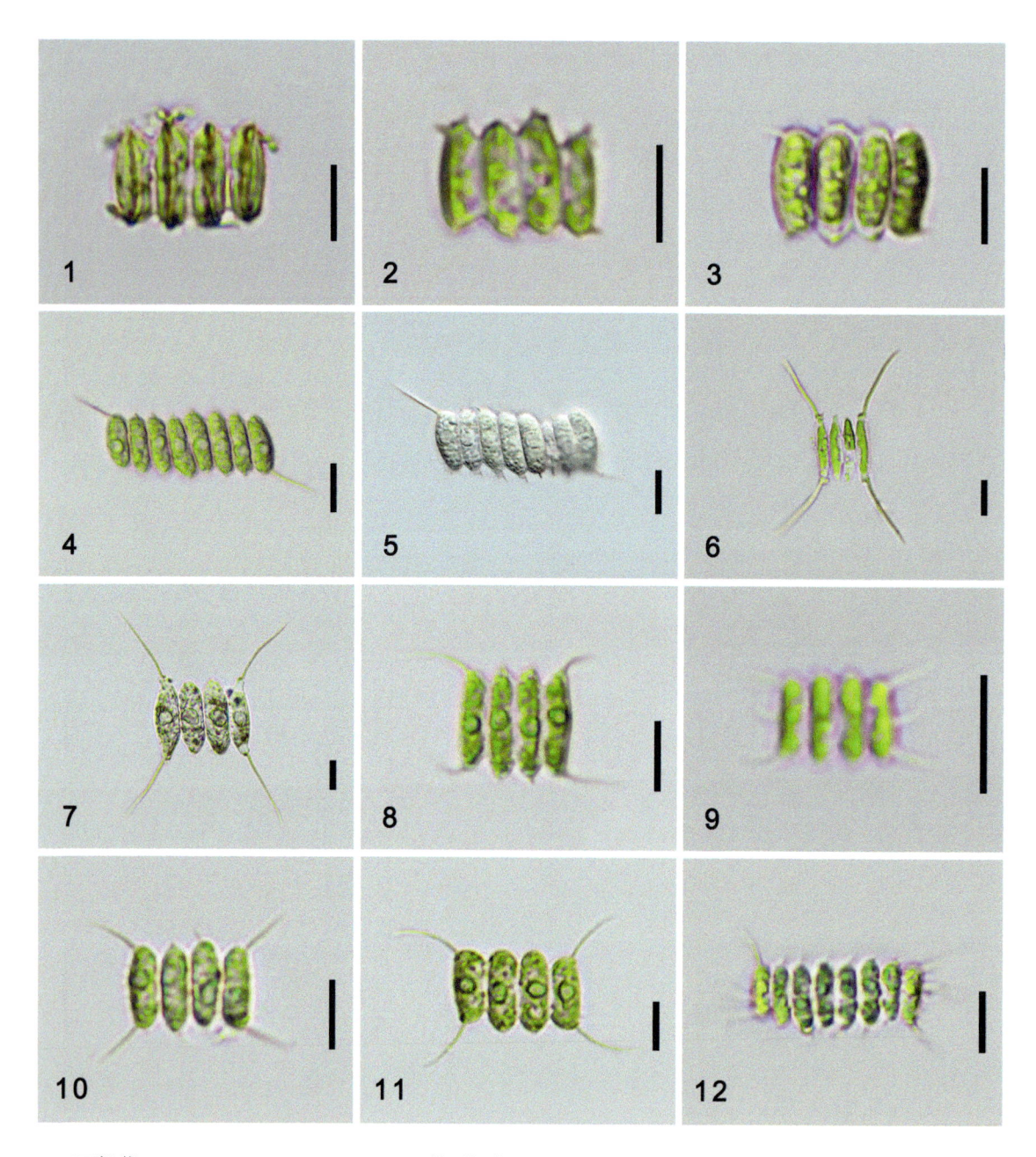

1. 巴西栅藻 *Scenedesmus brasiliensis* Bohlin; 2. 单面栅藻 *Scenedesmus praetervisus* Chodat; 3. 短刺栅藻 *Scenedesmus brevispina* (Smith) Chodat; 4-5. 双尾栅藻 *Scenedesmus bicaudatus* (Hansgirg) Chodat; 6. 奥波莱栅藻 *Scenedesmus opoliensis* Richter; 7. 隆顶栅藻 *Scenedesmus protuberans* Fritsch et Rich; 8. 隆顶栅藻微小变型 *Scenedesmus protuberans* f. *minor* Ley; 9. 珊瑚栅藻 *Scenedesmus corallinus* Chodat; 10. 古氏栅藻 *Scenedesmus gutwinskii* Chodat; 11. 四尾栅藻 *Scenedesmus quadricauda* (Turpin) Brébisson; 12. 多棘栅藻 *Scenedesmus spinosus* Chodat

图版 17

1. 近缢丝藻 *Ulothrix subconstricta* West; 2. 毛枝藻属未定种 *Stigeoclonium* sp.; 3-4. 毛鞘藻属未定种 *Bulbochaete* sp.

图版 18

1. 鞘藻属未定种 *Oedogonium* sp.; 2. 转板藻属未定种 *Mougeotia* sp.; 3. 水绵藻属未定种 *Spirogyra* sp.; 4. 锐新月藻 *Closterium acerosum* Ehrenberg ex. Ralfs; 5. 月牙新月藻 *Closterium cynthia* De Notaris; 6. 象牙形新月藻 *Closterium eboracense* (Ehrenberg) Turner; 7. 纤细新月藻 *Closterium gracile* Brébisson; 8. 詹纳新月藻 *Closterium jenneri* Ralfs

图版 19

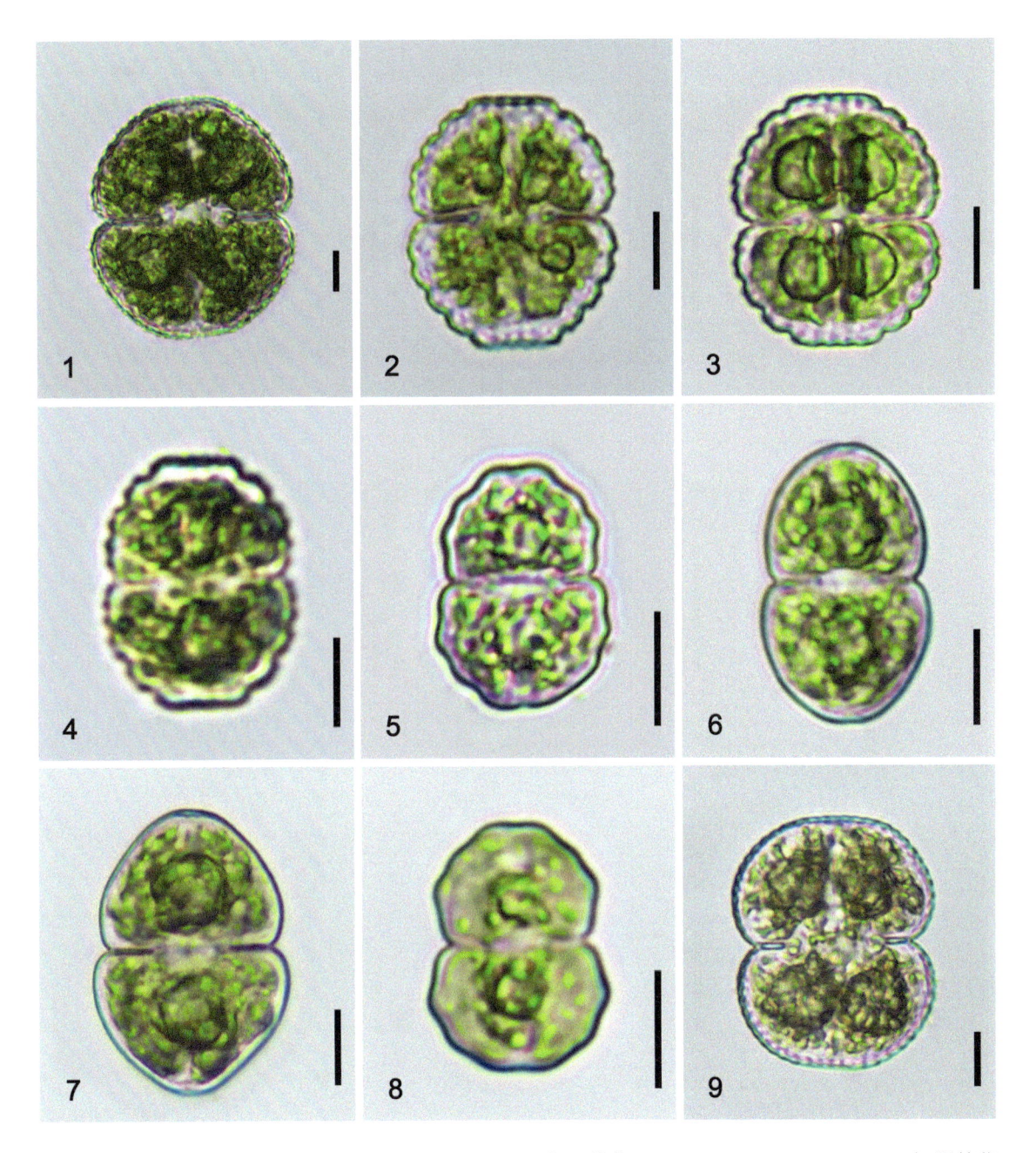

1. 葡萄鼓藻 *Cosmarium botrytis* Meneghini ex Ralfs; 2-3. 美丽鼓藻 *Cosmarium formosulum* Hoff; 4. 加罗鼓藻 *Cosmarium garrolense* Roy & Bisset; 5. 凹凸鼓藻 *Cosmarium impressulum* Elfving; 6-7. 光滑鼓藻 *Cosmarium laeve* Rabenhorst; 8. 光滑鼓藻八角形变种 *Cosmarium laeve* var. *octangulare* (Wille) West & West; 9. 珍珠鼓藻 *Cosmarium margaritatum* (Lundell) Roy ex Bisset

图版 20

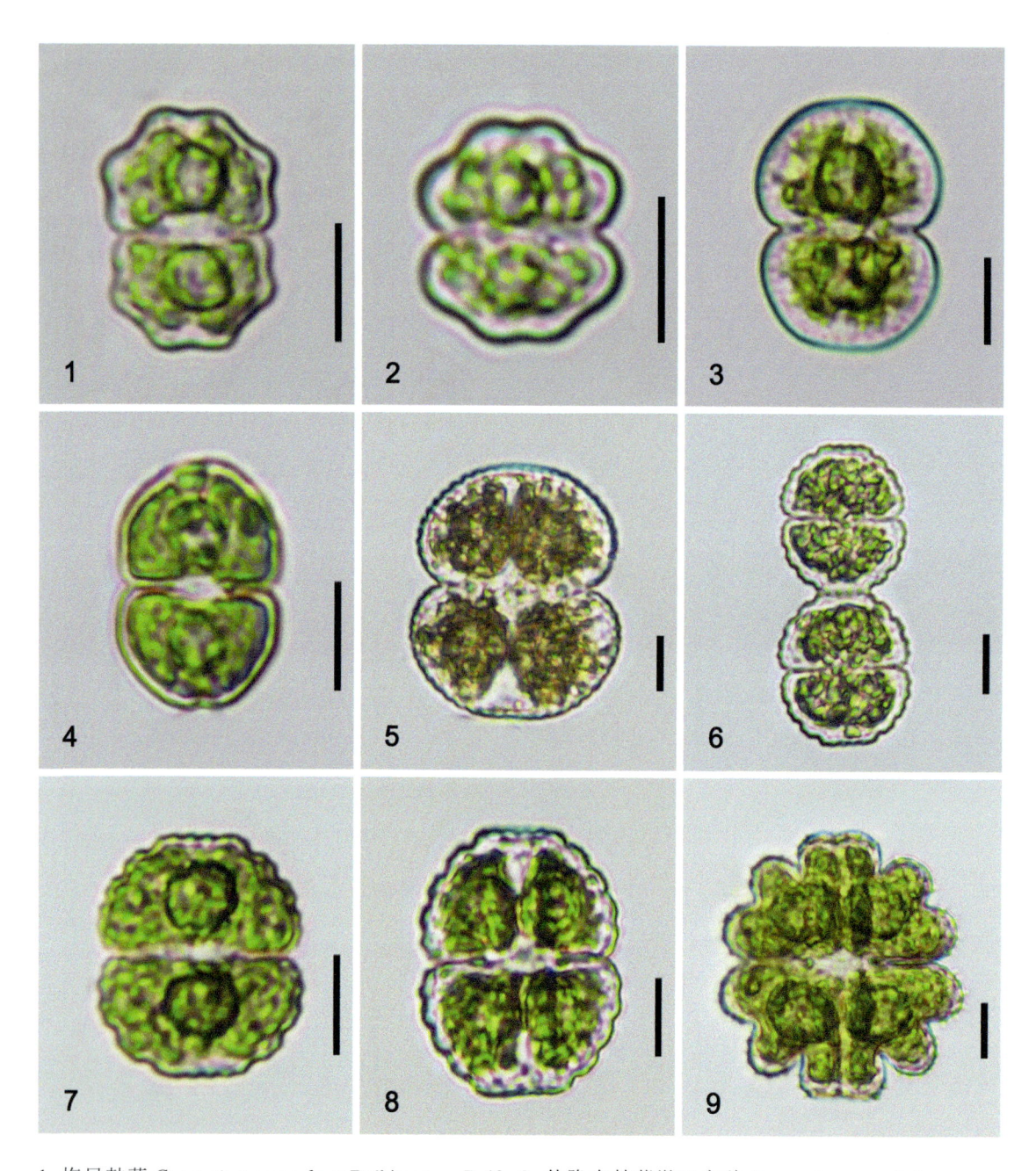

1. 梅尼鼓藻 *Cosmarium meneghinii* Brébisson ex Ralfs; 2. 伪隐晦鼓藻微凹变种 *Cosmarium pseudadoxum* var. *retusum* Wei; 3. 直角鼓藻 *Cosmarium rectangulare* Grunow; 4. 直角鼓藻增厚变种 *Cosmarium rectangulare* var. *incrassatum* Jao; 5. 盾状鼓藻 *Cosmarium scutellum* Turner; 6. 亚脊鼓藻 *Cosmarium subcostatum* Nordstedt; 7. 近前膨胀鼓藻 *Cosmarium subprotumidum* Nordstedt; 8. 颤鼓藻 *Cosmarium vexatum* West; 9. 小刺凹顶鼓藻无刺变种 *Euastrum spinulosum* var. *inermius* (Nordstedt) Bernard

图版 21

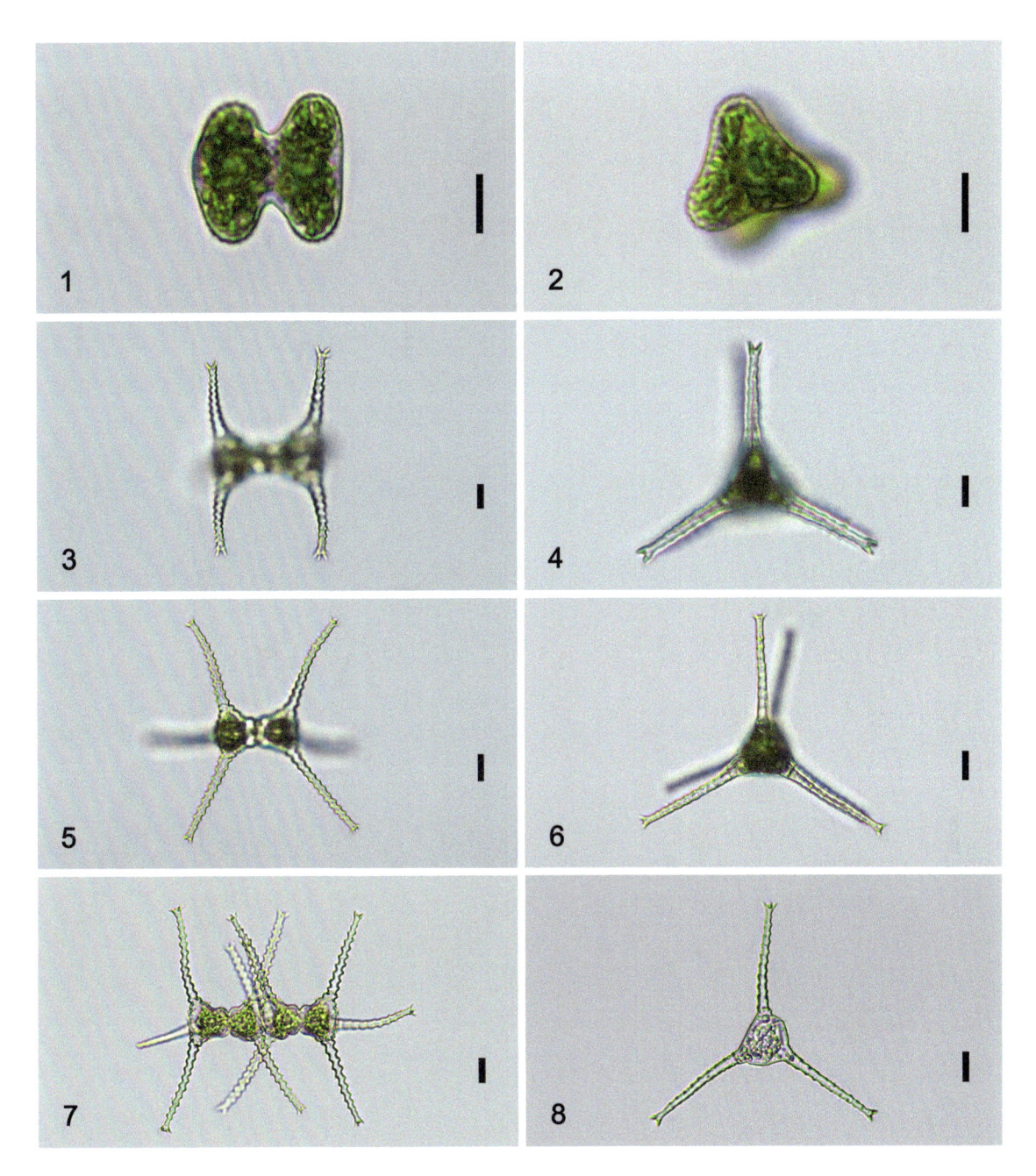

1-2. 互生角星鼓藻 *Staurastrum alternans* Brébisson; 3-4. 纤细角星鼓藻 *Staurastrum gracile* Ralfs ex Ralfs; 5-6. 长臂角星鼓藻 *Staurastrum longipes* (Nordstedt) Teiling; 7-8. 浮游角星鼓藻 *Staurastrum planctonicum* (Smith) Krienitz & Heynig

图版 22

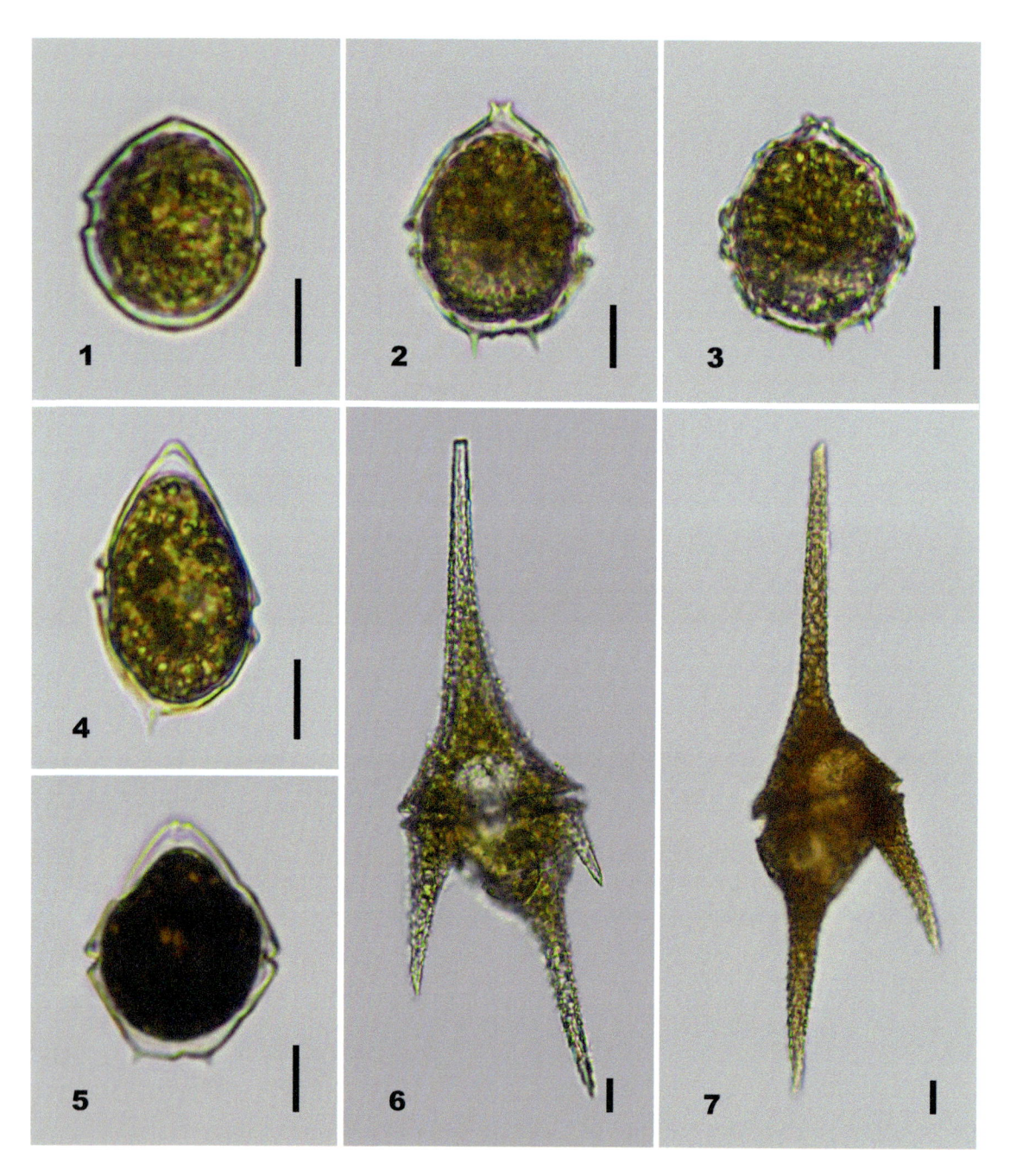

1. 裸甲藻 *Gymnodinium aeruginosum* Stein; 2. 坎宁顿拟多甲藻 *Peridiniopsis cunningtonii* Lemmermann; 3. 埃尔多拟多甲藻 *Peridiniopsis elpatiewskyi* (Ostenfeld) Bourrelly; 4. 柯维拟多甲藻 *Peridiniopsis kevei* Grigorszky et Vasas; 5. 倪氏拟多甲藻 *Peridiniopsis niei* Liu et Hu; 6-7. 角甲藻 *Ceratium hirundinella* (Müller) Dujardin

图版 23

1. 尖尾蓝隐藻 *Chroomonas acuta* Utermöhl; 2. 卵形隐藻 *Cryptomonas ovata* Ehrenberg; 3. 啮蚀隐藻 *Cryptomonas erosa* Ehrenberg; 4-5. 长锥形锥囊藻 *Dinobryon bavaricum* Imhof; 6. 群聚锥囊藻 *Dinobryon sociale* Ehrenberg; 7. 泉生黄丝藻 *Trinbonema fonticolum* Ettl

图版 24

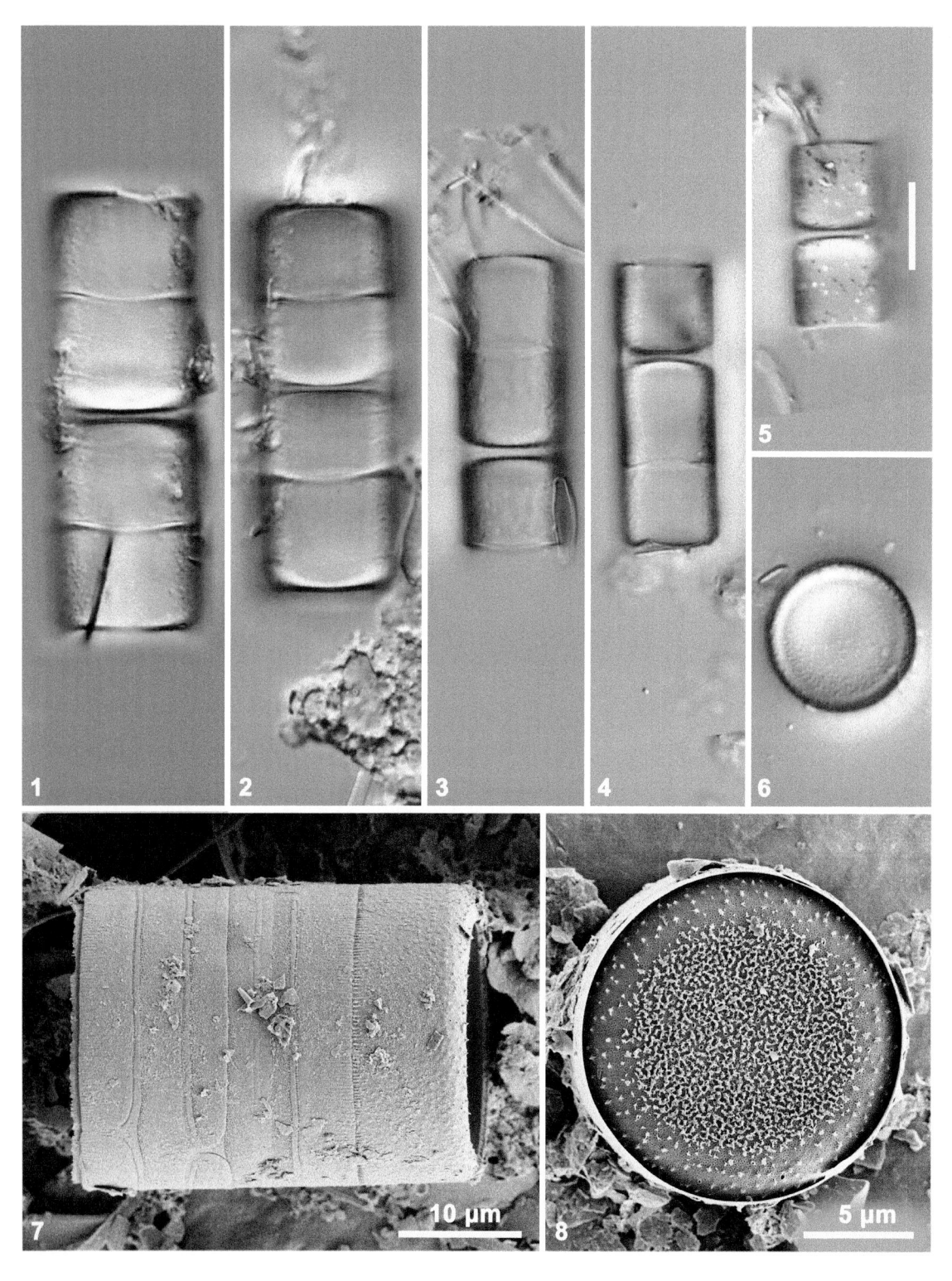

1-8. 变异直链藻 *Melosira varians* Agardh

图版 25

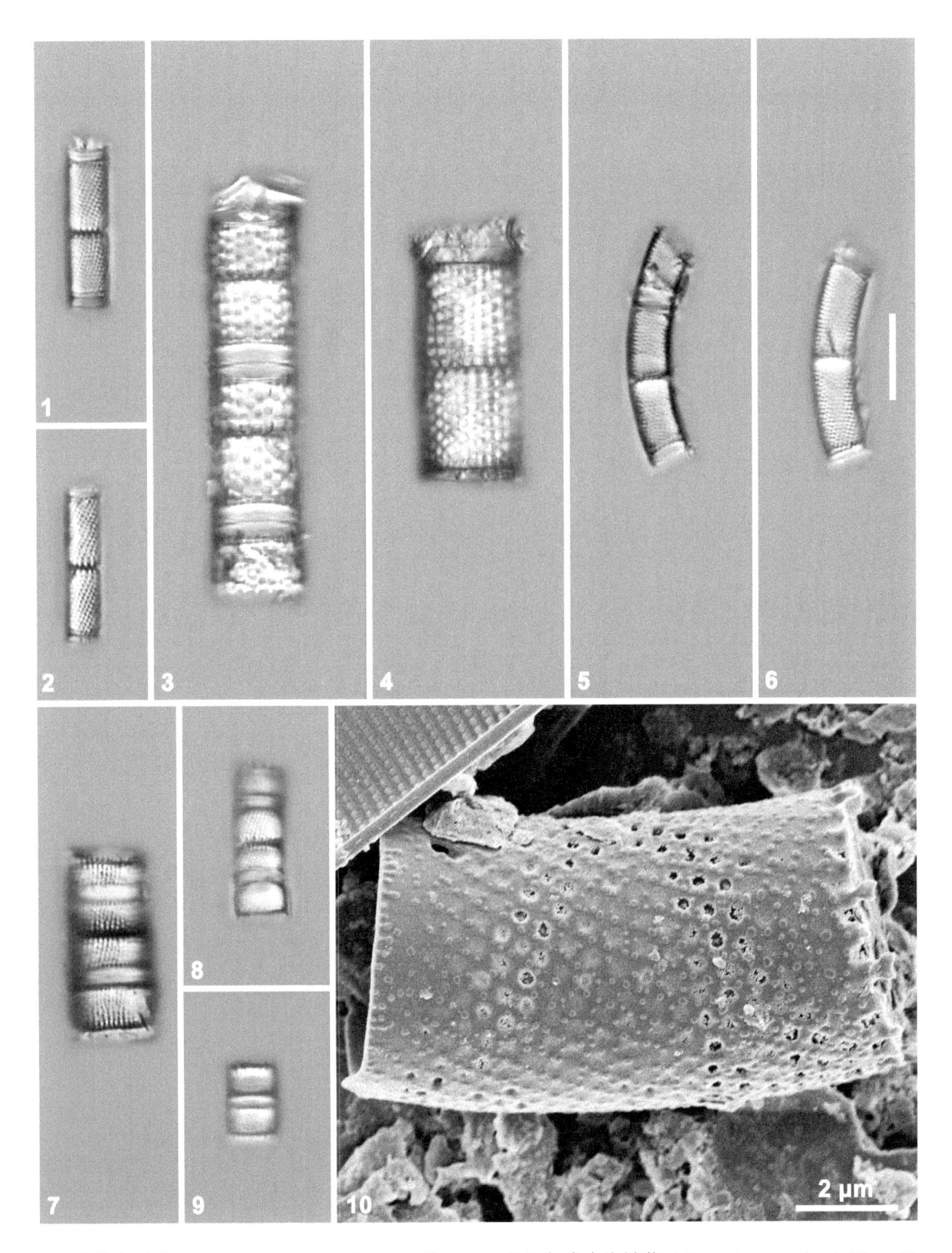

1-2. 模糊沟链藻 *Aulacoseira ambigua* (Grunow) Simonsen; 3-4. 加拿大沟链藻 *Aulacoseira canadensis* (Hustedt) Simonsen; 5-6, 10. 意大利沟链藻弯曲变种 *Aulacoseira italica* var. *curvata* (Pantocsek) Yang & Wang; 7-9. 矮小沟链藻 *Aulacoseira pusilla* (Meister) Tuji & Houki

图版 26

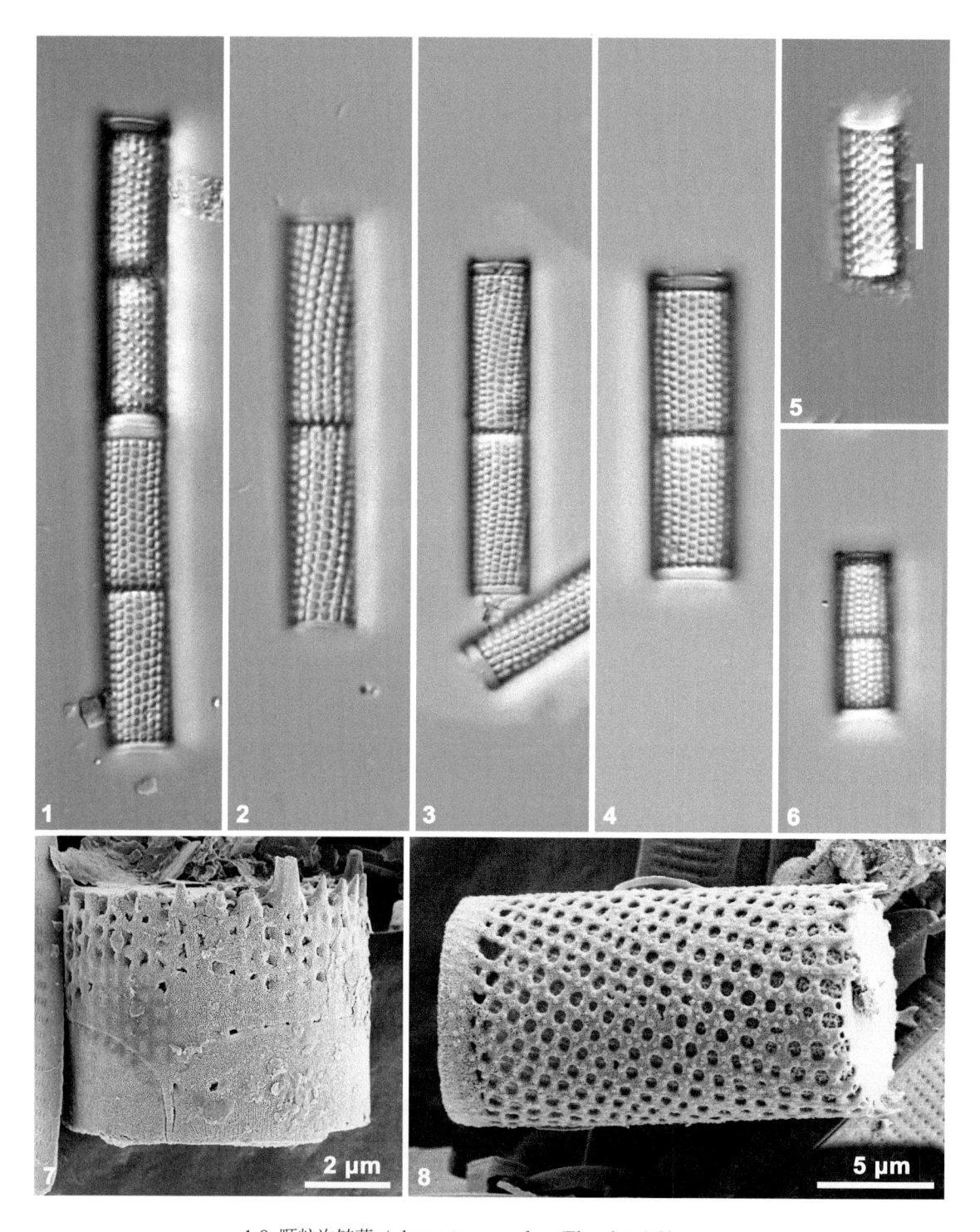

1-8. 颗粒沟链藻 *Aulacoseira granulata* (Ehrenberg) Simonsen

图版 27

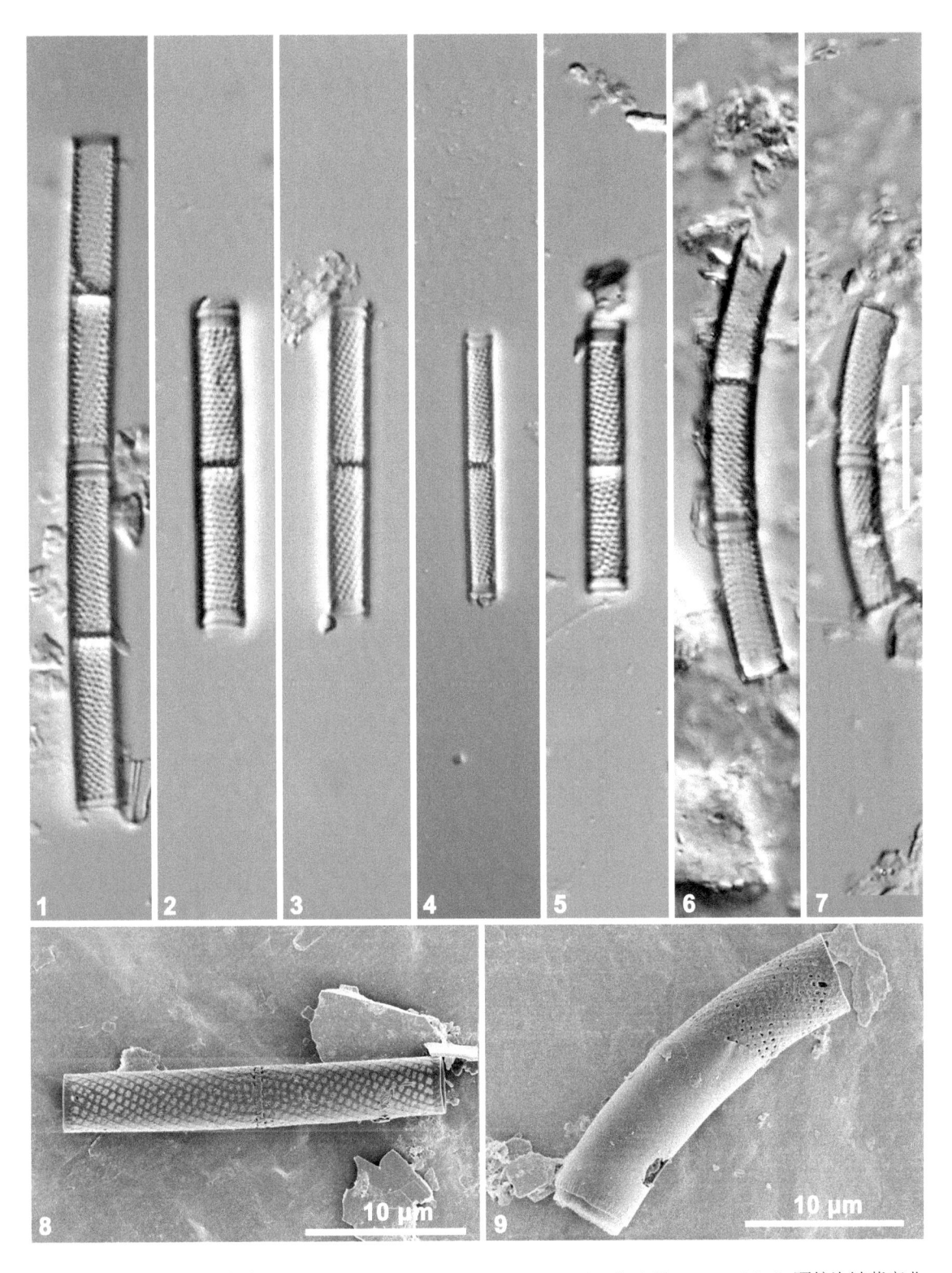

1-5, 8. 颗粒沟链藻极狭变种 *Aulacoseira granulata* var. *angustissima* (Müller) Simonsen; 6-7, 9. 颗粒沟链藻弯曲变种 *Aulacoseira granulata* var. *curvata* (Grunow) Yang & Wang

图版 28

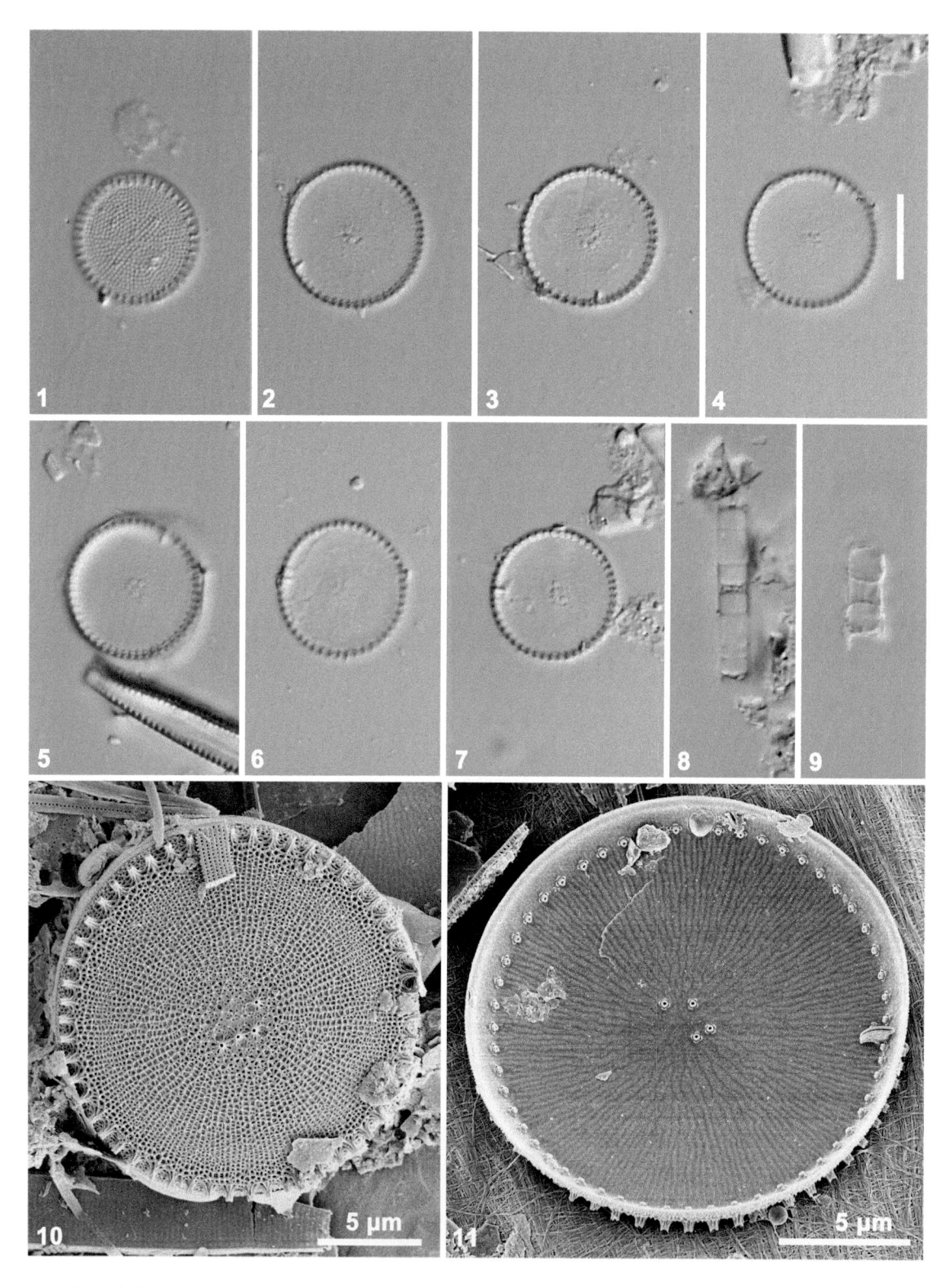

1. 双线海链藻 *Thalassiosira duostra* Pienaar; 2-7, 10-11. 魏氏筛环藻 *Conticribra weissflogii* (Grunow) Stachura-Suchoples & Williams; 8-9. 江河骨条藻 *Skeletonema potamos* (Weber) Hasle

图版 29

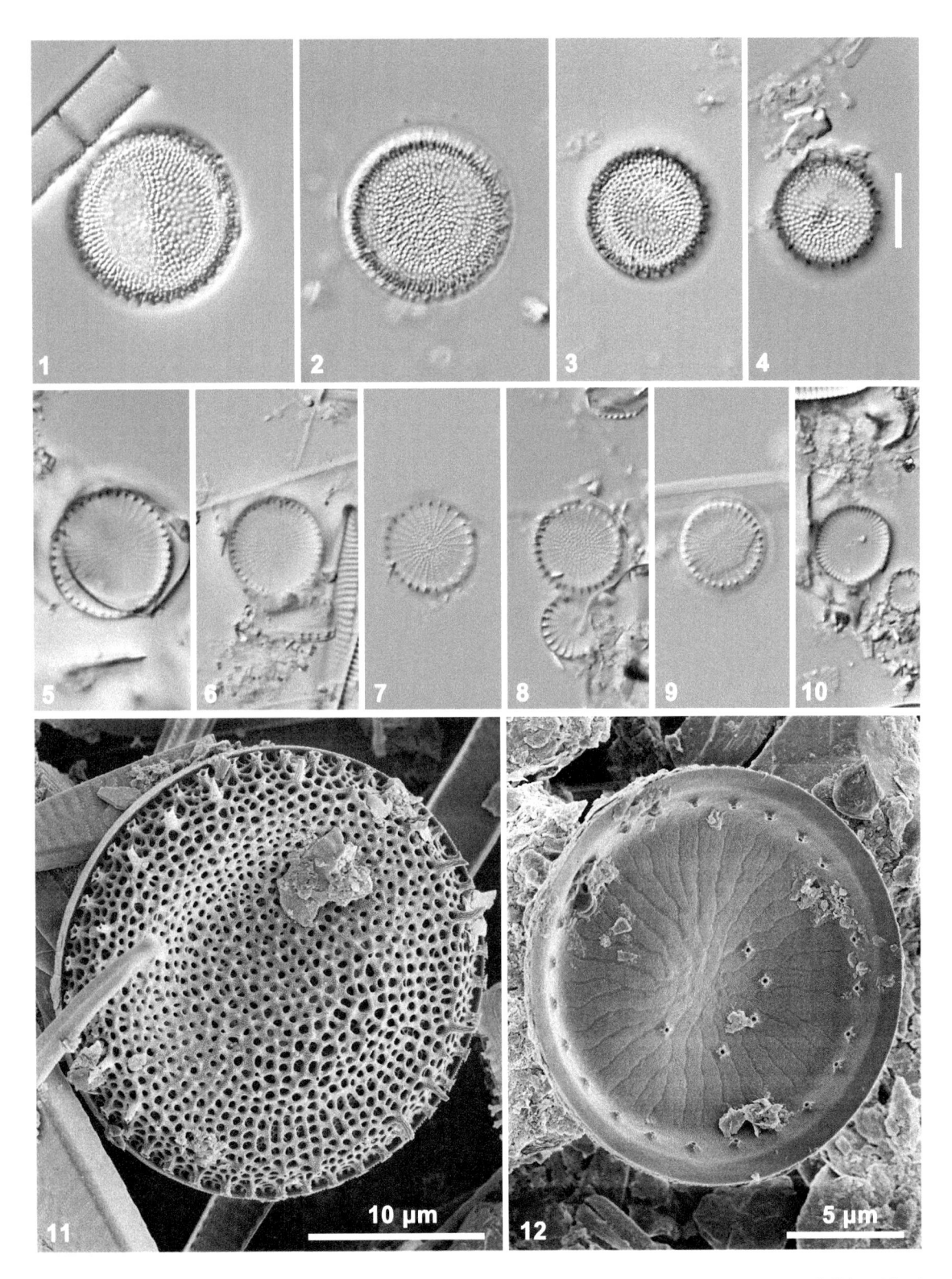

1-4, 11-12. 湖沼线筛藻 *Lineaperpetua lacustris* (Grunow) Yu, You, Kociolek & Wang; 5-10. 汉氏冠盘藻细弱变型 *Stephanodiscus hantzschii* f. *tenuis* (Hustedt) Håkansson & Stoermer

图版 30

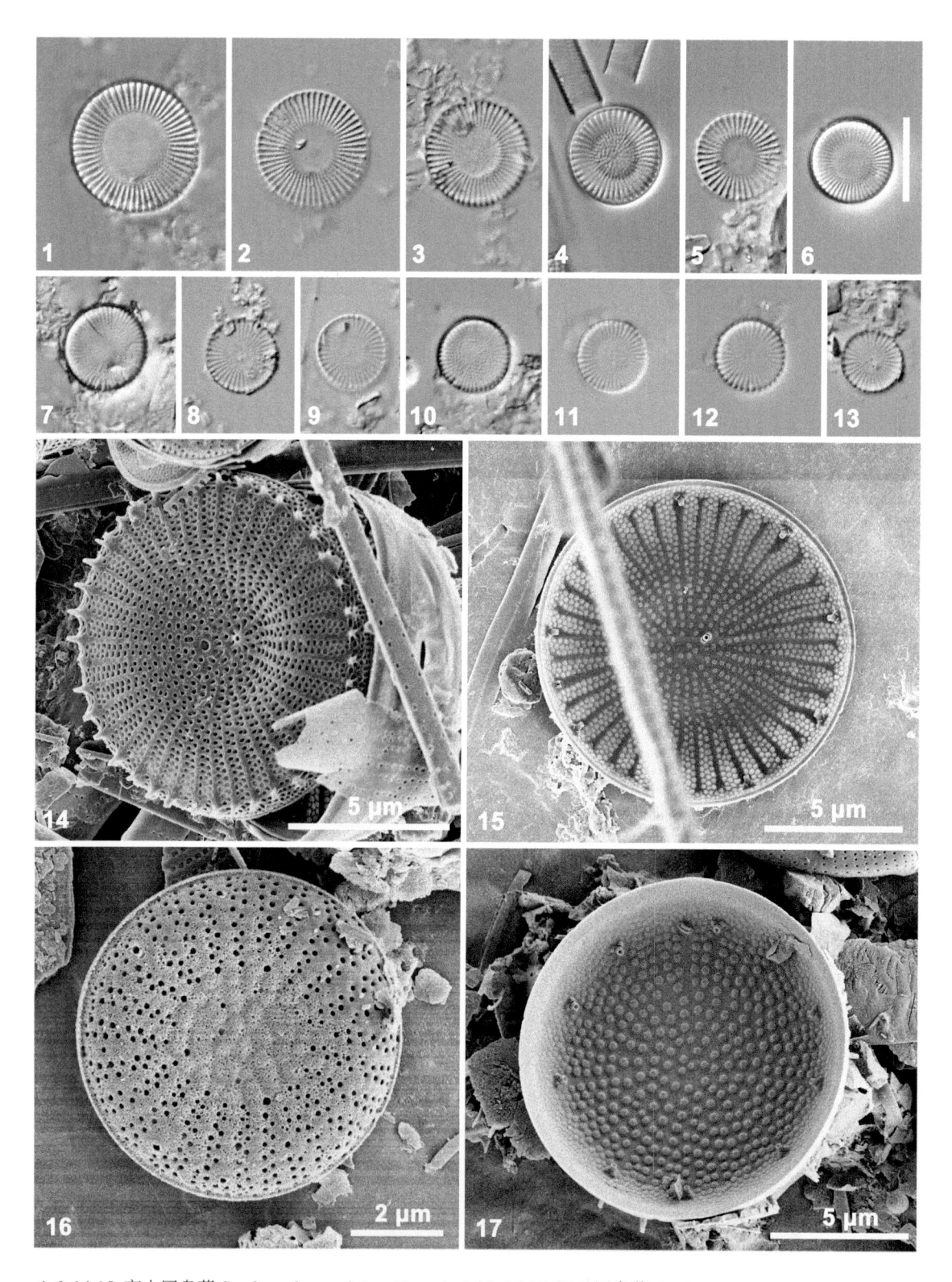

1-6, 14-15. 高山冠盘藻 *Stephanodiscus alpinus* Hustedt; 7-13, 16-17. 汉氏冠盘藻 *Stephanodiscus hantzschii* Grunow

图版 31

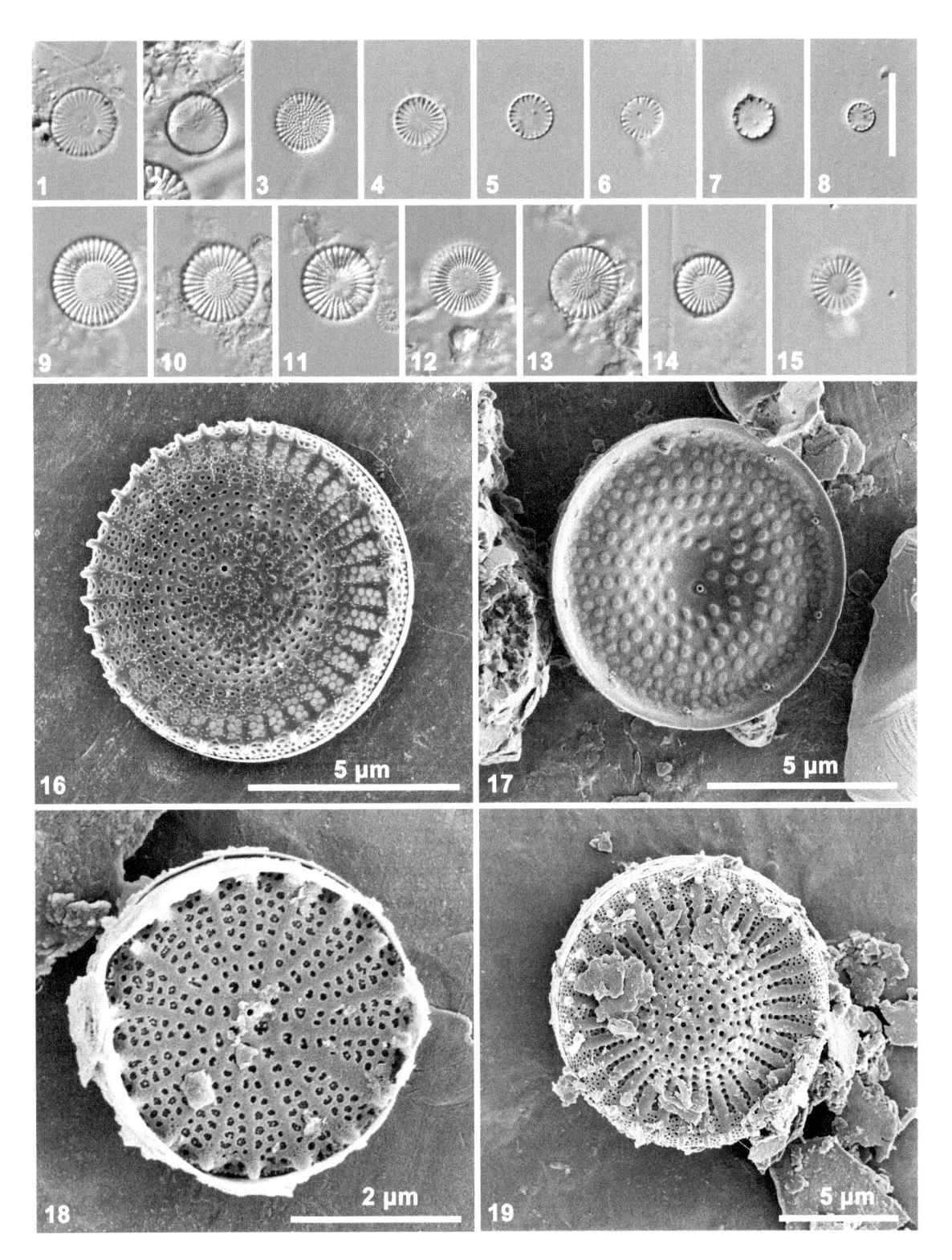

1-4, 16-18. 细小冠盘藻 *Stephanodiscus parvus* Stoermer & Håkansson; 5-8. 原子小环藻 *Cyclotella atomus* Hustedt; 9-15, 19. 可疑环冠藻 *Cyclostephanos dubius* (Hustedt) Round

图版 32

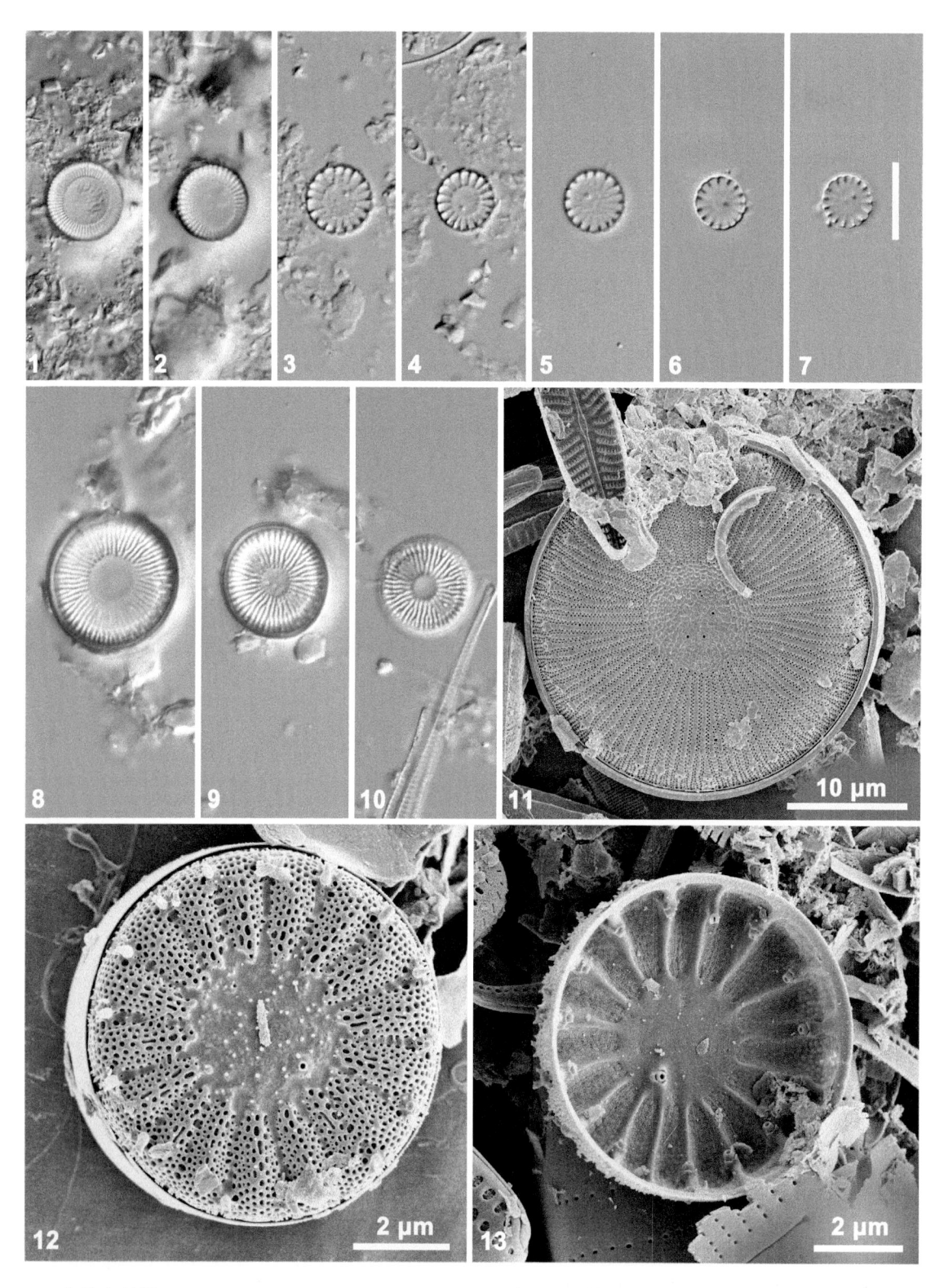

1-2. 分歧小环藻 *Cyclotella distinguenda* Hustedt; 3-7, 12-13. 中位小环藻 *Cyclotella meduanae* Germain; 8-11. 湖北小环藻 *Cyclotella hubeiana* Chen & Zhu

图版 33

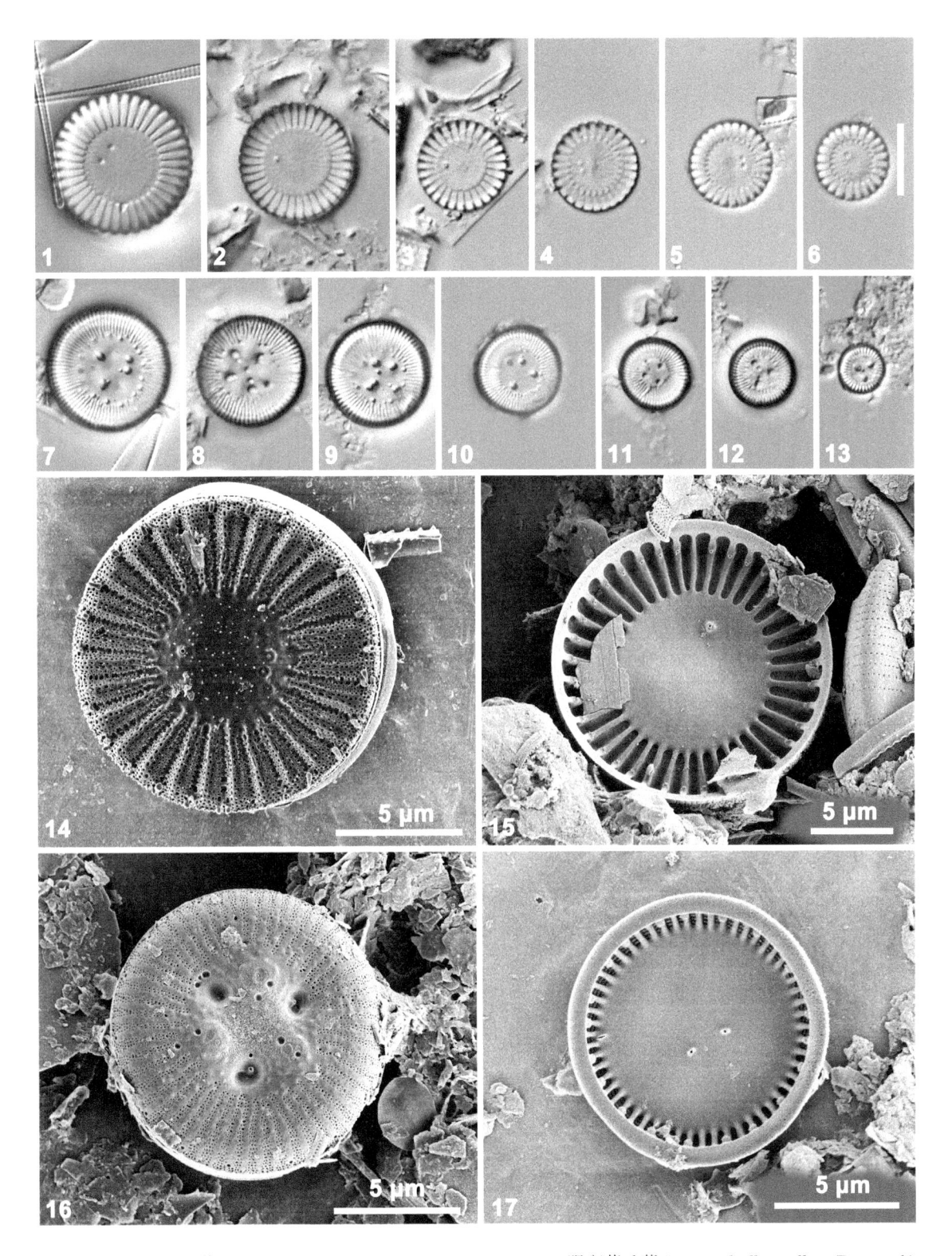

1-6, 14-15. 梅尼小环藻 *Cyclotella meneghiniana* Kützing; 7-13, 16-17. 眼斑蓬氏藻 *Pantocsekiella ocellata* (Pantocsek) Kiss & Ács

图版 34

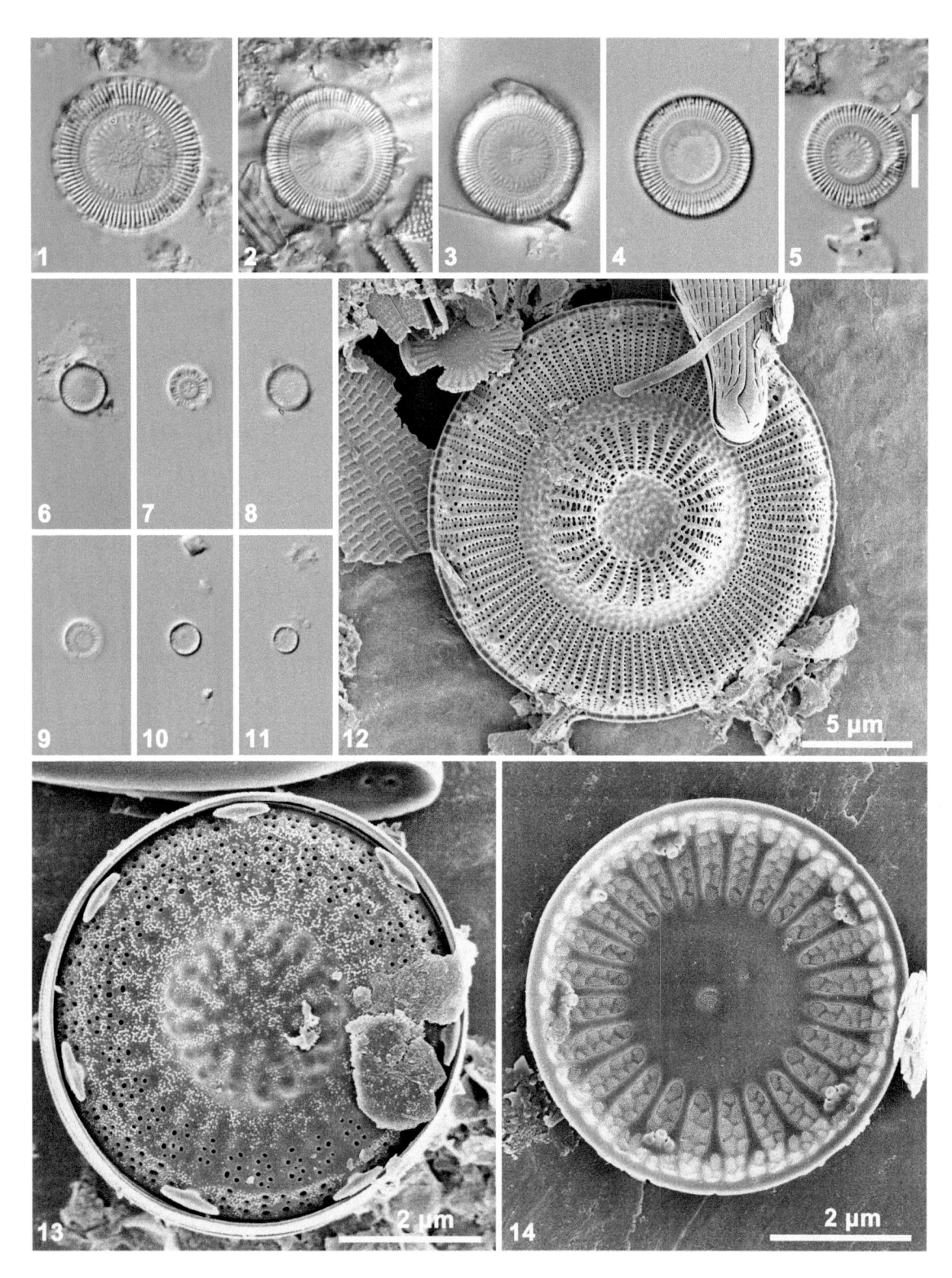

1-5, 12. 星肋碟星藻 *Discostella asterocostata* (Lin, Xie & Cai) Houk & Klee; 6-11, 13-14. 假具星碟星藻 *Discostella pseudostelligera* (Hustedt) Houk & Klee

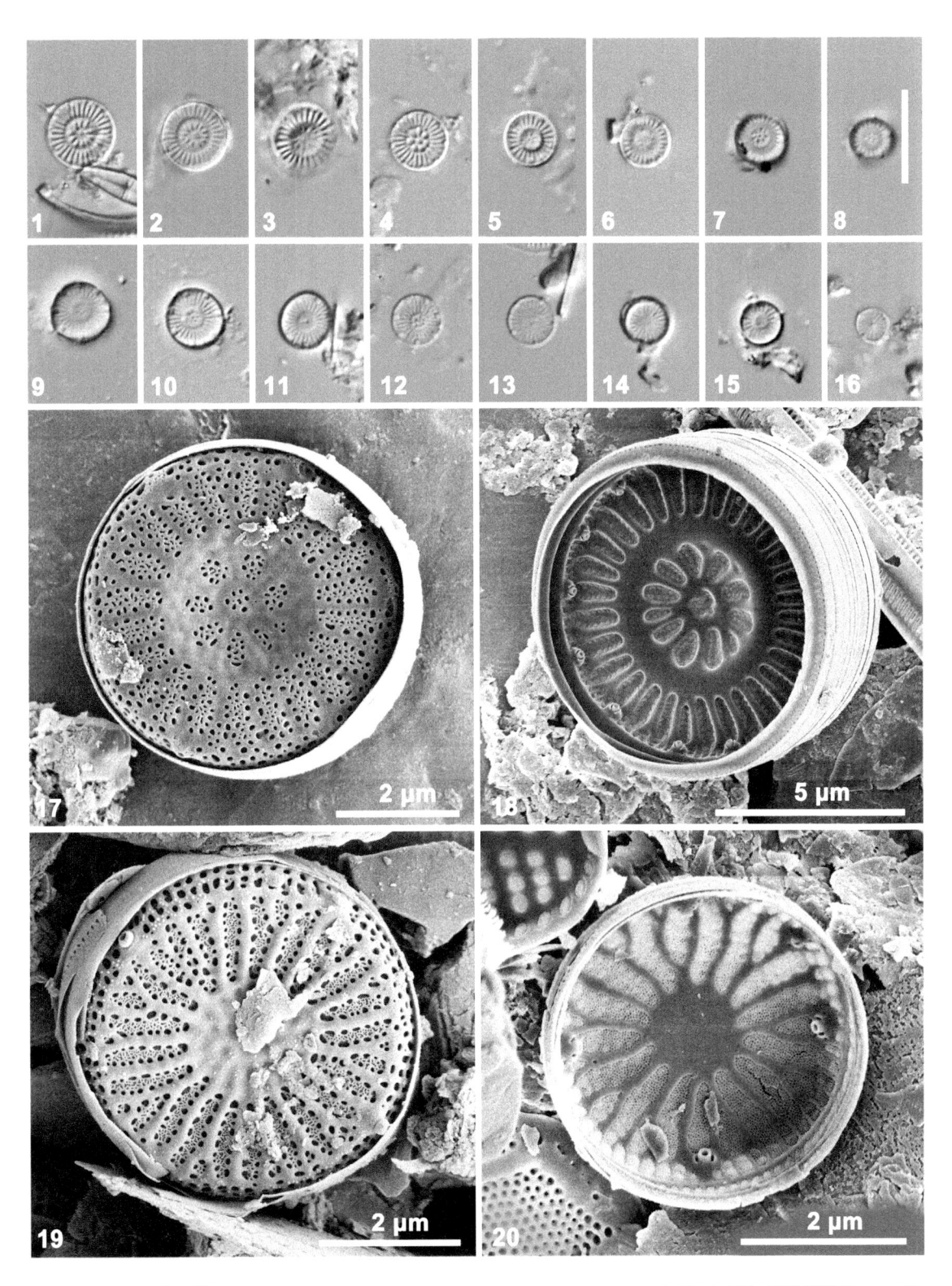

图版 35

1-8, 17-18. 具星碟星藻 *Discostella stelligera* (Cleve & Grunow) Houk & Klee; 9-16, 19-20. 沃尔特碟星藻 *Discostella woltereckii* (Hustedt) Houk & Klee

图版 36

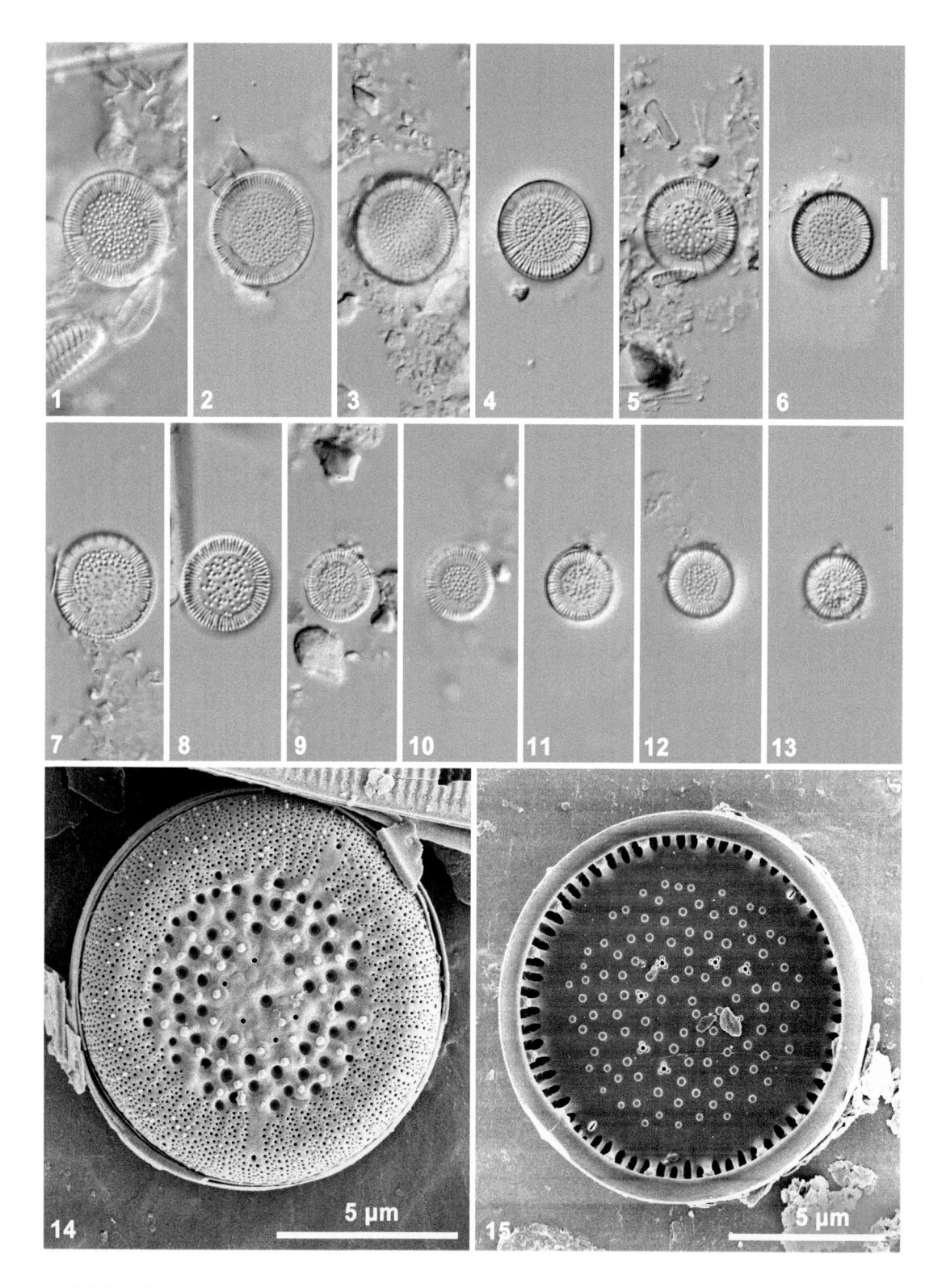

1-6. 近缘琳达藻 *Lindavia affinis* (Grunow) Nakov, Guillory, Julius, Theriot & Alverson; 7-15. 省略琳达藻 *Lindavia praetermissa* (Lund) Nakov

图版 37

1-8, 10-11. 山西塞氏藻 *Edtheriotia shanxiensis* (Xie & Qi) Kociolek, You, Stepanek, Lowe & Wang; 9. 扎卡刺角藻 *Acanthoceras zachariasii* (Brun) Simonsen

图版 38

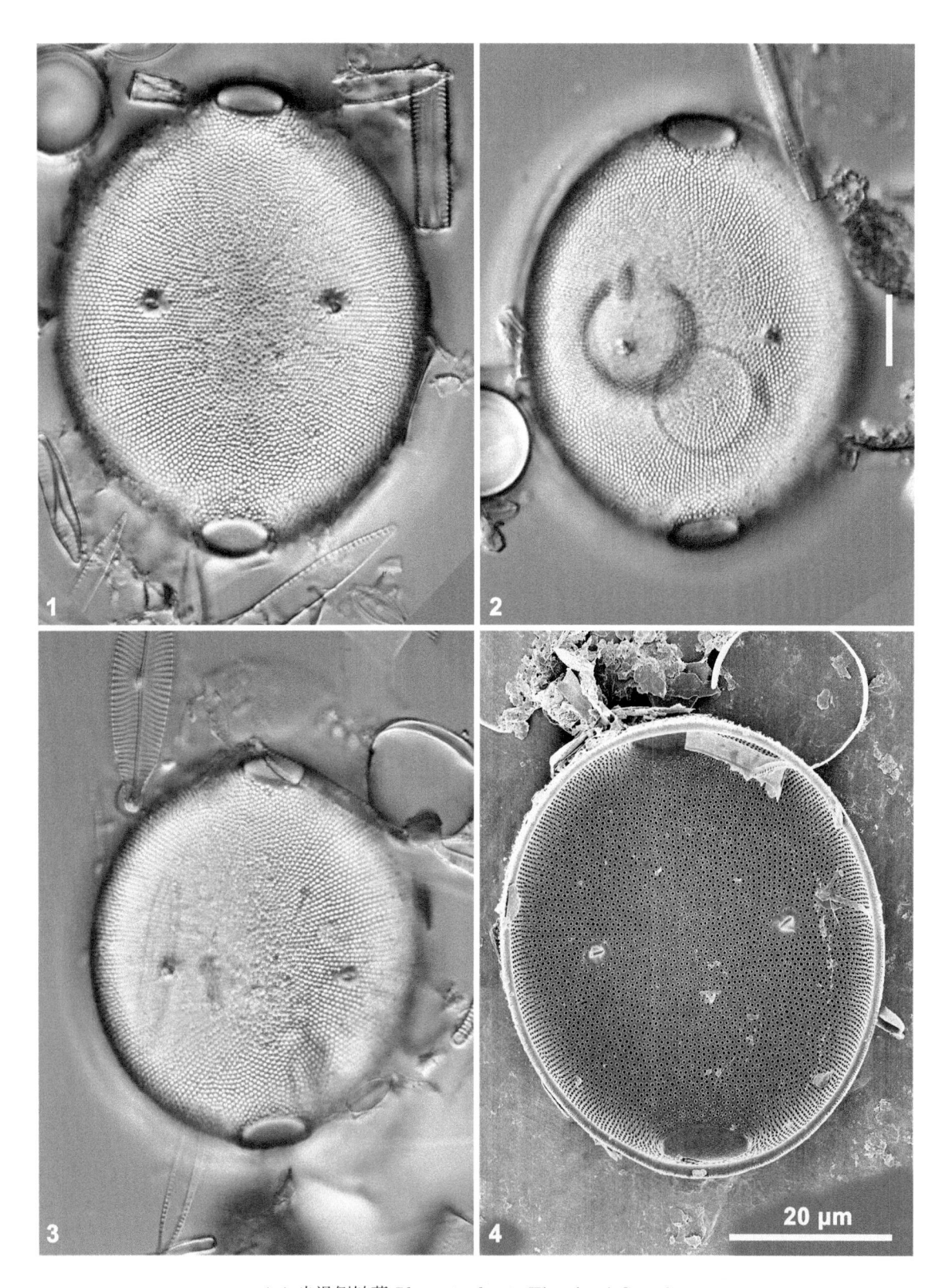

1-4. 光滑侧链藻 *Pleurosira laevis* (Ehrenberg) Compère

图版 39

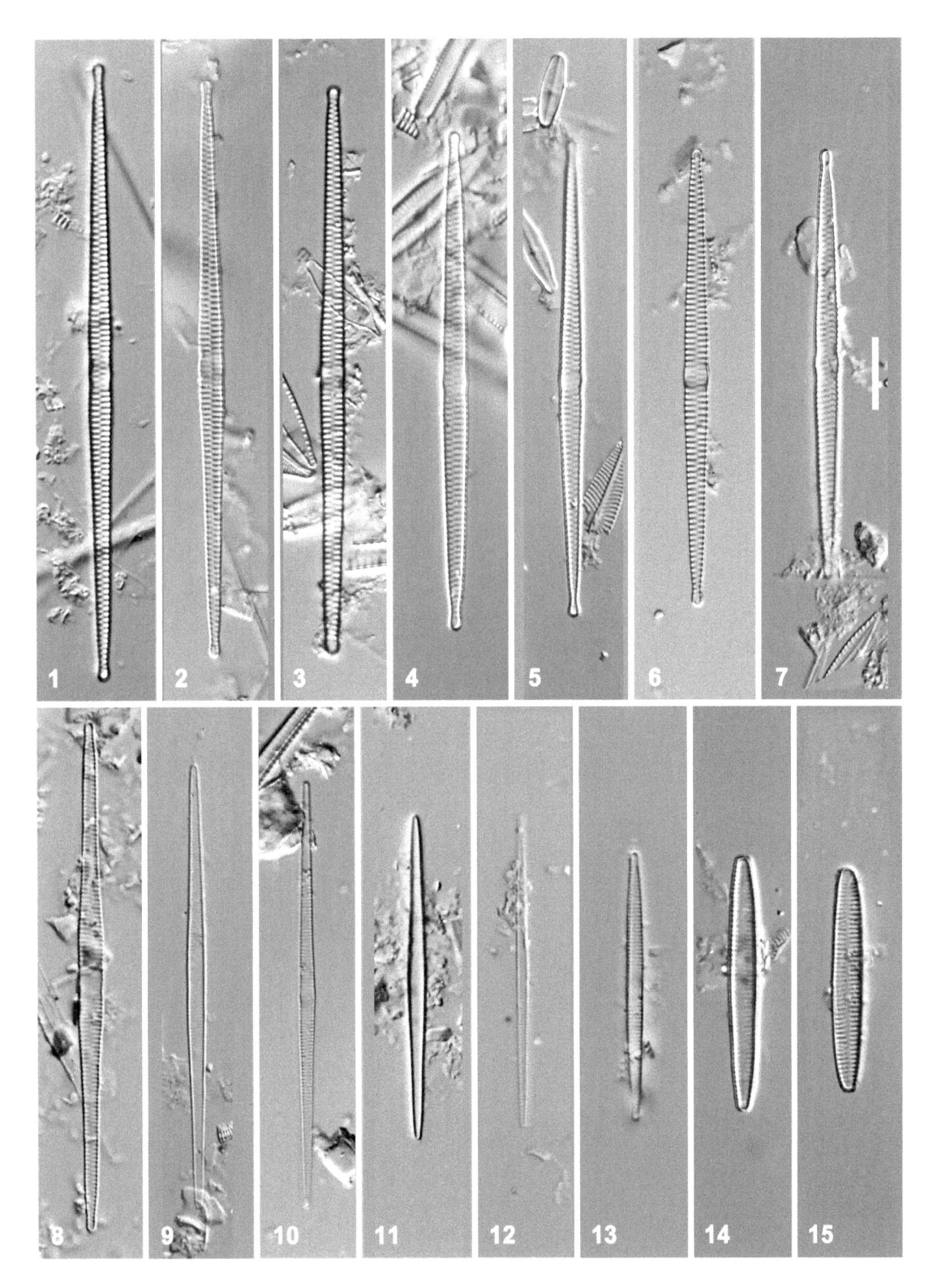

1-7. 两头脆杆藻 *Fragilaria amphicephaloides* Lange-Bertalot; 8-13. 水生脆杆藻 *Fragilaria aquaplus* Lange-Bertalot & Ulrich; 14-15. 北方脆杆藻 *Fragilaria boreomongolica* Kulikovskiy, Lange-Bertalot, Witkoxski & Dorofeyuk

图版 40

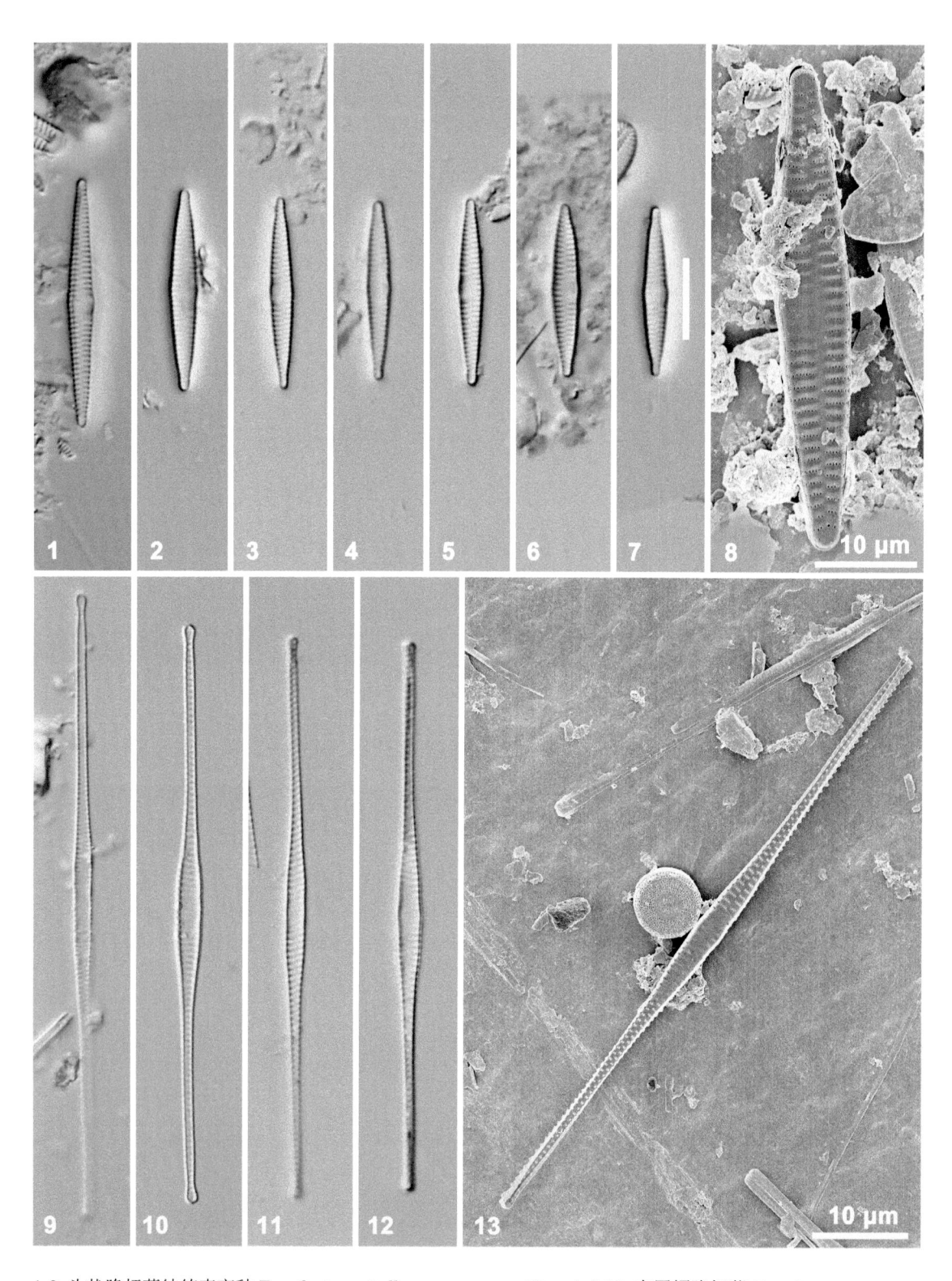

1-8. 头状脆杆藻彼德森变种 *Fragilaria capitellata* var. *peterseni* Foged; 9-13. 克罗顿脆杆藻 *Fragilaria crotonensis* Kitton

图版 41

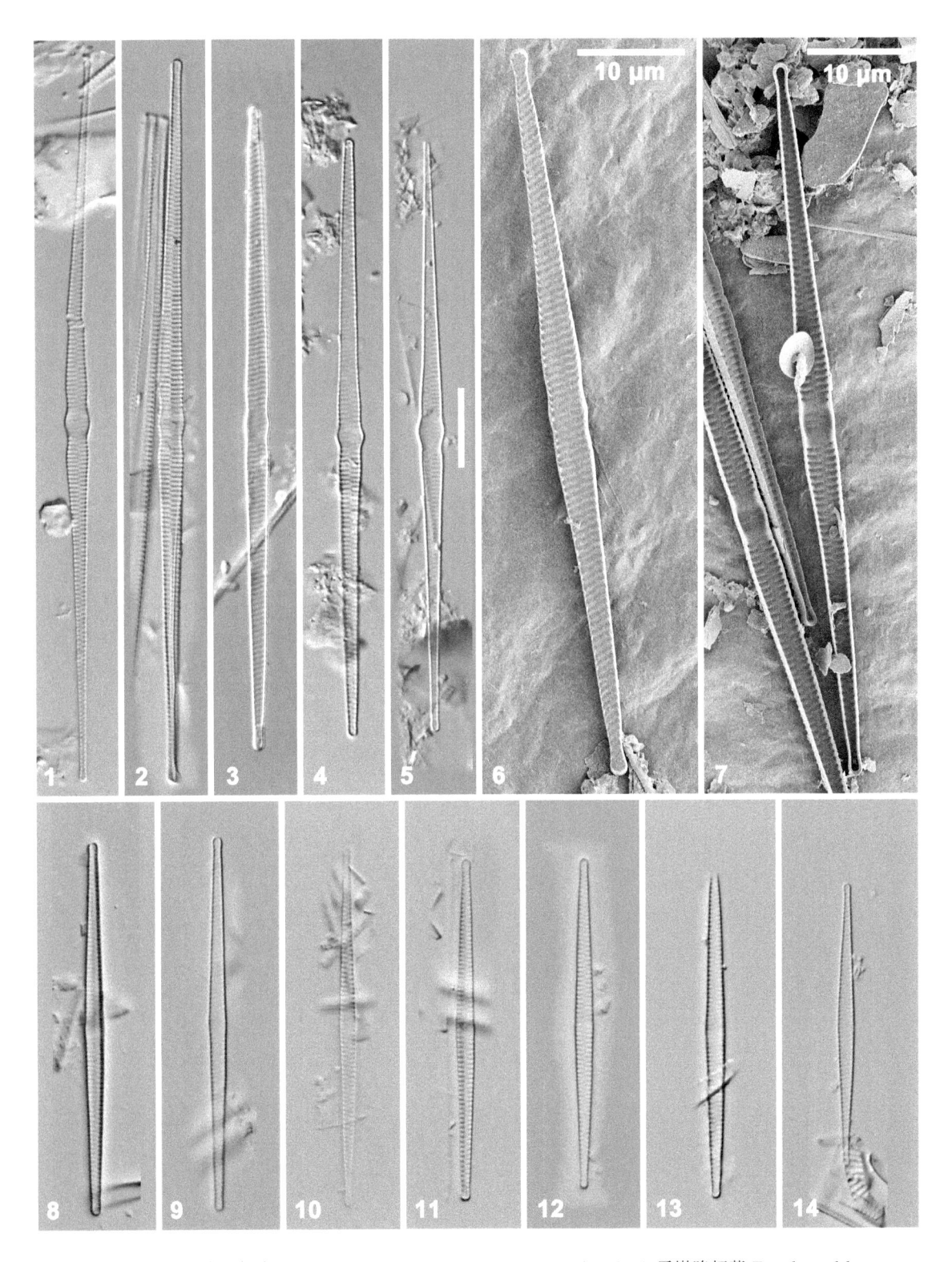

1-7. 克罗顿脆杆藻俄勒冈变种 *Fragilaria crotonensis* var. *oregona* Sovereign; 8-14. 柔嫩脆杆藻 *Fragilaria delicatissima* (Smith) Lange-Bertalot

图版 42

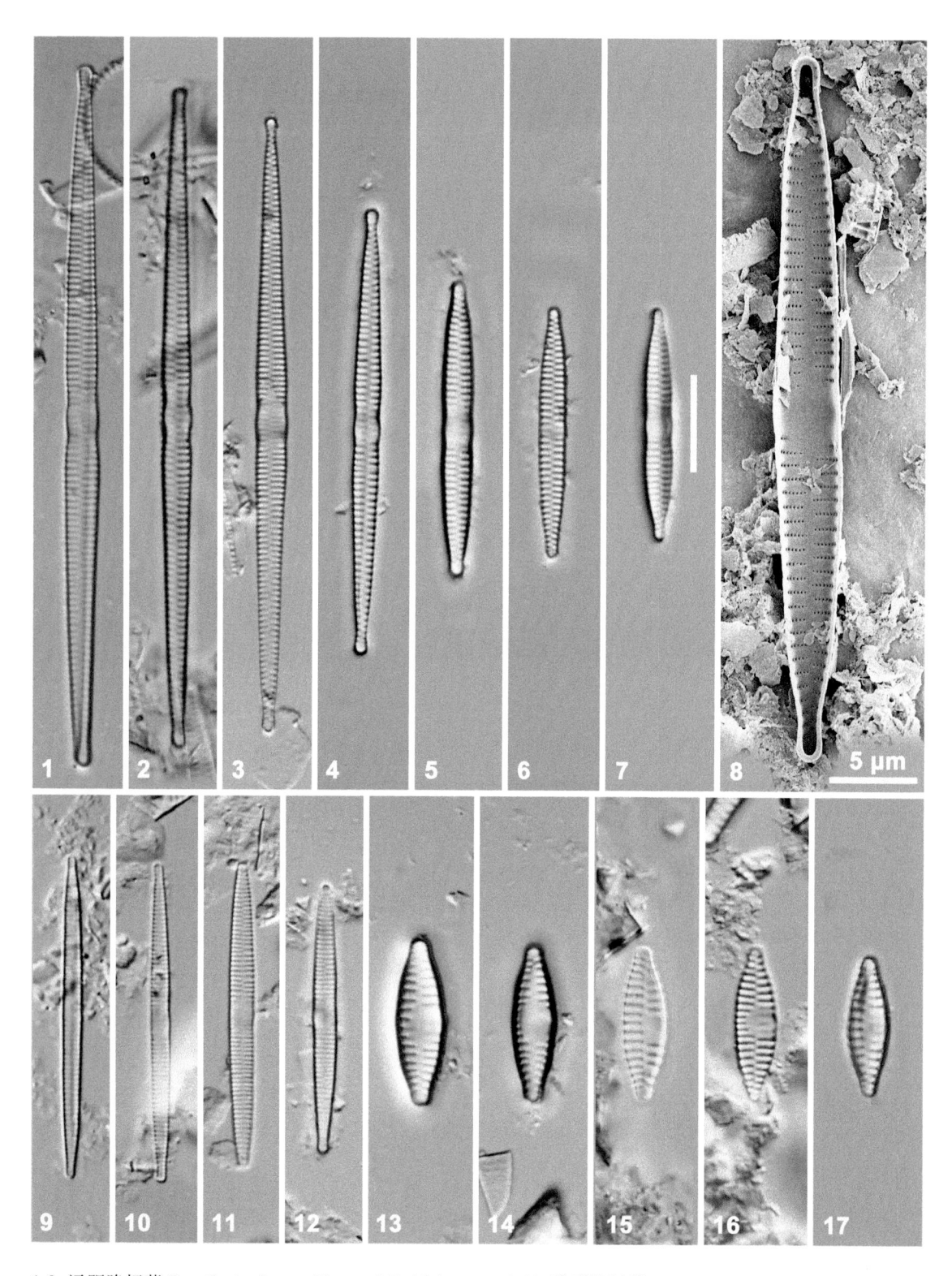

1-8. 远距脆杆藻 *Fragilaria distans* (Grunow) Bukhtiyarova; 9-12. 脆型脆杆藻 *Fragilaria fragilarioides* (Grunow) Cholnoky; 13-17. 篦形脆杆藻 *Fragilaria pectinalis* (Müller) Lyngbye

图版 43

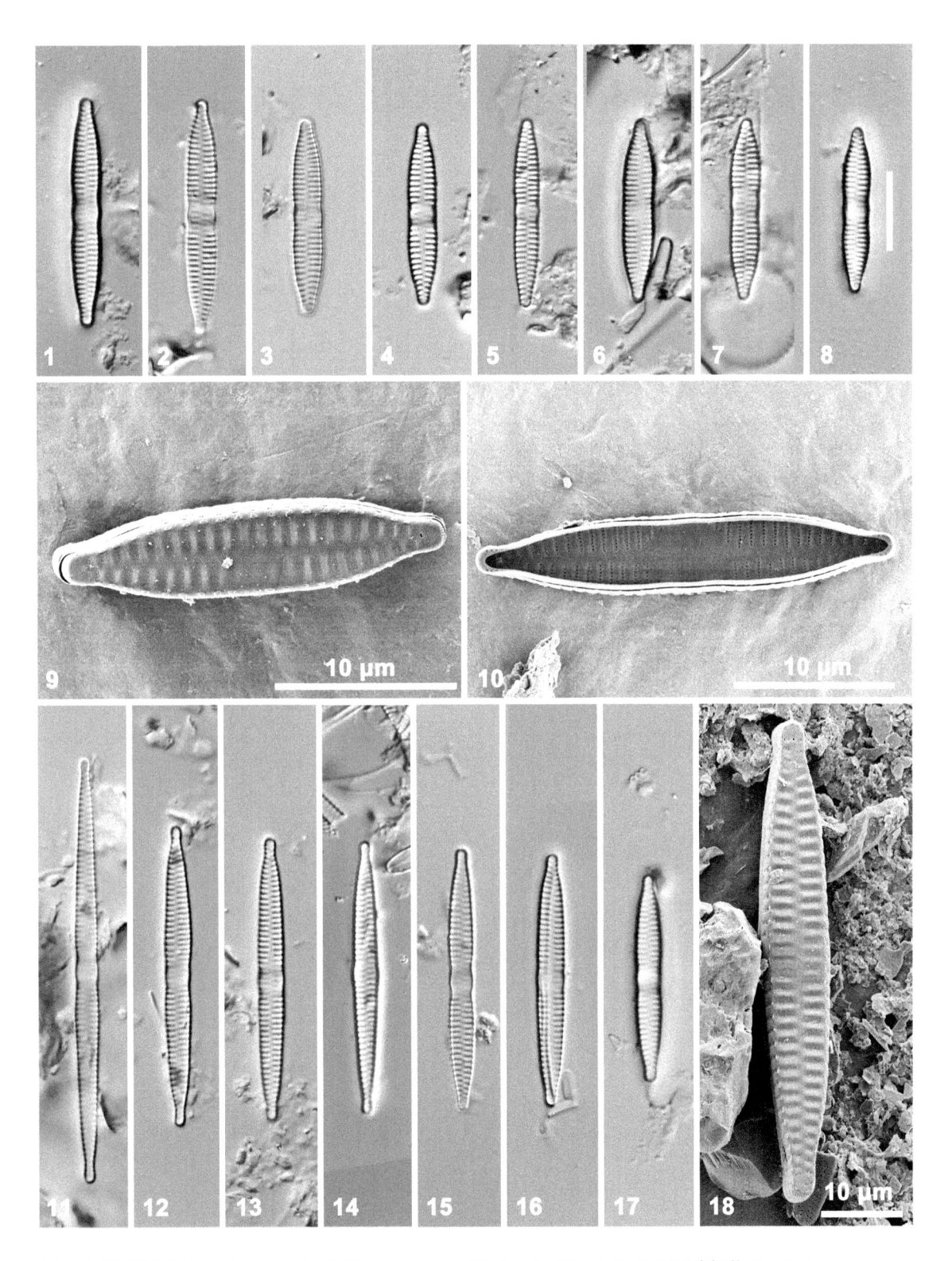

1-10. 内华达脆杆藻 *Fragilaria nevadensis* Linares-Cuesta & Sánchez-Castillo; 11-18. 近爆裂脆杆藻 *Fragilaria pararumpens* Lange-Bertalot, Hofmann & Werum

图版 44

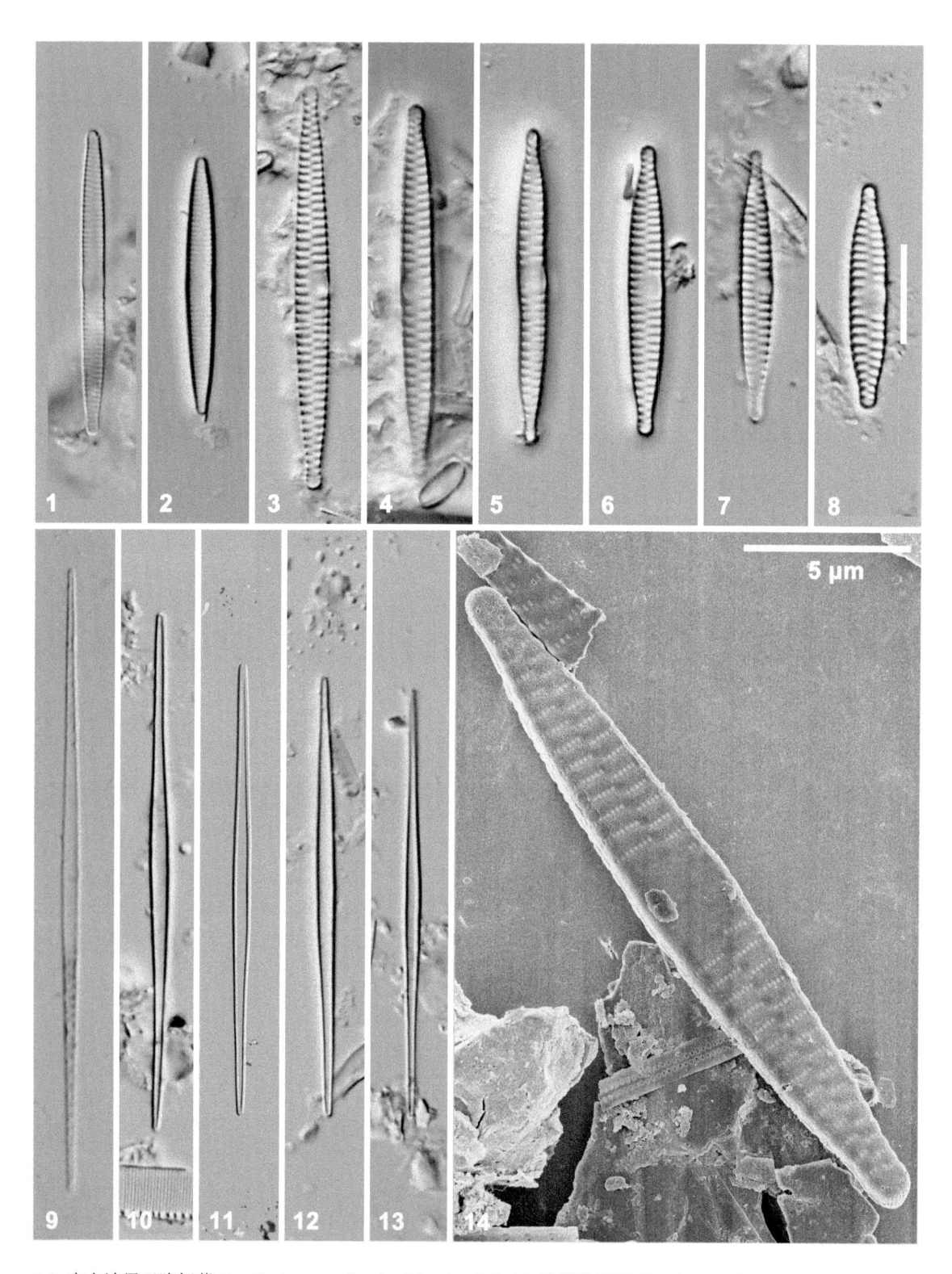

1-2. 宾夕法尼亚脆杆藻 *Fragilaria pennsylvanica* Morales; 3-8, 14. 放射脆杆藻 *Fragilaria radians* (Kützing) Williams & Round; 9-13. 萨克斯脆杆藻 *Fragilaria saxoplanctonica* Lange-Bertalot & Ulrich

图版 45

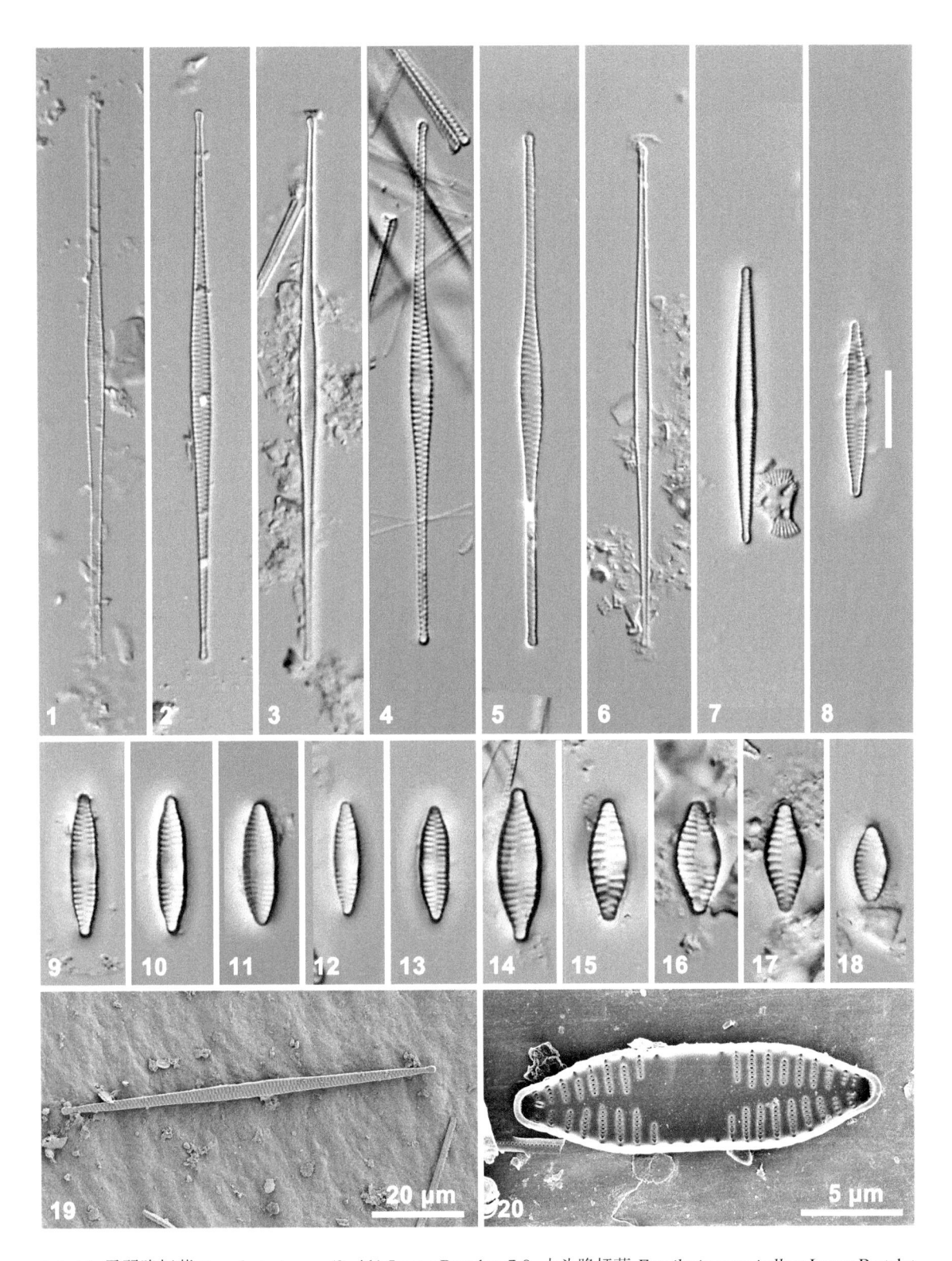

1-6, 19. 柔弱脆杆藻 *Fragilaria tenera* (Smith) Lange-Bertalot; 7-8. 小头脆杆藻 *Fragilaria recapitellata* Lange-Bertalot & Metzeltin; 9-13, 20. 沃切里脆杆藻 *Fragilaria vaucheriae* (Kützing) Petersen; 14-18. 沃切里脆杆藻椭圆变种 *Fragilaria vaucheriae* var. *elliptica* Manguin

图版 46

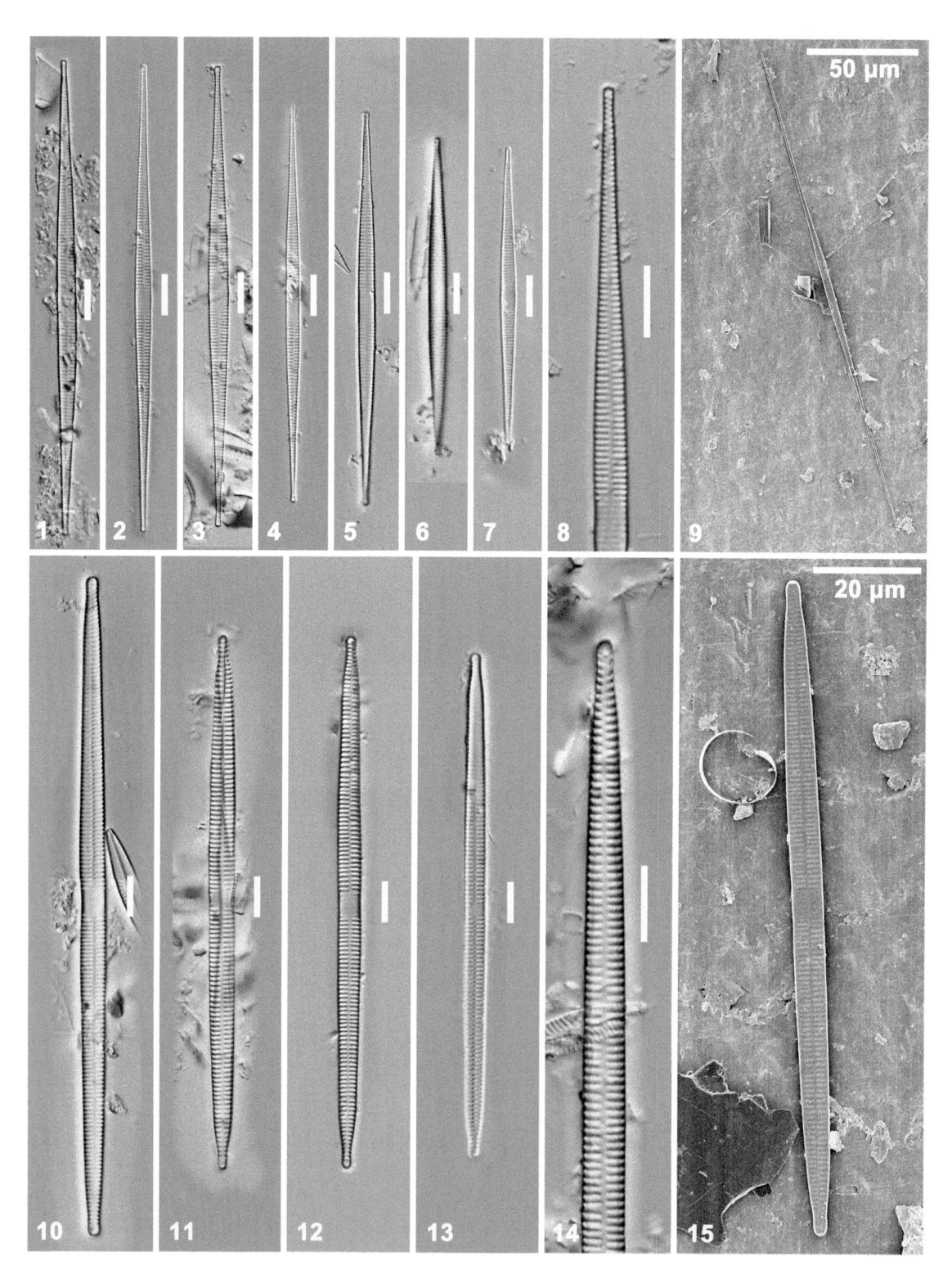

1-9. 尖肘形藻 *Ulnaria acus* (Kützing) Aboal; 10-15. 双喙肘形藻 *Ulnaria amphirhynchus* (Ehrenberg) Compère & Bukhtiyarova

图版 47

1-3. 二头肘形藻 *Ulnaria biceps* (Kützing) Compère; 4-6. 头状肘形藻 *Ulnaria capitata* (Ehrenberg) Compère

图版 48

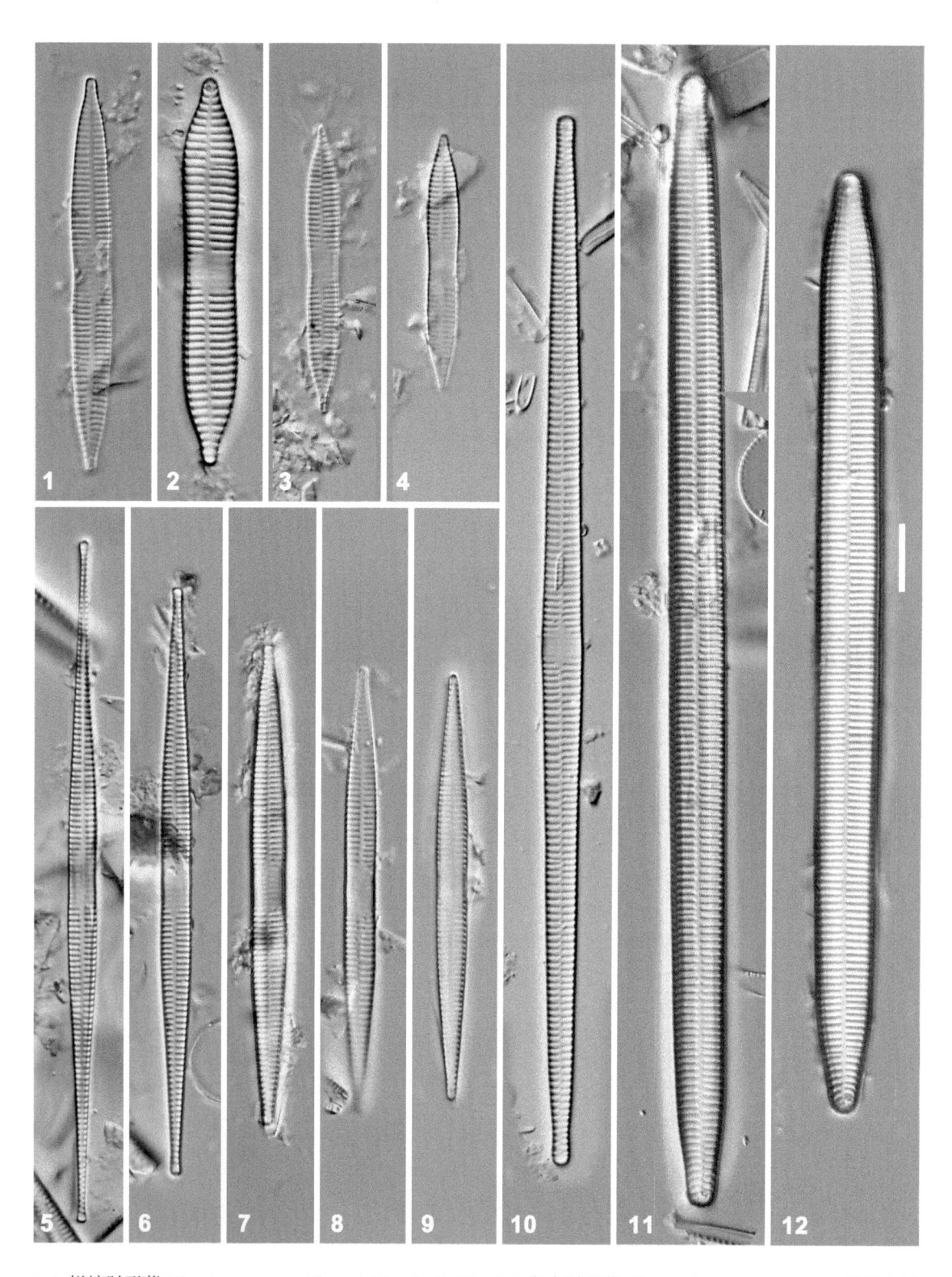

1-4. 缢缩肘形藻 *Ulnaria contracta* (Østrup) Morales & Vis; 5-9. 湖南肘形藻 *Ulnaria hunanensis* Liu; 10. 丹尼卡肘形藻 *Ulnaria danica* (Kützing) Compère & Bukhtiyarova; 11-12. 莫诺肘形藻 *Ulnaria monodii* (Guermeur) Cantonati & Lange-Bertalot

图版 **49**

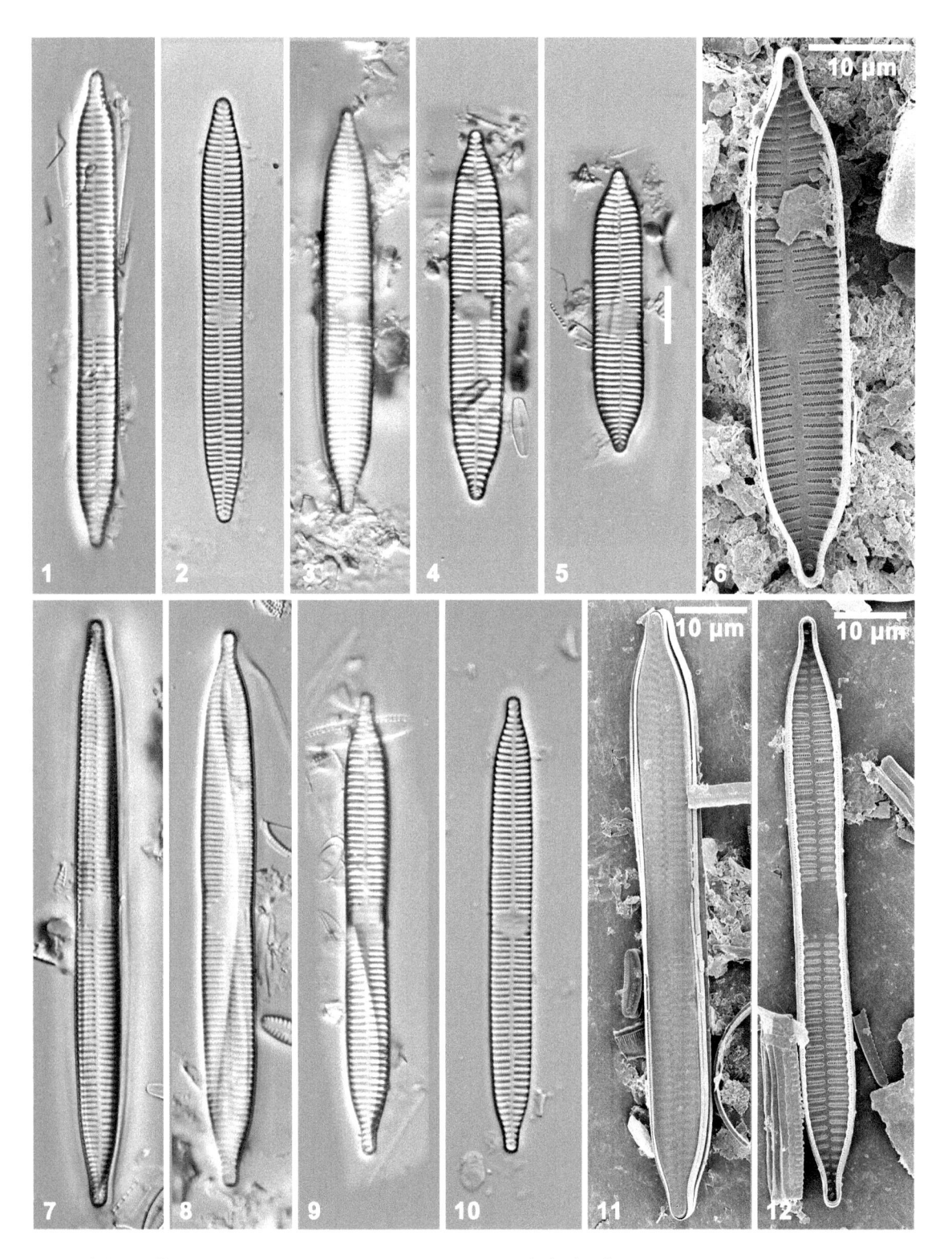

1-6. 披针肘形藻 *Ulnaria lanceolata* (Kützing) Compère; 7-12. 尖喙肘形藻 *Ulnaria oxyrhynchus* (Kützing) Aboal

图版 50

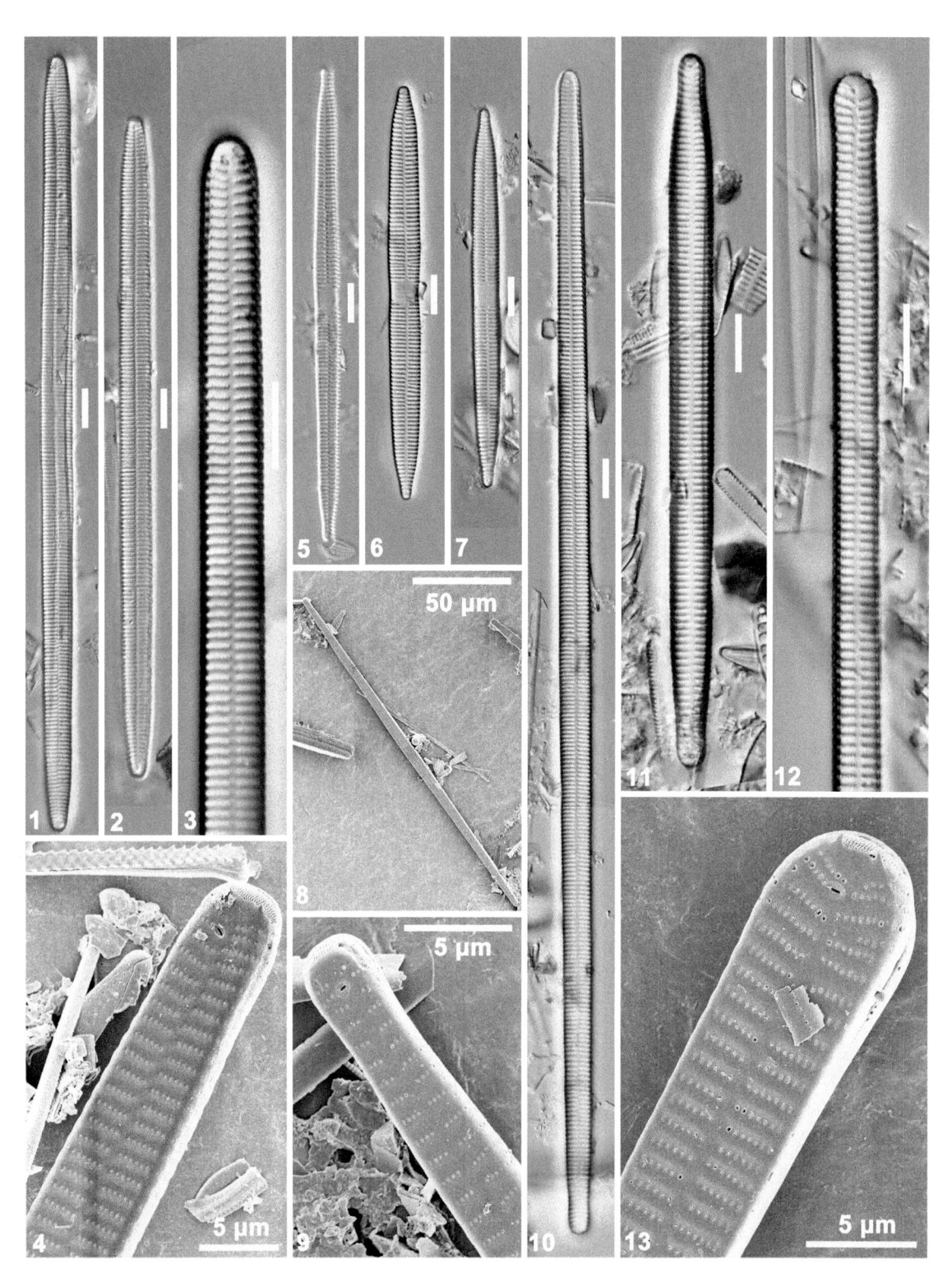

1-4. 钝端肘形藻 *Ulnaria obtusa* (Smith) Reichardt; 5-9. 肘状肘形藻 *Ulnaria ulna* (Nitzsch) Compère; 10-13. 恩格肘形藻 *Ulnaria ungeriana* (Grunow) Compère

图版 51

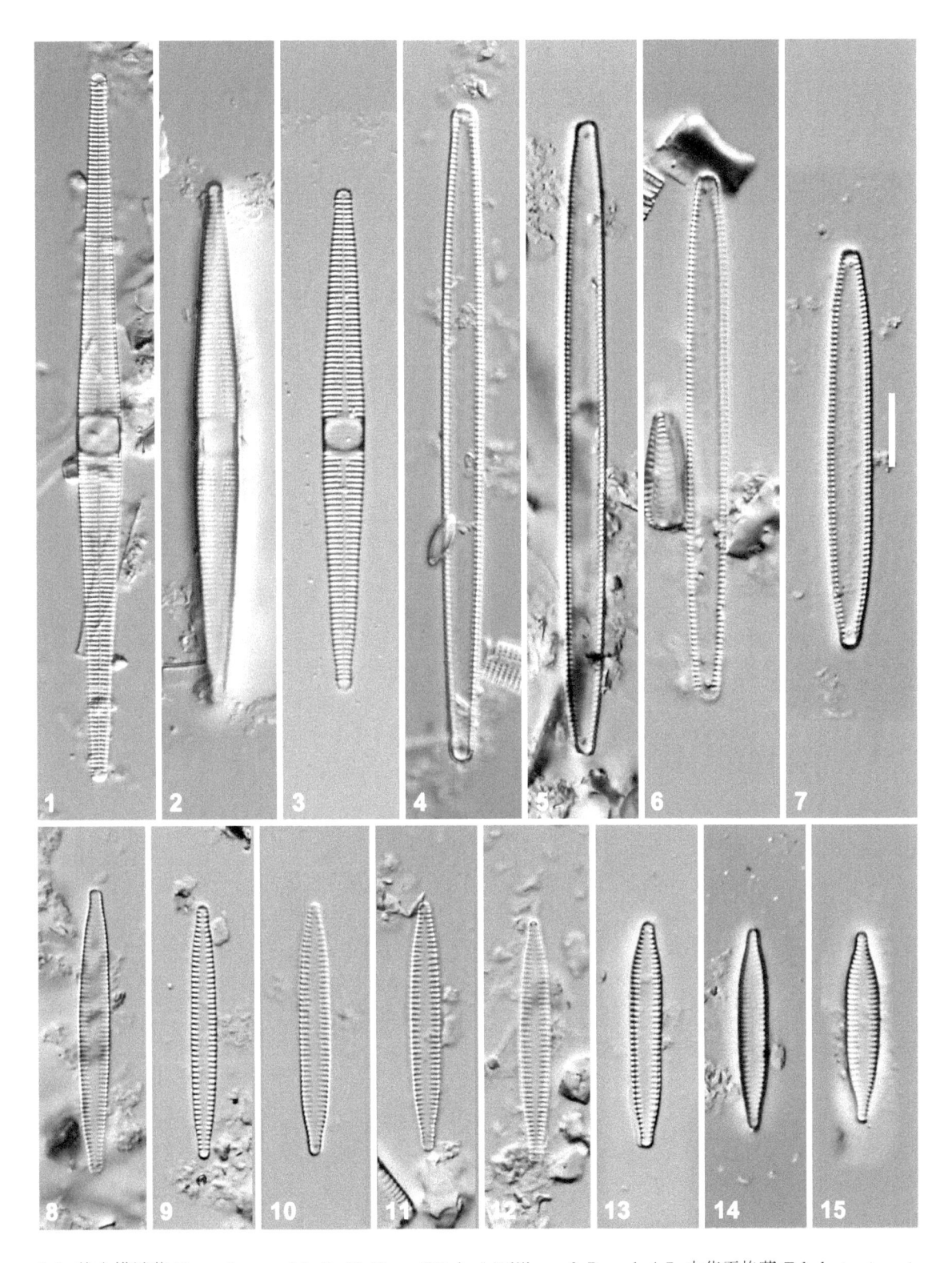

1-3. 美小栉链藻 *Ctenophora pulchella* (Ralfs ex Kützing) Williams & Round; 4-7. 中华平格藻 *Tabularia sinensis* Cao et al.; 8-15. 簇生平格藻 *Tabularia fasciculata* (Agardh) Williams & Round

图版 52

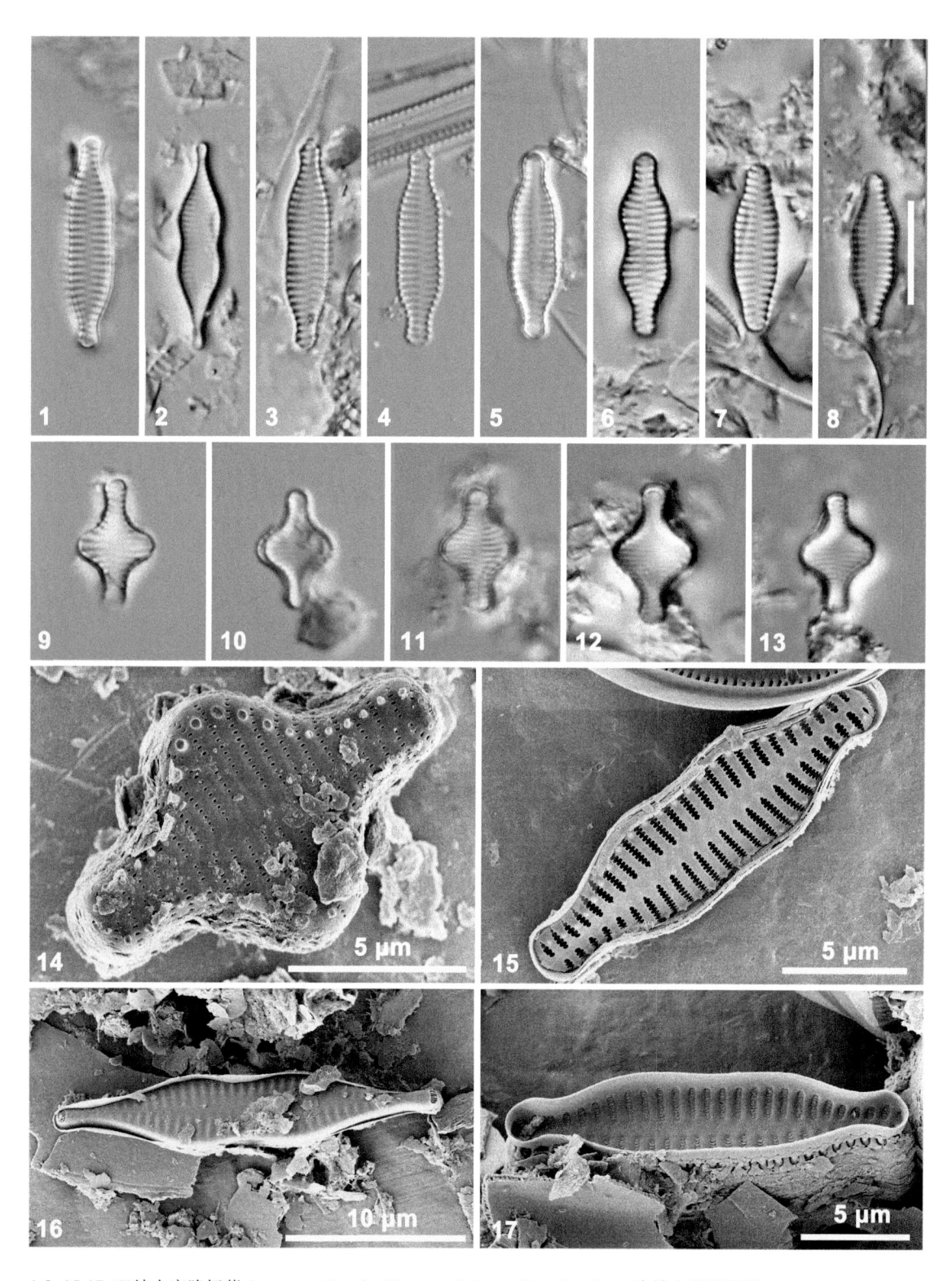

1-8, 15-17. 双结十字脆杆藻 *Staurosira binodis* (Ehrenberg) Lange-Bertalot; 9-14. 连结十字脆杆藻 *Staurosira construens* Ehrenberg

图版 53

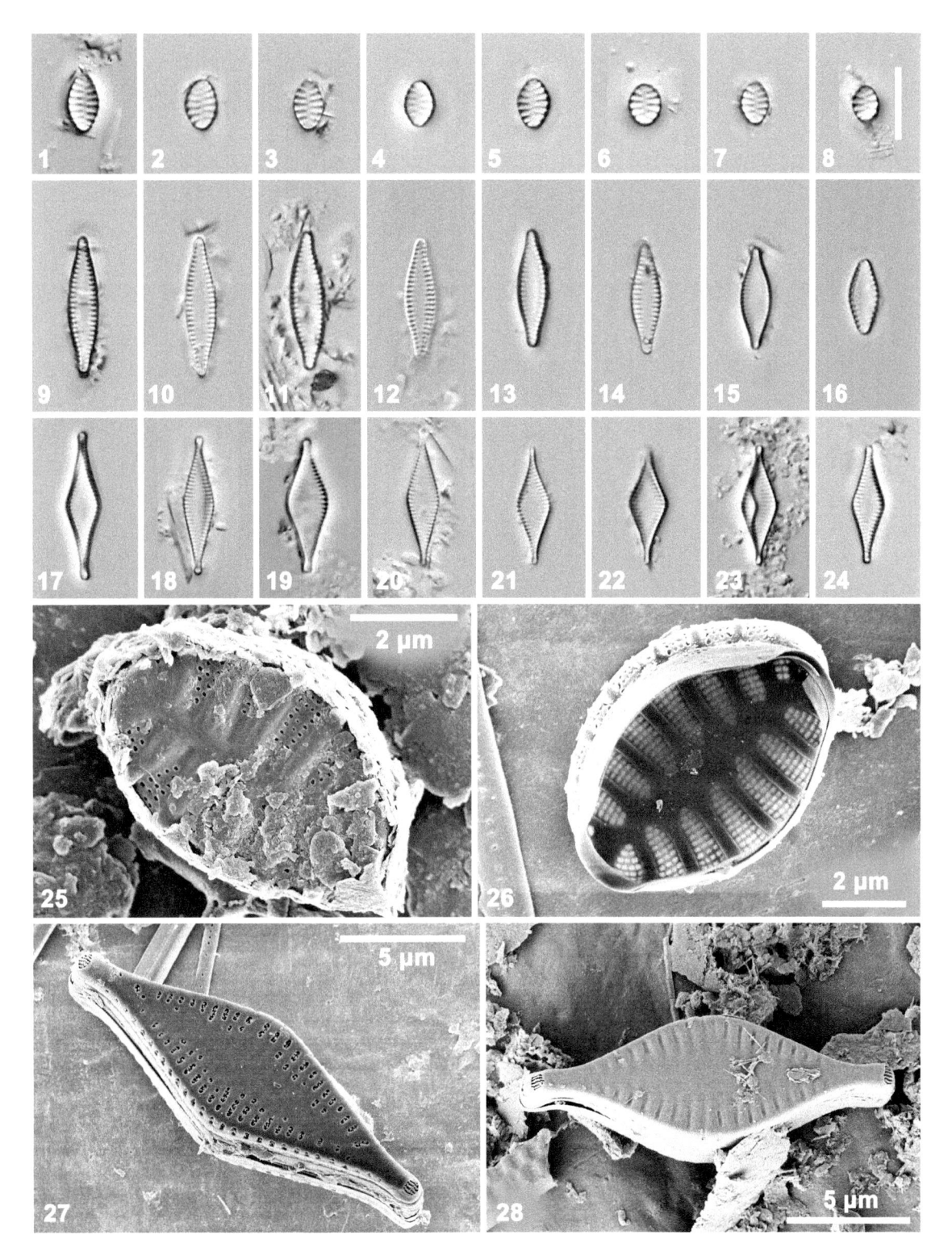

1-8, 25-26. 卵形窄十字脆杆藻 *Staurosirella ovata* Morales; 9-16. 短纹假十字脆杆藻 *Pseudostaurosira brevistriata* (Grunow) Williams & Round; 17-24, 27-28. 寄生假十字脆杆藻 *Pseudostaurosira parasitica* (Smith) Morales

图版 54

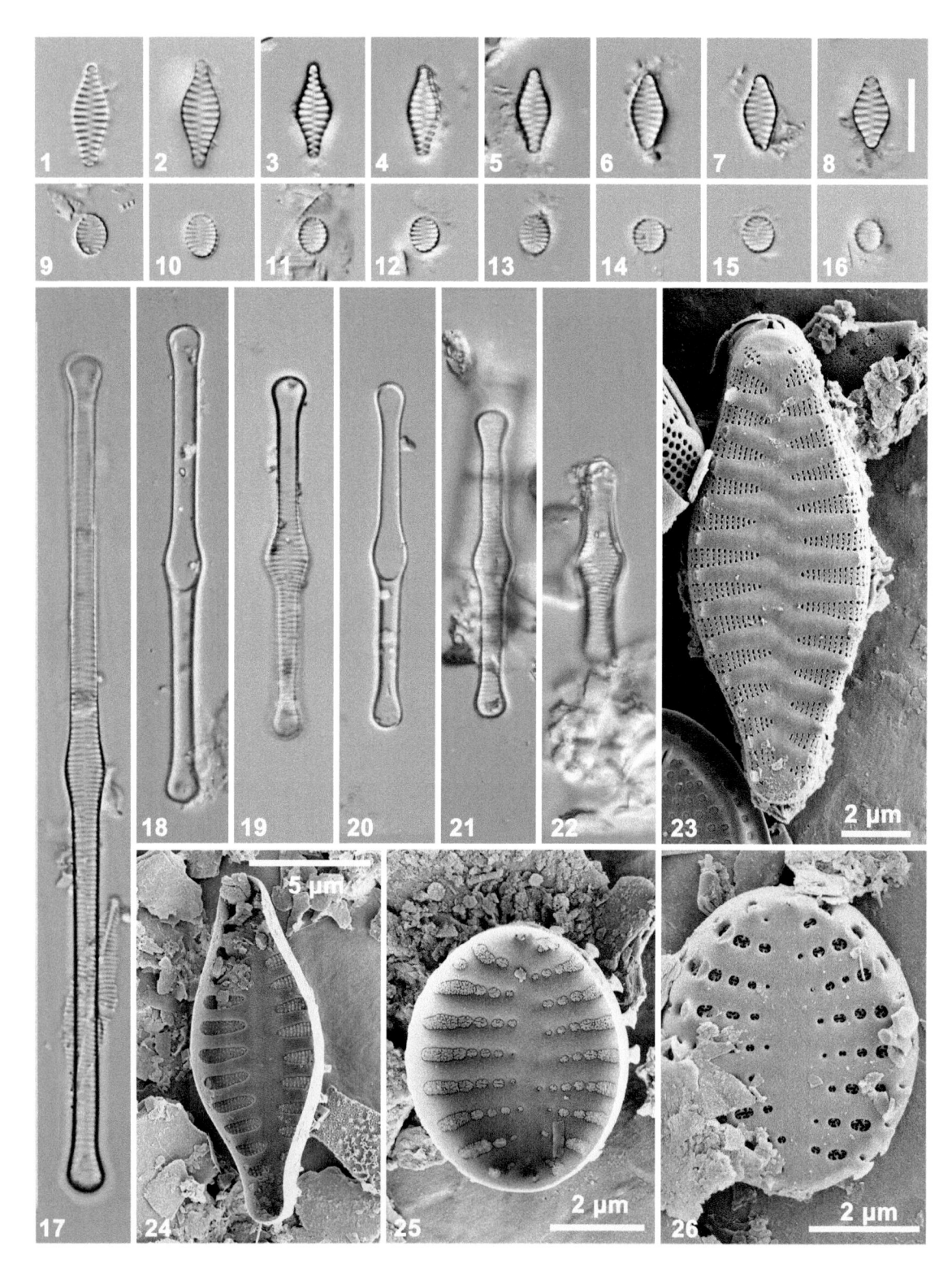

1-8, 23-24. 相似网孔藻 *Punctastriata mimetica* Morales; 9-16, 25-26. 施氏微壳藻 *Nanofrustulum sopotense* (Witkowski & Lange-Bertalot) Morales, Wetzel & Ector; 17-21. 窗格平板藻 *Tabellaria fenestrata* (Lyngbye) Kützing; 22. 绒毛平板藻 *Tabellaria flocculosa* (Roth) Kützing

图版 55

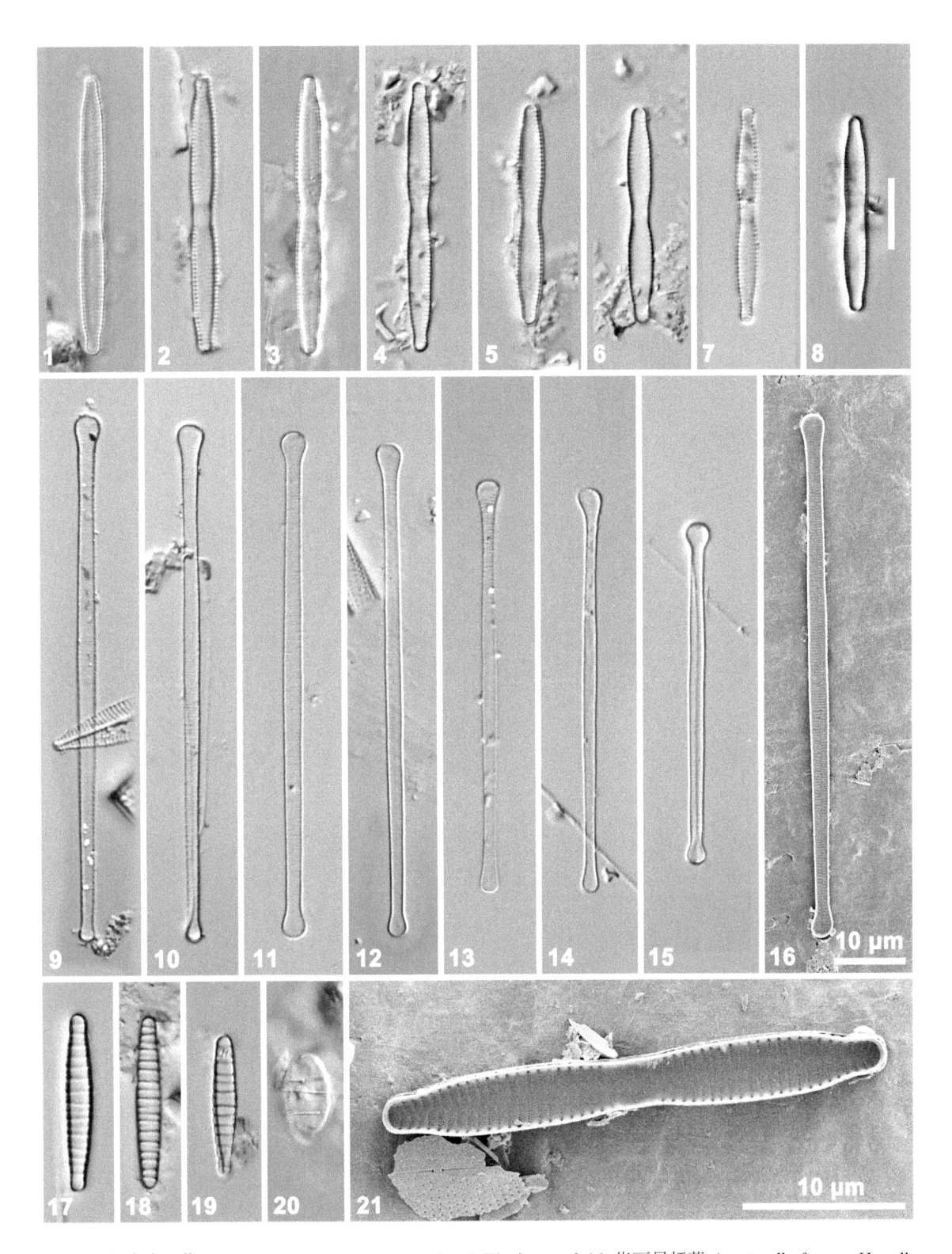

1-8, 21. 中狭脆形藻 *Fragilariforma mesolepta* (Rabenhorst) Kharitonov; 9-16. 华丽星杆藻 *Asterionella formosa* Hassall; 17-19. 念珠状等片藻 *Diatoma moniliformis* (Kützing) Williams; 20. 中型粗肋藻 *Odontidium mesodon* (Ehrenberg) Kützing

图版 56

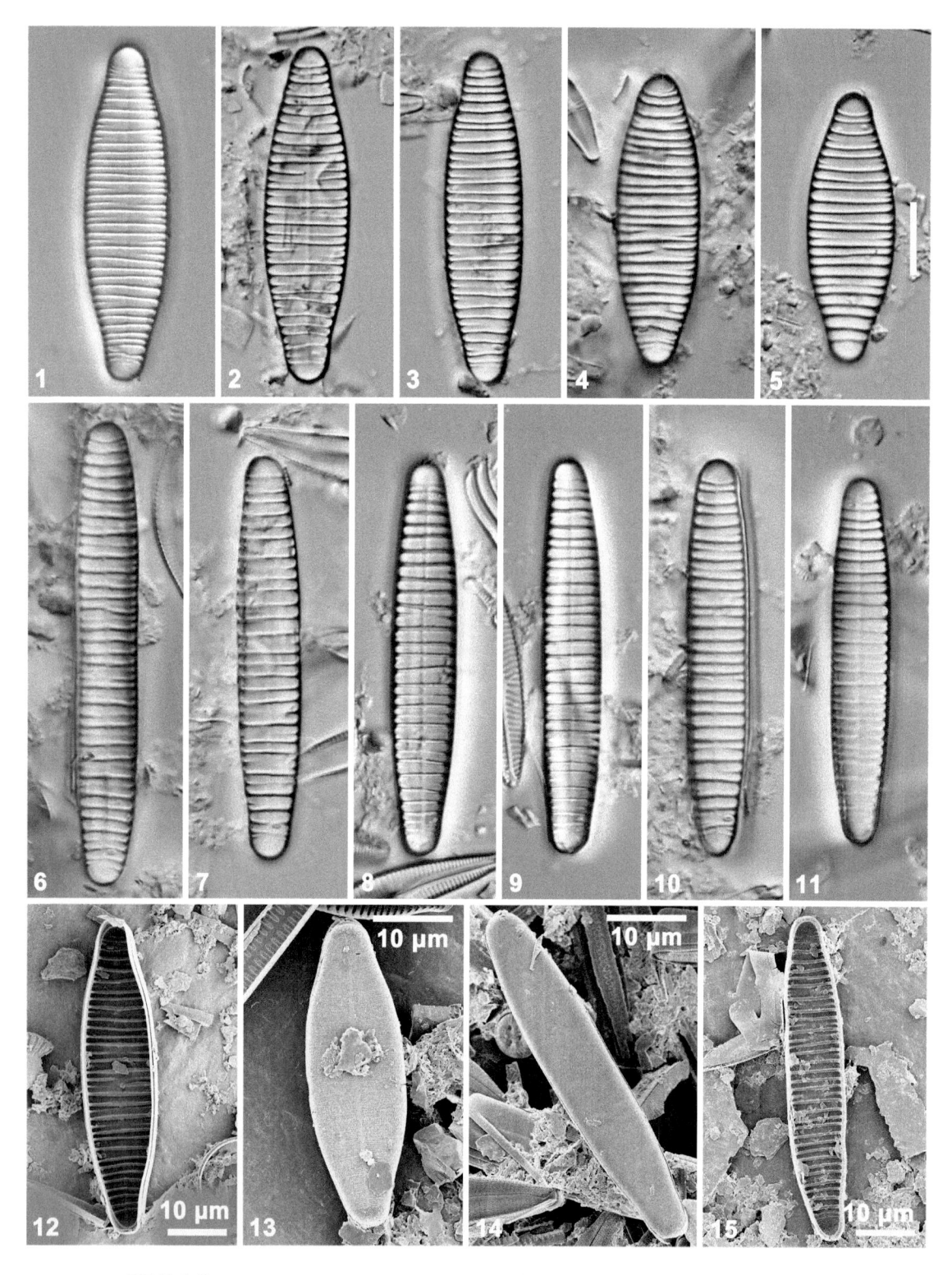

1-5, 12-13. 普通等片藻 *Diatoma vulgaris* Bory; 6-11, 14-15. 普通等片藻线形变种 *Diatoma vulgaris* var. *linearis* Grunow

图版 57

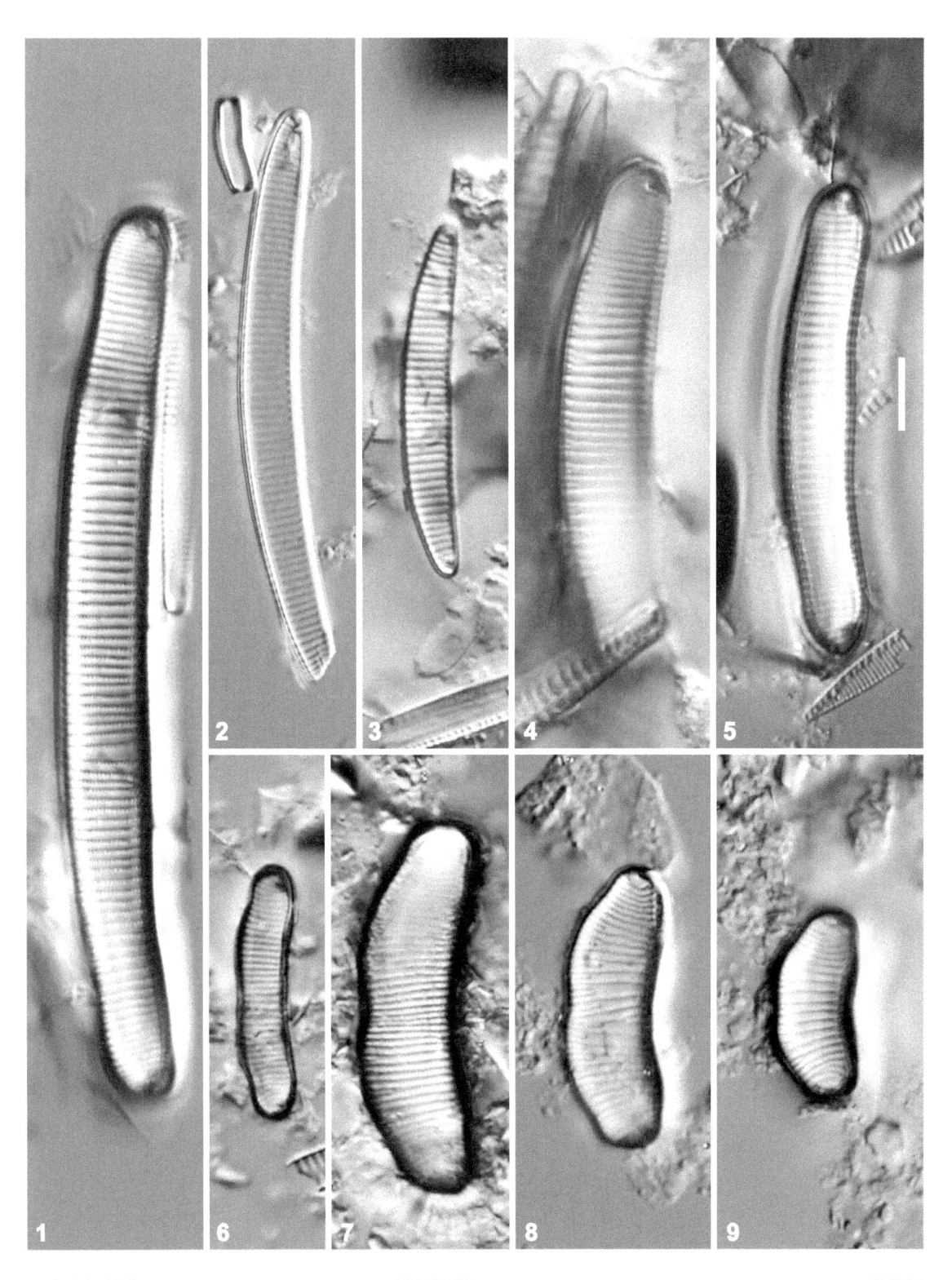

1. 印度短缝藻 *Eunotia indica* Grunow; 2-3. 双月短缝藻 *Eunotia bilunaris* (Ehrenberg) Schaarschmidt; 4-5. 强壮短缝藻 *Eunotia valida* Hustedt; 6. 密集短缝藻 *Eunotia implicata* Nörpel, Lange-Bertalot & Alles; 7-9. 里奇巴特短缝藻 *Eunotia richbuttensis* Furey, Lowe & Johansen

图版 58

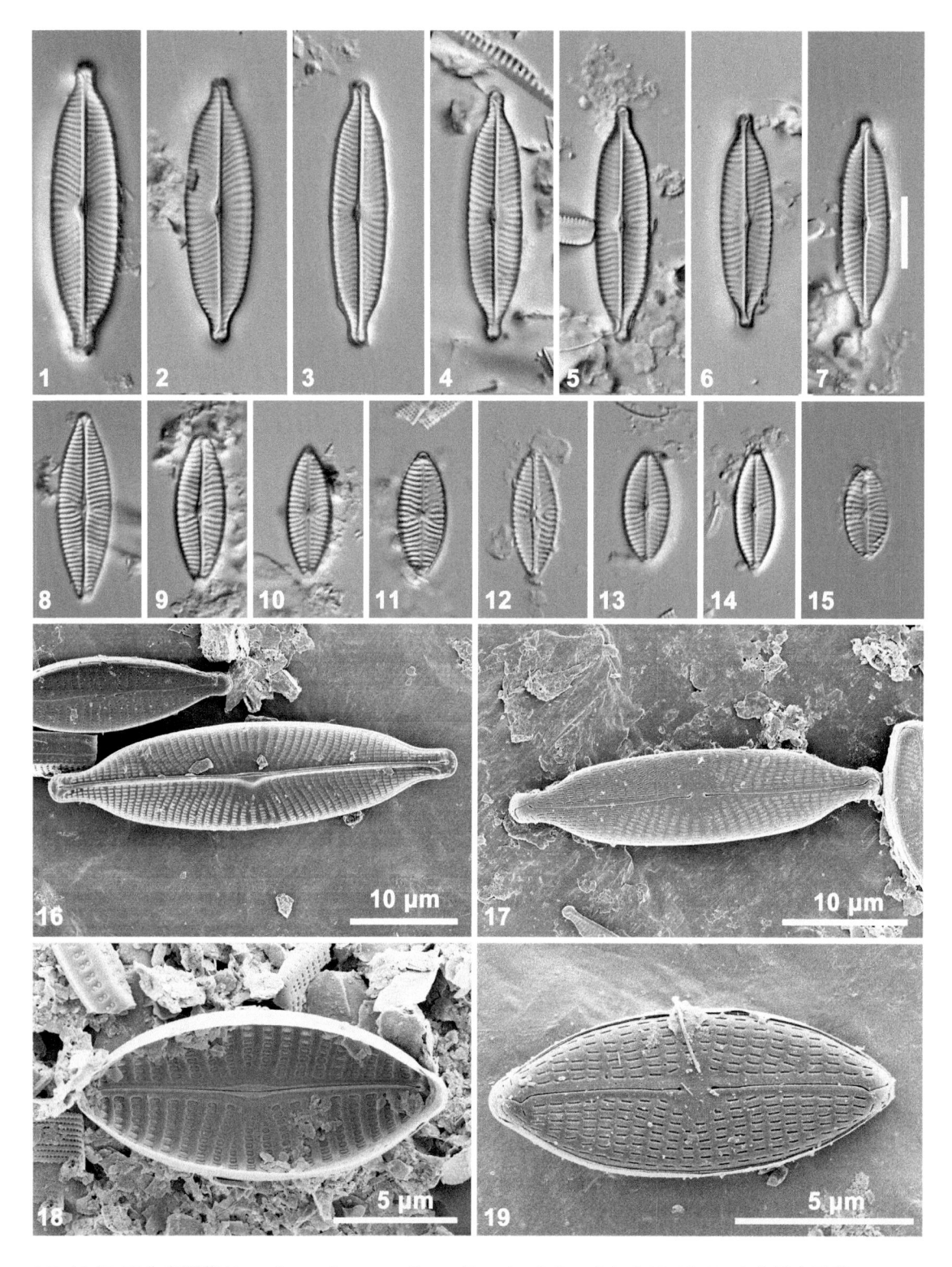

1-7, 16-17. 双头舟形藻 *Navicula amphiceropsis* Lange-Bertalot & Rumrich; 8-15, 18-19. 安东尼舟形藻 *Navicula antonii* Lange-Bertalot

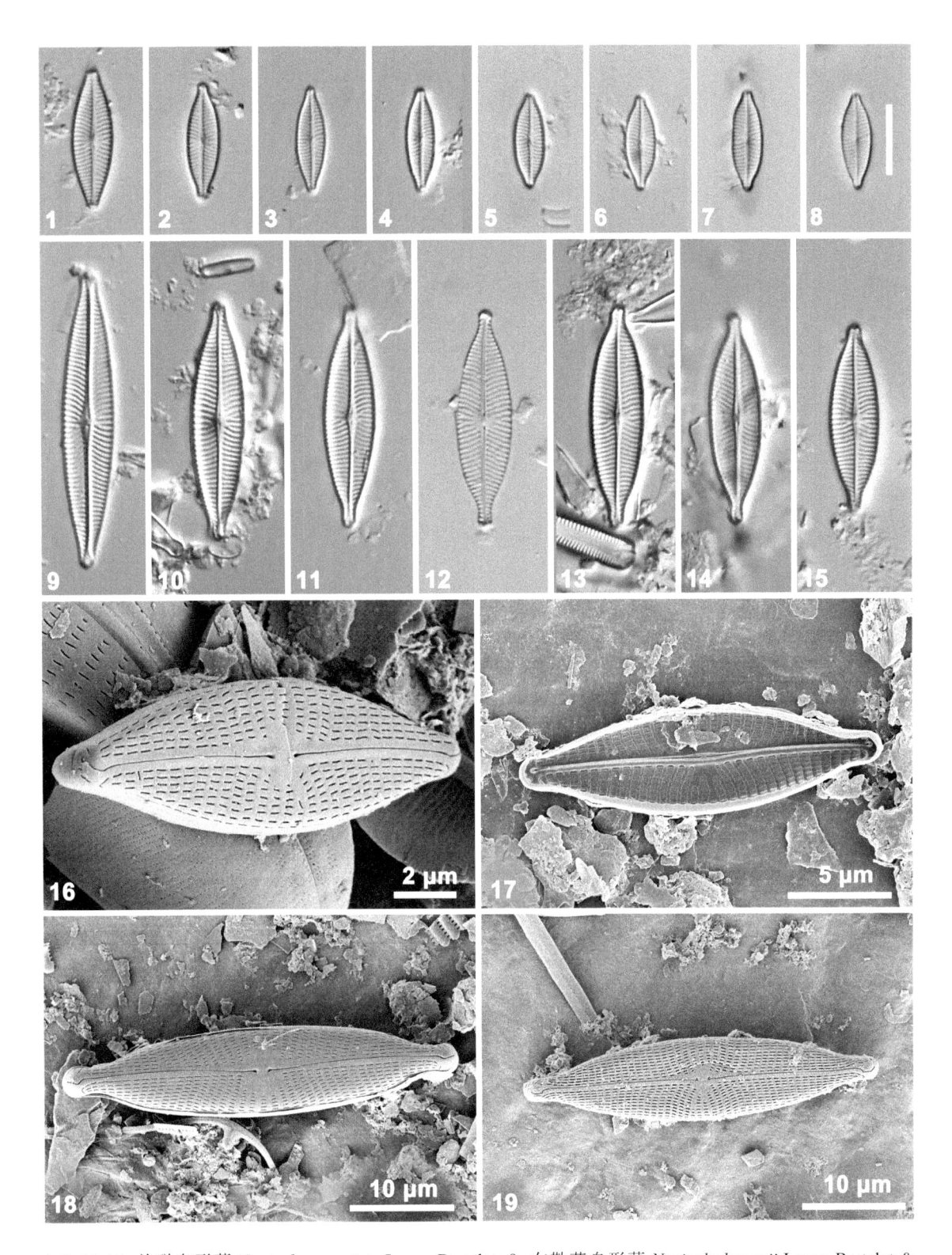

图版 59

1-8, 16-17. 关联舟形藻 *Navicula associata* Lange-Bertalot; 9. 布勒茨舟形藻 *Navicula broetzii* Lange-Bertalot & Reichardt; 10-15, 18-19. 辐头舟形藻 *Navicula capitatoradiata* Germain ex Gasse

图版 60

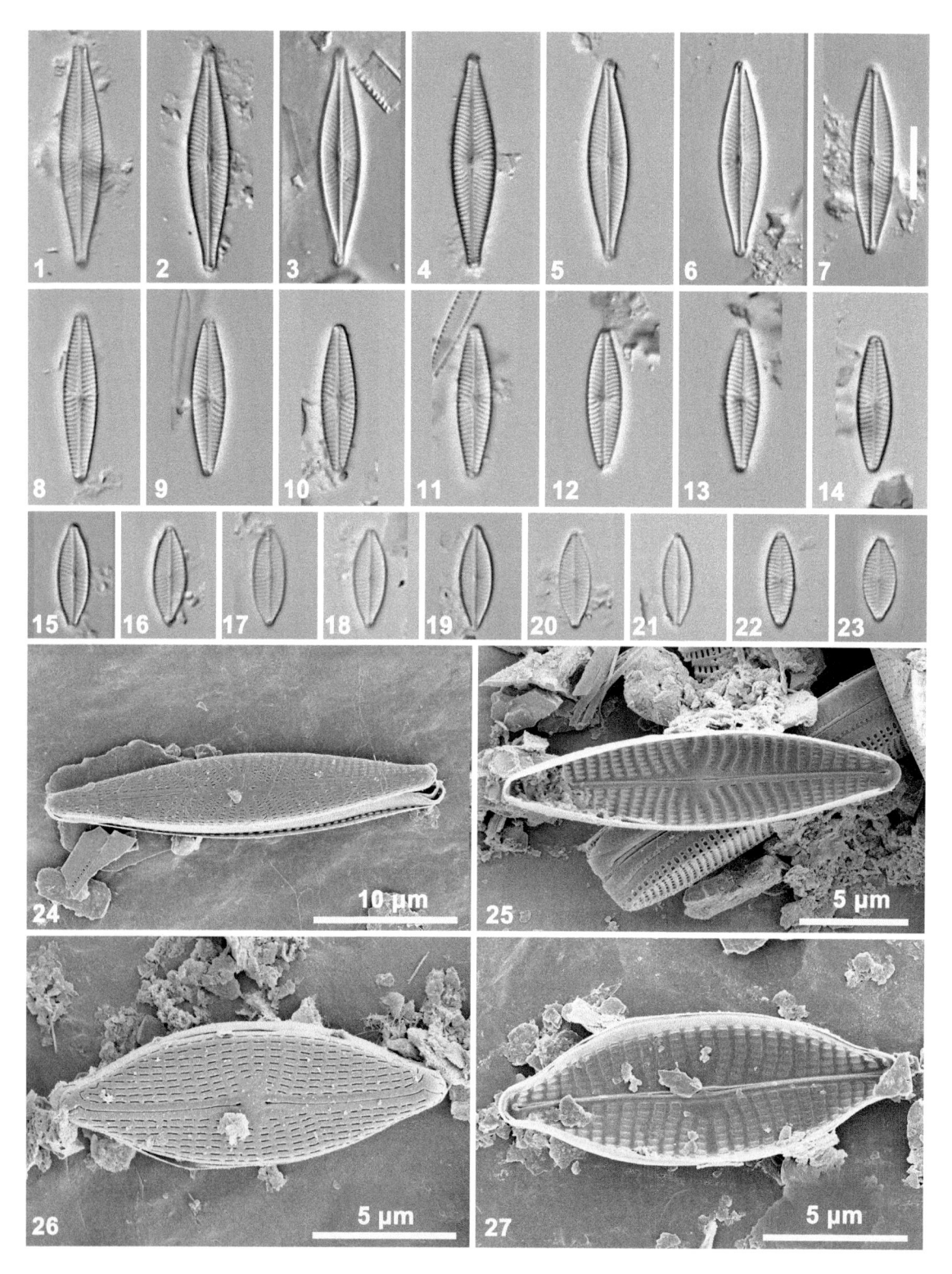

1-7, 24. 隐头舟形藻 *Navicula cryptocephala* Kützing; 8-14, 25. 隐柔弱舟形藻 *Navicula cryptotenella* Lange-Bertalot; 15-23, 26-27. 似隐头状舟形藻 *Navicula cryptotenelloides* Lange-Bertalot

图版 61

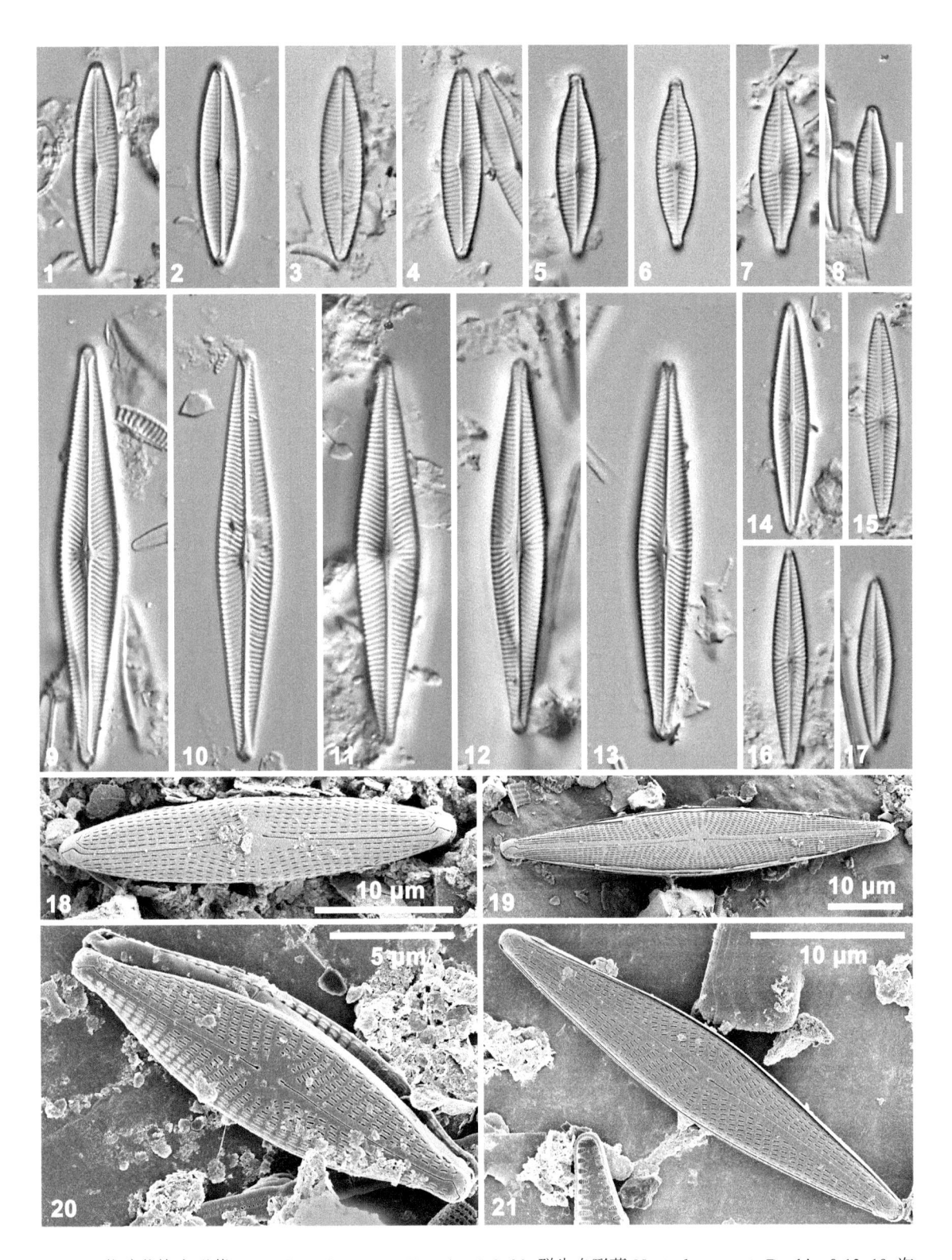

1-4, 18. 艾瑞菲格舟形藻 *Navicula erifuga* Lange-Bertalot; 5-8, 20. 群生舟形藻 *Navicula gregaria* Donkin; 9-13, 19. 海曼舟形藻 *Navicula heimansioides* Lange-Bertalot; 14-17, 21. 隆德舟形藻 *Navicula lundii* Reichardt

图版 62

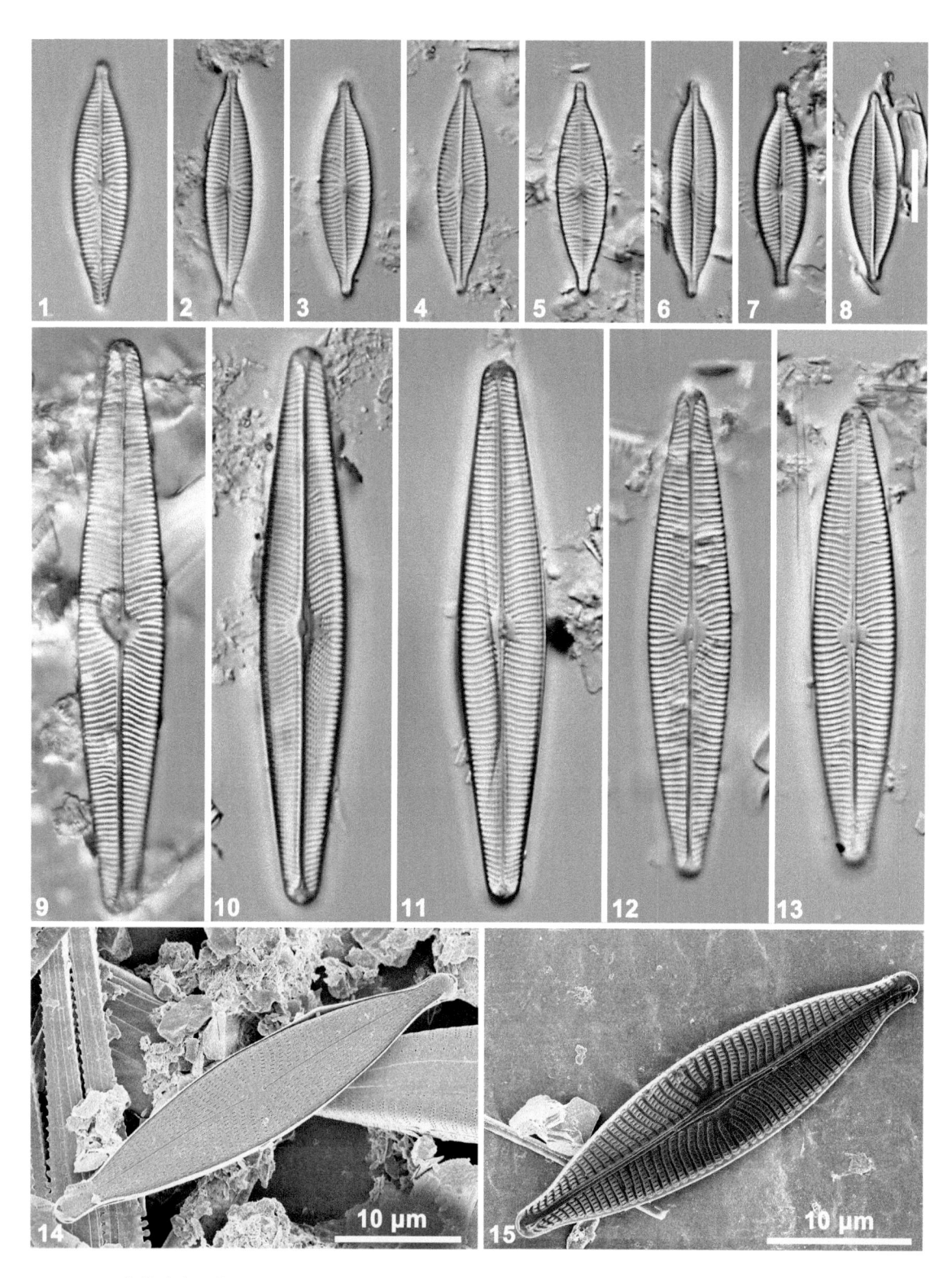

1-8, 14-15. 克莱默舟形藻 *Navicula krammerae* Lange-Bertalot; 9-13. 披针形舟形藻 *Navicula lanceolata* Ehrenberg

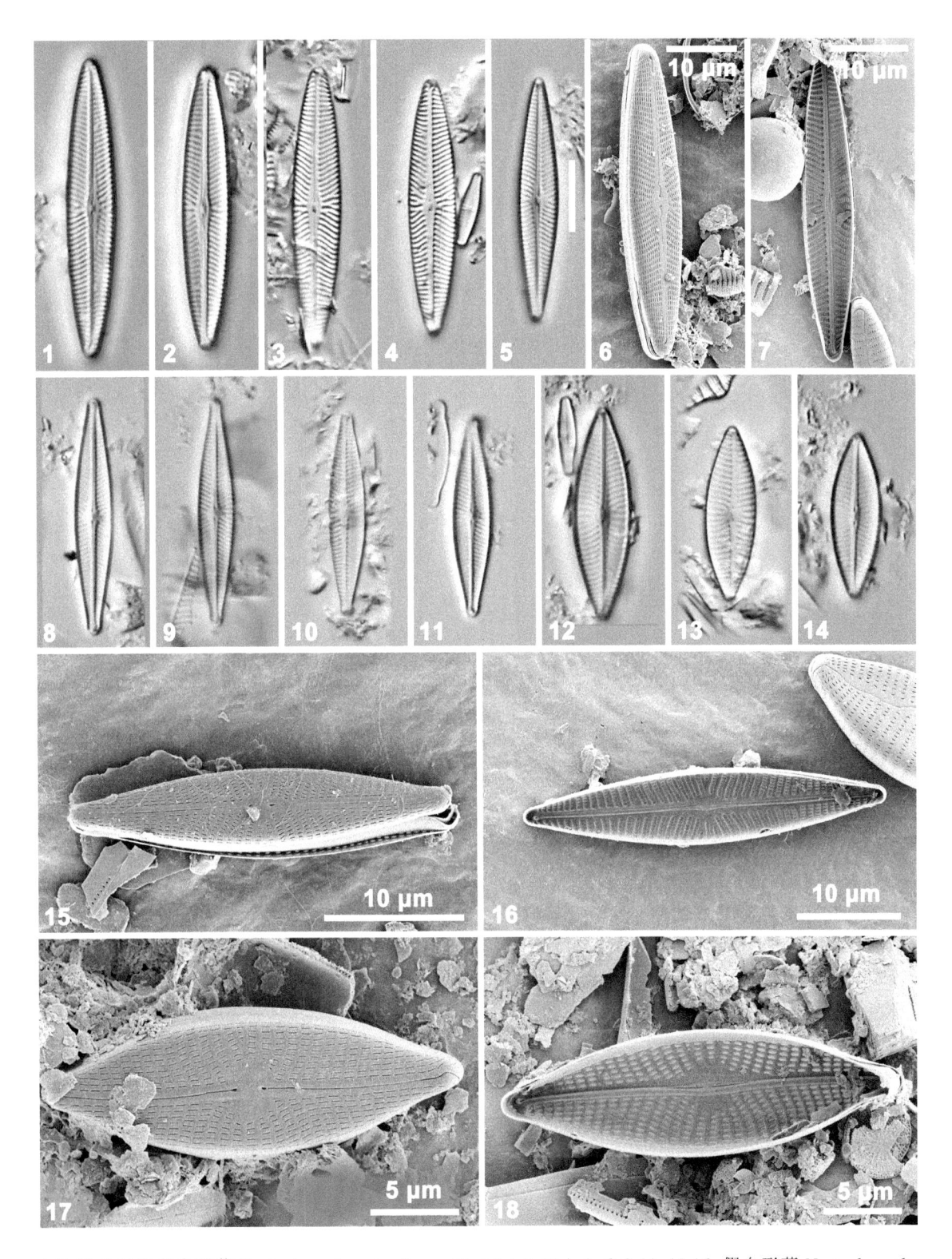

图版 63

1-7. 美拉尼西亚舟形藻 *Navicula melanesica* Lange-Bertalot & Steindorf; 8-11, 15-16. 假舟形藻 *Navicula notha* Wallace; 12-14, 17-18. 假披针形舟形藻 *Navicula pseudolanceolata* Lange-Bertalot

图版 64

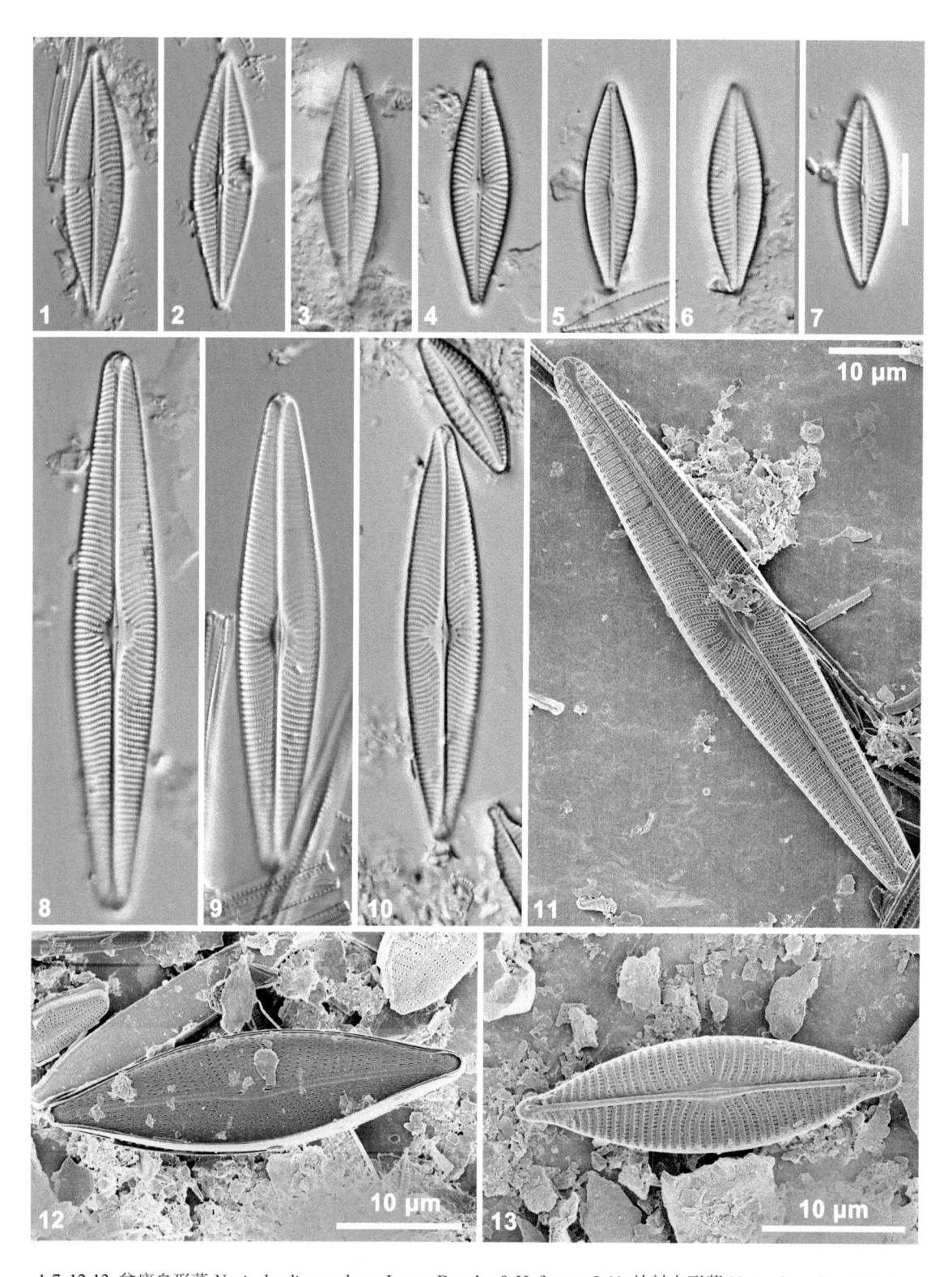

1-7, 12-13. 贫瘠舟形藻 *Navicula oligotraphenta* Lange-Bertalot & Hofmann; 8-11. 放射舟形藻 *Navicula radiosa* Kützing

图版 65

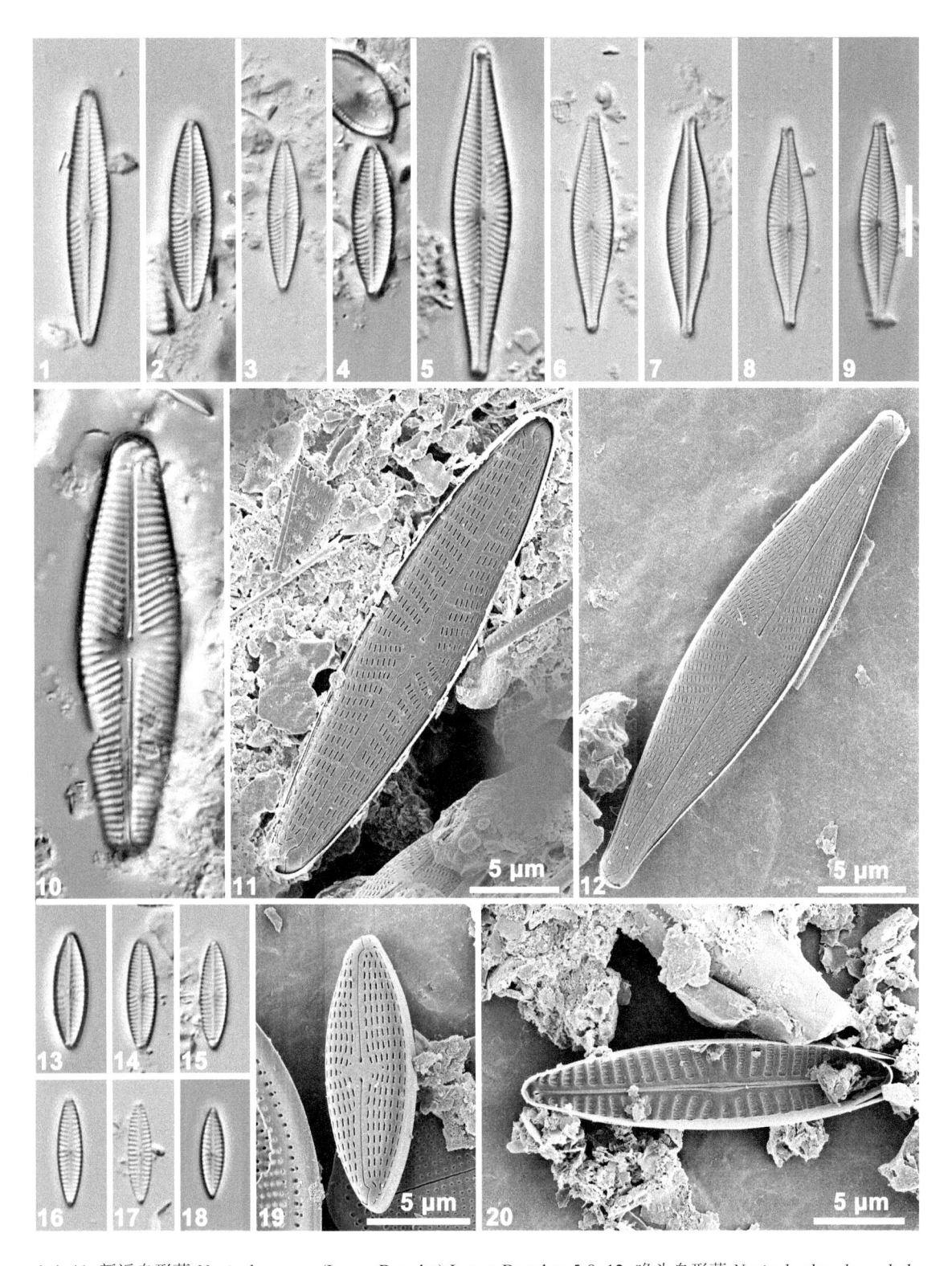

1-4, 11. 新近舟形藻 *Navicula recens* (Lange-Bertalot) Lange-Bertalot; 5-9, 12. 喙头舟形藻 *Navicula rhynchocephala* Kützing; 10. 莱茵哈尔德舟形藻 *Navicula reinhardtii* (Grunow) Grunow; 13-20. 栖咸舟形藻 *Navicula salinicola* Hustedt

图版 66

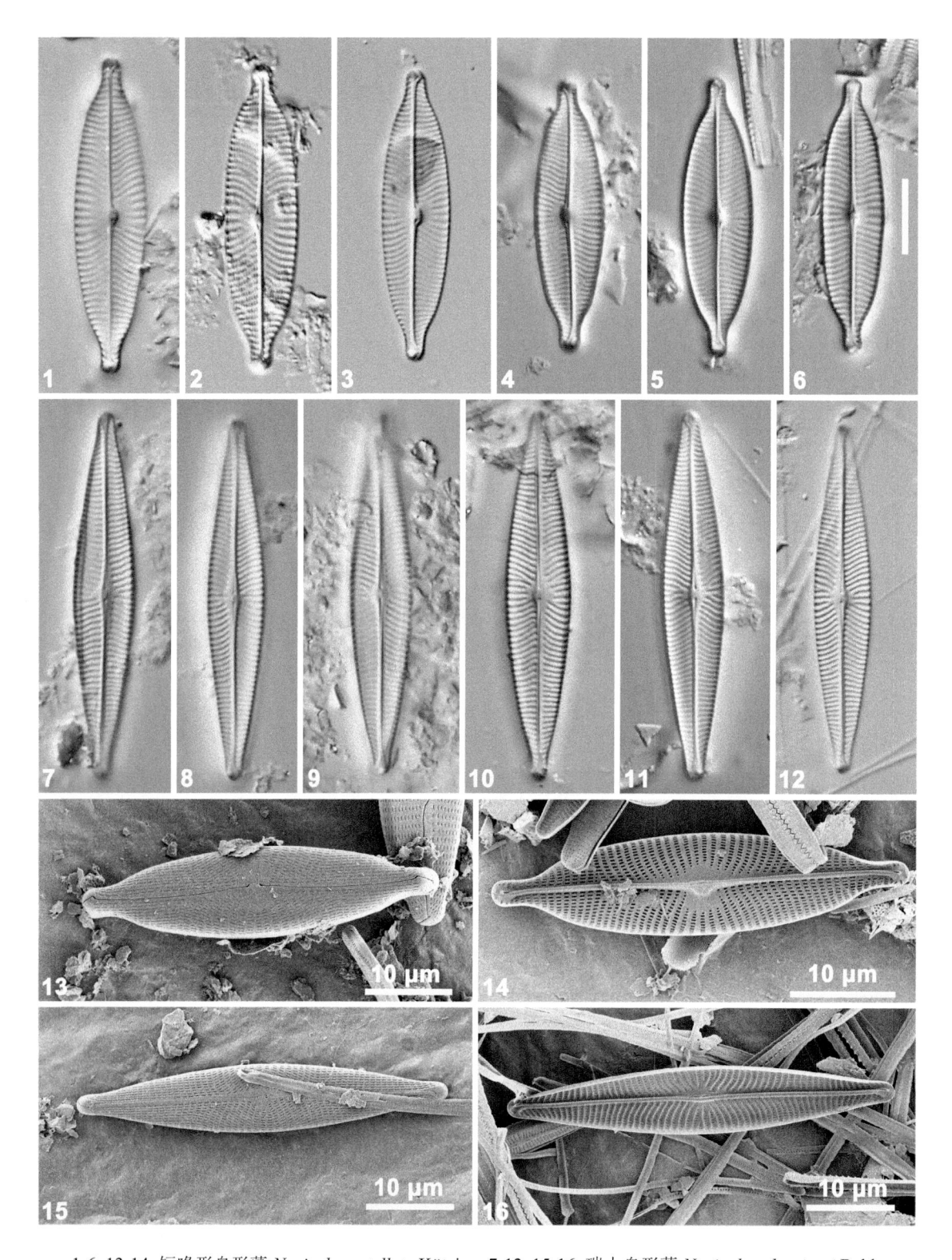

1-6, 13-14. 短喙形舟形藻 *Navicula rostellata* Kützing; 7-12, 15-16. 瑞士舟形藻 *Navicula schweigeri* Bahls

图版 67

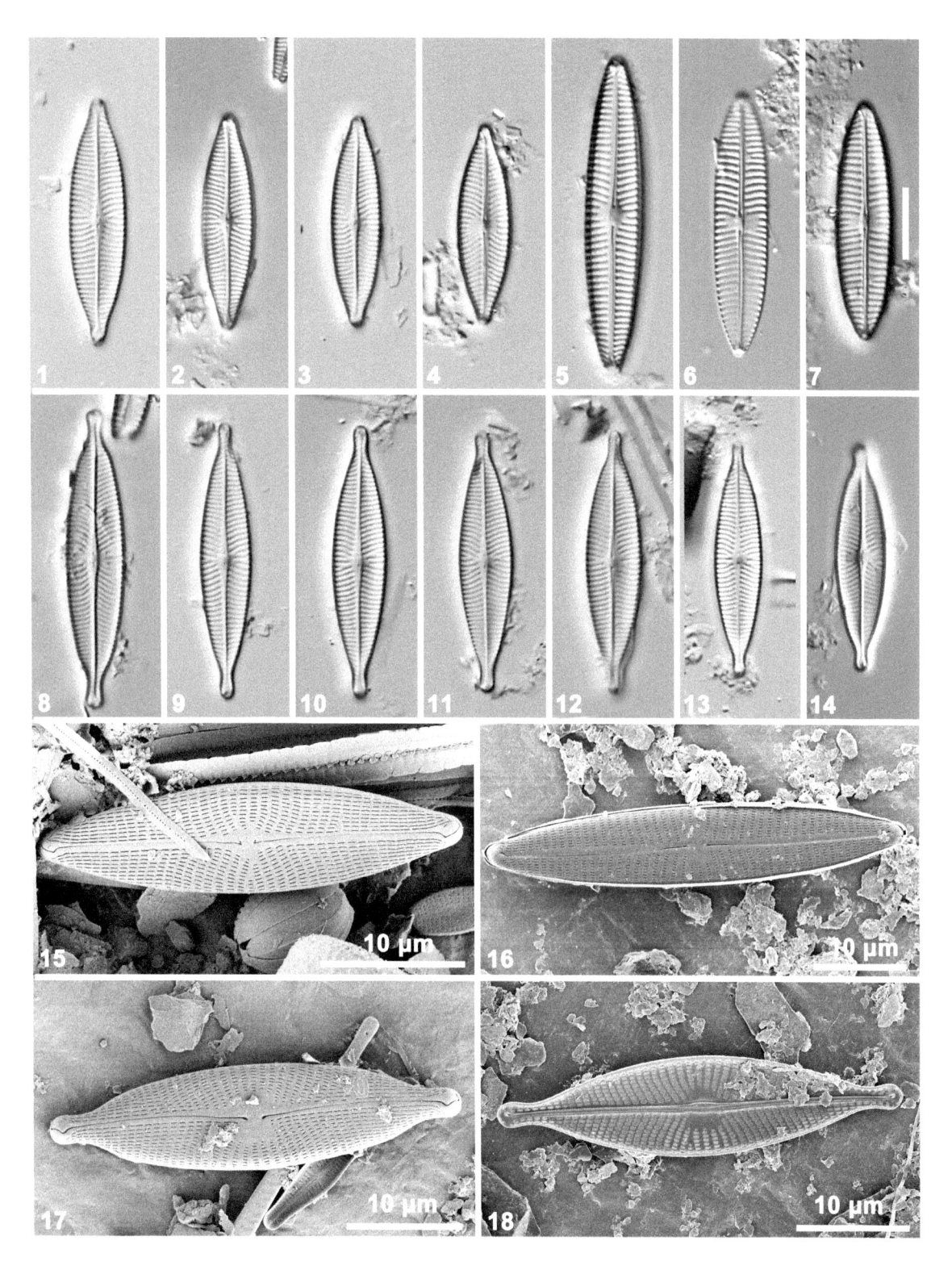

1-4, 15. 近高山舟形藻 *Navicula subalpina* Reichardt; 5-7, 16. 三斑点舟形藻 *Navicula tripunctata* (Müller) Bory; 8-14, 17-18. 近喙头舟形藻 *Navicula subrhynchocephala* Hustedt

图版 68

1-8, 17-18. 苏普舟形藻 *Navicula supleeorum* Bahls; 9-12, 19. 对称舟形藻 *Navicula symmetrica* Patrick; 13-16, 20. 似柔舟形藻 *Navicula tenelloides* Hustedt

图版 69

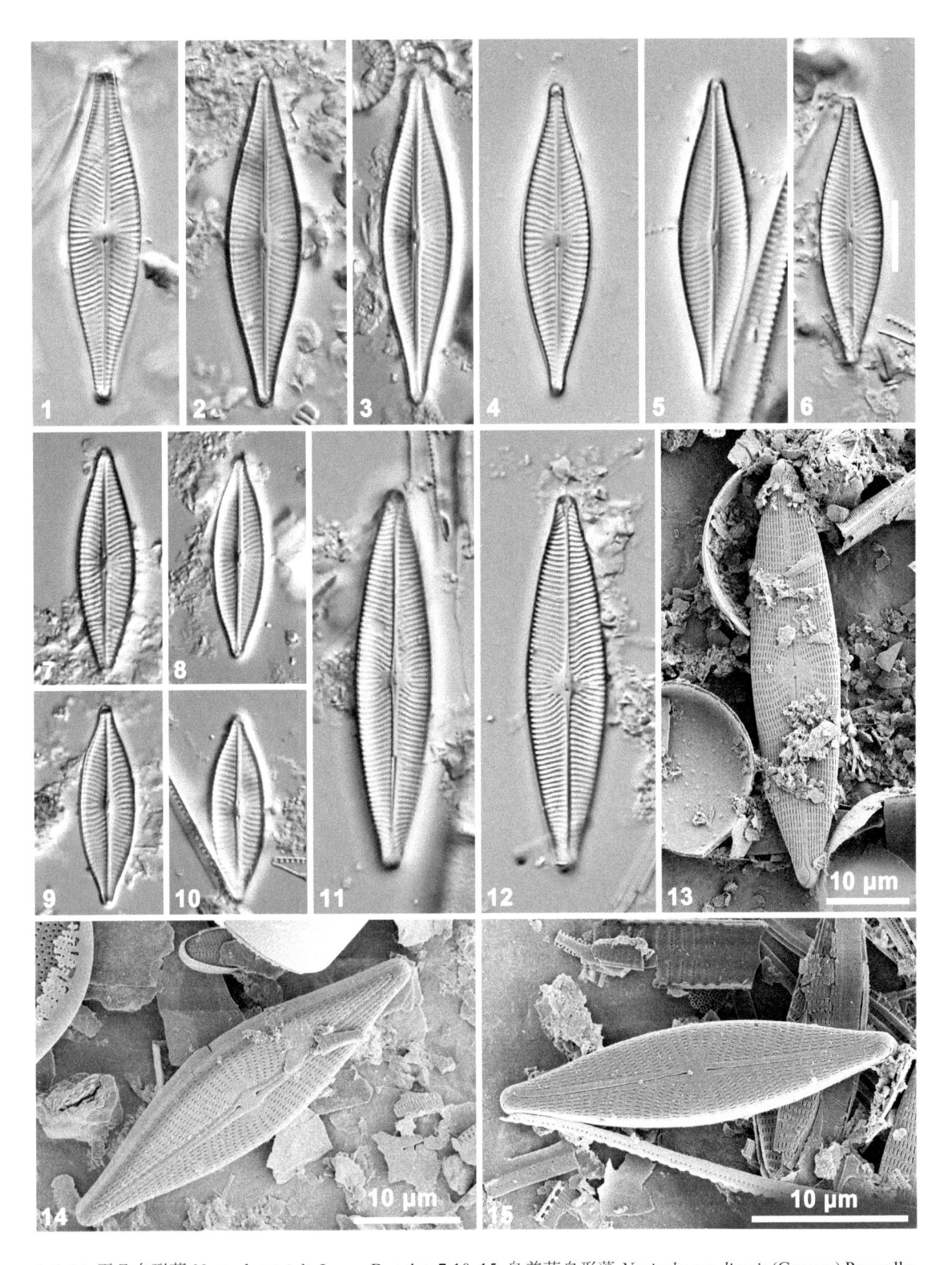

1-6, 14. 平凡舟形藻 *Navicula trivialis* Lange-Bertalot; 7-10, 15. 乌普萨舟形藻 *Navicula upsaliensis* (Grunow) Peragallo; 11-13. 狡猾舟形藻 *Navicula vulpina* Kützing

图版 70

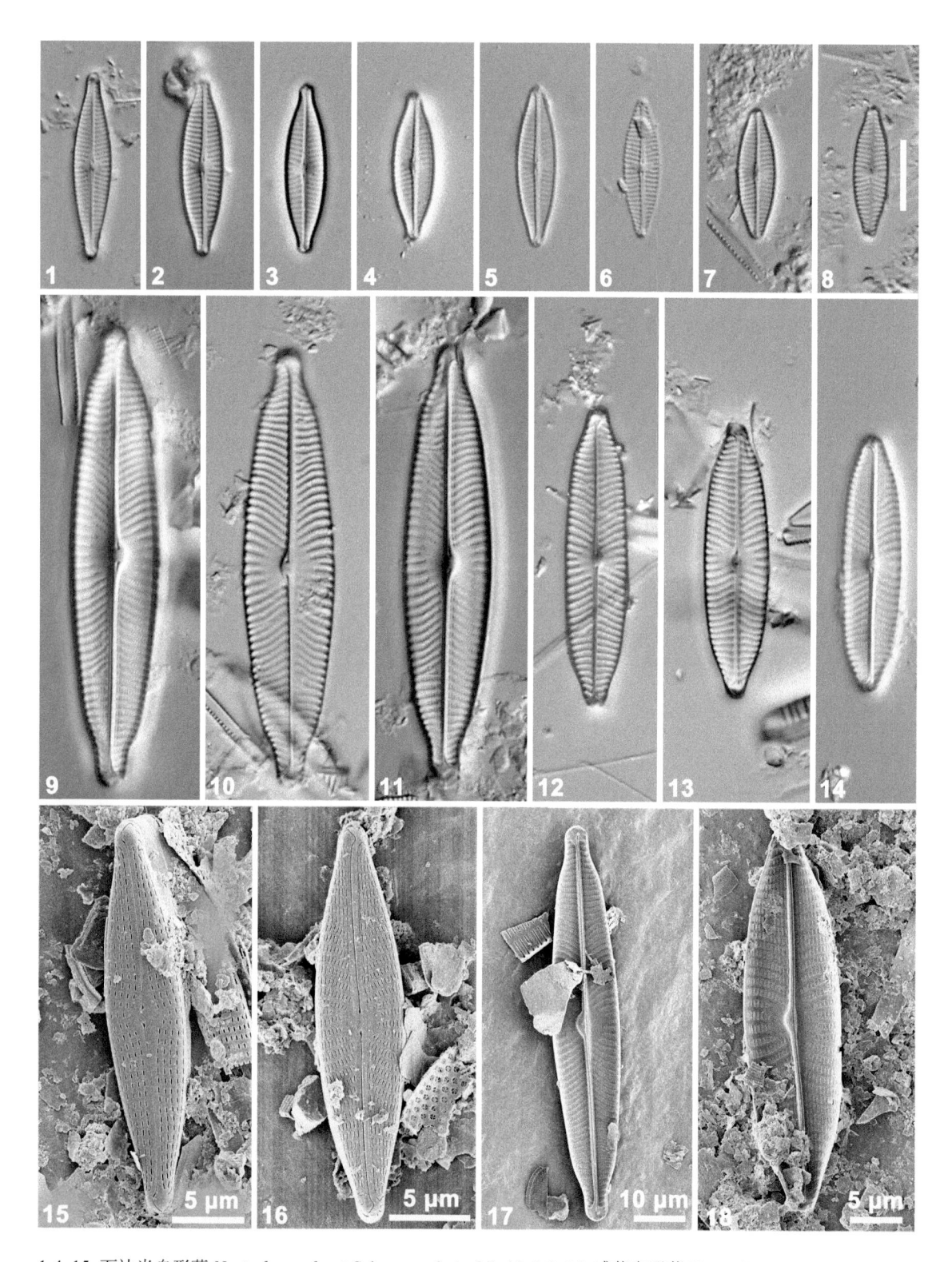

1-4, 15. 万达米舟形藻 *Navicula vandamii* Schoeman & Archibald; 5-8, 16. 威蓝舟形藻 *Navicula veneta* Kützing; 9-11, 17. 淡绿舟形藻 *Navicula viridula* (Kützing) Ehrenberg; 12-14, 18. 微绿舟形藻 *Navicula viridulacalcis* Lange-Bertalot

图版 71

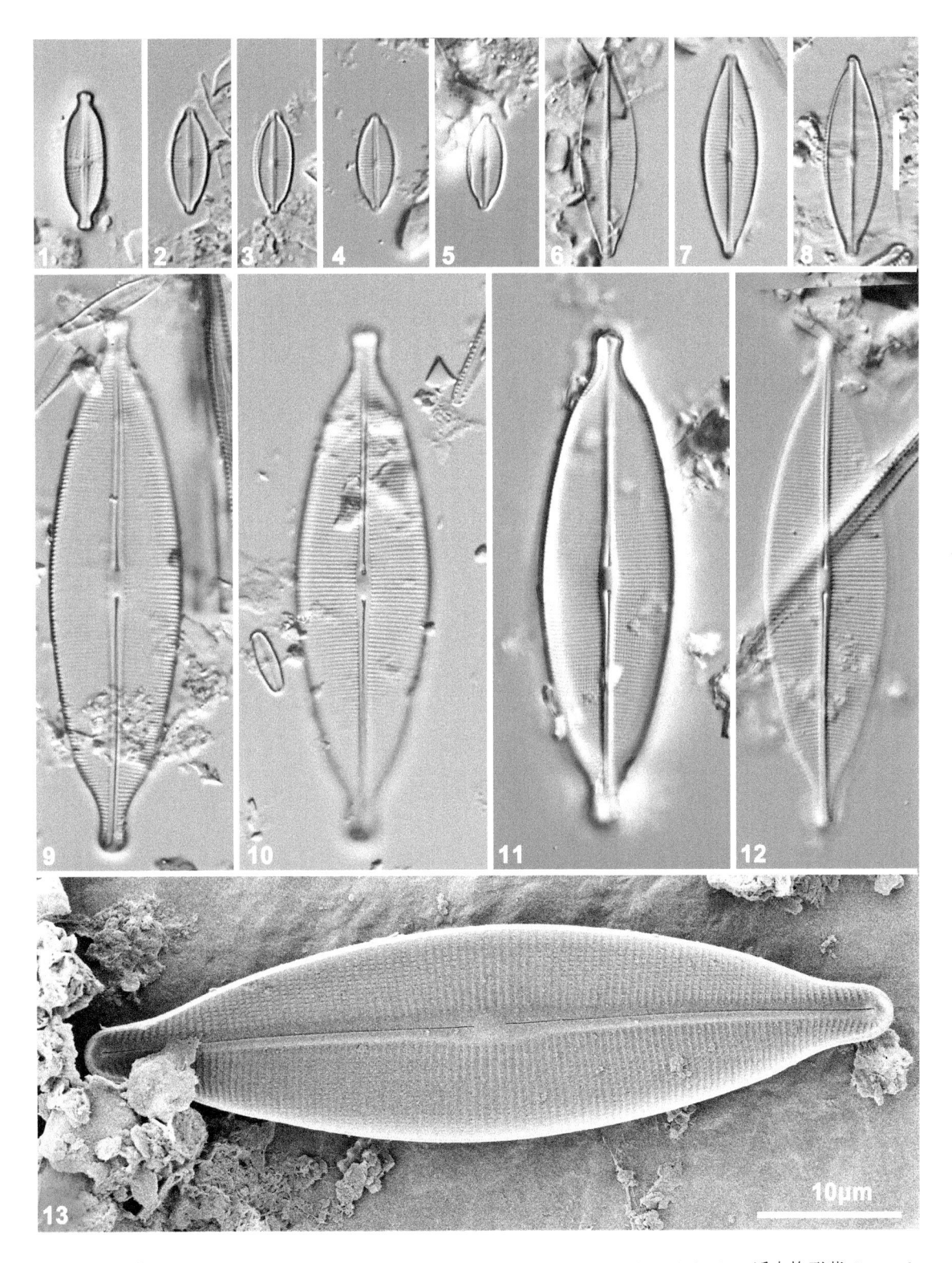

1. 科奇多罗藻 *Dorofeyukea kotschyi* (Grunow) Kulikovskiy, Kociolek, Tusset & Ludwig; 2-5. 适中格形藻 *Craticula accomoda* (Hustedt) Mann; 6-8, 13. 布代里格形藻 *Craticula buderi* (Hustedt) Lange-bertalot; 9-12. 嗜酸格形藻 *Craticula acidoclinata* Lange-Bertalot & Metzeltin

图版 72

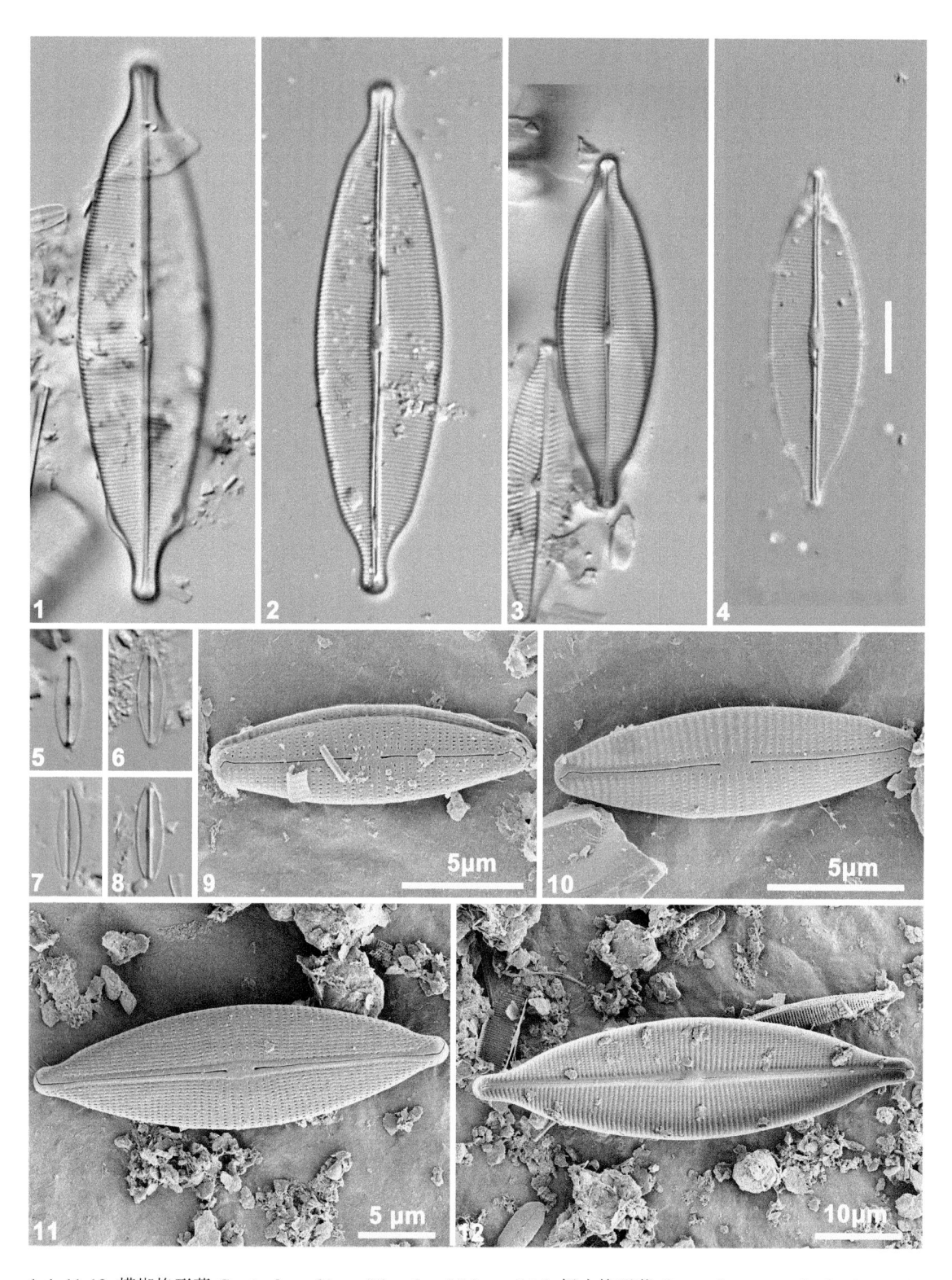

1-4, 11-12. 模糊格形藻 *Craticula ambigua* (Ehrenberg) Mann; 5-10. 极小格形藻 *Craticula minusculoides* (Hustedt) Lange-Bertalot

图版 73

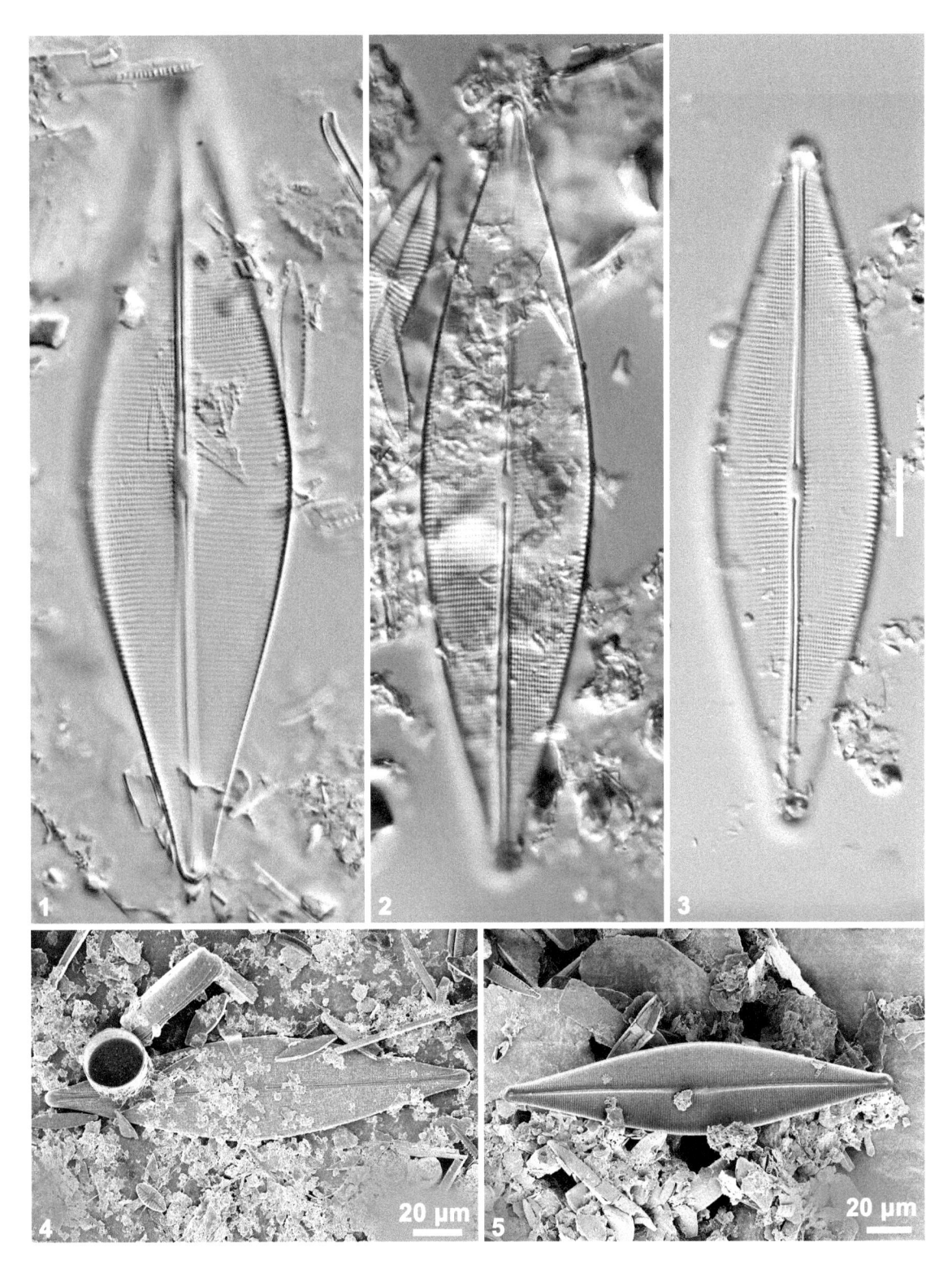

1-5. 急尖格形藻 *Craticula cuspidata* (Kützing) Mann

图版 74

1-3, 9-10. 扰动格形藻 *Craticula molestiformis* (Hustedt) Mayama; 4-8, 11-12. 小格形藻 *Craticula subminuscula* (Manguin) Wetzel & Ector

图版 75

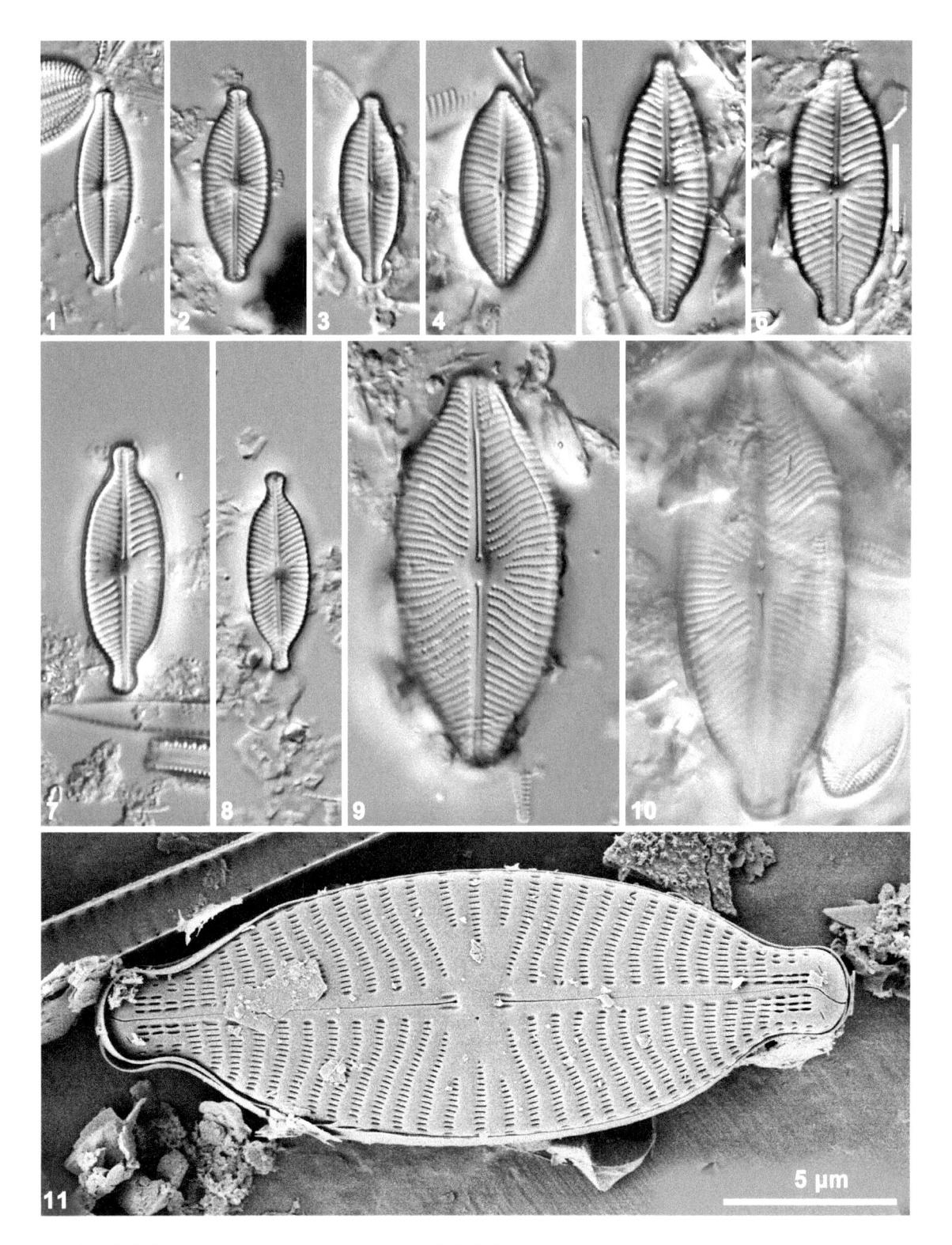

1-3. 英国盘状藻 *Placoneis anglica* (Ralfs) Cox; 4. 双锥盘状藻 *Placoneis bicuneus* Metzeltin, Lange-Bertalot & García-Rodríguez; 5-6. 温和盘状藻线形变种 *Placoneis clementis* var. *linearis* (Brander ex Hustedt) Li & Qi; 7-8, 11. 佩雷尔盘状藻 *Placoneis perelginensis* Metzeltin, Lange-Bertalot & García-Rodríguez; 9-10. 科基盘状藻 *Placoneis cocquytiae* Fofana, Sow, Taylor, Ector & van de Vijver

图版 76

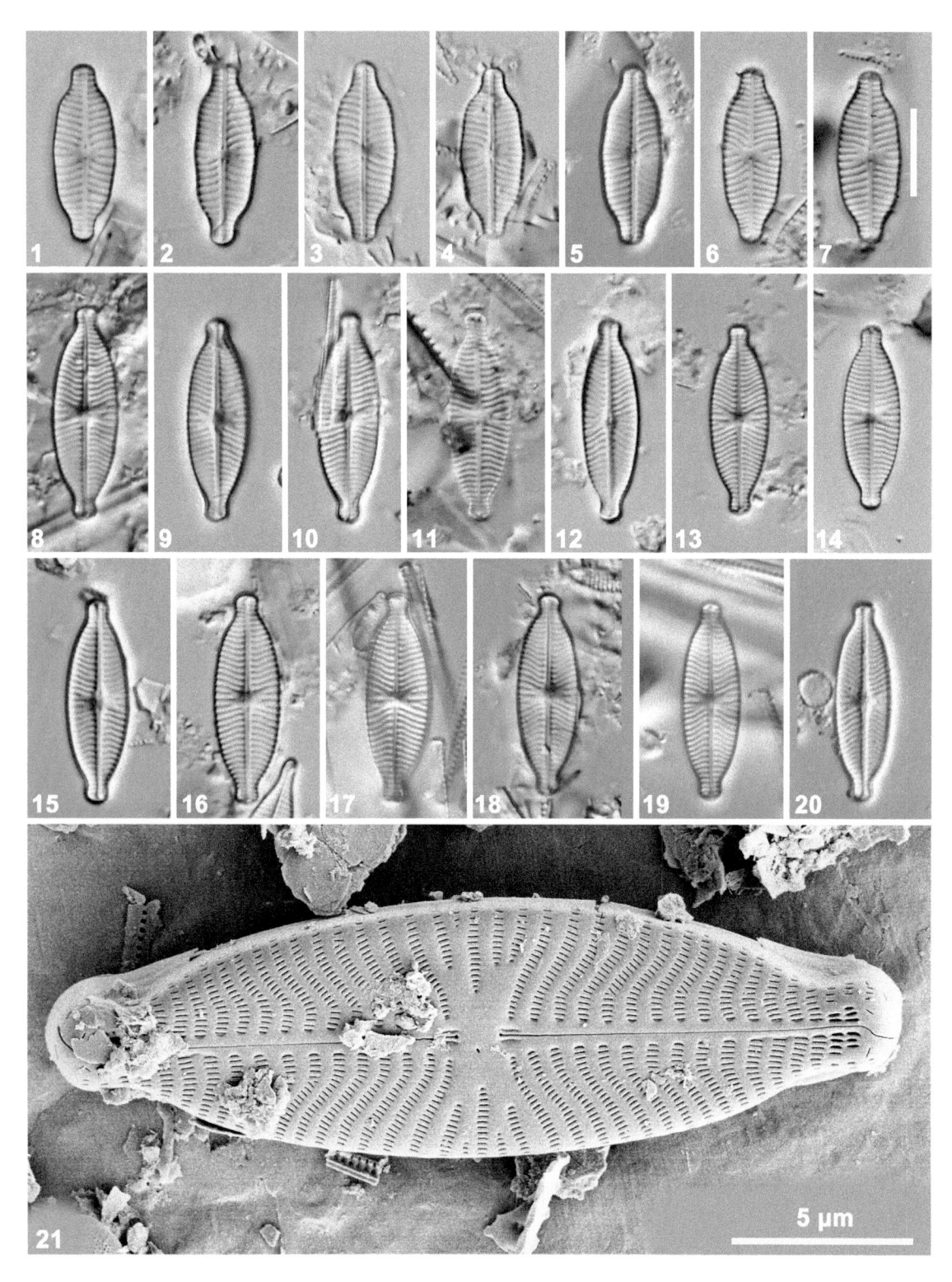

1-7. 马达加斯加盘状藻 *Placoneis madagascariensis* Lange-Bertalot & Metzeltin; 8-21. 美容纳维藻 *Navigeia decussis* (Østrup) Bukhtiyarova

图版 77

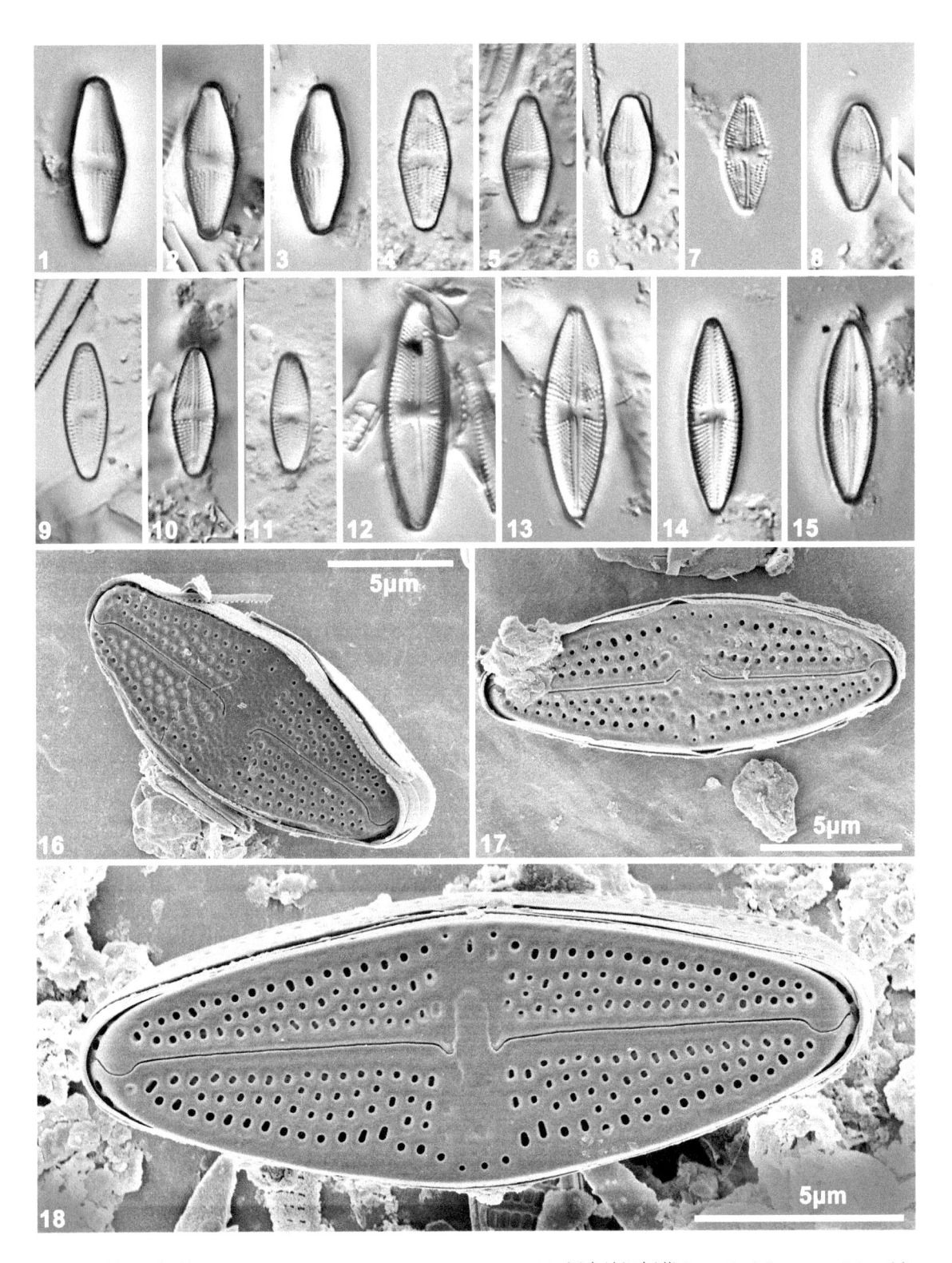

1-8, 16. 斜形泥栖藻 *Luticola acidoclinata* Lange-Bertalot; 9-11, 17. 福克纳泥栖藻 *Luticola falknerorum* Metzeltin & Lange-Bertalot; 12-15, 18. 桥佩蒂泥栖藻 *Luticola goeppertiana* (Bleisch) Mann ex Rarick, Wu, Lee & Edlund

图版 78

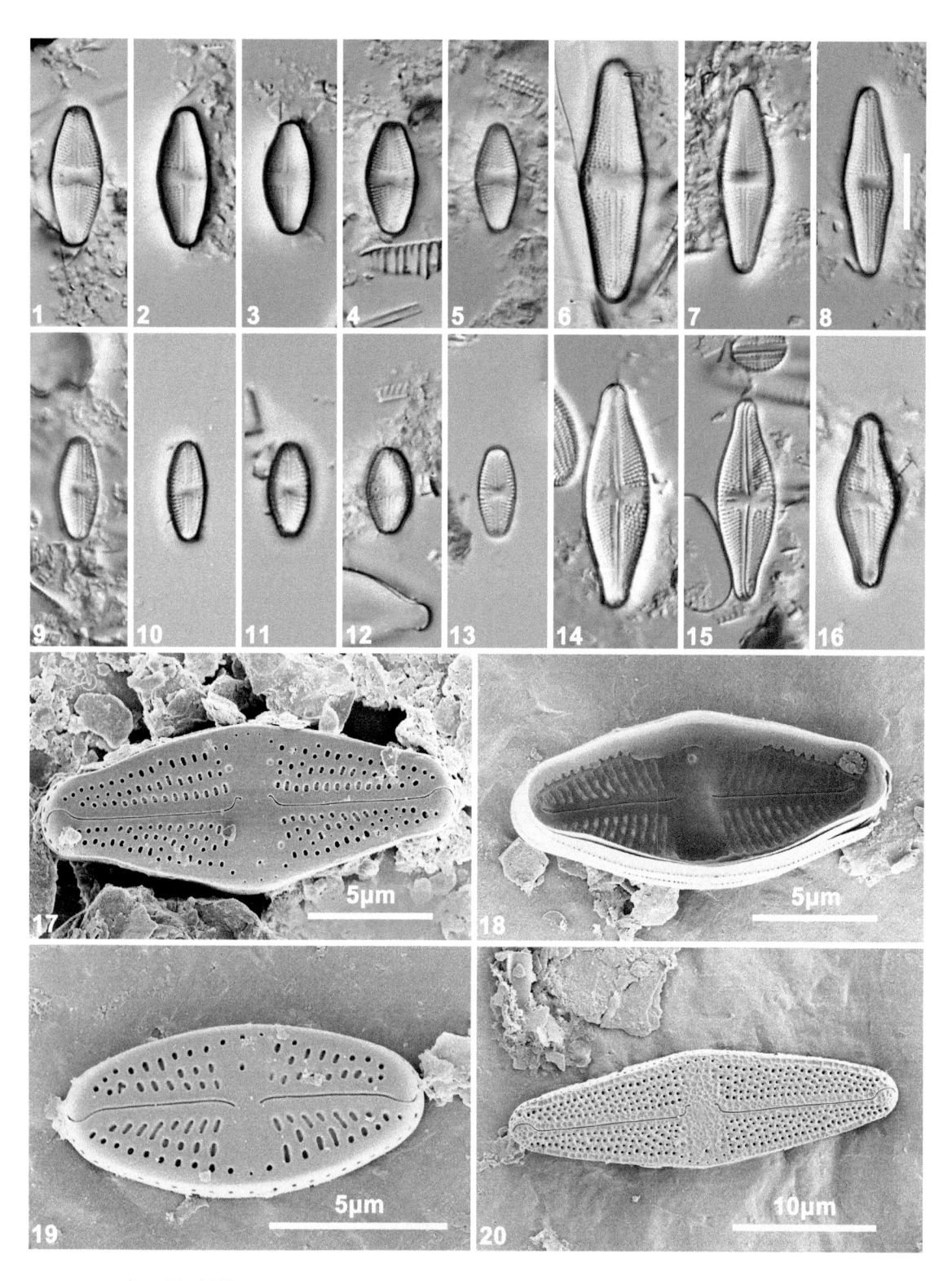

1-5, 17-18. 圭亚那泥栖藻 *Luticola guianaensis* Metzeltin & Levkov; 6-8, 20. 钝泥栖藻菱形变种 *Luticola mutica* var. *rhombica* Li & Qi; 9-13, 19. 钝泥栖藻 *Luticola mutica* (Kützing) Mann; 14-16. 孤点泥栖藻 *Luticola stigma* (Patrick) Johansen

图版 79

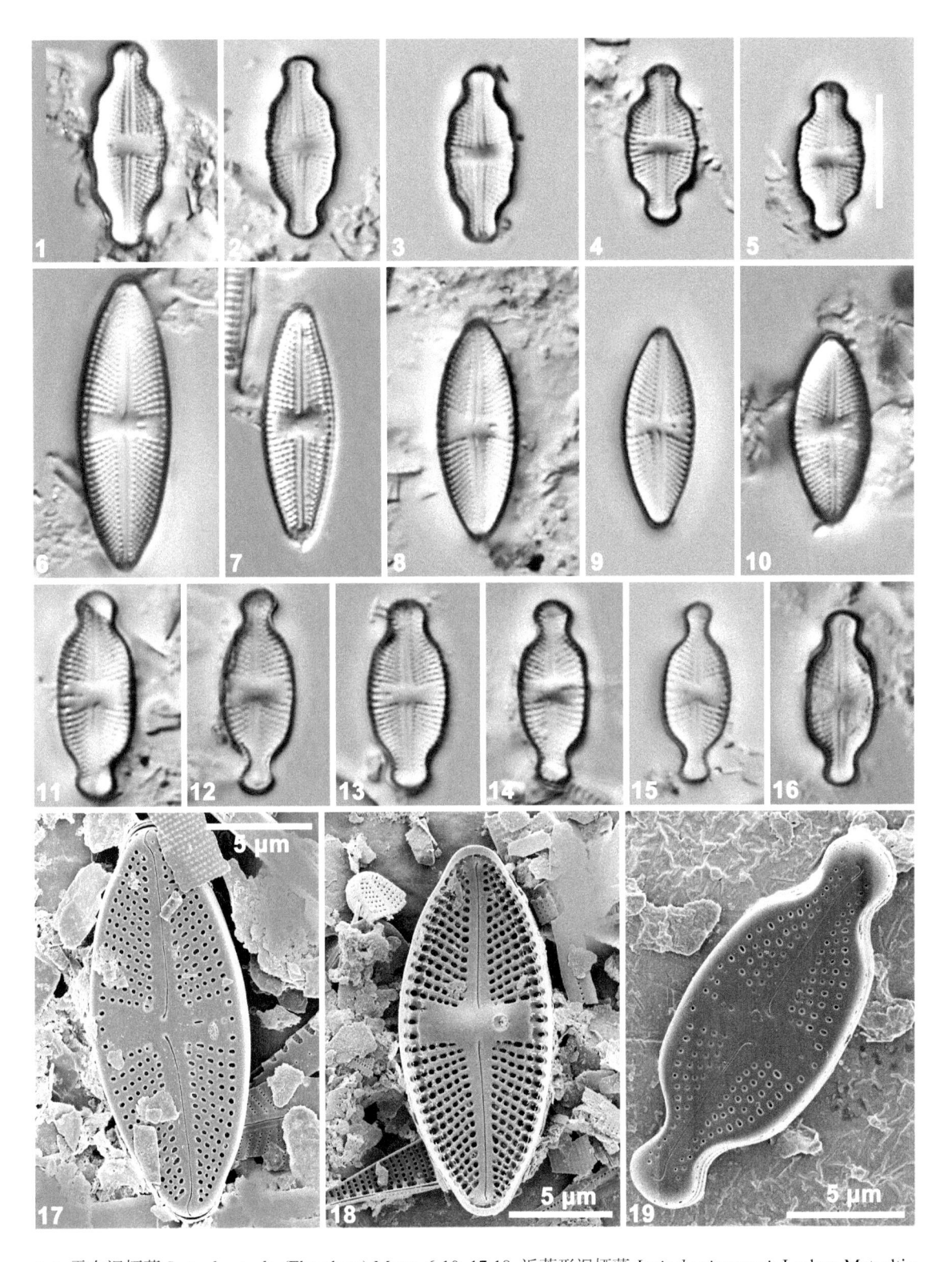

1-5. 雪白泥栖藻 *Luticola nivalis* (Ehrenberg) Mann; 6-10, 17-18. 近菱形泥栖藻 *Luticola pitranensis* Levkov, Metzeltin & Pavlov; 11-16, 19. 偏凸泥栖藻 *Luticola ventricosa* (Kützing) Mann

图版 80

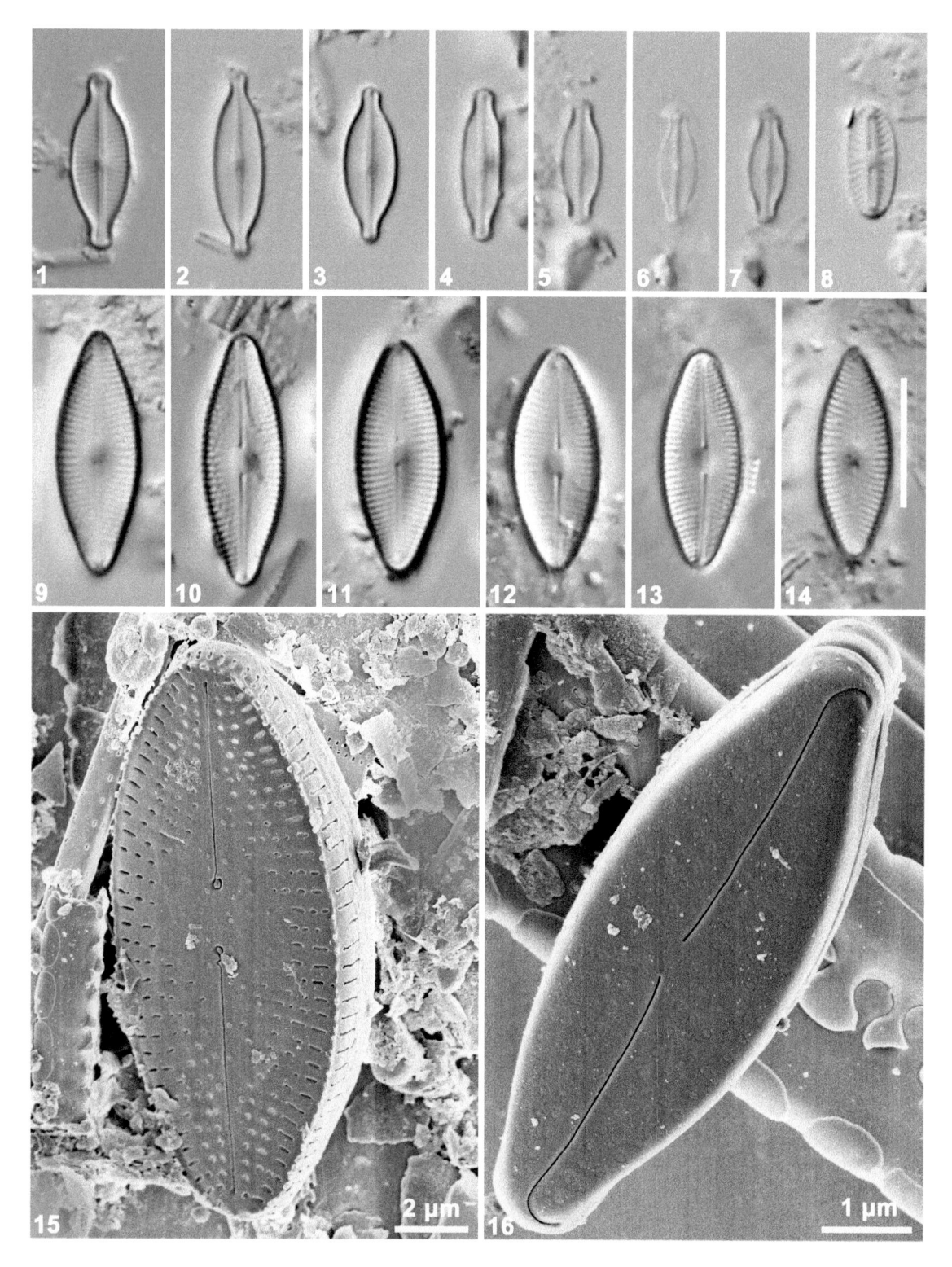

1-3. 蒙诺拉菲亚藻 *Adlafia multnomahii* Morales & Lee; 4-7, 16. 中华拉菲亚藻 *Adlafia sinensis* Liu & Williams; 8. 细柱马雅美藻 *Mayamaea atomus* (Kützing) Lange-Bertalot; 9-15. 丝状全链藻 *Diadesmis confervacea* Kützing

图版 **81**

1-6, 10-12. 阿奎斯提马雅美藻 *Mayamaea agrestis* (Hustedt) Lange-Bertalot; 7-9, 14. 阿维塔宽纹藻 *Hippodonta avittata* (Cholnoky) Lange-Bertalot, Metzeltin & Witkowski; 13. 薄壳管状藻 *Fistulifera pelliculosa* (Kützing) Lange-Bertalot

图版 82

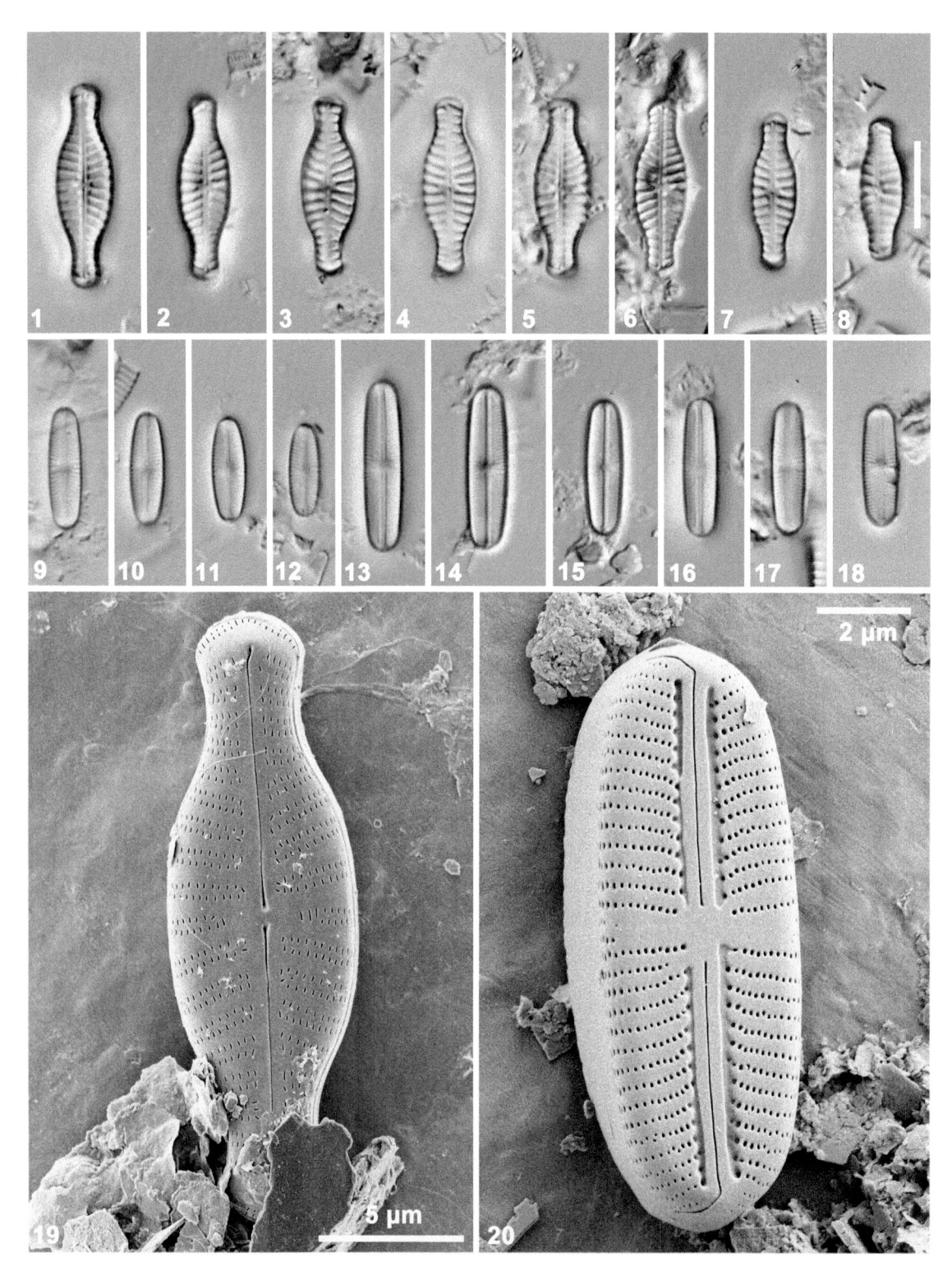

1-8, 19. 头端宽纹藻 *Hippodonta capitata* (Ehrenberg) Lange-Bertalot, Metzeltin & Witkowski; 9-12. 杭氏舟形藻 *Navicula hangchowensis* Skvortzov; 13-18, 20. 微小型舟形藻 *Navicula minima* Grunow

图版 83

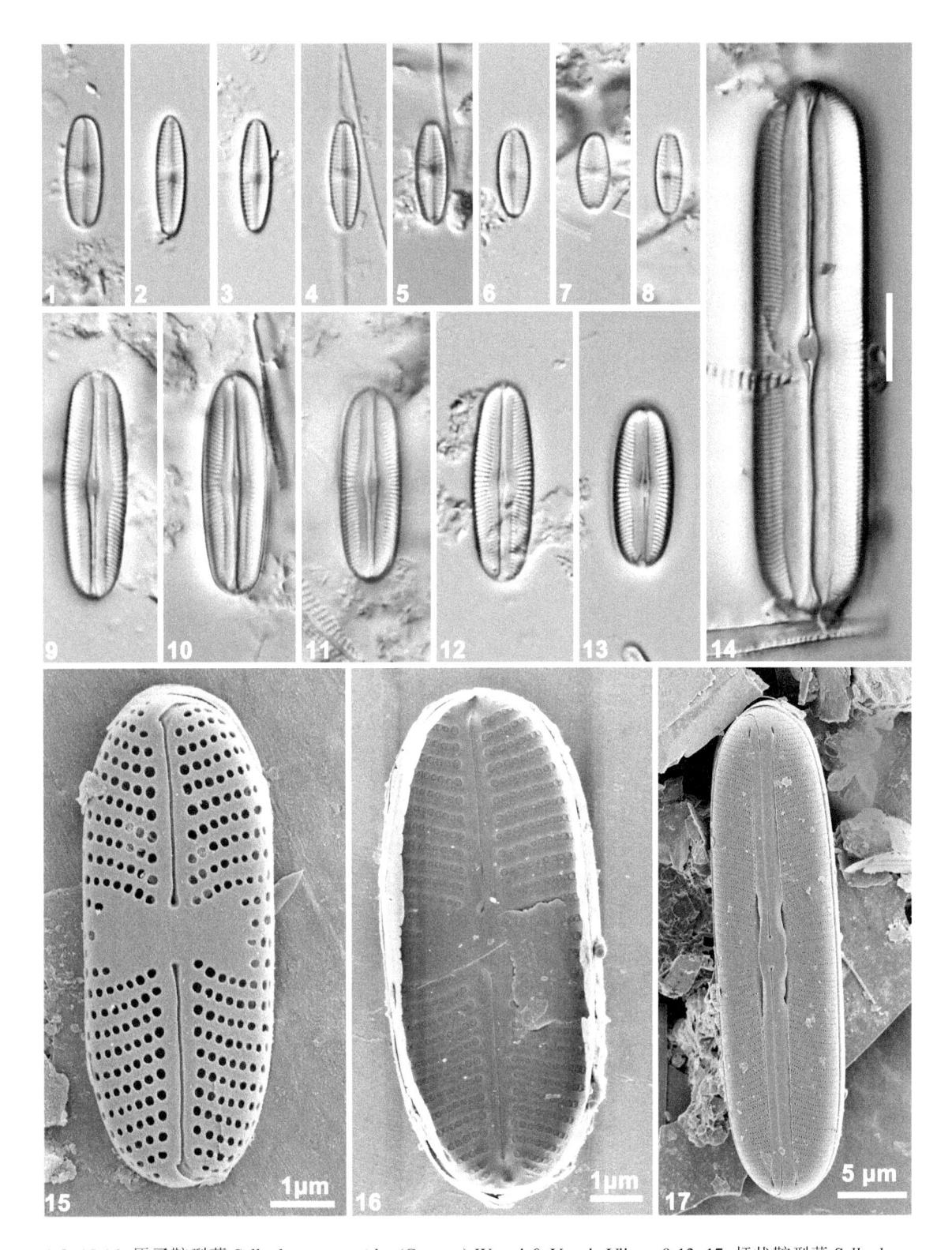

1-8, 15-16. 原子鞍型藻 *Sellaphora atomoides* (Grunow) Wetzel & Van de Vijver; 9-13, 17. 杆状鞍型藻 *Sellaphora bacillum* (Ehrenberg) Mann; 14. 波尔斯鞍型藻 *Sellaphora boltziana* Metzeltin, Lange-Bertalot & Soninkhishig

图版 84

1, 12. 缢缩鞍型藻 *Sellaphora constricta* Kociolek & You; 2. 库斯伯鞍型藻 *Sellaphora kusberi* Metzeltin, Lange-Bertalot & Soninkhishig; 3. 披针鞍型藻 *Sellaphora lanceolata* Mann & Droop; 4. 变化鞍型藻 *Sellaphora mutatoides* Lange-Bertalot & Metzeltin; 5-11, 13. 蒙古鞍型藻 *Sellaphora mongolocollegarum* Metzeltin & Lange-Bertalot

图版 85

1-8, 15-16. 尼格里鞍型藻 *Sellaphora nigri* (De Notaris) Wetzel & Ector; 9-14, 18-19. 亚头状鞍型藻 *Sellaphora perobesa* Metzeltin, Lange-Bertalot & Soninkhishig; 17. 伪杆状鞍型藻 *Sellaphora pseudobacillum* (Grunow) Lange-Bertalot & Metzeltin

图版 86

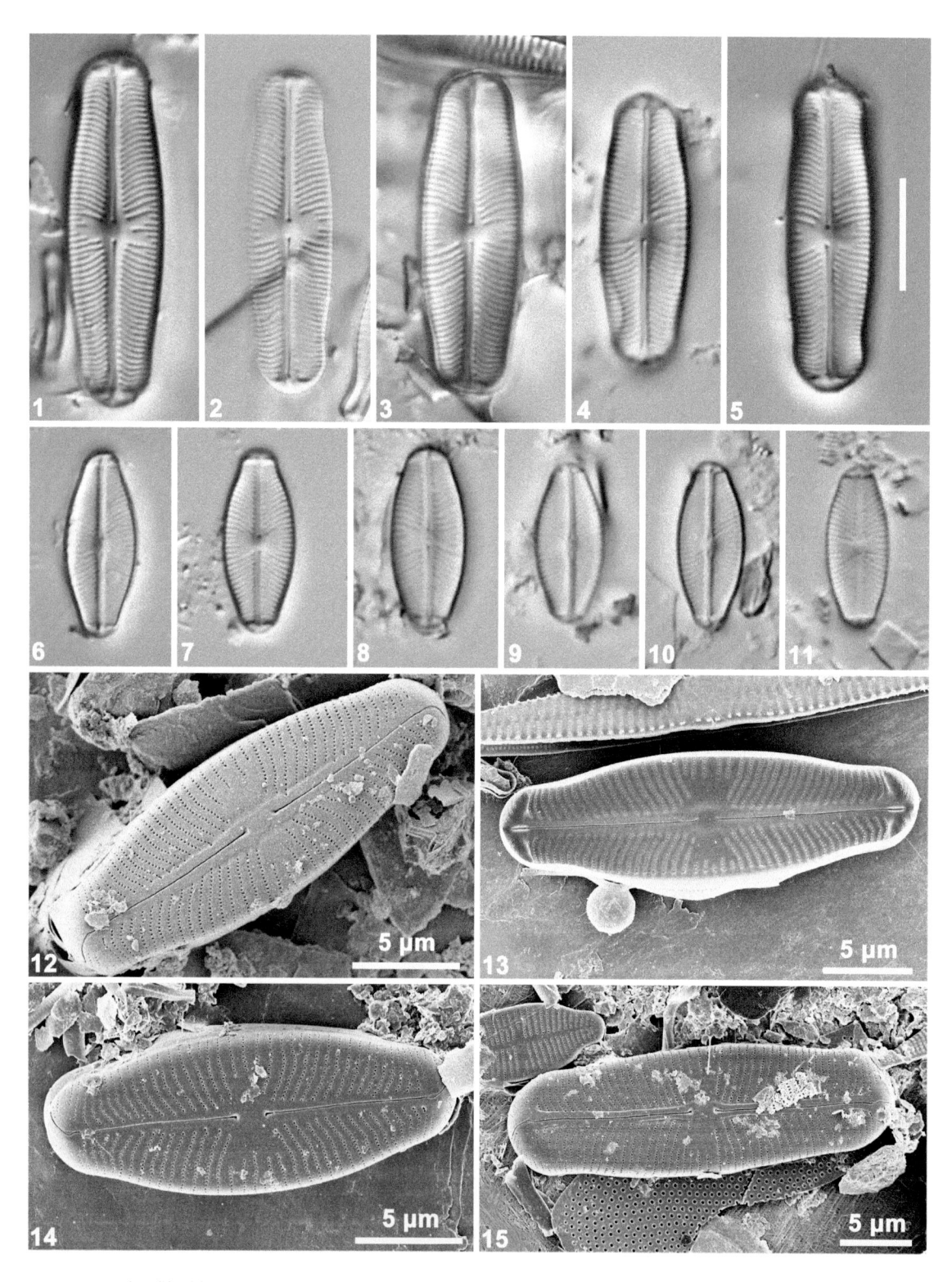

1-4, 12-13. 瞳孔鞍型藻 *Sellaphora pupula* (Kützing) Mereschkovsky; 5, 15. 施罗西鞍型藻 *Sellaphora schrothiana* Metzeltin, Lange-Bertalot & Soninkhishig; 6-11, 14. 腐生鞍型藻 *Sellaphora saprotolerans* Lange-Bertalot, Hofmann & Cantonati

图版 87

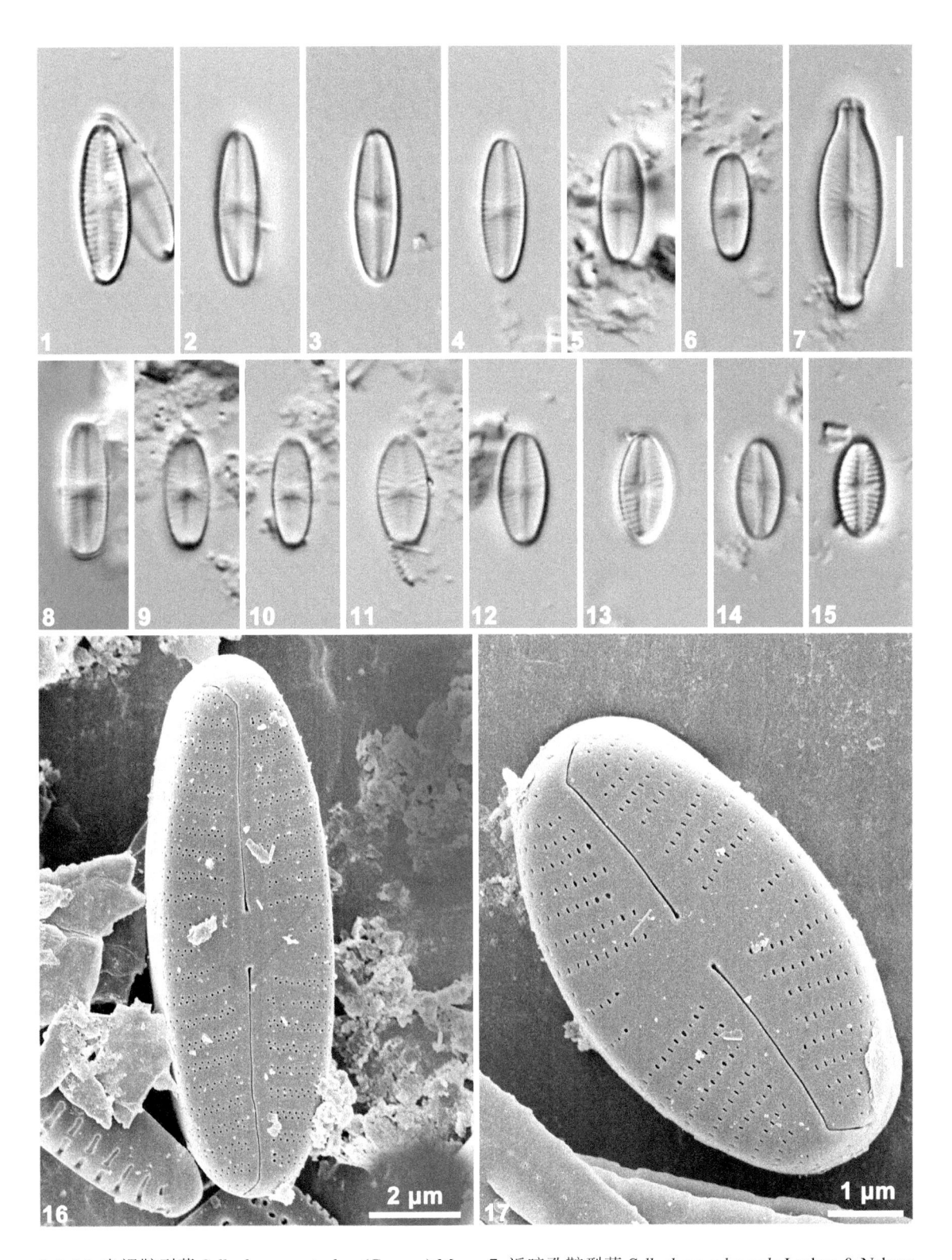

1-6, 16. 半裸鞍型藻 *Sellaphora seminulum* (Grunow) Mann; 7. 近瞳孔鞍型藻 *Sellaphora subpupula* Levkov & Nakov; 8-10. 施氏鞍型藻 *Sellaphora stroemii* (Hustedt) Kobayasi; 11-15, 17. 万氏鞍型藻 *Sellaphora vanlandinghamii* (Kociolek) Wetzel

图版 88

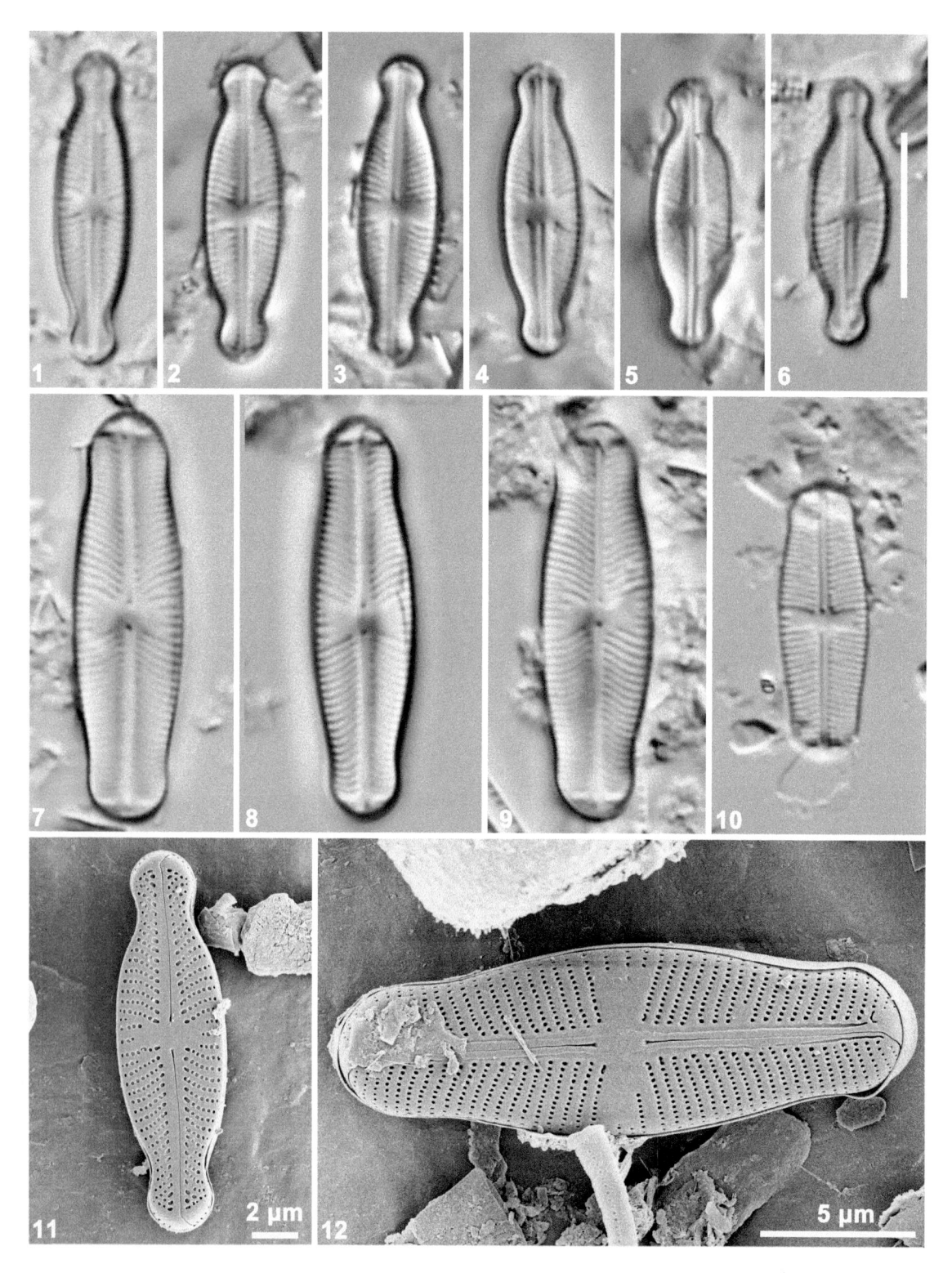

1-6, 11. 腹糊鞍型藻 *Sellaphora ventraloconfusa* (Lange-Bertalot) Metzeltin & Lange-Bertalot; 7-10, 12. 班达鞍型藻 *Sellaphora vitabunda* (Hustedt) Mann

图版 89

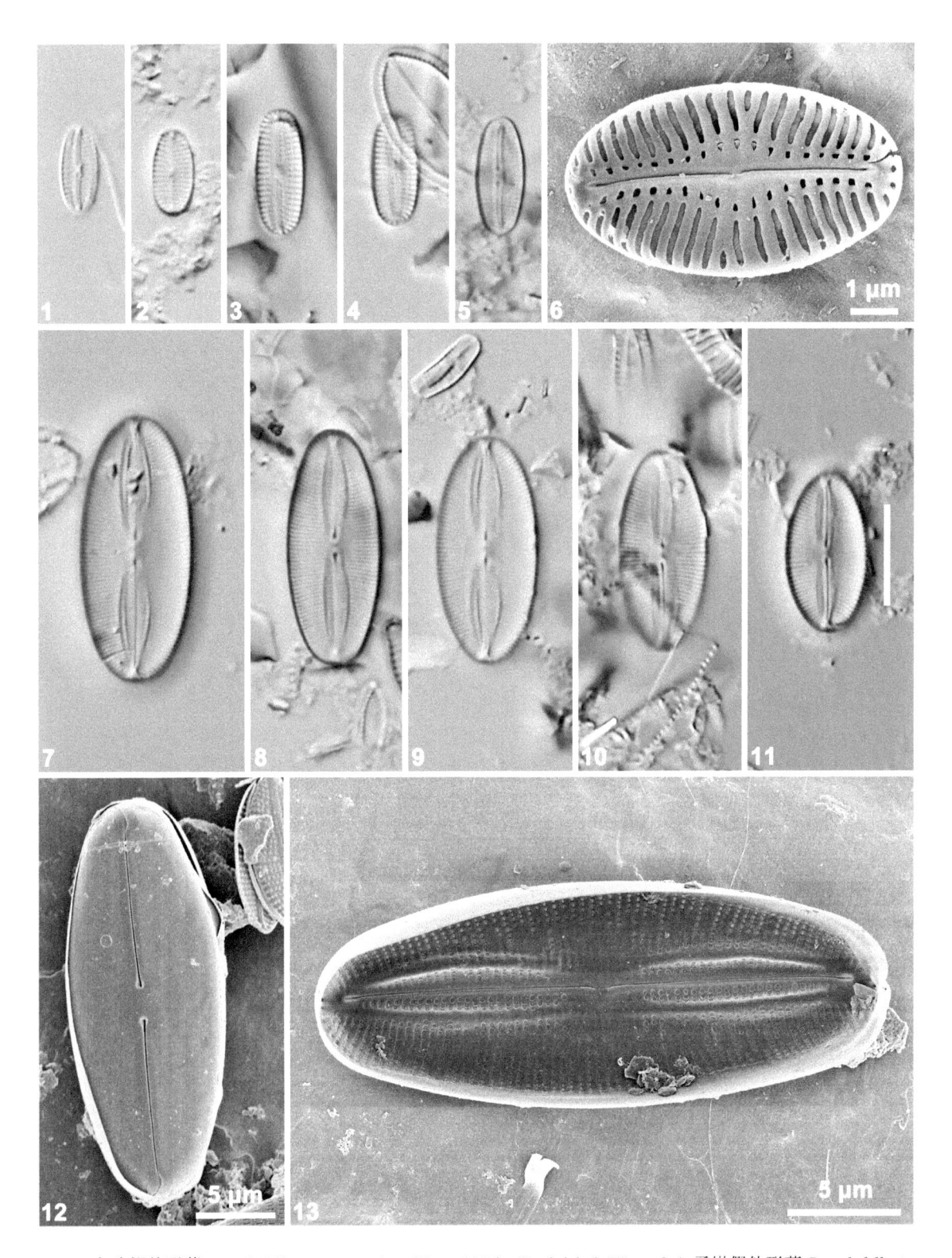

1-2, 6. 串珠假伪形藻 *Pseudofallacia monoculata* (Hustedt) Liu, Kociolek & Wang; 3-4. 柔嫩假伪形藻 *Pseudofallacia tenera* (Hustedt) Liu, Kociolek & Wang; 5. 卡氏微肋藻 *Microcostatus krasskei* (Hustedt) Johansen & Sray; 7-13. 矮小伪形藻 *Fallacia pygmaea* (Kützing) Stickle & Mann

图版 90

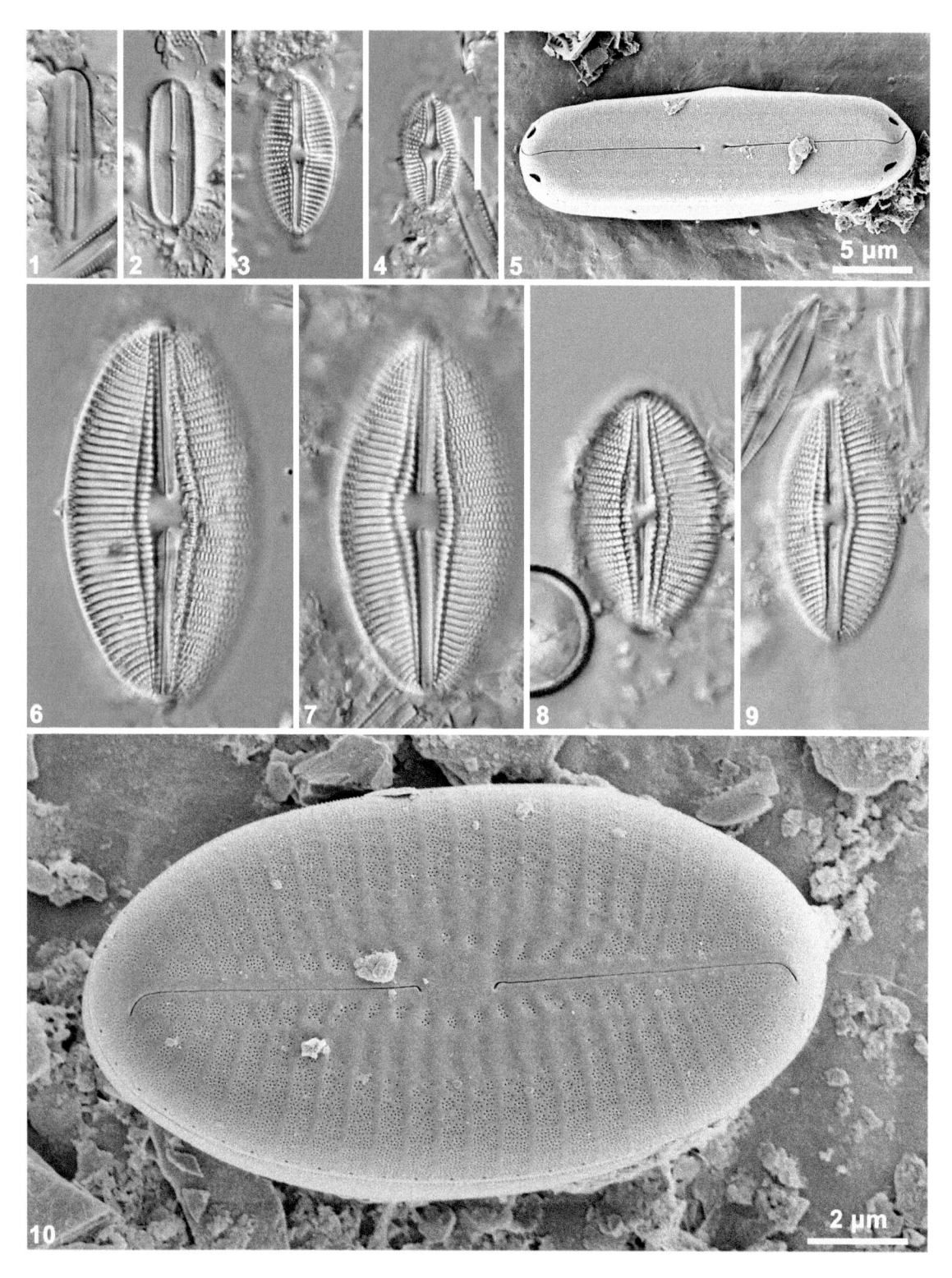

1-2, 5. 小近钩状伪形藻 *Fallacia subhamulata* (Grunow) Mann; 3-4, 10. 灰岩双壁藻 *Diploneis calcicolafrequens* Lange-Bertalot & Fuhrmann; 6-9. 椭圆双壁藻 *Diploneis elliptica* (Kützing) Cleve

图版 91

1-6, 14. 微小双壁藻 *Diploneis minuta* Petersen; 7-13, 15. 眼斑双壁藻 *Diploneis oculata* (Brébisson) Cleve

图版 92

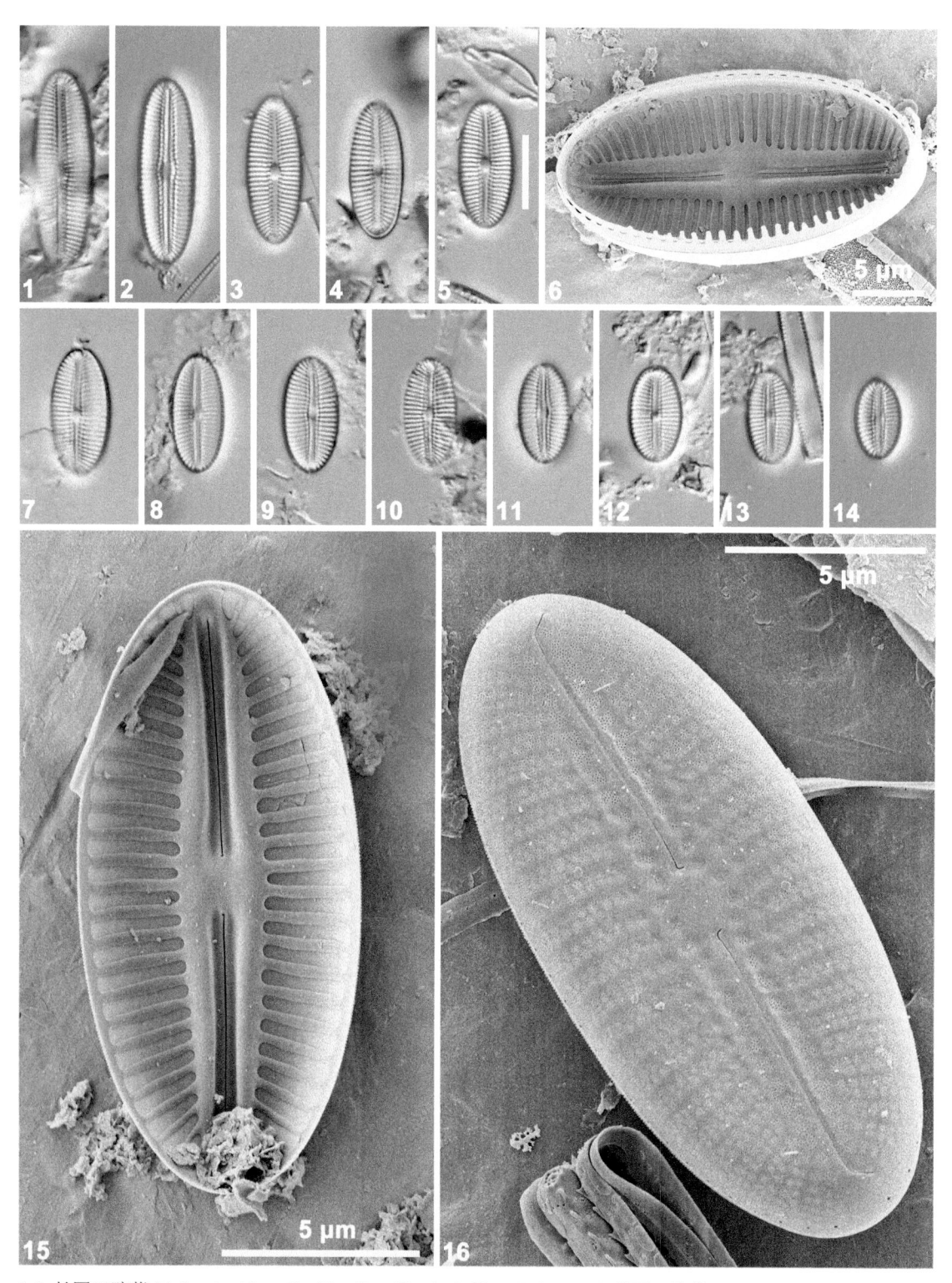

1-6. 长圆双壁藻 *Diploneis oblongella* (Nägeli ex Kützing) Cleve-Euler; 7-16. 美丽双壁藻 *Diploneis puella* (Schumann) Cleve

图版 **93**

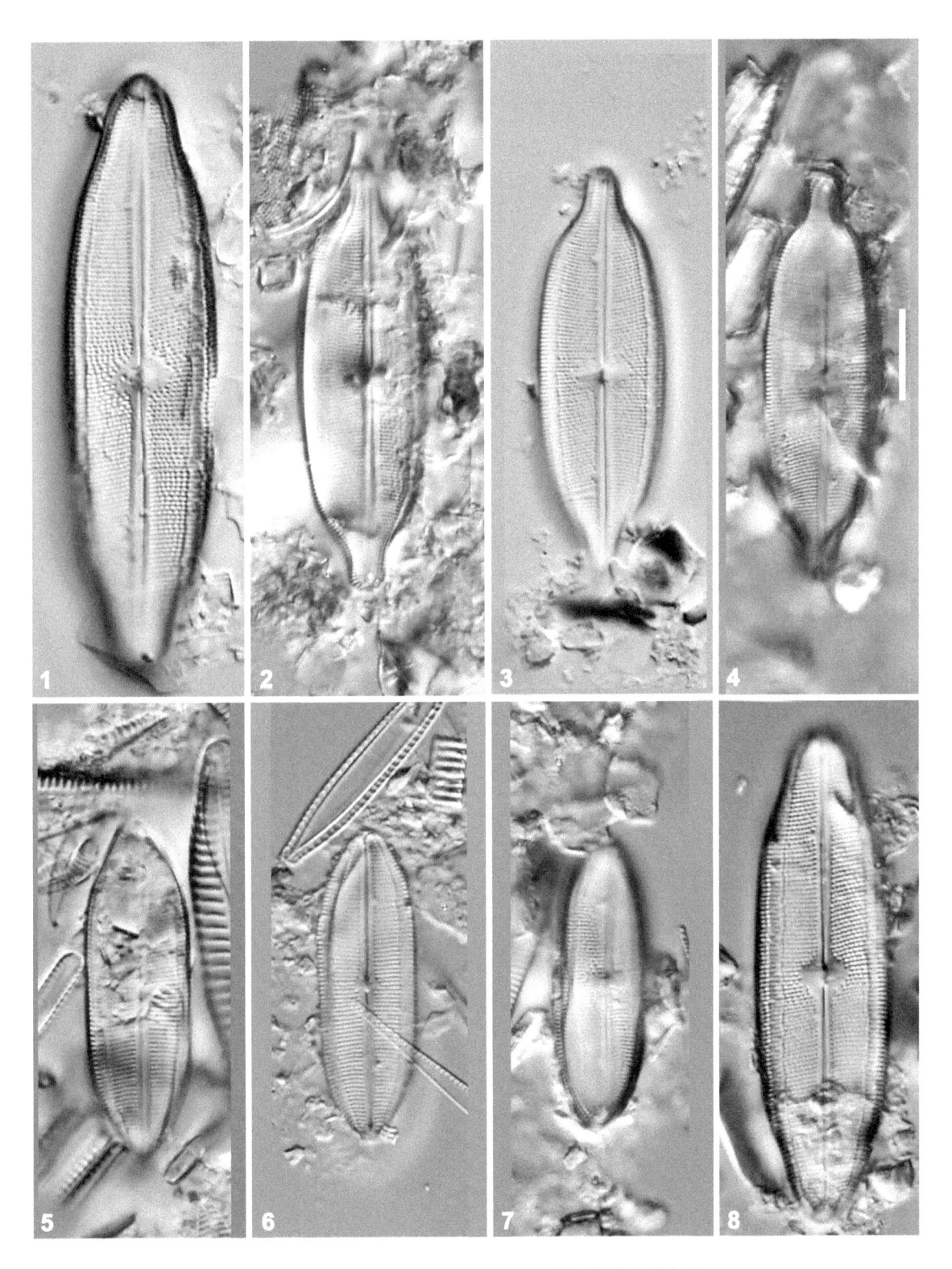

1. 舌状长篦藻 *Neidium ligulatum* Liu, Wang & Kociolek; 2-4. 细纹长篦藻乌马变种 *Neidium affine* var. *humeris* Reimer; 5-6. 楔形长篦藻 *Neidium cuneatiforme* Levkov; 7. 短喙长篦藻 *Neidium rostratum* Liu, Wang & Kociolek; 8. 细纹长篦藻 *Neidium affine* (Ehrenberg) Pfitzer

图版 94

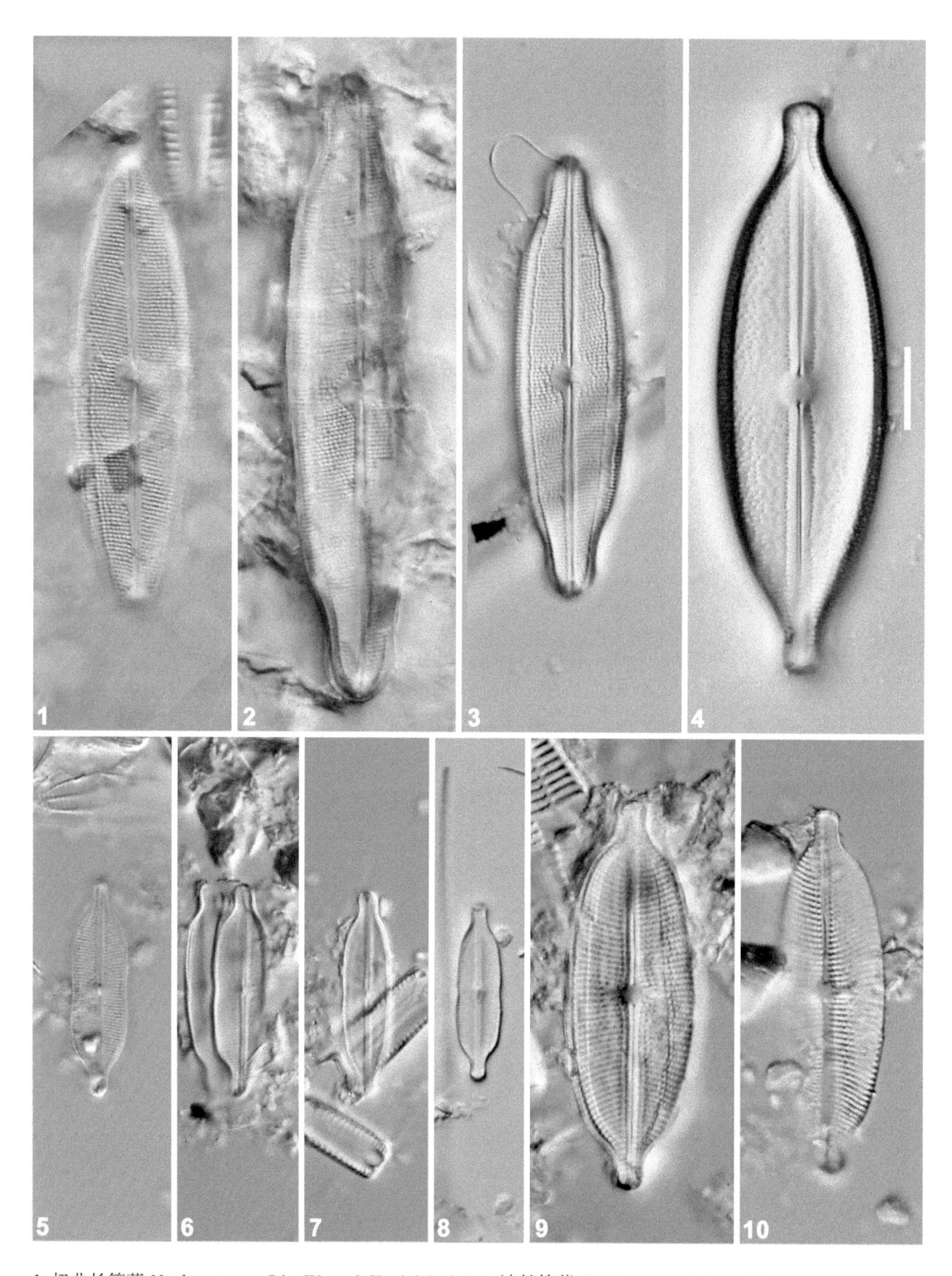

1. 扭曲长篦藻 *Neidium tortum* Liu, Wang & Kociolek; 2-3. 三波长篦藻 *Neidium triundulatum* Liu, Wang & Kociolek; 4. 具球异菱藻 *Anomoeoneis sphaerophora* Pfitzer; 5-8. 双结形长篦形藻 *Neidiomorpha binodiformis* (Krammer) Cantonati, Lange-Bertalot & Angeli; 9-10. 施特罗斯暗额藻 *Aneumastus stroesei* (Østrup) Mann

图版 95

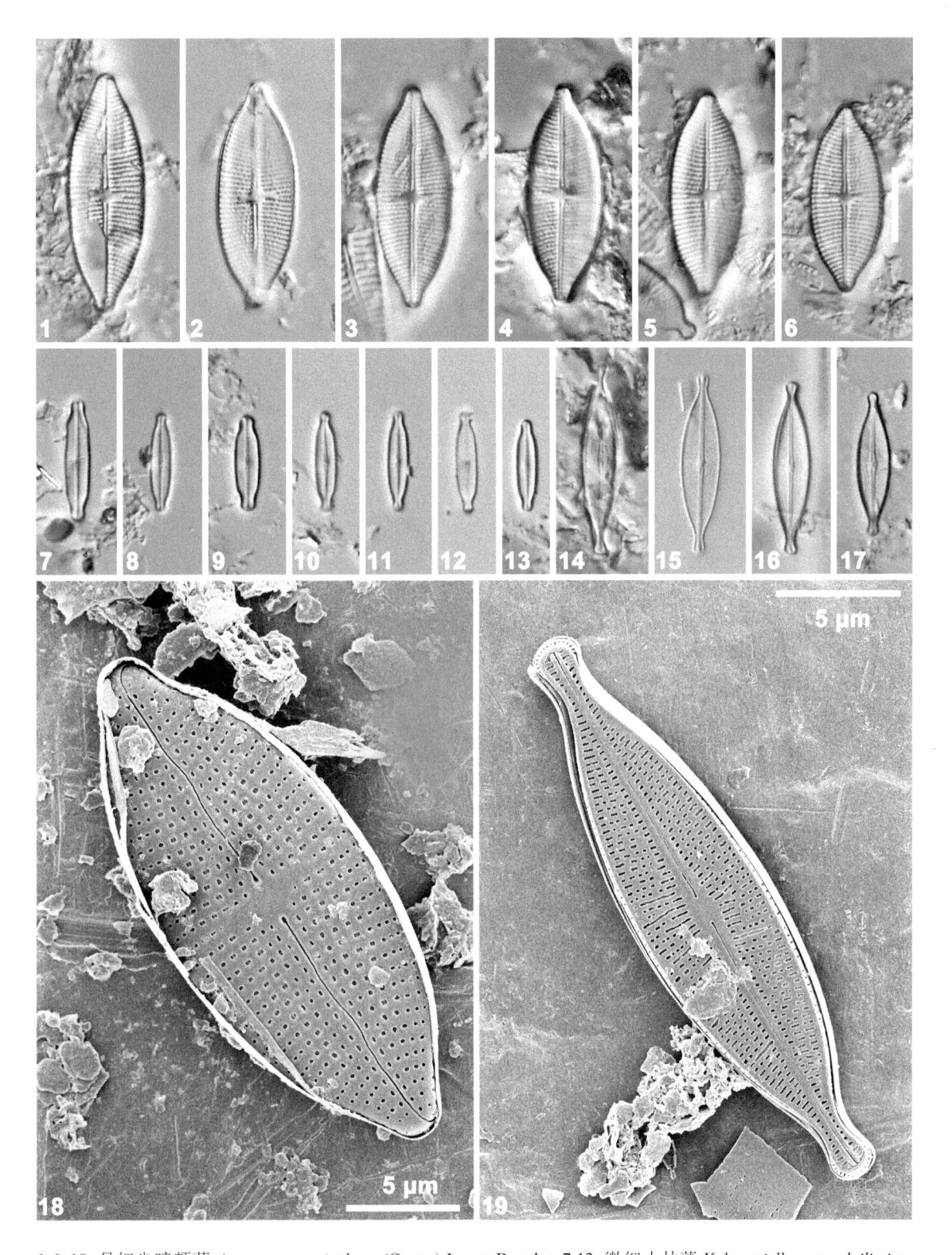

1-6, 18. 具细尖暗额藻 *Aneumastus apiculatus* (Østrup) Lange-Bertalot; 7-13. 微细小林藻 *Kobayasiella parasubtilissima* (Kobayasi & Nagumo) Lange-Bertalot; 14-17, 19. 新瘦短纹藻 *Brachysira neoexilis* Lange-Bertalot

图版 96

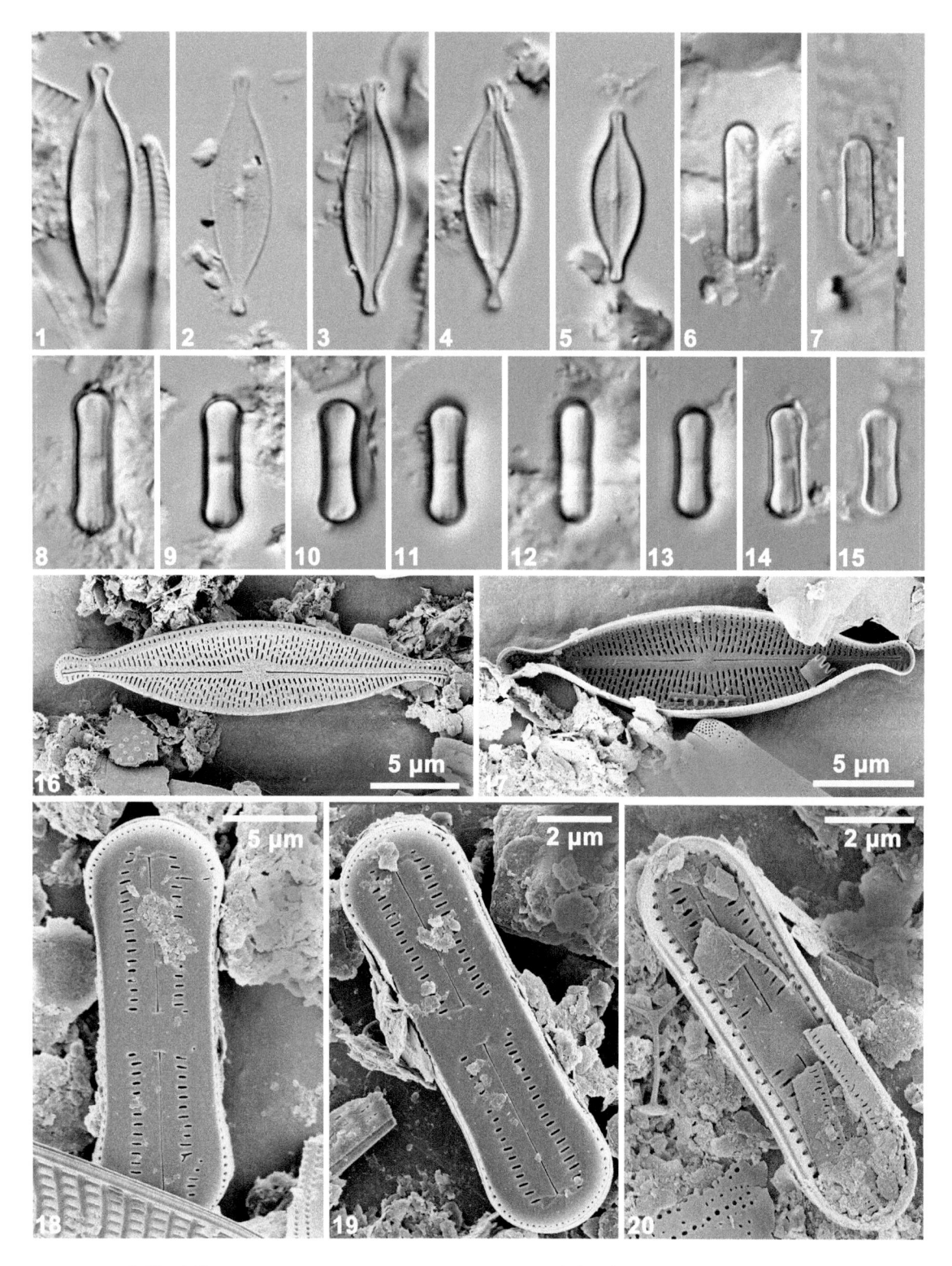

1-5, 16-17. 透明短纹藻 *Brachysira vitrea* (Grunow) Ross; 6-7, 18. 孔塘喜湿藻 *Humidophila contenta* (Grunow) Lowe; 8-15, 19-20. 伪装喜湿藻 *Humidophila deceptionensis* Kopalová, Zidarova & Van de Vijver

图版 97

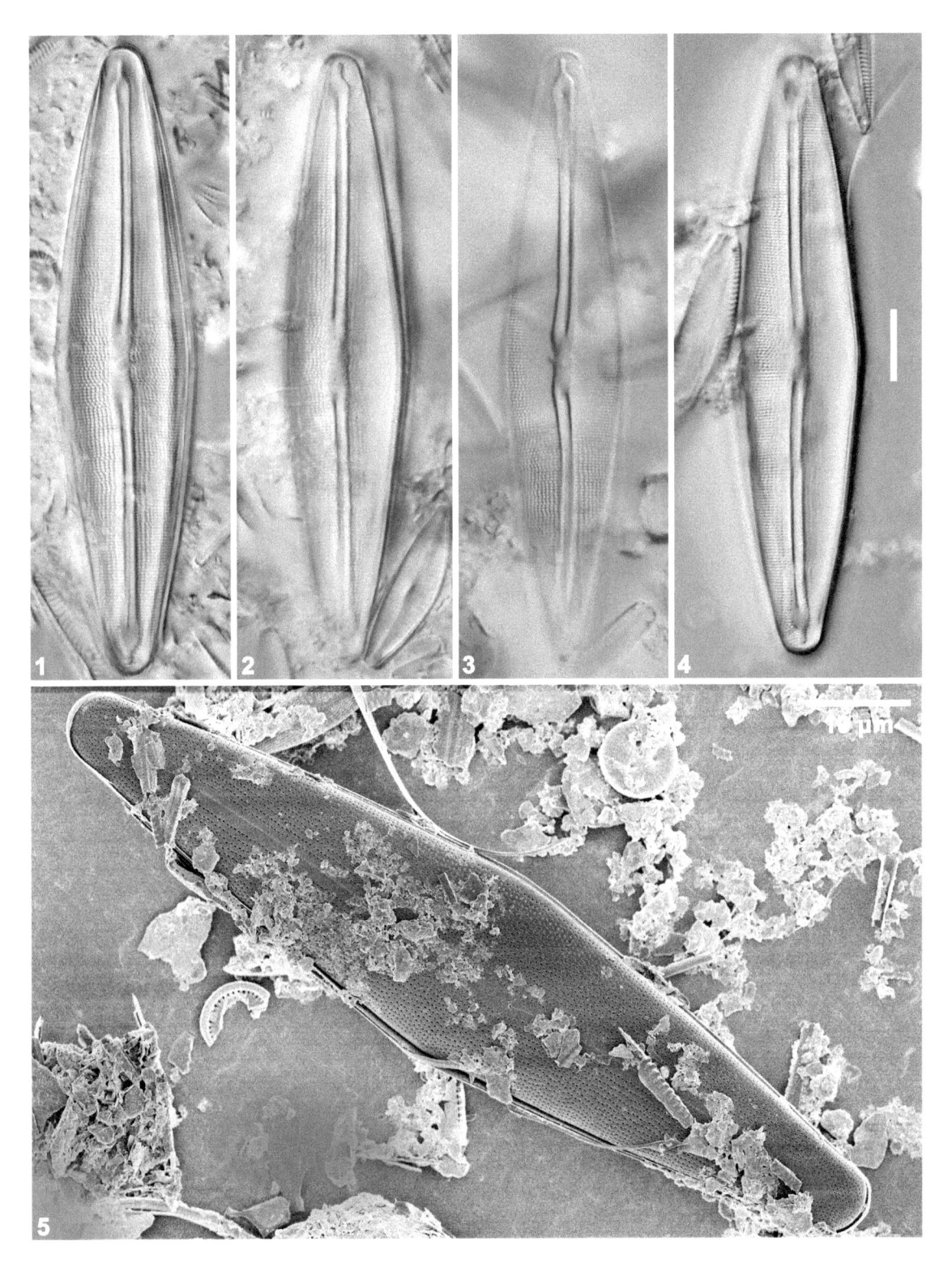

1-5. 似茧形肋缝藻 *Frustulia amphipleuroides* (Grunow) Cleve-Euler

图版 98

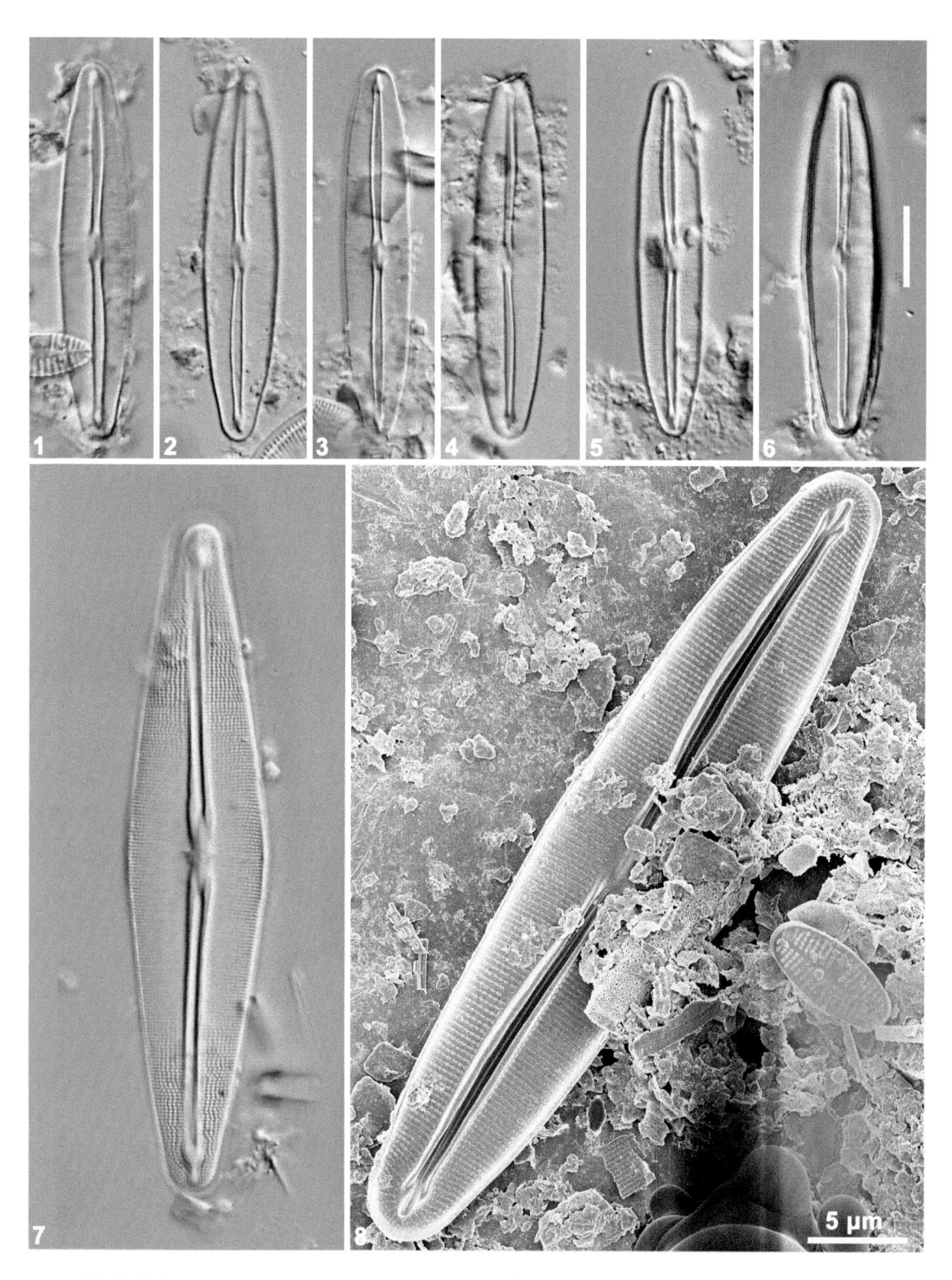

1-6, 8. 普通肋缝藻 *Frustulia vulgaris* (Thwaites) De Toni; 7. 克莱默肋缝藻 *Frustulia krammeri* Lange-Bertalot & Metzeltin

图版 99

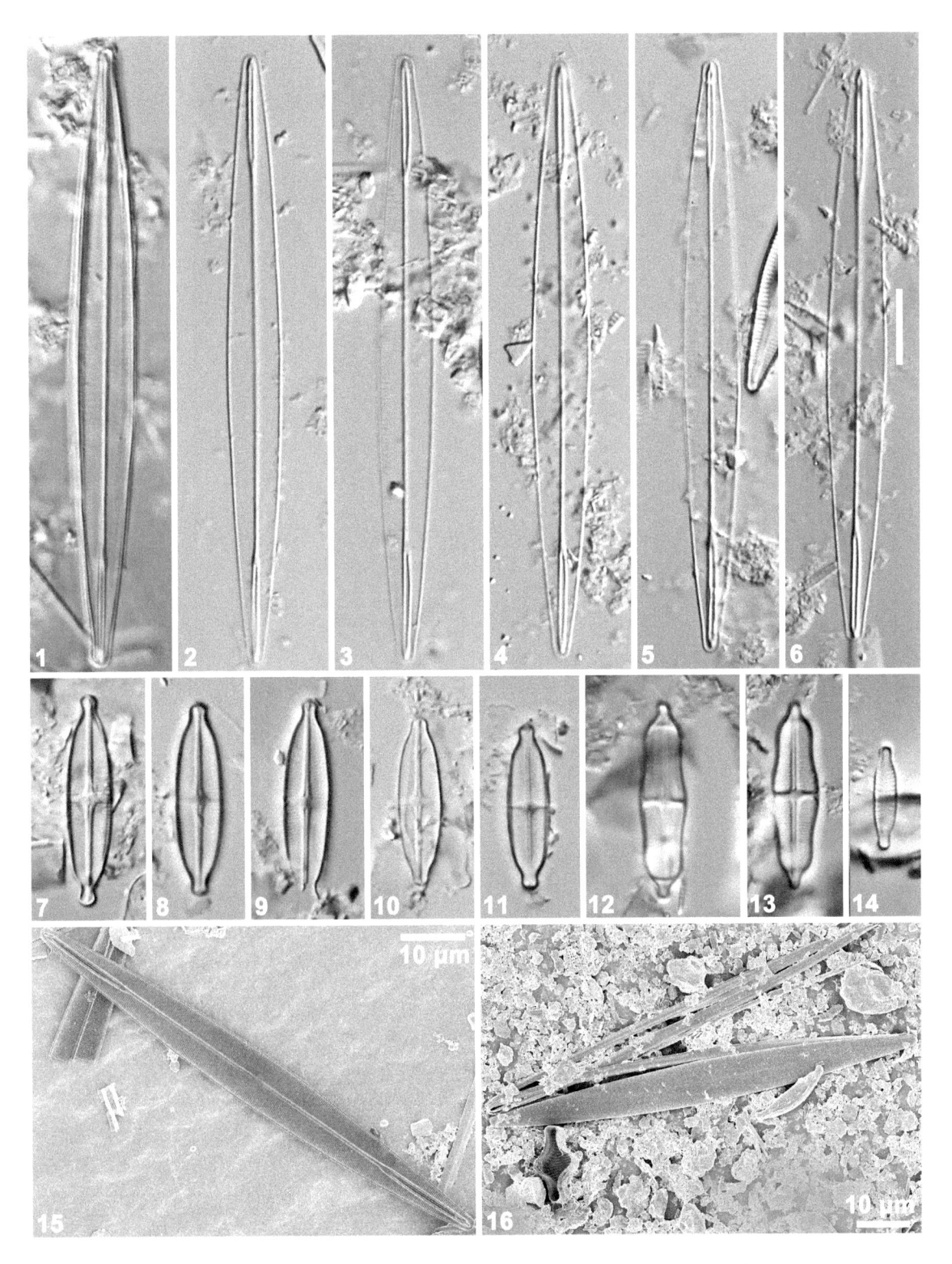

1-6, 15-16. 明晰双肋藻 *Amphipleura pellucida* (Kützing) Kützing; 7-11. 田地辐节藻膨大变种 *Stauroneis agrestis* var. *inflata* Kobayasi & Ando; 12-13. 施密斯辐节藻 *Stauroneis smithii* Grunow; 14. 色姆辐节藻 *Stauroneis thermicola* (Petersen) Lund

图版 100

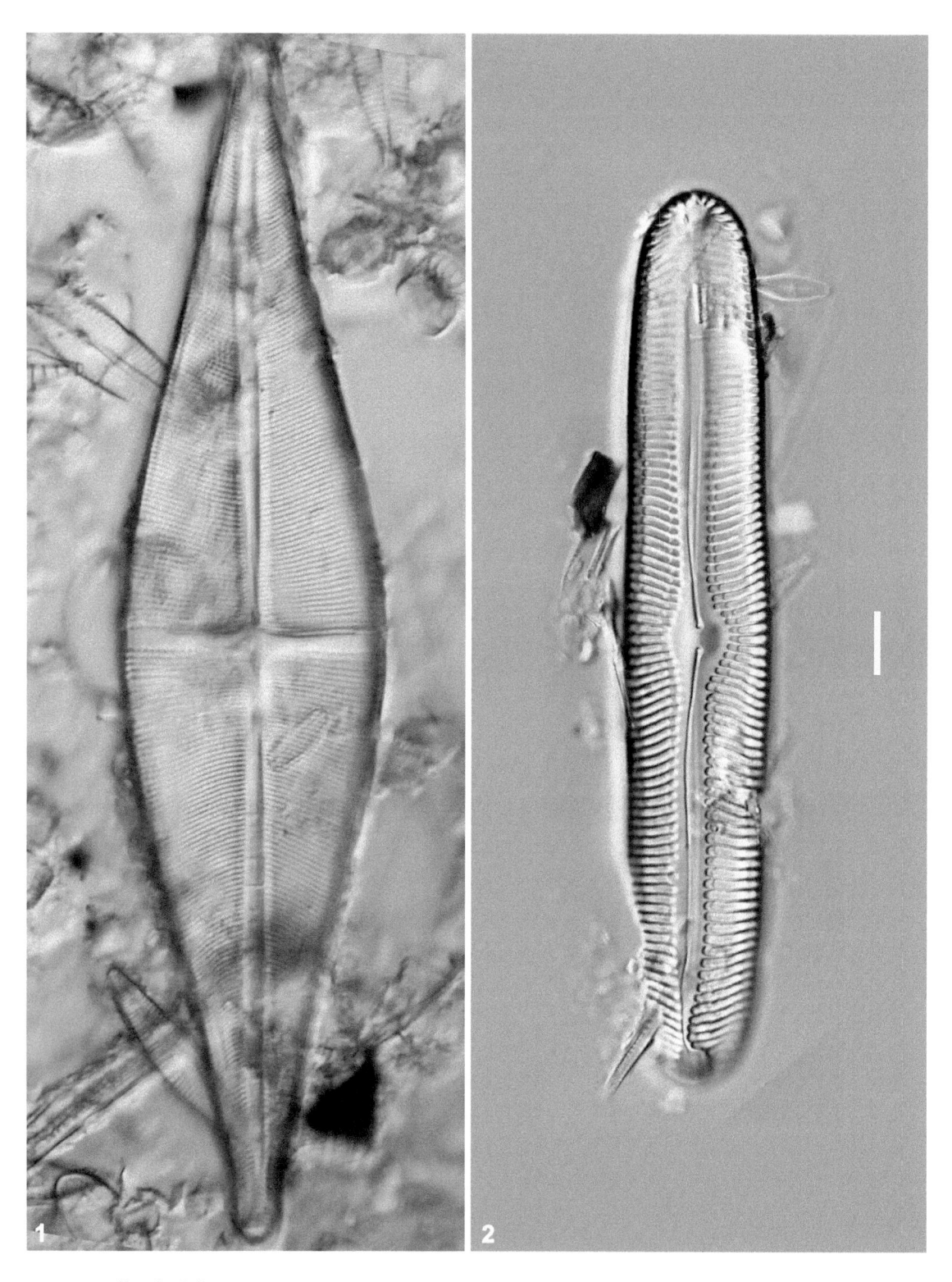

1. 特丽辐节藻 *Stauroneis terryi* Ward ex Palmer; 2. 新巨大羽纹藻 *Pinnularia neomajor* Krammer

图版 101

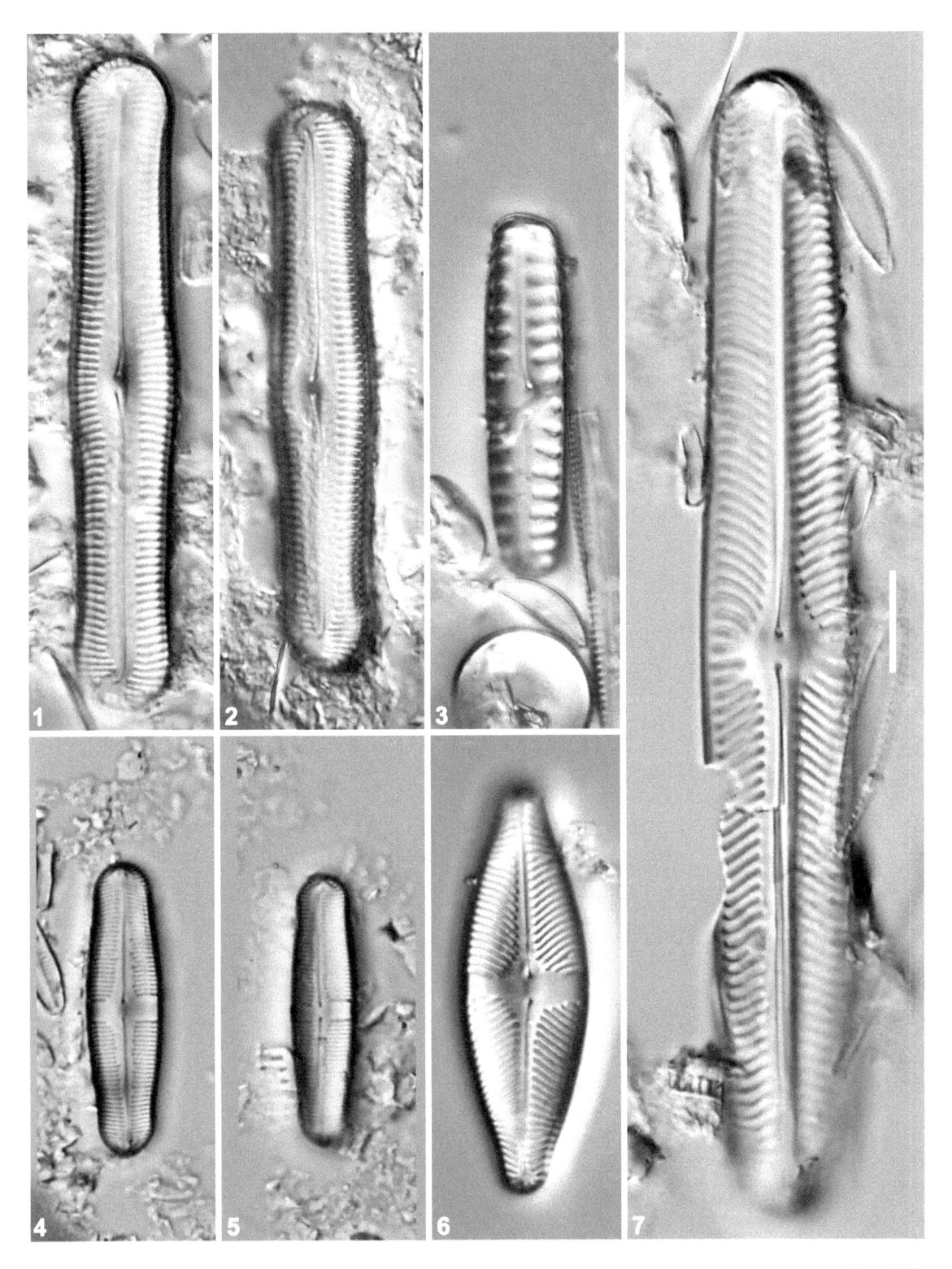

1-2. 圆顶羽纹藻 *Pinnularia acrosphaeria* Smith; 3. 角形羽纹藻 *Pinnularia angulosa* Krammer; 4-5. 可变羽纹藻 *Pinnularia erratica* Krammer; 6. 河蚌羽纹藻 *Pinnularia fluminea* Patrick & Freese; 7. 双戟羽纹藻 *Pinnularia bihastata* (Mann) Mills

图版 102

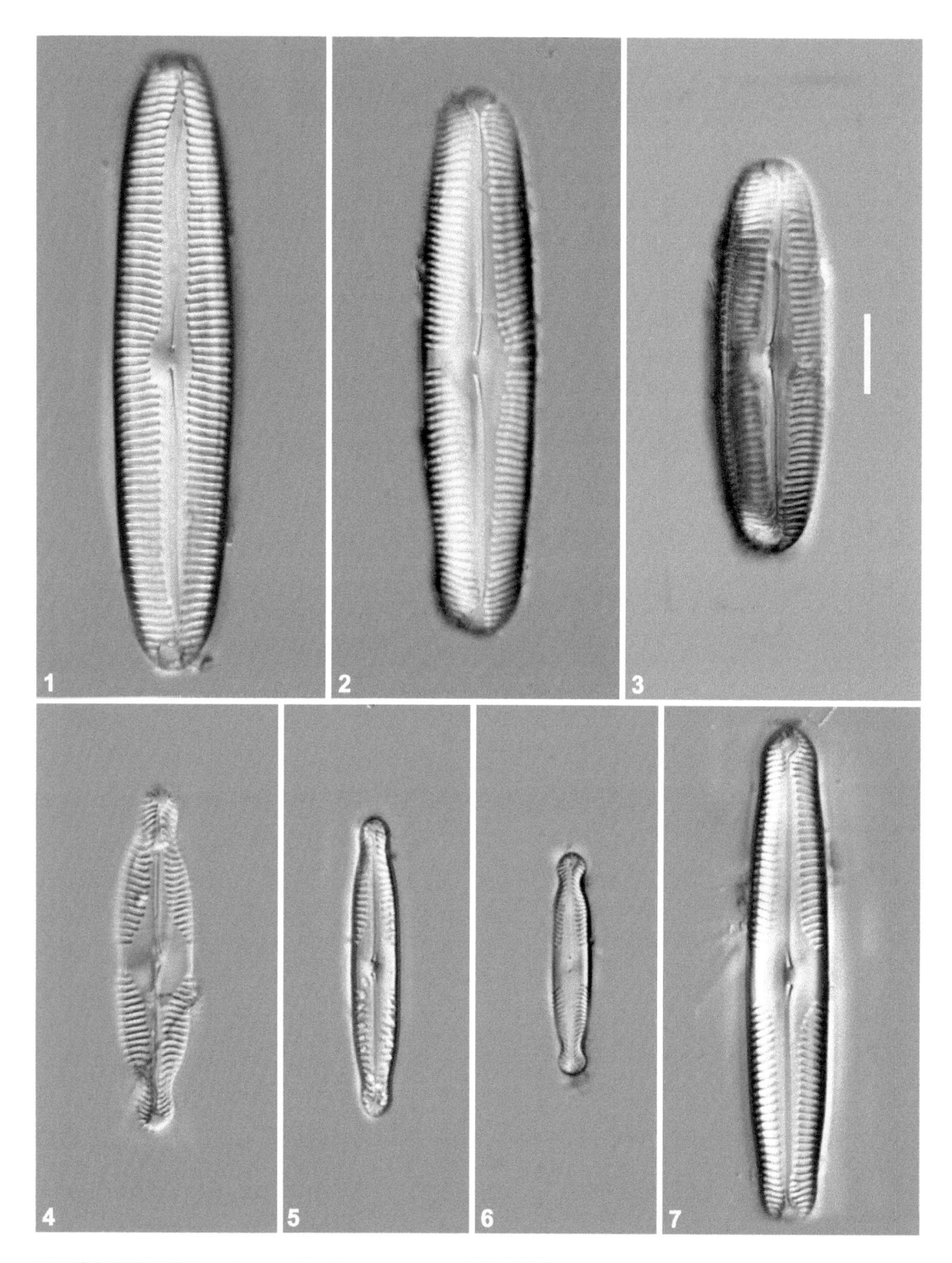

1-3. 瑞卡德羽纹藻 *Pinnularia reichardtii* Krammer; 4. 侧身羽纹藻 *Pinnularia latarea* Krammer; 5-6. 腐生羽纹藻 *Pinnularia saprophila* Lange-Bertalot, Kobayasi & Krammer; 7. 近弯羽纹藻波曲变种 *Pinnularia subgibba* var. *undulata* Krammer

图版 103

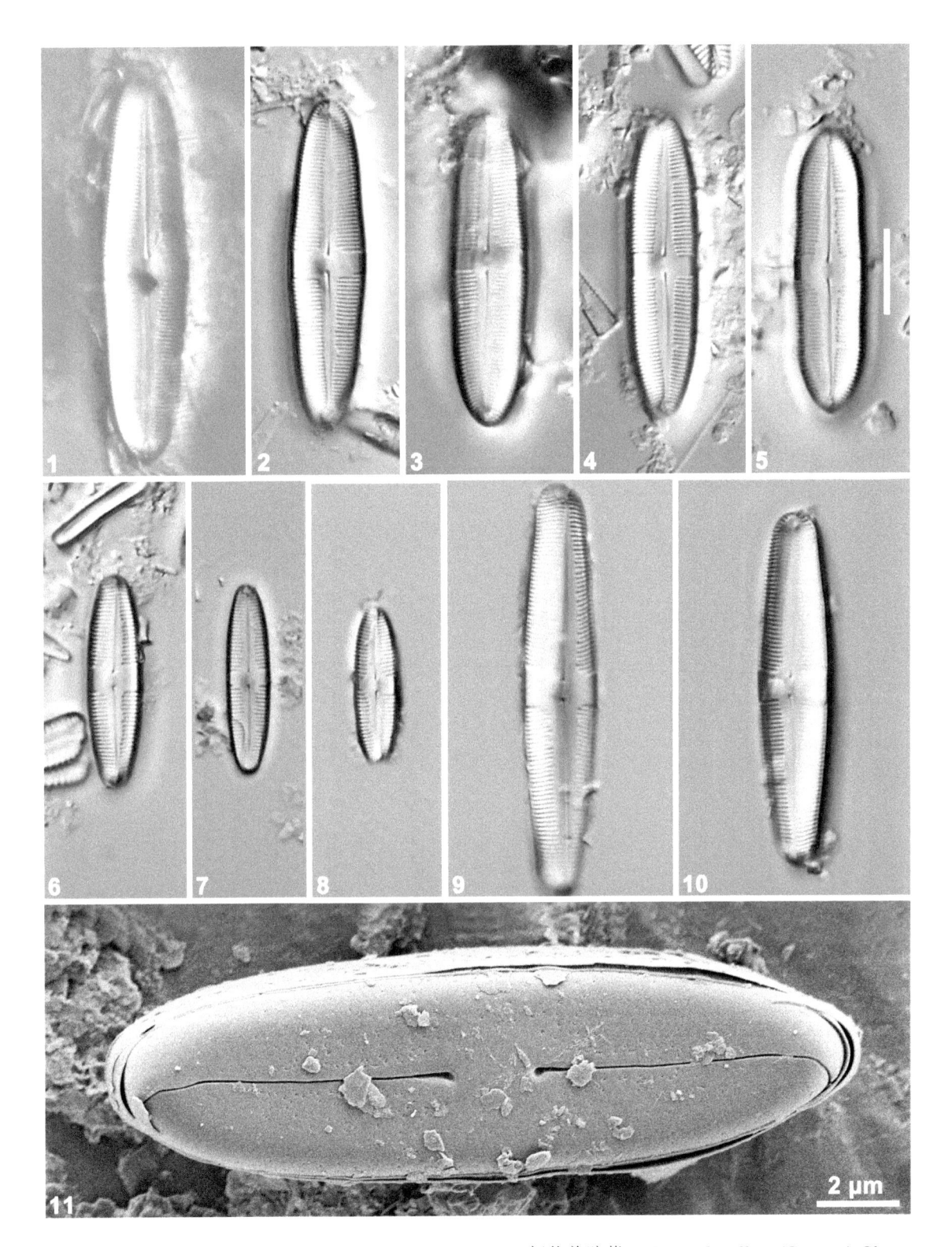

1-5. 尖美壁藻 *Caloneis acuta* Levkov & Metzeltin; 6-8, 11. 杆状美壁藻 *Caloneis bacillum* (Grunow) Cleve; 9-10. 克里夫美壁藻 *Caloneis clevei* (Lagerstedt) Cleve

图版 104

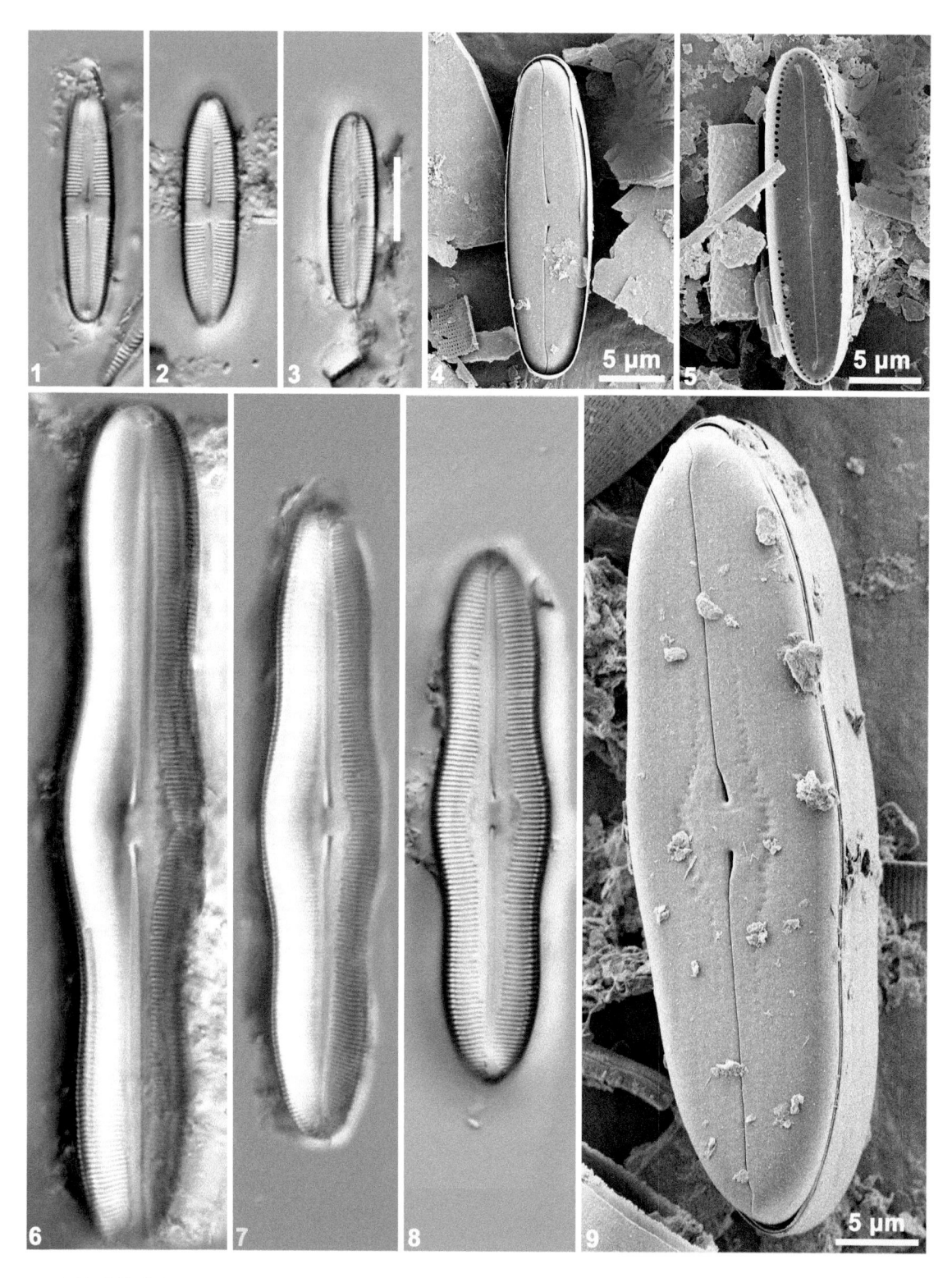

1-5. 福尔曼美壁藻 *Caloneis coloniformans* Kulikovskiy, Lange-Bertalot & Metzeltin; 6-9. 短角美壁藻 *Caloneis silicula* (Ehrenberg) Cleve

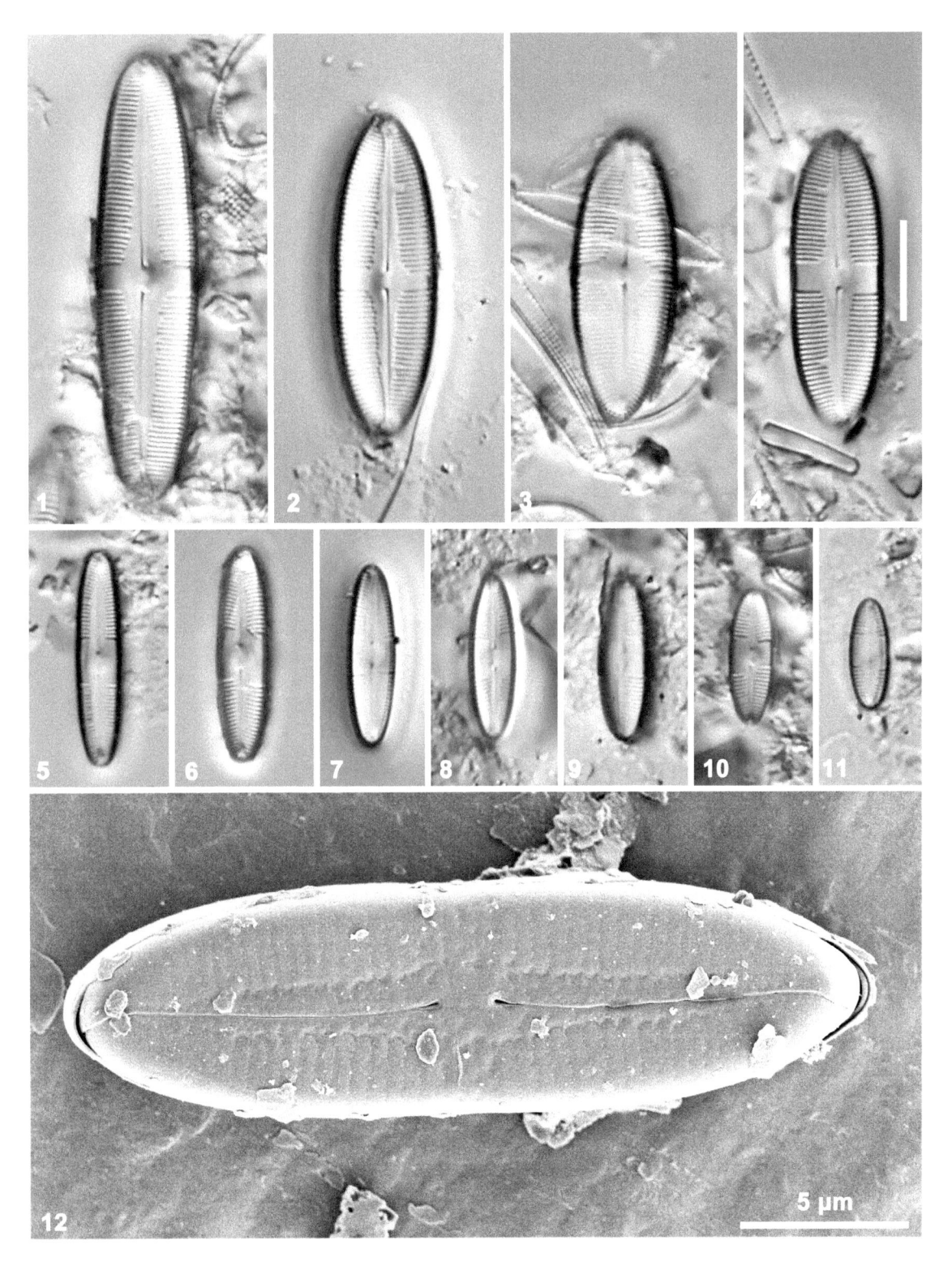

图版 105

1-4, 12. 辐节形美壁藻 *Caloneis stauroneiformis* (Amossé) Metzeltin & Lange-Bertalot; 5-11. 酸凝乳美壁藻 *Caloneis tarag* Kulikovskiy, Lange-Bertalot & Metzeltin

图版 106

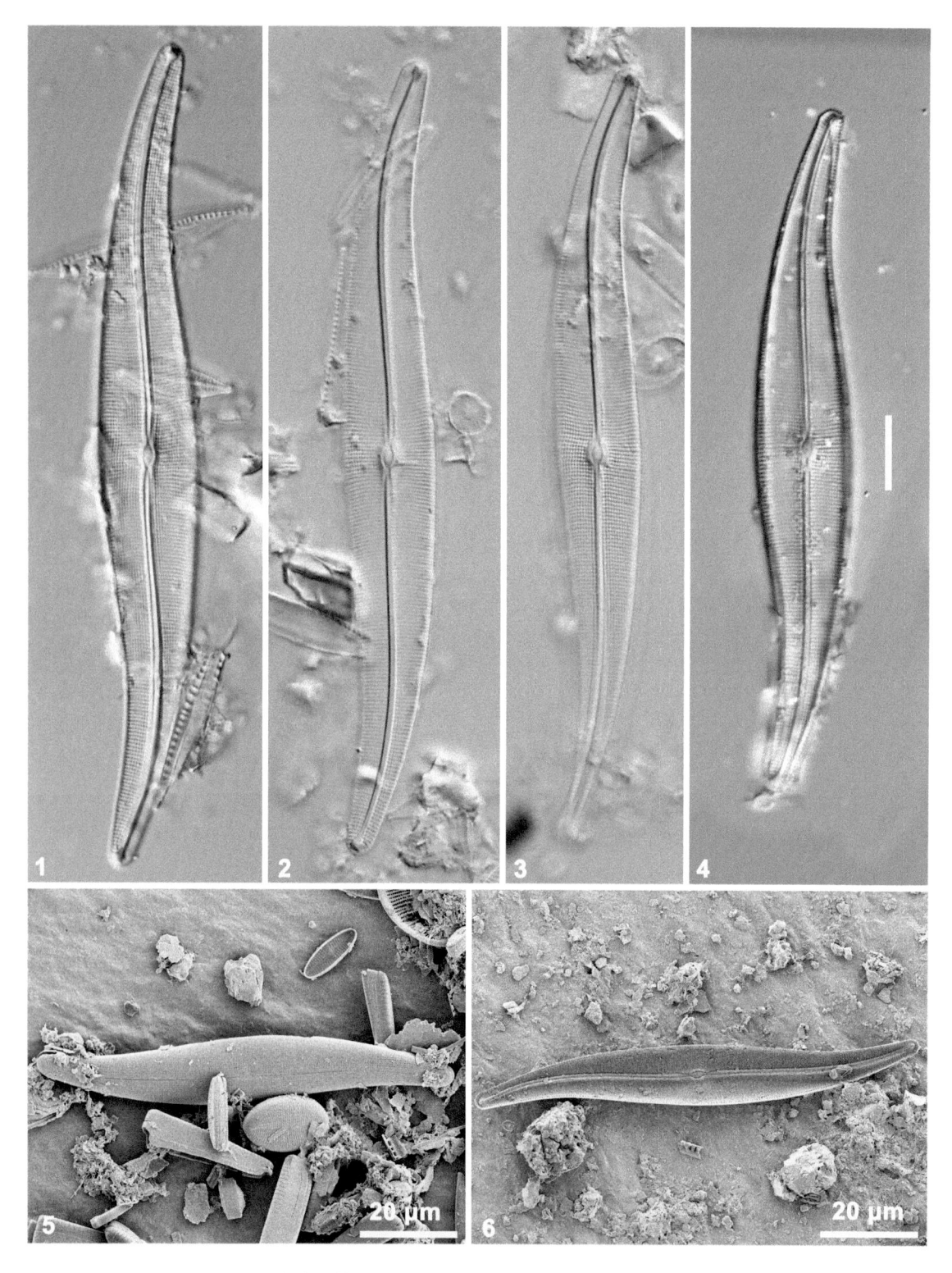

1-6. 尖布纹藻 *Gyrosigma acuminatum* (Kützing) Rabenhorst

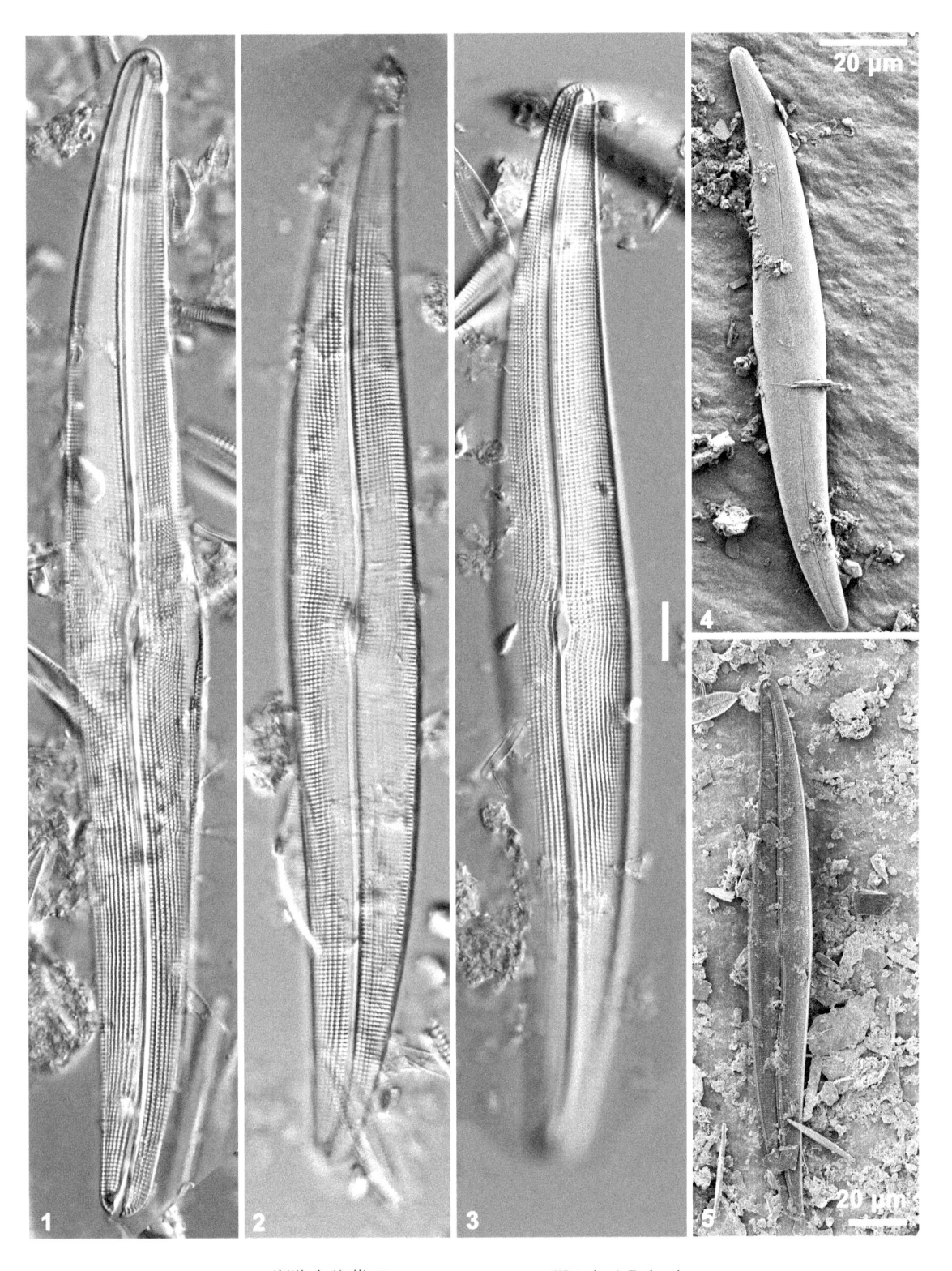

图版 107

1-5. 渐狭布纹藻 *Gyrosigma attenuatum* (Kützing) Rabenhorst

图版 108

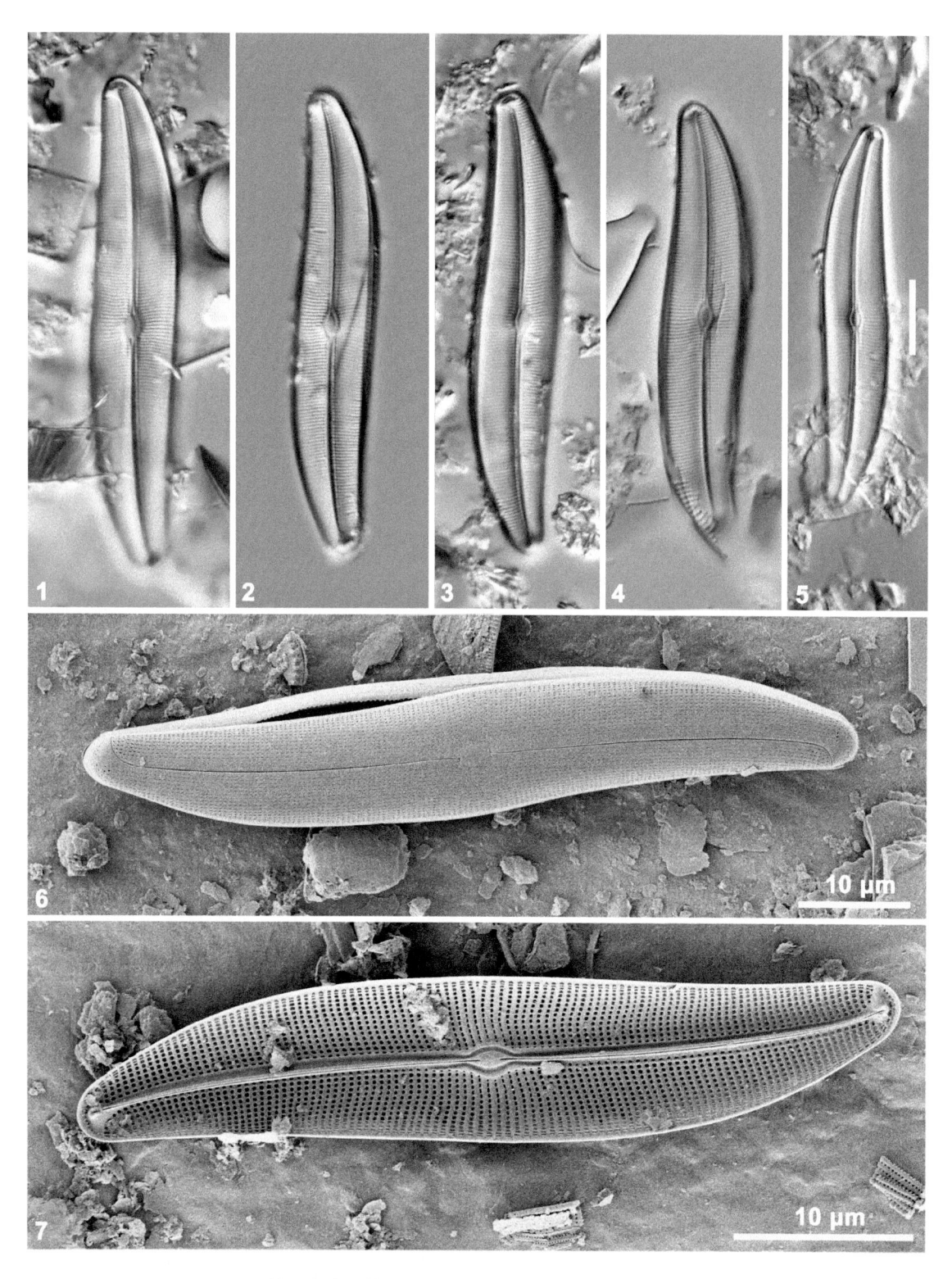

1-7. 锉刀状布纹藻 *Gyrosigma scalproides* (Rabenhorst) Cleve

图版 109

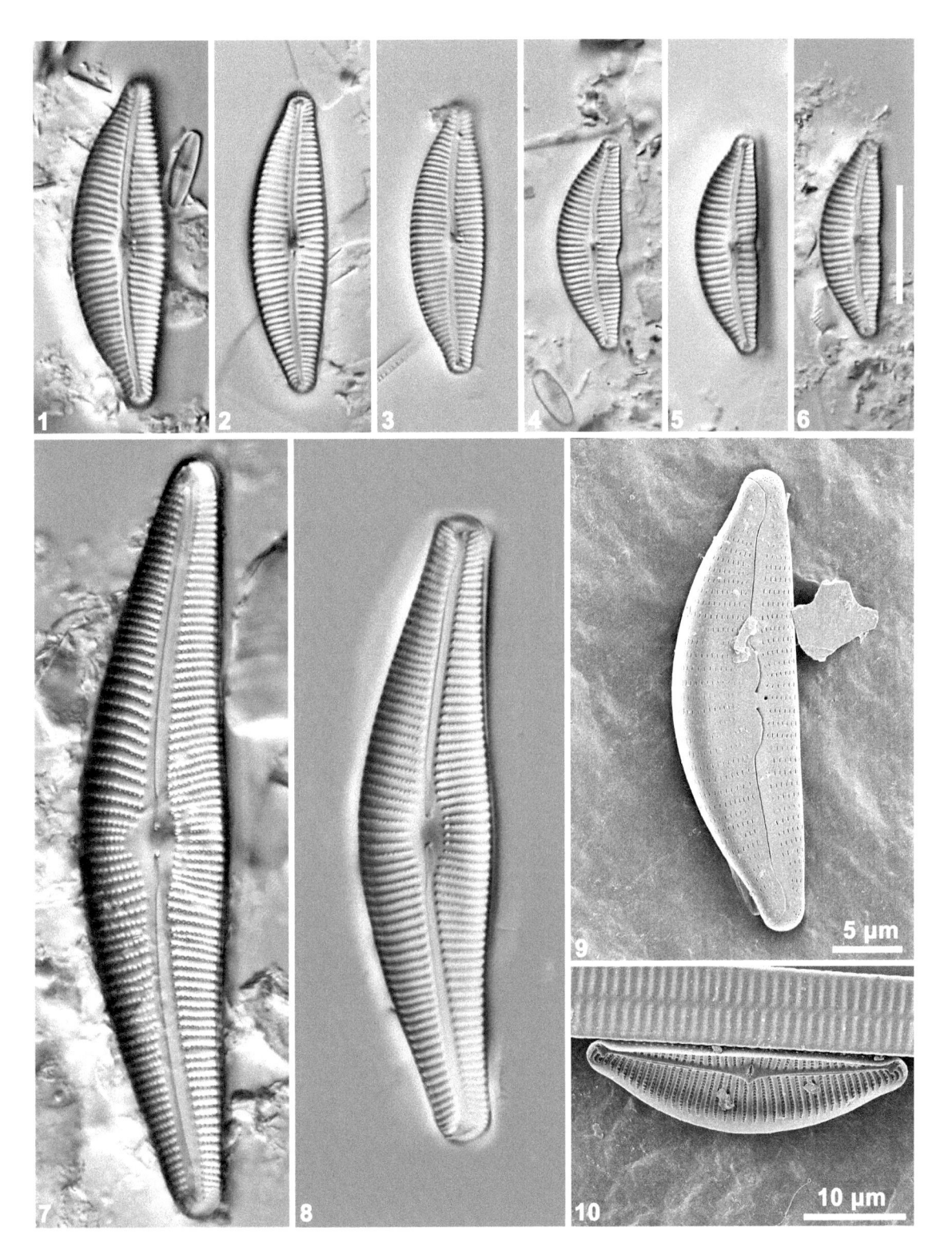

1-6, 9-10. 近缘桥弯藻 *Cymbella affinis* Kützing; 7. 粗糙桥弯藻小型变种 *Cymbella aspera* var. *minor* (Van Heurck) Cleve; 8. 北极桥弯藻 *Cymbella arctica* (Lagerstedt) Schmidt

图版 110

1-3. 粗糙桥弯藻 *Cymbella aspera* (Ehrenberg) Cleve

图版 111

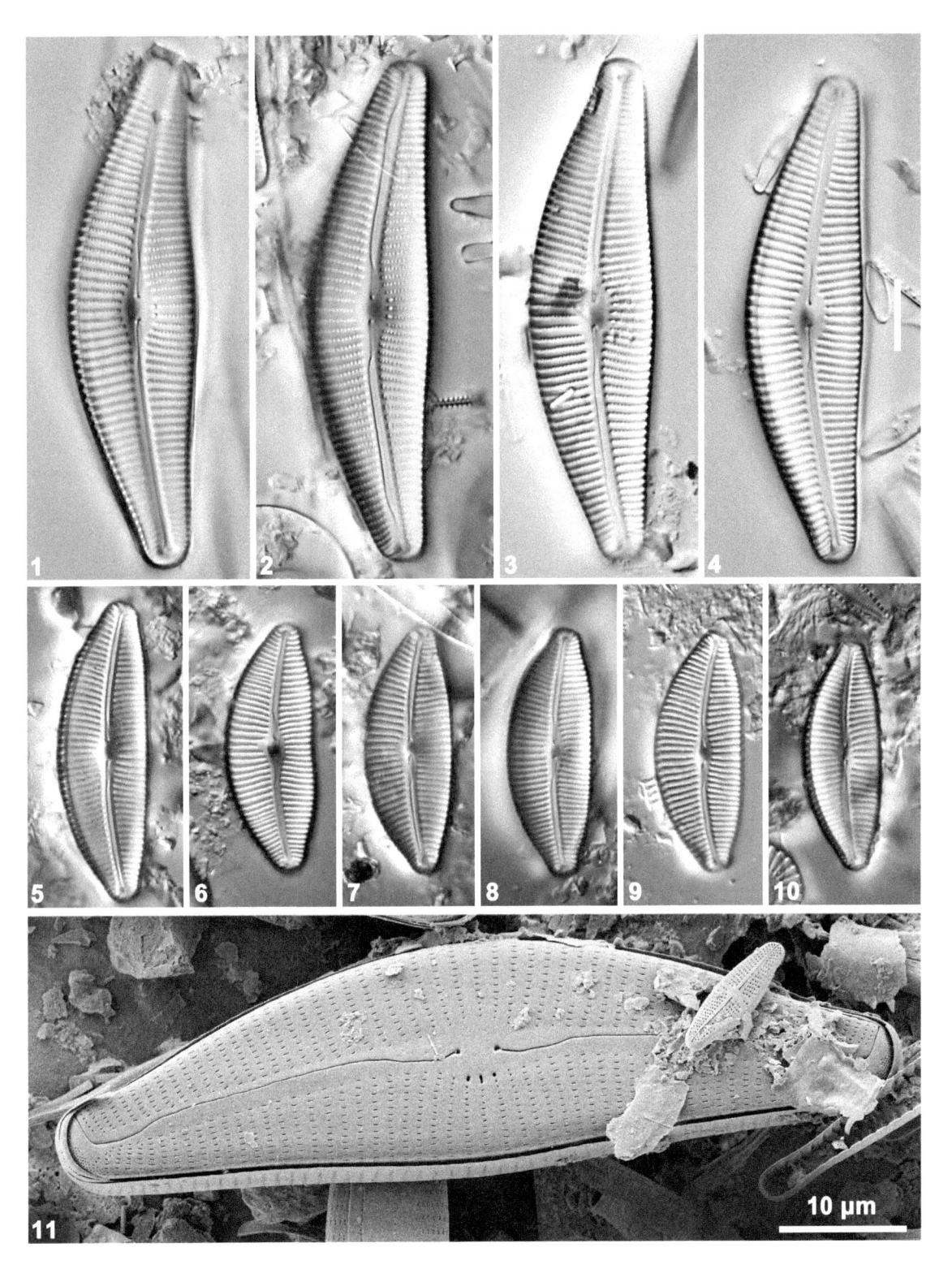

1-4, 11. 澳洲桥弯藻 *Cymbella australica* (Schmidt) Cleve; 5-10. 紧密桥弯藻 *Cymbella compacta* Østrup

图版 112

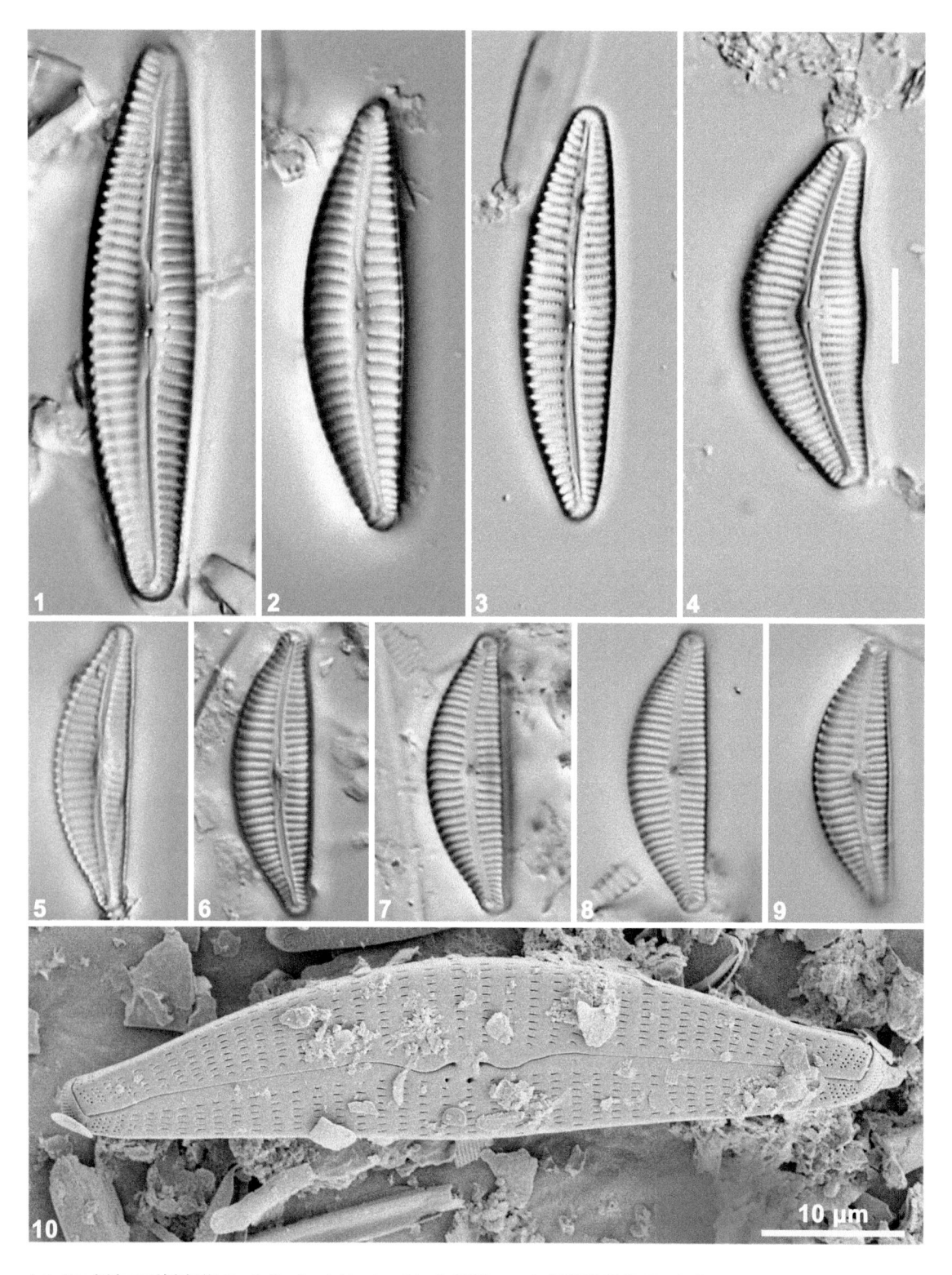

1-3, 10. 末端二列桥弯藻 *Cymbella distalebiseriata* Liu & Williams; 4. 凸腹桥弯藻 *Cymbella convexa* (Hustedt) Krammer; 5-9. 切断桥弯藻 *Cymbella excisa* Kützing

图版 113

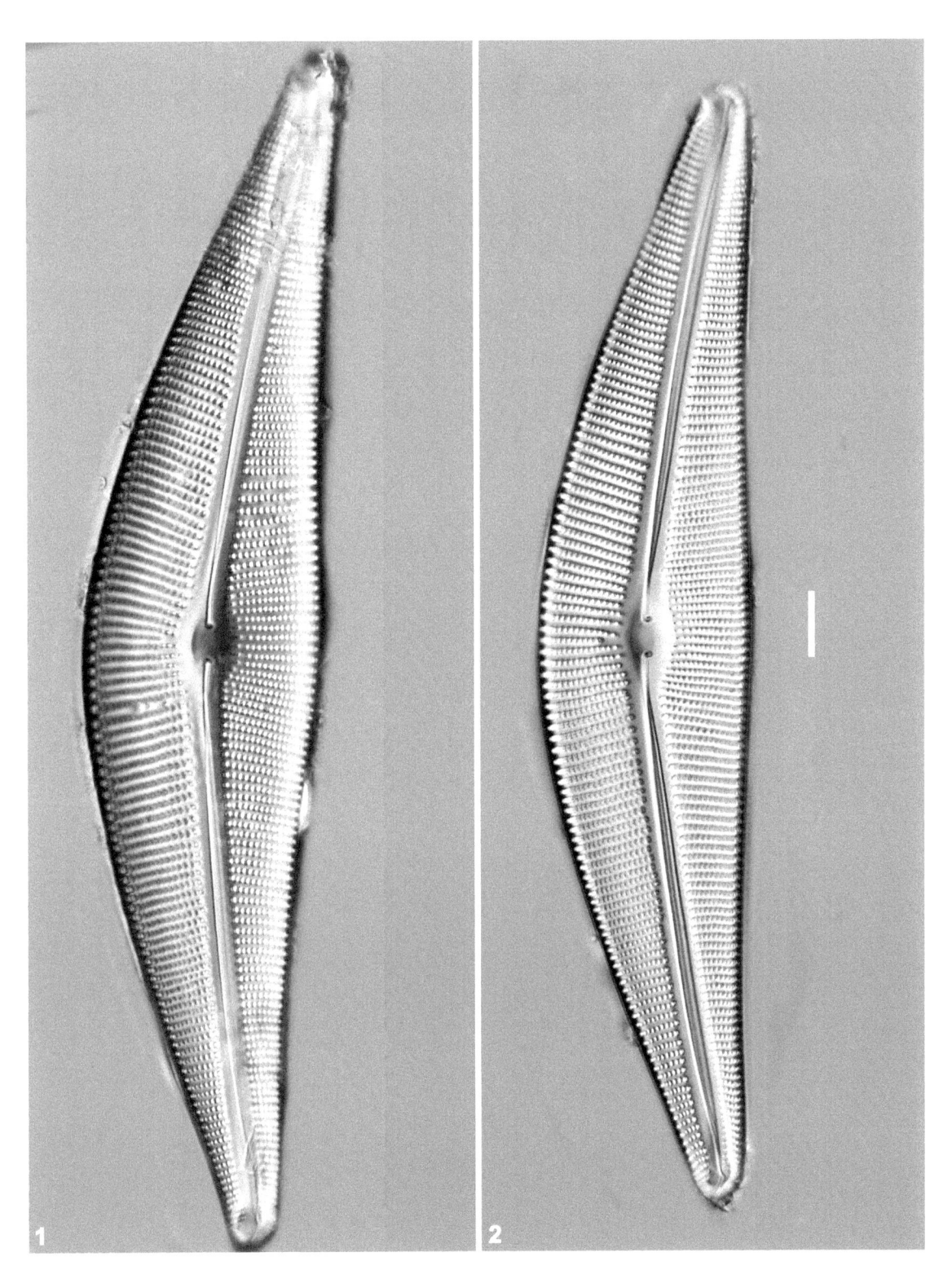

1-2. 披针形桥弯藻 *Cymbella lanceolata* Agardh

图版 114

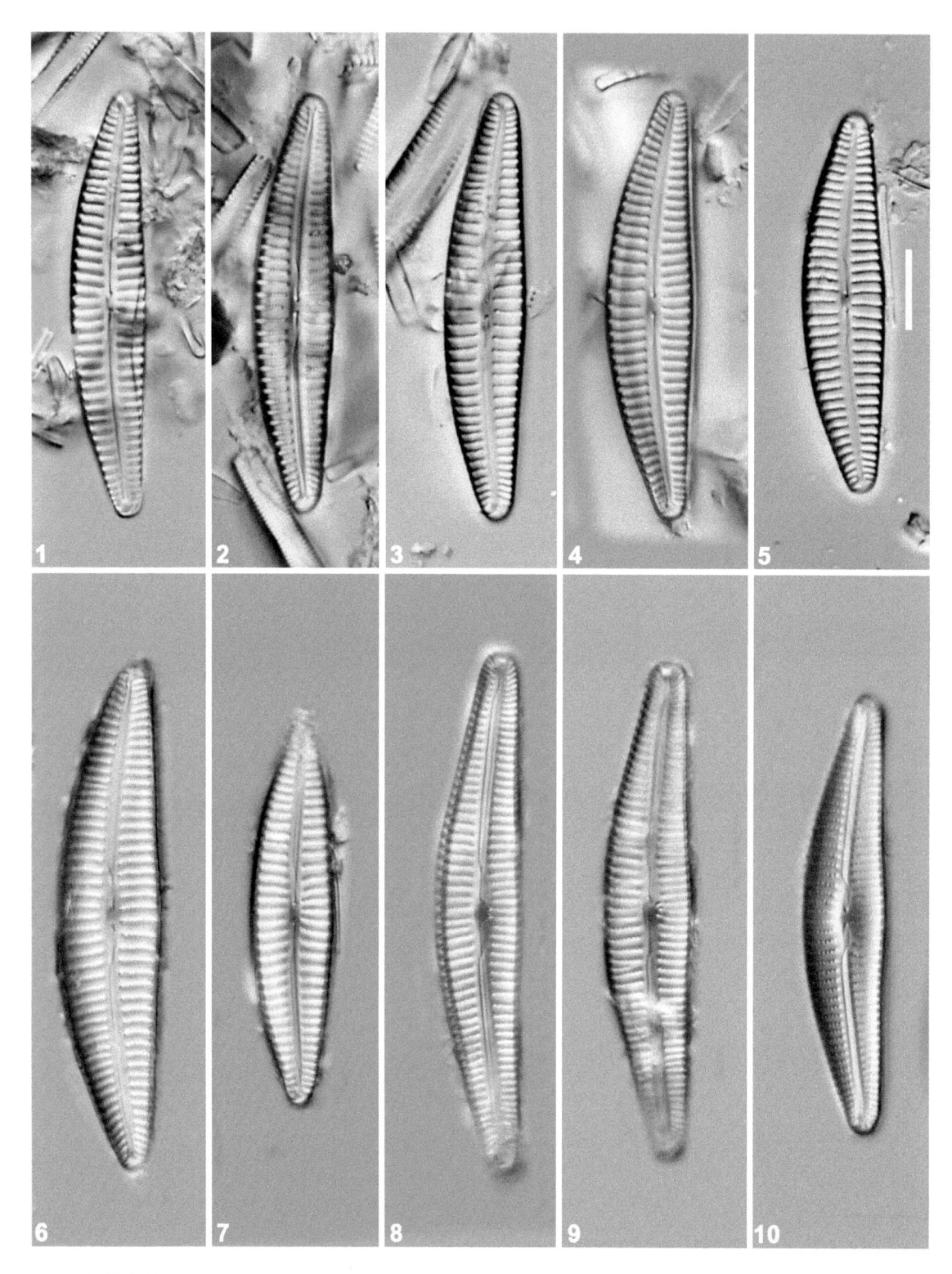

1-5. 平滑桥弯藻 *Cymbella laevis* Nägeli; 6-7. 长贝尔塔桥弯藻 *Cymbella lange-bertalotii* Krammer; 8-10. 极变异桥弯藻 *Cymbella pervarians* Krammer

图版 **115**

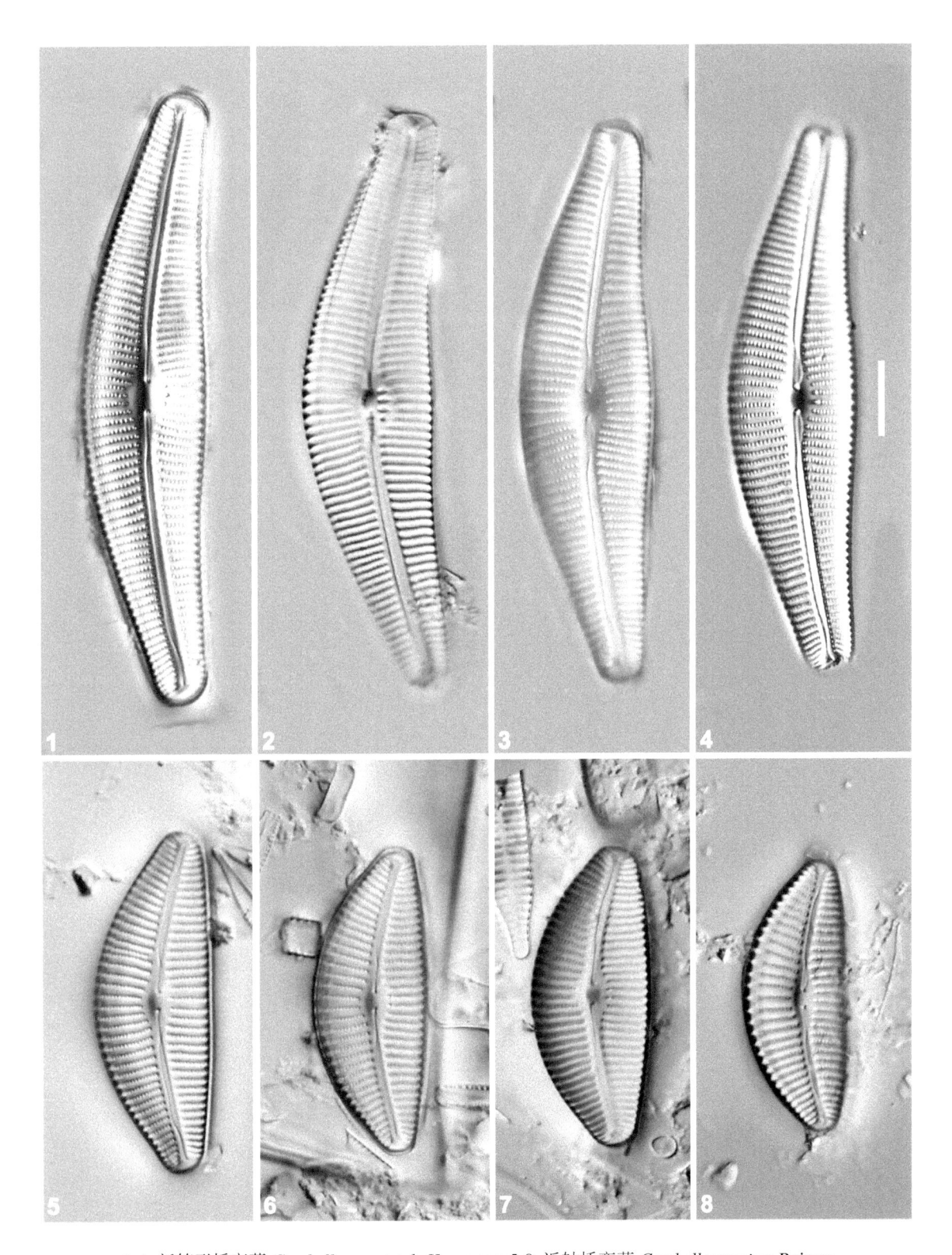

1-4. 新箱形桥弯藻 *Cymbella neocistula* Krammer; 5-8. 近轴桥弯藻 *Cymbella proxima* Reimer

图版 116

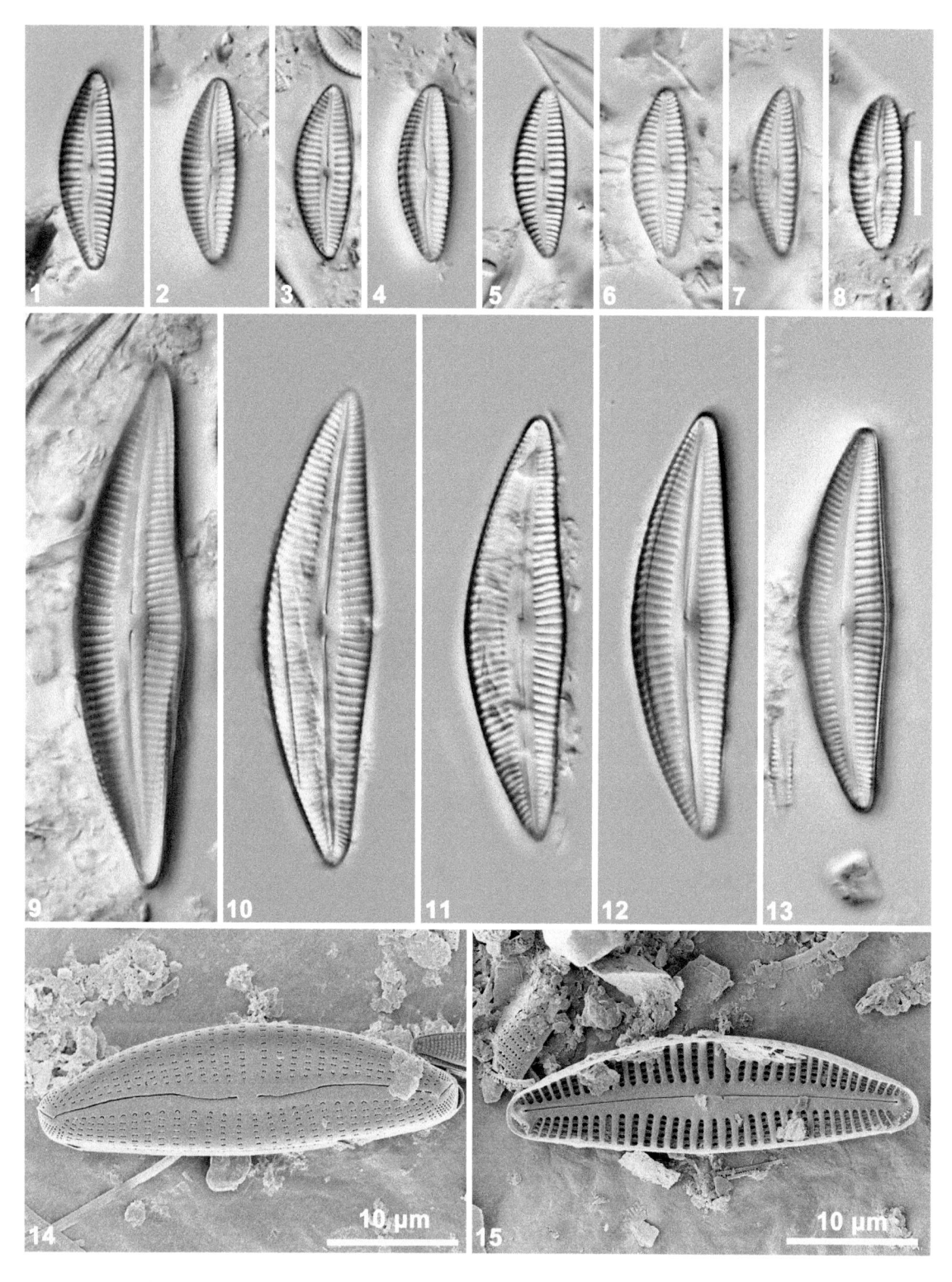

1-8, 14-15. 新细角桥弯藻 *Cymbella neoleptoceros* Krammer; 9-13. 辐射桥弯藻 *Cymbella radiosa* Héribaud

图版 117

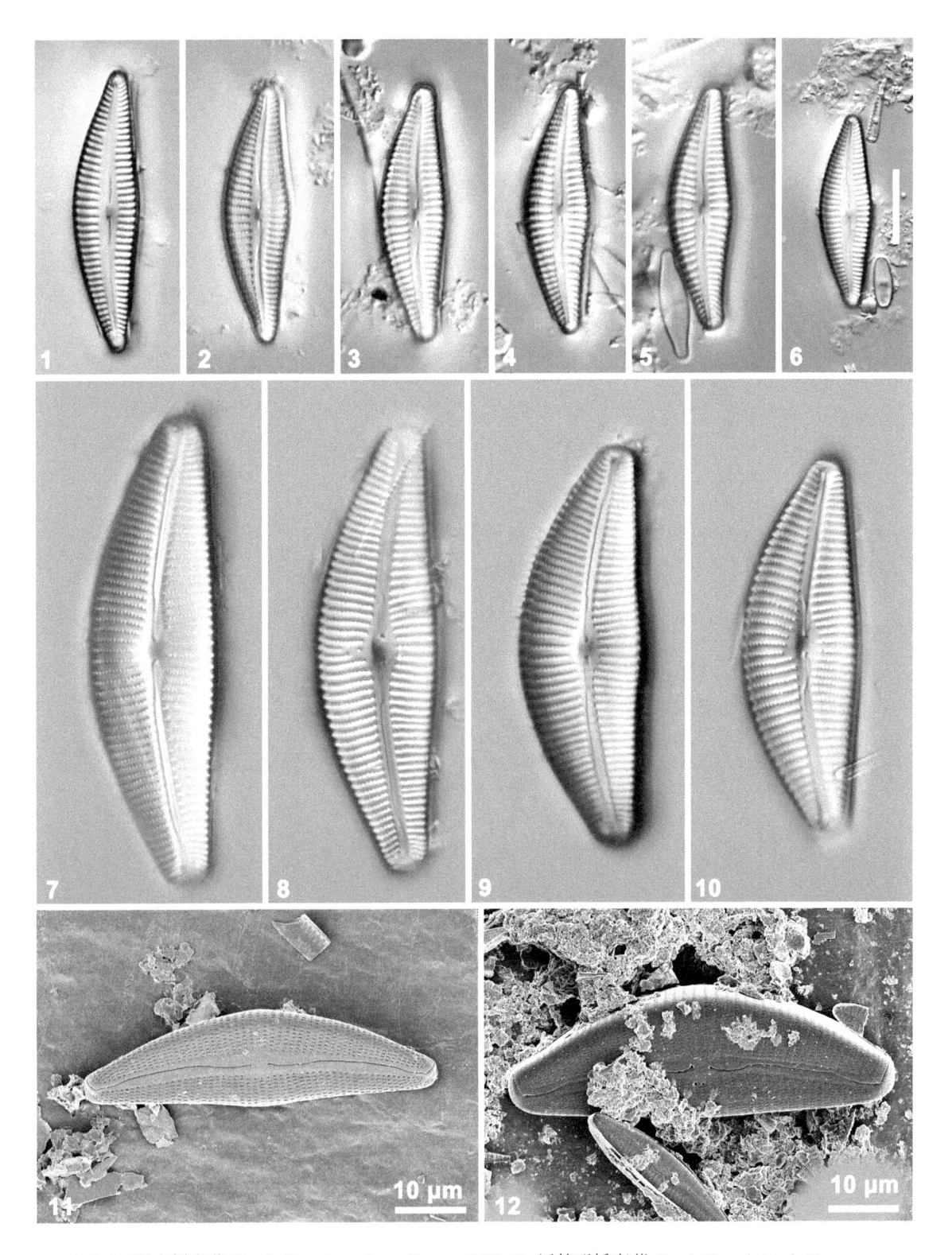

1-6, 11. 孤点桥弯藻 *Cymbella stigmaphora* Østrup; 7-10, 12. 近箱形桥弯藻 *Cymbella subcistula* Krammer

图版 118

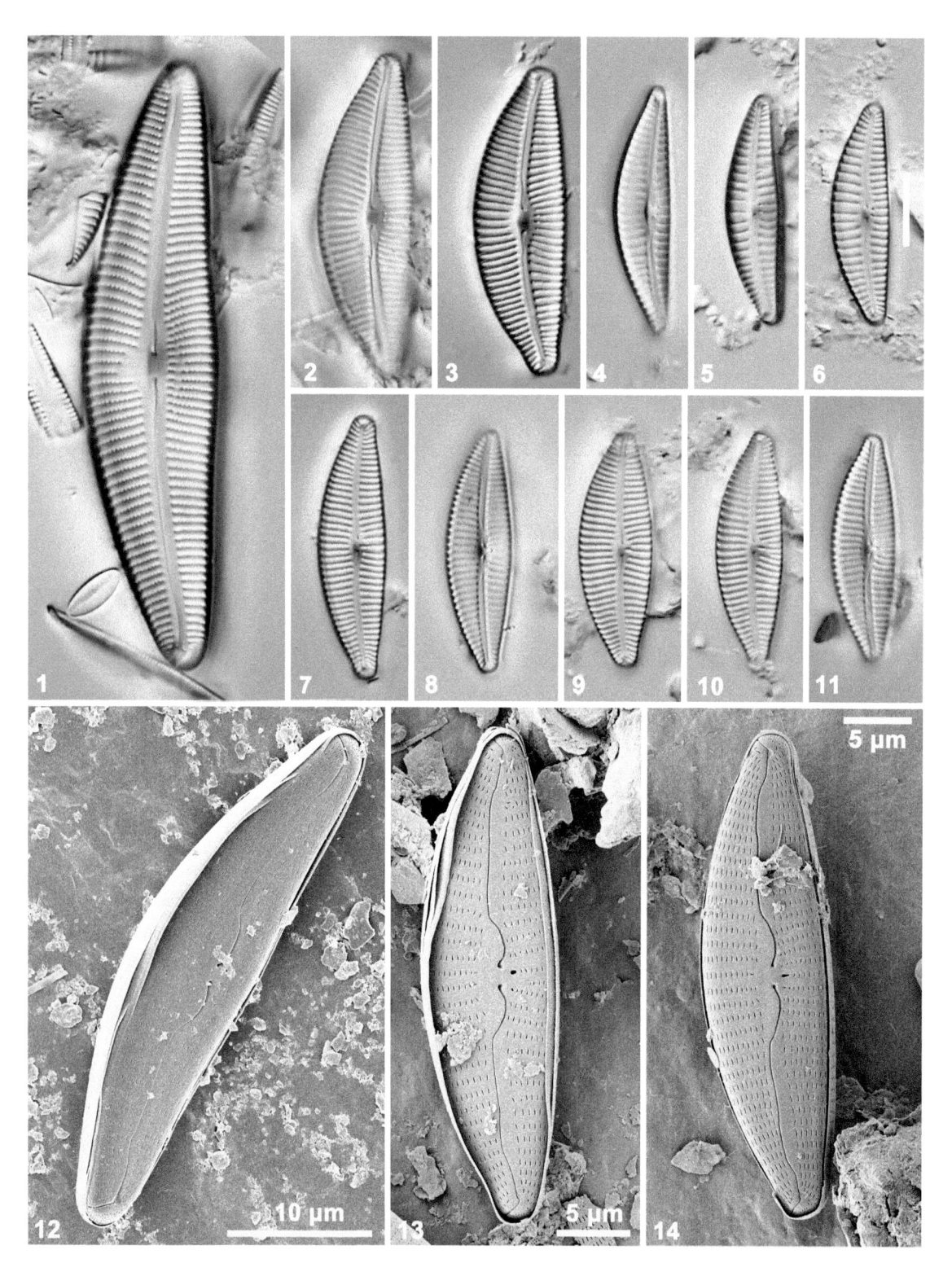

1. 近淡黄桥弯藻 *Cymbella subhelvetica* Krammer; 2-3. 近胀大桥弯藻 *Cymbella subturgidula* Krammer; 4-6, 12. 普通桥弯藻 *Cymbella vulgata* Krammer; 7-11, 13-14. 热带桥弯藻 *Cymbella tropica* Krammer

图版 **119**

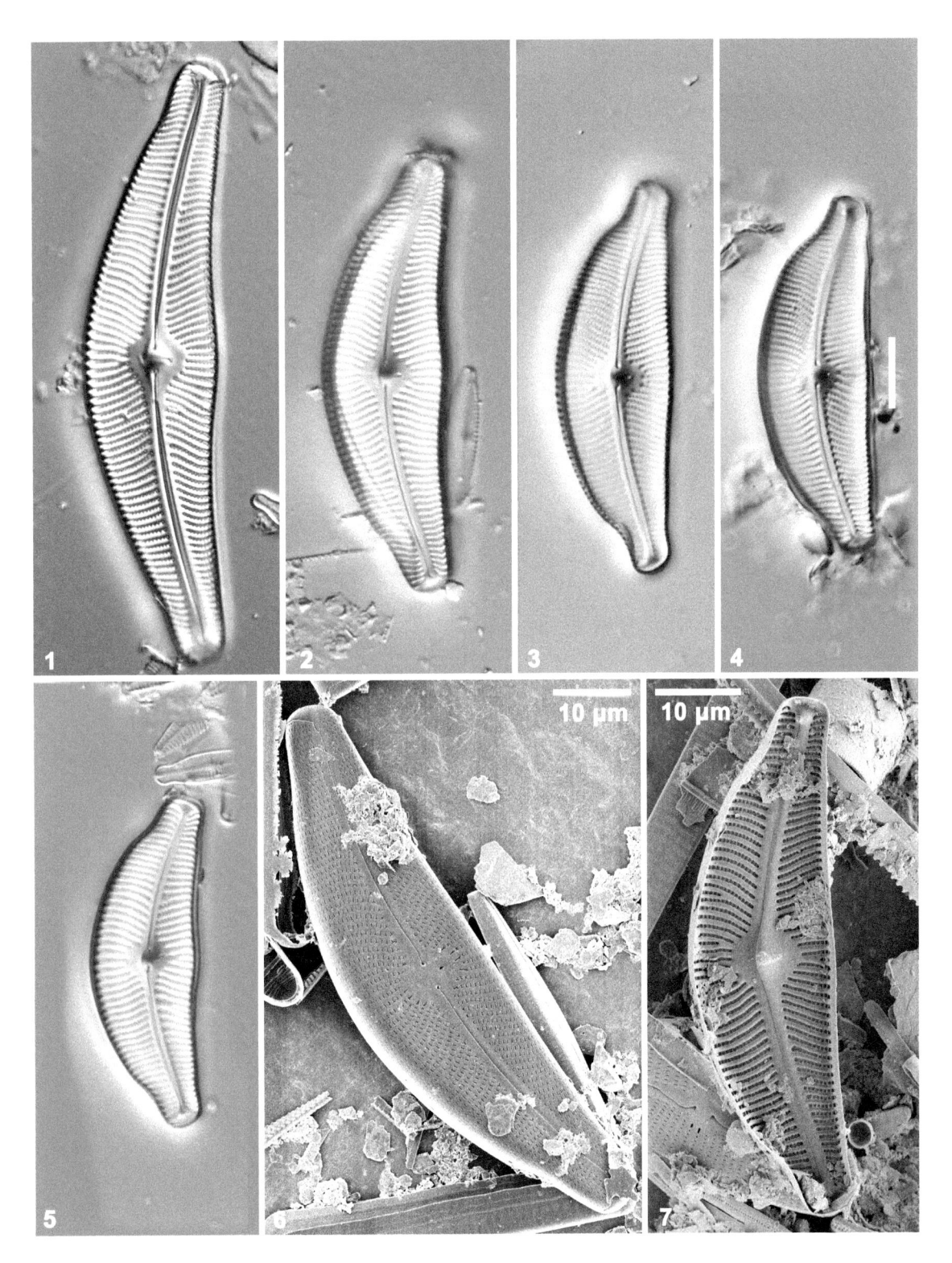

1-7. 膨胀桥弯藻 *Cymbella tumida* (Brébisson) Van Heurck

图版 120

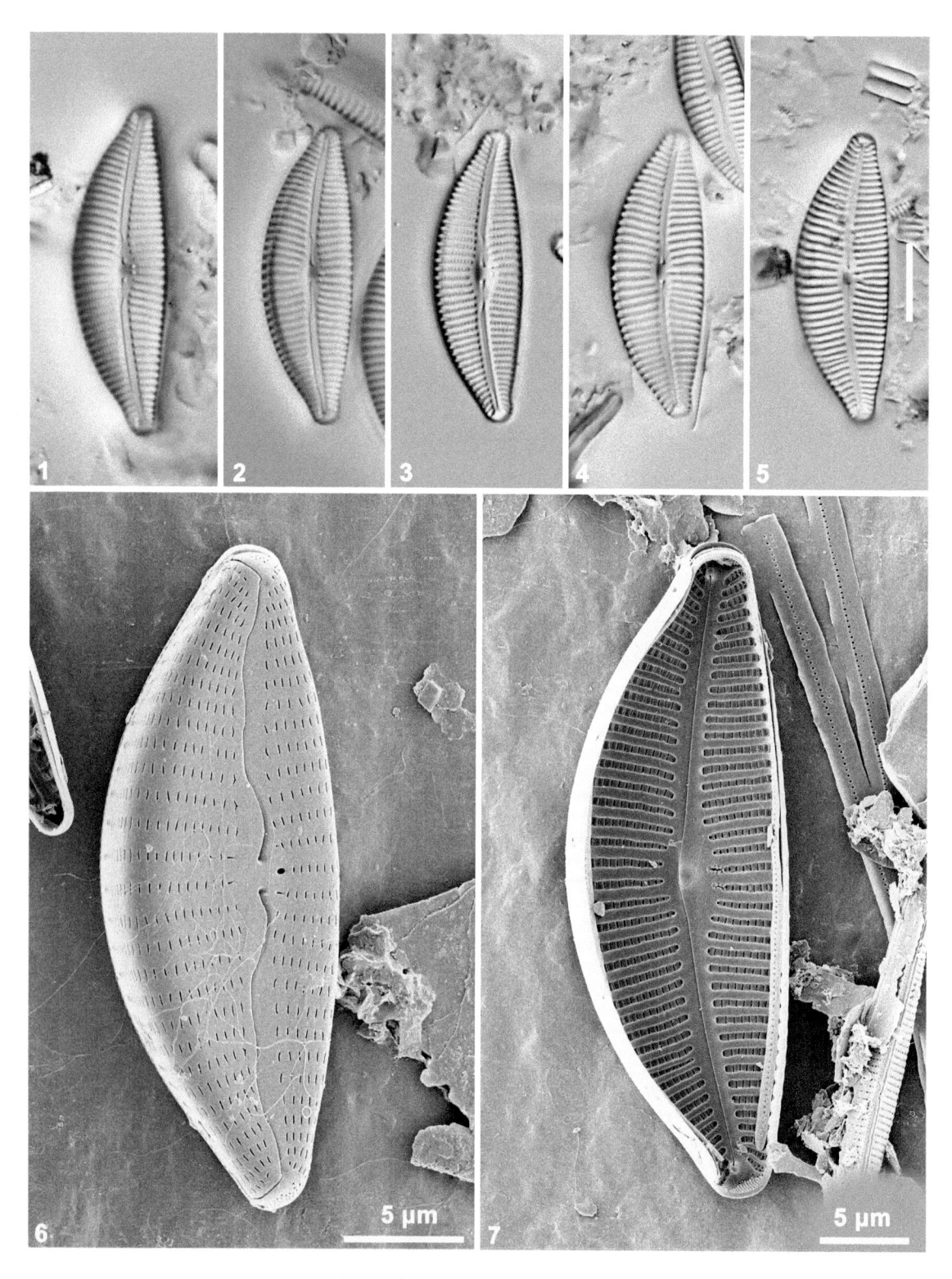

1-7. 膨大桥弯藻 *Cymbella turgidula* Grunow

图版 121

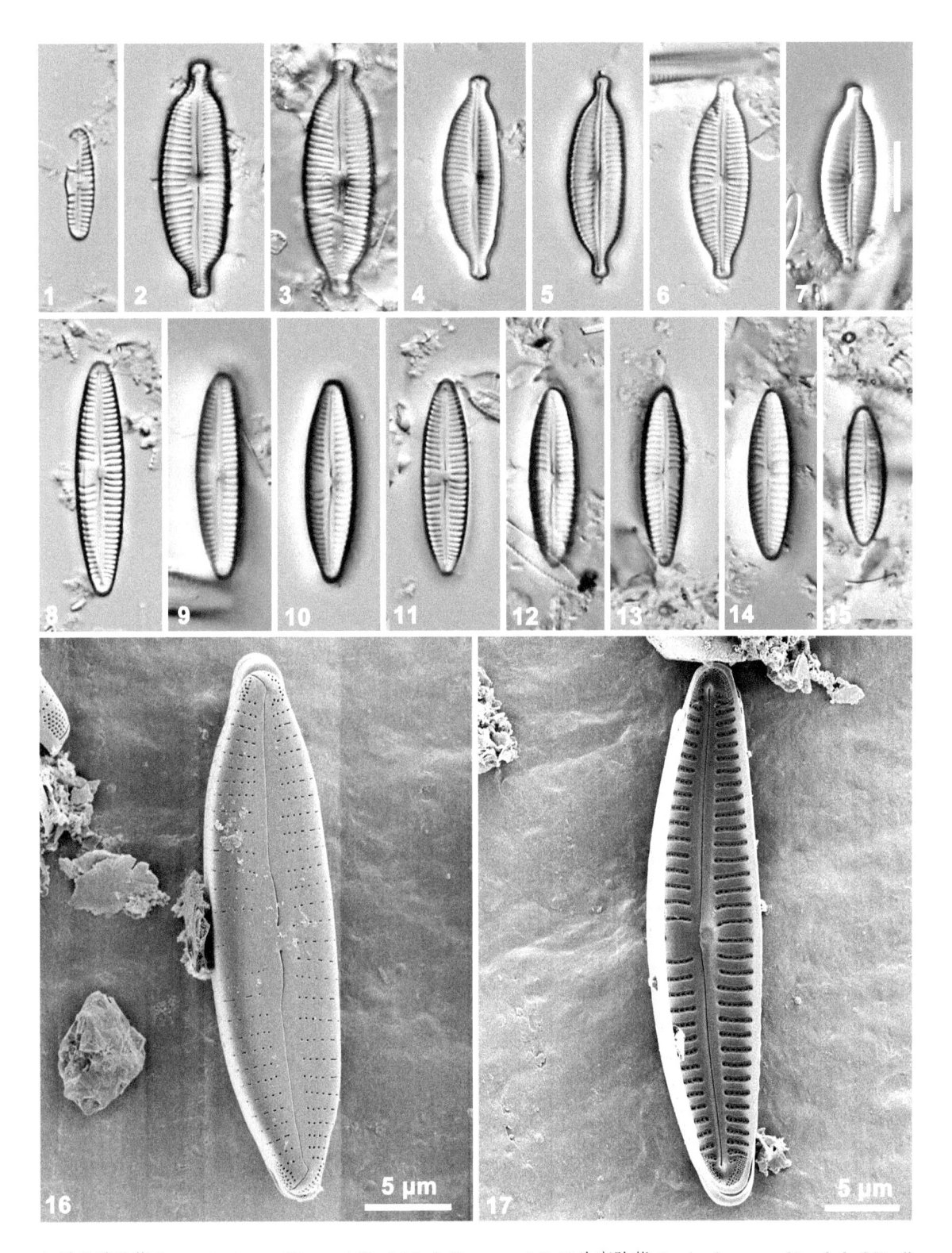

1. 波状瑞氏藻 *Reimeria sinuata* (Gregory) Kociolek & Stoermer; 2-7. 双头弯肋藻 *Cymbopleura amphicephala* (Nägeli ex Kützing) Krammer; 8-17. 库布西弯肋藻 *Cymbopleura kuelbsii* Krammer

图版 122

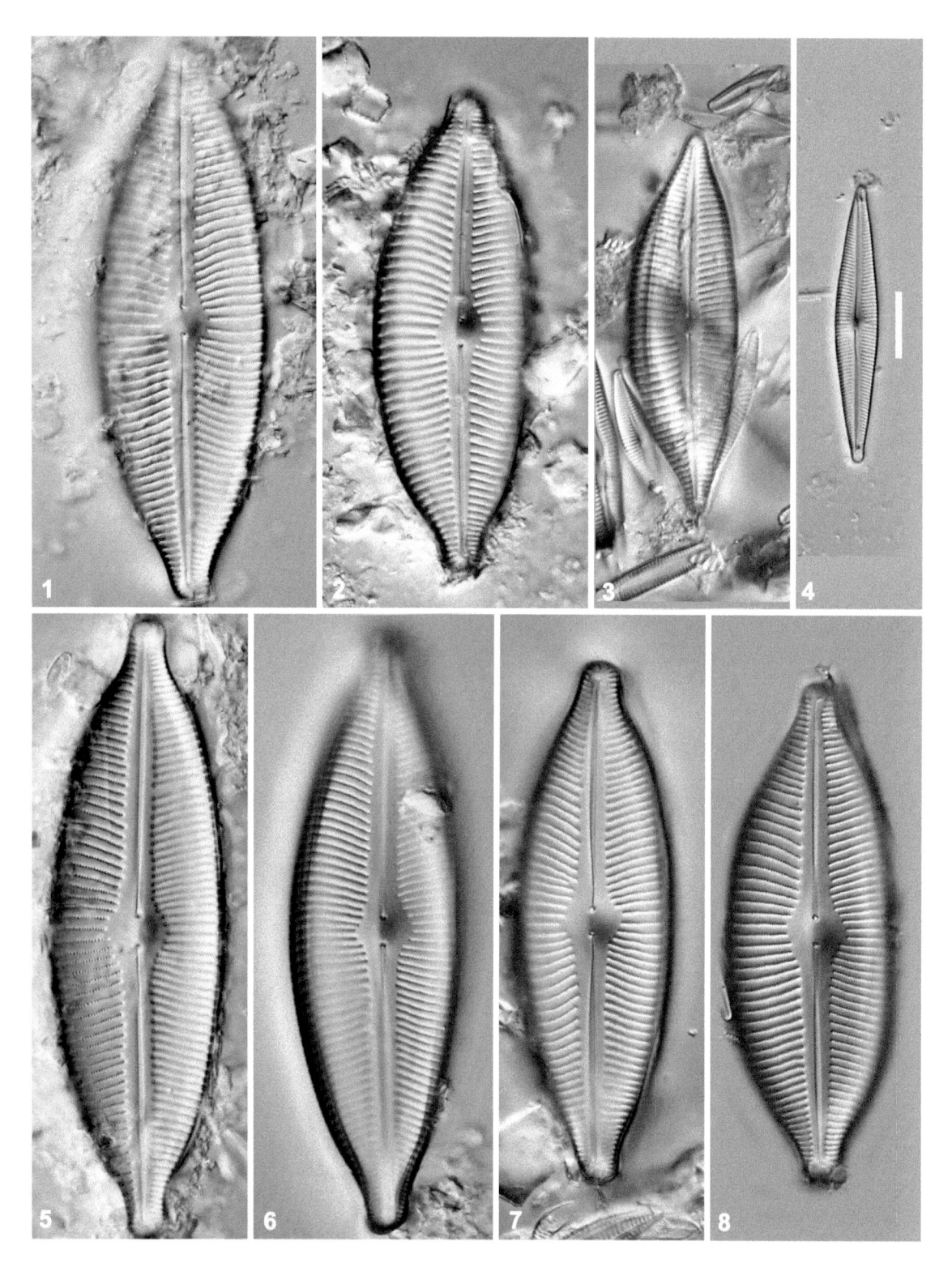

1-2. 不等弯肋藻 *Cymbopleura inaequalis* (Ehrenberg) Krammer; 3. 高大弯肋藻 *Cymbopleura procera* Krammer; 4. 梅茨弯肋藻茱莉马变种 *Cymbopleura metzeltinii* var. *julma* Krammer; 5-8. 近尖头弯肋藻 *Cymbopleura subcuspidata* (Krammer) Krammer

图版 123

1-6. 拉塔弯肋藻 *Cymbopleura lata* (Grunow ex Cleve) Krammer

图版 124

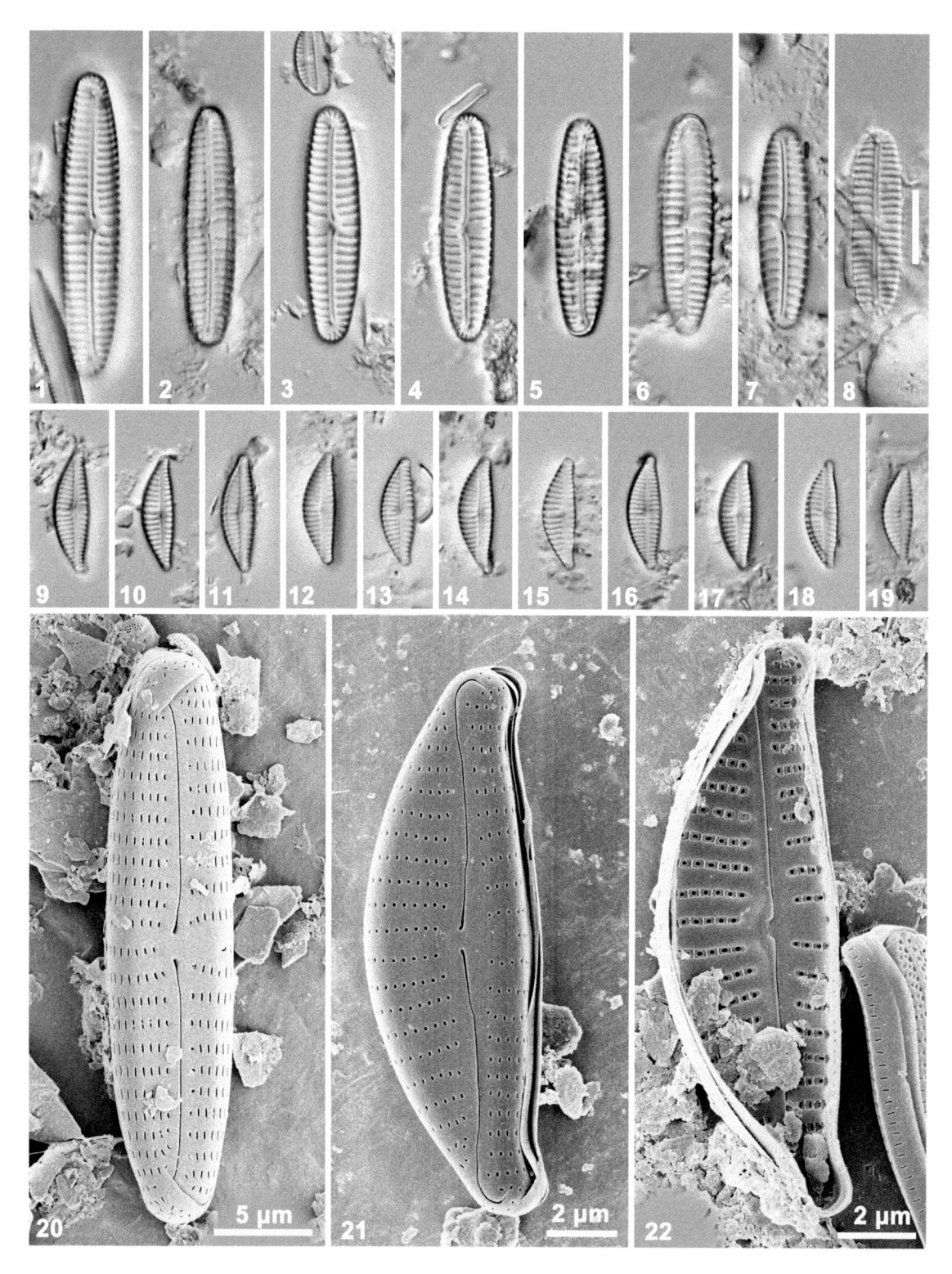

1-8, 20. 阿巴拉契内丝藻 *Encyonema appalachianum* Potapova; 9-19, 21-22. 短头内丝藻 *Encyonema brevicapitatum* Krammer

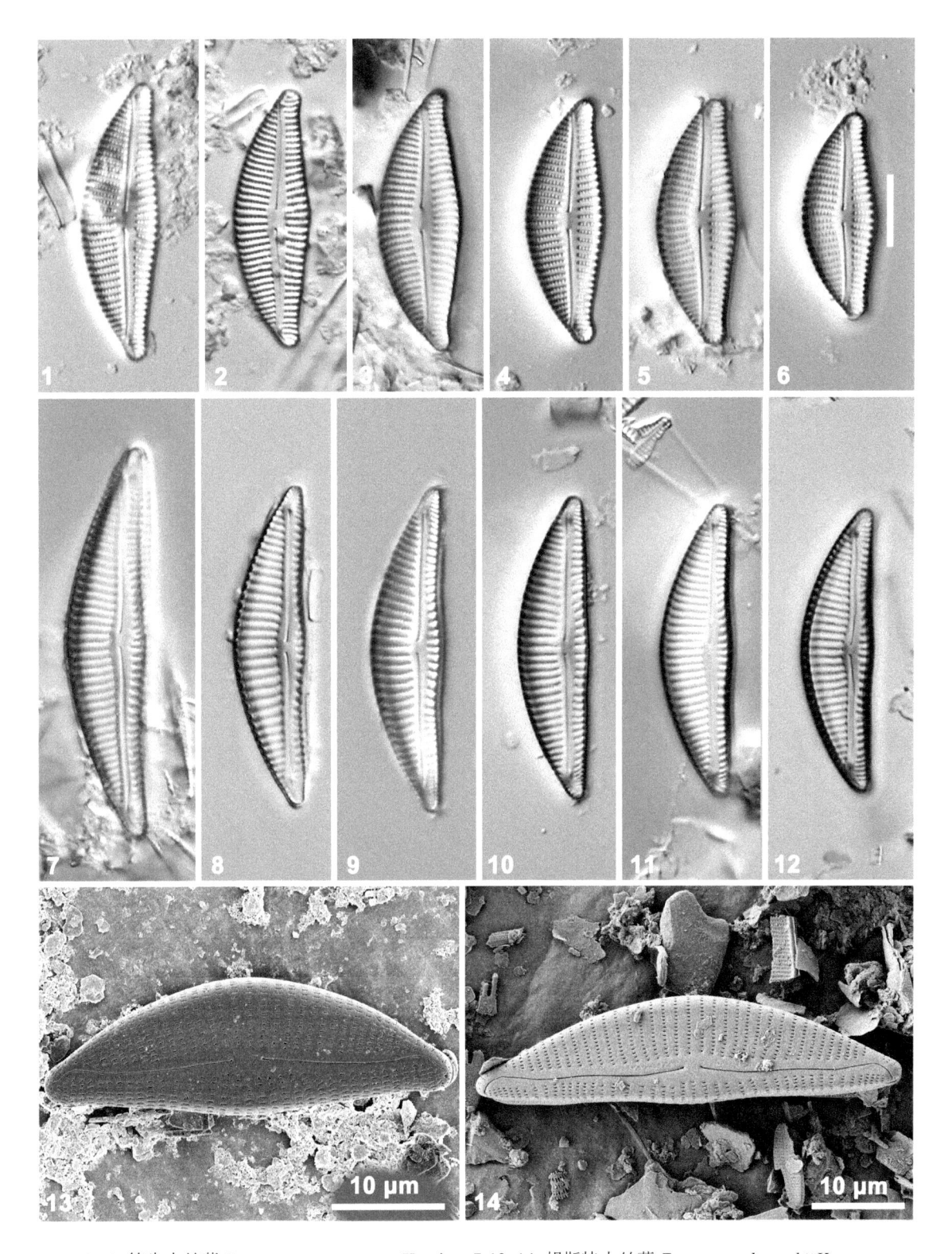

图版 125

1-6, 13. 簇生内丝藻 *Encyonema cespitosum* Kützing; 7-12, 14. 胡斯特内丝藻 *Encyonema hustedtii* Krammer

图版 126

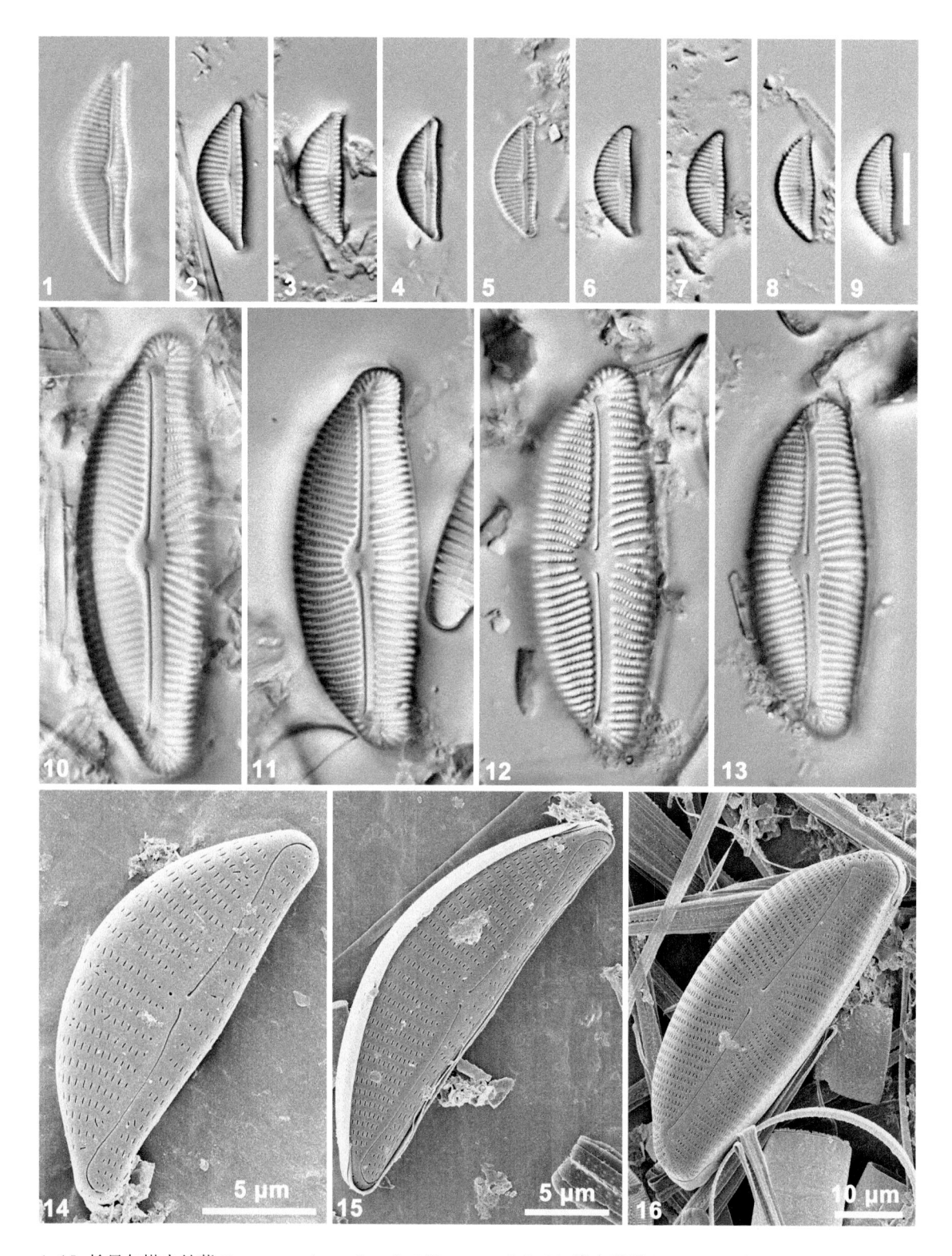

1, 15. 长贝尔塔内丝藻 *Encyonema lange-bertalotii* Krammer; 2-9, 14. 隐内丝藻 *Encyonema latens* (Krasske) Mann; 10-13, 16. 莱布内丝藻 *Encyonema leibleinii* (Agardh) Silva, Jahn, Ludwig & Menezes

图版 127

1-6, 9-10. 马来西亚内丝藻 *Encyonema malaysianum* Krammer; 7, 11. 微小内丝藻 *Encyonema minutum* (Hilse) Mann; 8. 新梅斯内丝藻 *Encyonema neomesianum* Krammer

图版 128

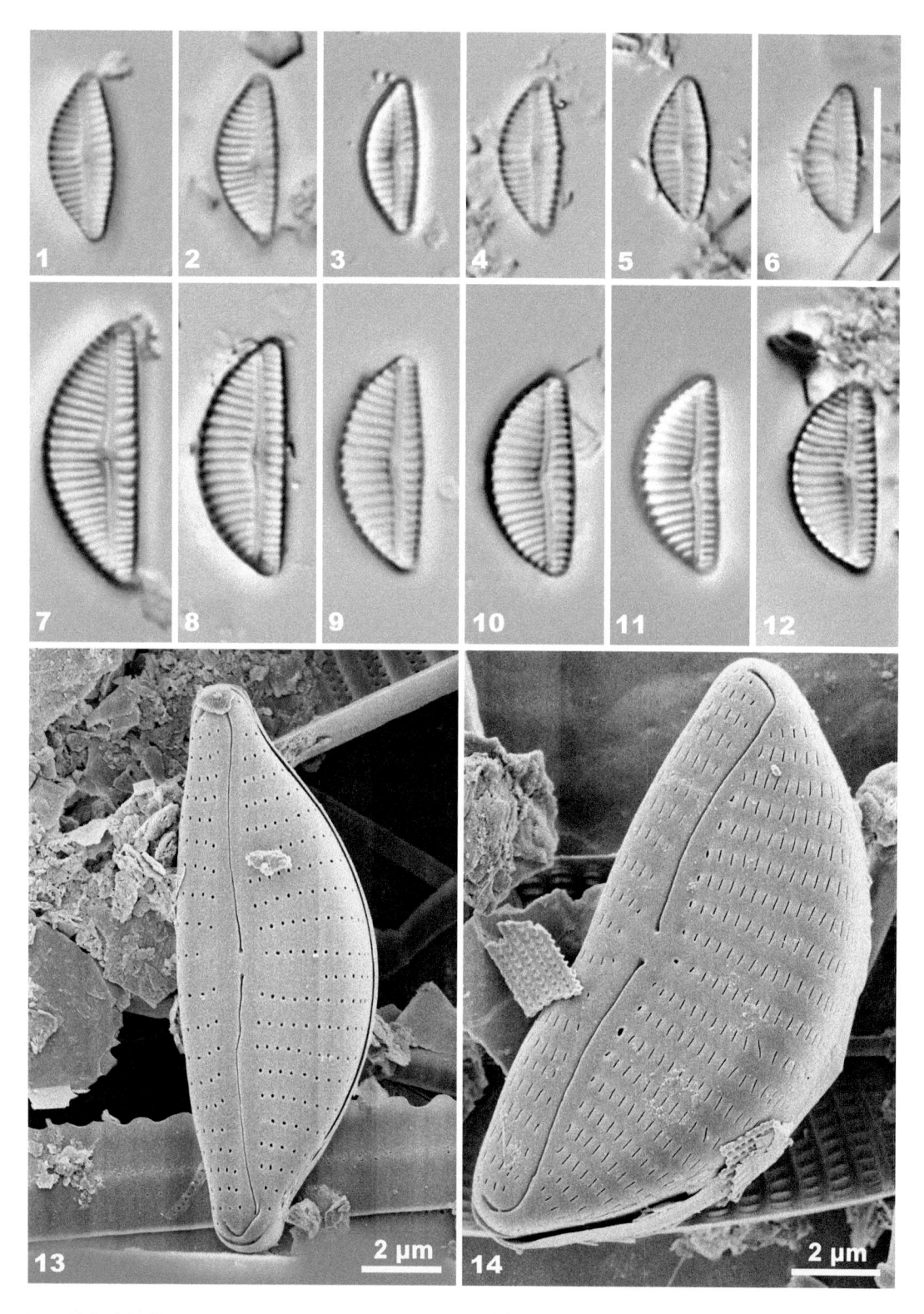

1-6, 13. 淡色内丝藻 *Encyonema ochridanum* Krammer; 7-12, 14. 极长贝尔塔内丝藻 *Encyonema perlangebertalotii* Kulikovskiy & Metzeltin

图版 129

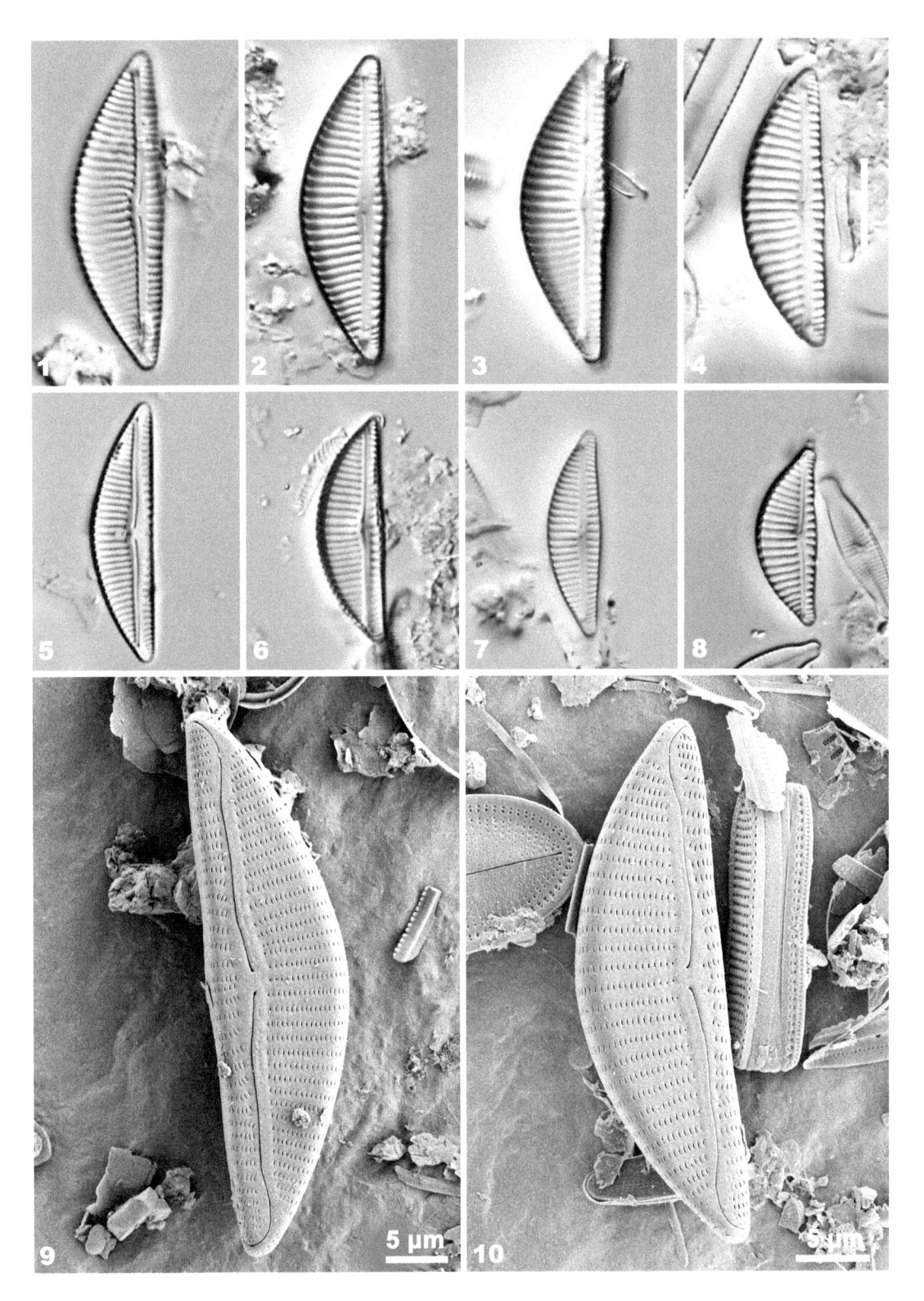

1-4, 9-10. 施奈德内丝藻 *Encyonema schneideri* Krammer; 5-7. 西里西亚内丝藻 *Encyonema silesiacum* (Bleisch) Mann; 8. 偏肿内丝藻 *Encyonema ventricosum* (Agardh) Grunow

图版 130

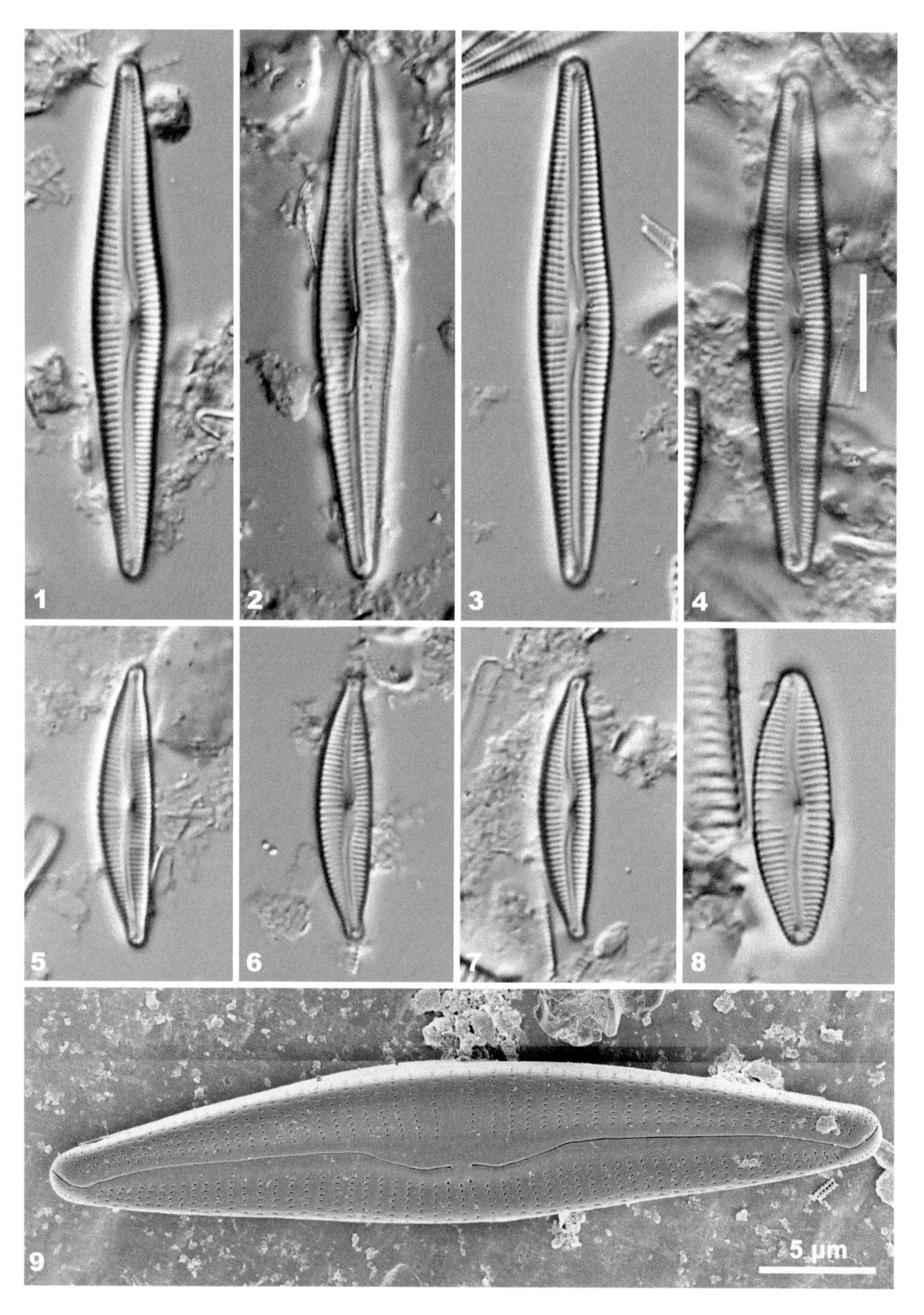

1-4, 9. 高山优美藻 *Delicatophycus alpestris* Wynne; 5-7. 头状优美藻 *Delicatophycus capitatus* Wynne; 8. 重庆优美藻 *Delicatophycus chongquingensis* Wynne

图版 131

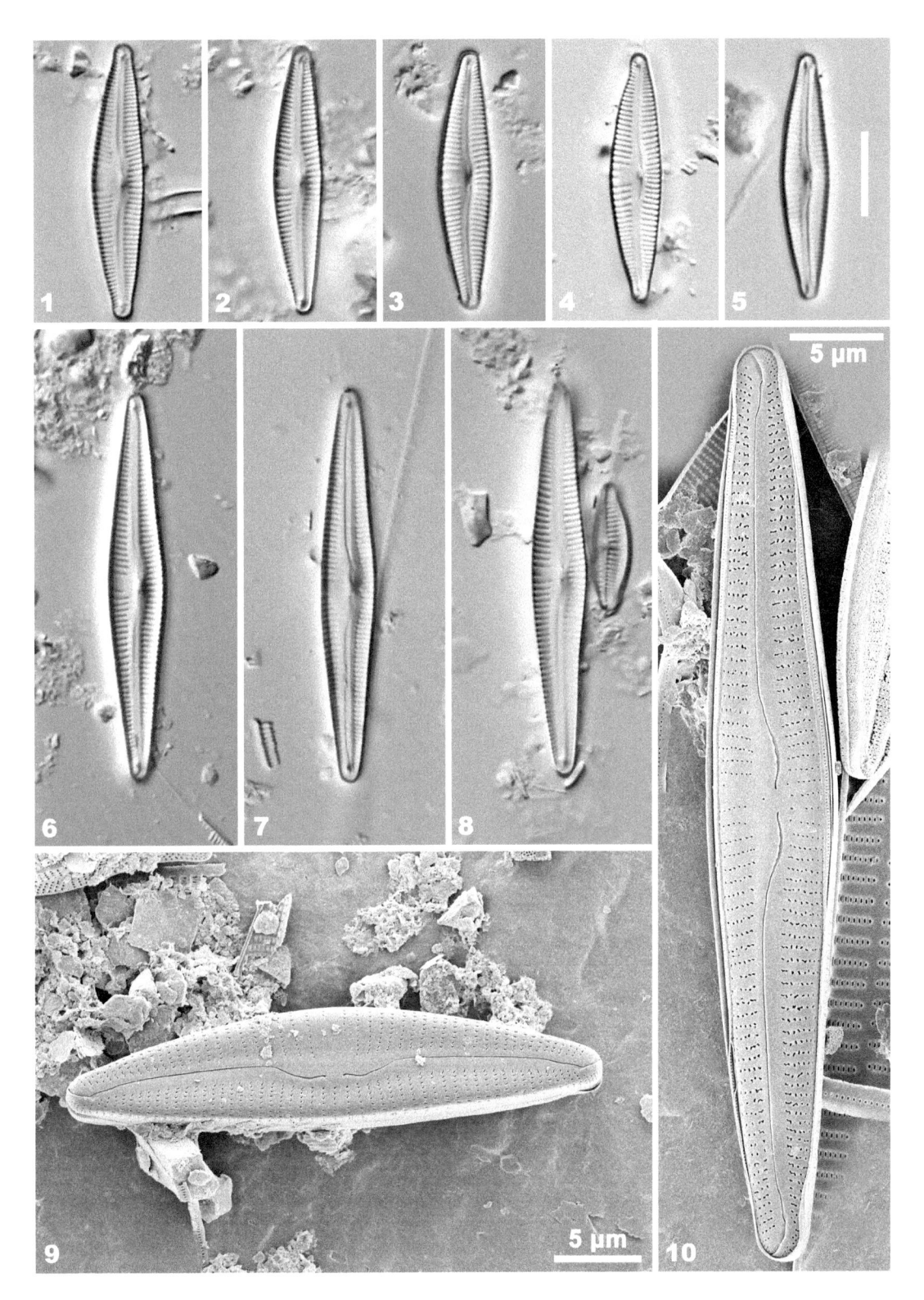

1-5, 9. 优美藻 *Delicatophycus delicatulus* (Kützing) Wynne; 6-8, 10. 加德优美藻 *Delicatophycus gadjianus* (Maillard ex Lange-Bertalot & Moser) Wynne

图版 132

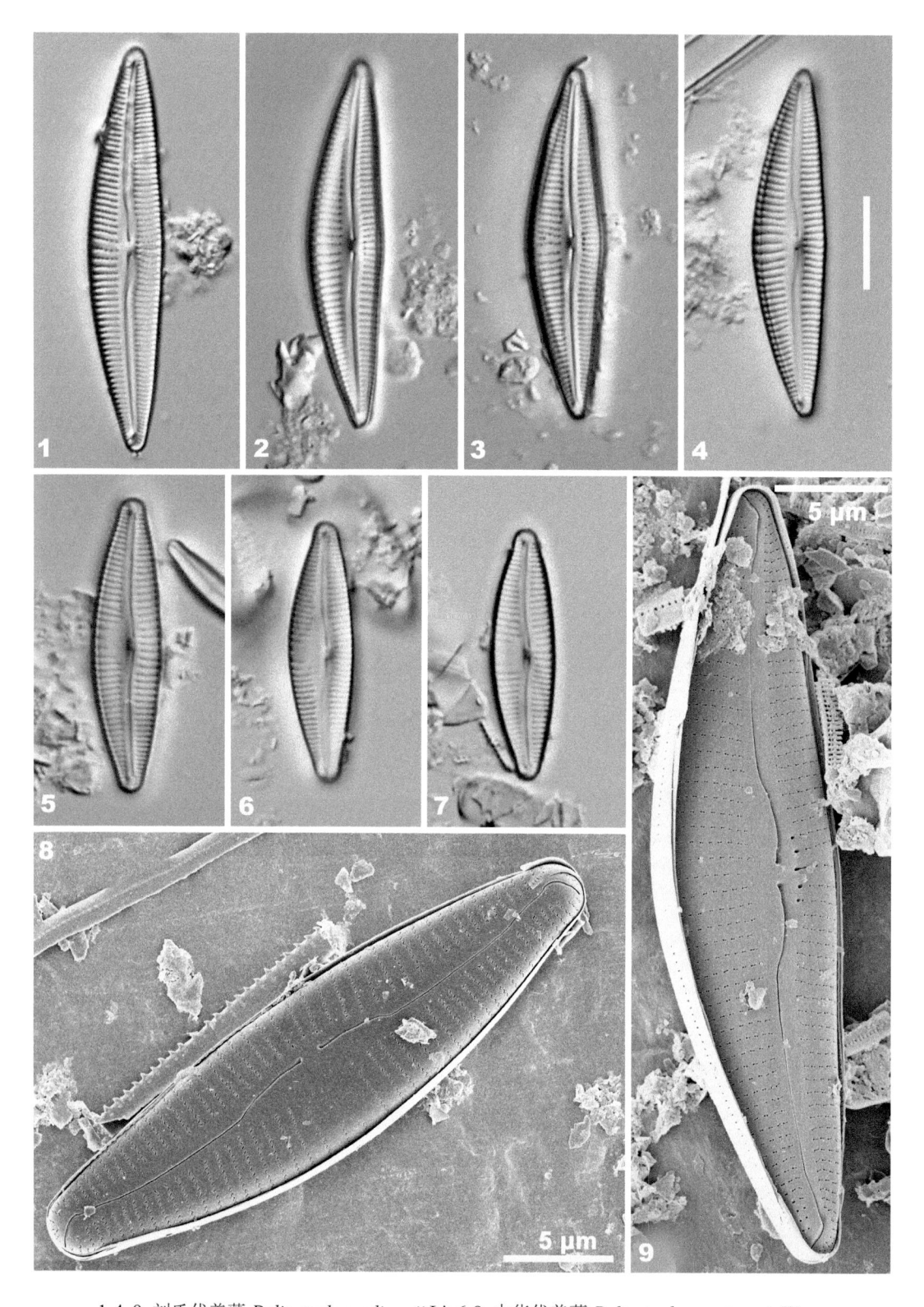

1-4, 9. 刘氏优美藻 *Delicatophycus liuweii* Li; 6-8. 中华优美藻 *Delicatophycus sinensis* Wynne

图版 133

1-2. 稀疏优美藻 *Delicatophycus sparsistriatus* Wynne; 3-4, 9. 维里那优美藻 *Delicatophycus verena* Wynne; 5-8. 威廉优美藻 *Delicatophycus williamsii* Wynne

图版 134

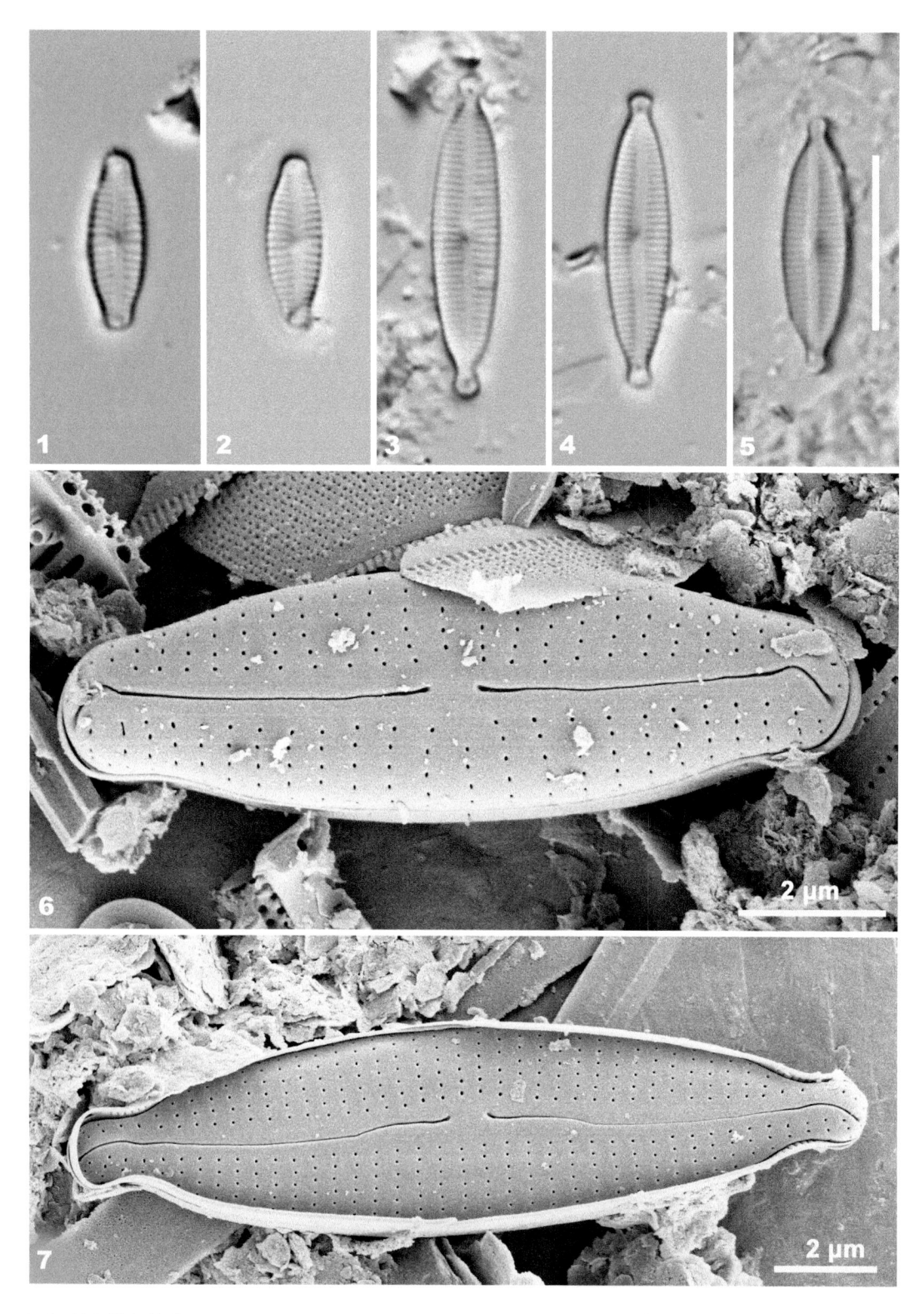

1-2, 6. 高山拟内丝藻 *Encyonopsis alpina* Krammer & Lange-Bertalot; 3-5, 7. 杂拟内丝藻 *Encyonopsis descripta* (Hustedt) Krammer

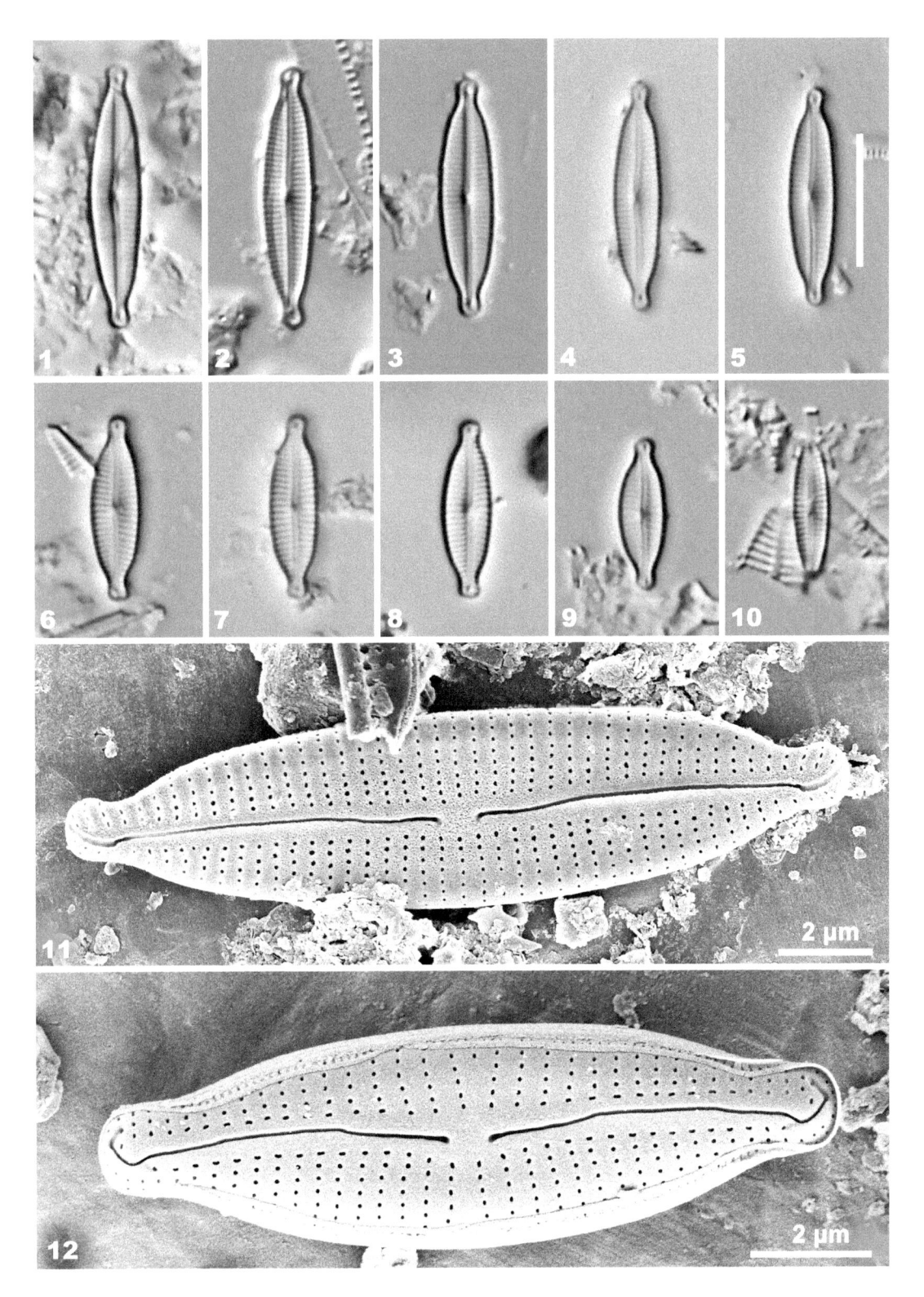

图版 135

1-5, 11. 小头拟内丝藻 *Encyonopsis microcephala* (Grunow) Krammer; 6-9, 12. 微小拟内丝藻 *Encyonopsis minuta* Krammer & Reichardt; 10. 钝姆拟内丝藻 *Encyonopsis thumensis* Krammer

图版 136

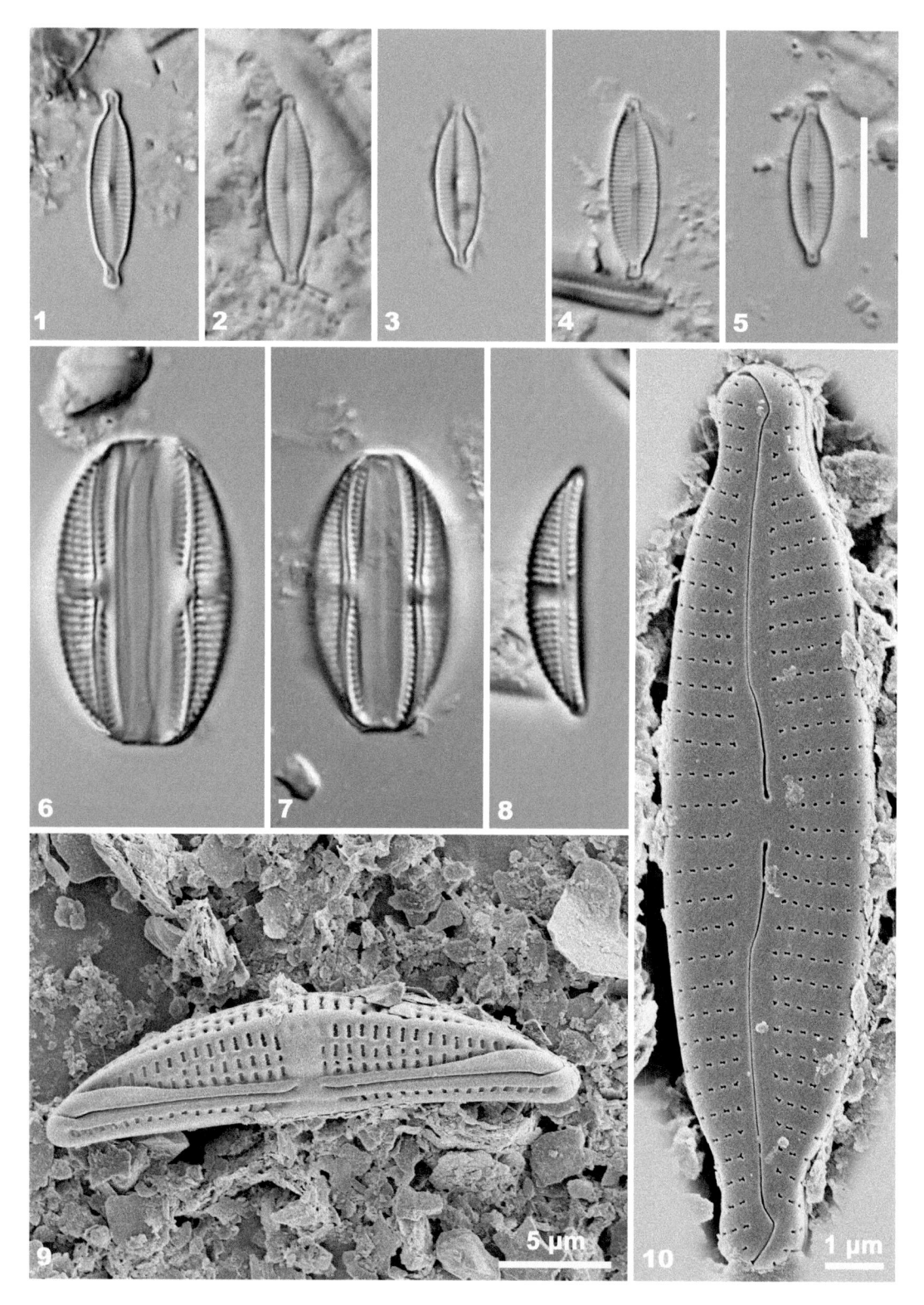

1-5, 10. 长趾拟内丝藻 *Encyonopsis subminuta* Krammer & Reichardt; 6-9. 近缘双眉藻 *Amphora affinis* Kützing

图版 137

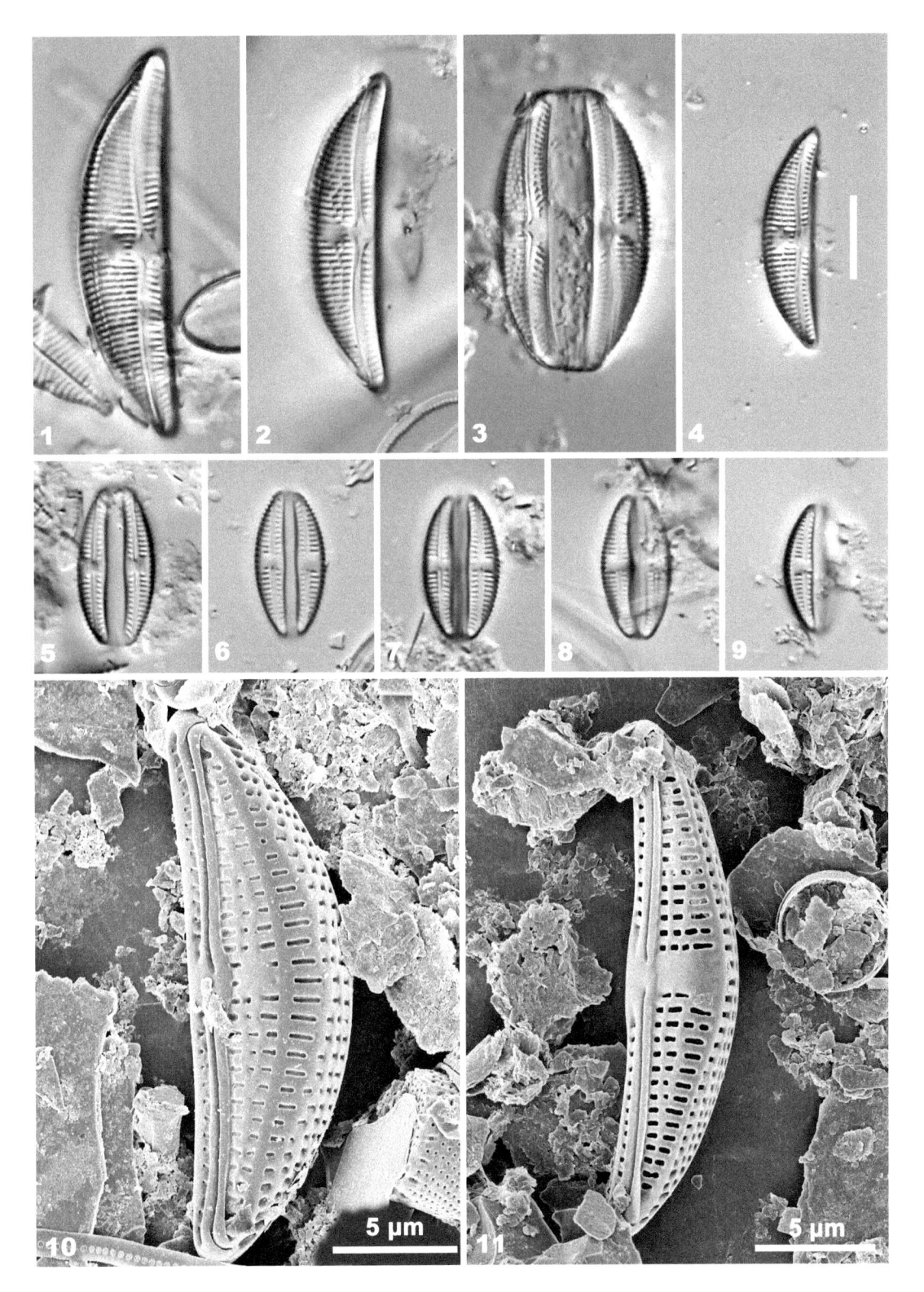

1-4, 10. 结合双眉藻 *Amphora copulata* (Kützing) Schoeman & Archibald; 5-9, 11. 模糊双眉藻 *Amphora inariensis* Krammer

图版 138

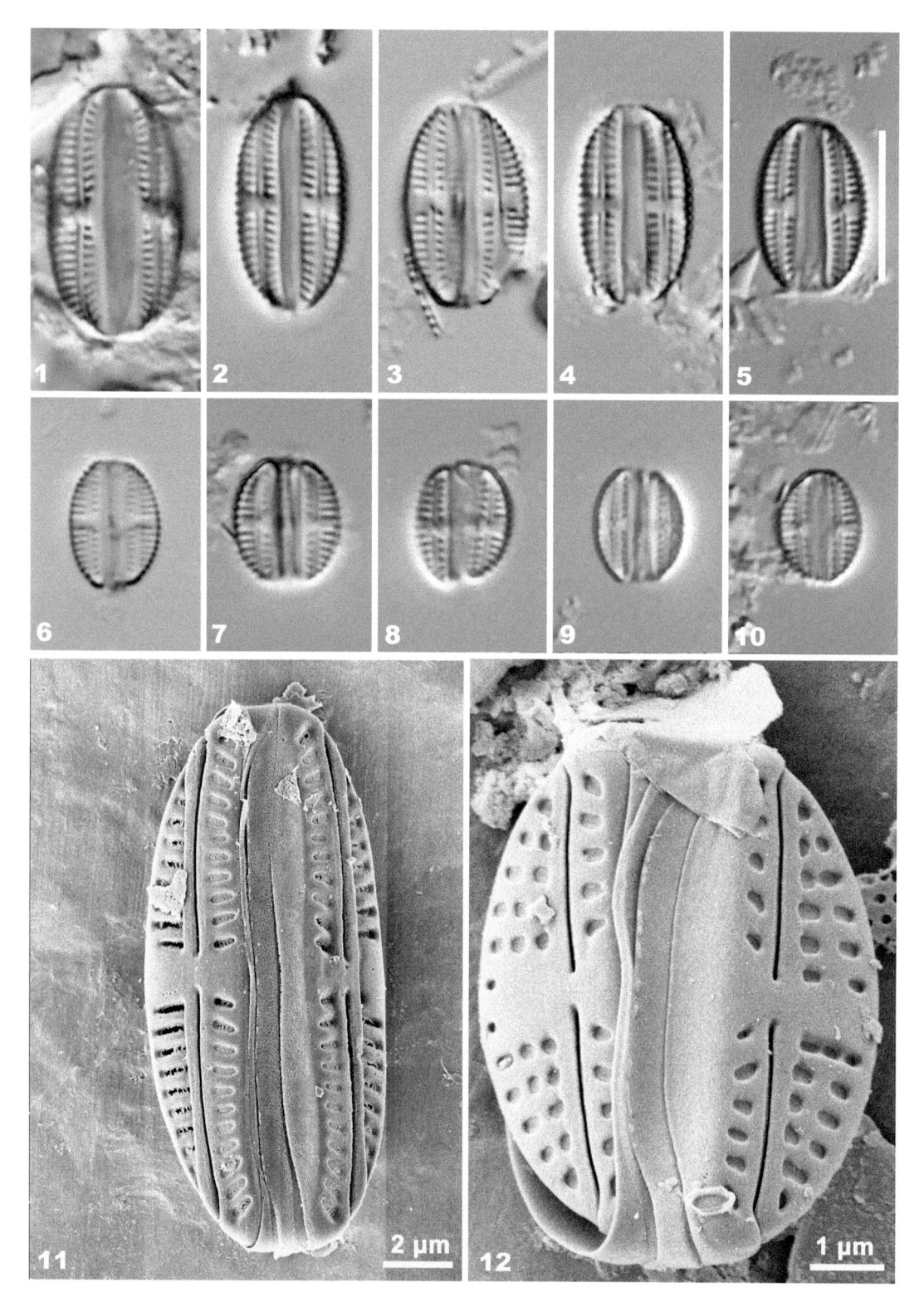

1-5, 11. 不显双眉藻 *Amphora indistincta* Levkov; 6-10, 12. 虱形双眉藻 *Amphora pediculus* (Kützing) Grunow

图版 **139**

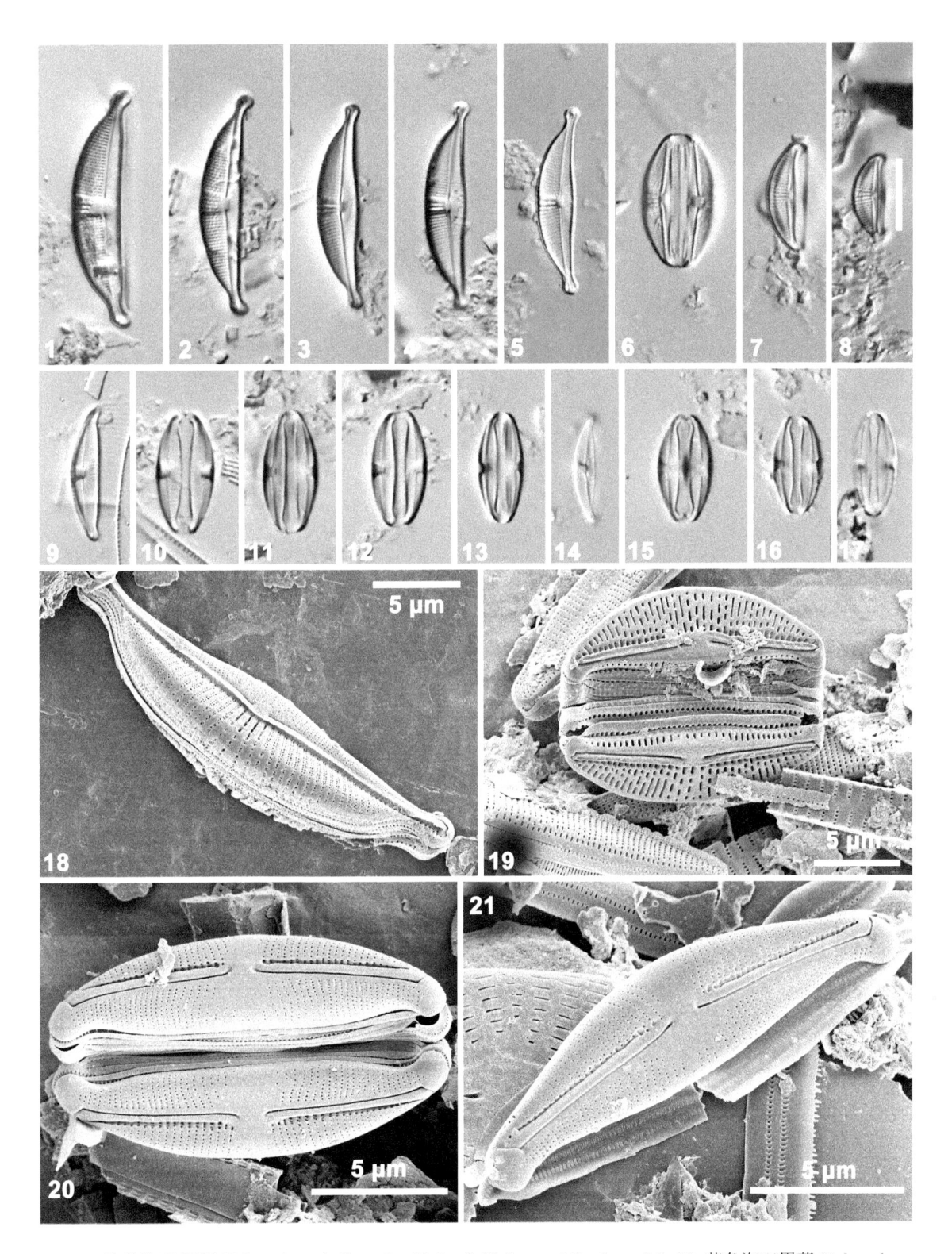

1-5, 18. 泡状海双眉藻 *Halamphora bullatoides* (Hohn & Hellerman) Levkov; 6-8, 19. 蓝色海双眉藻 *Halamphora veneta* (Kützing) Levkov; 9-17, 20-21. 山地海双眉藻 *Halamphora montana* (Krasske) Levkov

图版 140

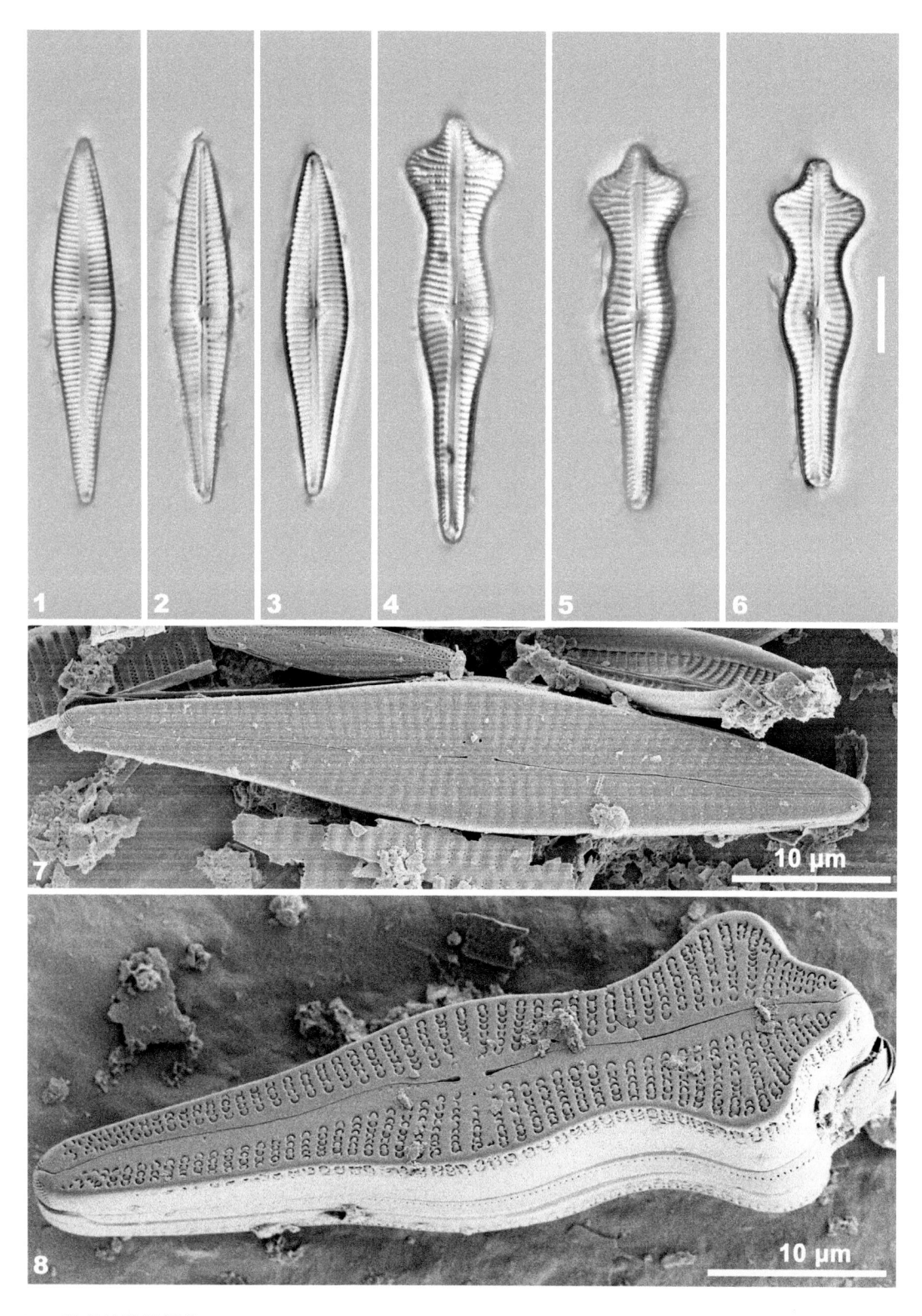

1-3, 7. 狭状披针异极藻 *Gomphonema acidoclinatum* Lange-Bertalot & Reichardt; 4-6, 8. 尖异极藻 *Gomphonema acuminatum* Ehrenberg

图版 141

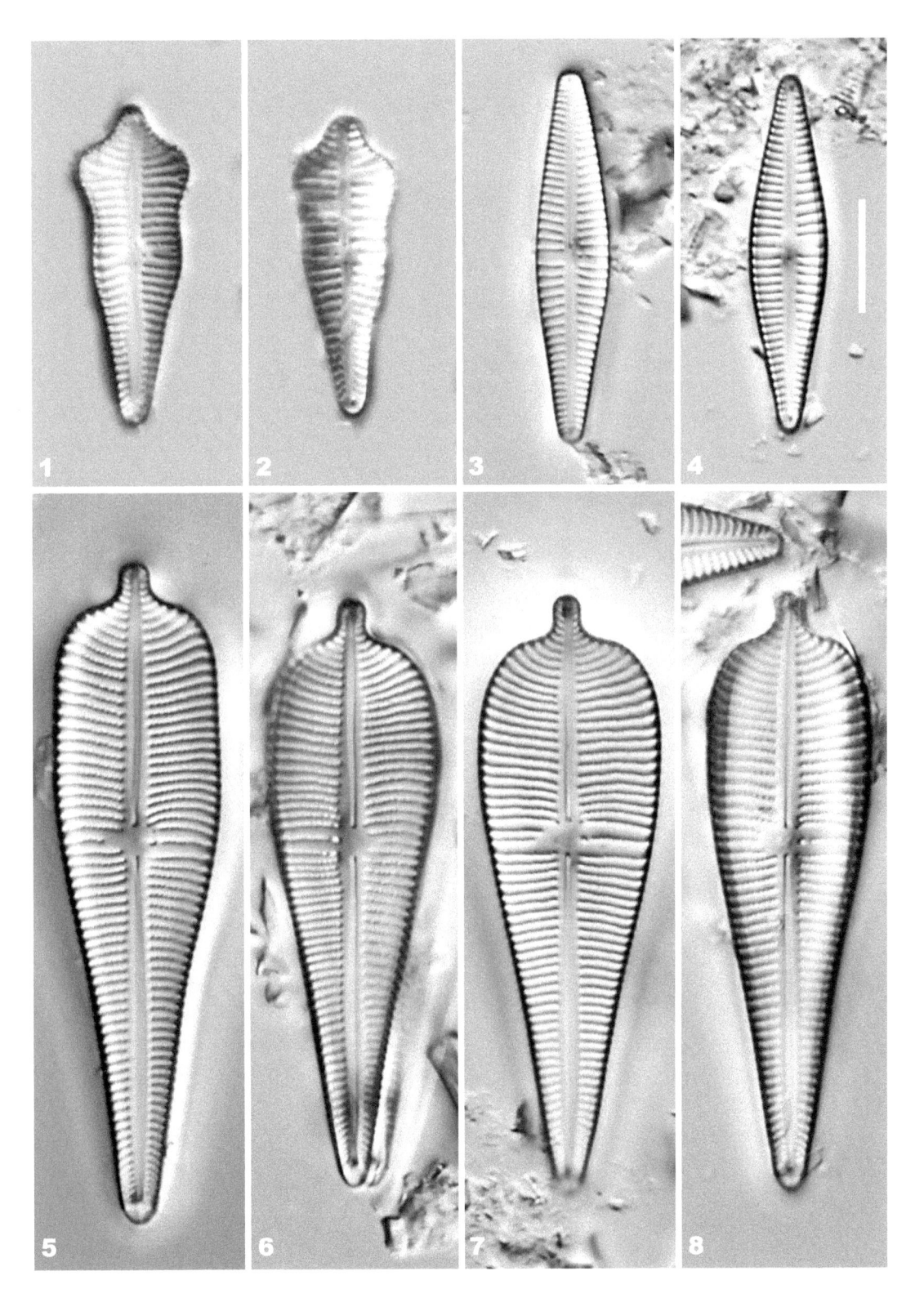

1-2. 尖异极藻伯恩托克斯变种 *Gomphonema acuminatum* var. *pantocsekii* Cleve; 3-4. 尖角异极藻 *Gomphonema acutiusculum* (Müller) Cleve; 5-8. 顶尖异极藻 *Gomphonema augur* Ehrenberg

图版 142

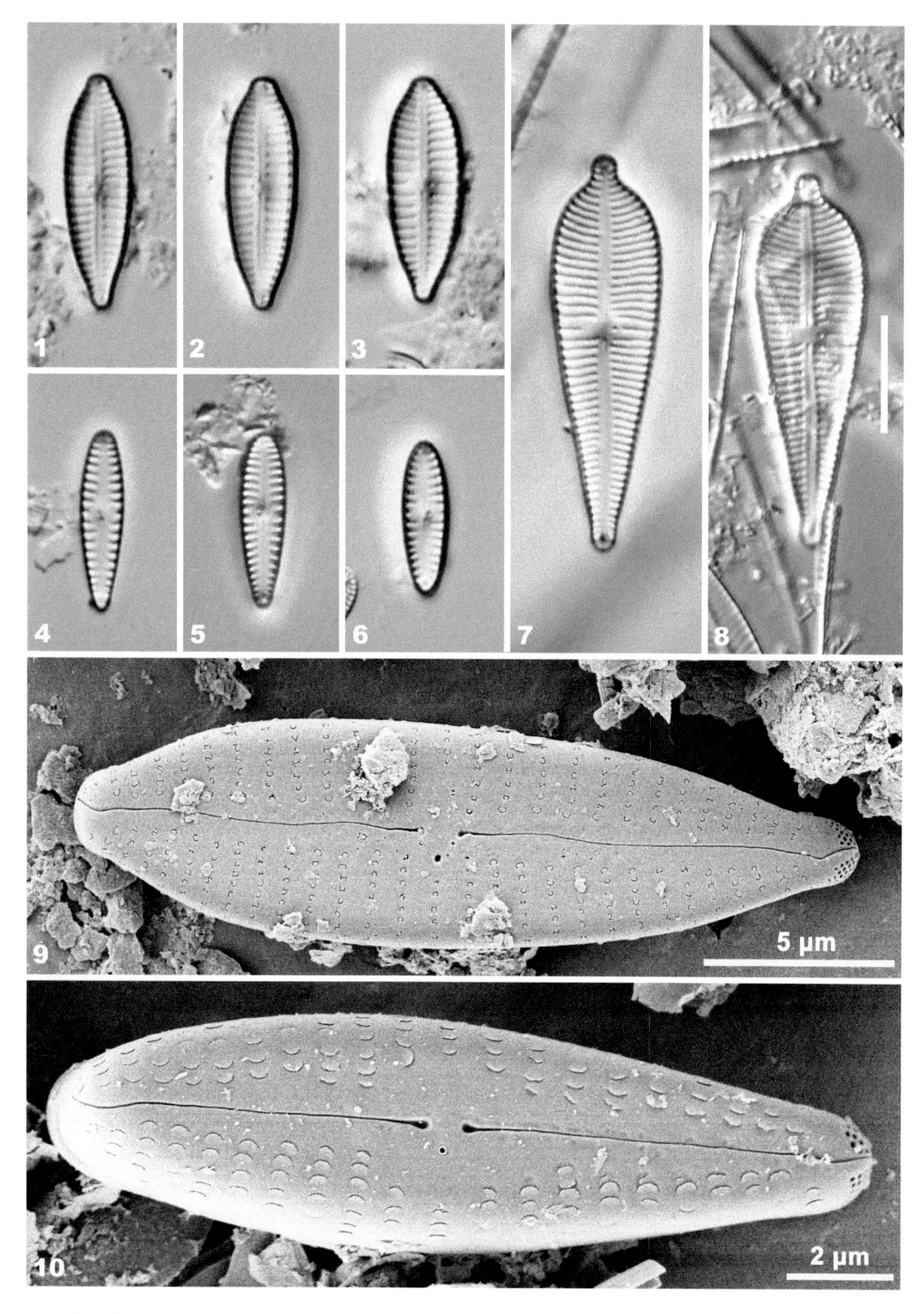

1-3, 9. 窄异极藻钝形变种 *Gomphonema angustatum* var. *obtusatum* (Kützing) Grunow; 4-6, 10. 狭窄异极藻 *Gomphonema angustivalva* Reichardt; 7-8. 尖顶型异极藻 *Gomphonema auguriforme* Levkov, Mitic-Kopanja, Wetzel & Ector

图版 143

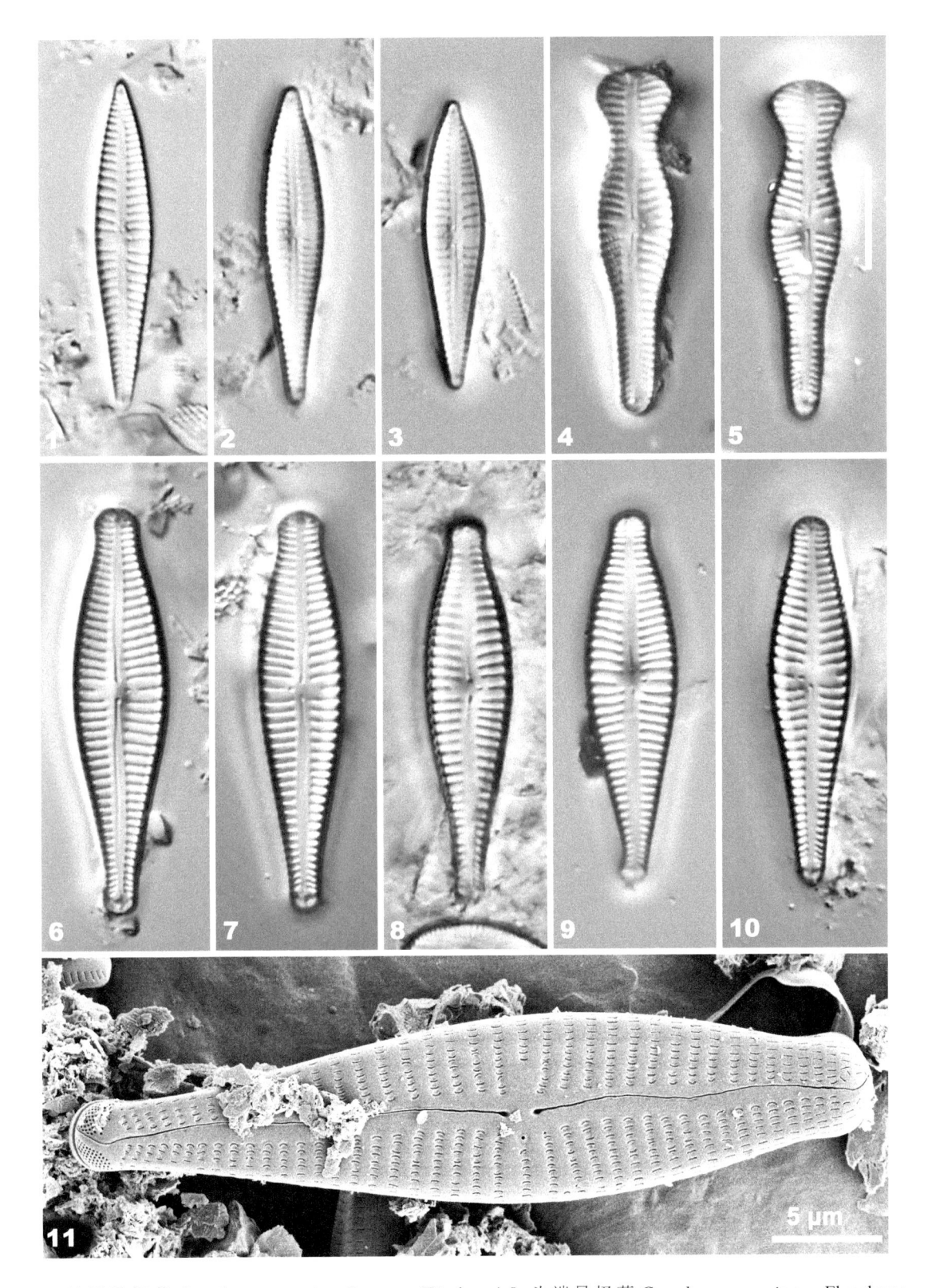

1-3. 长耳异极藻 *Gomphonema auritum* Braun ex Kützing; 4-5. 头端异极藻 *Gomphonema capitatum* Ehrenberg; 6-11. 彼格勒异极藻 *Gomphonema berggrenii* Cleve

图版 144

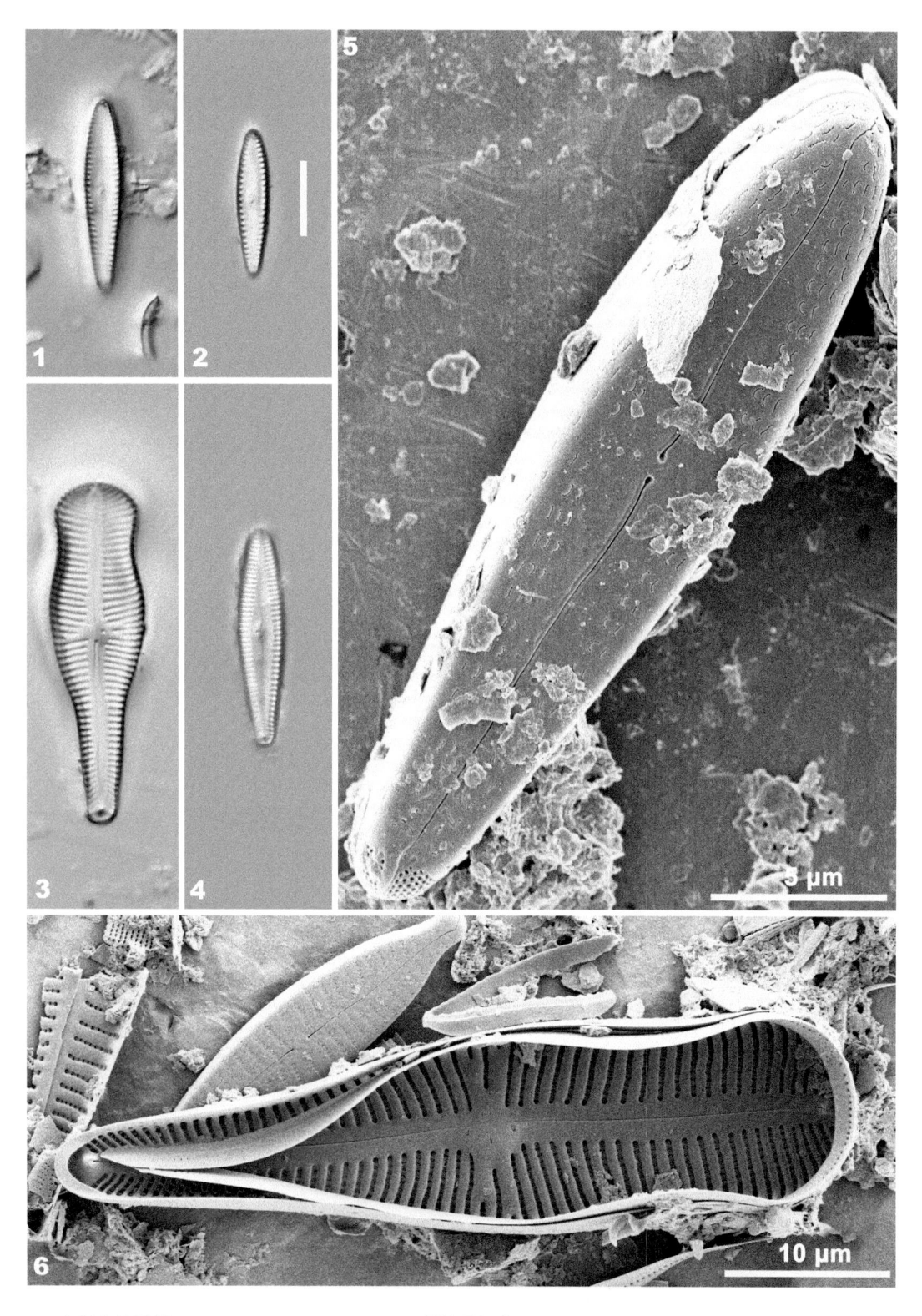

1-2, 5. 克利夫异极藻 *Gomphonema clevei* Fricke; 3, 6. 缢缩异极藻 *Gomphonema constrictum* Ehrenberg; 4. 弯曲异极藻 *Gomphonema curvipedatum* Kobayasi ex Osada

图版 145

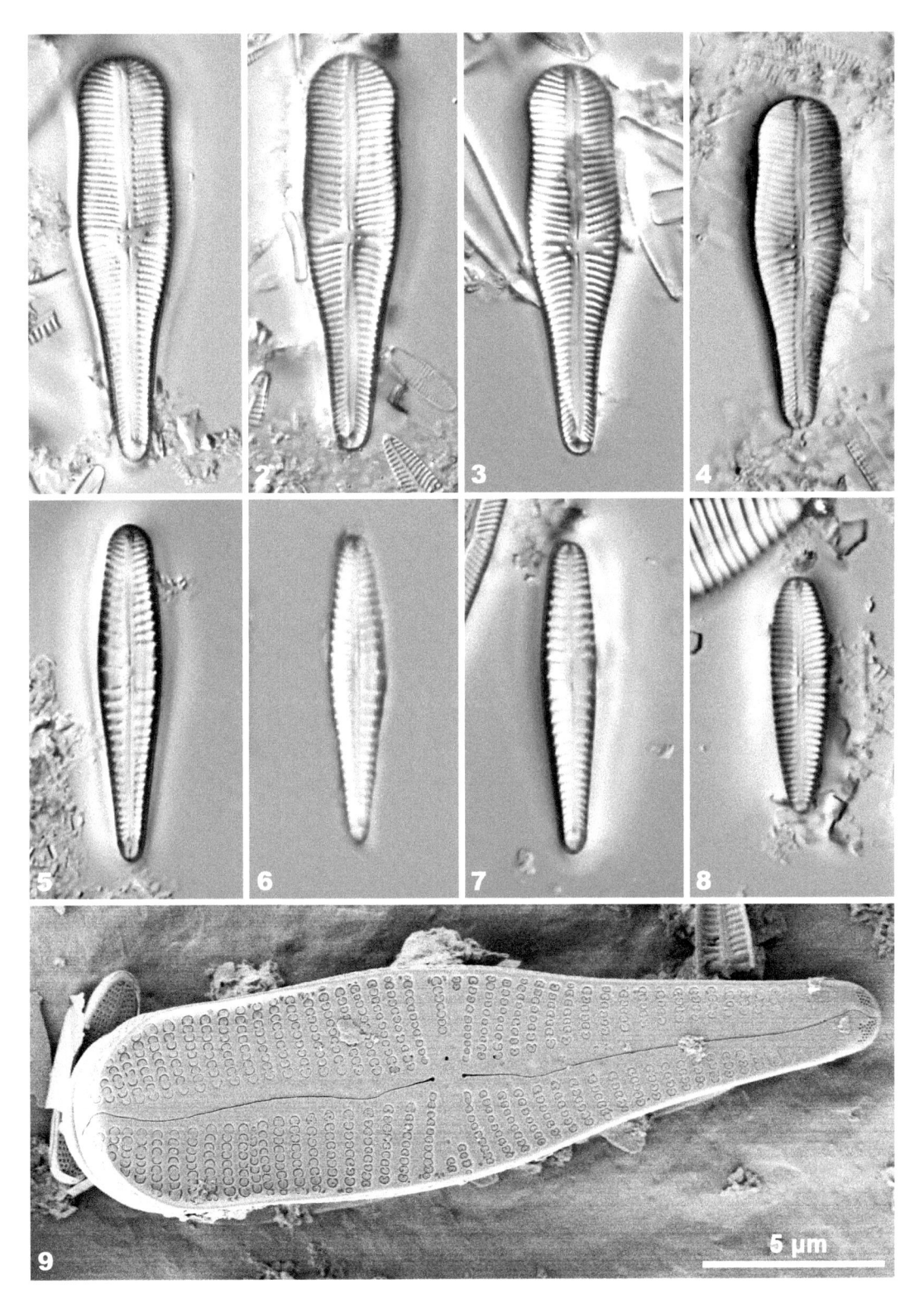

1-4, 9. 缢缩异极藻膨大变种 *Gomphonema constrictum* var. *turgidum* (Ehrenberg) Patrick; 5-7. 二叉异极藻 *Gomphonema dichotomum* Kützing; 8. 宽头异极藻 *Gomphonema eurycephalus* Spaulding & Kociolek

图版 146

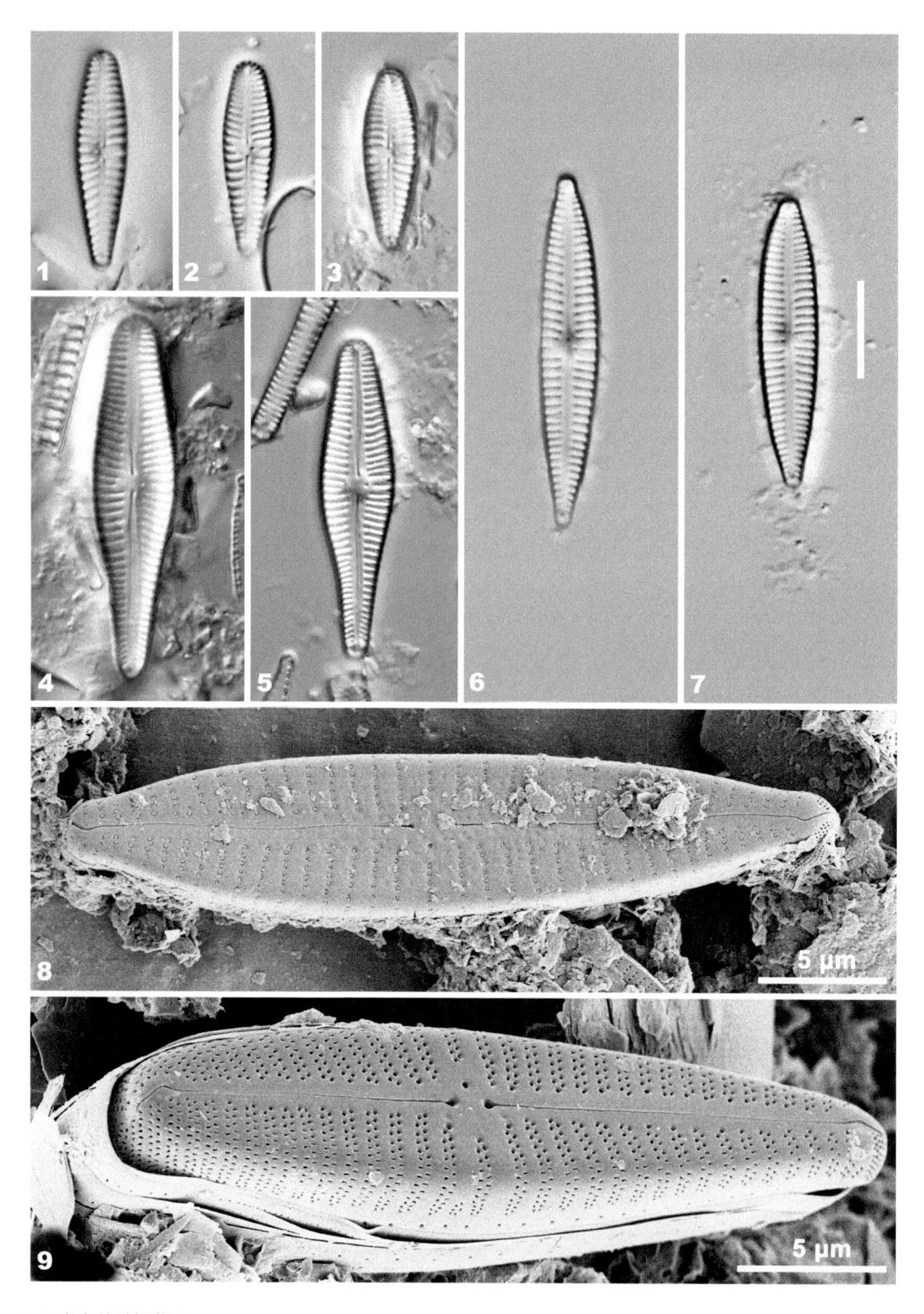

1-3, 9. 多吉兰异极藻 *Gomphonema dojranense* Levkov, Mitic-Kopanja &Reichardt; 4-5. 费雷福莫斯异极藻 *Gomphonema fereformosum* Metzeltin, Lange-Bertalot & García-Rodríguez; 6-8. 格鲁诺伟异极藻 *Gomphonema grunowii* Patrick & Reimer

图版 147

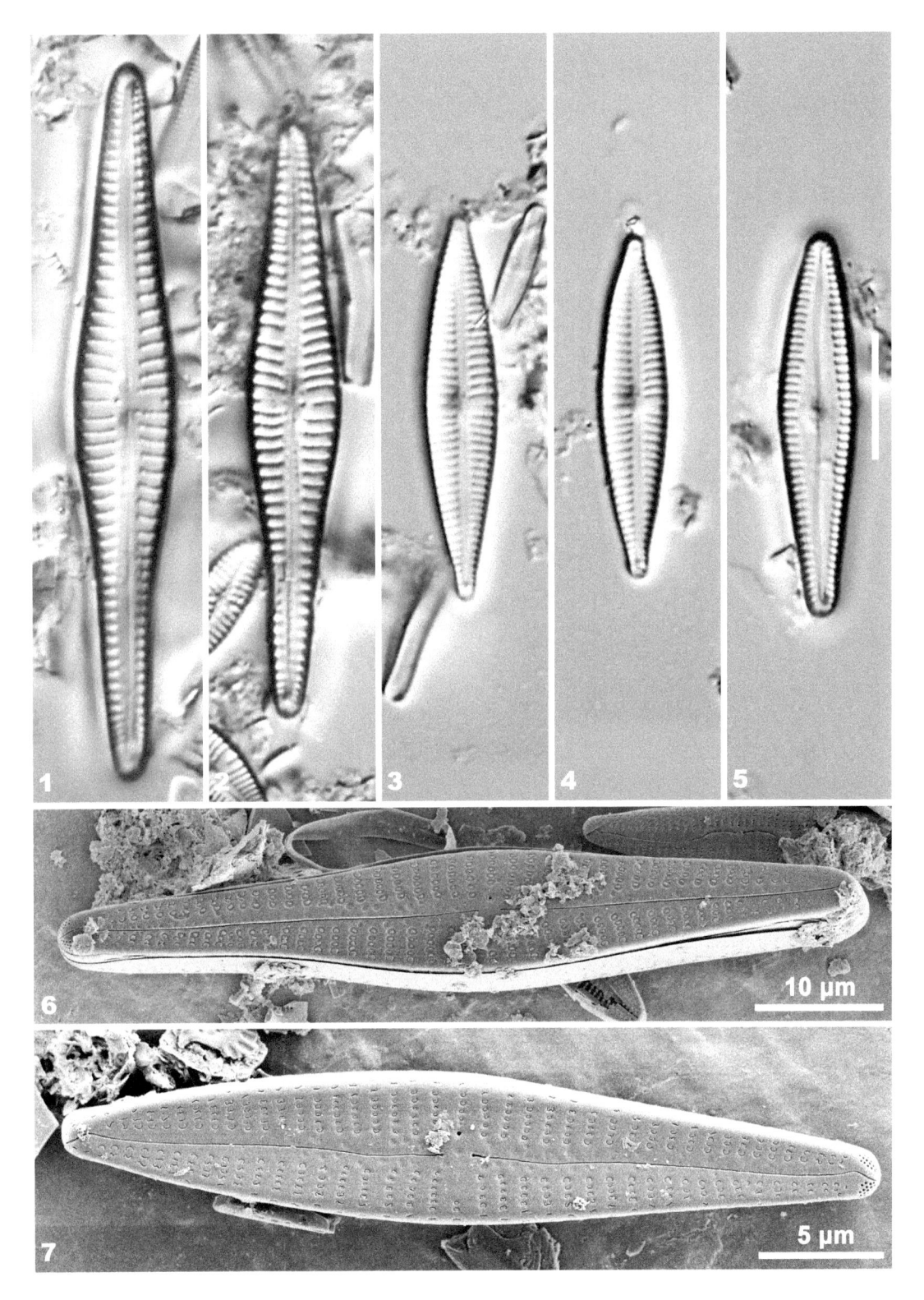

1-2, 6. 纤细异极藻 *Gomphonema gracile* Ehrenberg; 3-4, 7. 纤细型异极藻 *Gomphonema graciledictum* Reichardt;
5. 夏威夷异极藻 *Gomphonema hawaiiense* Reichardt

图版 **148**

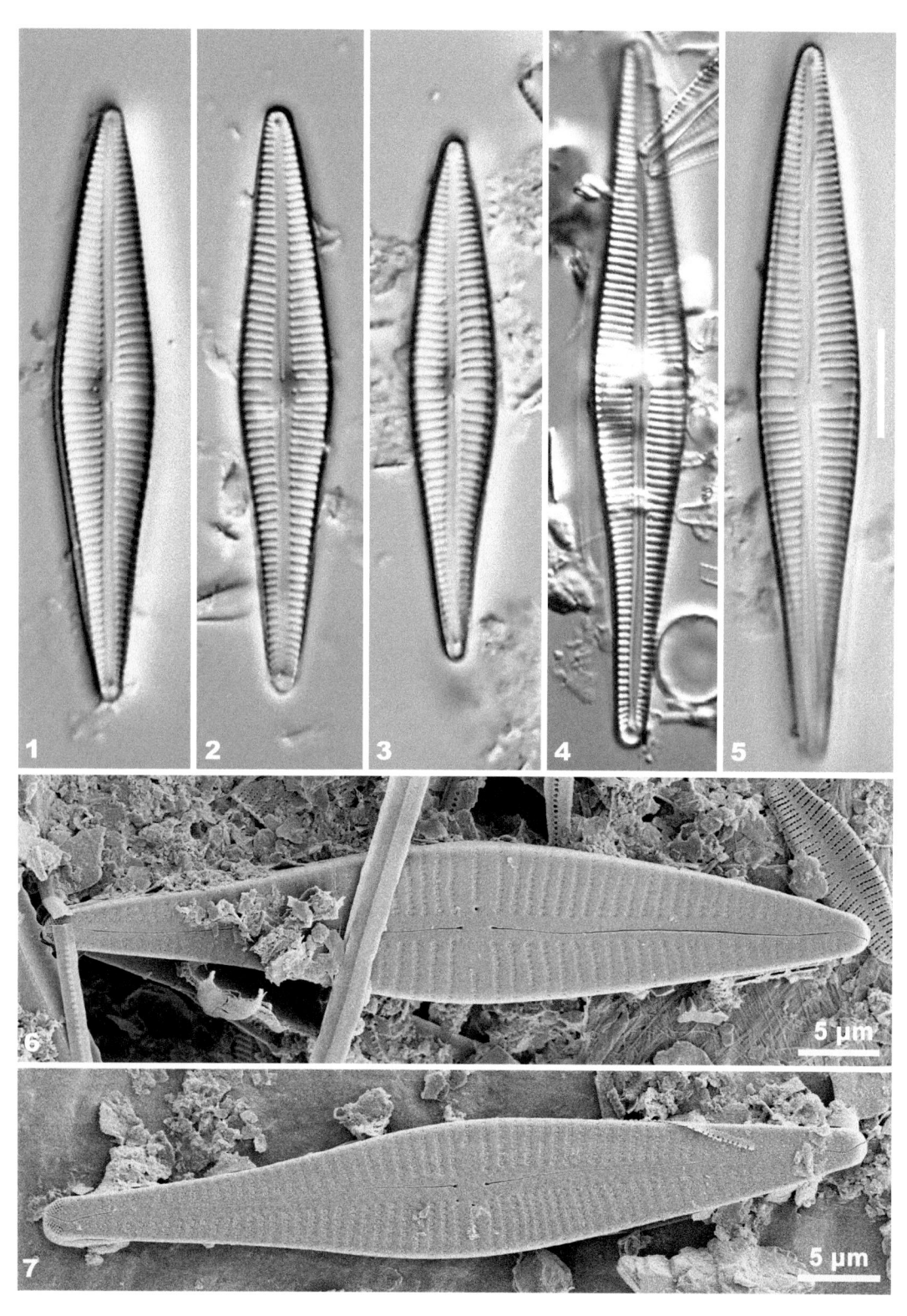

1-3, 6. 瓜拉尼异极藻 *Gomphonema guaraniarum* Metzeltin & Lange-Bertalot; 4-5, 7. 赫布里底群岛异极藻 *Gomphonema hebridense* Gregory

图版 **149**

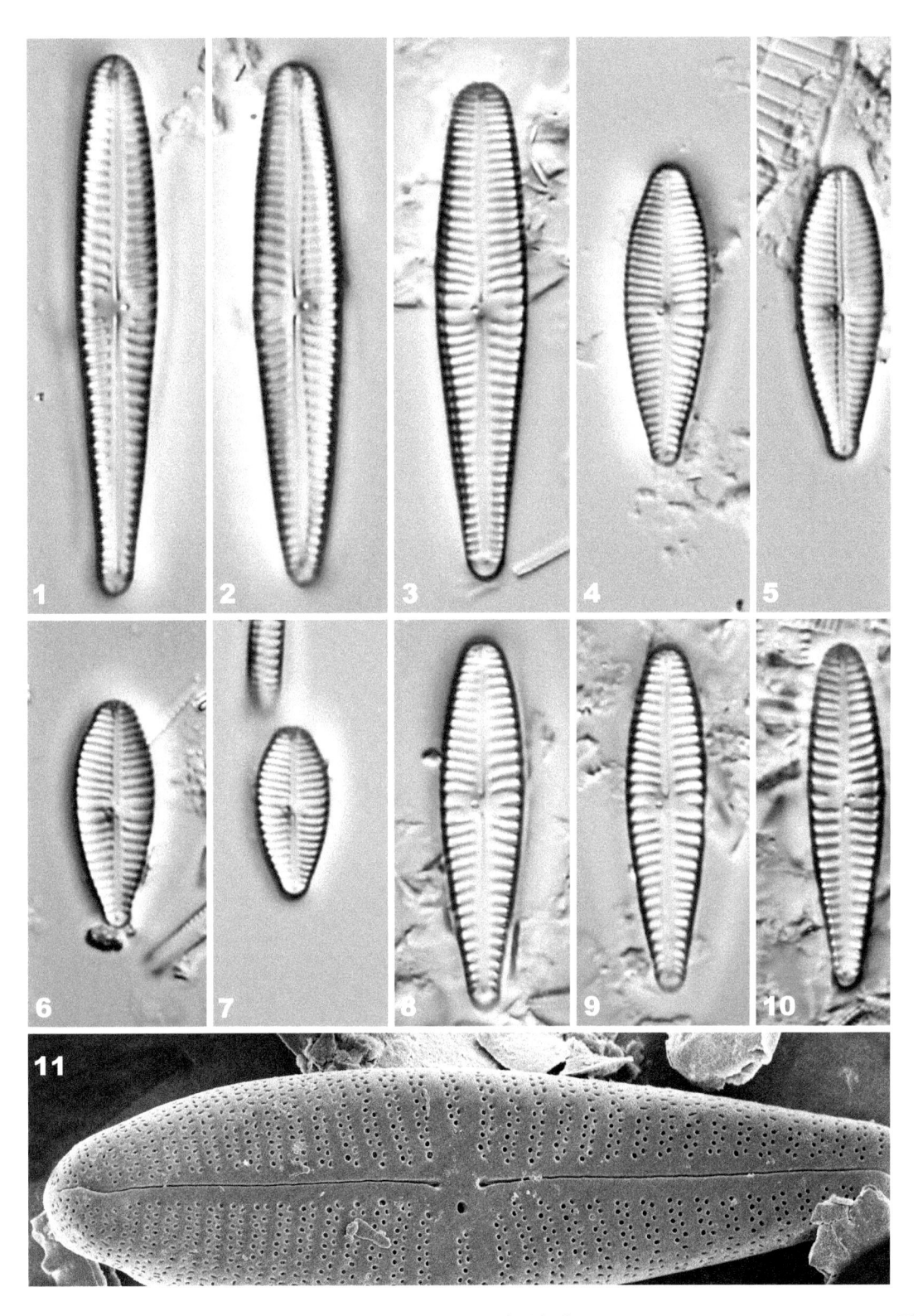

1-3. 不完全异极藻 *Gomphonema imperfecta* Manguin; 4-7. 天真异极藻 *Gomphonema innocens* Reichardt; 8-11. 露珠异极藻 *Gomphonema irroratum* Hustedt

图版 150

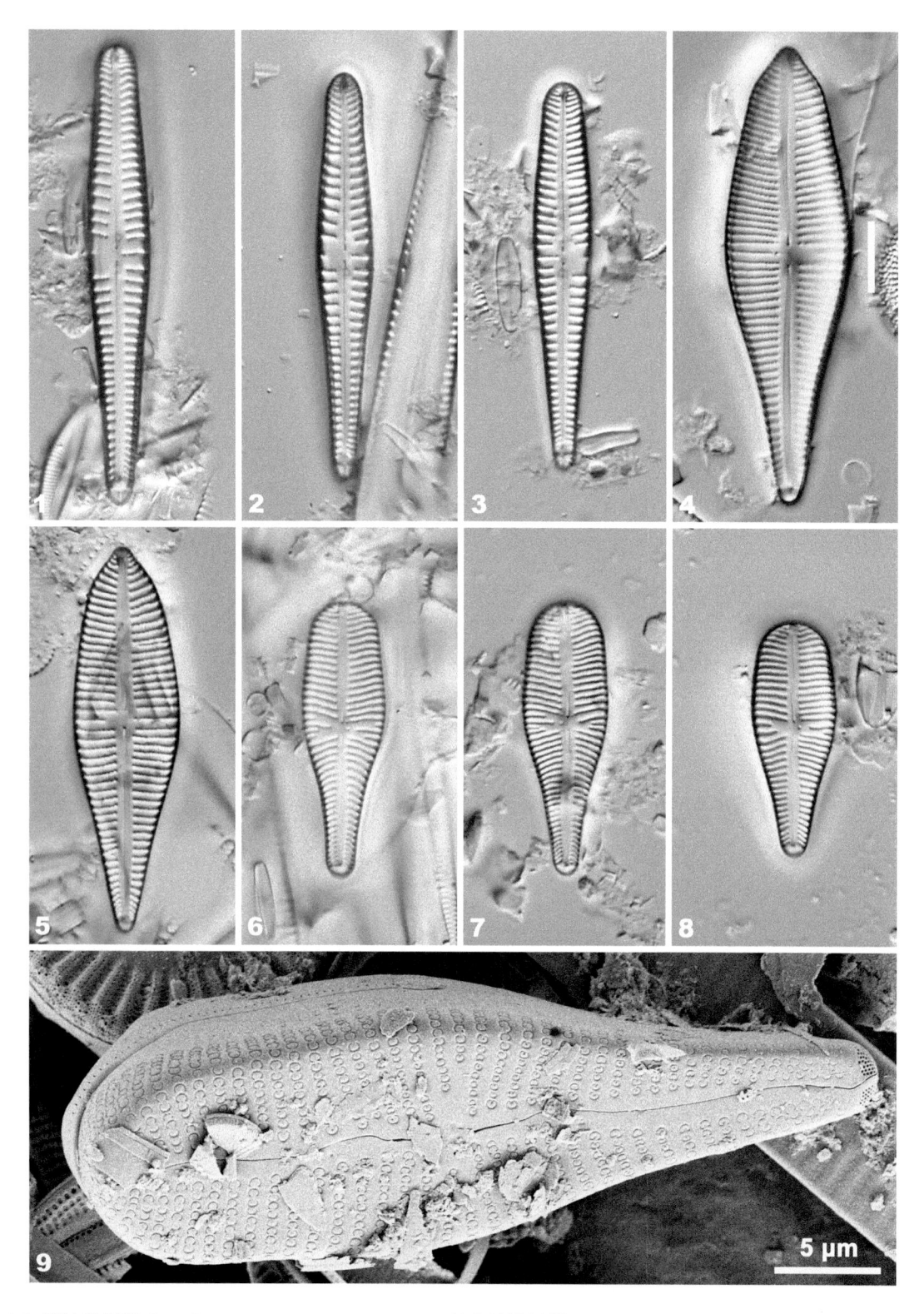

1-3. 缠结异极藻 *Gomphonema intricatum* Kützing; 4-5. 兰卡拉异极藻 *Gomphonema lacus-rankala* Gandhi; 6-9. 意大利异极藻 *Gomphonema italicum* Kützing

图版 151

1-5, 9-10. 壶型异极藻 *Gomphonema lagenula* Kützing; 6. 细小异极藻 *Gomphonema leptoproductum* Lange-Bertalot & Genkal; 7-8. 长头异极藻瑞典变型 *Gomphonema longiceps* f. *suecicum* (Grunow) Hustedt

图版 152

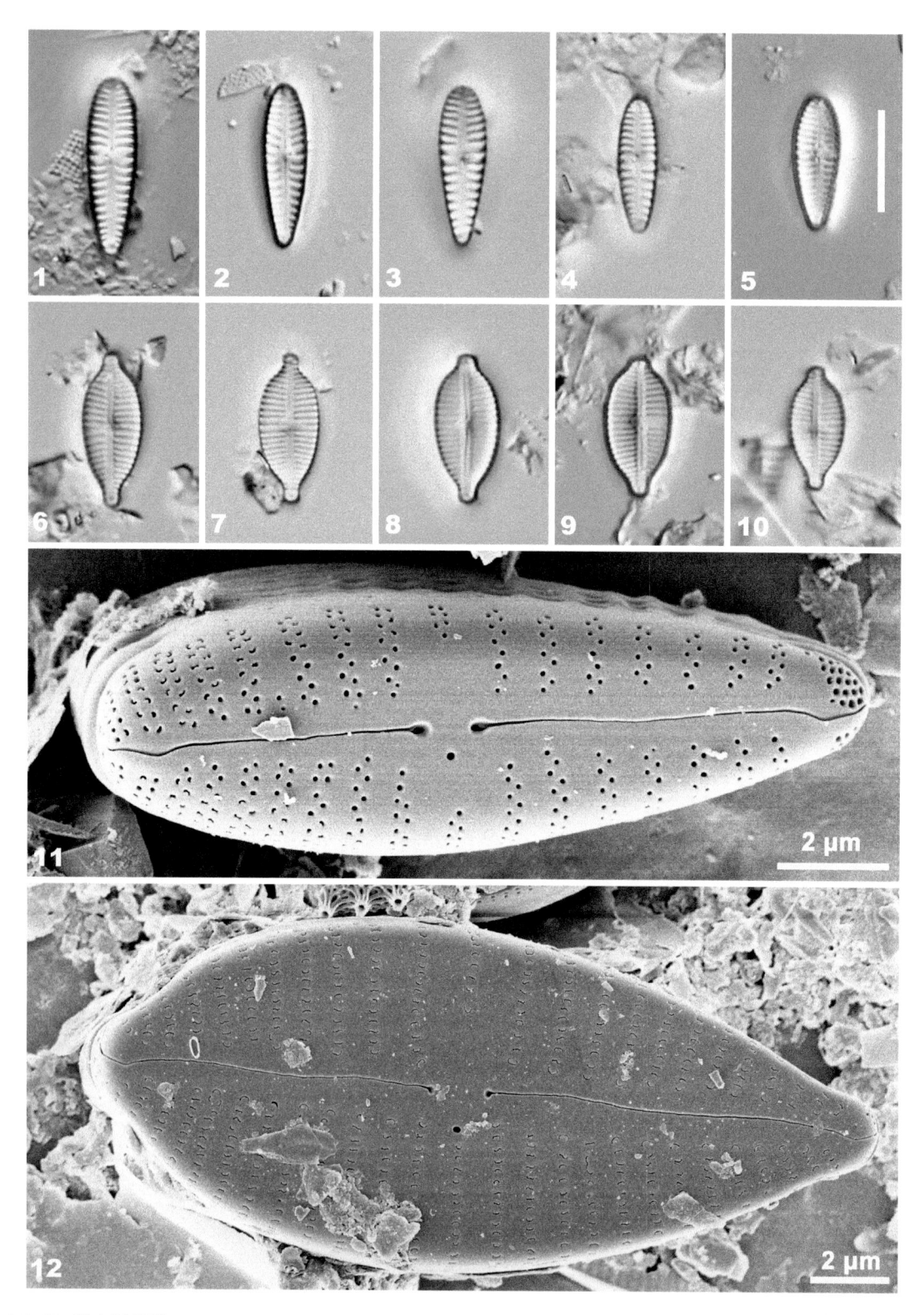

1-5, 11. 微小异极藻 *Gomphonema minutum* (Agardh) Agardh; 6-10, 12. 微小型异极藻 *Gomphonema parvuliforme* Levkov, Mitic-Kopanja & Reichardt

图版 153

1-2, 11. 微细异极藻 *Gomphonema parvulius* (Lange-Bertalot & Reichardt) Lange-Bertalot & Reichardt; 3-5, 12. 小型异极藻 *Gomphonema parvulum* (Kützing) Kützing; 6-10. 矮小异极藻硬变种 *Gomphonema pumilum* var. *rigidum* Reichardt & Lange-Bertalot

图版 154

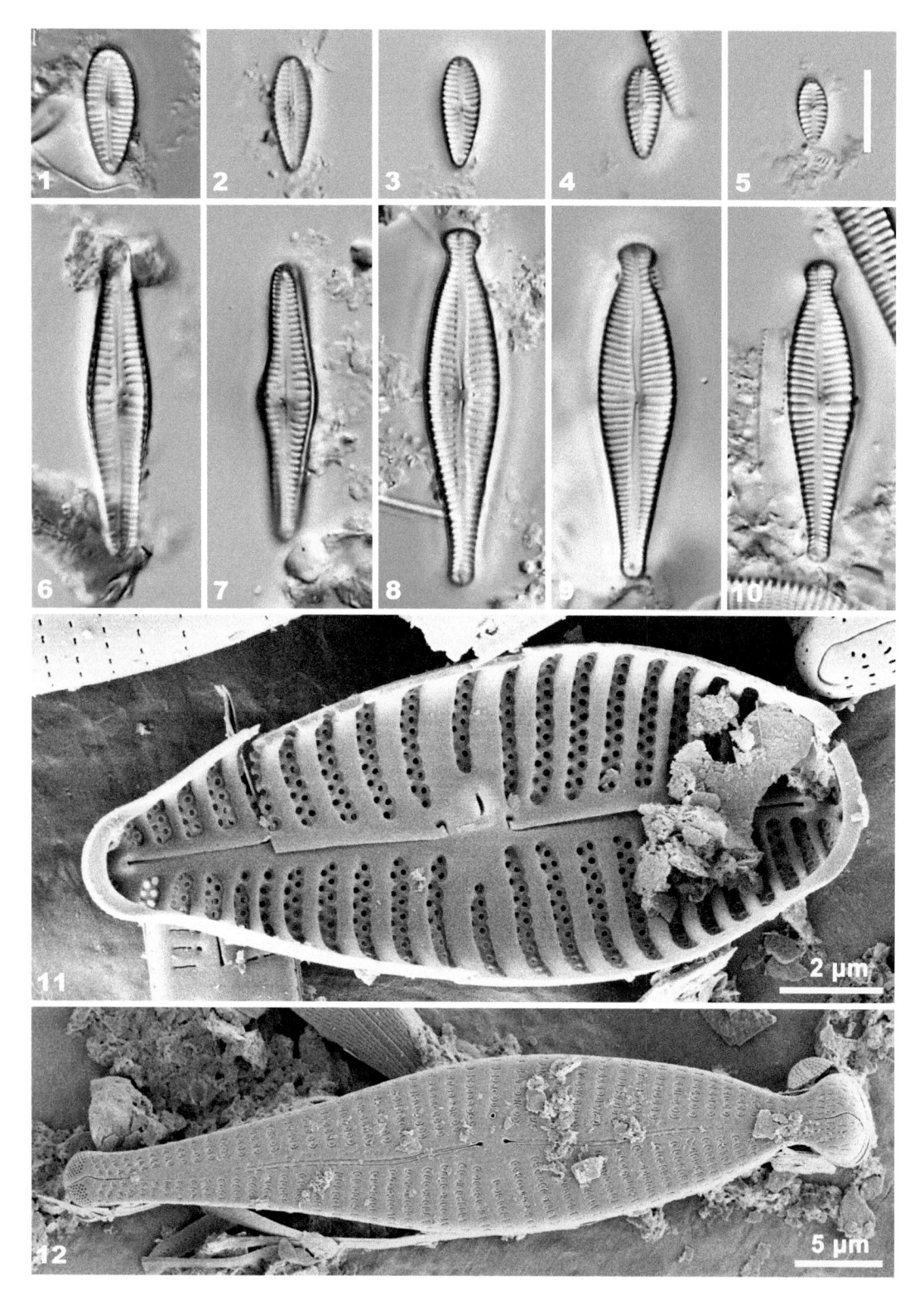

1-5, 11. 小型异极藻近椭圆变种 *Gomphonema parvulum* var. *subellipicum* Cleve; 6-7. 皮氏异极藻 *Gomphonema preliciae* Levkov, Mitic-Kopanja & Reichardt; 8-10, 12. 假具球异极藻 *Gomphonema pseudosphaerophorum* Kobayasi

图版 155

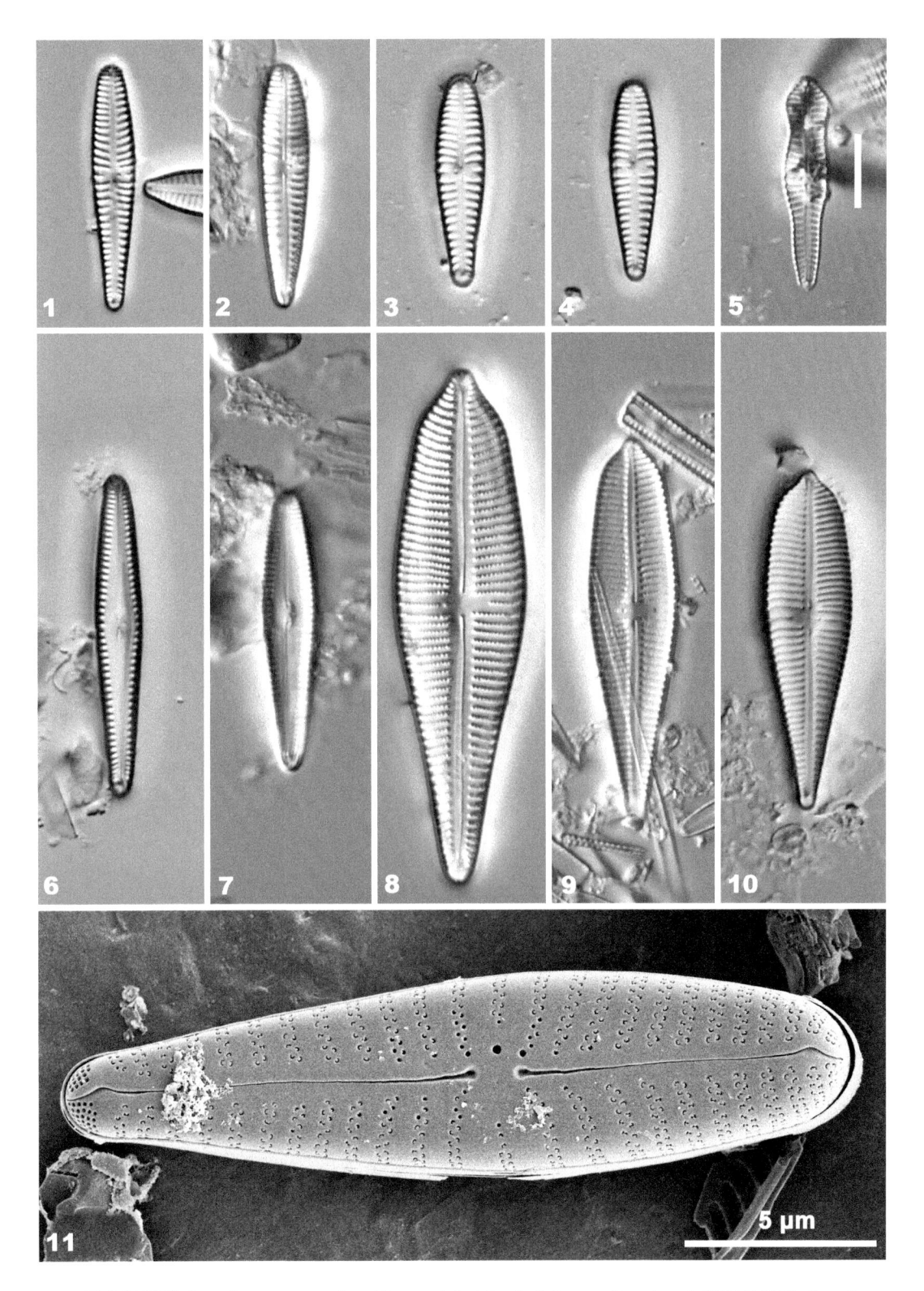

1-4, 11. 矮小异极藻 *Gomphonema pumilum* (Grunow) Reichardt & Lange-Bertalot; 5. 细弱异极藻 *Gomphonema pusillum* (Grunow) Kulikovskiy & Kociolek; 6-7. 斜方异极藻 *Gomphonema rhombicum* Fricke; 8-10. 塔形异极藻 *Gomphonema turris* Ehrenberg

图版 156

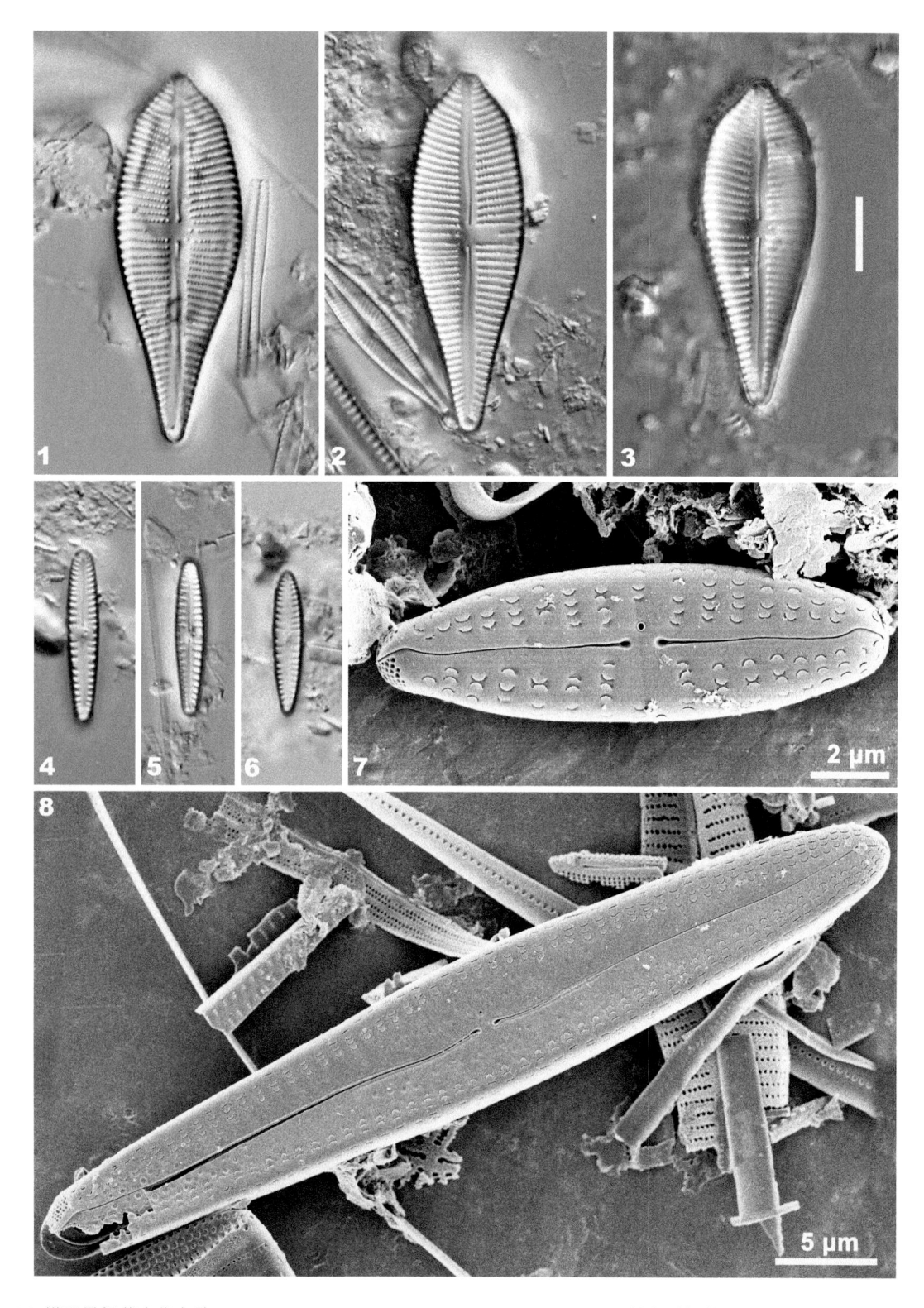

1-3. 塔形异极藻中华变种 *Gomphonema turris* var. *sinicum* (Skvortzov) Shi; 4-7. 瓦达尔异极藻 *Gomphonema vardarense* Reichardt; 8. 极细异极藻 *Gomphonema tenuissimum* Fricke

图版 157

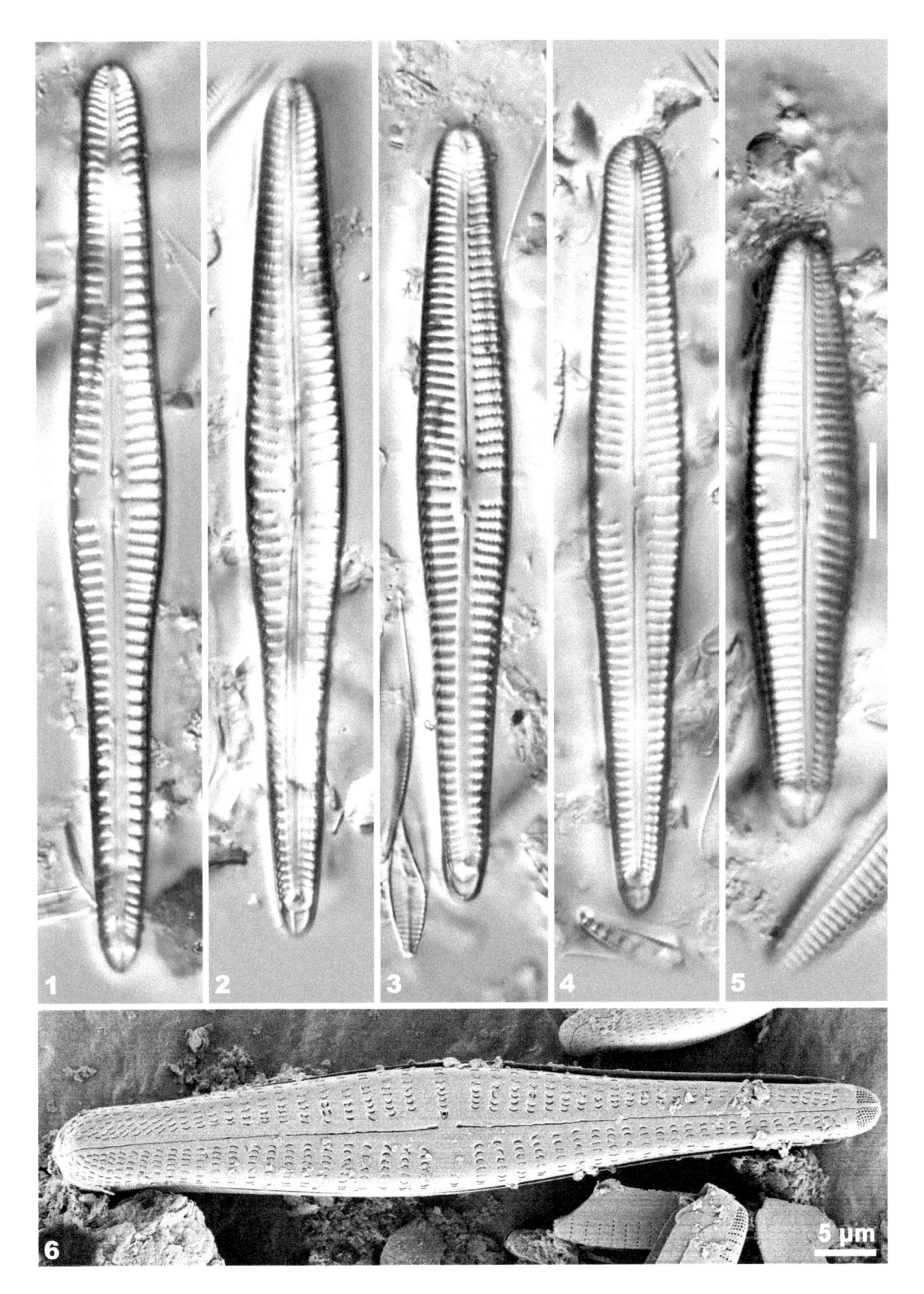

1-4, 6. 颤动异极藻 *Gomphonema vibrio* Ehrenberg; 5. 扬子异极藻 *Gomphonema yangtzense* Li

图版 158

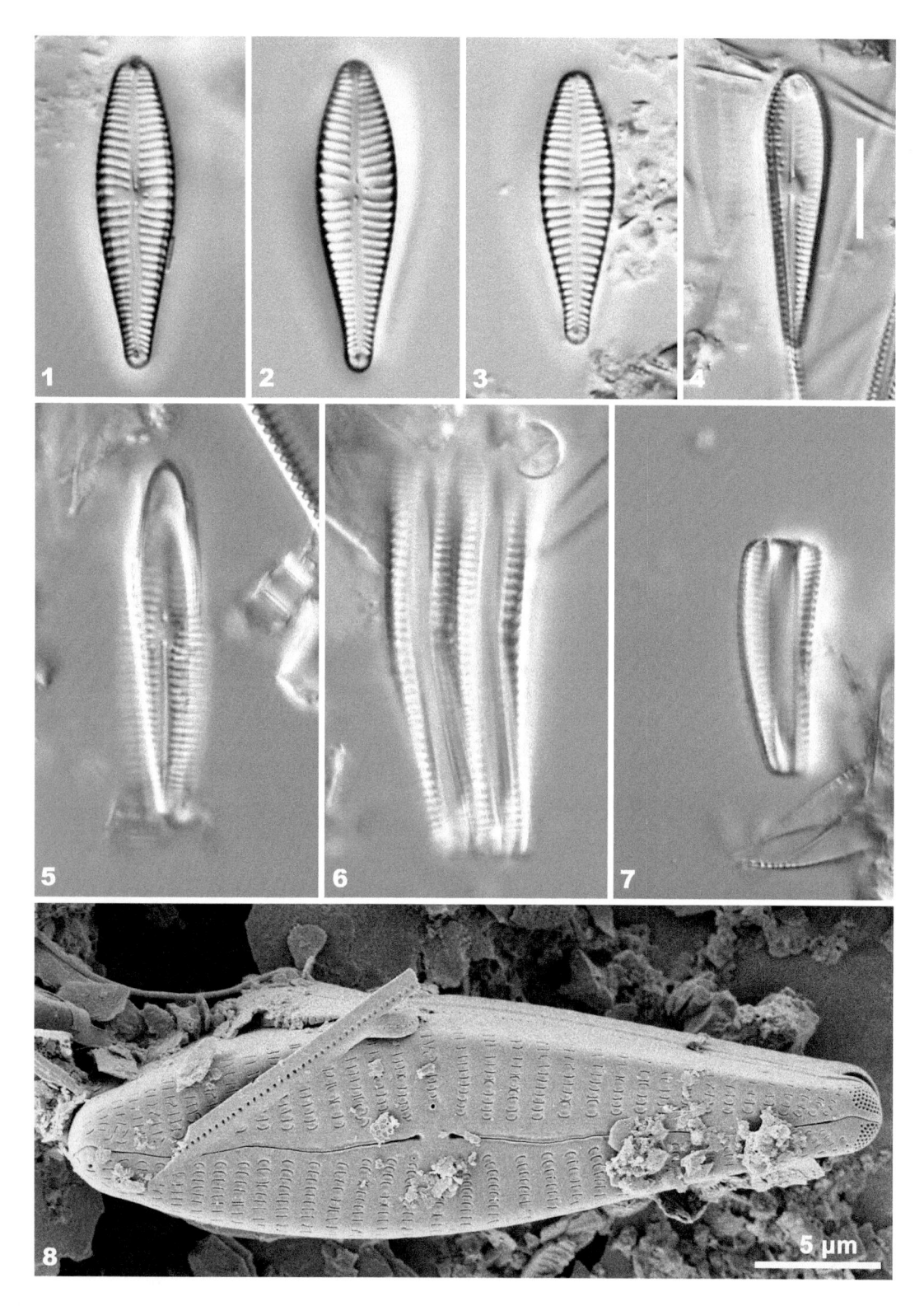

1-3, 8. 泽尔伦斯异极藻 *Gomphonema zellense* Reichardt; 4. 格罗夫楔异极藻 *Gomphosphenia grovei* (Schmidt) Lange-Bertalot; 5-7. 加利福尼亚弯楔藻 *Rhoicosphenia californica* Thomas & Kociolek

图版 159

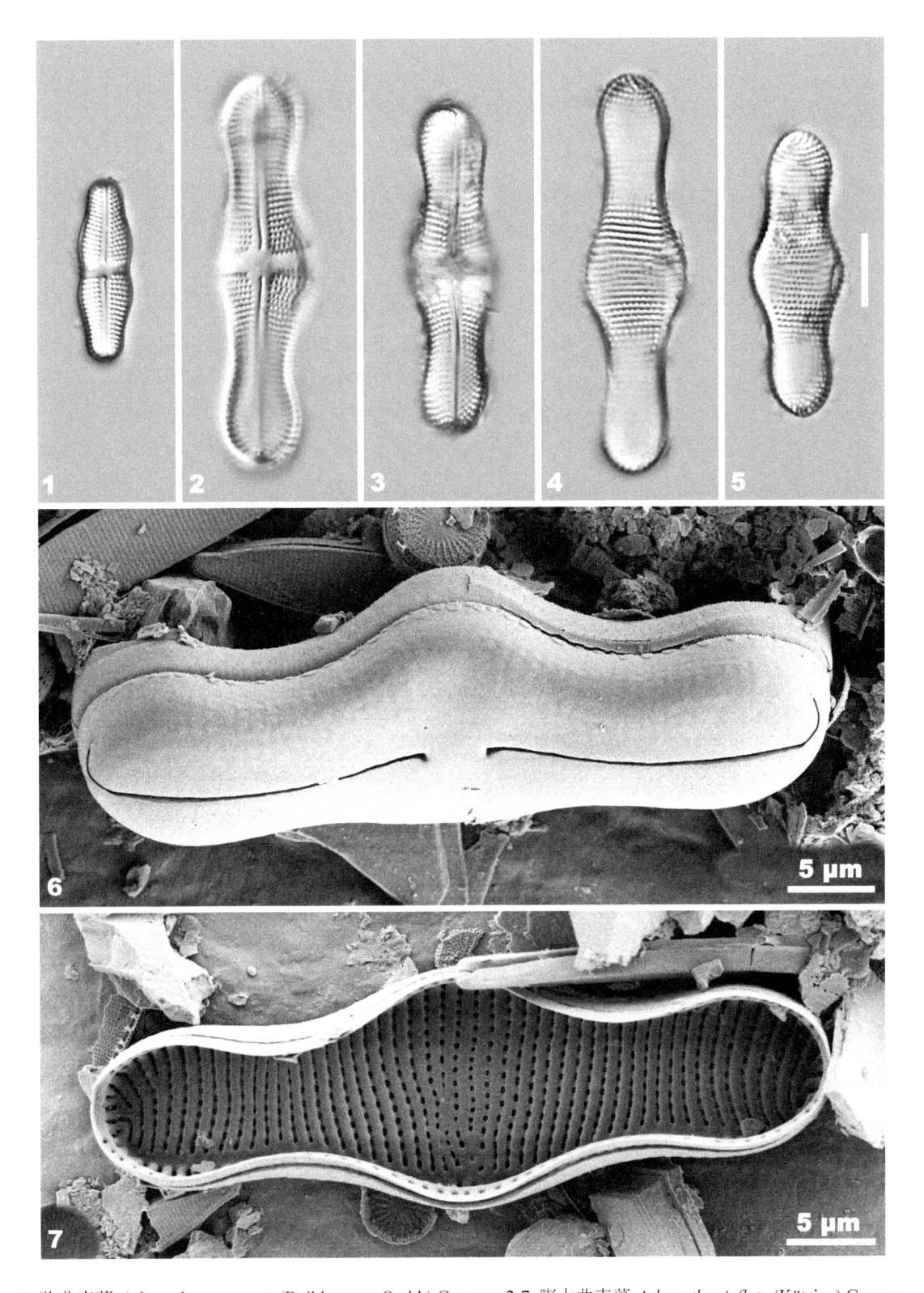

1. 狭曲壳藻 *Achnanthes coarctata* (Brébisson ex Smith) Grunow; 2-7. 膨大曲壳藻 *Achnanthes inflata* (Kützing) Grunow

图版 160

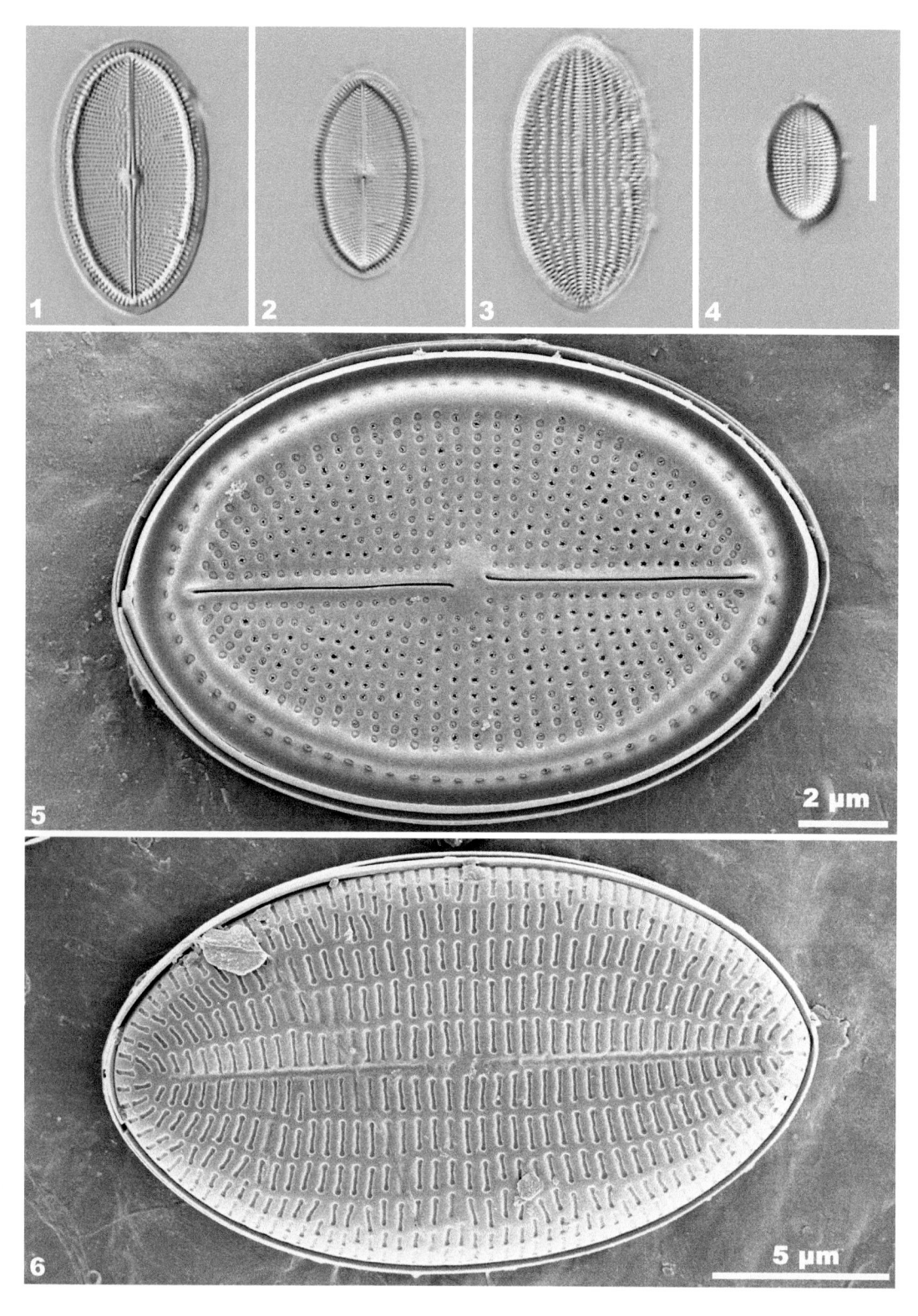

1-6. 扁圆卵形藻 *Cocconeis placentula* Ehrenberg

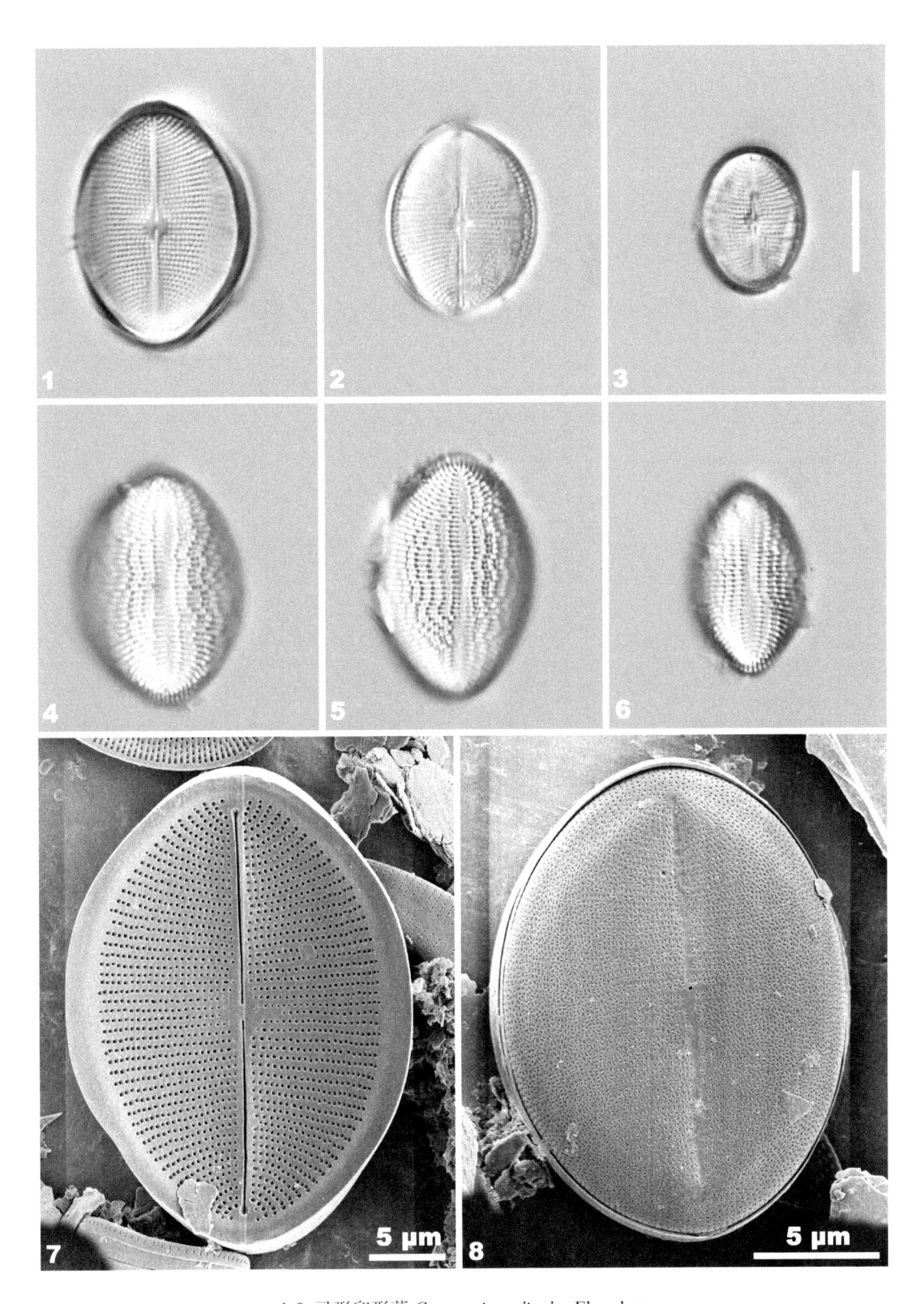

图版 161

1-8. 虫形卵形藻 *Cocconeis pediculus* Ehrenberg

图版 162

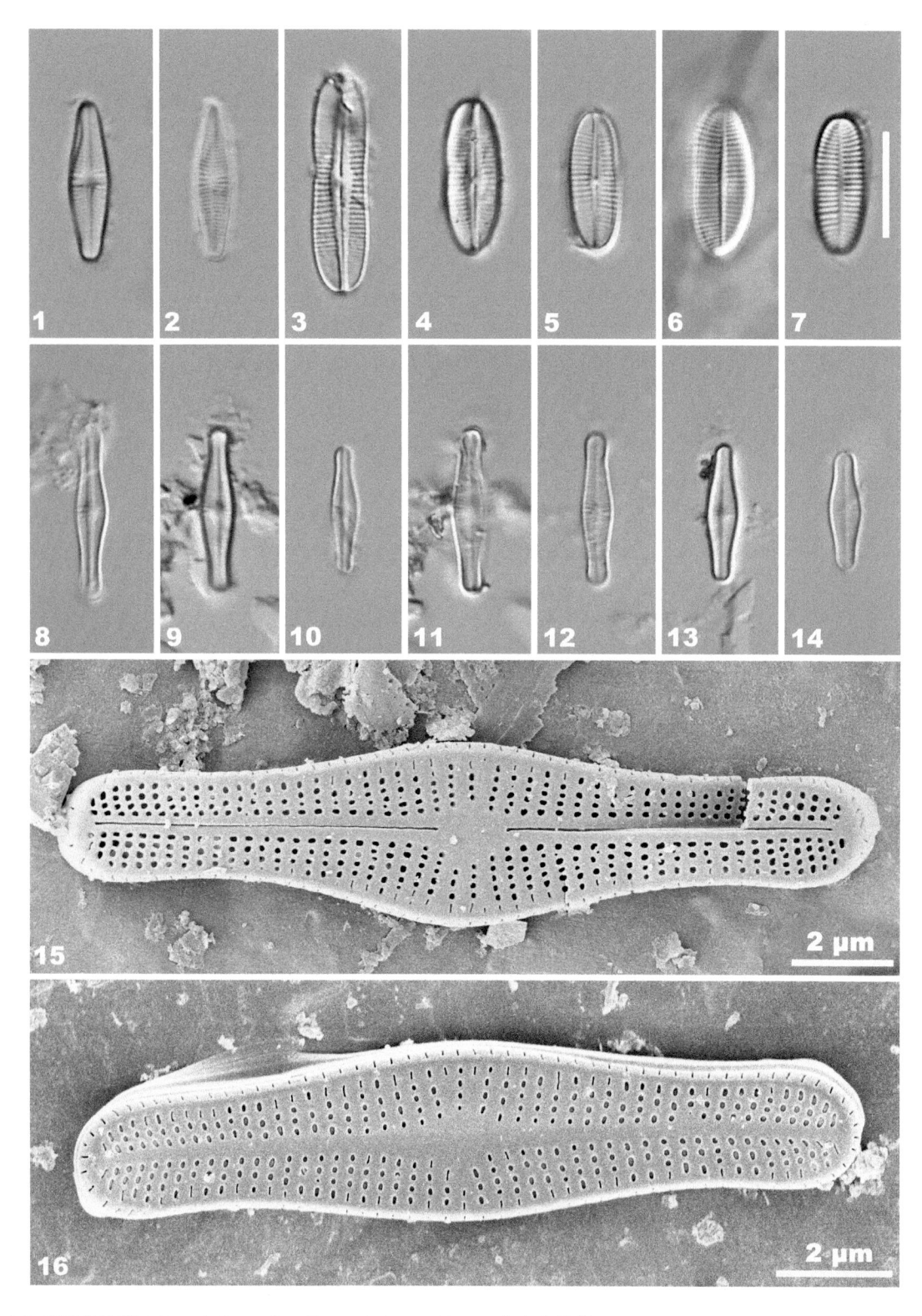

1-2. 近缘曲丝藻 *Achnanthidium affine* (Grunow) Czarnecki; 3-7. 宽大曲丝藻 *Achnanthidium ampliatum* Liu, Kulikovskiy & Kociolek; 8-16. 链状曲丝藻 *Achnanthidium catenatum* (Bily & Marvan) Lange-Bertalot

图版 163

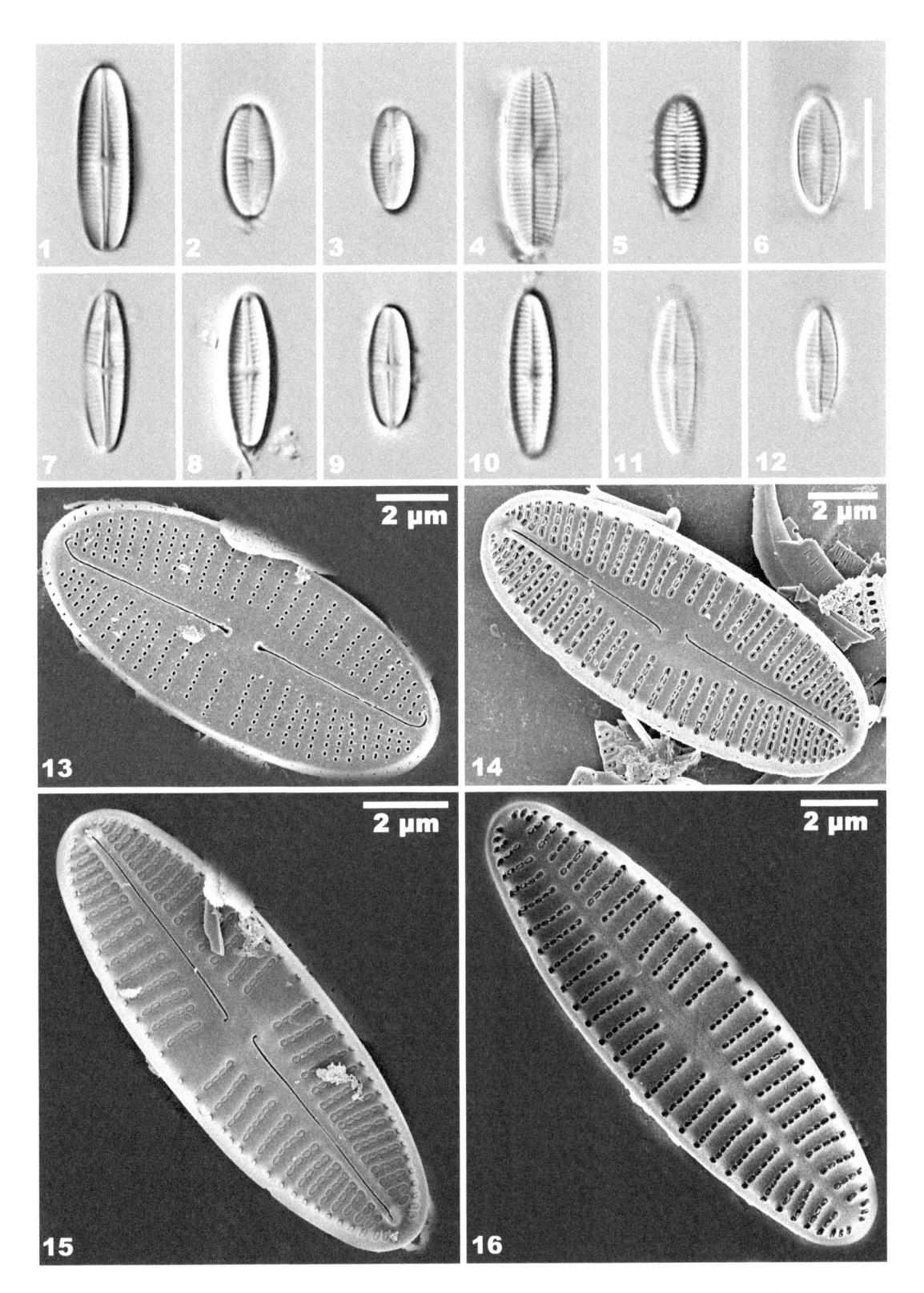

1-6, 13-14. 河流曲丝藻 *Achnanthidium rivulare* Potapova & Ponader; 7-12, 15-16. 德尔蒙曲丝藻 *Achnanthidium delmontii* Pérès, Le Cohu & Barthès

图版 164

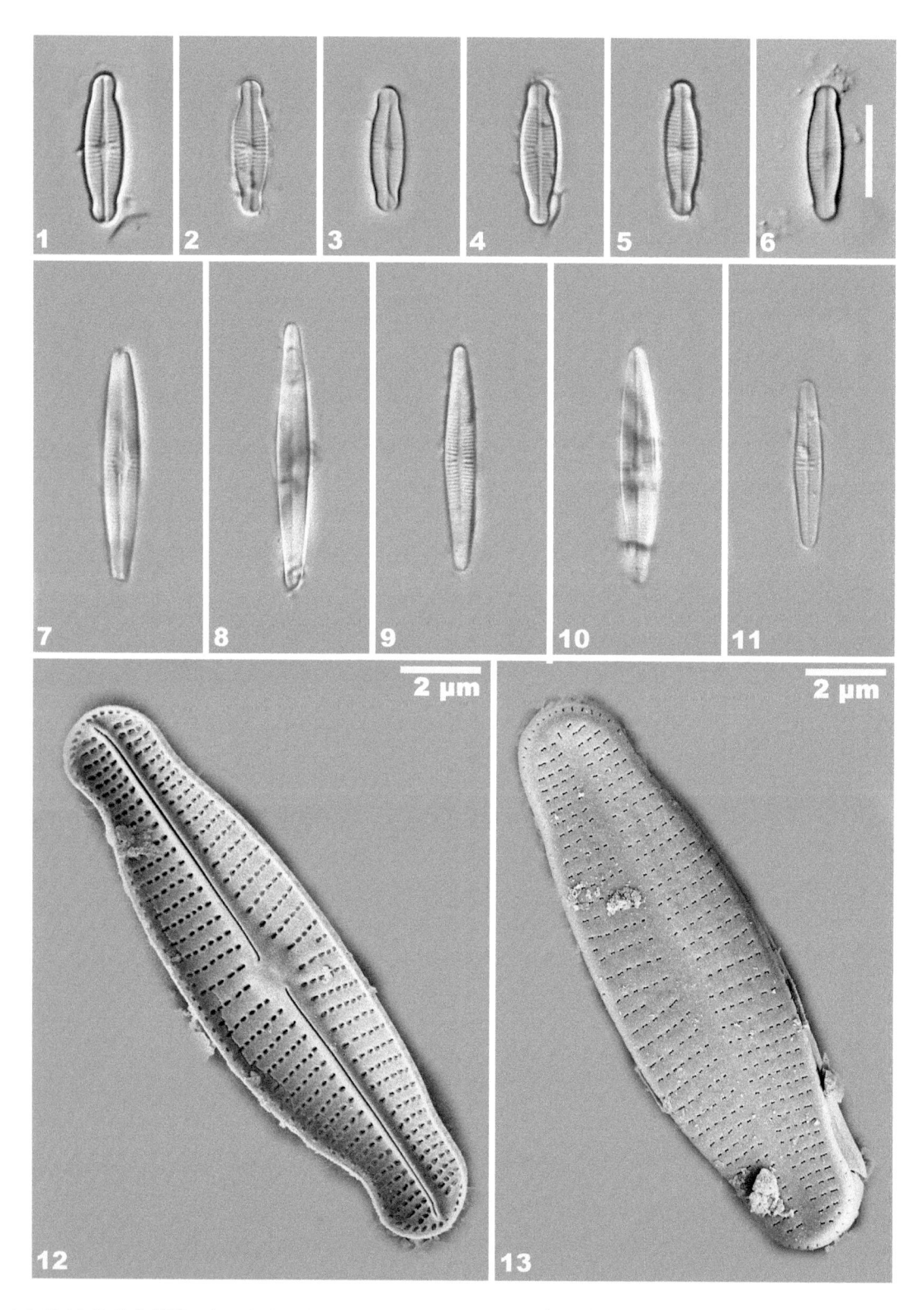

1-6, 12-13. 杜氏曲丝藻 *Achnanthidium druartii* Rimet & Couté; 7-11. 恩内迪曲丝藻 *Achnanthidium ennediense* (Compère) Compère & Van de Vijver

图版 165

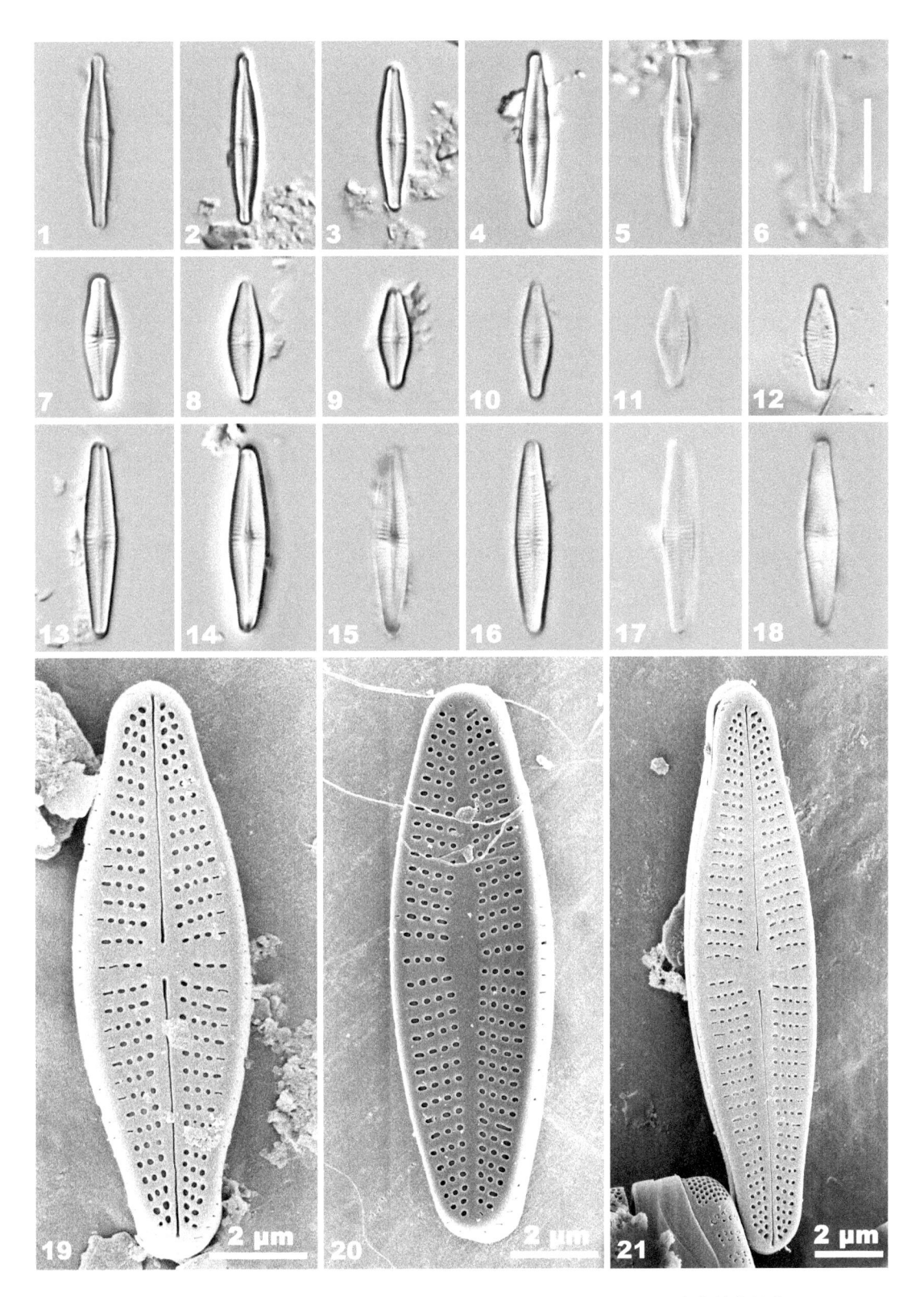

1-6. 埃特曲丝藻 *Achnanthidium ertzii* Van de Vijver & Lange-Bertalot; 7-12, 19-20. 富营养曲丝藻 *Achnanthidium eutrophilum* (Lange-Bertalot) Lange-Bertalot; 13-18, 21. 瘦曲丝藻 *Achnanthidium exile* (Kützing) Heiberg

图版 166

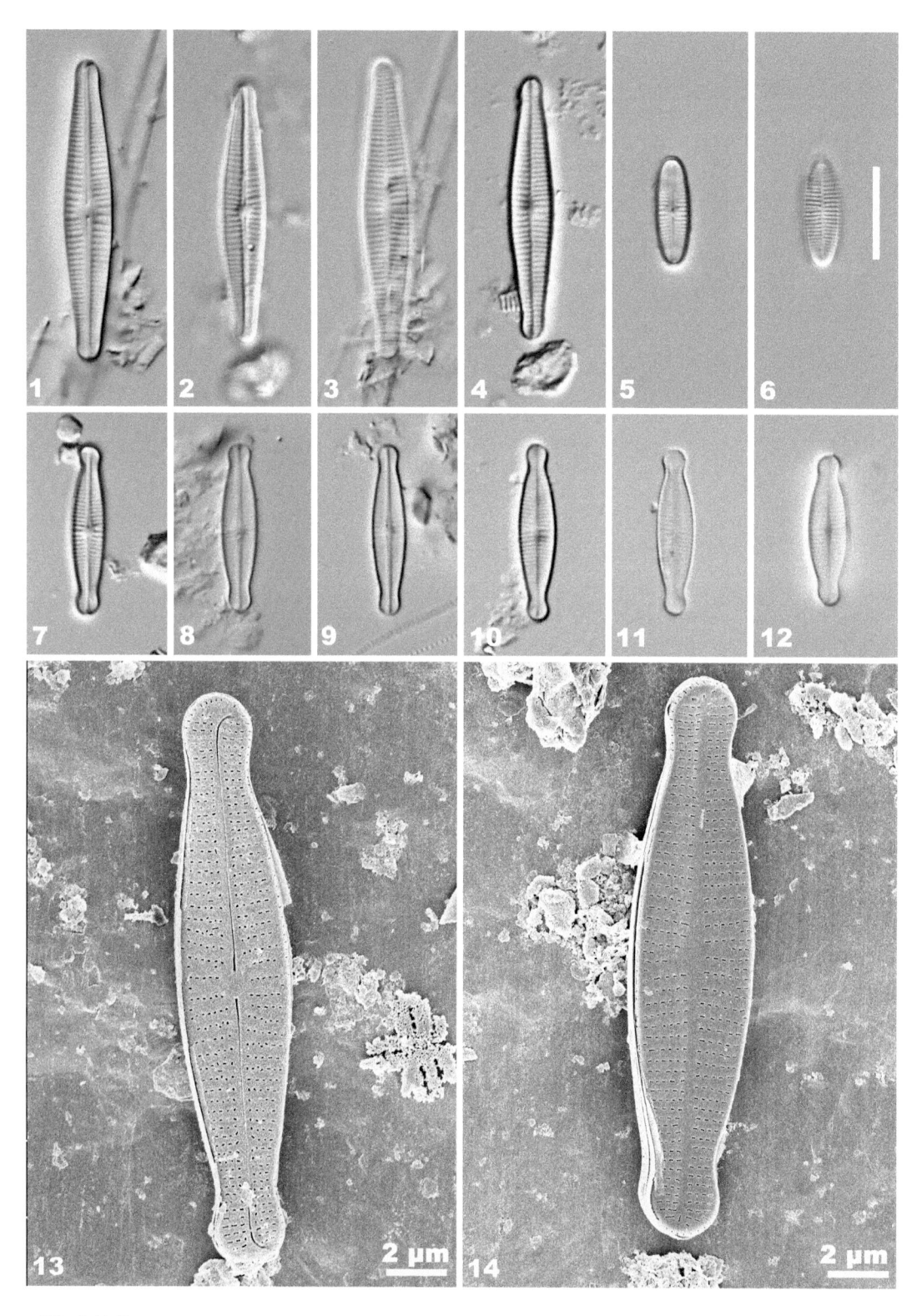

1-4. 纤细曲丝藻 *Achnanthidium gracillimum* (Meister) Lange-Bertalot; 5-6. 日本曲丝藻 *Achnanthidium japonicum* (Kobayasi ex Kobayasi, Nagumo & Mayama) Kobayasi; 7-14. 三角帆曲丝藻 *Achnanthidium laticephalum* Kobayasi

图版 167

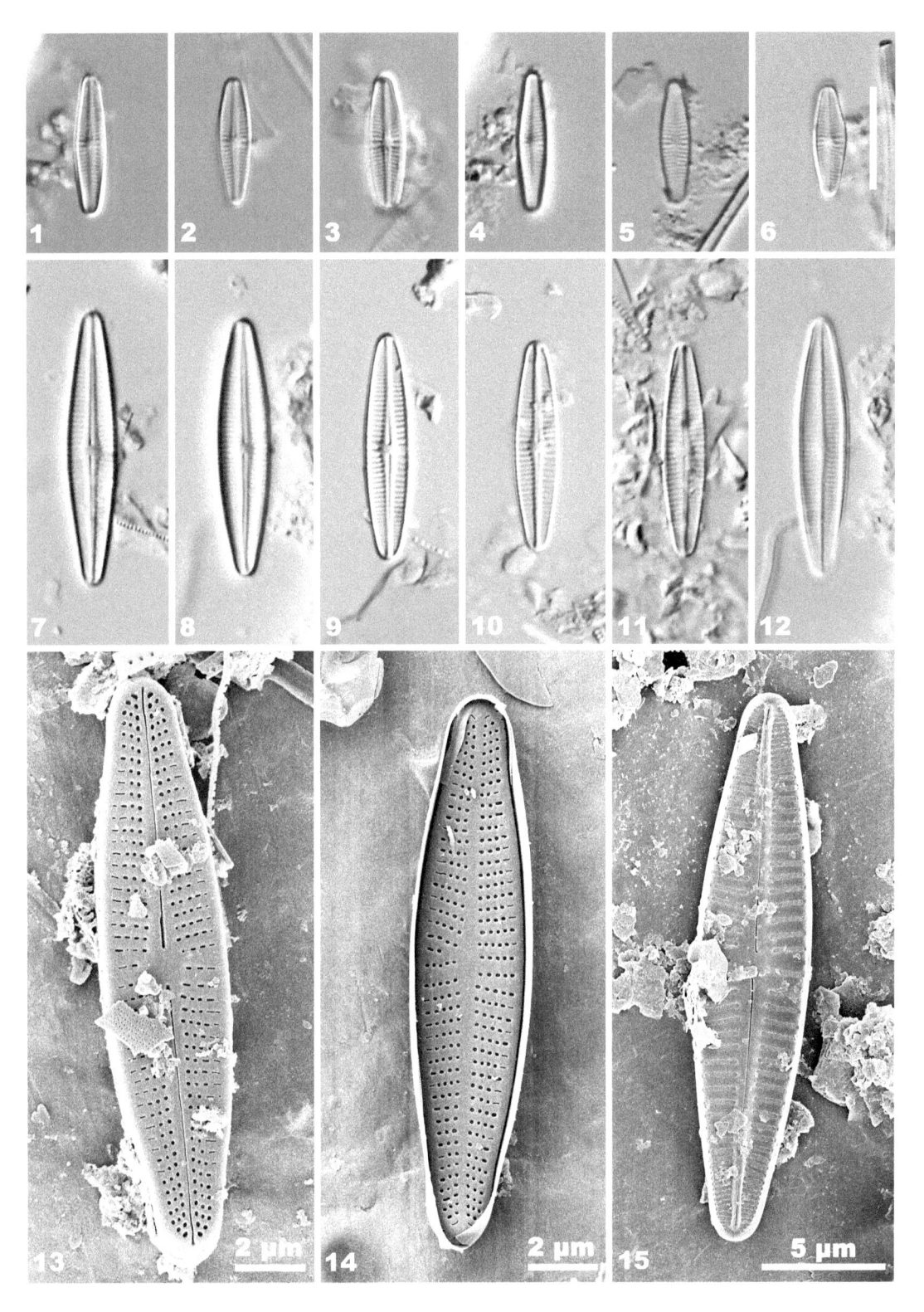

1-6, 13-14. 极小曲丝藻 *Achnanthidium minutissimum* (Kützing) Czarnecki; 7-12, 15. 清溪曲丝藻 *Achnanthidium qingxiense* You, Yu & Wang

图版 168

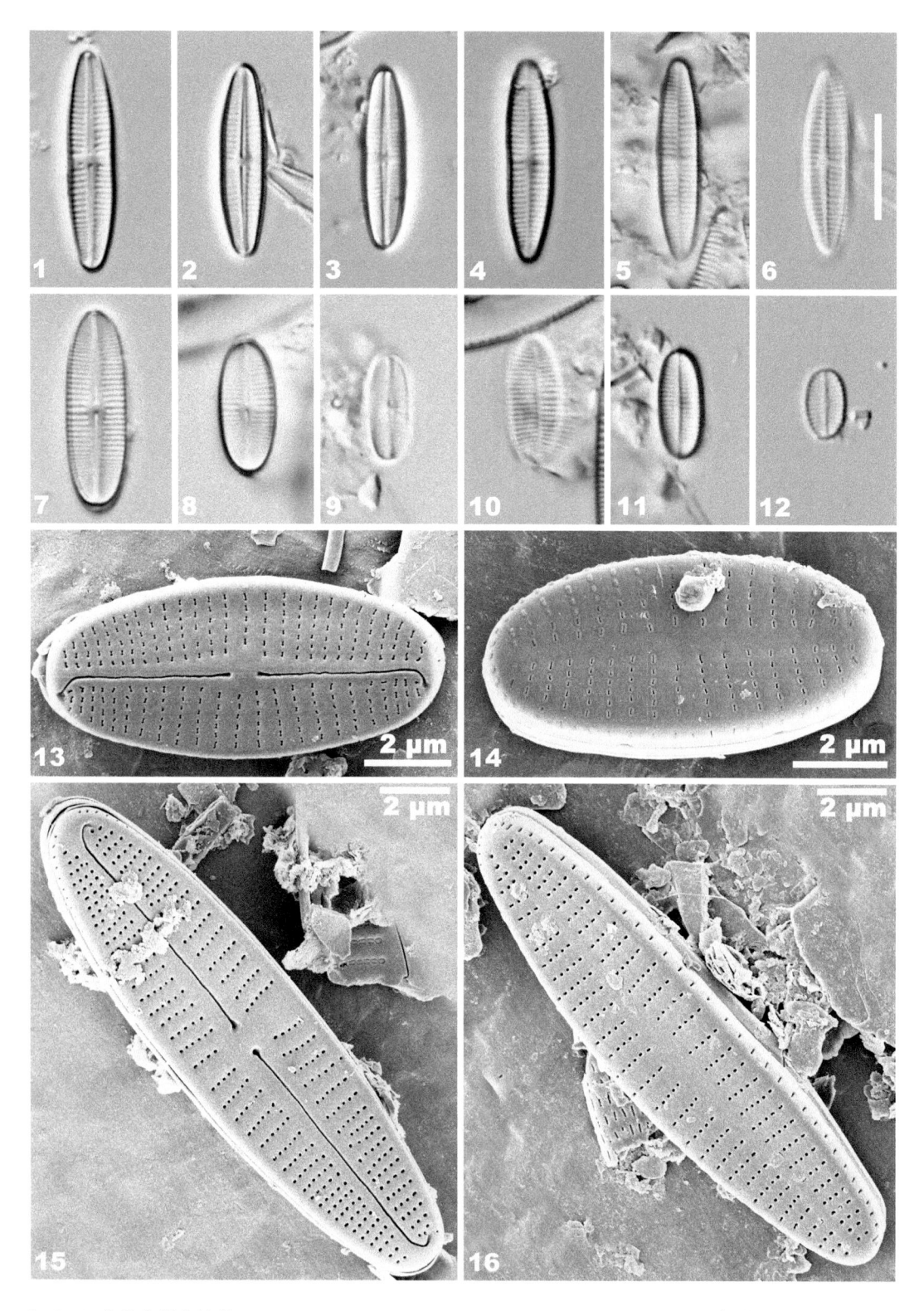

1-6, 13-14. 庇里牛斯曲丝藻 *Achnanthidium pyrenaicum* (Hustedt) Kobayasi; 7-12, 15-16. 粗曲丝藻 *Achnanthidium crassum* (Hustedt) Potapova & Ponader

图版 169

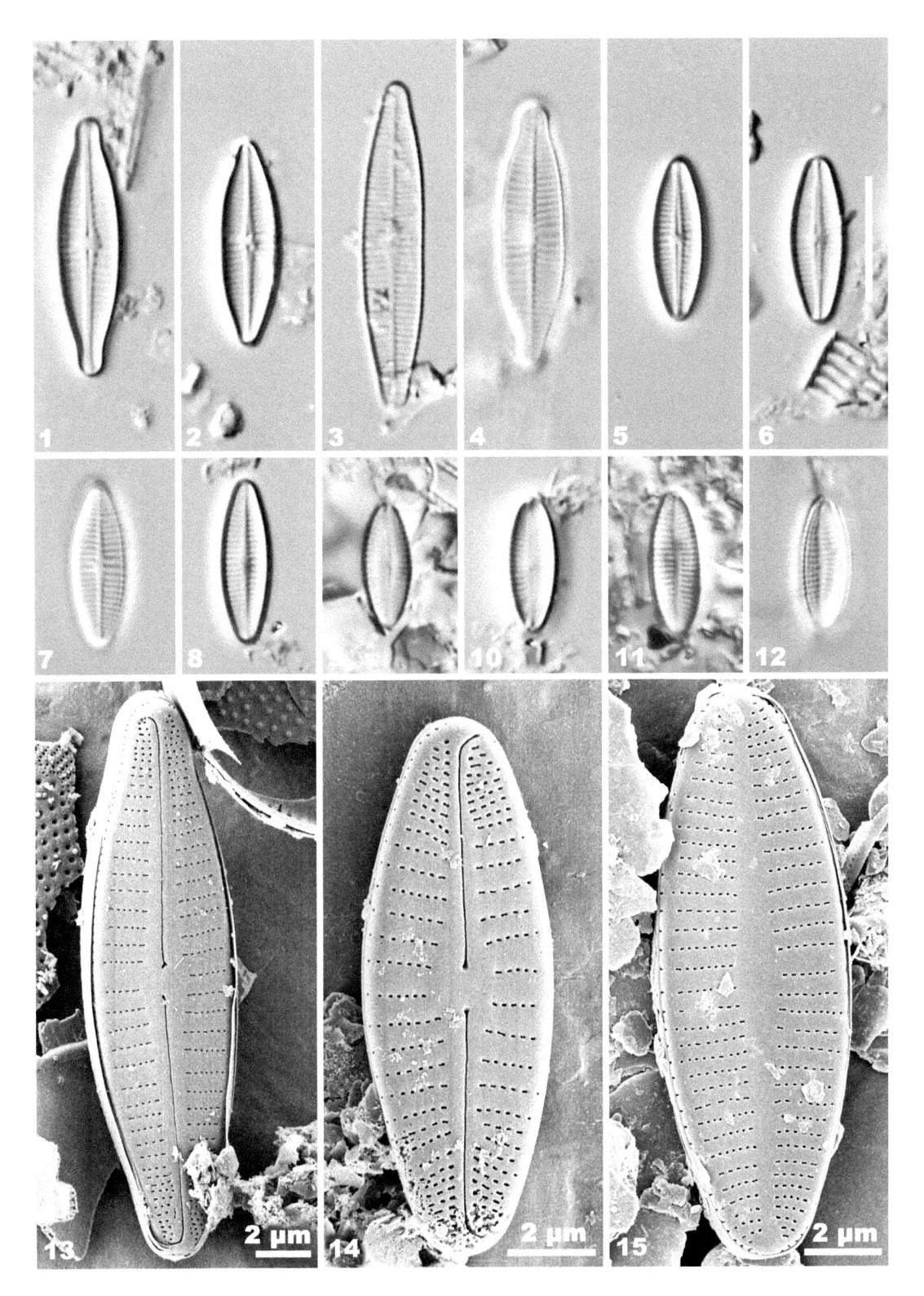

1-4, 13. 喙状庇里牛斯曲丝藻 *Achnanthidium rostropyrenaicum* Jüttner & Cox; 5-8, 14-15. 近原子曲丝藻 *Achnanthidium subatomus* (Hustedt) Lange-Bertalot; 9-12. 近赫德森曲丝藻 *Achnanthidium subhudsonis* (Hustedt) Kobayasi

图版 170

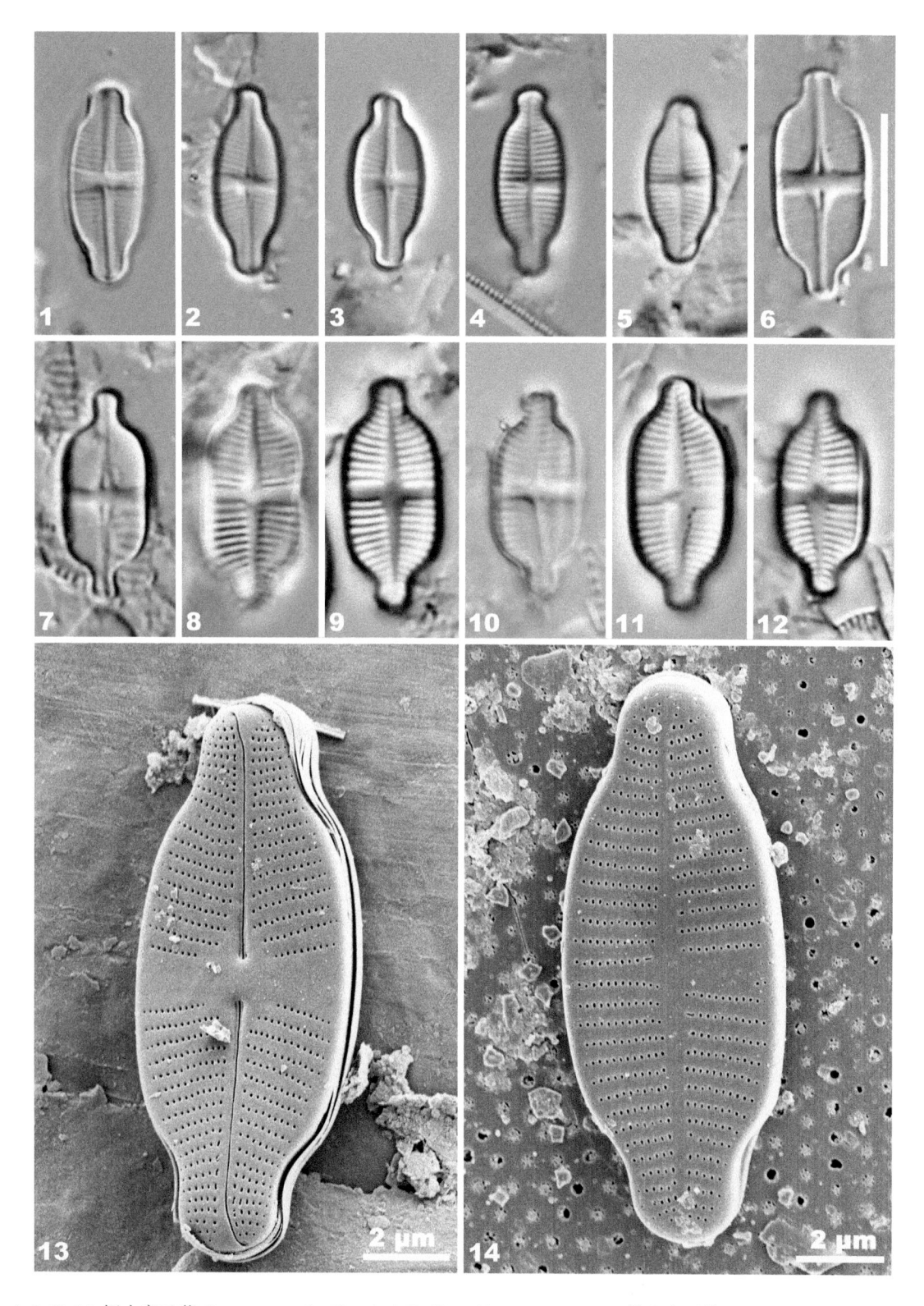

1-5, 13-14. 短小高氏藻 *Gogorevia exilis* (Kützing) Kulikovskiy & Kociolek; 6. 异壳高氏藻 *Gogorevia heterovalvum* (Krasske) Czarnecki; 7-9. 缢缩高氏藻 *Gogorevia constricta* (Torka) Kulikovskiy & Kociolek; 10-12. 宽轴高氏藻 *Gogorevia profunda* (Skvortsov) Yu & You

图版 171

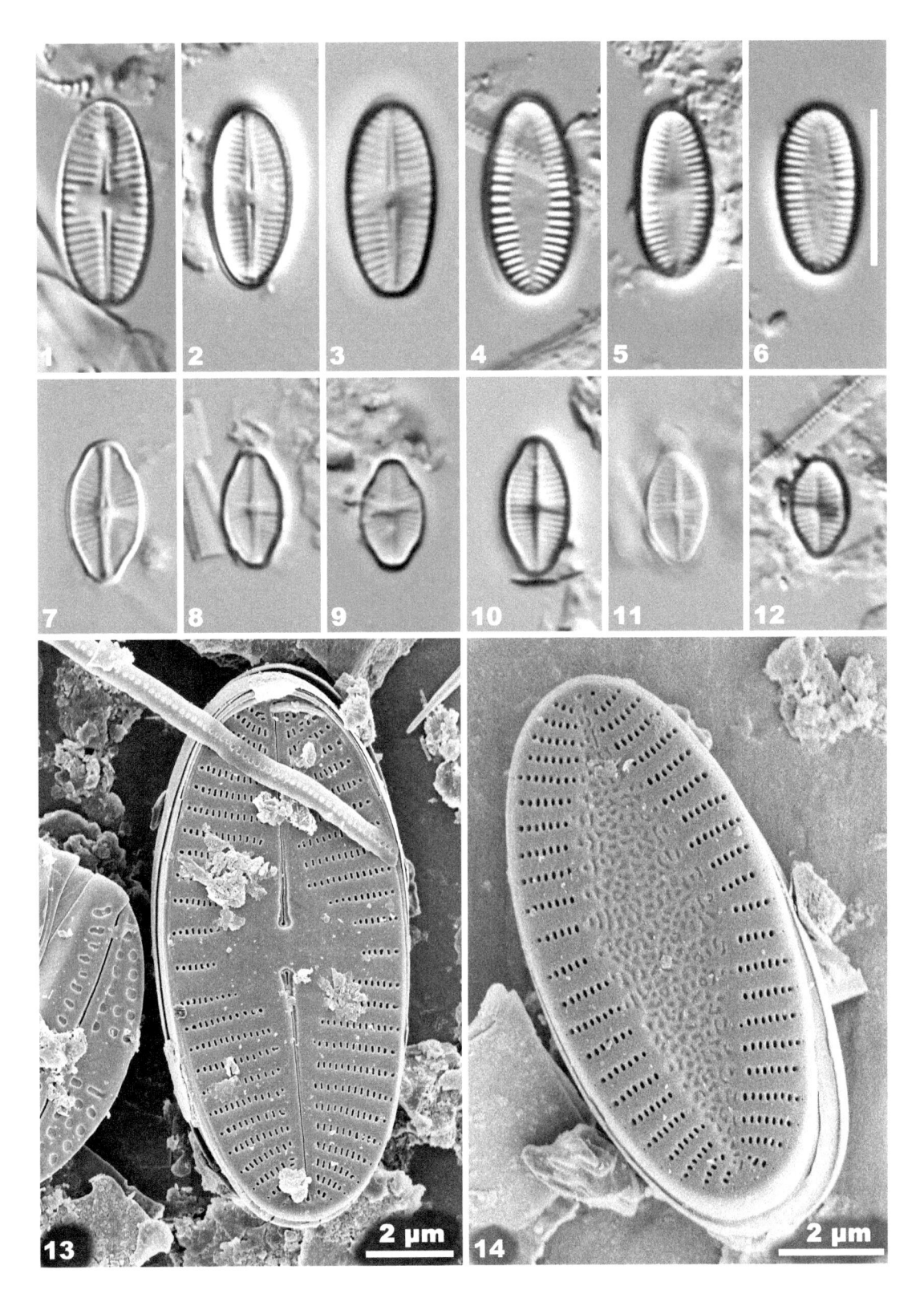

1-6, 13-14. 胡斯特片状藻 *Platessa hustedtii* (Krasske) Lange-Bertalot; 7-12. 齐格勒片状藻 *Platessa ziegleri* (Lange-Bertalot) Krammer & Lange-Bertalot

图版 172

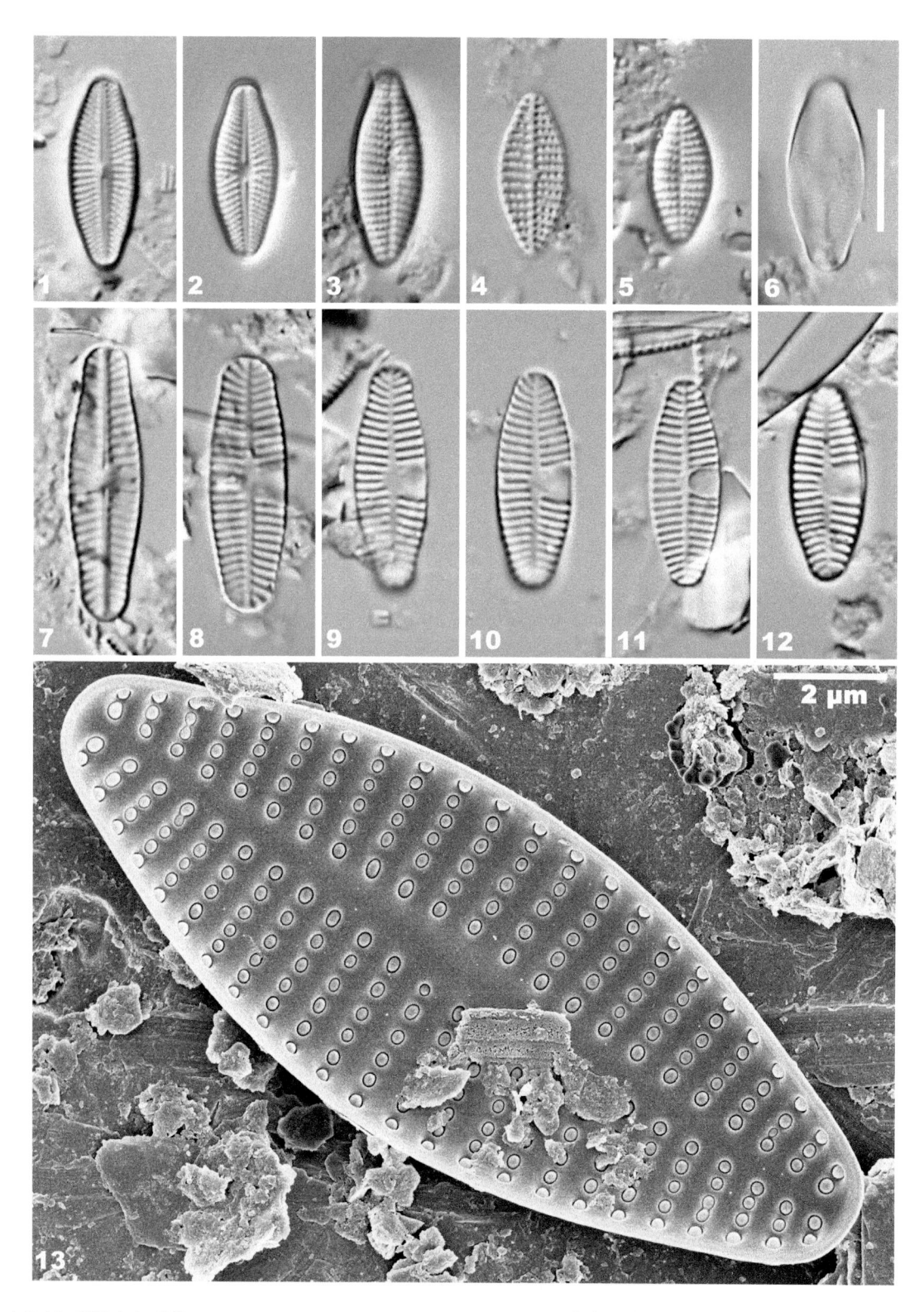

1-5, 13. 克里夫卡氏藻 *Karayevia clevei* (Grunow) Bukhtiyarova; 6. 平滑真卵形藻 *Eucocconeis laevis* (Østrup) Lange-Bertalot; 7-12. 隐披针平面藻 *Planothidium cryptolanceolatum* Jahn & Abarca

图版 173

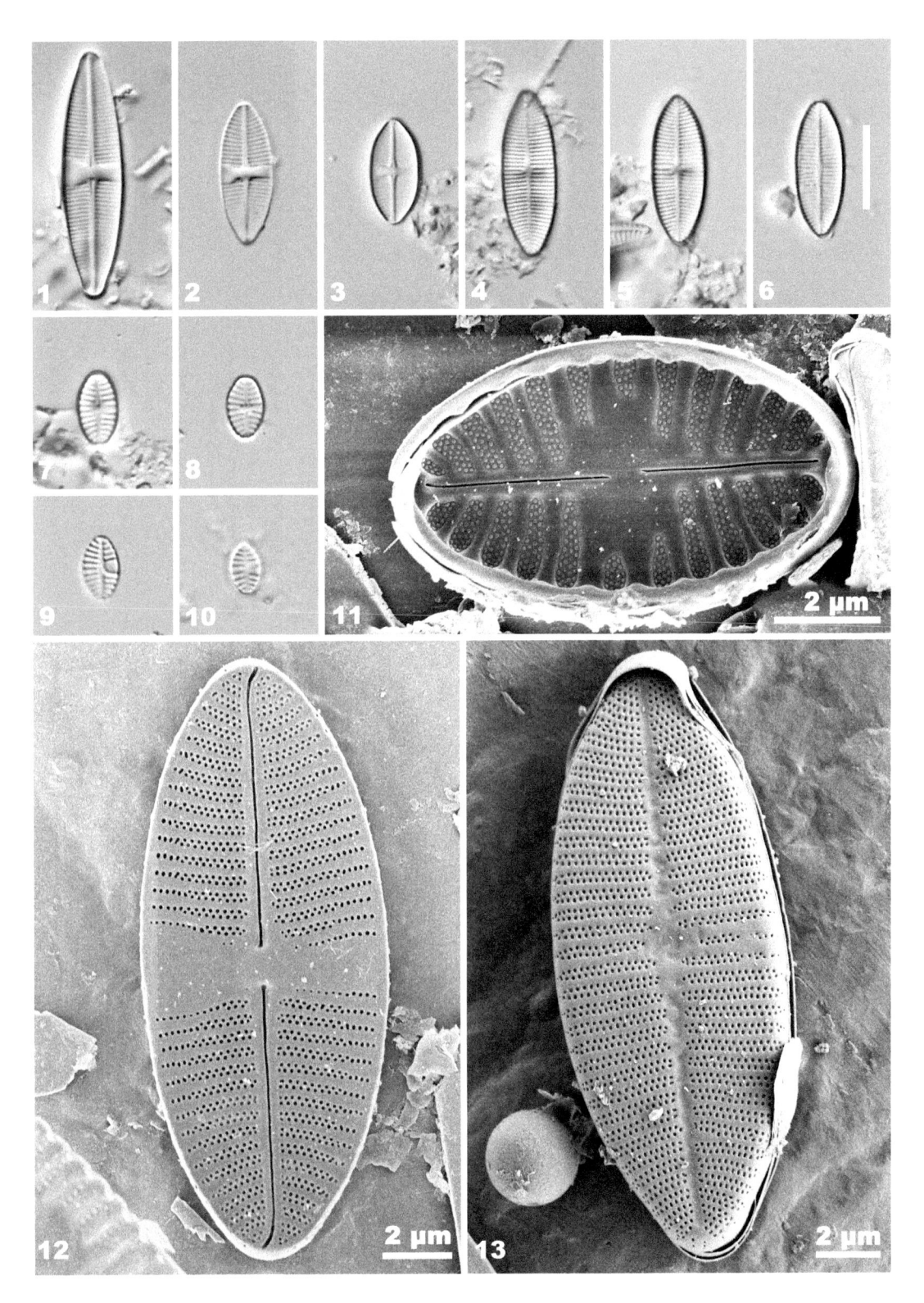

1-6, 12-13. 匈牙利附萍藻 *Lemnicola hungarica* (Grunow) Round & Basson; 7-11. 椭圆平面藻 *Planothidium ellipticum* (Cleve) Edlund

图版 174

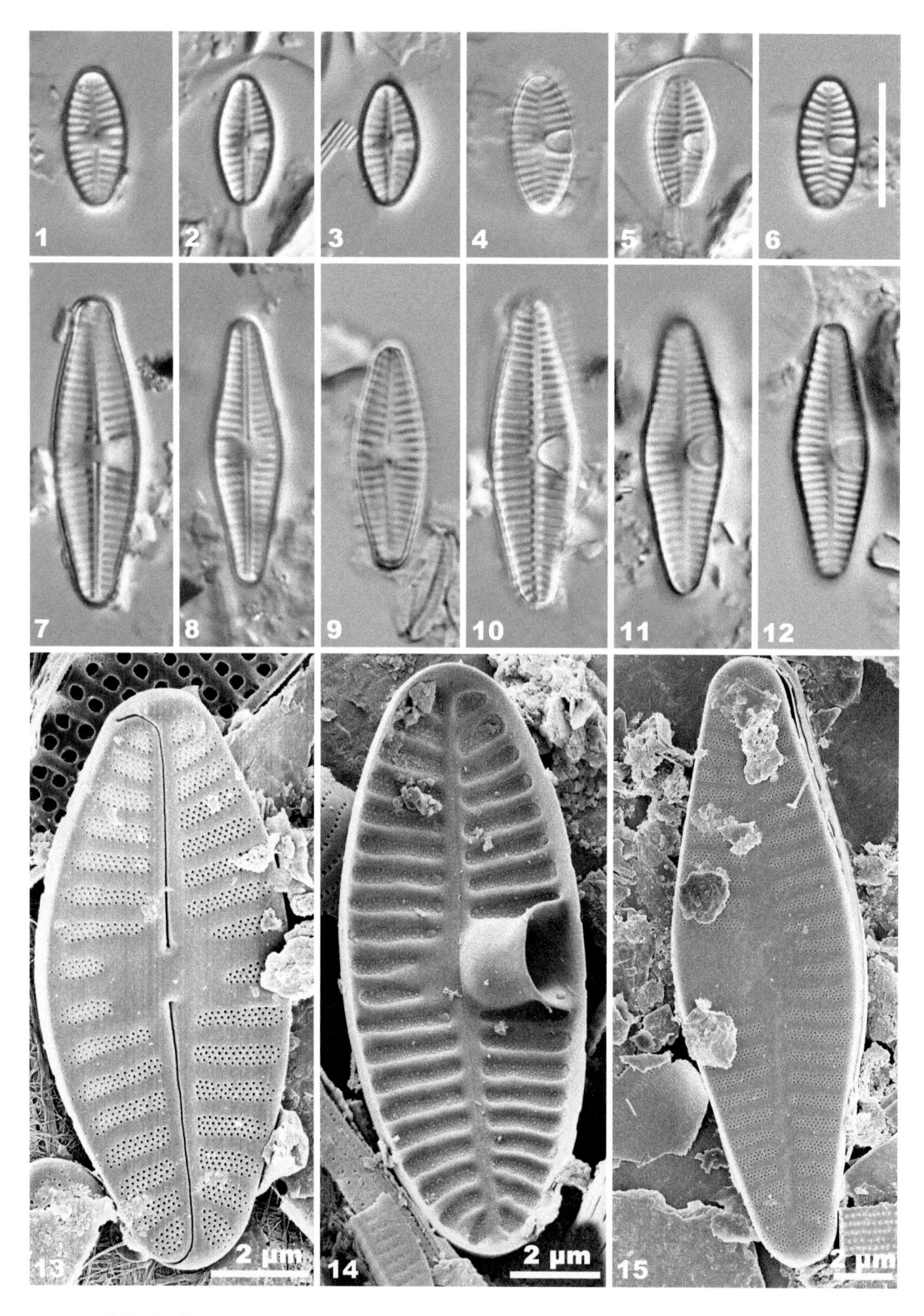

1-6, 13-14. 普生平面藻 *Planothidium frequentissimum* (Lange-Bertalot) Lange-Bertalot; 7-12, 15. 普生平面藻马格南变种 *Planothidium frequentissimum* var. *magnum* (Straub) Lange-Bertalot

图版 175

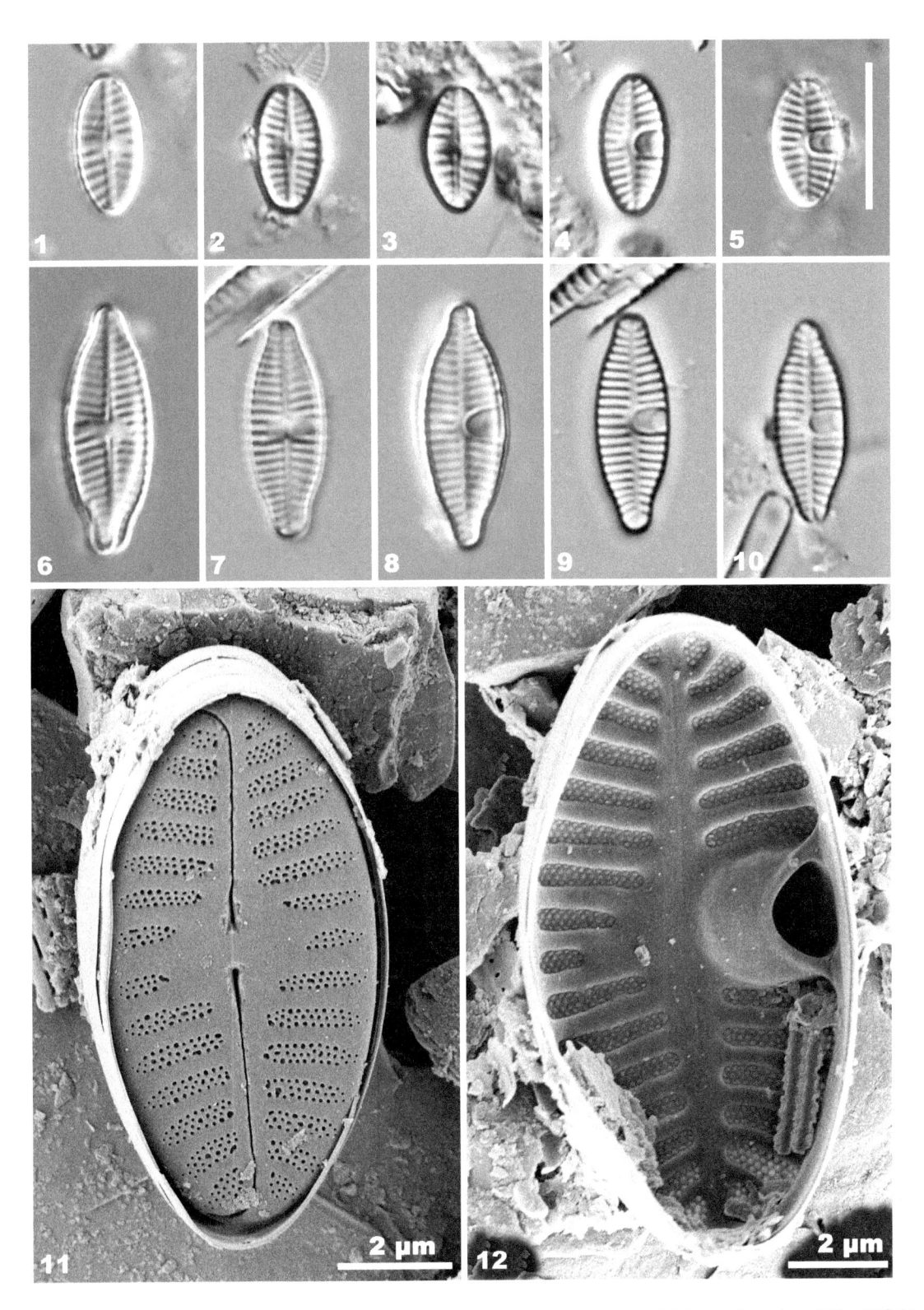

1-5, 11-12. 普生平面藻小型变种 *Planothidium frequentissimum* var. *minus* (Schulz) Lange-Bertalot; 6-10. 忽略平面藻 *Planothidium incuriatum* Wetzel, Van de Vijver & Ector

图版 176

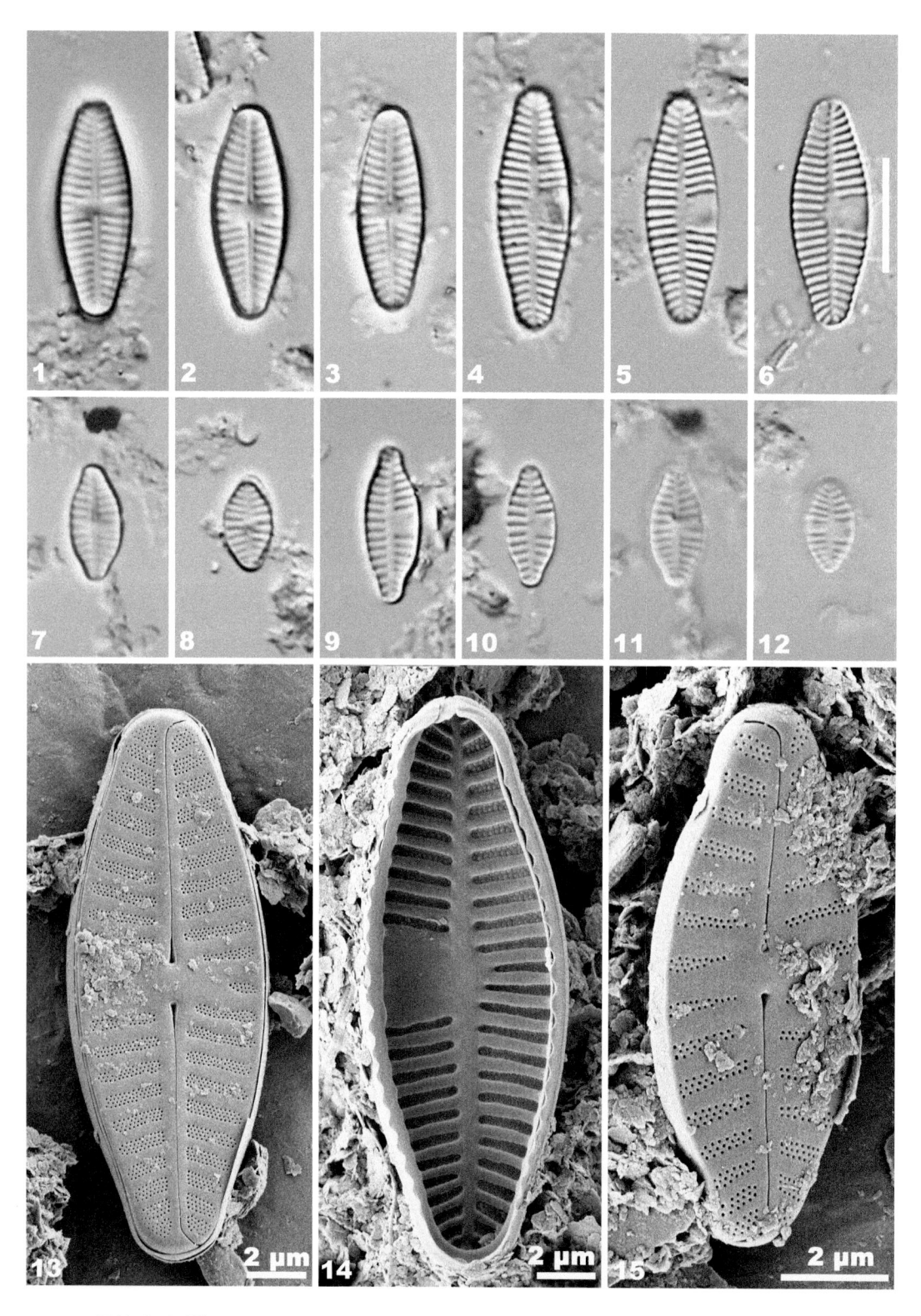

1-6, 13-14. 披针形平面藻 *Planothidium lanceolatum* (Brébisson ex Kützing) Lange-Bertalot; 7-12, 15. 赖夏特平面藻 *Planothidium reichardtii* Lange-Bertalot & Werum

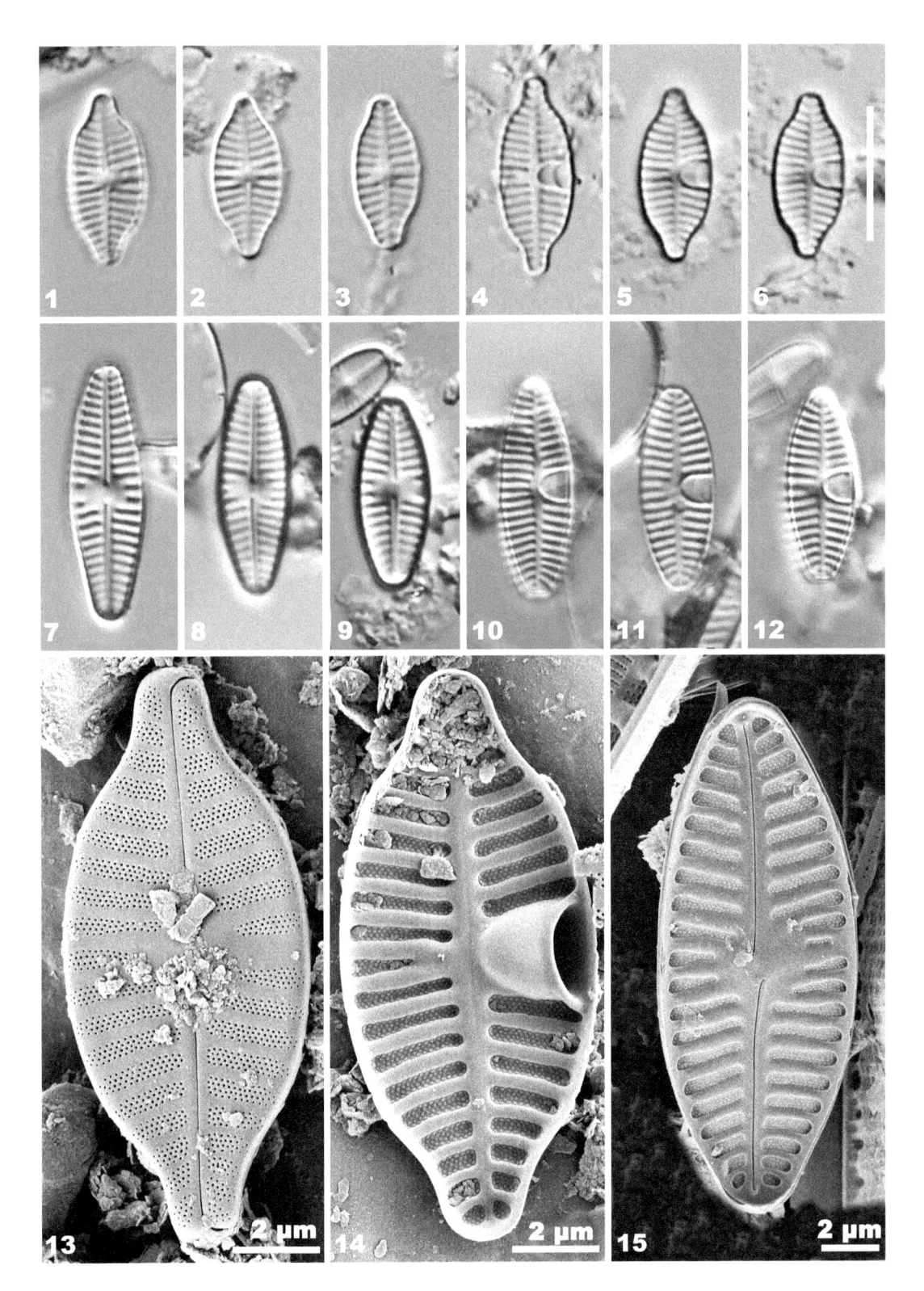

图版 177

1-6, 13-14. 喙头平面藻 *Planothidium rostratum* (Østrup) Lange-Bertalot; 7-12, 15. 维氏平面藻 *Planothidium victorii* Novis, Braidwood & Kilory

图版 178

1-6. 奇异杆状藻 *Bacillaria paxillifera* (Müller) Marsson

图版 **179**

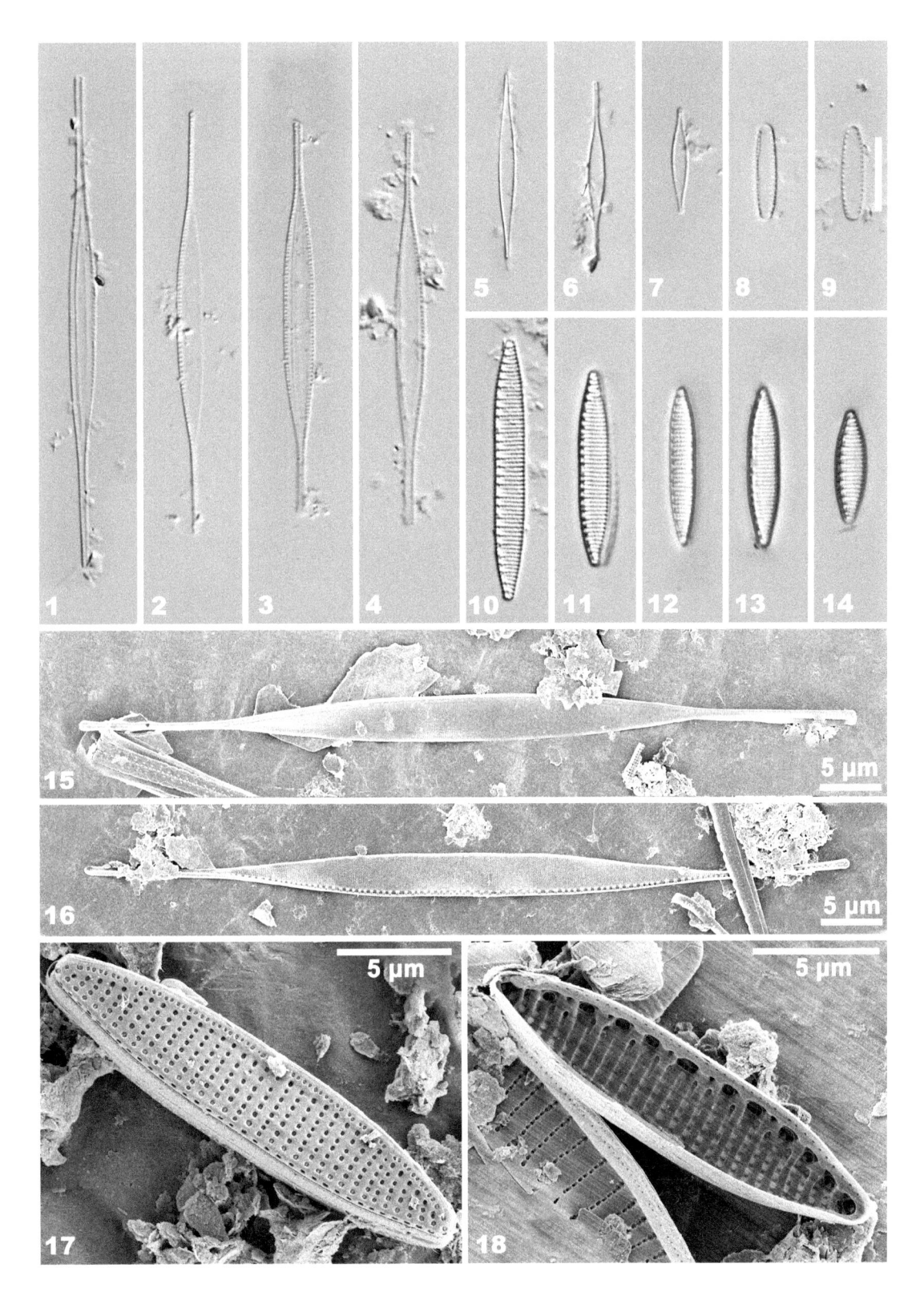

1-4, 15-16. 针形菱形藻 *Nitzschia acicularis* (Kützing) Smith; 5-7. 阿格纽菱形藻 *Nitzschia agnewii* Cholnoky; 8-9. 金色菱形藻 *Nitzschia aurariae* Cholnoky; 10-14, 17-18. 两栖菱形藻 *Nitzschia amphibia* Grunow

图版 180

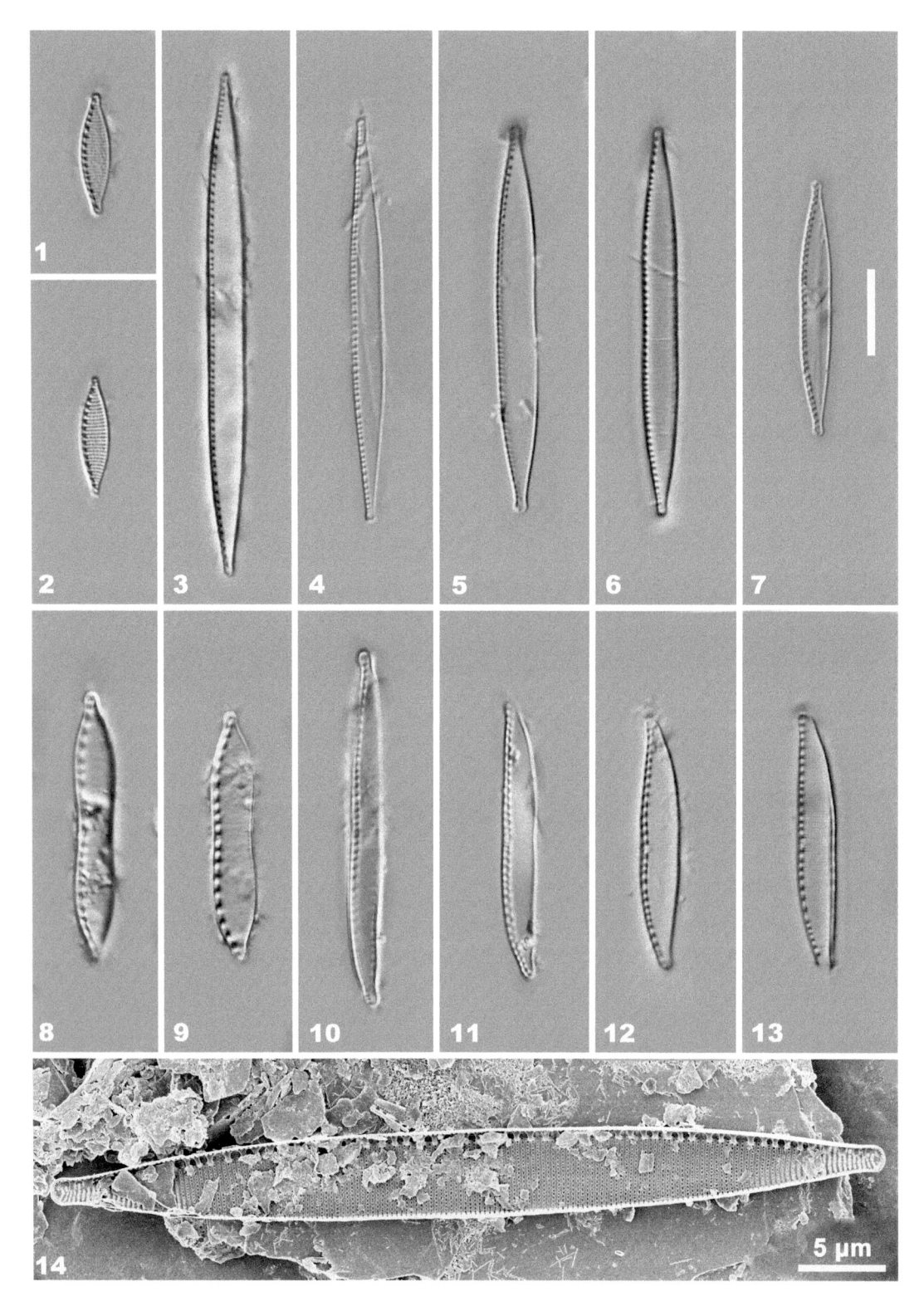

1-2. 杆状菱形藻 *Nitzschia bacillum* Hustedt; 3. 谷皮菱形藻细喙变种 *Nitzschia palea* var. *tenuirostris* Grunow; 4-7, 14. 小头端菱形藻 *Nitzschia capitellata* Hustedt; 8-9. 黏帽菱形藻 *Nitzschia homburgiensis* Lange-Bertalot; 10-13. 克劳斯菱形藻 *Nitzschia clausii* Hantzsch

图版 181

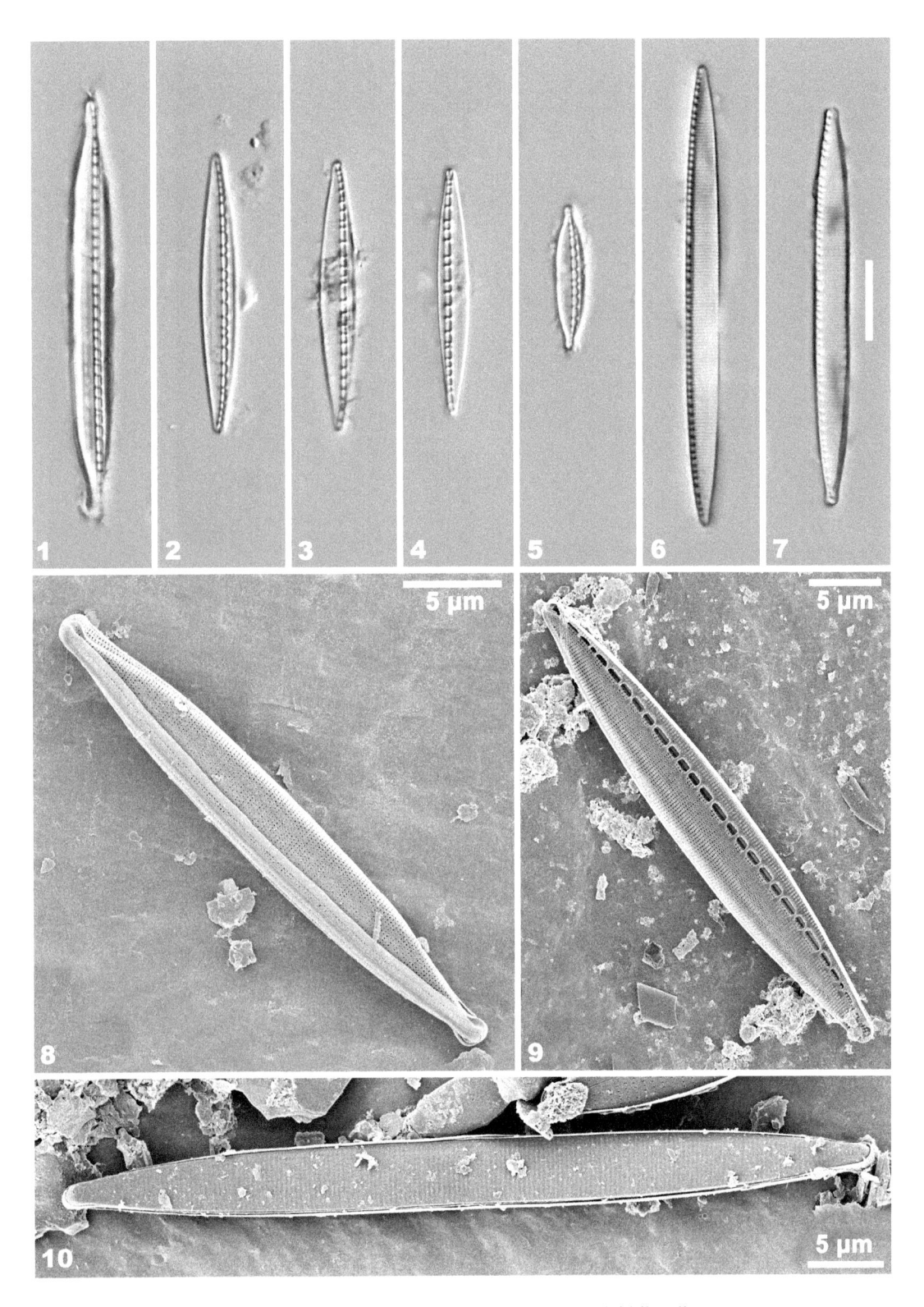

1-5, 8-9. 细端菱形藻 *Nitzschia dissipata* (Kützing) Rabenhorst; 6-7, 10. 多样菱形藻 *Nitzschia diversa* Hustedt

图版 **182**

1-3. 盖特勒菱形藻 *Nitzschia geitleri* Hustedt; 4-6. 额雷菱形藻 *Nitzschia eglei* Lange-Bertalot

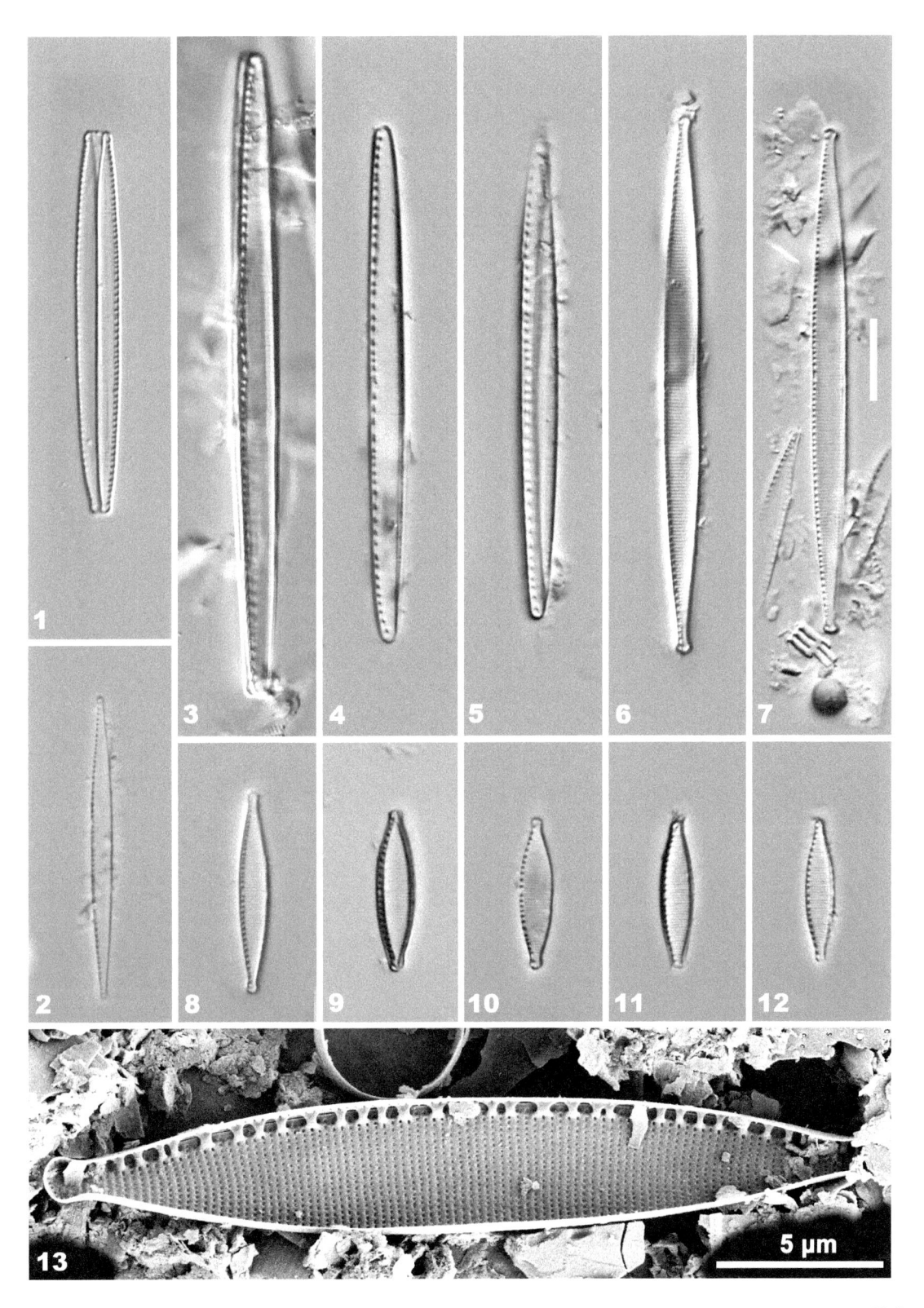

图版 **183**

1-2. 纤细菱形藻 *Nitzschia exilis* Sovereign; 3-5. 丝状菱形藻 *Nitzschia filiformis* (Smith) Van Heurck; 6-7. 频繁菱形藻 *Nitzschia frequens* Hustedt; 8-13. 泉生菱形藻 *Nitzschia fonticola* (Grunow) Grunow

图版 184

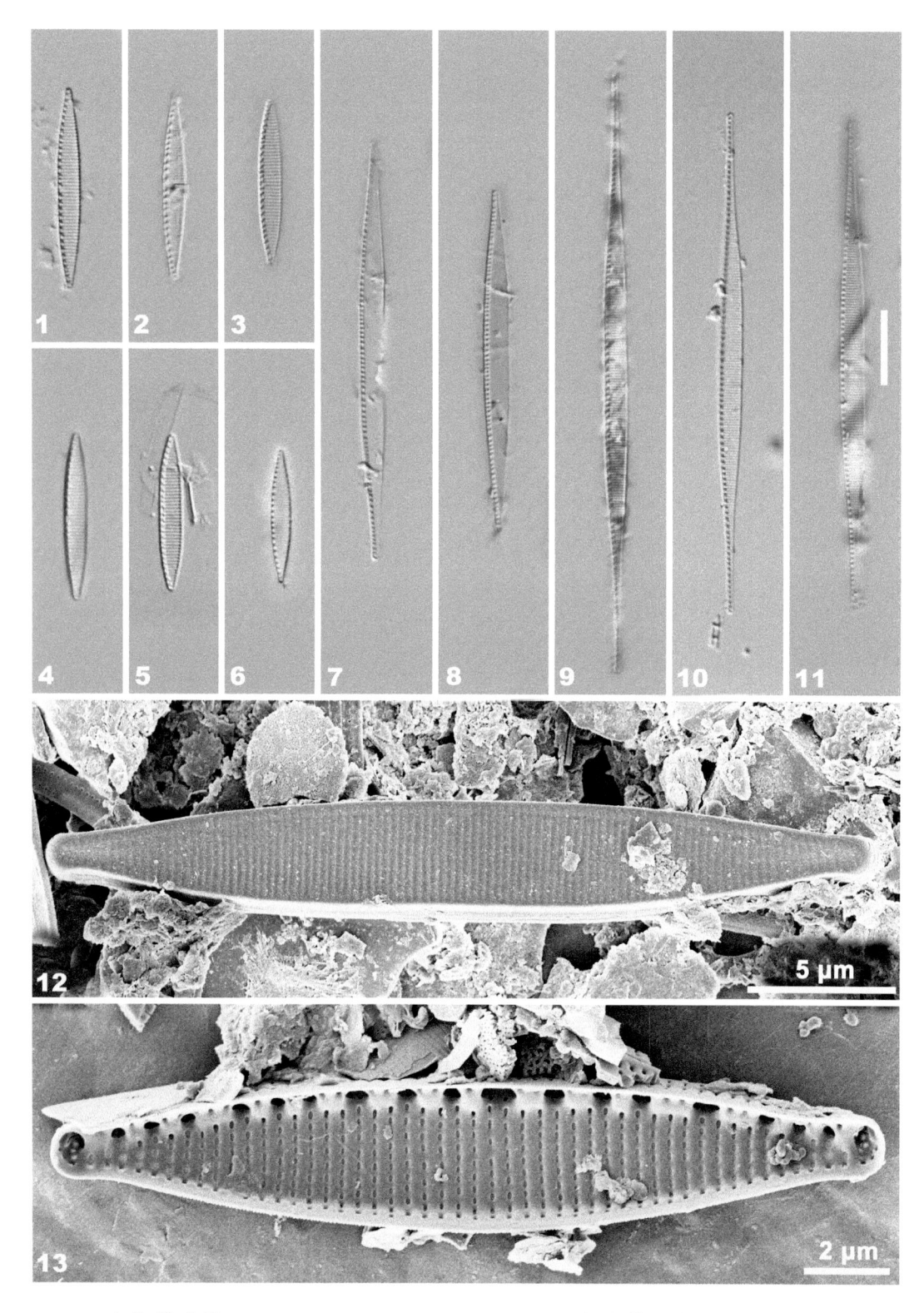

1-6, 12-13. 小片菱形藻 *Nitzschia frustulum* (Kützing) Grunow; 7-8. 细长菱形藻 *Nitzschia gracilis* Hantzsch; 9-11. 细长菱形藻针形变型 *Nitzschia gracilis* f. *acicularoides* Coste & Ricard

图版 185

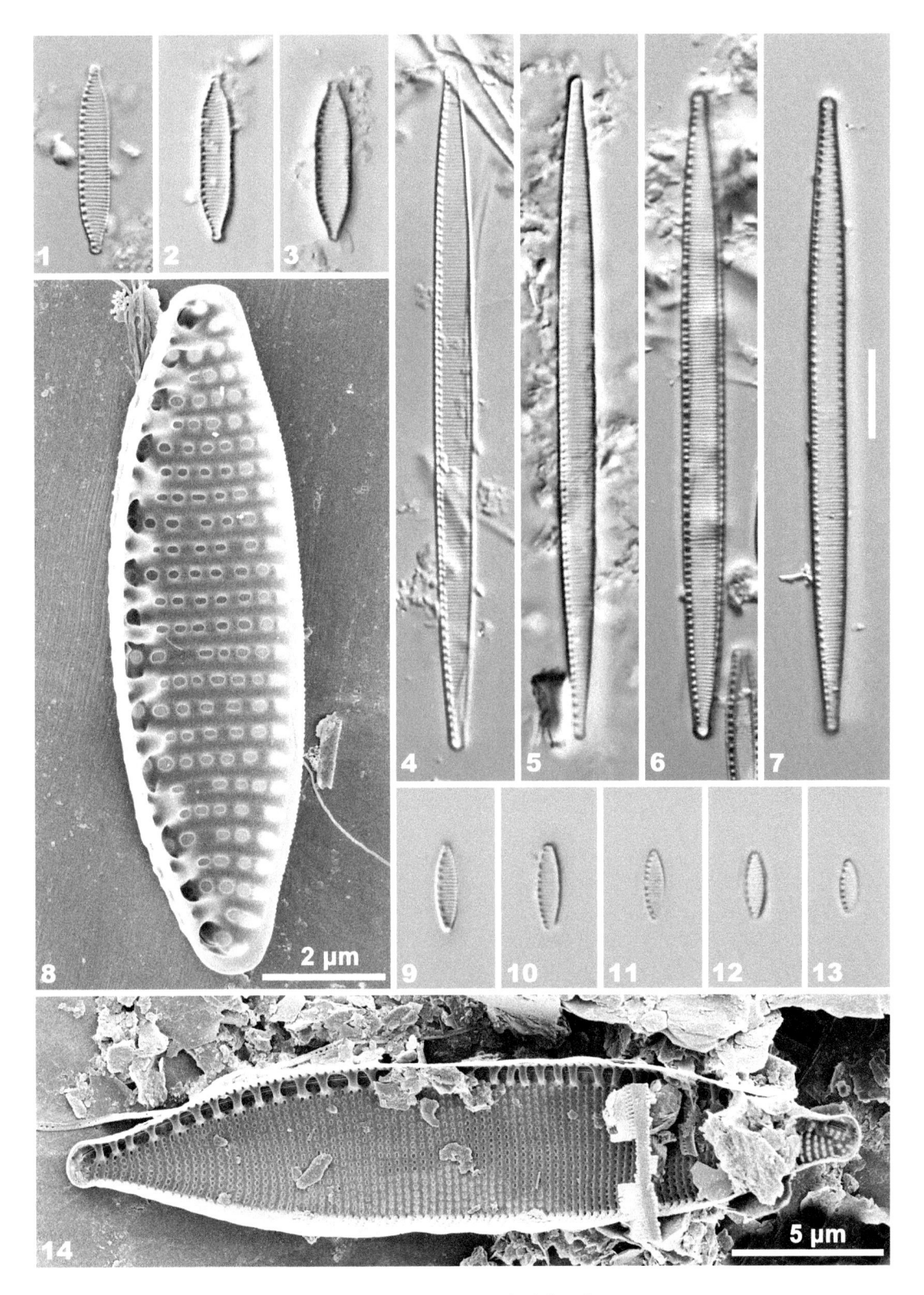

1-3, 14. 汉氏菱形藻 *Nitzschia hantzschiana* Rabenhorst; 4-7. 中型菱形藻 *Nitzschia intermedia* Hantzsch ex Cleve & Grunow; 8-13. 平庸菱形藻 *Nitzschia inconspicua* Grunow

图版 186

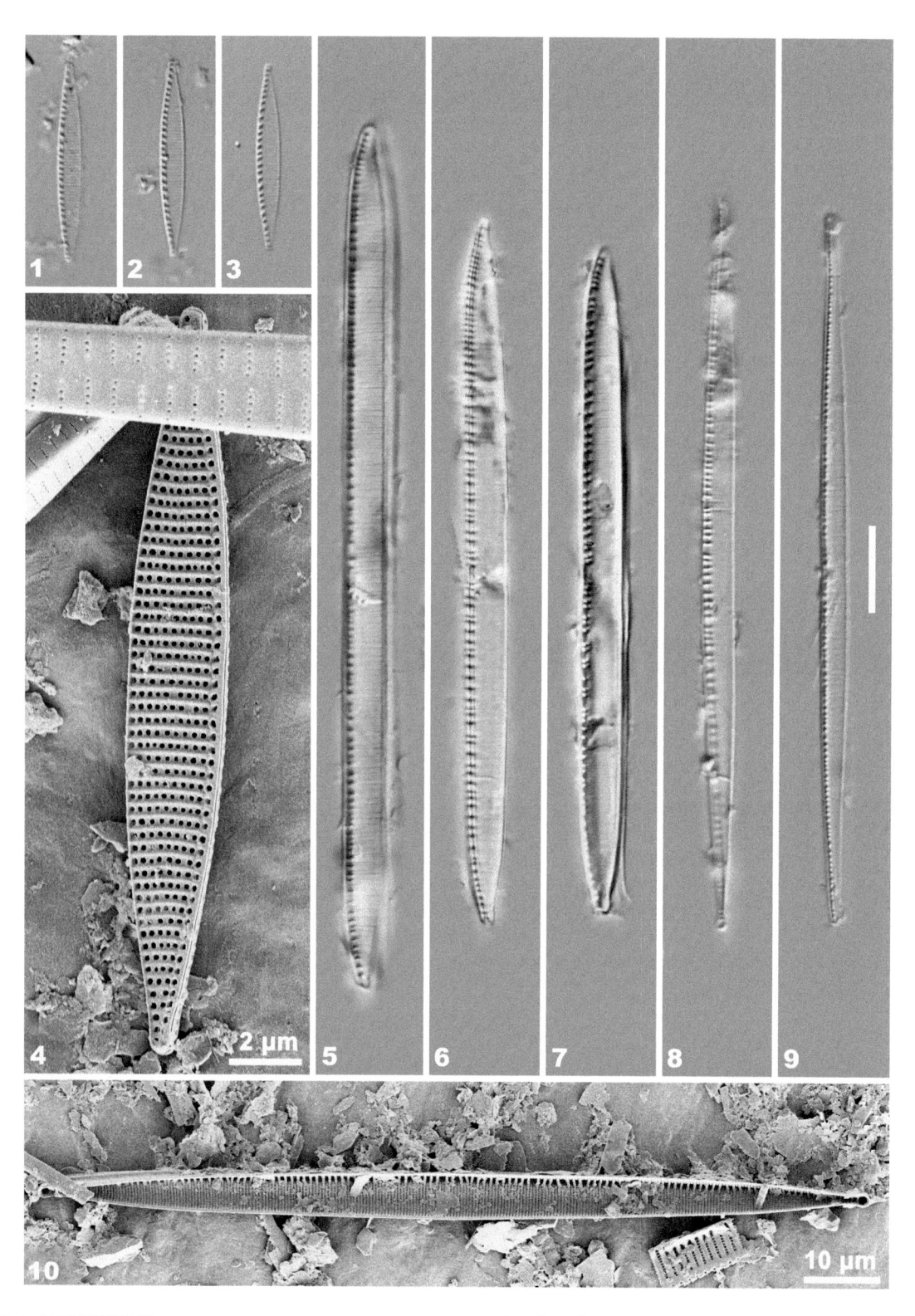

1-4. 拉库姆菱形藻 *Nitzschia lacuum* Lange-Bertalot; 5-7, 10. 线形菱形藻 *Nitzschia linearis* Smith; 8-9. 细菱形藻 *Nitzschia tenuis* Smith

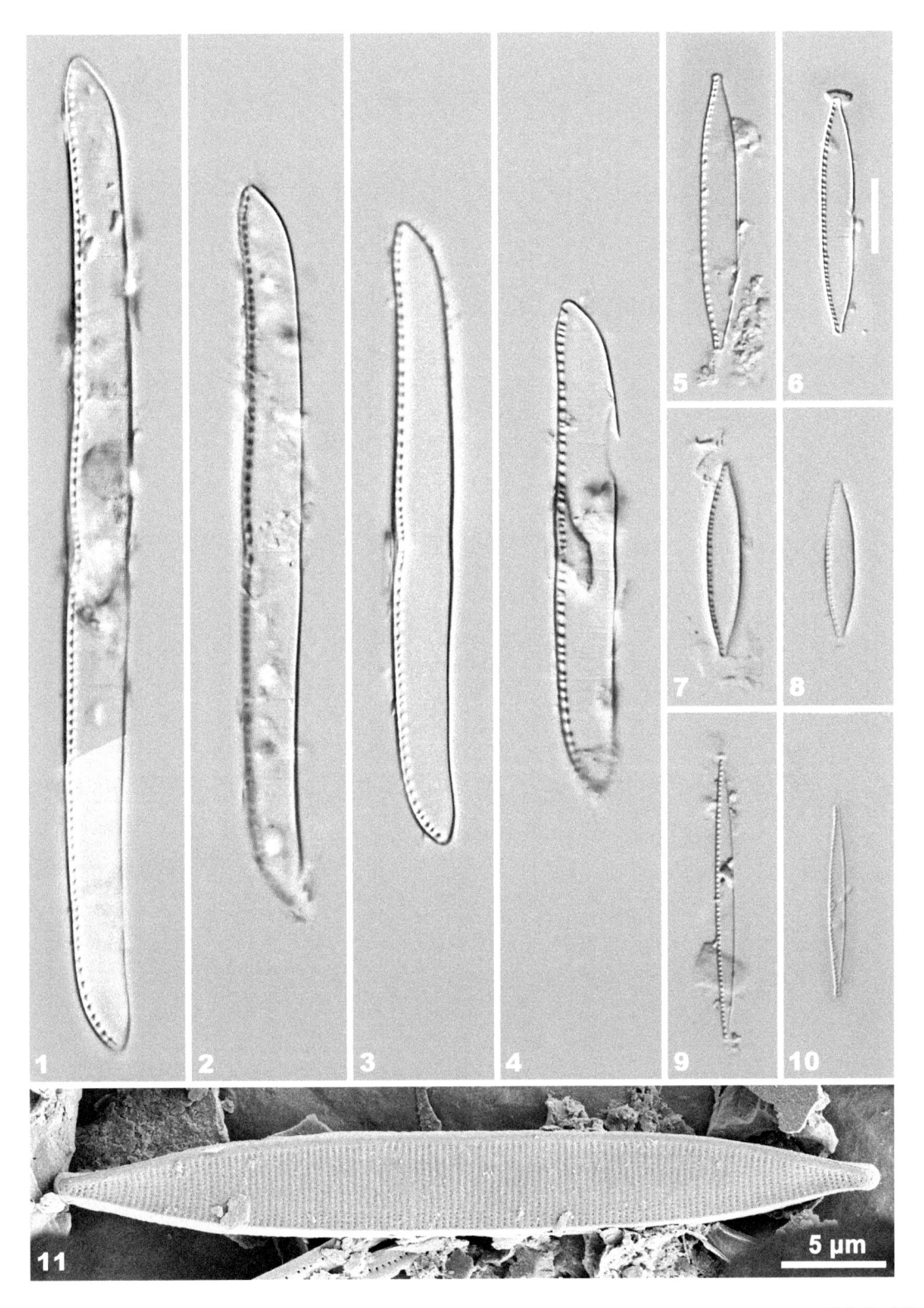

图版 187

1-4. 钝端菱形藻 *Nitzschia obtusa* Smith; 5-8, 11. 谷皮菱形藻 *Nitzschia palea* (Kützing) Smith; 9-10. 稻皮菱形藻 *Nitzschia paleacea* (Grunow) Grunow

图版 188

1-4, 9. 谷皮型菱形藻 *Nitzschia paleaeformis* Hustedt; 6-8, 10. 直菱形藻 *Nitzschia recta* Hantzsch ex Rabenhorst; 5. 斜方矛状菱形藻 *Nitzschia rhombicolancettula* Lange-Bertalot & Werum

图版 **189**

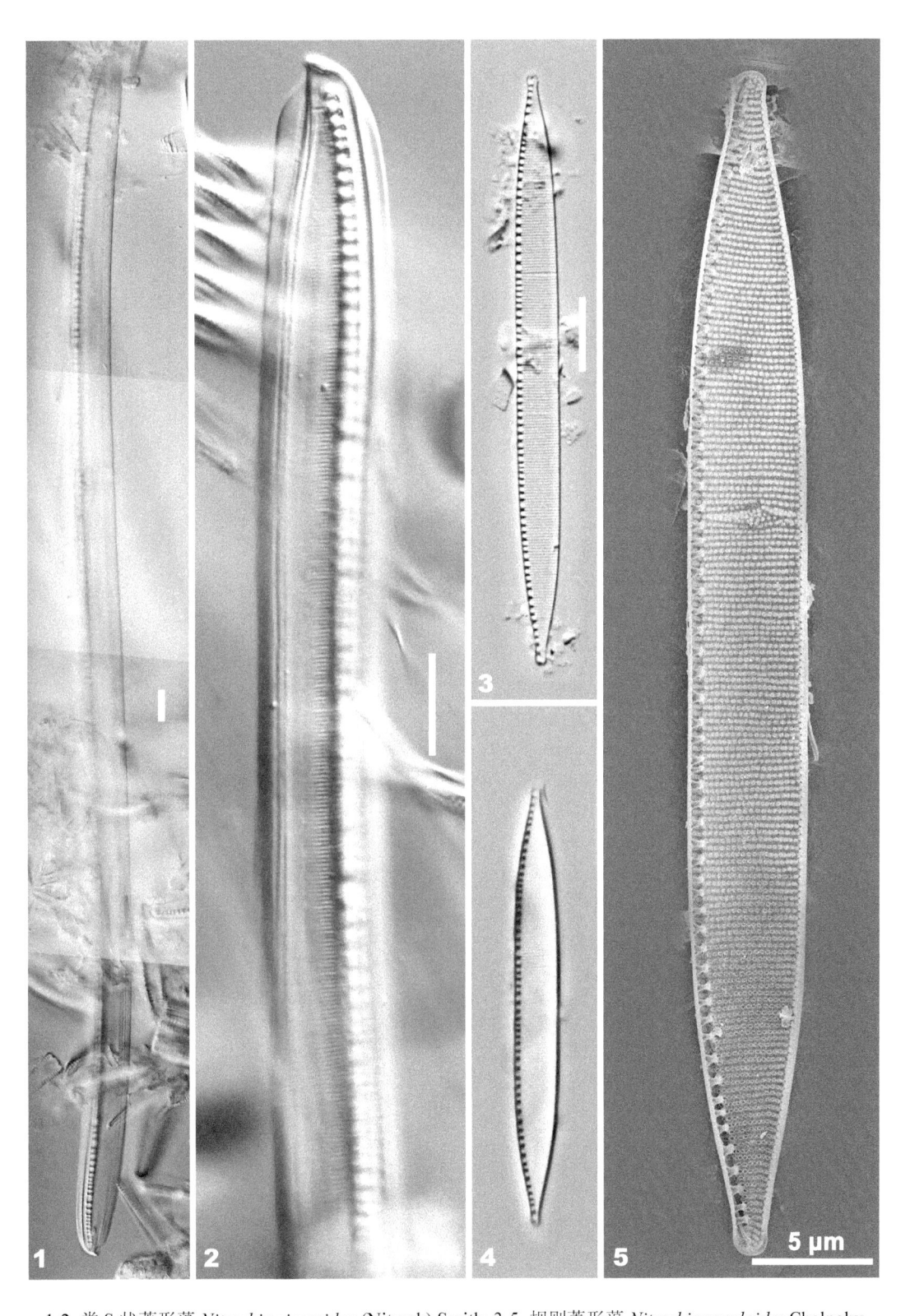

1-2. 类 S 状菱形藻 *Nitzschia sigmoidea* (Nitzsch) Smith; 3-5. 规则菱形藻 *Nitzschia reguloides* Cholnoky

图版 190

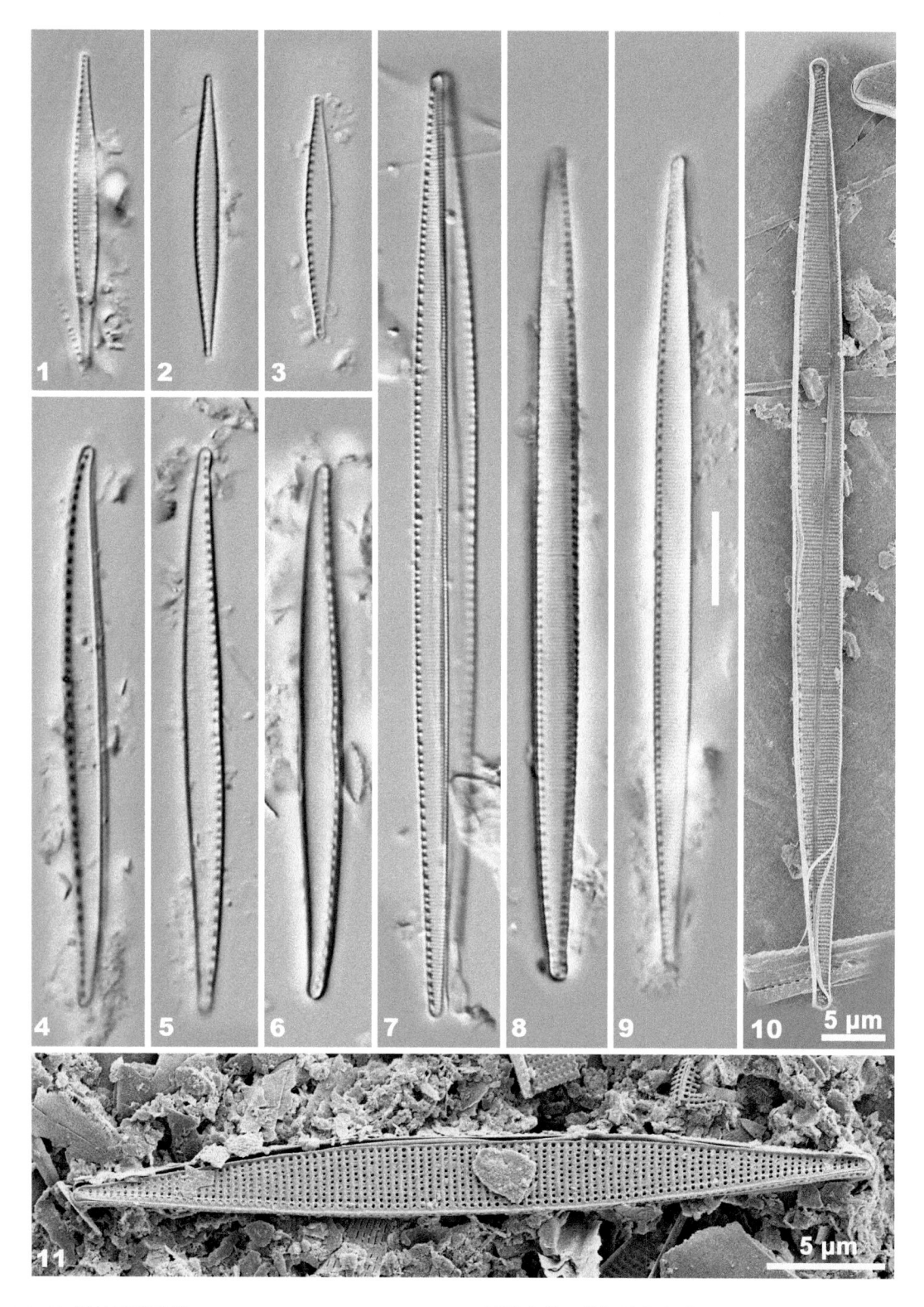

1-3, 11. 近针形菱形藻 *Nitzschia subacicularis* Hustedt; 4-6. 近粘连菱形藻斯科舍变种 *Nitzschia subcohaerens* var. *scotica* (Grunow) Van Heurck; 7-10. 亚蝶形菱形藻 *Nitzschia subtilioides* Hustedt

图版 191

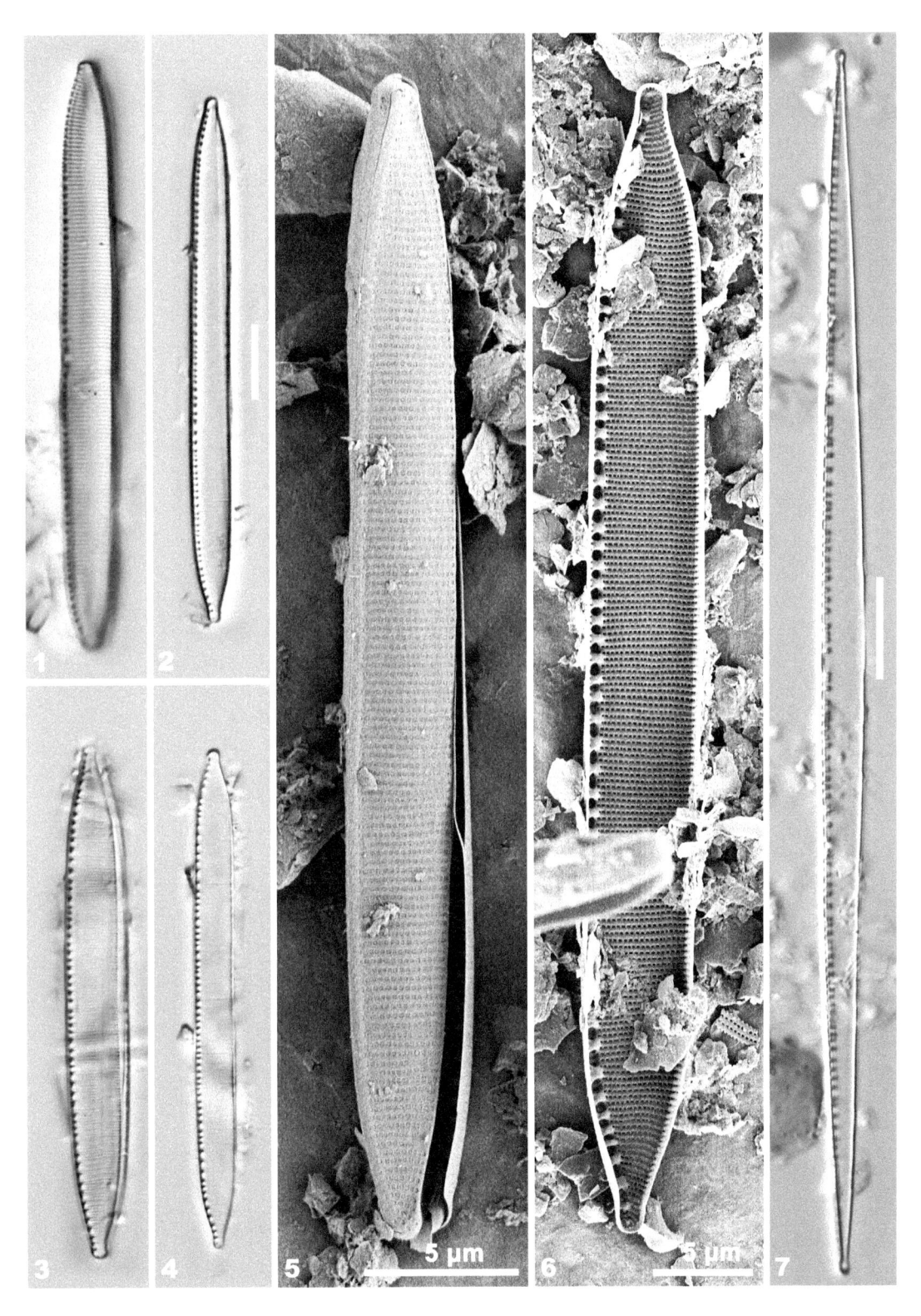

1-6. 脐形菱形藻 *Nitzschia umbonata* (Ehrenberg) Lange-Bertalot; 7. 蠕虫状菱形藻 *Nitzschia vermicularis* (Kützing) Hantzsch

图版 192

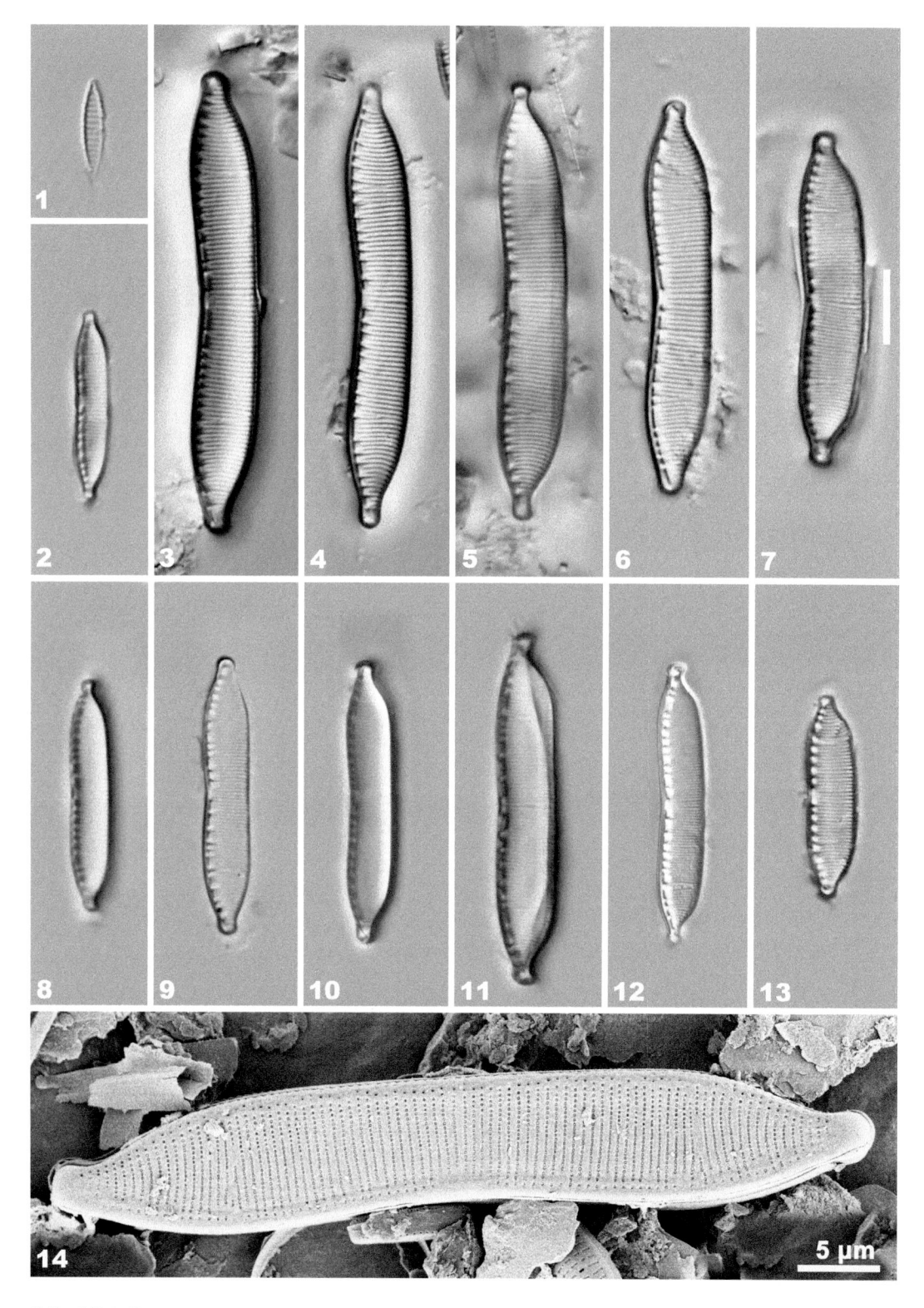

1. 德洛西蒙森藻 *Simonsenia delognei* (Grunow) Lange-Bertalot; 3-7, 14. 丰富菱板藻 *Hantzschia abundans* Lange-Bertalot; 2, 8-10. 两尖菱板藻 *Hantzschia amphioxys* (Ehrenberg) Grunow; 11-13. 两尖菱板藻相等变种 *Hantzschia amphioxys* var. *aequalis* Cleve-Euler

图版 193

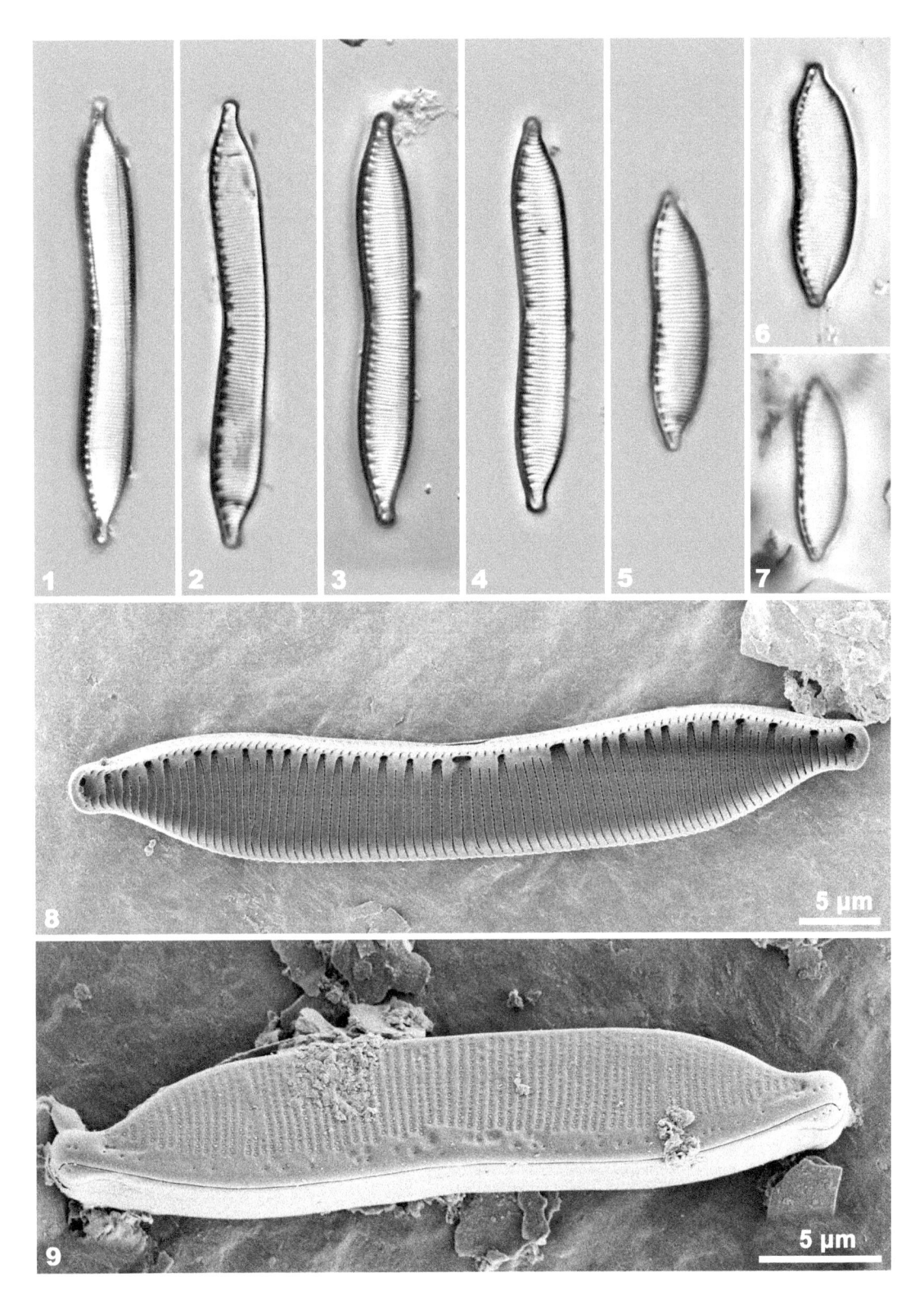

1-4, 8. 嫌钙菱板藻 *Hantzschia calcifuga* Reichardt & Lange-Bertalot; 5-7, 9. 仿密集菱板藻 *Hantzschia paracompacta* Lange-Bertalot

图版 194

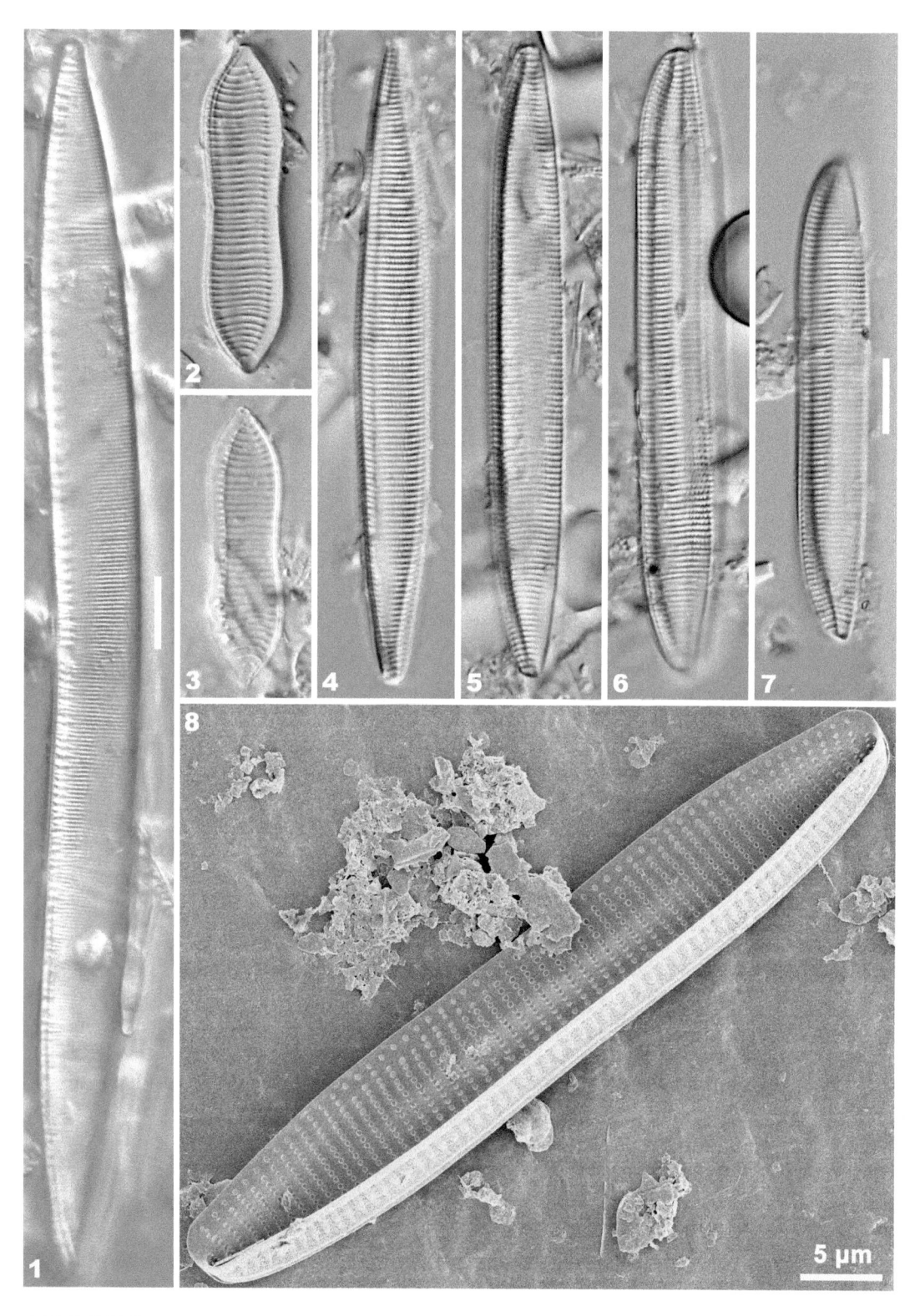

1. 近强壮菱板藻 *Hantzschia subrobusta* You & Kociolek; 2-3. 尖锥盘杆藻 *Tryblionella acuminata* Smith; 4-8. 渐窄盘杆藻 *Tryblionella angustata* Smith

图版 195

1-3, 8. 细尖盘杆藻 *Tryblionella apiculata* Gregory; 4. 狭窄盘杆藻 *Tryblionella angustatula* (Lange-Bertalot) Cantonati & Lange-Bertalot; 5-7, 9. 暖温盘杆藻 *Tryblionella calida* (Grunow) Mann

图版 196

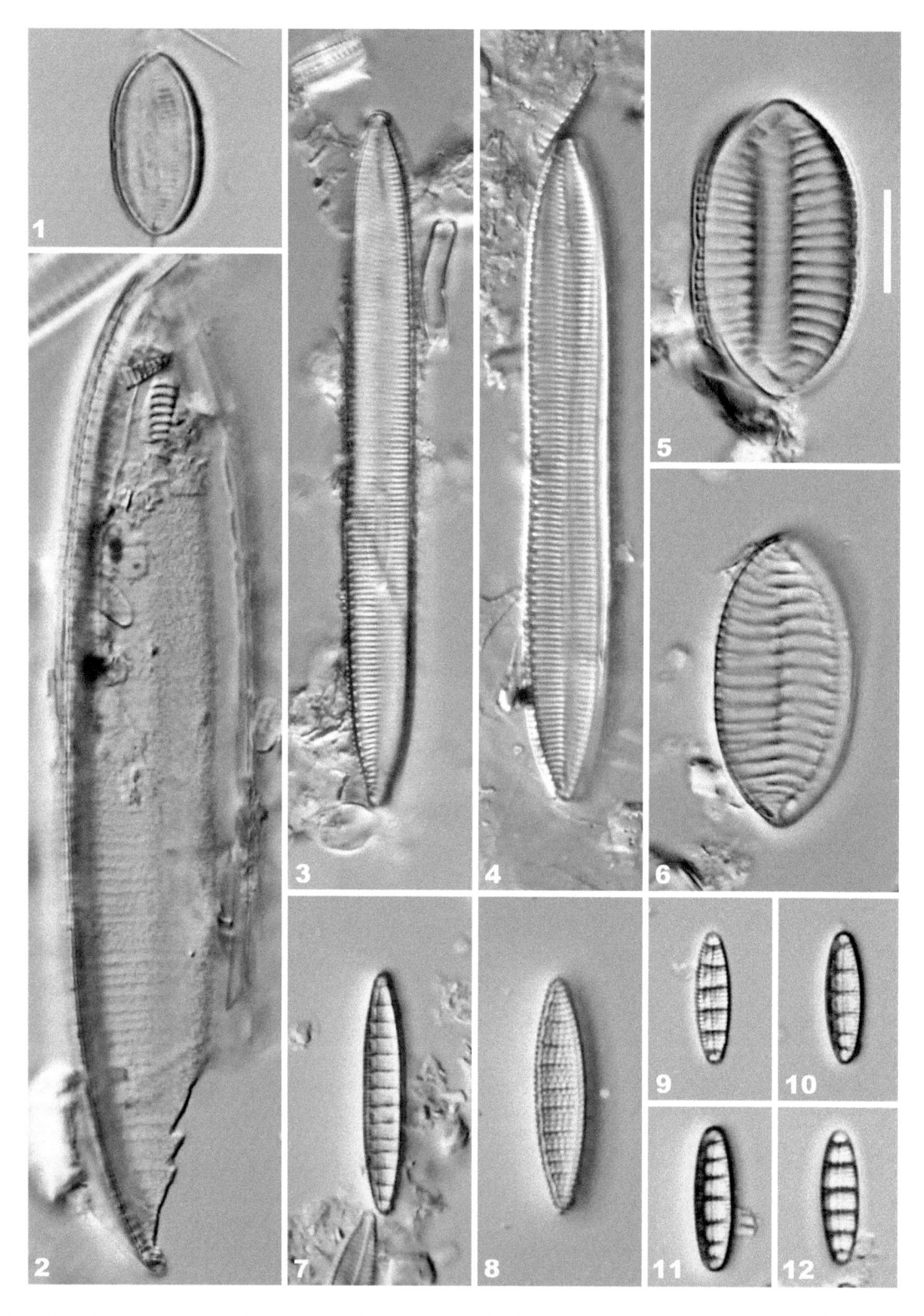

1. 柔弱盘杆藻 *Tryblionella debilis* Arnott & Meara; 2. 细长盘杆藻 *Tryblionella gracilis* Smith; 3-4. 匈牙利盘杆藻 *Tryblionella hungarica* (Grunow) Frenguelli; 5-6. 莱维迪盘杆藻 *Tryblionella levidensis* Smith; 7-8. 库津细齿藻 *Denticula kuetzingii* Grunow; 9-12. 华美细齿藻 *Denticula elegans* Kützing

图版 **197**

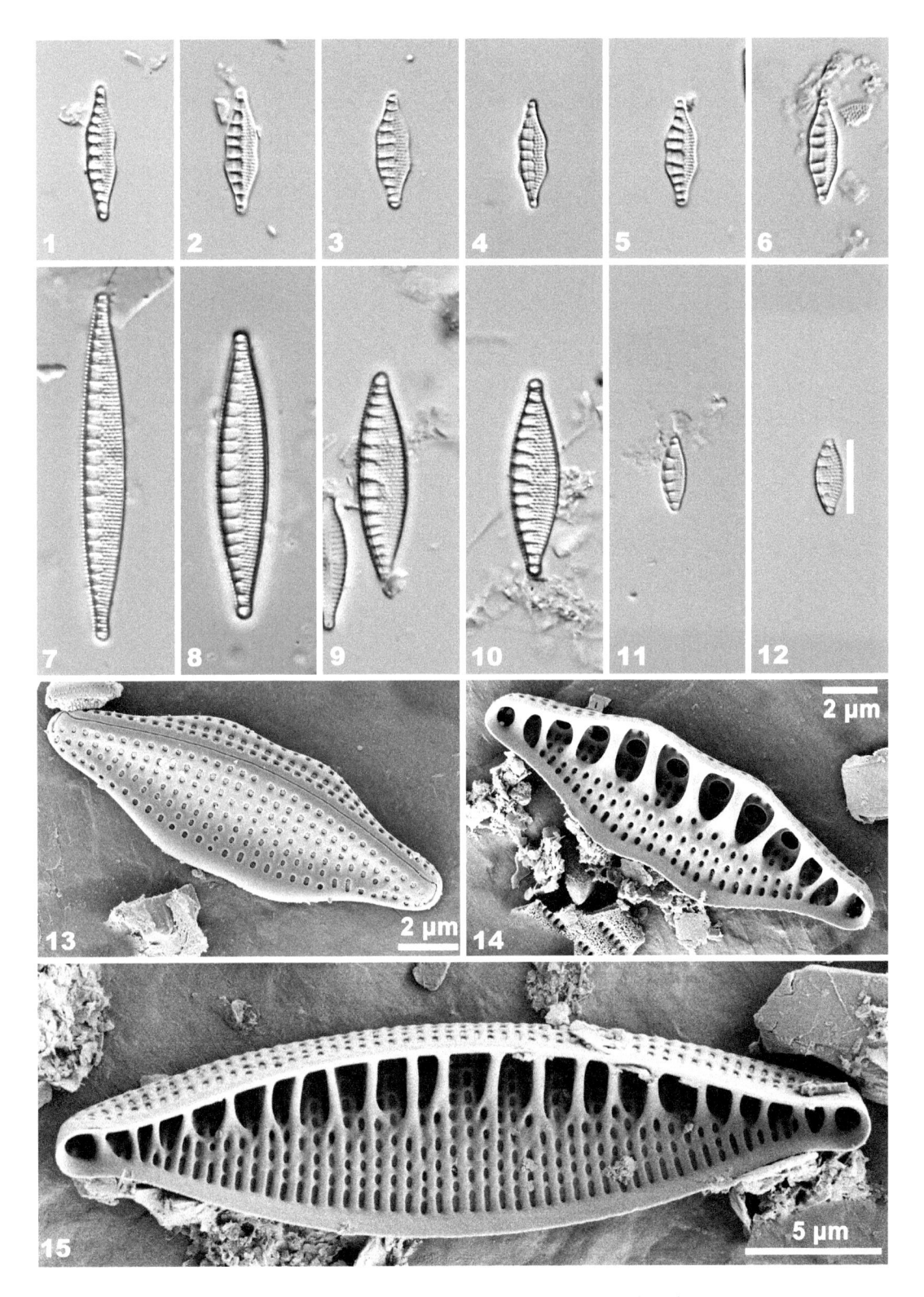

1-6, 13-14. 山西菱形藻 *Nitzschia shanxiensis* Liu & Xie; 7-12, 15. 索尔根格鲁诺藻 *Grunowia solgensis* (Cleve-Euler) Aboal

图版 198

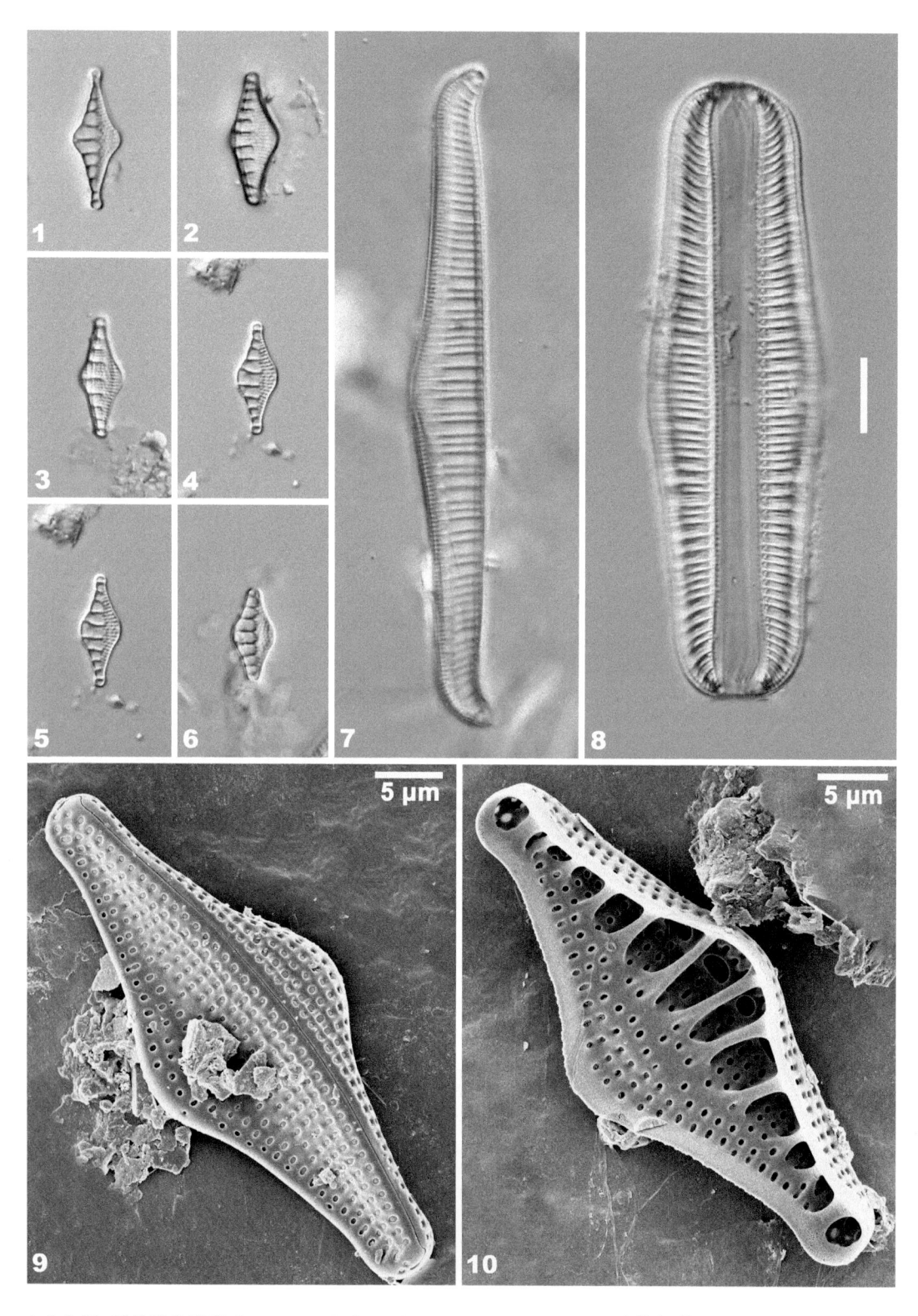

1-6, 9-10. 平片格鲁诺藻 *Grunowia tabellaria* (Grunow) Rabenhorst; 7-8. 弯棒杆藻 *Rhopalodia gibba* (Ehrenberg) Müller

图版 199

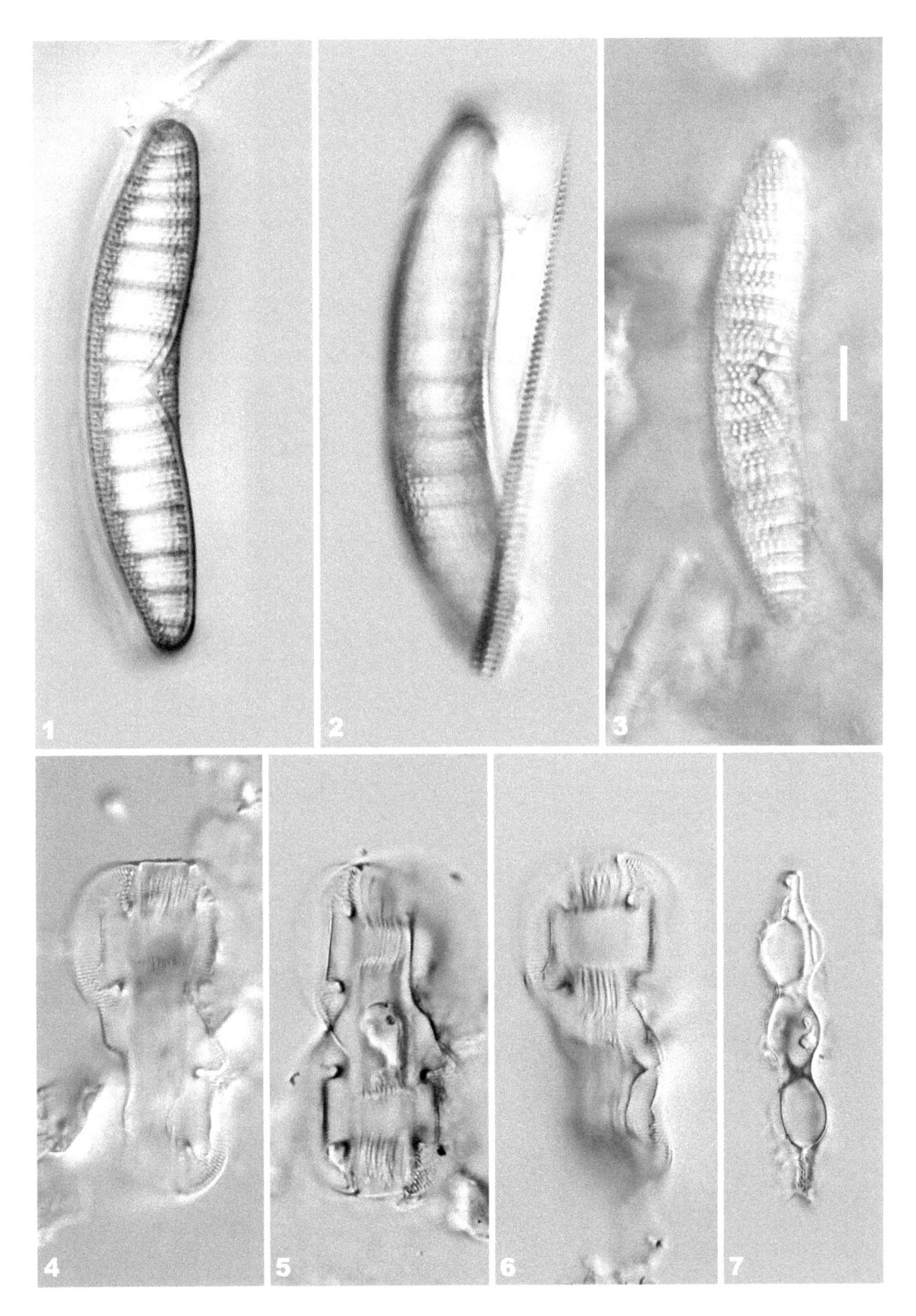

1-3. 侧生窗纹藻 *Epithemia adnata* (Kützing) Brébisson; 4-5. 沼地茧形藻 *Entomoneis paludosa* (Smith) Reimer; 6-7. 三波曲茧形藻 *Entomoneis triundulata* Liu & Williams

图版 200

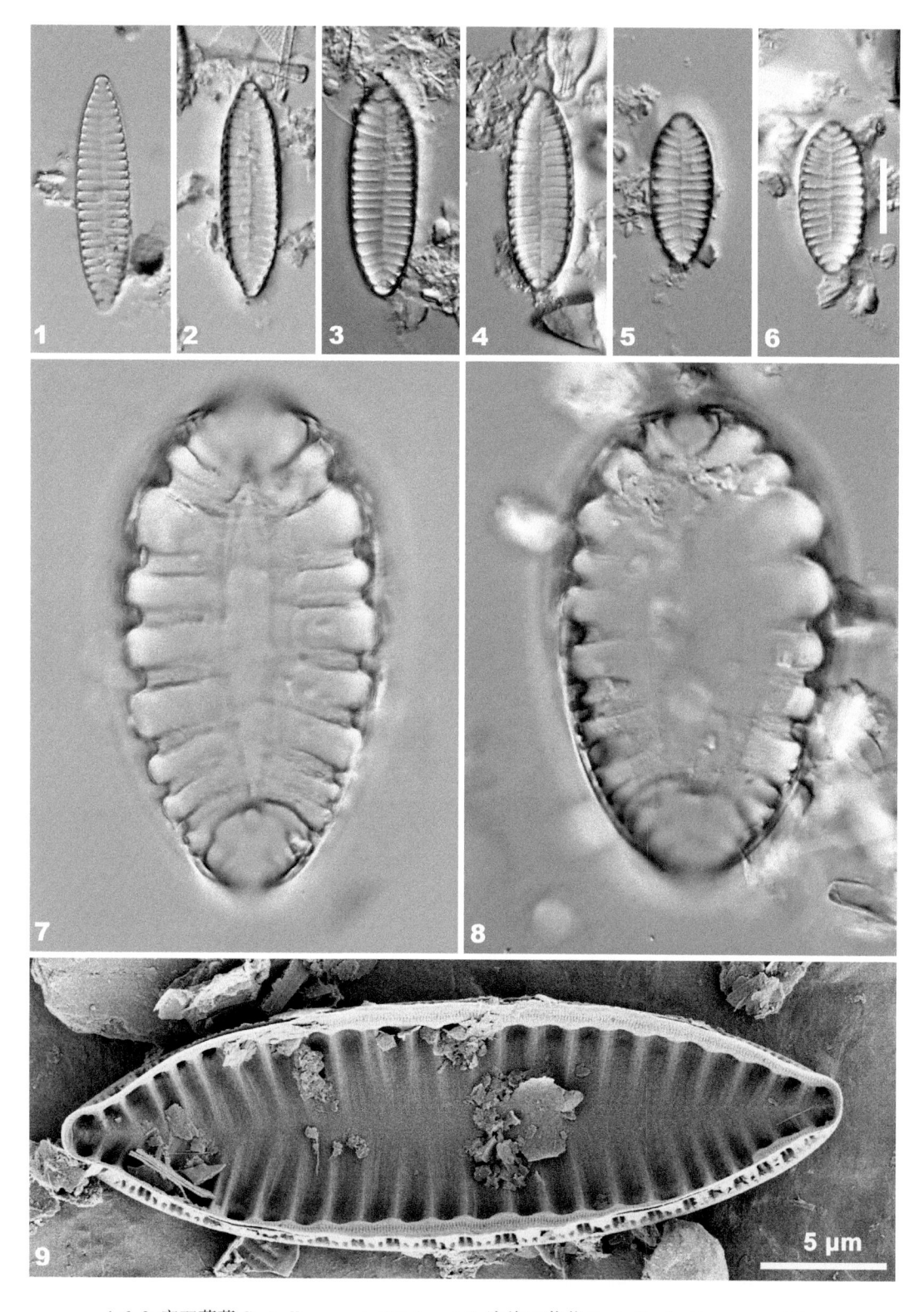

1-6, 9. 窄双菱藻 *Surirella angusta* Kützing; 7-8. 流线双菱藻 *Surirella fluviicygnorum* John

图版 201

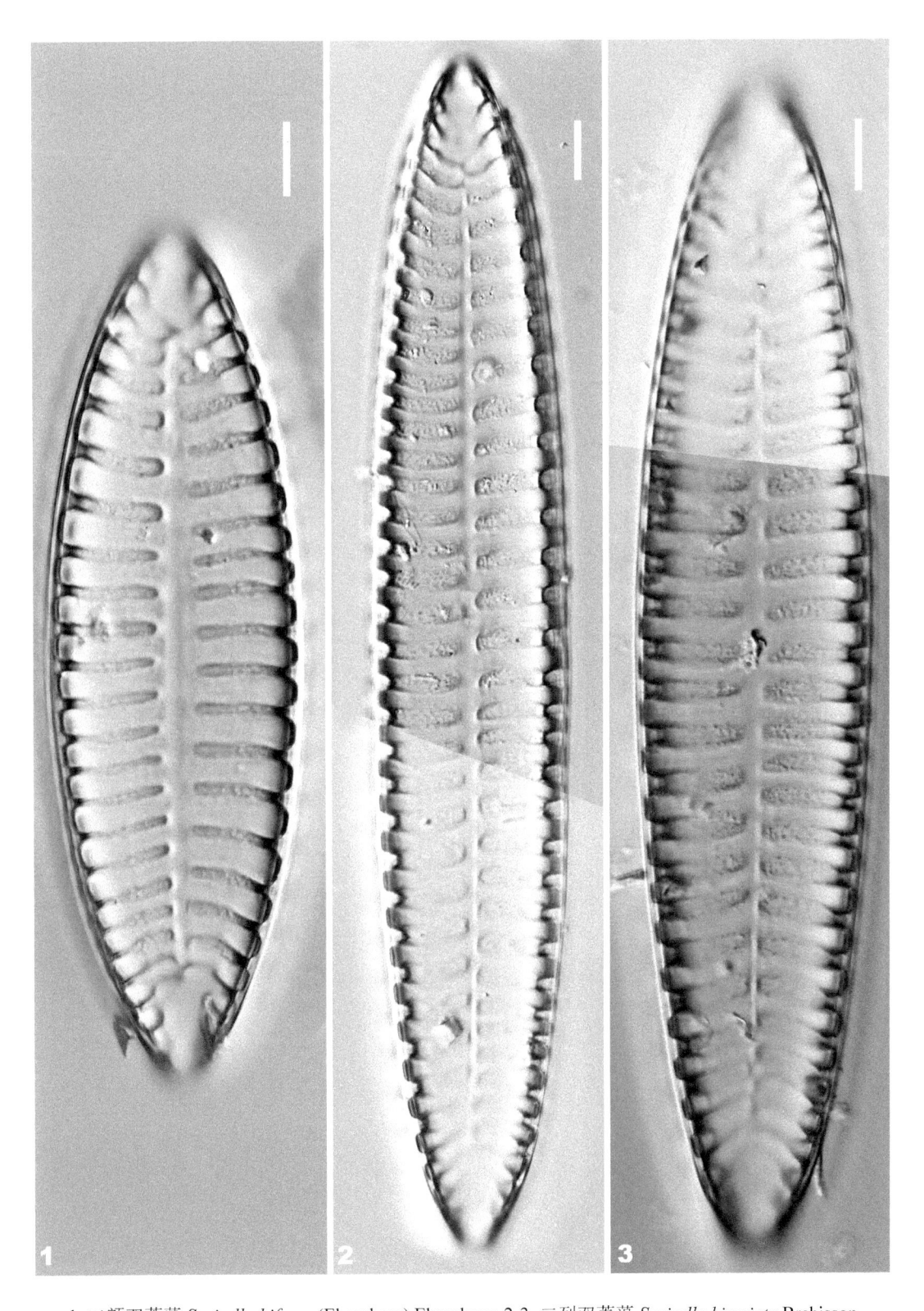

1. 二额双菱藻 *Surirella bifrons* (Ehrenberg) Ehrenberg; 2-3. 二列双菱藻 *Surirella biseriata* Brebisson

图版 202

1-2. 卡普龙双菱藻 *Surirella capronii* Brébisson & Kitton

图版 203

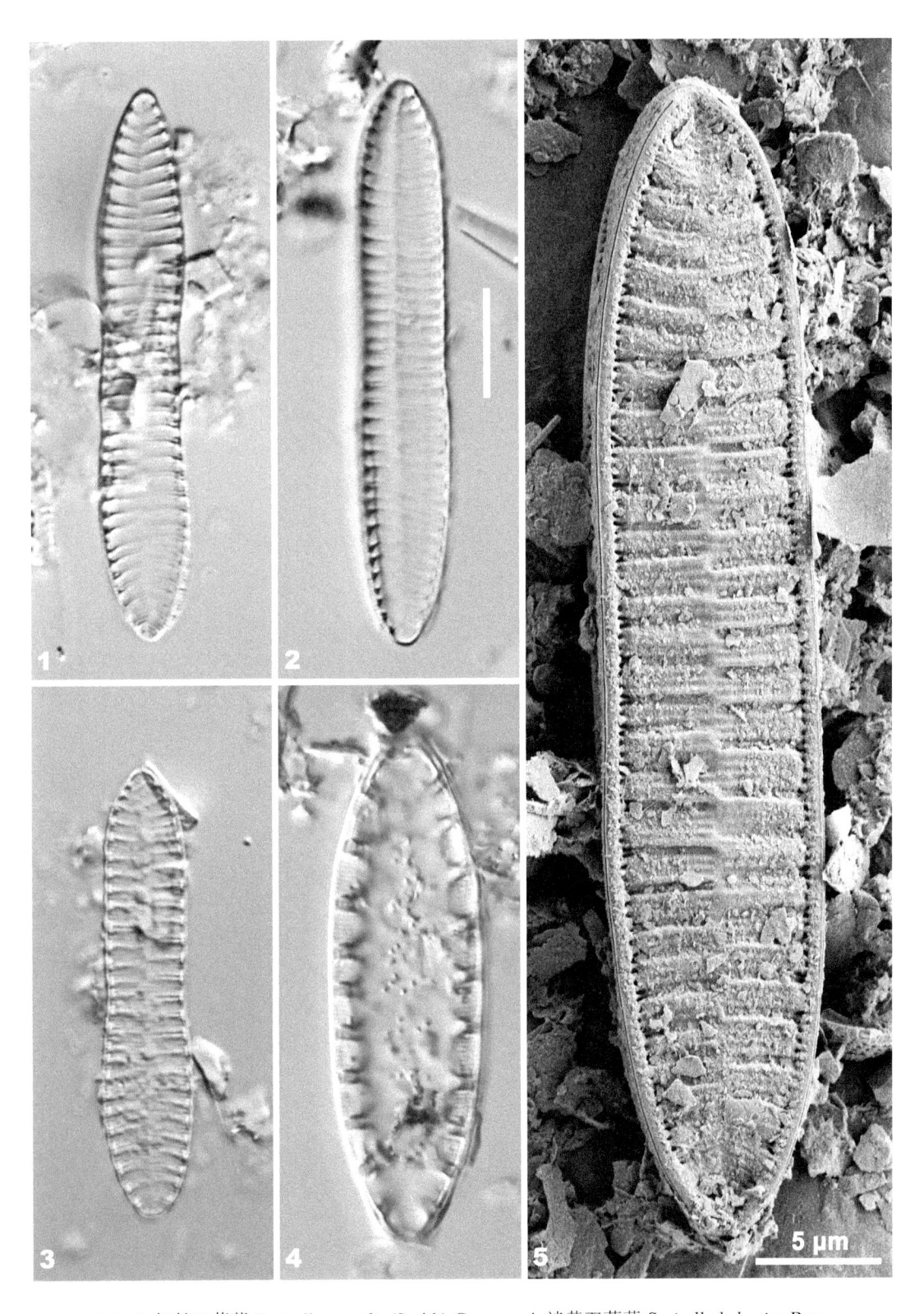

1-3, 5. 细长双菱藻 *Surirella gracilis* (Smith) Grunow; 4. 淡黄双菱藻 *Surirella helvetica* Brun

图版 204

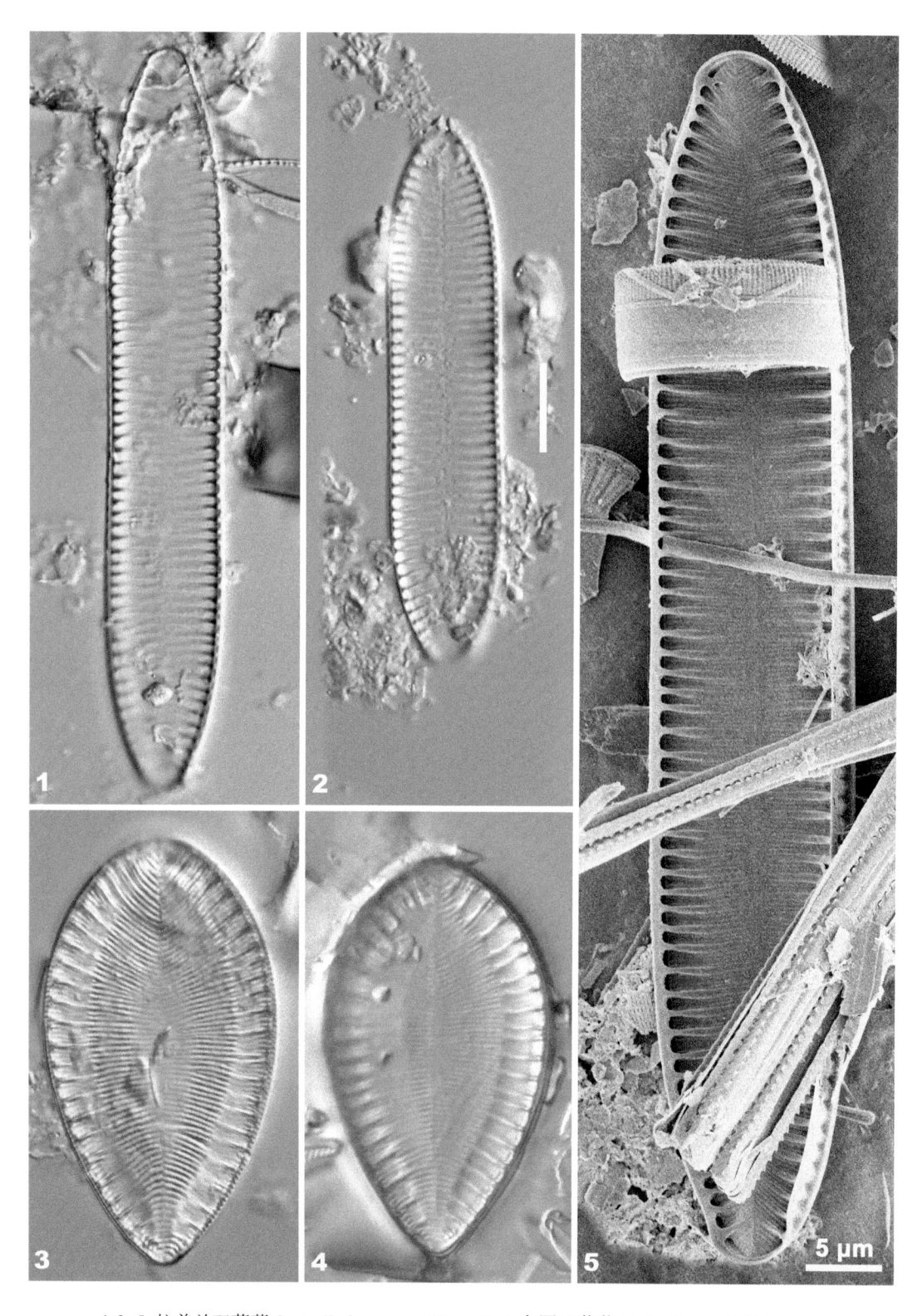

1-2, 5. 拉普兰双菱藻 *Surirella lapponica* Cleve; 3-4. 卵圆双菱藻 *Surirella ovalis* Brébisson

图版 205

1, 4. 线性双菱藻 *Surirella linearis* Smith; 2-3. 线性双菱藻椭圆变种 *Surirella linearis* var. *elliptica* Müller

图版 206

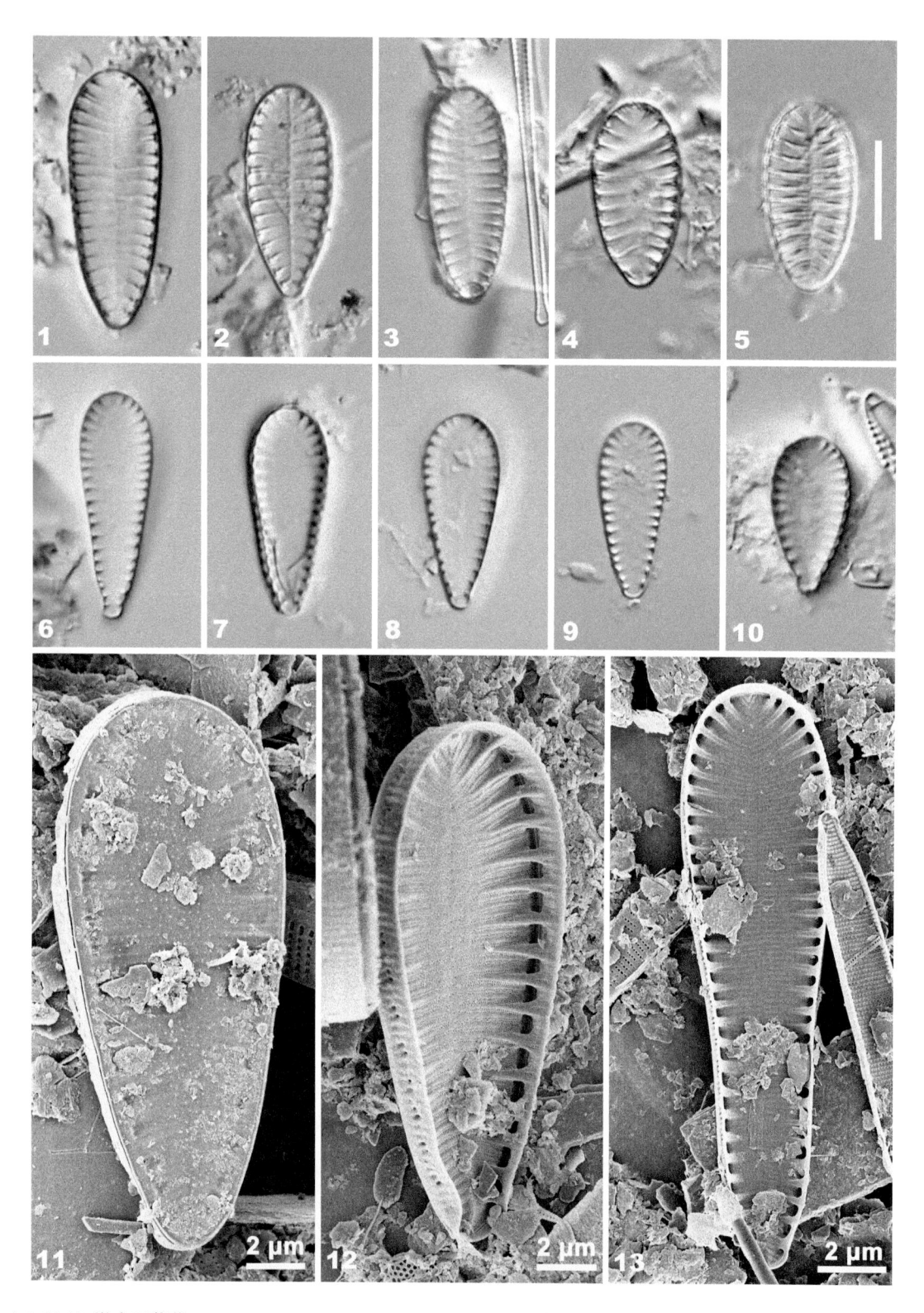

1-4, 11-12. 微小双菱藻 *Surirella minuta* Brébisson ex Kützing; 5. 近盐生双菱藻 *Surirella subsalsa* Smith; 6-10, 13. 瑞典双菱藻 *Surirella suecica* Grunow

图版 207

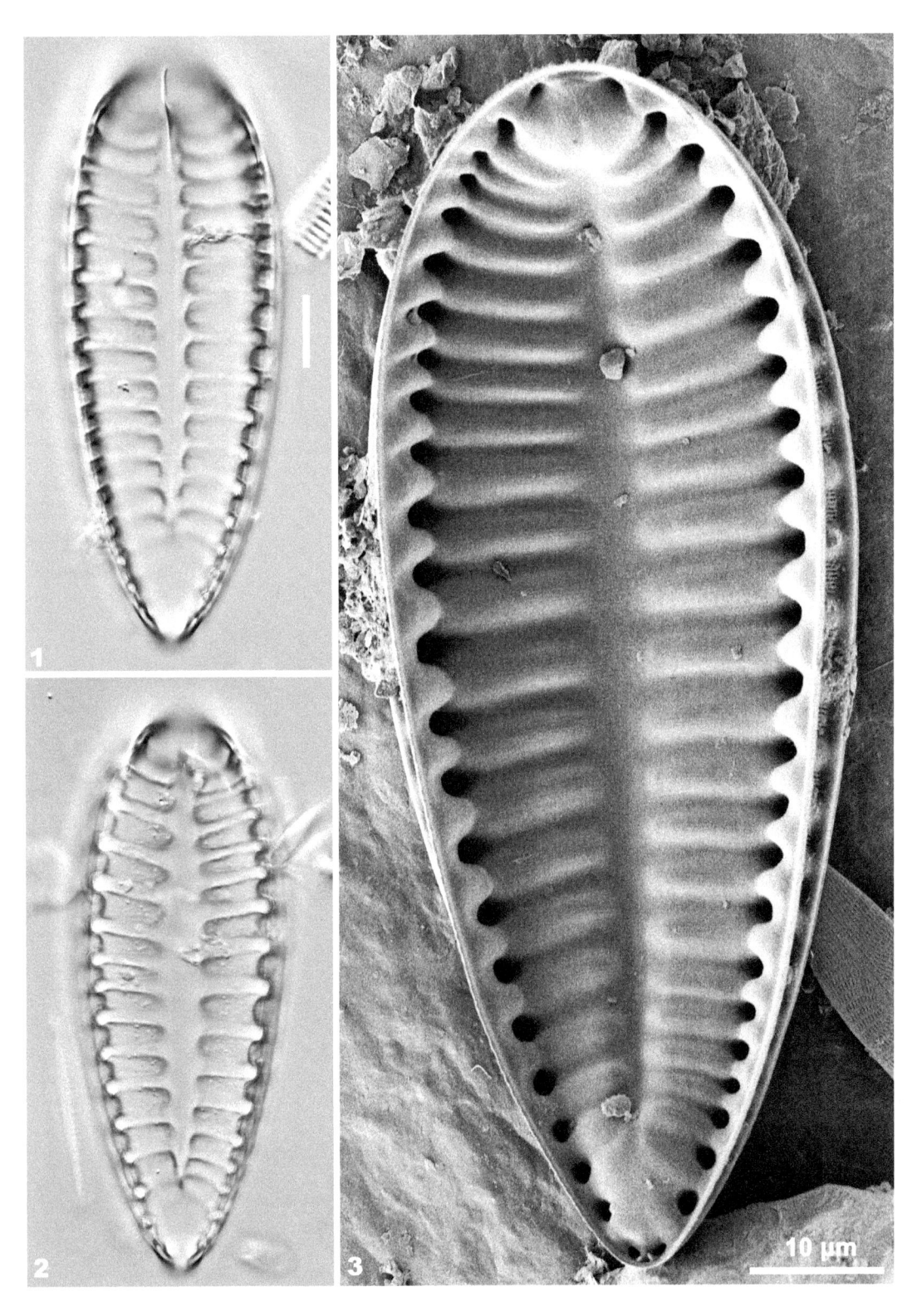

1-3. 华彩双菱藻 *Surirella splendida* (Ehrenberg) Ehrenberg

图版 208

1-2. 柔软双菱藻 *Surirella tenera* Gregory

图版 209

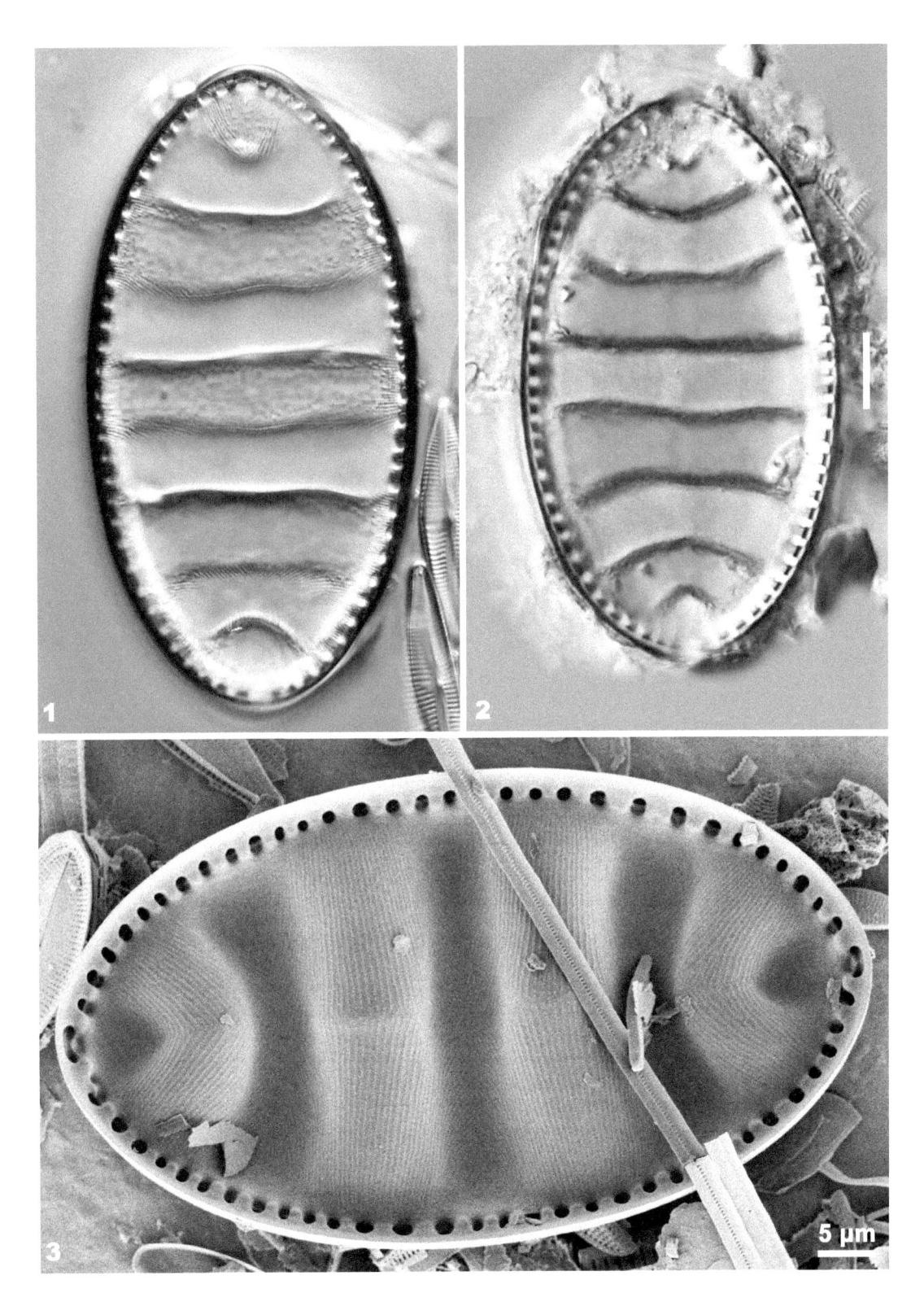

1-3. 椭圆波缘藻 *Cymatopleura elliptica* (Brebisson) Smith

图版 210

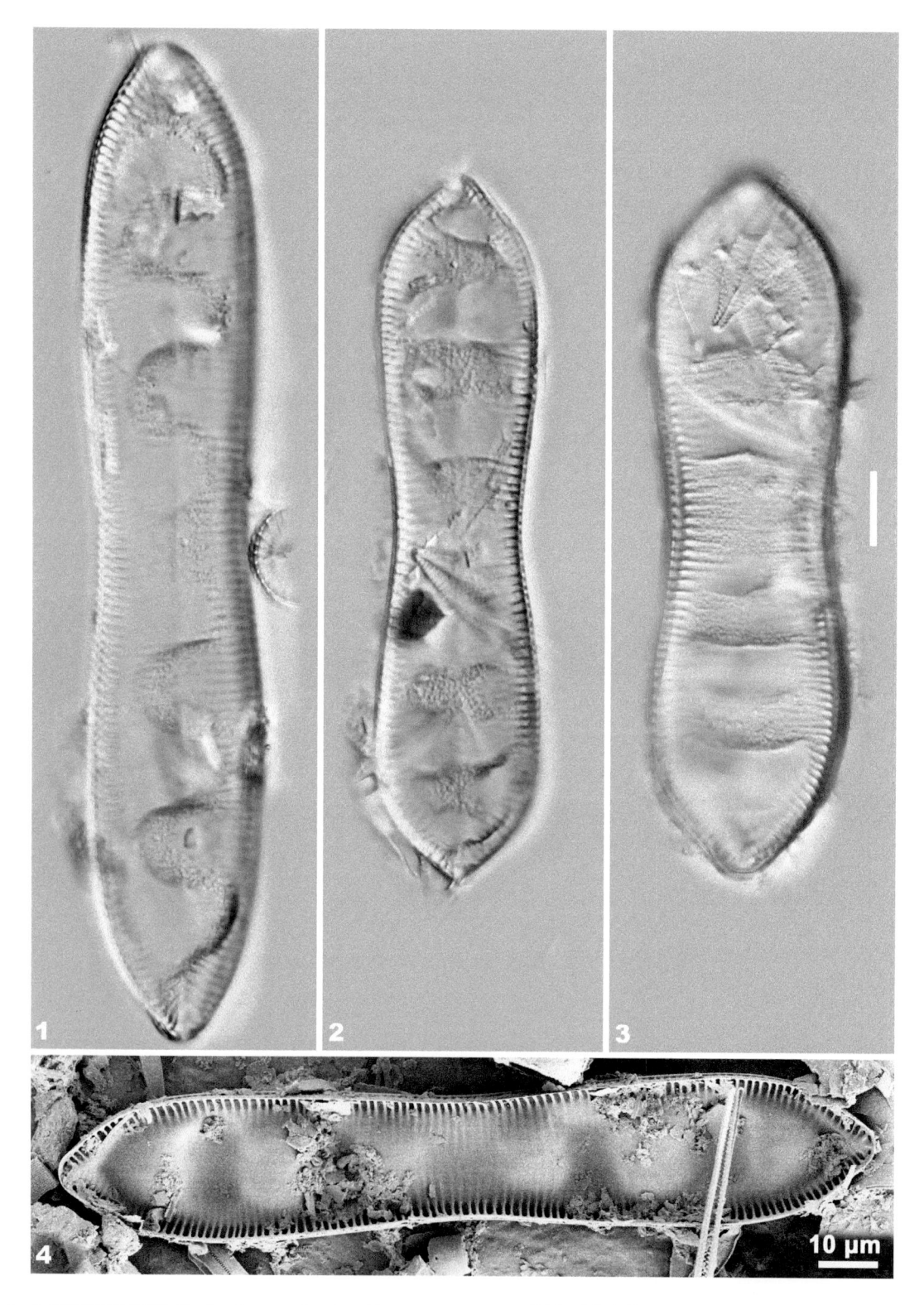

1, 4. 草鞋形波缘藻 *Cymbopleura solea* (Brébisson) Smith; 2-3. 草鞋形波缘藻细尖变种 *Cymbopleura solea* var. *apiculata* (Smith) Ralfs

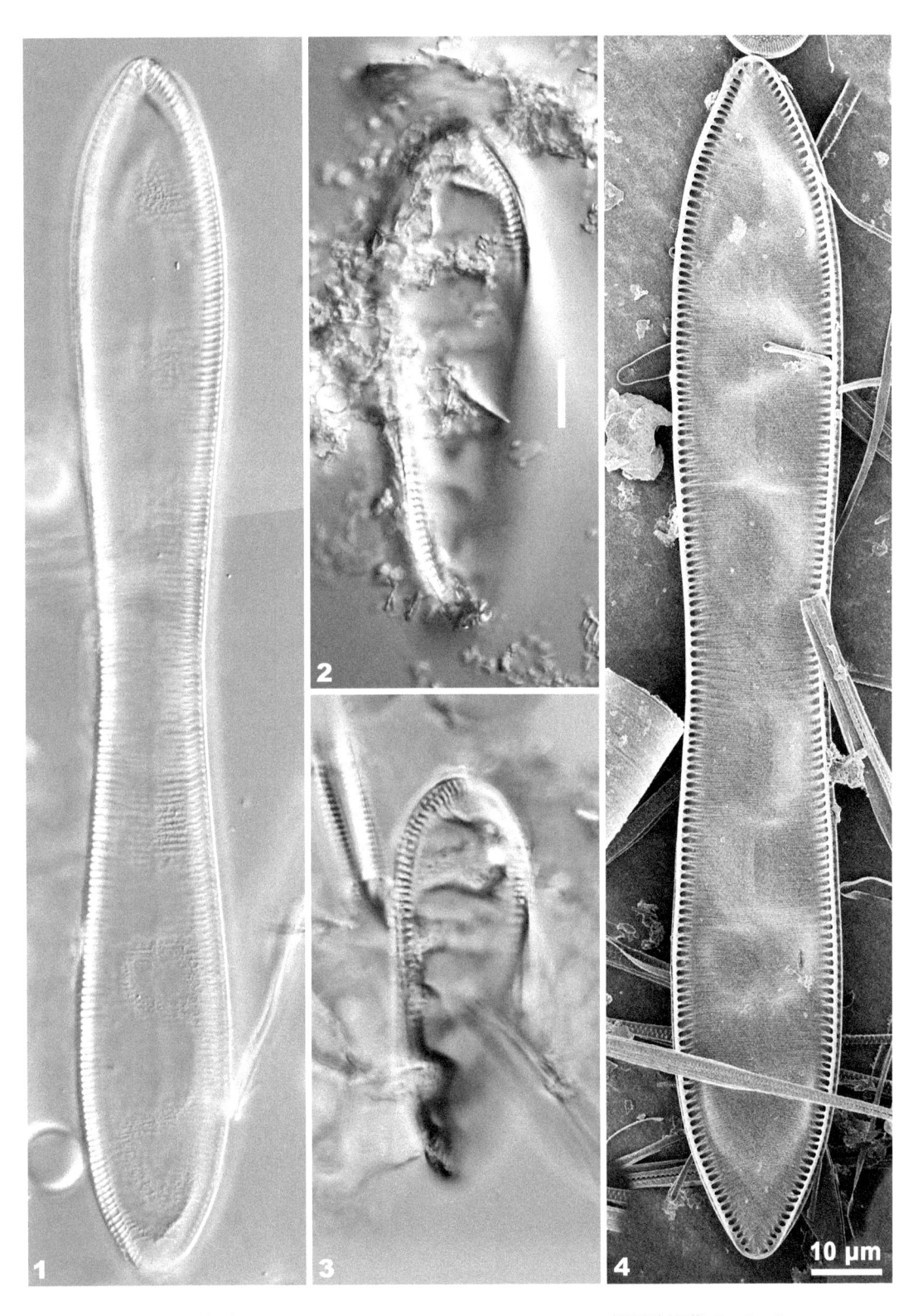

图版 211

1, 4. 草鞋形波缘藻细长变种 *Cymbopleura solea* var. *gracilis* Grunow; 2-3. 新疆波缘藻 *Cymbopleura xinjiangiang* You & Kociolek

图版 212

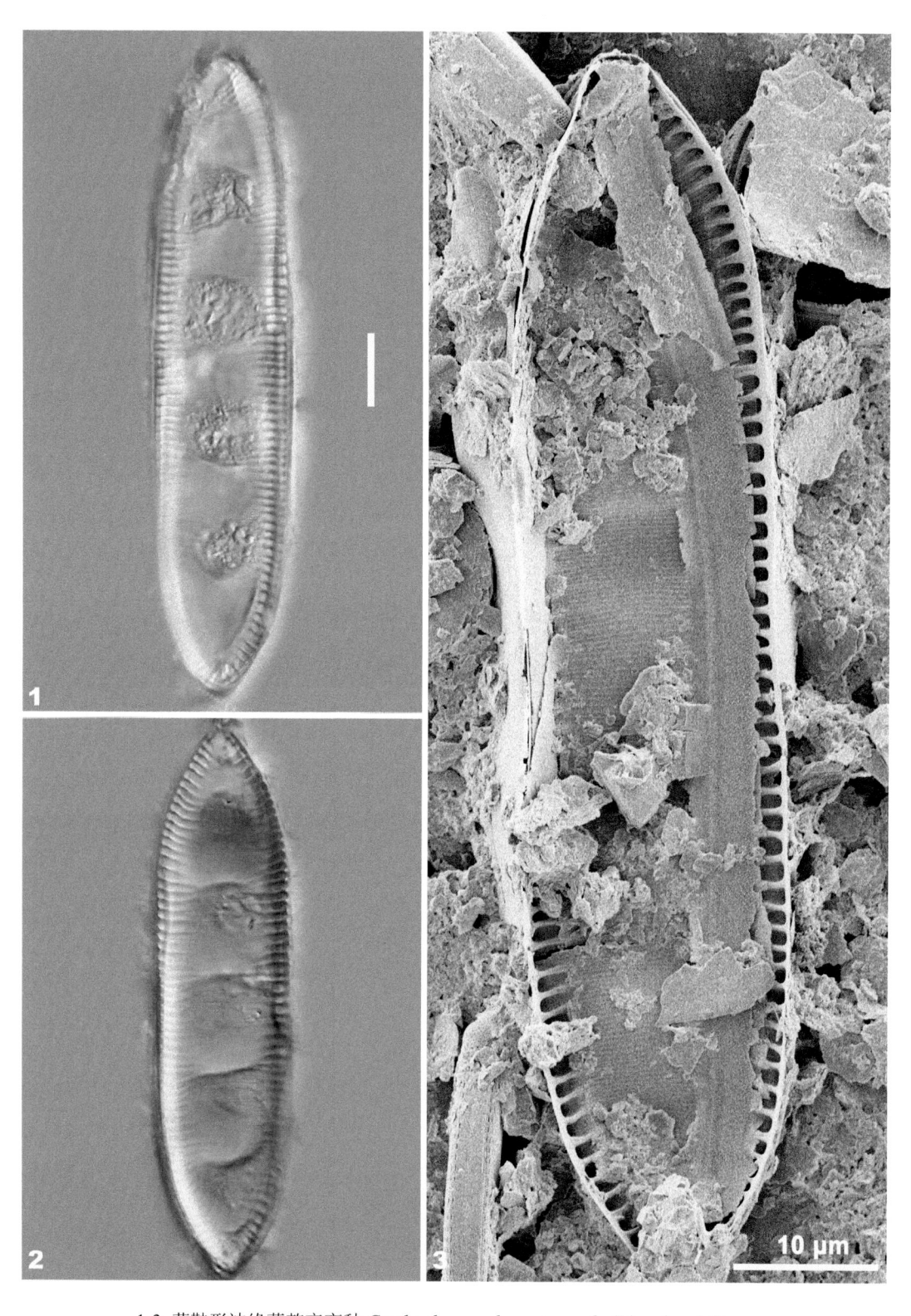

1-3. 草鞋形波缘藻整齐变种 *Cymbopleura solea* var. *regula* (Ehrenberg) Grunow